普通高等教育新工科电子信息类课改系列教材

嵌入式系统基础

韩党群　琚晓涛　编著

西安电子科技大学出版社

内 容 简 介

本书主要以基于 ARM Cortex-M3 内核的 STM32F10xxx 系列处理器为载体，介绍嵌入式系统的硬件结构与编程方法。全书共 13 章，包括嵌入式系统组成原理、ARM Cortex 处理器内核结构、集成开发环境、STM32 系列处理器时钟系统、GPIO 接口及其应用、异常与中断、定时/计数器、A/D 转换器、D/A 转换器、USART 串口通信、SPI 通信接口、I^2C 总线接口和 DMA 控制器等内容。本书选取当前最为常用的 Keil MDK 集成开发环境介绍编程与软件调试的方法；针对与硬件内容相关的各章，配置了若干工程实例，读者可登录出版社网站下载这些工程实例进行实验。

本书适合作为普通高等学校计算机、通信、电子信息、自动化及测控技术与仪器等专业嵌入式系统基础等课程的教材，也可作为从事嵌入式系统开发工作的工程技术人员的参考书。

图书在版编目(CIP)数据

嵌入式系统基础 / 韩党群，琚晓涛编著. —西安：西安电子科技大学出版社，2022.2
ISBN 978-7-5606-6286-2

Ⅰ. ①嵌…　Ⅱ. ①韩…　②琚…　Ⅲ. ①微型计算机—系统设计　Ⅳ. ①TP360.21

中国版本图书馆 CIP 数据核字(2021)第 230314 号

策划编辑　毛红兵
责任编辑　孙士清　毛红兵
出版发行　西安电子科技大学出版社(西安市太白南路 2 号)
电　　话　(029)88202421　88201467　　　邮　　编　710071
网　　址　www.xduph.com　　　电子邮箱　xdupfxb001@163.com
经　　销　新华书店
印刷单位　咸阳华盛印务有限责任公司
版　　次　2022 年 2 月第 1 版　2022 年 2 月第 1 次印刷
开　　本　787 毫米×1092 毫米　1/16　印张 27.5
字　　数　657 千字
印　　数　1～2000 册
定　　价　69.00 元
ISBN　978-7-5606-6286-2 / TP
XDUP　6588001-1

前　言

随着计算机技术的快速发展，嵌入式计算机系统的应用已逐渐遍布于工农业生产的各个领域，对社会的进步与发展起到了巨大的推动作用。伴随着新型工业化、智能制造、人工智能及大数据等技术的快速发展，作为支撑这些先进技术发展的计算机信息技术受到了国家和社会的高度重视。

嵌入式计算机技术是计算机技术的重要分支，是计算机信息技术、测控技术高度发展的必然产物，是实现生产自动化、产品智能化、服务信息化的关键。目前，我国对嵌入式技术人才的需求旺盛，为此许多高等学校在计算机、通信、电子信息、自动化及测控技术与仪器等相关专业开设了嵌入式系统基础等课程。为进一步推进嵌入式技术的教学，我们在充分吸收现有教材与教学经验的基础上编写了本书。本书具有以下特点：

(1) 知识体系体现先进性。本书紧密结合嵌入式计算机系统发展的最新成果，选取了当前嵌入式处理器中应用广泛、技术先进的基于 ARM Cortex-M3 内核的 STM32F10xxx 系列处理器，重点介绍嵌入式系统的硬件结构和工作原理；同时选取了当前最为常用的 Keil MDK 集成开发环境介绍编程与软件调试的方法，还介绍了最新的 Keil μVision 开发工具的使用，以紧跟当前的技术潮流。

(2) 充分考虑相关专业的教学需求，突出实用性和应用性。嵌入式系统基础课程目前针对的主要对象并非计算机专业的学生，而是电子信息、通信、自动化及测控技术等专业的学生。这些专业的学生通常不具有操作系统、编译原理等计算机基础知识，编程语言基础也较为薄弱，这为开展嵌入式系统基础课程的教学带来了很多的困难。基于这样的实际情况，结合以往的教学经验，面向广大非计算机专业的学生，选取结构先进、功能强大、性价比高的基于 ARM Cortex-M3 内核的 STM32F10xxx 系列处理器作为嵌入式系统的硬件教学内容，并在此硬件基础上进行无需操作系统支持的软件开发设计，是较为适合“嵌入式系统基础”教学的一种选择。

(3) 注重理论和实践相结合，突出实践，以激发读者的学习兴趣，提高学习效果。除前面几章基础内容外，本书其余各章均以理论和实践相结合的方式进行内容设计，即先介绍相关的基本软硬件的原理及方法，然后通过工程实例具体说明相关软硬件的使用方法，读者可登录出版社网站下载这些工程实例进行实验。

本书第 1～9 章由韩党群编写，第 10～13 章由琚晓涛编写。

由于编著者水平有限，书中难免存在不妥之处，敬请各位读者批评指正。

编著者

2021 年 7 月

目　　录

第 1 章　嵌入式系统组成原理

随着计算机、通信、控制及信息处理等技术的飞速发展，世界正在发生翻天覆地的变化，嵌入式计算机系统越来越多地出现在人们的周围。由于这些嵌入式计算机系统的应用使人们的生活变得更加舒适、便捷和高效，因此，进一步学习、应用和发展嵌入式计算机技术就显得非常必要和迫切。本章将对嵌入式计算机系统的概念、结构、应用及特点等基本问题进行初步探讨。

1.1　嵌入式系统

计算机技术的进步极大地促进了第三次工业革命的发展，嵌入式计算机技术是计算机技术深入应用的必然产物。嵌入式计算机系统简称为嵌入式系统，它与传统的计算机系统有着密切的联系，但又具有自身的特点，下面介绍什么是嵌入式系统。

1.1.1　嵌入式系统概述

一提到计算机，人们的脑海中通常会浮现出各种常见的个人计算机的形态，这样的计算机一般包括主机、显示器、键盘、鼠标及各种标准接口与外部设备(简称外设)等。这类计算机的软硬件组成通常是标准化的，且具有很强的通用性，其实现的功能主要包括科学分析与计算、工程设计、办公自动化、多媒体应用等。后来为了将计算机应用于工业控制而出现了基于个人计算机的工业控制用计算机，即通常意义上的工控机，如图 1-1 所示。工控机是对传统的个人计算机进行升级改造得到的，并在结构上进行了加固设计。例如，为采样工业现场的各种信号量而加装了各种信号采集板卡；为实现各种控制信号的输出而加装了各种信号输出板卡；在基本操作系统的基础上安装并运行各种工业控制软件，以实现对不同工业现场设备的自动化控制。

(a) 工控机主机 1

(b) 工控机主机 2

图 1-1　工控机图片

工控机控制性能较好，主要用于大规模生产的工业控制现场中对重要目标进行控制，但其造价也较高。工控机是基于传统的个人计算机结构的计算机测控系统，它与传统的个人计算机并没有本质上的区别，但其硬件结构复杂，故不适用于小型化和嵌入式应用场合。20 世纪 70 年代开始，伴随着集成电路技术的飞速发展，与传统的个人计算机处理器不同的 4 位、8 位和 16 位的微控制器也迅速发展起来，这类控制器主要是针对嵌入式应用领域而专门设计的，计算机控制器可以嵌入被控设备的内部，与被控对象融为一体，很好地满足了对计算机控制系统的微型化要求。这样一来，作为传统意义上的计算机控制中的计算机就消失了。嵌入式处理器的应用既实现了计算机控制，又有效地简化了系统的结构，降低了成本，使计算机控制技术得到了飞跃式的发展，极大地促进了计算机技术在各个领域的应用。嵌入式计算机系统应用已成为计算机技术非常重要的发展方向。

目前，与嵌入式系统相关的应用产品已经渗透到人们生活的方方面面。居家时，人们用到的各种家用电器，如空调、冰箱、洗衣机、电视、热水器、扫地机器人等无不“怀揣计算机之心”，变得越来越聪明和智能；出行时，人们驾驶的小汽车，乘坐的巴士、高铁、飞机等交通工具中大量使用了嵌入式计算机来实现控制，使人们的出行变得越来越便捷和舒适。日常生活中与大家形影不离的智能手机实际上是高度集成的嵌入式系统。图 1-2 所示为我们身边的嵌入式系统应用产品。

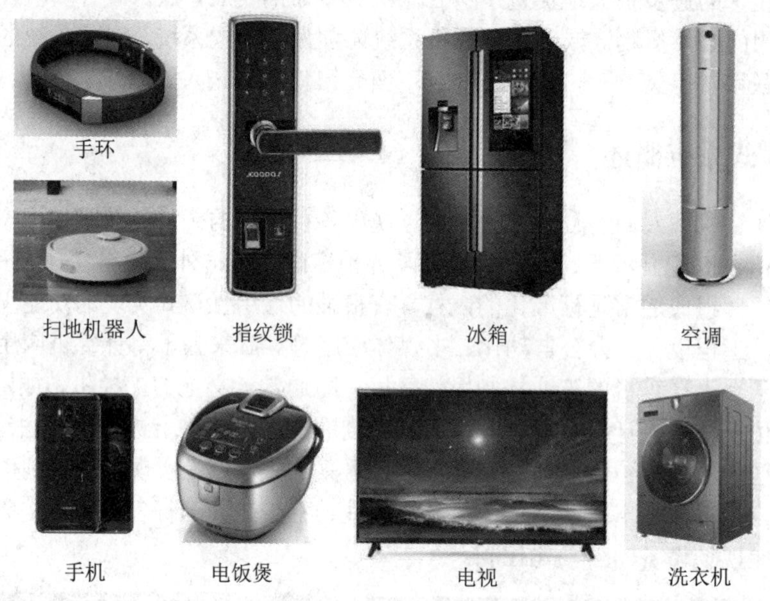

图 1-2　我们身边的嵌入式系统应用产品

嵌入式系统在工业上的应用更为广泛和深入，如自动化的流水线、无人工厂等领域大量采用工业机器人、智能传感器和智能信号变送器等嵌入式设备，再结合工业现场总线技术，使得工业现场各要素紧密结合，高效协作，极大地提升了产品质量和生产效率。在现代农业领域，嵌入式系统也在发挥着越来越重要的作用，如喷洒农药的无人机、自动控制的温室大棚及各种智能的农业生产机具等。图 1-3 所示为嵌入式系统在农业中应用的例子。

(a) 喷洒农药的无人机

(b) 自动控制的温室大棚

图 1-3　嵌入式系统在农业中应用的例子

除了上面提到的这些领域外，嵌入式系统还在通信、航空、航天、国防等诸多领域有广泛的应用。可以说，科技的发展和社会的进步与嵌入式计算机技术息息相关。

那么，究竟什么是嵌入式系统呢？概括来说，嵌入式系统是为了实现特定的测控任务而量身定做的可满足测控要求的计算机系统。与传统的个人计算机系统相比，嵌入式系统的结构和形态根据被控设备的需求而定，但嵌入式系统的计算机控制本质不变。

1.1.2　嵌入式系统的特点

与通用计算机系统相比，嵌入式系统通常具有以下一些突出的特点。

1. 硬件的独特性

嵌入式系统是为实现对特定目标的控制而专门设计的计算机系统。组成嵌入式系统的CPU 的处理能力、存储器的大小、人机接口及外设的配置等均是根据需要进行选择或设计的。设计中因为设计人员、开发环境及资金等因素的不同都可能造成设计方案的不同，所以嵌入式系统的硬件设计具有很大的灵活性，功能上具有独特性，这与通用计算机系统硬件的标准化、通用性有很大的区别。

2. 软件的定制性

嵌入式系统的软件通常是根据系统要实现的功能进行定制的。一些控制任务较少、无需操作系统支持的嵌入式系统只有应用程序，在硬件设计的基础上系统通过应用程序实现特定的功能。而系统硬件构成较复杂、功能多样的嵌入式系统仅靠单一的应用程序很难实现相关功能，必须借助操作系统来降低程序开发的难度。不过，这里的操作系统通常为嵌入式操作系统，如 μC/OS - II 操作系统、嵌入式 Linux 操作系统、VxWorks 操作系统及 Android 操作系统等，这与通用计算机系统通常安装的 Windows 操作系统有很大的区别，这些操作系统可根据具体的功能要求进行裁减，以缩小操作系统的代码尺寸，增加实时性。在嵌入式操作系统之上，用户可根据特定的功能要求编写系统的应用程序。

3. 系统的实时性

控制系统都有实时性的要求。所谓实时性，就是在可容许的时间内完成相应的控制动作的要求。不同的控制，实时性的要求不同。嵌入式系统的实时性要求处理器能够对外部事件及时作出反应，这样才能达到控制的要求。

4. 系统的可靠性

可靠性一直是计算机控制领域一项重要的研究课题，嵌入式系统也不例外。为提高嵌入式系统的可靠性，可从硬件和软件等多个方面采取防护措施。例如，从硬件设计上考虑，对于高可靠性要求的目标可以采用硬件备份机制，以提高系统的可靠性；从软件角度考虑，可以利用看门狗技术、软件陷阱技术等提高系统运行的可靠性。

5. 开发的复杂性

嵌入式系统的开发要求较高，它要求开发人员具备电子信息、计算机及嵌入式系统设备相关领域的综合知识及工程背景。开发人员需要完成从硬件原理设计、PCB 设计、焊接安装、软件开发到功能调试等多个开发环节，这对开发人员是不小的挑战。

1.1.3 嵌入式处理器

嵌入式处理器是嵌入式系统的核心，它与通用计算机处理器既有联系，也有很大的区别。通用计算机处理器即计算机的 CPU(Central Processing Unit)，主要由运算器、控制器、高速缓存及内部总线等部分组成，其处理能力强，但功耗较高，必须通过总线与外部存储器及外设构成系统才能工作，整个系统的结构复杂。嵌入式处理器为适应嵌入式应用要求，通常在处理器内部除 CPU 外还集成了存储器、中断控制器及部分外设，这样一来大大地简化了构成计算机系统的硬件的复杂程度。

目前，用于嵌入式场合的处理器大致可分为以下 4 类：

1. 嵌入式微处理器(Micro Processor Unit)

嵌入式微处理器与通用计算机的 CPU 结构相似，通常是 32 位及以上的高性能处理器，但是，为适应嵌入式应用要求，在 CPU 中只保留了与嵌入式应用紧密相关的功能部件，去除了其他冗余的部件，并配置了高性能的总线接口用于连接外部存储器和外设。嵌入式微处理器处理能力强，功耗较低，是许多要求高性能嵌入式控制领域的首选。目前，嵌入式微处理器的主要产品有 ARM 的 Cortex-A 系列、PowerPC 微处理器和 MIPS 微处理器等。

2. 微控制器(Micro Controller Unit)

微控制器在国内常被称为单片机，它在一块半导体芯片上集成了作为一个计算机所必需的绝大部分构成要件，包括 ROM、RAM、中断控制器、定时器及其他外设等，在很多的应用环境下无需或者只需添加少许的外围元件即可构成完整的嵌入式系统。微控制器种类繁多，按处理器的数据宽度分，有 8 位、16 位和 32 位，主频从几兆赫兹到几百兆赫兹，内部资源的配置更是种类繁多、各有千秋，这些为嵌入式系统的设计提供了很大的灵活性和便捷性。微控制器占嵌入式应用市场 70%的份额，是嵌入式系统的主流处理器。

目前，8 位微控制器的典型产品包括：Intel 公司的 8051 核的单片机及其衍生产品，Microchip 公司的 PIC 系列单片机，Atmel 公司的 AVR 系列单片机，ST 公司的 STM8 系列单片机等。16 位微控制器的典型产品包括：TI 公司的 MSP430 系列单片机，Freescale

Semiconductor 公司的 MC9S12 系列单片机等。32 位微控制器的典型产品包括：ST 公司的 STM32F1 系列、STM32F2 系列、STM32F3 系列及 STM32F4 系列单片机，NXP 公司的 LPC1700 系列单片机，TI 公司的 TMS470 系列及 TM4C 系列单片机等。

3. 数字信号处理器(Digital Signal Processor)

数字信号处理器是为处理模拟信号离散化后的数字信号而设计的专用处理器，可以快速地实现数字信号的滤波、变换及频谱分析等数字信号处理算法，广泛应用于语音信号、图像信号、雷达及声呐等信号的处理。针对嵌入式应用方面发展出了主要用于控制的数字信号处理器，如 TI 公司的 TMS320C2000 系列数字信号处理器；主要用于通信的数字信号处理器，如 TI 公司的 TMS320C5000/6000 系列数字信号处理器等。

4. 片上系统(System on Chip)

单片机是将计算机的主要构件集成在一块半导体晶片上，若加上少许的外围元件即可构成完整的计算机系统。如果需要实现一些复杂的应用，在单片机本身不具备相关功能模块的情况下，通常还需要在单片机外部通过扩展相关的电路模块才能构成完整的应用系统，因此系统的体积会增加，可靠性和可嵌入性会变差。为了进一步缩小系统的体积，提升可靠性及可嵌入性，将由计算机系统及其外围的相关功能模块所构成的完整电路系统集成在一块半导体晶片上，就形成了片上系统(System on Chip)，简称 SoC 系统。从实现的途径上看，SoC 系统通常以大规模可编程逻辑阵列 FPGA(Field-Programmable Gate Array)或专用集成电路 ASIC(Application-Specific Itegrated Circuit)为物理载体，采用软硬件协同、IP 核复用等技术进行系统的设计和优化，通过计算机的综合分析和验证检验系统设计的正确性，从而完成 SoC 系统的开发。

在 SoC 系统中，除可实现包括计算机在内的数字电路应用外，还可以添加定制的模拟电路模块，以实现更复杂的应用。相较于其他嵌入式系统，SoC 系统的开发及实现难度较大，成本较高，因此在实际应用中占比较小，主要用于批量较大的专用嵌入式产品中。

1.2　嵌入式系统的硬件结构原理

嵌入式系统本质上是计算机系统，但嵌入式系统的软硬件组成与通用计算机系统有很大的区别，本节将介绍嵌入式系统的硬件结构和主要组成部分的基本原理。

1.2.1　嵌入式系统的硬件组成

计算机硬件系统通常由 CPU、存储器、I/O 接口及其设备以及将各部分连接起来的总线构成。通用计算机的组成结构复杂，为适应对不同类型的存储器和外设的访问，将总线信号划分成不同的区域，不同区域的总线信号之间需要通过协议转换器才能彼此通信；另外，通用计算机结构趋于标准化，实现的功能相互兼容。作为嵌入式系统，虽然从组成要件上与通用计算机类似，但是实际的结构差异较大。嵌入式系统的 CPU、存储器、I/O 设备及外设可根据实际系统的需求和功能要求进行配置，具有独特性、专用性。由于嵌入式系统要实现的功能固定，因此只需考虑满足功能实现要求的硬件配置即可，无需像通用计算机那样考虑通用性，所以嵌入式系统硬件结构具有专用性、简约性和灵活性等特点。图1-4 所示为嵌入式系统的硬件组成。

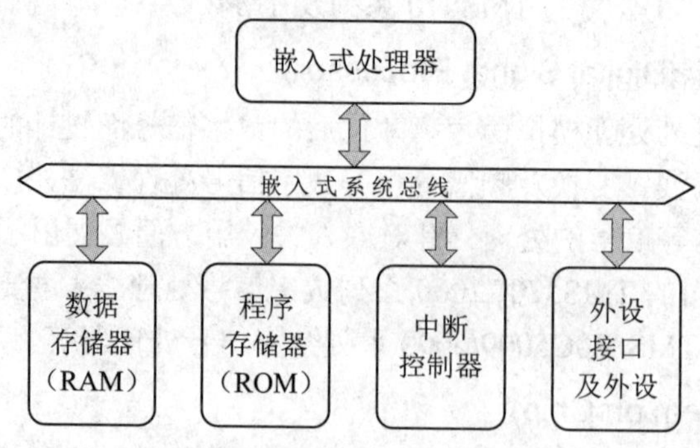

图 1-4　嵌入式系统的硬件组成

由图 1-4 可知，嵌入式系统的硬件通常包括数据存储器、程序存储器、中断控制器、外设接口及外设等部分。嵌入式系统所需的存储器容量通常有限，许多嵌入式处理器芯片本身所集成的存储器就可以满足系统的需要。中断控制器已经成为现代计算机处理器的标准配置，嵌入式处理器也不例外。在很多情况下，由于嵌入式处理器本身就包含了数据存储器、程序存储器和中断控制器，因此构成嵌入式系统时并不需要额外扩展这些部分。考虑到嵌入式处理器的应用需求，芯片生产厂家将越来越多的外设集成到嵌入式处理器内部，供用户根据需要选择使用，这样在构成系统时，简化了系统硬件的结构。图 1-5 所示为采用嵌入式处理器构成的嵌入式系统的硬件结构。

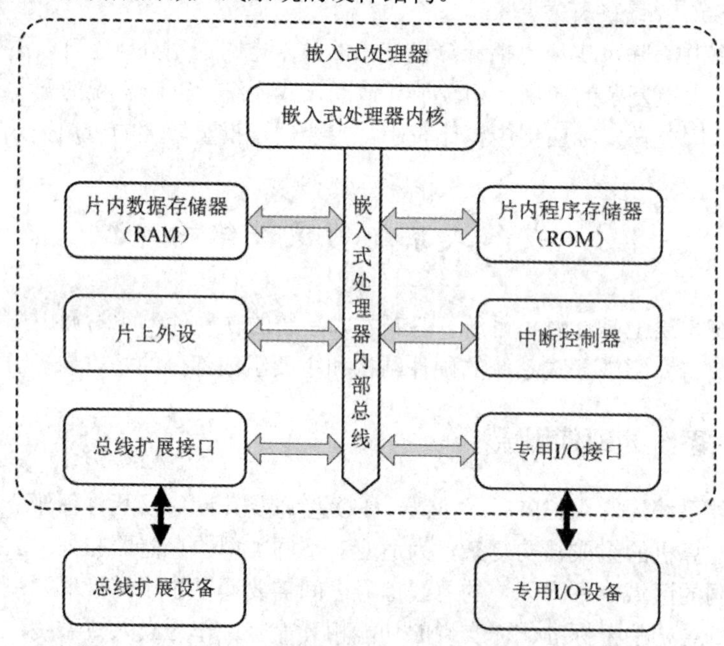

图 1-5　采用嵌入式处理器构成的嵌入式系统的硬件结构

在图 1-5 所示的系统中，虚线框内部是嵌入式处理器本身的结构，该部分已经包含了嵌入式系统的主要硬件结构，在很多情况下嵌入式处理器外部无须扩展或只做有限的扩展。如果需要对嵌入式处理器外部扩展，可通过两种途径实现：一种是通过专用 I/O 接口连接相应的外设；另一种是将嵌入式处理器的内部总线通过缓冲驱动电路由引脚引出，或者将内部总线信号经过总线扩展接口模块转换成其他类型的总线信号后由引脚引出，再通过这些总线连接相应的扩展设备。通过专用 I/O 接口连接外设时，对应的 I/O 接口被设备所独占，通常不能再连接其他设备；而通过总线扩展接口连接外设时，可以连接多组外设，只要连接的外设符合总线接口协议，就可以通过总线与处理器交换信息。

1.2.2　嵌入式处理器内核及其指标

嵌入式处理器内核即嵌入式处理器的核心 CPU。现在的嵌入式处理器内核不局限于 CPU，通常还包含与嵌入式处理器仿真和调试相关的接口电路，以及与中断系统相关的控制电路等。衡量嵌入式处理器内核性能的主要指标包括：体系架构、流水线结构、字长、主频频率、运算速度、指令集和功耗等。

1. 体系架构

计算机的经典体系架构为冯 • 诺依曼结构，在这种结构中 CPU 读取指令和存取数据都是通过同一组的总线信号进行访问的，且 CPU 不能同时访问指令空间和数据空间，只能按顺序依次对不同的空间进行访问，访问的速度较慢。采用冯 • 诺依曼结构的处理器有 Intel 公司的 8086 微处理器，MIPS 公司的 MIPS 系列处理器，TI 公司的 MSP430 系列处理器，Freescale 公司的 HCS08 系列处理器等。

为提高 CPU 的访问速度，人们采用了哈弗结构，在这种结构中数据空间和程序代码空间彼此独立，访问数据空间的总线和访问程序代码空间的总线分别独立设置，在执行程序的过程中，CPU 可以通过两种总线并行访问程序空间和数据空间，这样大大地提高了 CPU 的访问速度和代码执行效率。采用哈弗结构的处理器有 Microchip 公司的 PIC 系列处理器，Atmel 公司的 AVR 系列处理器，TI 公司的 TMS320 系列 DSP 处理器和部分 ARM 处理器等。

2. 流水线结构

流水线是为提升 CPU 执行指令的速度而采取的有效措施。CPU 执行一条指令的过程通常包括读取指令(简称取指)、指令译码(简称译码)及执行指令(简称执行)三个基本步骤。在没有采用流水线结构的情况下，CPU 依次完成取指、译码和执行，执行一条指令花费的时间较长。这就相当于一个手工作坊的鞋匠为加工一双鞋，从下料、加工到包装等各项工序都由鞋匠依次完成，这样生产一双鞋花费的时间较长，效率不高。在采用流水线结构的情况下，由 CPU 完成的取指、译码和执行三个步骤分别由三个不同的单元负责，即取指的专门取指，所取指令交给译码单元后再去取下一条指令，并不断重复，译码的专管译码，执行的专管执行，执行一条指令由不同的单元分别完成不同的步骤。这就相当于通过流水线生产鞋子，鞋子生产过程中的不同步骤分别由不同的工人来承担，下料的专司下料，加工的专司加工，包装的专司包装，如果每道工序所花费的时间相等，那么在采用流水线生产的情况下，单位时间生产鞋子的数量是单人手工作坊式生产鞋子数量的三倍，显然效率更高。图 1-6 所示为采用三级流水线结构的 CPU 执行程序的示意图。

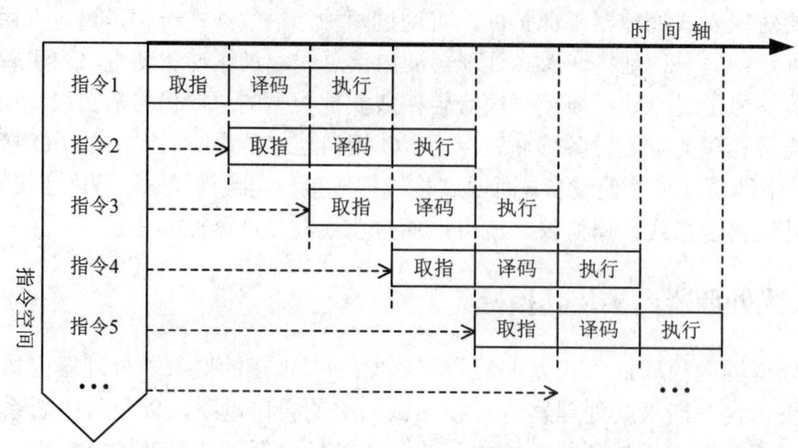

图 1-6　采用三级流水线结构的 CPU 执行程序的示意图

在 ARM 处理器中广泛采用流水线设计，例如 ARM7 处理器采用三级流水线，ARM9E 处理器采用五级流水线，Cortex-M 系列处理器采用三级流水线，Cortex-A 系列处理器采用五级流水线等。

3. 字长

字长是计算机处理器传输和处理数据的最大位数，也称数据宽度。通常，计算机的字长取 4、8、16、32、64 位中的某一种，在嵌入式领域，嵌入式处理器的字长通常都在 32 位及以下。字长越长，计算机的处理能力就越强，计算精度也就越高，当然处理器的结构也会越复杂。

4. 主频频率

主频频率即计算机 CPU 的工作频率，该频率越高，计算机执行指令的时间就越短，执行指令的效率也就越高。主频越高，对提高处理速度就越有利，但是对功耗的控制就越不利，因此在实际选择主频频率时必须兼顾速度和功耗，综合考虑。

5. 运算速度

处理器的运算速度与多种因素有关，如处理器的体系架构、流水线结构、字长及主频频率等。特别要注意的是：不能将处理器的主频频率和运算能力简单地画等号。衡量处理器运算速度的指标通常包括以下几个：

(1) MIPS(Million Instruction per Second)：每秒百万条指令，即处理器平均每秒执行的单字长定点运算指令的条数。

(2) DMIPS(Dhrystone Million Instruction per Second)：每秒百万条整数运算指令，即在 Dhrystone(一种整数运算测试程序)下测得的处理器平均每秒执行指令的条数。

(3) MFLOPS(Million FLoating-point Operatoins per Second)：每秒百万次浮点运算指令，即处理器运行一种基于浮点运算的测试程序时测得的每秒进行的浮点运算的次数，用来衡量 CPU 处理浮点运算的能力。

嵌入式处理器主要使用 MIPS 和 DMIPS 这两个指标来衡量其运算能力。在主频频率相同的情况下，不同的处理器执行指令的速度不同。例如，Cortex-M0 处理器的运算速度为 0.9 MIPS/MHz，Cortex-M3 处理器的运算速度为 1.25 MIPS/MHz，Cortex-A8 处理器的运算速度为 2.0 MIPS/MHz，Cortex-A9 处理器的运算速度为 2.5 MIPS/MHz，由此可以看出不同处理器运算速度的差异。另外，不同的处理器可以达到的最高工作频率不同。例如，以 ST 公司的产品为例，Cortex-M0 内核的 STM32F0 系列处理器的最高工作频率为 48 MHz，Cortex-M3 内核的 STM32F1 系列处理器的最高工作频率为 72 MHz，Cortex-A 内核的 STM32MP 系列处理器的最高工作频率为 800 MHz。最高工作频率不同，会造成不同处理器的运算速度存在较大差异。

6. 指令集

每一种处理器都有一套相应的指令集，而每条指令的执行都有赖于 CPU 运算器及控制器的硬件支持，因此，指令集与 CPU 的硬件设计息息相关。根据计算机处理器指令集的复杂程度可将计算机分为复杂指令集计算机(Complex Instruction Set Computer)和精简指令集计算机(Reduced Instruction Set Computer)，分别简称为 CISC 和 RISC。CISC 具有功能丰富的指令，使程序开发更为方便。但是，CISC 为实现许多不同的指令功能，使得 CPU 的结构变得越来越复杂，电路规模和集成度急剧增加，运行时功耗增加，且 CPU 芯片的价格昂贵。采用 CISC 的处理器有 Intel 公司的 MCS-51 系列处理器、8086 系列处理器等。RISC 设计的思路是尽量简化指令集，设置有限的指令数量。RISC 中的指令往往是一些基本功能的指令，复杂的功能可以通过多条指令的组合来实现。RISC 使得 CPU 的结构简化，运行速度增加，功耗降低。通过进一步改进设计，使 RISC 指令集中的各条指令长短一致，执行时间相同，从而为处理器流水线的实现创造了更好的条件。采用 RISC 的处理器有 Microchip 公司的 PIC16 系列处理器、ARM 系列处理器等。

7. 功耗

功耗是处理器的一项重要的指标，对于嵌入式处理器更是如此。嵌入式处理器的功耗与处理器的结构、主频频率及工作方式等因素有关，在设计嵌入式系统时必须认真考虑处理器的功耗是否满足应用环境的要求。

1.2.3 嵌入式系统的存储器

嵌入式系统的存储器根据来源的不同可分为内部存储器和外部存储器。

1. 内部存储器

目前，嵌入式处理器内部通常都会集成一定规模的内部存储器，既有 ROM(Read Only Memory)，也有 RAM(Random-Access Memory)。片内 ROM 多采用 Flash ROM，其擦除和写入速度快，主要用来存储程序代码。片内 RAM 通常为静态 RAM，即 SRAM(Static Random-Access Memory)。在大多数嵌入式系统中，通过嵌入式处理器内部的存储器即可为嵌入式系统提供足够的程序及数据存储空间。

2. 外部存储器

在嵌入式系统所需的存储空间较大，仅靠嵌入式处理器内部的存储器无法满足要求的情况下，可通过扩展外部存储器的方式来满足要求。例如，当嵌入式系统涉及操作系统、字库、音频、视频等大规模信息的存储和处理时，所需的存储空间往往较大，此时通过扩展存储器的方式才能满足要求。

1) 外部 ROM 及其扩展

ROM 芯片的种类较多，按照工艺、结构、接口形式、编程方式等可划分成许多不同的产品类别，目前，在嵌入式系统中使用较多的是 EEPROM(Electrically Erasable Programmable ROM)和 Flash ROM。下面对这两种 ROM 作简要介绍。

(1) EEPROM。

EEPROM 即电可擦除可编程只读存储器，可按照页方式或字节擦写数据，写操作速度较慢，重复擦写的次数有限。EEPROM 芯片有并行接口和串行接口两种典型的接口形式。

并行接口的 EEPROM 芯片接口信号包含地址信号、数据信号及读/写控制信号，适合与计算机的总线接口相连，读/写操作方便；不足之处是芯片的引脚较多，体积较大，接口电路复杂，典型产品如 28Cxxx 系列产品。图 1-7 所示为 28C256 芯片的引脚图。

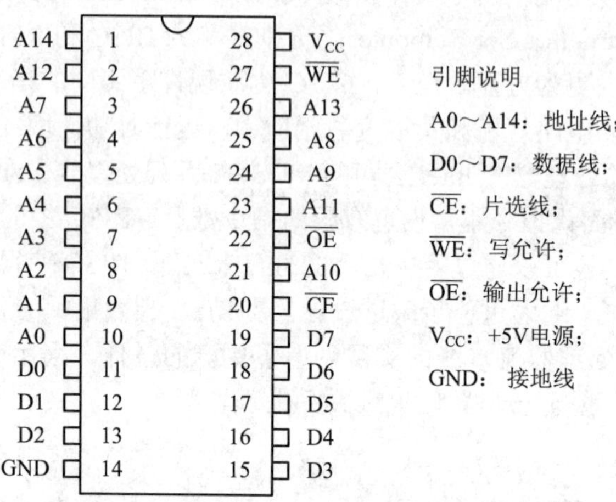

图 1-7　28C256 芯片的引脚图

串行接口的 EEPROM 芯片体积较小，引脚较少(所有的串行接口的 EEPROM 芯片都是 8 引脚封装的)，可通过计算机的通用 I/O 接口线进行扩展，接口电路简洁。串行接口的 EEPROM 芯片的接口协议有 I^2C 协议(典型产品如 AT24Cxxx 系列产品)、SPI 总线协议(典型产品如 AT25Cxxx 系列产品)等。图 1-8 所示为典型串行接口的 EEPROM 芯片的引脚图。

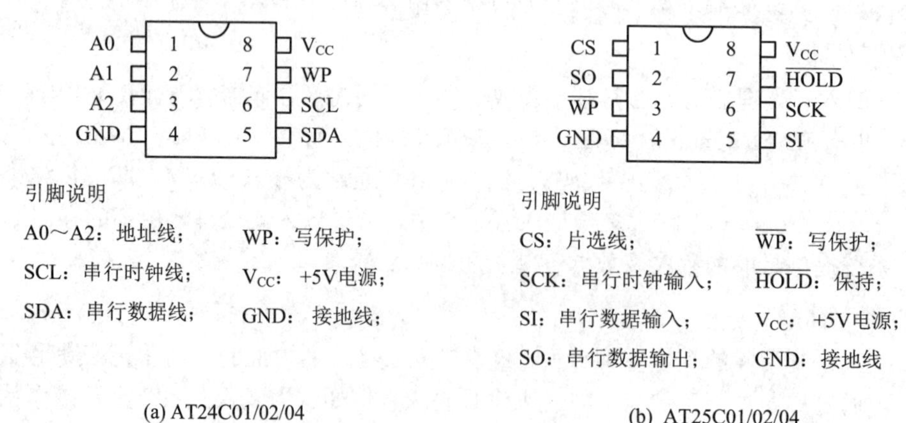

图 1-8　典型串行接口的 EEPROM 芯片的引脚图

(2) Flash ROM。

相较于 EEPROM，Flash ROM 的擦写速度从每字节毫秒数量级提高到微秒数量级，擦写速度大大提升，这里的“Flash”一词就是用来形容其擦写速度之快的。从功能上看，Flash ROM 和 RAM 有类似的地方，既可以读，也可以写，但是其写入速度远低于 RAM，且掉电后信息不丢失。在嵌入式系统中，实现大容量的 ROM 扩展时采用 Flash ROM 方案已经成为主流。

根据内部结构的不同，Flash ROM 芯片主要分为两种，即 NOR(或非)型和 NAND(与非)型。NOR 型 Flash ROM 芯片的集成度比 NAND 型低，其接口分为并行接口和串行接口。采用并行接口时，接口信号包含地址信号、数据信号及控制信号，处理器可通过这些接口信号直接对 NOR 型 Flash ROM 进行访问。在嵌入式系统中常常将程序代码固化在 NOR 型 Flash ROM 中，处理器可直接读取并运行其中的代码。并行接口的 NOR 型 Flash ROM 芯片较丰富，如 SST39VFxxx 系列、MX29LVxxx 系列等，在嵌入式系统中应用广泛。图 1-9 所示为并行接口 Flash ROM 芯片 MX29LV641M H/L 引脚图。

<table>
<tr><td>A15</td><td>1</td><td>48</td><td>A16</td></tr>
<tr><td>A14</td><td>2</td><td>47</td><td>$V_{I/O}$</td></tr>
<tr><td>A13</td><td>3</td><td>46</td><td>V_{SS}</td></tr>
<tr><td>A12</td><td>4</td><td>45</td><td>Q15</td></tr>
<tr><td>A11</td><td>5</td><td>44</td><td>Q7</td></tr>
<tr><td>A10</td><td>6</td><td>43</td><td>Q14</td></tr>
<tr><td>A9</td><td>7</td><td>42</td><td>Q6</td></tr>
<tr><td>A8</td><td>8</td><td>41</td><td>Q13</td></tr>
<tr><td>A21</td><td>9</td><td>40</td><td>Q5</td></tr>
<tr><td>A20</td><td>10</td><td>39</td><td>Q12</td></tr>
<tr><td>$\overline{WE}$</td><td>11</td><td>38</td><td>Q4</td></tr>
<tr><td>$\overline{RST}$</td><td>12</td><td>37</td><td>V_{CC}</td></tr>
<tr><td>ACC</td><td>13</td><td>36</td><td>Q11</td></tr>
<tr><td>$\overline{WP}$</td><td>14</td><td>35</td><td>Q3</td></tr>
<tr><td>A19</td><td>15</td><td>34</td><td>Q10</td></tr>
<tr><td>A18</td><td>16</td><td>33</td><td>Q2</td></tr>
<tr><td>A17</td><td>17</td><td>32</td><td>Q9</td></tr>
<tr><td>A7</td><td>18</td><td>31</td><td>Q1</td></tr>
<tr><td>A6</td><td>19</td><td>30</td><td>Q8</td></tr>
<tr><td>A5</td><td>20</td><td>29</td><td>Q0</td></tr>
<tr><td>A4</td><td>21</td><td>28</td><td>$\overline{OE}$</td></tr>
<tr><td>A3</td><td>22</td><td>27</td><td>V_{SS}</td></tr>
<tr><td>A2</td><td>23</td><td>26</td><td>$\overline{CE}$</td></tr>
<tr><td>A1</td><td>24</td><td>25</td><td>A0</td></tr>
</table>

MX29LV641M H/L

(TSOP封装)

图 1-9　并行接口 Flash ROM 芯片 MX29LV641M H/L 引脚图

MX29LV641M H/L 芯片是 3.3 V 供电的 64 Mb 的 Flash ROM 芯片，其引脚说明及逻辑图如图 1-10 所示。MX29LV641M H/L 芯片的地址线为 A0～A21，共 22 位，地址寻址空间为 4 M，数据线为 Q0～Q15，共 16 位，每次访问可输入/输出一个 16 位的字(Word)，也就是说，该芯片内部的 64 Mb 存储单元组织成为 4 M × 16 bit 的结构，因此，该芯片是一个容量为 4 M Word 的 ROM。

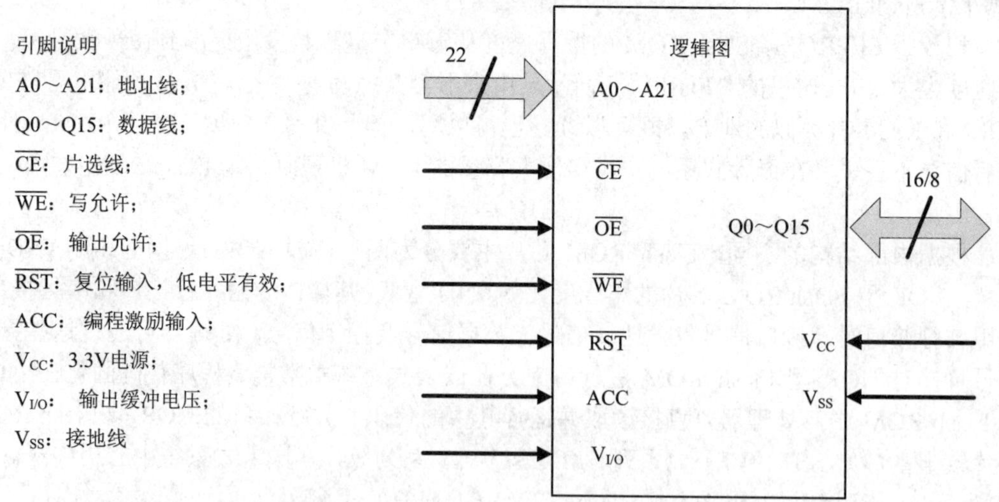

图 1-10　MX29LV641M H/L 芯片的引脚说明及逻辑图

在 NOR 型 Flash ROM 芯片中还有许多采用串行接口的，这类芯片不能直接运行处理器程序，如果用来存放程序代码，执行前通常需要将其中的程序代码加载到系统的 RAM，然后在 RAM 中运行。此类芯片引脚少，体积小，占用电路面积小，并且随着串行接口速度的提高，其读/写速度与并行接口的 Flash ROM 相当，典型产品如 Winbond 公司的 W25xxx 系列芯片等。图 1-11 所示为的 W25Q64JV 芯片的引脚图。

SOIC封装

	引脚	引脚	
$\overline{CS}$	1	8	V_{CC}
DO	2	7	$\overline{RST}$
$\overline{WP}$	3	6	CLK
GND	4	5	DI

引脚说明

$\overline{CS}$：片选线；　DI：串行数据输入；
DO：串行数据输出；　$\overline{RST}$：复位输入；
$\overline{WP}$：写保护；　CLK：串行时钟；
GND：接地线；　V_{CC}：+5V电源

图 1-11　W25Q64JV 芯片的引脚图

W25Q64JV 是 SPI 接口的 64 Mb Flash ROM 芯片，最小寻址单元为字节(Byte)，按照字节进行组织，容量为 8 M × 8 bit，或 8 MB。

NAND 型 Flash ROM 芯片集成度高，擦写速度较 NOR 型的快。NAND 型 Flash ROM 芯片必须通过专门的串行接口电路才能实现与外部的连接，且通过相应的接口协议进行访问。NAND 型 Flash ROM 广泛应用于大容量的存储产品中，如 CF(Compact Flash)卡、MMC(Multi-Media Card)存储卡、SD(Secure Digital)卡、固态硬盘(Solid State Disk)及 U 盘等，这些产品与人们日常生活关系密切，在嵌入式系统中也经常将这些产品作为大容量的 ROM 使用。

2) 外部数据存储器及其扩展

数据存储器可以分为静态数据存储器(Static Random-Access Memory，SRAM)和动态数据存储器(Dynamic Random Access Memory，DRAM)。SRAM 结构复杂，集成度较低，单片的容量较低，价格相对于 DRAM 较高，但是 SRAM 的访问速度快，无须刷新管理，使用方便。DRAM 结构简单，集成度高，单片的容量大，价格较低，但是 DRAM 需要周期性地刷新管理才能保证不丢失存储的信息。DRAM 种类丰富，是现在通用计算机系统、智能手机及高端嵌入式系统中内存的主要载体。在实际应用中需要根据这两种 RAM 的特点，结合嵌入式系统的需求合理地选择 RAM 类型。通常情况下，大多数的嵌入式系统即使扩展了外部 RAM，容量也不会太大，此时，采用 SRAM 实现容易，对嵌入式处理器要求较低；如果需要的 RAM 容量巨大，采用 SRAM 的成本高、体积大，此时应选择 DRAM，如果选择了 DRAM，则必须选择具有存储器管理单元(Memory Management Unit，MMU)的处理器才能支持 DRAM 的扩展。

SRAM 种类较多，按访问时序分，有异步的，也有同步的；按接口分，有并行接口的，也有串行接口的；从工作电压的等级分，有 5 V 供电的，也有低压宽电压范围供电的；按读取速度分，有低速的，也有高速的；等等。在选择时，需要根据需求做出合理的选择。在嵌入式系统中较常使用到的是低电压宽电压范围的并行接口 SRAM，典型产品如 ISSI 公司的 IS61WVxxxx 系列产品等。图 1-12 所示为 IS61WV10248 芯片引脚图。IS61WV10248 为全静态高速 SRAM，容量为 1 MB，适合 3.3 V 供电，访问时间小于 20 ns，可以很方便地与处理器实现连接。IS61WVxxxx 系列容量从 256 Kb 到 32 Mb 不等，数据口宽度既有 8 位的，也有 16 位的，可以根据需要选择适合的产品。对于其他的 SRAM 产品，这里不再展开，有需要的读者可以查阅相关资料。

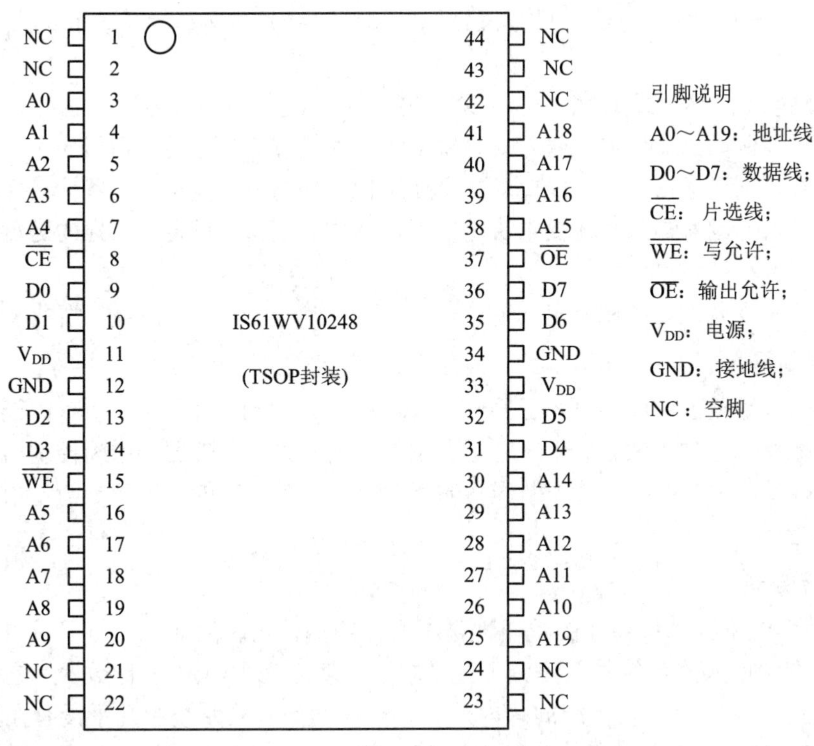

图 1-12　IS61WV10248 芯片引脚图

对于 DRAM，本书不作介绍，有兴趣的读者可以查阅相关资料。

除上面介绍的 ROM、RAM 外，还有一些其他类型的存储器，如铁电随机存储器(Ferroelectric Random Access Memory，FRAM)等，这里不再赘述。

1.2.4 嵌入式系统的外部设备

什么是计算机的外部设备？对于通用计算机，人们通常将键盘、鼠标、显示器、硬盘及各种接插口上连接的设备称为计算机的外部设备，简称外设。严格意义上讲，对于计算机系统，除CPU和与CPU通过总线直接相连的、支持程序运行的存储器之外的设备都可以被称为计算机的外设。在计算机发展的初期，CPU的结构只有运算器和控制器，通过总线连接存储器可以构成支持程序运行的基本系统，所有的其他构件都是通过总线的输入/输出接口连接的，这些通过输入/输出接口连接的构件都称为计算机的外部设备。随着嵌入式处理器的发展，处理器变得不那么纯粹，为方便使用，人们开始将存储器集成到处理器内部，后来还将中断控制器、定时/计数器、A/D转换器、D/A转换器以及各种通信接口设备等集成到处理器内部，这样一来，在讨论嵌入式系统的外设时就不能只看位置了，许多的外设和嵌入式处理器已融为一体。

对于嵌入式系统，我们可以将其外设分为片内外设和片外外设，位于嵌入式处理器内部的外设称为片内外设，否则，称为片外外设。随着技术的发展，嵌入式处理器片内外设种类越来越多，功能也越来越强大，这极大地简化了嵌入式系统的硬件设计的复杂性。学习嵌入式技术，一项很重要的任务就是学习如何掌握和使用这些嵌入式处理器内部的各种外设的原理及编程方法，只有很好地掌握了这些片内外设才能真正驾驭相应的嵌入式系统。

片外外设通常是嵌入式处理器内部不易集成的，必须通过系统扩展的方法才能实现其相应功能的设备。例如，如果要在嵌入式系统中实现人机接口，通过显示器显示信息，通过键盘输入命令，则要根据显示功能要求决定使用什么样的显示器件，设置什么样的显示接口电路，以及根据键盘输入功能要求决定使用什么样的键盘，设置什么样的键盘接口电路等。

下面简要介绍嵌入式系统中常见的外设。

1. 中断控制器

现在的嵌入式系统的中断控制器已经紧紧地和处理器融为一体，几乎所有的嵌入式处理器内部都集成有相应的中断控制器，它是典型的片内外设。处理器的中断控制器所支持中断的种类、数量，中断系统支持中断嵌套的能力以及中断响应的速度等是衡量中断控制器性能的主要指标。

2. 定时/计数器

定时/计数器对于计算机系统的重要性是不言而喻的，正因为如此，与中断控制器类似，在几乎所有的嵌入式系统中都集成了数量较多、功能强大的定时/计数器，它已成为嵌入式处理器的标准配置，是标配的片内外设。现在的嵌入式系统中几乎没有在片外进行扩展实现定时/计数功能的情况。定时/计数器可实现的功能包括定时、计数、捕获、脉宽调制(Pulse Width Modulation，PWM)及事件触发等，在嵌入式系统中这些功能发挥着重要的基础作用。

3. A/D转换器和D/A转换器

在嵌入式系统中如果涉及模拟量的采样和产生则必然会涉及A/D转换器和D/A转换

器，为方便使用及简化系统硬件设计，很多的嵌入式处理器内部集成了 A/D 转换器和 D/A 转换器。目前，片内集成的 A/D 转换器或 D/A 转换器以 10 位或 12 位居多，可以满足很多的应用要求。对于内部无 A/D 转换器和 D/A 转换器的处理器，则必须通过外部扩展实现相应的功能。扩展时，应根据转换的精度、速度及接口形式等具体的指标选择合适的 A/D 转换器和 D/A 转换器。目前，具有高速串行接口的 A/D 转换器由于体积较小，速度较高，成为了许多嵌入式应用扩展的首选产品。例如，典型的 12 位串行 A/D 转换器 MAX1224/MAX1225，具有低功耗、高速等特点，其采样速率最高可达 1.5 MS/s，供电电压在 2.7 V～3.6 V 之间，能进行差分输入，可方便地与处理器连接等。

4. 通信接口

在嵌入式系统中常需要通过通信接口连接各种外设，此时对于嵌入式处理器而言，通信接口电路就是系统外设。通信接口种类较多，在嵌入式系统中通过外扩实现通信接口电路会使硬件结构复杂，可靠性降低。为方便应用，不同的嵌入式处理器内部集成了各种各样的通信接口电路，用户可根据需要选用具有相应通信接口的嵌入式处理器，从而简化设计，提高可靠性。

常见的通信接口包括异步串行 UART(Universal Asynchronous Receiver and Transmitter)接口、同步串行 SPI(Serial Peripheral Interface)接口、I^2C(Inter Integrated Circuit)接口、USB(Universal Serial Bus)接口、CAN(Control Area Network)接口、ZigBee 接口、以太网(Ethernet)接口、蓝牙(Bluetooth)接口及 WiFi 接口等。要使用这里的任何一个接口，都必须掌握接口的硬件原理及与之相关的通信协议。

选择内部集成具有所需通信接口电路的处理器构建嵌入式系统可以简化接口电路和系统结构，加快开发过程，节省成本。

5. 人机接口设备

人机接口是嵌入式系统重要的组成部分。如果没有人机接口，用户就无法给计算机输入命令，计算机也无法将处理的结果告诉用户。因此，设置人机接口实现人机交互是计算机系统一项不可或缺的功能。嵌入式系统中实现什么样的人机接口必须视具体的功能需求而定。

键盘是嵌入式系统中最常用的输入设备。键盘可分为编码键盘和非编码键盘。在嵌入式系统中主要用的是非编码键盘。非编码键盘从结构上又可分为独立式键盘和阵列式键盘。独立式键盘的结构及编程控制简单，但在按键数目多的情况下占用 I/O 接口的资源较多，通常用于按键数目较少的系统；阵列式键盘通过阵列结构组织键盘，节省了 I/O 接口的资源，适合在按键数目较多的情况下使用，但由于需要进行键盘动态扫描实现按键识别，操作稍复杂。

显示器是嵌入式系统人机接口中最常用的输出设备。显示器的种类繁多，性能各异，接口电路差别较大。常见的显示器件有 LED 发光管、LED 数码管、LED 显示屏、OLED 显示屏和 LCD 液晶显示器等，为方便应用，许多显示器件都被模块化，可与嵌入式处理器实现连接。

目前，嵌入式系统中大量使用液晶触摸屏，这既可以实现各种信息的界面显示，又可以实现触摸按键的功能，使人机接口变得更加友好和便捷。

1.3　嵌入式系统软件及其开发

软件是任何计算机系统不可或缺的组成部分。嵌入式系统的软件是实现嵌入式计算机硬件驱动、数据分析计算及控制思想的计算机程序。由于嵌入式系统硬件及其功能的独特性，基于嵌入式系统的软件组成和开发过程均具有不同于通用计算机的鲜明的特征，这与基于通用 PC 平台的软件组成及开发过程具有很大的区别。

1.3.1　嵌入式系统软件

嵌入式系统的硬件组成各异，需要实现的功能千差万别。不同的嵌入式系统往往针对特定的控制任务量身定制其组成硬件。这种硬件上的不同首先体现在所使用的嵌入式控制器上，嵌入式控制器种类繁多，性能差异巨大，指令系统各异，开发平台很难统一；其次，不同的嵌入式系统除控制器之外的硬件的组成千差万别，控制要求和功能各不相同。这些因素增加了嵌入式系统软件开发的复杂性。

嵌入式系统软件可分为无操作系统的软件和具有操作系统支持的软件。嵌入式系统软件具有以下特点：

(1) 软硬件一体化，软件功能的实现高度依赖于系统硬件。

(2) 软件代码尺寸小，代码效率和实时性要求高。

(3) 软件可裁减，冗余代码少。

1.3.2　嵌入式系统软件开发

对于大多数的中低端嵌入式系统，其硬件资源极其有限，且多采用无操作系统支持的裸机开发模式。在这种软件开发模式下，系统的软件要实现系统硬件的驱动，各种处理任务及其相互之间的协调与配合，就需要程序开发人员熟悉嵌入式系统的硬件组成，并能够合理地调度各项任务互相配合实现系统的功能。8 位和 16 位的嵌入式系统一般采用无操作系统的裸机开发模式，用户需要完成整个系统所有程序的开发。对于 32 位的嵌入式系统，既可采用无操作系统支持的裸机软件开发模式，也可采用具有操作系统支持的软件开发模式，这需要根据系统硬件资源的情况和系统任务的复杂程度而定。对于系统资源有限、控制功能较单一、复杂程度较低的 32 位嵌入式系统，仍以无操作系统的软件开发模式为主，这样可以利用有限的资源高效地实现嵌入式系统软件的开发。

对于那些系统资源丰富、组成较为复杂、实现的功能较多的 32 位嵌入式系统，则多采用具有操作系统支持的软件开发模式。目前，较高端的嵌入式系统往往涉及网络通信、文件操作、图像及视频处理等，这些系统如果在没有操作系统支持的情况下进行程序开发，将是一件很困难的事情。嵌入式操作系统通常都具有较强的实时性，借助这些操作系统实现软件开发可以屏蔽处理器的底层硬件操作，简化程序设计对底层驱动的依赖，较好地实现系统任务的调度等。借助操作系统实现嵌入式系统软件开发的前提是熟练掌握这些操作系统，但是，这并不是一件容易的事情。

本书作为嵌入式系统的基础教程，所有的程序开发均不涉及操作系统，这并不是说操作系统不重要，恰恰相反，只有对嵌入式系统的底层硬件及软件开发深入了解后，再来学习基于嵌入式操作系统的程序开发才能取得更好的效果，这需要经过一个循序渐进的过程。

思考题与习题 1

1. 什么是嵌入式系统？嵌入式系统具有什么特点？
2. 简述常见的嵌入式处理器类别及特点。
3. 简述冯·诺依曼结构和哈弗结构及其异同点。
4. 衡量处理器内核性能的主要指标有哪些？
5. 简述嵌入式系统的存储器结构。
6. 简述常用 ROM 的种类及特点。
7. 什么是嵌入式系统的外设？什么是片内外设？什么是扩展外设？
8. 简述嵌入式系统软件的特点及基本开发方法。

第 2 章　ARM Cortex 处理器内核结构

基于 ARM 系列架构的 32 位精简指令系统处理器具有出色的内核结构、32/16 位双指令集、高效的处理能力及较低的功耗和成本等突出特点，自 20 世纪 90 年代推出以来迅速发展，在全球范围内得到广泛的应用。

2.1　ARM 处理器概述

2.1.1　ARM 公司简介

1978，物理学家赫尔曼·豪泽(Hermann Hauser)和工程师克里斯·柯里(Chris Curry)，在英国剑桥创办了 CPU(Cambridge Processing Unit)公司，1979 年，CPU 公司改名为 Acorn 公司。

1985 年，罗杰·威尔逊(Roger Wilson)和史蒂夫·弗伯(Steve Furber)设计了他们自己的第一代 32 位、6 MHz 的处理器，Roger Wilson 和 Steve Furber 用它做出了一台 RISC 指令集的计算机，简称 ARM(Acorn RISC Machine)，这就是 ARM 这个名字的由来。

1990 年 11 月 27 日，Acorn 公司正式改组为 ARM 计算机公司。苹果公司出资 150 万英镑，芯片厂商 VLSI 出资 25 万英镑，Acorn 本身则以 150 万英镑的知识产权和 12 名工程师入股。公司成立时的办公地点非常简陋，就是一个谷仓。自此之后，ARM 的 32 位嵌入式 RISC(Reduced lnstruction Set Computer)处理器迅速扩展到世界范围，占据了低功耗、低成本和高性能的嵌入式系统应用领域的领先地位。ARM 公司既不生产芯片也不销售芯片，它只出售芯片技术授权。简单地说就是：ARM 与众多的半导体生产商合作，将其开发的 ARM 处理器的 IP 核授权给这些公司，这些生产商又在授权的 IP 核基础上开发具有自己特色的产品，满足不同的市场需求。

2.1.2　ARM 内核架构与产品系列

所谓内核架构，就是内核设计的基本框架和设计思路。每一个版本的 ARM 内核设计思想相对稳定。伴随着技术的不断进步，ARM 对于现有的内核版本进行改进，如果只是小范围的改进，就命名为现有版本的衍生版本；如果改进后的版本与原来的版本相比具有明显的进步，就会命名一个新的版本。ARM 的内核版本从 v1 到 v8，包含很多个版本，注意这里不是只有 8 个版本，许多内核版本有多个衍生的版本。

ARM 公司将内核设计授权给合作的半导体生产厂家，半导体生产厂家根据内核设计自己的具体 ARM 内核处理器。由于内核的架构不同，厂家推出的 ARM 处理器被区分为不同的系列。例如经典的 ARM7、ARM9、ARM9E、ARM10E、ARM11 等都有相应的内核架构。ARM 的部分内核架构与对应产品系列对照表如表 2-1 所示。为进一步说明问题，这里打个比方，比如要建房子，建筑设计单位有几种基本的设计思路，如土木结构、砖混结构、钢筋混凝土结构及钢结构等，假如建筑设计单位按照土木结构设计了一个宫殿的建造方案，再将这个设计方案提供给建筑公司，由建筑公司实际完成房子的建设，这样就可以完成一个房子的整个建造过程。那么这里 ARM 公司就相当于建筑设计院，ARM 公司提供的内核架构就相当于建筑设计单位的建筑设计思路，而芯片生产厂商就相当于建筑公司，ARM 产品就相当于具体建成的房子。由于内核架构不同，该内核架构对应的处理器芯片性能当然不同。

通常情况下，将版本 v6 及低于 v6 的内核架构对应的 ARM 处理器产品称为经典 ARM 处理器，在此之后，也就是从内核版本 v7 之后，ARM 公司不再以 ARM 字母打头命名对应的产品，而是启用了全新的产品命名规则，以 Cortex 打头命名相关的产品。

表 2-1　ARM 的部分内核结构与对应产品系列对照表

序号	ARM 内核架构版本号	ARM 产品系列
1	v1	ARM1
2	v2	ARM2
3	v2a	ARM2a、ARM3
4	v3	ARM6、ARM600、ARM610
5	v4	ARM7、ARM700、ARM710
6	v4T	ARM7TDMI、ARM710T、ARM720T、ARM740T ARM9TDMI、ARM920T、ARM940T
7	v5	ARM9E-S
8	v5TE	ARM10TDMI、ARM1020E、XScal
9	v6	ARM11、ARM1156T2-S、ARM1156T2F-S、ARM1176JZF-S
10	v7	Cortex-M、Cortex-R、Cortex-A
11	v8	Cortex-A53、Cortex-A57

2.1.3　ARM 处理器内核的设计特点

1. 基于 RISC 指令系统的内核设计

ARM 处理器是 32 位的 RISC 指令系统处理器，由于需要通过硬件实现的指令数目较少，CPU 的结构得到精简。ARM 处理器的指令系统设计先进，采用固定长度的指令格式，指令格式统一，结构简单、基本寻址方式简单高效；使用单周期指令，便于流水线结构设计和指令的执行；CPU 设计中大量使用寄存器，数据处理指令只对寄存器进行操作，只有需要读入或者存储数据时才通过加载/存储指令访问存储器，这样提高了指令的执行效率。通过使用加载/存储指令批量传输数据及在循环处理中使用地址的自动增减，提高了数据的传输效率。可在一条数据处理指令中同时完成逻辑处理和移位处理，所有的指令都可根据前面的执行结果决定是否被执行，从而提高指令的执行效率。除此以外，ARM 体系结构还采用了一些其他技术，在保证高性能的前提下尽量缩小芯片的面积，并降低功耗。ARM 处理器的内部结构设计与其指令系统是紧密结合的，这样的结构与指令设计最终成就了 ARM 处理器的优异性能。

2. 独特的寄存器结构

每种 ARM 处理器内核均设置一组寄存器。对于 32 位的 ARM 内核，每个寄存器均是 32 位寄存器，这些寄存器包括：程序计数器 PC(Pointer Counter)、堆栈指针寄存器、程序状态寄存器、链接寄存器及一组通用寄存器。这组寄存器是内核的重要组成部分，配合内核完成指令的执行，这实际上是 ARM 内核的设计特色之一。

3. 32/16 位的混合指令系统

ARM 处理器指令系统的发展经历了几个阶段。最早的 ARM 指令集全部为 32 位指令，由于 32 位的 ARM 指令存储长度较长，占用的存储空间较大。后来，ARM 内核开始支持一种 16 位的 Thumb 指令集，该指令集为 ARM 指令集的功能子集，与等价的 ARM 代码相比较，可节省 30%～40%的存储空间，这样一来，采用 32 位的 ARM 指令与 16 位 Thumb 指令混合编程可有效地缩小代码的尺寸。由于 Thumb 指令集是 ARM 指令集的功能子集，因此 Thumb 指令只能实现 ARM 指令集中的部分指令功能，在采用 Thumb 指令与 ARM 指令编程实现相同的功能时，Thumb 指令的执行效率较低，且部分指令功能只能通过 32 位 ARM 指令才能实现。在 ARM 处理器运行由 Thumb 指令和 ARM 指令混合编程的程序时，处理器要在 ARM 指令执行状态和 Thumb 指令执行状态之间来回进行切换，这为使用带来不便。ARM 内核架构从 v7 开始支持一种 Thumb-2 指令集。简单来说，Thumb-2 指令集是在 ARM 指令和 Thumb 指令两者之间取了一个平衡，兼有二者的优势。当一个操作可以使用一条 32 位指令完成时就使用 ARM 指令，以加快运行速度，而当一次操作只需要一条 16 位的 Thumb 指令完成时就不用 32 位的 ARM 指令，从而节约存储空间。在支持 Thumb-2 的内核上运行 Thumb-2 指令的程序，无需人为控制切换处理器的状态。

4. 支持多处理器模式

ARM 处理器支持用户模式、快速中断模式、中断模式、管理模式、数据访问终止模式、系统模式及未定义模式等 7 种处理器模式。用户模式为非特权模式，其他 6 种模式均为特权模式。ARM 处理器用多处理器模式可有效地提升处理器的响应速度，增强系统运行的安全性。

5. 具有嵌入式仿真调试单元

ARM 处理器内核都集成有在线仿真逻辑 ICE 单元，通过联合测试工作组 JTAG 接口可以读取引脚的状态。JTAG 接口是一种国际标准测试协议(与 IEEE 1149.1 兼容)，主要用于芯片内部测试。标准的 JTAG 接口含 4 根信号线：TMS、TCK、TDI、TDO，分别为模式选择、时钟、数据输入和数据输出线。为跟踪处理器的运行状态，在内核中还集成了嵌入式跟踪宏单元 ETM。EMT 单元可对内核运行的状态进行实时跟踪记录，外部的调试器可以通过 JTAG 口对 EMT 单元进行配置，并读取 EMT 的跟踪信息。

除上面列举的这些特点外，ARM 处理器还有许多其他的特点，在此不再一一赘述。

2.1.4　经典 ARM 系列的主要特征

1. ARM7 系列特征

ARM7 系列的主要特征如下：

(1) 具有三级流水线。

(2) 采用冯·诺依曼结构。

(3) 支持 16 位的 Thumb 指令，代码密度高。

(4) 可提供 0.9 MIPS/MHz 的执行速度，最高主频下可以达到 130 MIPS。

(5) 支持 ICE 在系统调试。

(6) 低成本，低功耗。

(7) 提供 0.25 μm、0.18 μm 及 0.13 μm 的生产工艺。

(8) 具有 ARM7TDMI、ARM7TDMI-S、ARM7EJ-S 和 ARM720T 等产品系列。

2. ARM9 系列特征

ARM9 系列的主要特征如下：

(1) 具有五级流水线。

(2) 采用哈弗结构。

(3) 提供 1.1 MIPS/MHz 执行速度，主频可以达到 300 MHz。

(4) 支持 16 位的 Thumb 指令，代码密度高。

(5) 支持 32 位 AMBA(Advanced Microcontroller Bus Architecture)总线接口。

(6) 支持 MMU(Memory Management Unit)。

(7) 支持指令缓存(Icache)和数据缓存(Dcache)。

(8) 具有 ARM920T、ARM922T、ARM940T 等产品系列。

3. ARM9E 系列特征

ARM9E 系列的主要特征如下：

(1) 具有五级流水线。

(2) 采用哈弗结构。

(3) 提供 1.1 MIPS/MHz 执行速度，主频可以达到 300 MHz。

(4) ARMv4 指令集，支持 16 位的 Thumb 指令，代码密度高。

(5) 支持 32 位 AMBA(Advanced Microcontroller Bus Architecture)总线接口。

(6) 支持 MMU(Memory Management Unit)。

(7) 支持指令缓存(Icache)和数据缓存(Dcache)。

(8) 支持 DSP 功能和浮点运算。

(9) 具有 ARM926E、ARM946E、ARM966E 等产品系列。

4. ARM10E 系列特征

ARM10E 系列的主要特征如下：

(1) 具有六级流水线，主频可达 400 MHz，执行速度更高。

(2) 支持 32 位 ARM 指令和 16 位的 Thumb 指令。

(3) 支持 32 位 AMBA(Advanced Microcontroller Bus Architecture)总线接口。

(4) 支持 MMU(Memory Management Unit)。

(5) 支持指令和数据的高速缓冲(Icache，Dcache)。

(6) 支持 DSP 功能，具有浮点运算协处理器。

(7) 具有 ARM1020E、ARM1002E 等产品系列。

2.1.5 Cortex 系列简介

Cortex 系列是基于 ARMv7 内核架构开发的系列产品。Cortex 系列针对不同的应用领域又分为 3 个子系列，分别是 Cortex-A(Application)系列、Cortex-R(Realtime)系列和 Cortex-M(Microcontroller)系列。

Cortex-A 系列是针对高端应用的嵌入式处理器，其内部集成存储器管理单元 MMU，支持基于虚拟内存管理的嵌入式操作系统，如 Linux、Android、Windows CE 及 Symbian 等，可基于操作系统的支持实现复杂的应用。Cortex-A 系列主要应用在高端的消费电子及无线产品领域，如智能手机、数字电视、智能本和上网本、家用网关、电子书阅读器等。Cortex-A 系列的典型产品有 A8 系列、A9 系列等。

Cortex-R 系列是针对高可靠性和高实时性要求开发的嵌入式处理器，这类处理器具有较高的处理能力，并从硬件上保障处理的实时性限制，具有较强的容错能力，主要应用于汽车电子、工业机器人及存储设备等领域，如汽车制动系统、动力传动解决方案、焊接机器人及大容量存储控制器等。

Cortex-M 系列是针对成本和功耗敏感的控制领域开发的嵌入式微控制器。这类处理器以更高的性能、更低的功耗及更低的成本逐渐取代 8 位或 16 位微控制器的应用领域，逐渐成为微控制器领域的主流产品。该系列处理器主要应用于工业、医疗及消费电子等领域。

Cortex 系列处理器推出之后已经逐渐取代了经典的 ARM 处理器，种类丰富、性能先进的 Cortex 处理器为各种的应用提供灵活的选择。掌握 Cortex 处理器的基本原理及应用方法是当下嵌入式系统设计开发的基本要求，基于此，本书主要介绍 Cortex-M 系列处理器的结构、原理及编程应用。

2.1.6 ARM 处理器的应用领域及特点

ARM 处理器的市场覆盖率最高、发展前景广阔，基于 ARM 技术的 32 位微处理器，市场占有率目前已达到 80%。各大 IC 制造商纷纷推出了自己的 ARM 结构芯片。国内的中兴集成电路、大唐电讯、华为海思、中芯国际和上海华虹等公司，国外的德州仪器、意法半导体、Philips、Intel、Samsung 等都推出了自己设计的基于 ARM 核的处理器。

1. 工业控制领域

基于 32 位 RISC 架构的 ARM 处理器在工业控制领域占有越来越大的份额，它不但占据了高端微控制器市场的大部分市场份额，同时也逐渐向低端微控制器应用领域扩展，逐渐取代 8 位和 16 位微控制器。

2. 网络及无线通信领域

随着宽带技术的推广，采用 ARM 技术的 ADSL 芯片正逐步获得竞争优势。此外，ARM 在语音及视频处理上进行了优化，并获得广泛支持，对 DSP 的应用领域提出了挑战。目前已有超过 85%的无线通信设备采用了 ARM 技术，ARM 处理器以其高性能和低成本，在该领域的地位日益巩固。

3. 消费类电子产品领域

智能手机、数码相机及打印机等消费电子产品中绝大部分采用 ARM 产品与技术，ARM 技术在目前流行的数字音视频播放器、数字机顶盒和游戏机中都得到广泛应用。

2.2　Cortex-M3 内核结构

基于 ARMv7 内核架构的 Cortex 系列共有 3 个大的系列，分别是 A 系列、R 系列和 M 系列，每一个系列其内核版本又有很大的不同。对于 Cortex-M 系列，又可细分为 Cortex-M0、Cortex-M3、Cortex-M4 等子系列，它们的内核架构各不相同，性能也存在较大的差异。采用相同内核的 ARM 处理器，不同的半导体生产商可能根据产品的需要配置不同的片内外设，但内核硬件结构基本相同，差异不大。下面就介绍 Cortex-M3 处理器的内核结构。

2.2.1　Cortex-M3 内核结构

Cortex-M3 是一个 32 位处理器内核，处理器内部的数据总线、寄存器及存储器访问接口都是 32 位的。Cortex-M3 采用了哈弗结构，拥有独立的指令总线和数据总线，可以让取指与数据访问并行进行，这样一来，在数据访问时不再占用指令总线，从而提升了性能。为实现这些特性，Cortex-M3 内部设置有几组总线及其接口，处理器工作时各组总线彼此协调共同完成指令序列的各项功能，从而有效地提升总线的吞吐量和执行效率。

图 2-1 所示为 Cortex-M3 处理器内核结构框图。从图中可以看出 Cortex-M3 处理器由处理器内核、存储器保护单元(Memory Protection Unit，MPU)、总线、总线互联模块、跟踪及调试单元等组成。

如图 2-1 所示，处理器内核的主要组成包括：算术逻辑单元(Arithmetic and Logic Unit，ALU)、指令预取单元(Instruction Fetch Unit，IFU)、指令译码器(Instruction Decoder，ID)、通用寄存器组(Register Bank)、存储器接口(Memory Interface)、嵌套中断控制器(Nested Vectored Interrupt Controller，NVIC)等。

图 2-1 中标注为“处理器内核”的虚线框部分是 Cortex-M3 处理器内核的核心，除此以外，Cortex-M3 处理器内核的外围还包括存储器保护单元(Memory Protection Unit，MPU)、

总线互联模块(或称总线矩阵，Bus Interconnect Array)、调试系统(Debug System)、调试接口(Debug Interface)等。

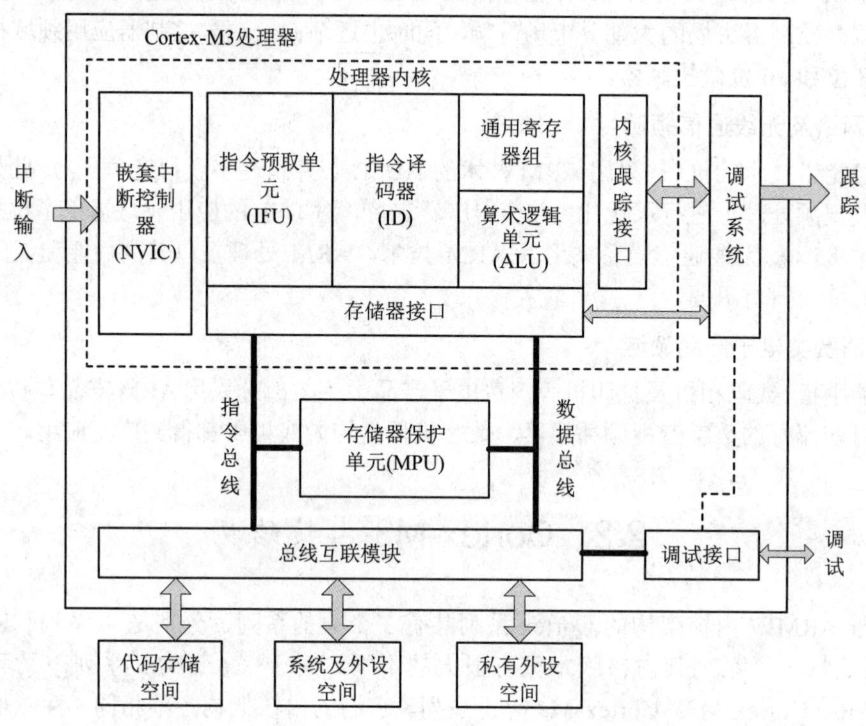

图 2-1　Cortex-M3 处理器内核结构框图

存储器保护单元(MPU)是一个选配单元，也就是说在 Cortex-M3 的具体产品中，有些没有此单元，有些配置有 MPU 单元；如果有，则 MPU 属于内核的一部分，具有 MPU 的处理器能够为数据访问提供不同访问权限下的访问限制，从而更好地保护系统运行时的安全。

对于嵌入式处理器，中断控制器已经成为内核重要的组成部分。Cortex-M3 内核部分集成了具有中断嵌套功能的中断控制器 NVIC，通过该模块，Cortex-M3 处理器可以对系统的异常和中断实施有效的管理，提升了中断响应的速度。

为调试方便，Cortex-M3 内核设置有内部的跟踪调试系统和调试接口，利用这些资源可以方便地对系统进行仿真和调试。例如，在调试程序的过程中经常需要实现停机、单步执行、设置断点运行、设置数据观察点运行、观察及设置寄存器和存储器等各种跟踪机制，通过这些机制获取程序运行的状态，判断程序功能是否实现等。

在具体实现方面，Cortex-M3 内核向外提供一个称为“调试访问接口 DAP(Debug & Access Port)”的总线接口，通过这个总线接口，可以访问内核的寄存器和系统存储器。使用调试接口时需要通过一个片上的调试设备来实现内核与外部的调试主机的连接。目前，芯片厂家在其所生产的不同产品中集成的调试设备可能不同，典型的调试设备有 3 种：第一种为 SWJ-DP 调试设备，这种调试设备既支持传统的 JTAG 调试协议，也支持新的串行 SW(Serial Wire)调试协议；第二种为 SW-DP 调试设备，这种调试设备仅支持串行调试协议，不支持 JTAG 调试协议；第三种采用 ARM CoreSight 产品家族的 JTAG-DP 模块，该模块仅支持 JTAG 协议。不管是何种调试设备，都不属于内核本身，而是属于内核的私有外设。

除了上面介绍的调试设备及接口外，在 Cortex-M3 内核中还可以通过“嵌入式跟踪宏单元 ETM”及“指令追踪宏单元 ITM”等措施实现调试，这里不再赘述。

处理器总线是将内核各单元有机联系起来的纽带，对于代码的获取、数据的传输和指令的执行过程有着重大的影响。Cortex-M3 处理器是基于哈弗结构设计的，为加快数据/代码的传输设置了多组总线，包括指令 I-Code(Intruction-Code)总线、数据 D-Code(Data-Code)总线、系统总线及私有外设总线等。其中，I-Code 总线主要用于取指，D-Code 总线主要用于获取内存数据，系统总线用于访问内存和外设，私有外设总线是调试主机通过调试访问接口访问内核时使用的信号通道，用户不能使用。总线互联单元可根据所执行的指令自动建立总线驱动与被访问的单元之间的总线通道。

2.2.2　Cortex-M3的存储器组织结构

对于任何一款计算机处理器，弄清楚其存储器的组织结构是掌握其应用的基础。存储器映射的本质是在一个计算机系统中如何安排和分配各种存储器和外设地址的问题，只有弄清楚这些问题，我们才能够知道编写的程序代码该存放在什么地方、数据存放的位置及获取的方法、外设的地址及访问时序的安排等基本问题。

下面简要介绍 Cortex-M3 存储器的基本映射关系。

Cortex-M3 系统中程序存储器、数据存储器、寄存器和设备的输入/输出端口被组织在一个 4 GB 的线性地址空间内。这个 4 GB 的线性空间被分成 6 个主要的区块，每个区块为 512 MB 的整数倍，这个 4 GB 的区域中各主要的存储器及外设所占用的地址映射关系被称为系统存储器映射。图 2-2 所示为 Cortex-M3 系统的存储器映射图。

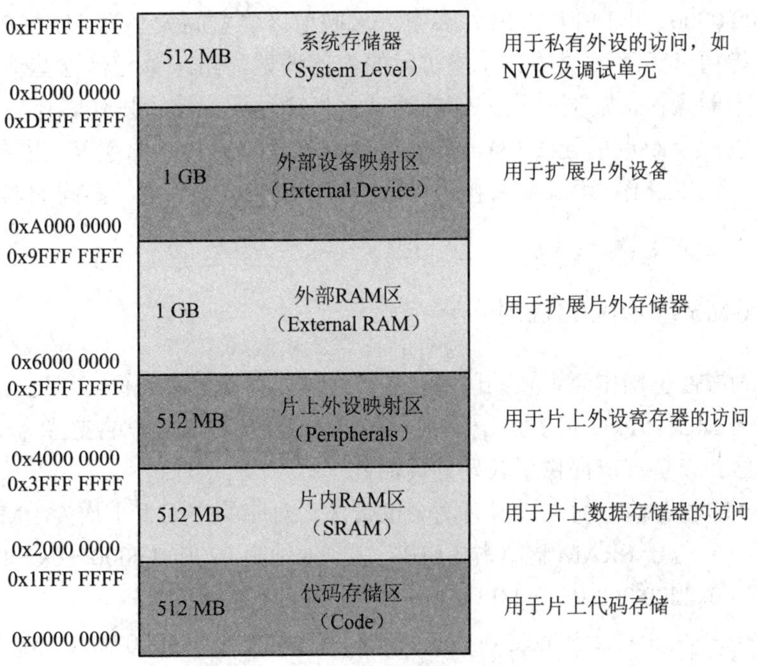

图 2-2　Cortex-M3 系统的存储器映射

在一个具体的 Cortex-M3 内核的处理器中，除了实际占用的映射空间外，其他所有没有分配给片上存储器和外设的存储器空间都是保留的地址空间，用户不能使用，对于具体的产品可参考相应器件的数据手册中的存储器映像图。

在 Cortex-M3 系统中，数据字节缺省的情况下，以小端格式存放在存储器中。所谓小端存储，是指一个字里的最低地址字节被认为是该字的最低有效字节，而最高地址字节是最高有效字节。

Cortex-M3 是以存储器映射的方式访问所有的存储器及内外设备的，包括片内的 Flash ROM、SRAM 和扩展的片外 ROM、SRAM 及 PSRAM 等，还有片内的外设、私有外设及片外的扩展设备。所有的存储器或设备只有映射到系统的适当的存储空间内才能够被访问。简而言之，存储器映射就是给存储器及外设端口分配地址，只有有了地址，才可以通过地址进行访问。

总体上，Cortex-M3 系统整个存储空间被划分为 6 个区，具体情况如下：

(1) 0x0000 0000～0x1FFF FFFF：代码区，空间大小为 512 MB，是片上的 Flash ROM 缺省情况下的映射区域。

(2) 0x2000 0000～0x3FFF FFFF：片上 SRAM 区，空间大小为 512 MB。

(3) 0x4000 0000～0x5FFF FFFF：片上外设寄存器映射区，空间大小为 512 MB，所有的片上外设映射到该区，每种外设的寄存器占据该区域内的一段地址资源，要对这些外设进行操作必须通过操作这些寄存器对应的映射地址来实现。

(4) 0x6000 0000～0x9FFF FFFF：外部扩展存储器区，空间大小为 1 GB，实际应用中根据需要扩展的外部存储器可在该区域分配地址(与硬件相关)。

(5) 0xA000 0000～0xDFFF FFFF：片外外设映射区，空间大小为 1 GB。

(6) 0xE000 0000～0xFFFF FFFF：私有外设映射区，空间大小为 512 MB。所谓私有外设，通常是指通过跟踪调试接口才能访问的内部调试、跟踪单元，这些单元所对应的地址映射用户不能操作，需要使用外部的调试主机通过调试接口操作。这些私有外设包括：闪存地址重载及断点单元(FPB)、数据观察点单元(DWT)、指令跟踪宏单元(ITM)、嵌入式跟踪宏单元(ETM)、跟踪端口接口单元(TPIU)和 ROM 表等。不同的器件内部的私有外设不同。

2.2.3　Cortex-M3 位带区的映射

位带区是为方便位操作而设置的区域，在该区域内存储器中的位可以通过位带地址进行访问，类似于 MCS-51 的位寻址访问。位带区的设置及对位操作的支持为 Corte-M3 处理器操作存储器和设备端口提供了较好的灵活性。

在 Cortex-M3 的存储空间中设置有两个位带区，对应的空间大小均为 1 MB。

(1) 位带区 1：位于 SRAM 区，占 1 MB，字节地址为 0x2000 0000～0x200F FFFF，对应的位带地址为 0x2200 0000～0x23FF FFFF，共 32M 个地址。

(2) 位带区 2：位于片上外设区，占 1 MB，字节地址为 0x4000 0000～0x400F FFFF，对应的位带地址为 0x4200 0000～0x43FF FFFF，共 32M 个地址。

图 2-3 所示为 Cortex-M3 系统位带区的存储器映射图。

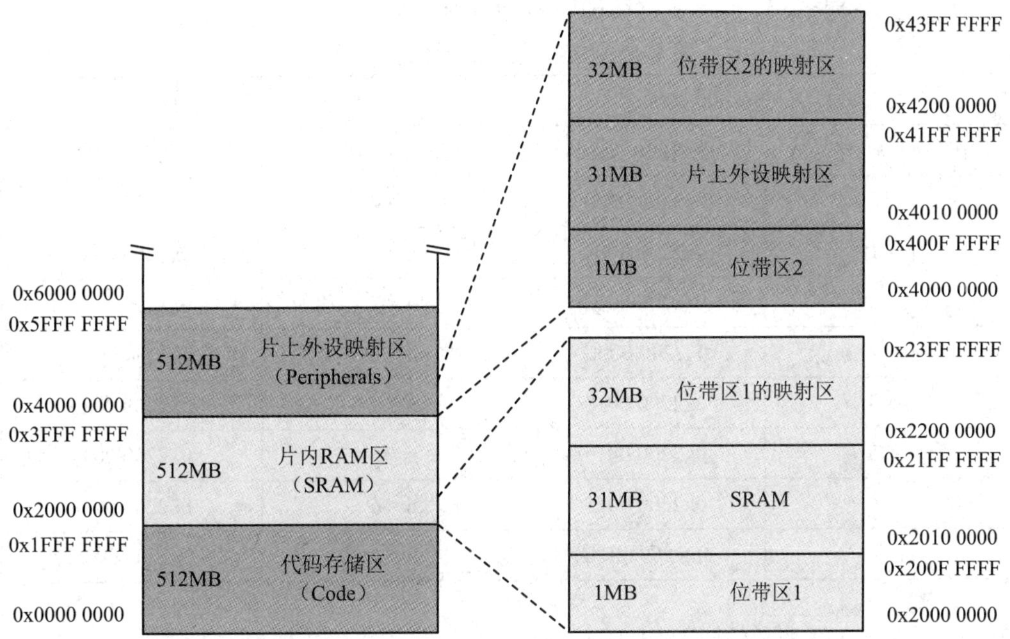

图 2-3　Cortex-M3 系统位带区的存储器映射图

为了实现位操作，需要给可进行位操作的位分配地址，在 Cortex-M3 系统中通过位带映射的方法来为可进行位操作的位分配地址，所分配的地址称为该位的别名地址，在这里就称为位地址或位带地址，有了这个别名地址后就可以对位带区进行位操作访问了。位带区 1 位于片内 SRAM 字节地址为 0x2000 0000～0x200F FFFF 的区域，该区域总共的字节数为 1M，每字节 8 位，则总共有 8 M 个可进行位操作的位，如何为这 8 M 个位单元分配地址就是位带区映射。

位带地址与字节地址之间的对应映射关系如下：

对 SRAM 位带区的某个比特位，将它所在字节地址记为 A，位序号 n(0≤n≤7)，该比特位在位带映射区对应的位地址表示为

$$\begin{aligned}\text{AliasAddr} &= \text{0x22000000} + \big((\text{A} - \text{0x20000000})\times 8+\text{n}\big)\times 4\\ &= \text{0x22000000} + \big(\text{A} - \text{0x20000000}\big)\times 32+\text{n}\times 4\end{aligned}$$

对于片上外设位带区的某个比特位，将它所在字节的地址记为 A，位序号为 n(0≤n≤7)，则该比特位在别名区的地址为

$$\begin{aligned}\text{AliasAddr} &= \text{0x42000000} + \big((\text{A} - \text{0x40000000})\times 8+\text{n}\big)\times 4\\ &= \text{0x42000000} + \big(\text{A} - \text{0x40000000}\big)\times 32+\text{n}\times 4\end{aligned}$$

这里以位带区 1 起始的几个字节单元为例，计算每个字节单元中的各位映射后对应的位地址，对应关系如表 2-2 所示。从表中可以看出，对于一个字节里的 8 位，各位对应的位地址不连续，映射后的位地址相当于扩大 4 倍。对于位带区 1，空间大小为 1 MB，每字节 8 位，所需的位地址为 8 M 个，由于映射后的位地址不连续，且扩大 4 倍，因

此最终对应的位带映射区地址范围为 0x2200 0000～0x23FF FFFF，共 32M 个地址号，也就说这 32M 个地址号实际上有用的只有四分之一。

表 2-2　位带区地址映射关系表

字节地址 A = 0x2000 0000		字节地址 A = 0x2000 0001	
位在字节中的序号 n	映射的位地址	位在字节中的序号 n	映射的位地址
n = 0	0x2200 0000	n = 0	0x2200 0020
n = 1	0x2200 0004	n = 1	0x2200 0024
n = 2	0x2200 0008	n = 2	0x2200 0028
n = 3	0x2200 000C	n = 3	0x2200 002C
n = 4	0x2200 0010	n = 4	0x2200 0030
n = 5	0x2200 0014	n = 5	0x2200 0034
n = 6	0x2200 0018	n = 6	0x2200 0038
n = 7	0x2200 001C	n = 7	0x2200 003C

2.2.4　Cortex-M3 私有外设的映射

图 2-4 所示为 Cortex-M3 私有外设的存储器映射。

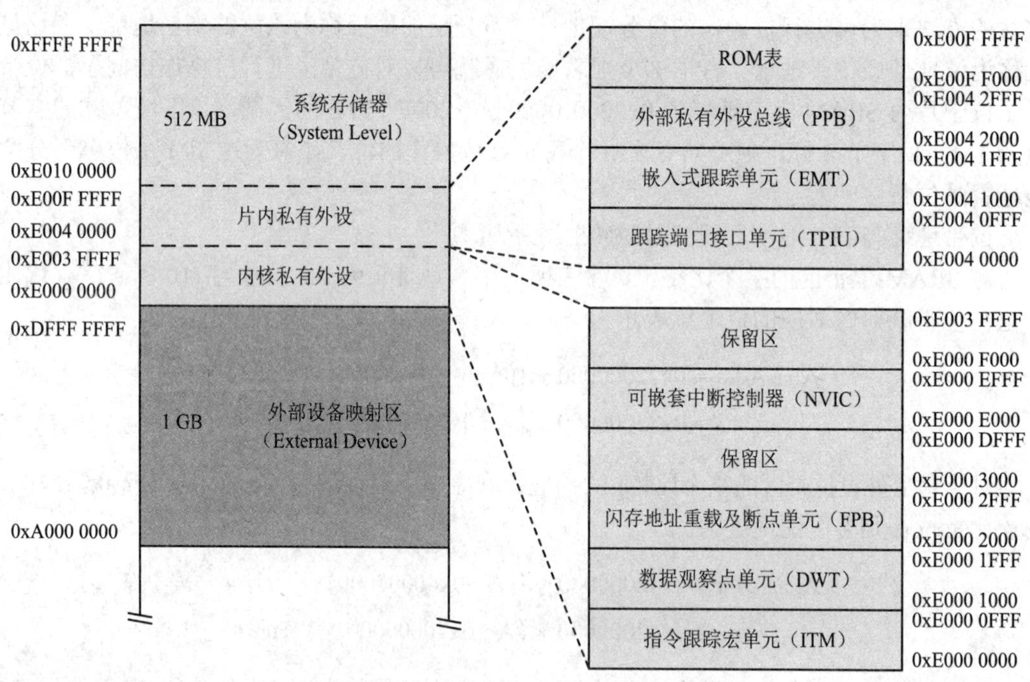

图 2-4　Cortex-M3 私有外设的存储器映射

Cortex-M3 的私有外设被映射到系统存储器区域，包括内核私有外设和片内私有外设两部分。如图 2-4 所示分别表示了内核私有外设和片内私有外设默认情况下的映射地址，如前所述，这些私有外设的用户访问是受限的，如果访问会引起相应的异常。

2.2.5　Cortex-M3 片上外设映射区

片上外设的映射区为 0x4000 0000～0x5FFF FFFF。

Cortex-M3 片内具有丰富的片内外设，内核与每个外设之间是通过对应的存储器接口实现信息交换的，内核只有通过映射寄存器才能够对片内外设进行操作，因此弄清楚每种外设的映射并对其操作，是实现这些外设功能的必由之路。

同一个内核，由于不同的厂家生产的 Cortex-M3 产品的片上外设配置不同，因此相应外设的寄存器映射地址也不一定相同，这就要求使用一种具体的 Cortex-M3 产品时，首先要知道其具有的片上资源及相关资源的寄存器映射情况。

2.3　STM32F10xxx 系列处理器概述

意法半导体(ST)公司是全球知名的半导体产品提供商，也是 ARM 公司的重要合作伙伴，其基于 ARM 最新架构推出大量的 Cortex 内核的处理器，这些处理器既包括高端应用的微处理器(MPU)，也包含许多种类丰富的微控制器(MCU)。

ST 公司基于 Cortex 内核的微控制器产品有 1000 多个品种，可谓是门类齐全，这里有针对高性能应用领域的 STM32F2/F4/F7/H7 等系列，有针对主流应用领域的 STM32F0/F1/F3/G0/G4 等系列，有针对超低功耗应用领域的 STM32L0/L1/L4/L5 等系列，有针对无线应用领域的 STM32WB/WL 等系列，以及针对汽车应用领域的 SPC55/57/58 等系列。由于针对主流应用的 STM32F1 系列处理器性能出色、功耗较低、价格低廉、应用广泛，在国内具有非常好的口碑和较大的市场，因此，本书选取该系列处理器作为嵌入式学习的载体。

2.3.1　STM32F10xxx 系列处理器

1. 概述

STM32F10xxx 系列处理器是意法公司基于 ARM Cortex-M3 内核推出的 32 位微控制器，该系列包含 STM32F100xx、STM32F101xx、STM32F102xx、STM32F103xx 和 STM32F105xx/STM32F107xx 等子系列。

(1) STM32F100xx 系列：超值型，主频最高 24 MHz，具有电机控制和消费电子产品控制 CEC 功能。

(2) STM32F101xx 系列：基本型，主频最高 36 MHz，最多可提供 1 MB 的片内 Flash。

(3) STM32F102xx 系列：USB 基本型，主频 48 MHz，支持全速 USB 接口。

(4) STM32F103xx 系列：增强型，主频最高 72 MHz，可提供最多 1 MB 的片内 Flash，适合电机控制等，具有 USB 和 CAN 接口。

(5) STM32F105xx/107xx 系列：互联型，主频最高 72 MHz，带有以太网 MAC(Media Access Control)接口、CAN 接口和 USB2.0 OTG(On-The-Go)接口。

STM32F10xxx 系列处理器满足了工业、医疗和消费市场的各种应用的需要。意法公司率先推出此系列并凭借这个系列开创了自己的 ARM 世界，在嵌入式应用的历史上树立了一个里程碑。STM32F10xxx 系列处理器结构简单，具有较高的性能、先进的片内外设和较低的功耗，具有先进的集成工艺，较低的价格以及简单、易用的开发工具。

在本书的后续内容中我们选取 STM32F103xx 系列作为重点学习。该系列产品种类丰富，规格齐全，可以满足大多数情况下的嵌入式主流应用。从片内存储器的配置上来看，该系列的片内 Flash 容量为 16 KB～1 MB，片内的 SRAM 容量为 6 KB～96 KB，用户可以根据需求选择具有合适 Flash 和 SRAM 容量的处理器芯片；根据片内存储器的大小，意法公司将 STM32F103xx 系列划分成低密度产品、中密度产品和高密度产品，具体情况如下：

(1) 低密度产品(Low-density Device)：指 Flash 闪存存储器容量在 16 KB～32 KB 之间的 STM32F101xx、STM32F102xx 和 STM32F103xx 微控制器。

(2) 中密度产品(Medium-density Device)：指 Flash 闪存存储器容量在 64 KB～128 KB 之间的 STM32F101xx、STM32F102xx 和 STM32F103xx 微控制器。

(3) 高密度产品(High-density Device)：指 Flash 闪存存储器容量在 256 KB～512 KB 之间的 STM32F101xx、STM32F102xx 和 STM32F103xx 微控制器。

从芯片的引脚数目及封装形式上来看，该系列有 36 脚、48 脚、64 脚、100 脚及 144 脚几种引脚数目的芯片，有 QFNP(Quad Flat No-lead Package)、LQFP(Low-profile Quad Flat Package)、BGA(Ball Grid Array)及 CSP(Chip Scale Package)等封装形式。LQFP 封装的焊接及调试比较方便，在一般的开发应用中采用 LQFP 封装的情况比较普遍；QFNP 及 BGA 封装的体积小，有利于缩小电路的尺寸和成本，但对焊接的工艺及设备都有较高的要求，可以用于成熟产品方案的批量生产。

图 2-5 所示为 STM32F103xx 系列产品线，从图中可以看出该系列中不同型号的产品所对应的内部存储器的容量及具有的封装形式，可以作为选择芯片的依据。

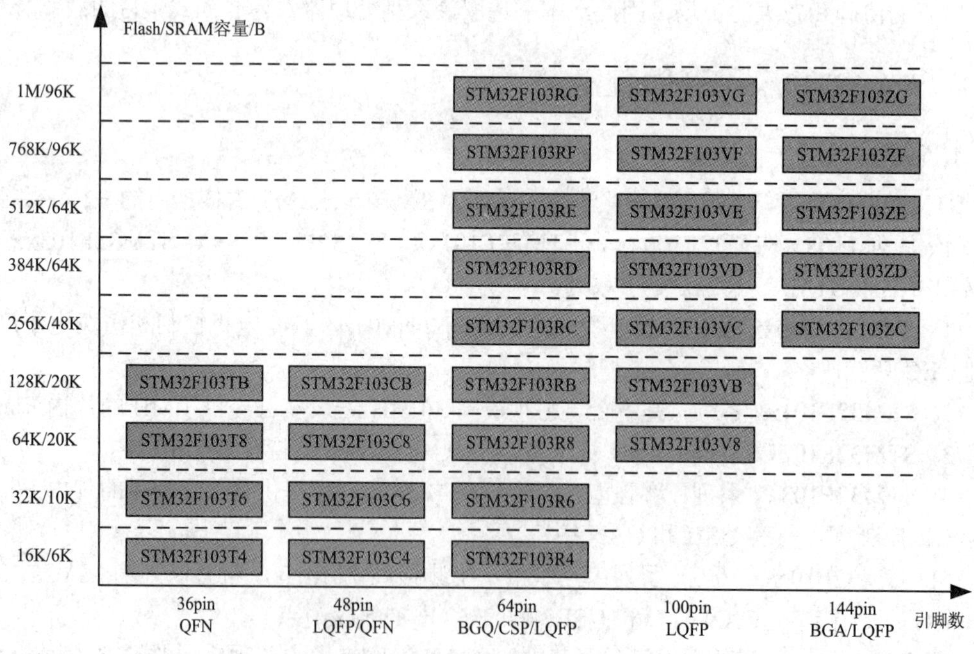

图 2-5　STM32F103xx 系列产品线

从片内资源来看，该系列处理器内部资源丰富，含有定时/计数器、A/D 转换器、D/A 转换器、异步串行口、SPI 接口、I^2C 接口、SDIO 接口、FSMC 接口、CAN 接口及 USB 接口等。在内部资源配置上通常是芯片的存储容量越大，密度越高，资源配置就越丰富。下面以 STM32F103xx 系列高密度产品为例给出其内部资源的配置情况，如表 2-3 所示。

表 2-3　STM32F103xx 高密度产品内部资源配置表

<table>
<tr><td colspan="2">外设类型</td><td colspan="3">STM32F103Rx</td><td colspan="3">STM32F103Vx</td><td colspan="3">STM32F103Zx</td></tr>
<tr><td colspan="2">Flash/ KB</td><td>256</td><td>384</td><td>512</td><td>256</td><td>384</td><td>512</td><td>256</td><td>384</td><td>512</td></tr>
<tr><td colspan="2">SRAM/ KB</td><td>48</td><td colspan="2">64</td><td>48</td><td colspan="2">64</td><td>48</td><td colspan="2">64</td></tr>
<tr><td colspan="2">FSMC</td><td colspan="3">×</td><td colspan="3">√</td><td colspan="3">√</td></tr>
<tr><td rowspan="3">定时器</td><td>通用型</td><td colspan="9">4</td></tr>
<tr><td>高级型</td><td colspan="9">2</td></tr>
<tr><td>基本型</td><td colspan="9">2</td></tr>
<tr><td rowspan="6">通信口</td><td>SPI(I²S)</td><td colspan="9">3(2)</td></tr>
<tr><td>I²C</td><td colspan="9">2</td></tr>
<tr><td>USART</td><td colspan="9">5</td></tr>
<tr><td>USB</td><td colspan="9">1</td></tr>
<tr><td>CAN</td><td colspan="9">1</td></tr>
<tr><td>SDIO</td><td colspan="9">1</td></tr>
<tr><td colspan="2">GPIO</td><td colspan="3">51</td><td colspan="3">80</td><td colspan="3">112</td></tr>
<tr><td colspan="2">12 位 ADC</td><td colspan="3">3 路/16 通道</td><td colspan="3">3 路/16 通道</td><td colspan="3">3/21 通道</td></tr>
<tr><td colspan="2">12 位 DAC</td><td colspan="3">2 路/2 通道</td><td colspan="3">2 路/2 通道</td><td colspan="3">2 路/2 通道</td></tr>
<tr><td colspan="2">封装</td><td colspan="3">LQFP64，WLCSP64</td><td colspan="3">LQFP100，BGA100</td><td colspan="3">LQFP144，BGA144</td></tr>
</table>

注：“×”表示没有相关资源；“√”表示有相关资源。

对于低密度和中密度产品可通过产品手册查看片内资源的配置情况。

2. 产品命名规则

STM32F103xx 系列产品较多，如何区分和看懂产品名称代表的含义，就需要知道该系列产品的命名规则。图 2-6 所示为 STM32F103xx 系列产品的命名规则示意图。

2.3.2　STM32F10xxx 系列处理器架构

STM32F10xxx 系列处理器采用 Cortex-M3 内核，为满足不同的应用需求，ST 公司在每种芯片内部配置适当的 Flash 和 SRAM，添加各种的外设，那么如何将 Cortex-M3 内核与这些存储器和外设融为一体，实现内核对存储器的访问和对各种片上外设的管理呢？要回答这个问题，首先来看 STM32F10xxx 系列中基本型、USB 基本型和增强型这三种主要类型的芯片的内部结构。图 2-7 所示为 STM32F10xxx 系列处理器的内部基本架构(不含互联型产品)。

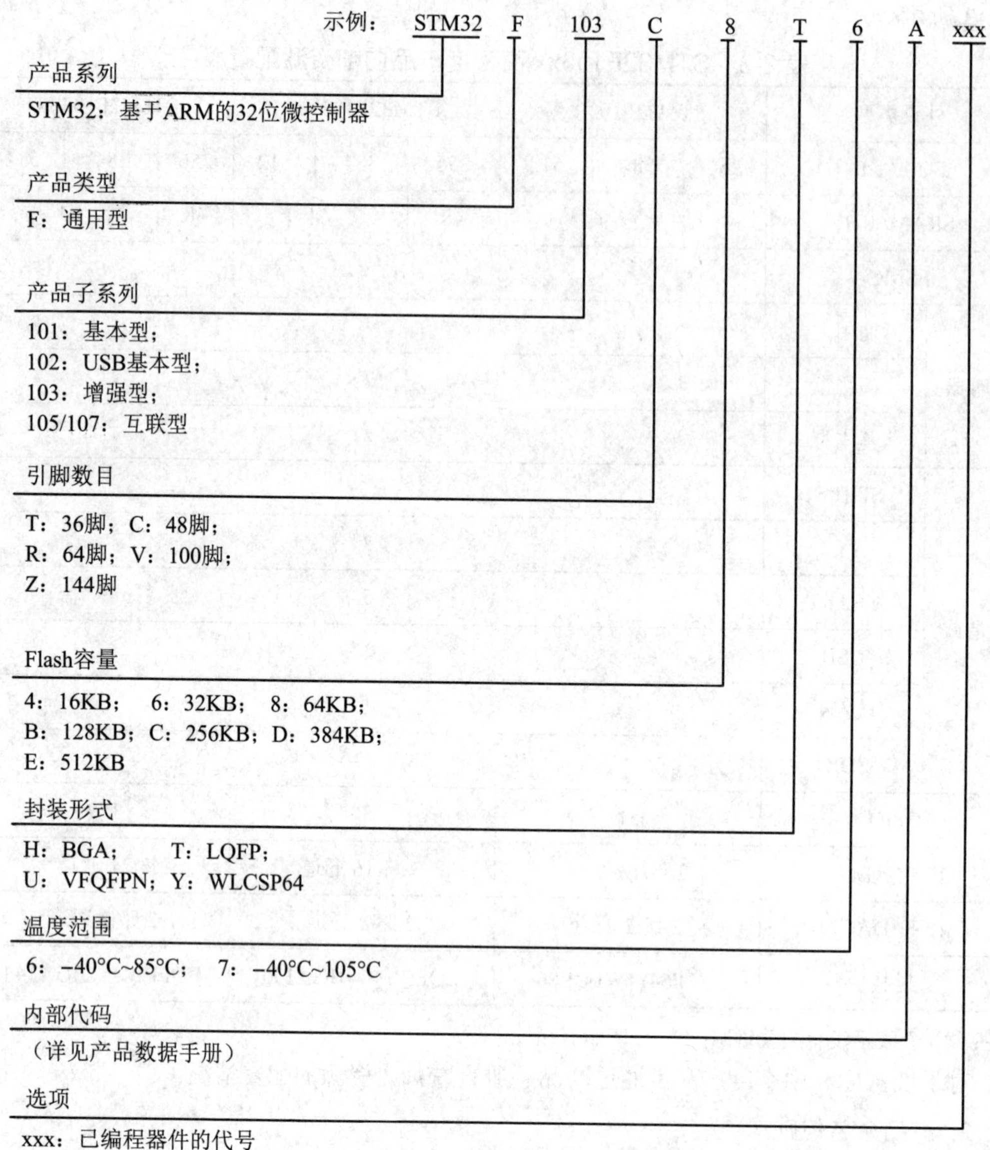

图 2-6　STM32F103xx 系列产品的命名规则示意图

从图 2-7 中可以看出，在 STM32F10xxx 系列处理器的内部，以 Cortex-M3 内核为中心，通过复杂的总线系统将存储器和各种外设组织在一起，并通过总线系统实现代码和数据的传输，从而实现各种指令的运行和指令的功能。

I-Code 总线就是指令总线，处理器内核可通过该总线访问 Flash 接口，从而实现从 Flash

取指的功能。

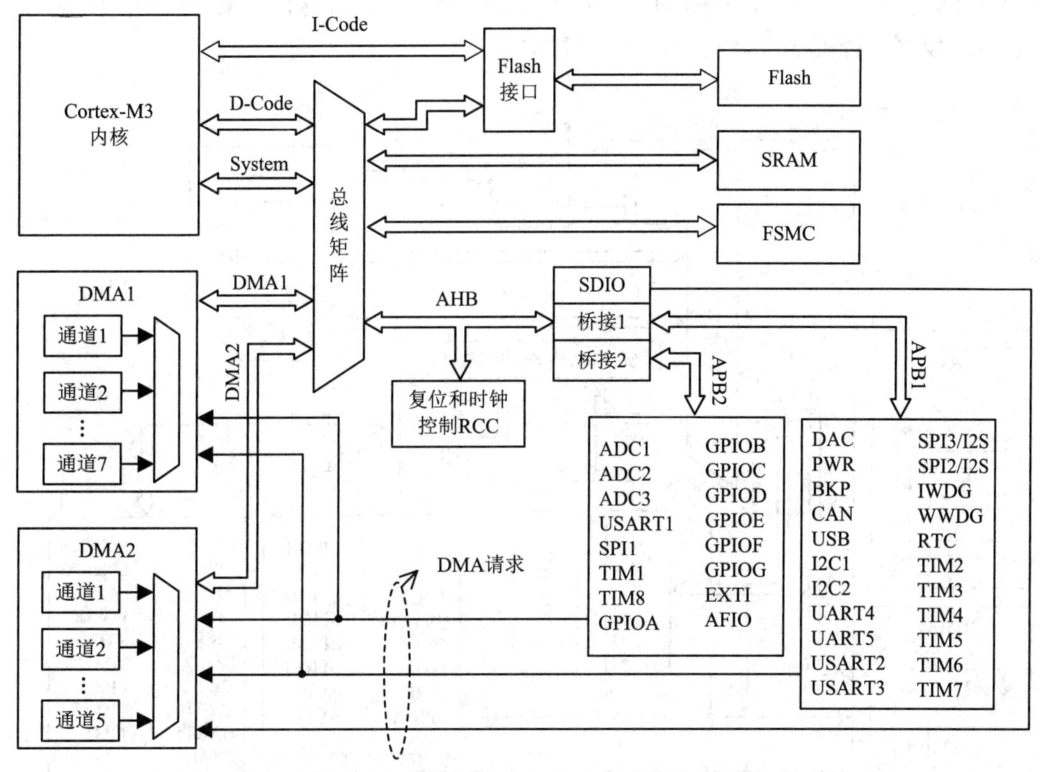

图 2-7　STM32F10xxx 系列处理器内部基本架构

除指令总线外，其他的总线以总线互联矩阵为纽带将各部分结合起来。可驱动总线矩阵的总线信号共有 4 种，分别是：

(1) D-Code(数据)总线信号，由 Cortex-M3 内核驱动。

(2) System(系统)总线信号，由 Cortex-M3 内核驱动。

(3) DMA1 总线驱动信号，由获得总线控制权的 DMA1 控制器驱动。

(4) DMA2 总线驱动信号，由获得总线控制权的 DMA2 控制器驱动。

可被动接收总线驱动器输出信号的设备也有 4 种，分别是：

(1) 内部 Flash 存储器。

(2) 内部 SRAM。

(3) 灵活的静态存储器控制器 FSMC(Flexible Static Memory Controller)。

(4) 先进高速总线 AHB(Advanced High-performance Bus)到先进外设总线 APB(Advanced Peripheral Bus)的桥，这样的总线协议转换桥有两个，分别称为桥接 1 和桥接 2，这两个桥的输出总线，即 APB1 总线和 APB2 总线，用于连接所有片内外设，可简称为 APB 设备。

处理器工作时，具有总线控制权的机构(包括内核和 DMA 控制器)驱动总线，被驱动的总线信号通过总线互联矩阵连接到对应的设备，这些设备可能是存储器、FSMC 接口扩展设备，也可能是 AHB 总线上通过桥接 1 的 APB1 总线和桥接 2 的 APB2 总线连接的片内外设。这实际上就是 STM32F10xxx 处理器进行设备管理的基本工作机制。

STM32F10xxx 系列互联型产品的内部结构如图 2-8 所示，从图中可以看出互联型产品中增加了以太网控制器(Ethernet MAC)和全速 USB OTG 接口，这样一来总线矩阵的驱动信号包含由以太网控制器所触发的 DMA 驱动。

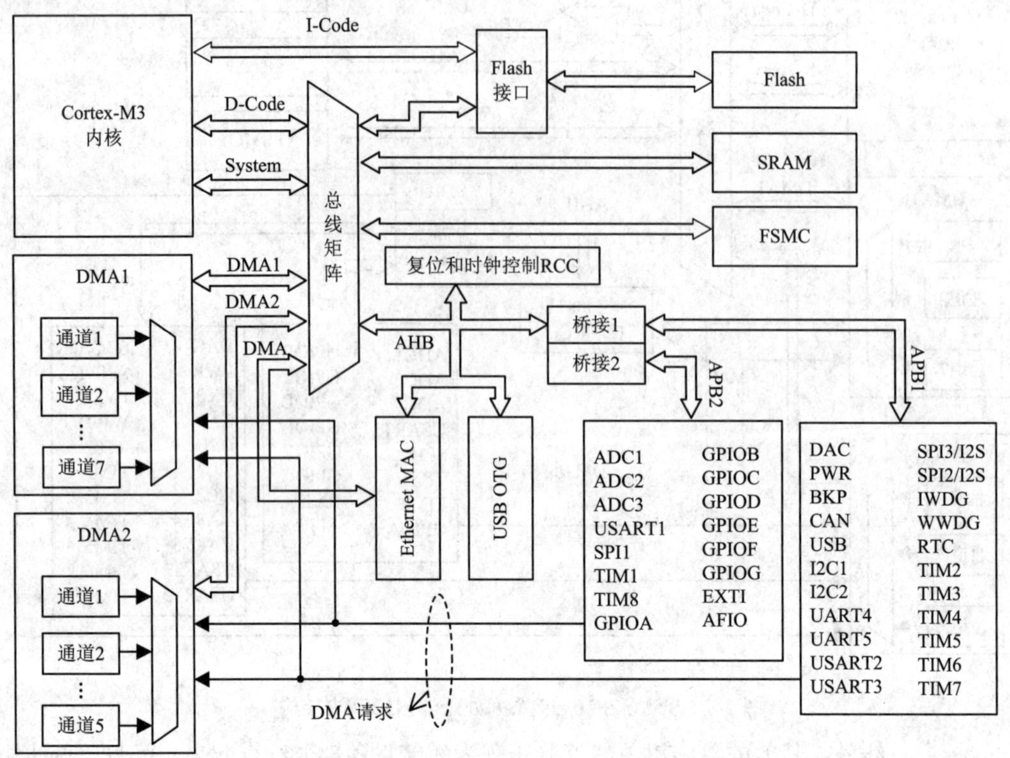

图 2-8　STM32F10xxx 系列互联型产品的内部结构

基于以上分析，现将 STM32F10xxx 系列内部总线及其作用简单总结如下：

I-Code 总线：将 Cortex-M3 内核的指令总线与闪存指令接口相连接。指令预取在此总线上完成。

D-Code 总线：由 Cortex-M3 内核驱动，通过总线矩阵可连接到 Flash 接口，实现 Flash 存储器中的常量加载及调试访问等。

System 系统总线：连接 Cortex-M3 内核的系统总线到总线矩阵，总线矩阵协调内核和 DMA 间的访问。

DMA 总线：将 DMA 的 AHB 主控接口与总线矩阵相连，总线矩阵协调 CPU 的 D-Code 和 DMA 到 SRAM、闪存 Flash 和外设的访问。

总线矩阵：协调 Cortex-M3 内核系统总线和 DMA 主控总线之间的访问仲裁，仲裁利用轮换算法。在互联型产品中，总线矩阵包含 5 个驱动部件(CPU 的 D-Code、系统总线、以太网 DMA、DMA1 总线和 DMA2 总线)和 3 个从部件(闪存接口(FLITF)、SRAM 和 AHB2APB 桥)。在其他产品中总线矩阵包含 4 个驱动部件(CPU 的 D-Code、系统总线、DMA1 总线和 DMA2 总线)和 4 个被动部件(闪存接口(FLITF)、SRAM、FSMC 和 AHB2APB 桥)。

AHB 外设通过总线矩阵与系统总线相连，允许 DMA 访问。

桥接 1 和桥接 2：两个 AHB/APB 桥在 AHB 总线和 2 个 APB 总线间提供同步连接。APB1 操作的频率限于 36 MHz，通常用于连接片内的低速设备；APB2 操作的最高频率可达到 72 MHz，主要用于片内高速外设的连接。

2.3.3　STM32F10xxx 系列处理器的片内存储器

在前面关于 Cortex-M3 内核结构的小节中已经介绍了 Cortex-M3 系统的存储器组织结构，这是所有采用 Cortex-M3 内核的处理器共同遵守的基本规则。ST 公司在开发 STM32F10xxx 系列时根据产品的不同定位，在每款具体型号的处理器内部集成了不同容量的 Flash 存储器和 SRAM 存储器，这些片内的存储器按照 Cortex-M3 系统存储器映射的总框架被安排在对应的位置，分配相应的物理地址。

1. 片内 Flash 的地址映射

按照 Cortex-M3 系统的存储器映射关系，片内的 Flash 应该映射在 0x0000 0000～0x1FFF FFFF 的区域内。STM32F10xxx 系列内部 Flash 存储器的起始地址统一安排在 0x0800 0000，STM32F10xxx 系列不同密度的产品内部集成的 Flash 不同，对应的映射地址范围也不同，具体映射关系如下：

(1) 低密度产品：片内 Flash 最大容量为 32 KB，映射地址范围为 0x0800 0000～0x0800 7FFF。

(2) 中密度产品：片内 Flash 最大容量为 128 KB，映射地址范围为 0x0800 0000～0x0801 FFFF。

(3) 高密度产品：片内 Flash 最大容量为 512 KB，映射地址范围为 0x0800 0000～0x0807 FFFF。

由此看来，STM32F10xxx 系列内置的片内 Flash 容量相对于 Cortex-M3 内核为闪存所预留的 512 MB 总空间来讲只是很小的一部分。

2. 片内 SRAM 的映射

按照 Cortex-M3 系统的存储器映射关系，片内的 SRAM 应该映射在 0x2000 0000～0x3FFF FFFF 的区域内。STM32F10xxx 系列内部 SRAM 存储器的起始地址统一安排在 0x2000 0000，STM32F10xxx 系列不同密度的产品内部集成的 SRAM 不同，对应的映射地址范围也不同。按照 STM32F10xxx 系列中最大集成 64 KB 的 SRAM 计算，其映射地址范围为 0x2000 0000～0x2000 FFFF。

按照 Cortex-M3 系统的存储器的位带映射概念，STM32F10xxx 系列中最大内置 64 KB 的 SRAM 全部属于可进行位操作的字节区域，可通过位带映射区的位地址进行访问，就是说这 64 KB 的内部 SRAM 都是可以进行位操作的。

2.3.4　STM32F10xxx 系列处理器片内外设

STM32F10xxx 系列中具体产品配置的外设不同，但是这些外设要能够被内核访问到就必须安排设备的映像地址。按照 Cortex-M3 系统的存储器映射关系，所有的片上外设被映射到 0x4000 0000～0x5FFF FFFF 区域。该区域足够大，共 512 MB，用于映射有限的片内外设相关的接口寄存器绰绰有余。表 2-4 为 STM32F10xxx 系列片上外设的地址映射表。了解每种片上外设的映像地址是非常重要的，在后面的编程操作中，某种片上外设的功能必须通过对应的外设映像地址才能实现。

表 2-4　STM32F10xxx 系列片上外设的地址映射表

起始地址	外　设	操作总线	映像大小
0x5000 0000～0x5003 FFFF	USB OTG 全速	AHB	256 KB
0x4002 A000～0x4FFF FFFF	保留		255.84 MB
0x4002 8000～0x4002 9FFF	以太网		16 KB
0x4002 3400～0x4002 3FFF	保留		3 KB
0x4002 3000～0x4002 33FF	CRC		1 KB
0x4002 2000～0x4002 23FF	闪存接口		1 KB
0x4002 1400～0x4002 1FFF	保留		3 KB
0x4002 1000～0x4002 13FF	复位和时钟控制(RCC)		1 KB
0x4002 0800～0x4002 0FFF	保留		2 KB
0x4002 0400～0x4002 07FF	DMA2		1 KB
0x4002 0000～0x4002 03FF	DMA1		1 KB
0x4001 8400～0x4001 FFFF	保留		31 KB
0x4001 8000～0x4001 83FF	SDIO		1 KB
0x4001 4000～0x4001 7FFF	保留	APB2	16 KB
0x4001 3C00～0x4001 3FFF	ADC3		1 KB
0x4001 3800～0x4001 3BFF	USART1		1 KB
0x4001 3400～0x4001 37FF	TIM8 定时器		1 KB
0x4001 3000～0x4001 33FF	SPI1		1 KB
0x4001 2C00～0x4001 2FFF	TIM1 定时器		1 KB
0x4001 2800～0x4001 2BFF	ADC2		1 KB
0x4001 2400～0x4001 27FF	ADC1		1 KB
0x4001 2000～0x4001 23FF	GPIO 端口 G		1 KB
0x4001 1C00～0x4001 FFFF	GPIO 端口 F		1 KB
0x4001 1800～0x4001 1BFF	GPIO 端口 E		1 KB
0x4001 1400～0x4001 17FF	GPIO 端口 D		1 KB
0x4001 1000～0x4001 13FF	GPIO 端口 C		1 KB
0X4001 0C00～0x4001 0FFF	GPIO 端口 B		1 KB

续表

起始地址	外　设	操作总线	映像大小
0x4001 0800～0x4001 0BFF	GPIO 端口 A	APB2	1 KB
0x4001 0400～0x4001 07FF	EXTI		1 KB
0x4001 0000～0x4001 03FF	AFIO		1 KB
0x4000 7800～0x4000 FFFF	保留	APB1	1 KB
0x4000 7400～0x4000 77FF	DAC		1 KB
0x4000 7000～0x4000 73FF	电源控制(PWR)		1 KB
0x4000 6C00～0x4000 6FFF	后备寄存器(BKP)		1 KB
0x4000 6800～0x4000 6BFF	bxCAN2		1 KB
0x4000 6400～0x4000 67FF	bxCAN1		1 KB
0x4000 6000～0x4000 63FF	USB/CAN 共享的 512 字节 SRAM		1 KB
0x4000 5C00～0x4000 5FFF	USB 全速设备寄存器		1 KB
0x4000 5800～0x4000 5BFF	I2C2		1 KB
0x4000 5400～0x4000 57FF	I2C1		1 KB
0x4000 5000～0x4000 53FF	UART5		1 KB
0x4000 4C00～0x4000 4FFF	UART4		1 KB
0x4000 4800～0x4000 4BFF	USART3		1 KB
0x4000 4400～0x4000 47FF	USART2		1 KB
0x4000 4000 ～0x4000 43FF	保留		1 KB
0x4000 3C00～0x4000 3FFF	SPI3/I2S3		1 KB
0x4000 3800～0x4000 3BFF	SPI2/I2S3		1 KB
0x4000 3400～0x4000 37FF	保留		1 KB
0x4000 3000～0x4000 33FF	独立看门狗(IWDG)		1 KB
0x4000 2C00～0x4000 2FFF	窗口看门狗(WWDG)		1 KB
0x4000 2800～0x4000 2BFF	RTC		1 KB
0x4000 1800～0x4000 27FF	保留		4 KB
0x4000 1400～0x4000 17FF	TIM7 定时器		1 KB
0x4000 1000～0x4000 13FF	TIM6 定时器		1 KB
0x4000 0C00～0x4000 0FFF	TIM5 定时器		1 KB
0x4000 0800～0x4000 0BFF	TIM4 定时器		1 KB
0x4000 0400～0x4000 07FF	TIM3 定时器		1 KB
0x4000 0000～0x4000 03FF	TIM2 定时器		1 KB

对于 STM32F10xxx 系列处理器除了片上存储器及片上外设的地址映射关系外，还包含片上的私有外设的映射关系，但是这些映射与基本应用的关系不大，这里不再赘述。

2.3.5　STM32F10xxx 系列处理器片外存储器和外设

按照 Cortex-M3 系统的存储器映射关系，设置两个 1 GB 的空间分别作为片外存储器和片外外设的映射区，地址空间为 0x6000 0000～0x9FFF FFFF 的区间用于片外扩展存储器的映射，地址空间为 0xA000 0000～0xDFFF FFFF 的区间用于片外扩展外设的映射。

ST 公司为了实现 STM32F10xxx 系列处理器片外存储器的扩展，在片内设置了一个专门的扩展接口设备，这个设备就是灵活的静态存储器控制器(Flexible Static Memory Controller，FSMC)，该设备内部连接处理器的 AHB 总线，对外通过处理器的引脚连接外部的存储器或设备(注：FSMC 通过引脚连接的不局限于传统意义上的 RAM 和 ROM，还包括可视为存储器进行访问的设备)。FSMC 本质上是一个协议转换器，通过这个协议转换器将处理器内部 AHB 总线信号转换为适合外部存储器或设备的总线信号，满足 Cortex-M3 内核访问相关扩展存储器或设备时的时序要求。通过 FSMC 扩展的存储器或外设地址映像就安排在地址为 0x6000 0000～0x9FFF FFFF 的扩展存储器映射区。换而言之，FSMC 统一节制 0x6000 0000～0x9FFF FFFF 空间上的扩展存储器和外设，总容量为 1 GB。为便于管理 FSMC，将这 1 GB 划分成 4 个容量为 256 MB 的存储块，各存储块可连接的存储器的类型不同。图 2-9 所示为外部扩展存储器映射图。

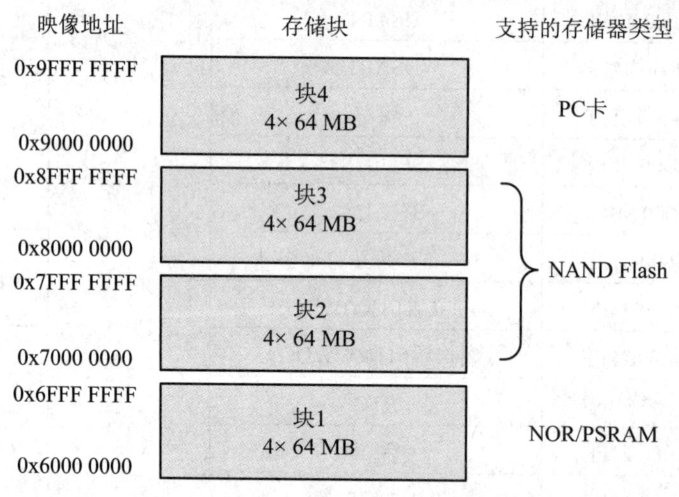

图 2-9　外部扩展存储器映射图

如图 2-9 所示，每个容量为 256 MB 的存储块又可以被看成 4 个容量为 64 MB 的子块。存储块 1 用于连接 NOR 型 Flash、SRAM 或伪静态随机访问存储器 PSRAM(Pseudo Static Random Access Memory)，4 个子块可以连接 4 个容量不超过 64 MB 的存储器，FSMC 接口能够产生 4 个片选信号分别用于 4 个子块的存储器访问选通控制。存放在块 1 区域的代码可以直接在该区域的存储器上运行。存储块 2 和 3 用于连接 NAND Flash，块 4 用于连接 PC 卡设备，所谓 PC 卡就是 PCMCIA（Personal Computer Memory Card International Association)卡 。

到此为止，我们就知道了 FSMC 接口统一管理外部扩展存储器及设备，这些扩展存储器及设备对应的映射区为 0x6000 0000～0x9FFF FFFF。最后一个问题就是 STM32F10xxx 系列处理器中地址空间为 0xA000 0000～0xDFFF FFFF 的区间的用途是什么？实际上 ST 在设计 STM32F10xxx 系列处理器时并没有将这个区域用于片外设备的扩展，而是作为 FSMC 相关控制寄存器的映射区使用。也可以这样理解：如果 STM32F10xxx 系列处理器有在 0xA000 0000～0xDFFF FFFF 区间扩展的外部设备，那么这个外部设备就是 FSMC，实际上该设备不在片外，而是在处理器内部。0xA000 0000～0xDFFF FFFF 区间是一个很大的空间(有 1 GB)，实际上 FSMC 只是占用其中很有限的空间，具体如下：

(1) 0xA000 0000～0xA000 0FFF：FSMC 控制寄存器映射区。

(2) 0xA000 1000～0xDFFF FFFF：保留区间。

2.4　STM32F10xxx 最小系统

初次接触 ARM，面对种类繁多、配置各异、封装多样的处理器，很多学习者会感到迷茫和不知所措，从哪里开始呢？从硬件的角度上看，建议从最小系统开始。STM32 虽然种类繁多，但是各个系列及各系列中的具体产品有很多的共同点，这些共同点不仅体现在器件的硬件资源配置及系统原理上，还体现在开发的平台及手段上。选取具有典型特征的几款产品，了解它们的基本资源、系统组成、基本的开发平台及编程开发过程，那么触类旁通，就可以应用同样的方法去解决其他产品的应用问题。

2.4.1　STM32F10xxx 处理器芯片与引脚

1. 芯片封装及引脚

在 STM32F103xxx 系列中采用的封装形式主要包括：QFN、LQFP 及 BGA，从学习和个人开发的角度上说，LQFP 封装容易安装、焊接，使用广泛，因此这里首先介绍几款典型的 LQFP 封装的芯片。

1) LQFP48 封装

图 2-10 所示为 LQFP48 封装芯片的顶视图。

采用 LQFP48 封装的产品包括低密度产品 STM32103C4/6、中密度产品 STM32103C8/B。典型的产品为 STM32103C8T6，该芯片具有 64 KB 的 Flash ROM、20 KB 的 SRAM，最多可提供 37 个输入/输出引脚。除内部存储器外，该芯片提供的片内外设包括：3 个通用定时器，1 个高级定时器，2 个 SPI 接口，2 个 I^2C 接口，3 个串行口(USART)，1 个 CAN 接口，1 个 USB 接口，2 路 12 位的 A/D 转换器(共 10 个通道)等。

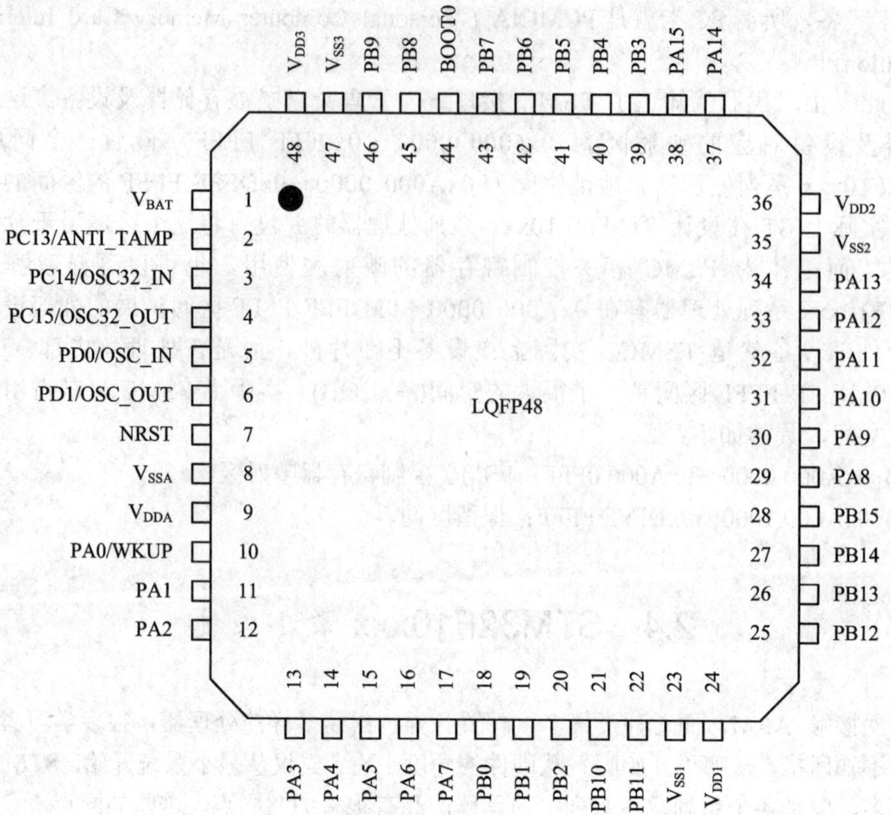

图 2-10　LQFP48 封装芯片的顶视图

STM32103C8T6 芯片的 48 个引脚名称及功能如下：

➢ PA0～PA15：PA 口的 16 根口线，其中 PA0 引脚具有复用功能，可作为芯片唤醒引脚 WKUP 来使用。在一个具体应用中，该引脚要么作为输入/输出口使用，即 PA0 所具有的功能，要么作为唤醒控制输入引脚使用，即 WKUP 所具有的功能。

➢ PB0～PB15：PB 口的 16 根口线。

➢ PC13/ANTI_TAMP：PC13 与 ANTI_TAMP 的复用引脚。

➢ PC14/OSC32_IN、PC15/OSC32_OUT：作为基本的输入/输出引脚 PC14、PC15 使用，或者用于连接外部的 32 768 Hz 的晶振。

➢ PD0/OSC_IN 和 PD1/OSC_OUT：作为输入/输出引脚 PD0 和 PD1 使用，或者用于连接外部晶振，振荡器产生的信号作为内核时钟信号使用。

➢ NRST：复位引脚，低电平有效。

➢ BOOT0：启动模式设置引脚 0，启动模式设置引脚共有两个，另外一个通过 PB2 复用。

➢ V_{DDA} 和 V_{SSA}：芯片的模拟部分供电电源的输入和接地信号。

➢ V_{DD1}、V_{SS1}，V_{DD2}、V_{SS2}，V_{DD3}、V_{SS3}：芯片的数字部分供电电源端，共 3 组、6 根，V_{DDx} 接电源输入，V_{SSx} 接电源地。

➢ V_{BAT}：后备电源输入端，后备电源可为内部实时时钟等提供不间断供电。

2) LQFP64 封装

图 2-11 所示为 LQFP64 封装芯片的顶视图。

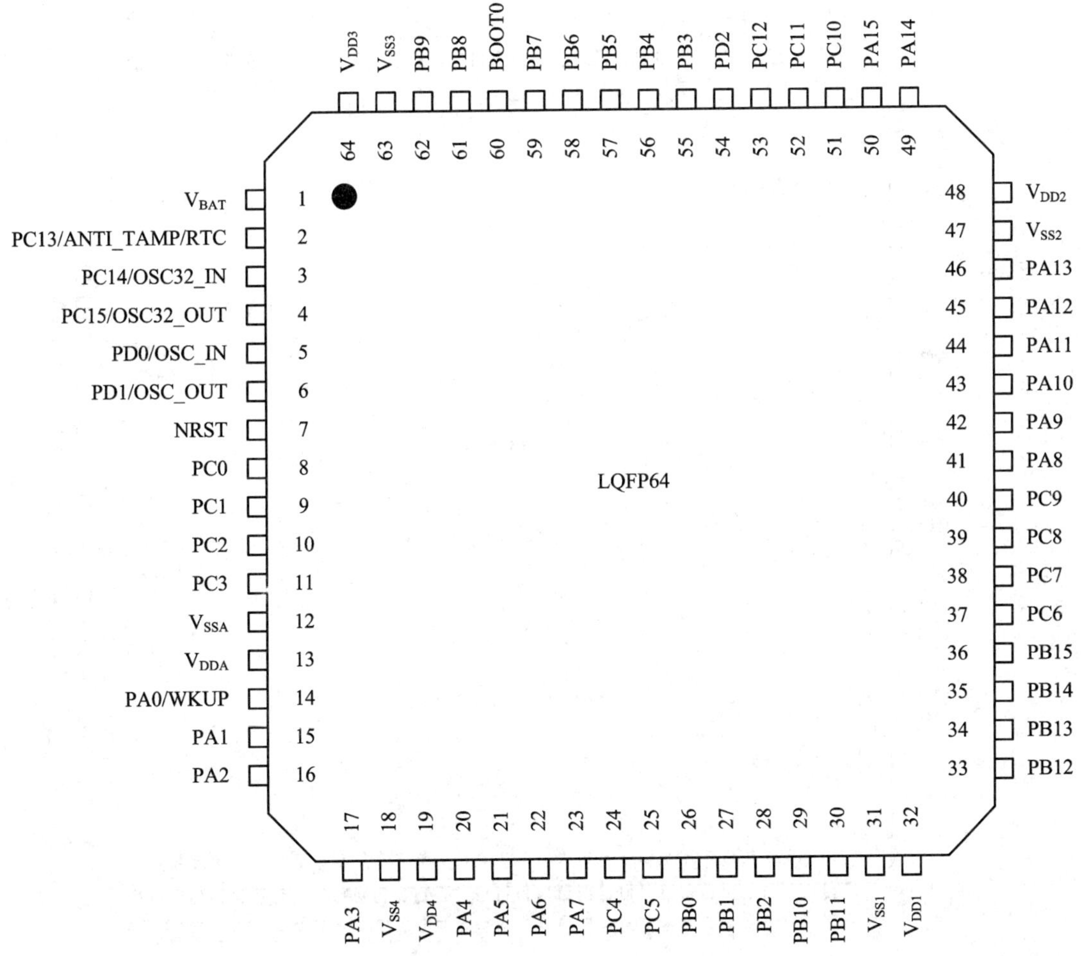

图 2-11　LQFP64 封装芯片的顶视图

LQFP64 封装涵盖低密度、中密度和高密度所有的 STM32F10xxx 系列产品，是应用最广的封装。该封装提供的输入/输出口线最多达到 51 个。采用 LQFP 封装的典型产品 STM32F103RCT6 应用较广，片内具有 256 KB 的 Flash ROM 和 48 KB 的 SRAM，片上外设资源丰富，具体包括：2 个基本定时器，4 个通用定时器，2 个高级定时器，3 个 SPI 接口，2 个 I^2C 接口，5 个串行口(USART)，1 个 CAN 接口，1 个 USB 接口，1 个 SDIO 接口和 3 路 12 位的 A/D 转换器(共 16 个通道)等。

与 LQFP48 封装对比，LQFP64 封装多了 16 个引脚，这些引脚名称及功能如下：

➢ PC0～PC12：共 13 根口线，用于 PC 口的输入/输出。LQFP48 封装下 PC13～PC15 已经存在，这样 LQFP64 封装包含了 PC 口的全部引脚。

➢ PD2：PD 口增加的一根口线。在该封装下 PD 口共有 3 根口线。

➢ V_{DD4}、V_{SS4}：一组数字电源及地信号。

3) LQFP144 封装

图 2-12 所示为 LQFP144 封装芯片的顶视图。

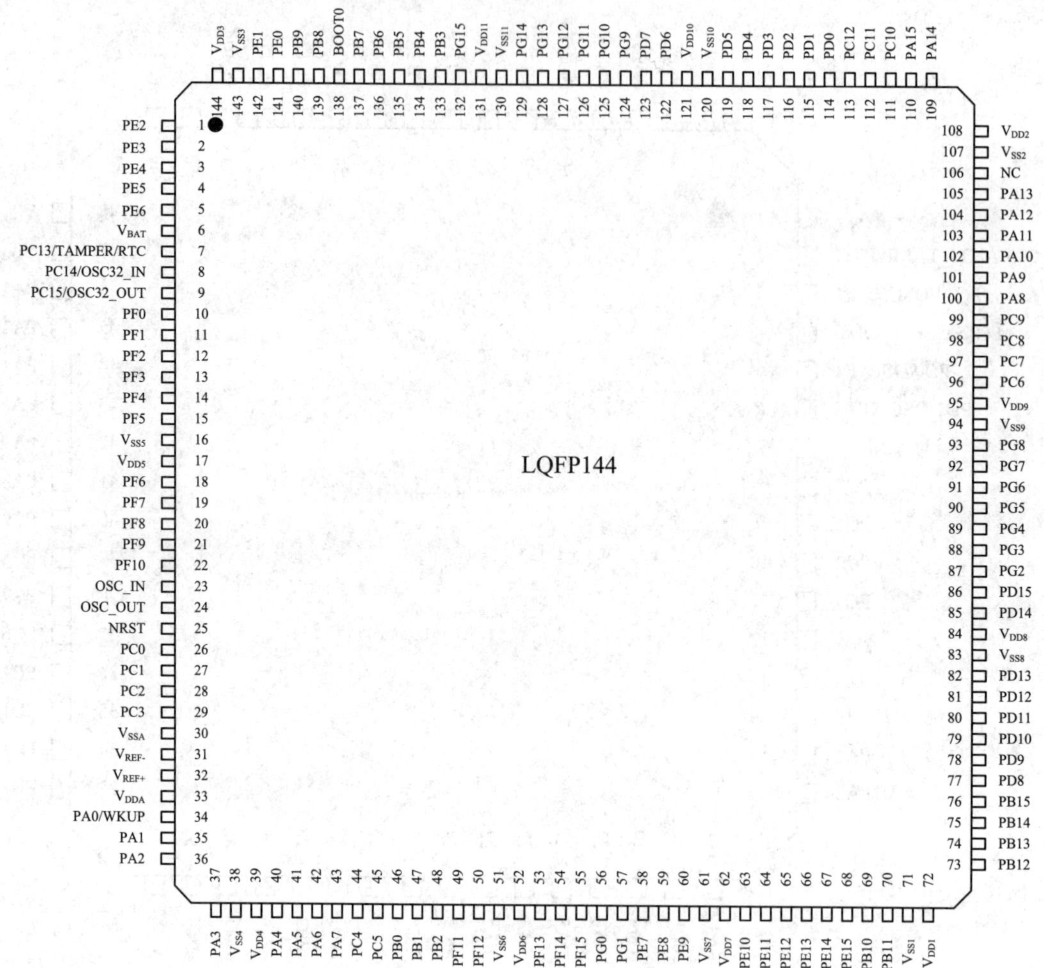

图 2-12 LQFP144 封装芯片的顶视图

LQFP144 封装设置的输入/输出口包括：PA、PB、PC、PD、PE、PF 和 PG 共 7 个 16 位的口，这些口线可以作为通用的输入/输出口线使用，也可以作为系统的总线扩展使用。除此之外，该封装下设置了充足的电源输入端，确保芯片的供电良好。

引脚数较多的 LQFP 封装有 100 脚和 144 脚两种。采用较多引脚的芯片通常情况下是为了通过 FSMC 接口扩展外部存储器或设备，由于 FSMC 接口需要的信号线较多，芯片需要设置的引脚就较多。这里要特别提醒注意的一点是：对于引脚数为 64 及以下的芯片是不支持 FSMC 接口扩展的。LQFP100 封装的芯片可提供的 FSMC 扩展信号相较于 LQFP144 少，因此对于 LQFP100 封装的芯片只支持 FSMC 的部分接口扩展功能。限于篇幅，此处不介绍 LQFP100 封装，如需要了解，可查阅相关的资料手册。

在进行 FSMC 扩展时，芯片的输入/输出口用来充当扩展总线信号，在不同的扩展模式下，所需的扩展信号不同，因此在进行扩展前首先需要了解扩展什么，所需的信号线有哪些，由什么口线来提供。表 2-5 所示为 LQFP144 封装的芯片实现并行接口的 NOR 型 Flash、PSRAM 或 SRAM 扩展时，芯片的引脚信号与所需的 FSMC 信号之间的对应关系。

表 2-5　LQFP144 封装芯片 NOR/PSRAM 扩展时 FSMC 信号的定义

引脚名称	FSMC 信号定义		引脚名称	FSMC 信号定义	
	独立模式	复用模式		独立模式	复用模式
PE2	A23	A23	PD9	D14	DA14
PE3	A19	A19	PD10	D15	DA15
PE4	A20	A20	PD11	A16	A16
PE5	A21	A21	PD12	A17	A17
PE6	A22	A22	PD13	A18	A18
PF0	A0	—	PD14	D0	DA0
PF1	A1	—	PD15	D1	DA1
PF2	A2	—	PG2	A12	—
PF3	A3	—	PG3	A13	—
PF4	A4	—	PG4	A14	—
PF5	A5	—	PG5	A15	—
PF12	A6	—	PD0	D2	DA2
PF13	A7	—	PD1	D3	DA3
PF14	A8	—	PD3	CLK	CLK
PF15	A9	—	PD4	NOE	NOE
PG0	A10	—	PD5	NWE	NWE
PG1	A11	—	PD6	NWAIT	NWAIT
PE7	D4	DA4	PD7	NE1	NE1
PE8	D5	DA5	PG9	NE2	NE2
PE9	D6	DA6	PG10	NE3	NE3
PE10	D7	DA7	PG12	NE4	NE4
PE11	D8	DA8	PG13	A24	A24
PE12	D9	DA9	PG14	A25	A25
PE13	D10	DA10	PB7	NADV	NADV
PE14	D11	DA11	PE0	NBL0	NBL0
PE15	D12	DA12	PE1	NBL1	NBL1
PD8	D13	DA13	—	—	—

在进行并行接口的 NOR 型 Flash、PSRAM 或 SRAM 扩展时可以通过 FSMC 控制器提供两种类型的信号，一种为独立模式信号，另一种为复用模式信号。在独立模式下，FSMC 产生独立的地址总线和数据总线，所需的信号线较多；而在复用模式下，为了减少总线的数目，部分地址、数据线采用分时复用。如表 2-5 所示，在独立模式下，地址总线为 A0～A25，共 26 根，数据总线为 D0～D15，共 16 根，所有的这些信号线分别由对应的输入/输出口来充当；但是在复用模式下，FSMC 信号中的 DA0～DA15 采用了分时复用模式，即这 16 根信号线既输出低 16 位地址，也用作数据的输入/输出，这样可以减少 FSMC 对口线的需求。对于 LQFP100 的芯片而言，引脚的数目较少，在扩展 NOR 型 Flash 或 PSRAM 时不支持独立模式，但可以通过复用模式实现扩展。

2. 芯片的供电

STM32F103xxx 系列处理器的主电源的供电电压范围为 2.0 V～3.6 V，通常情况下通过外部的稳压模块提供 3.3 V 为芯片供电。主电源经过内部的电源管理器产生 1.8 V 的电压为内核供电，内核的电压越低，工作时的损耗越小。图 2-13 所示为 STM32F103xxx 芯片供电示意图。主电源的供电端设置有多组，且芯片的引脚越多，设置的供电端越多。

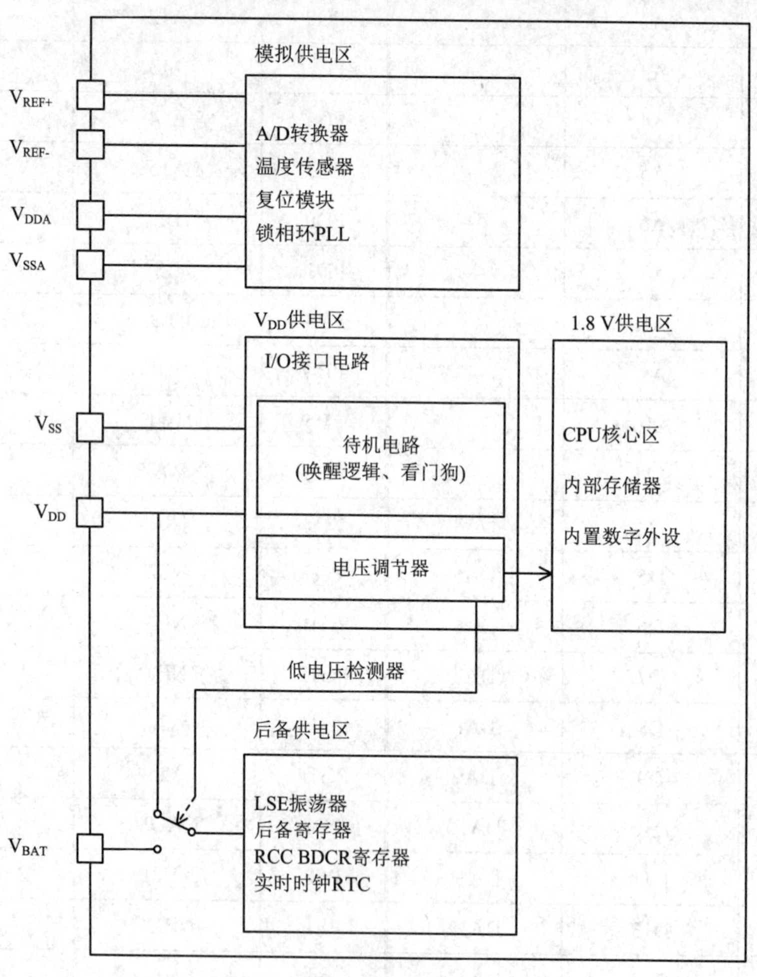

图 2-13　STM32F103xxxx 芯片供电示意图

与供电相关的引脚简要介绍如下：

➢ V_{DD}：主电源输入端，输入电压范围为 2.0 V～3.6 V，在封装图中主电源输入端标注为 V_{DDx}。

➢ V_{SS}：主电源地，在封装图中电源地标注为 V_{SSx}。

➢ V_{BAT}：后备电源输入端，内部的低电压检测电路使能后，当发生主电源掉电的情况时自动切换到后备电源给后备供电区域供电。

➢ V_{DDA}：模拟部分电源输入端，为内部的时钟锁相环、A/D 转换器等模拟环节供电；为取得较高的转换精度，要求模拟部分的供电要稳定。

➢ V_{SSA}：模拟部分电源地。

➢ V_{REF+}：独立设置的 A/D 转换基准电压输入端，只在 100 脚和 144 脚封装的芯片上设置有该引脚，通过在该引脚连接高稳定度的电压信号可以提高 A/D 转换的精度。

➢ V_{REF-}：独立设置的 A/D 转换器基准电压地，与 V_{REF+}成对出现。

2.4.2 STM32F10xxx 系列芯片时钟源

时钟源就是计算机的脉搏，如果无时钟信号，计算机将无法工作，因此任何计算机系统都必须具备时钟源。STM32F10xxx 系列处理器具有完备的时钟信号系统，该系统包含多种时钟源，用以产生芯片工作时的各种时钟驱动信号。

1. 内部时钟源

内部高速时钟 HSI(High Speed Internal Oscillator)：8 MHz，启动时自动运行在该时钟下。

内部低速时钟 LSI(Low Speed Internal Oscillator)：40 kHz，为看门狗和实时时钟提供时钟信号。

2. 外部时钟源

外部高速时钟 HSE(High Speed External Oscillator)：4 MHz～16 MHz，具体的振荡频率由外接晶振决定，通常接 8 MHz 晶振。

外部低速时钟 LSE(Low Speed External Oscillator)：32.768 kHz，为实时时钟提供时钟信号。

系统上电即使没有外部时钟，内部的 HSI 也会支持系统运行，外部时钟必须通过配置才能使用。

2.4.3 STM32F10xxx 系列处理器的复位与启动模式

1. 复位与复位电路

关于 Cortex-M3 处理器的复位实际上牵扯的问题很多，这里首先解决上电复位的问题。STM32 Cortex-M3 具有一个低电平有效的复位引脚 NRST，上电时在该引脚产生一定宽度的低电平脉冲就可以使系统复位。图 2-14 所示为基本的上电复位电路。

在系统上电瞬间，由于阻容回路的存在，RC 充电需要持续一个过程，这样电容 C 的电位，也就是复位引脚 NRST 的电位将有一段时间处于低电平状态，该低电平可使处理器复位，随着充电的持续，电容 C 的电位升高，当该电位高于 NRST 的高电平的阈值电压时，芯片退出复位状态，开始执行程序。

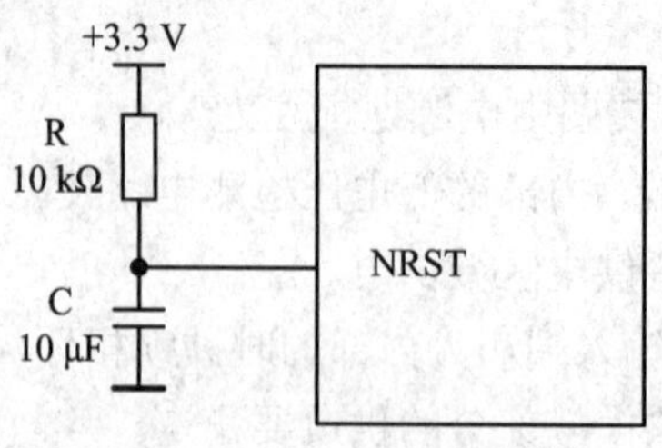

图 2-14　上电复位电路

2. 启动模式

STM32F103xxx 系列处理器具有多个片上的存储器子空间，有片内的 Flash ROM、SRAM 及系统存储器，系统上电复位完成后，从什么地方开始执行程序由芯片的启动模式决定。用于设置启动模式的引脚为 BOOT0 和 BOOT1(与 PB2 复用)，每次芯片上电复位完成后，系统会自动采样并锁定 BOOT1 和 BOOT0 引脚的状态，由这两位的状态决定启动模式。BOOT0 和 BOOT1 在启动时的采样状态与启动模式的关系如表 2-6 所示。

表 2-6　启动模式设定表

BOOT1	BOOT0	启动模式说明
x	0	从片上主闪存启动，主闪存被选为启动区域
0	1	从系统存储器启动，系统存储器被选为启动区域
1	1	从片上 SRAM 启动，内置 SRAM 被选为启动区域

注：x 表示取值为无关项。

根据选定的启动模式，主闪存、系统存储器或 SRAM 可以按照以下方式访问：

(1) 从主闪存启动：主闪存被映射到启动空间(0x0000 0000)，但仍然能够在它原有的地址(0x0800 0000)访问它，即闪存的内容可以在两个地址区域访问，0x0000 0000 或 0x0800 0000。

(2) 从系统存储器启动：系统存储器被映射到启动空间(0x0000 0000)，但仍然能够在它原有的地址(互联型产品原有地址为 0x1FFF B000，其他产品原有地址为 0x1FFF F000)访问它。所谓的系统存储器，是芯片厂家在代码存储区的顶端开辟的一个 ROM 区，芯片出厂时已经固化好了程序，该程序主要功能是实现与 PC 通信，完成从串口下载程序代码。

(3) 从内置 SRAM 启动：只能从片内 SRAM 的 0x2000 0000 开始的地址执行程序。由于 SRAM 是掉电易失的，因此要在 SRAM 中执行的代码必须提前加载，通常是在程序调试时使用该模式。

2.4.4　STM32F10xxx 系列最小系统

具有适当的供电，能够实现上电复位，能够在合理的时钟信号及选定的启动模式下实现系统启动并运行的基本 Cortex-M3 系统称为最小系统。图 2-15 所示为 STM32F10xxx 芯片最小系统示意图。

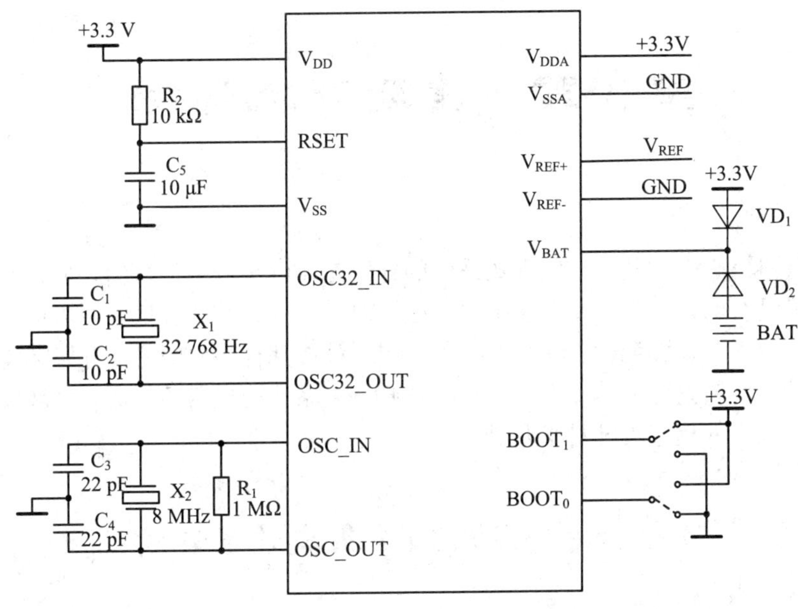

图 2-15　STM32F10xxx 芯片最小系统示意图

思考题与习题 2

1. 简述 ARM 内核设计的特点。
2. 经典的 ARM 处理器主要有哪些系列？各有什么典型的特征？
3. 简述 Cortex 系统的处理器内核的特点、主要系列及应用。
4. 简要说明 Cortex-M3 处理器存储器的组织结构。
5. Cortex-M3 处理器可实现位操作的区域有哪些？位带映射关系如何实现？
6. 什么是私有外设？如何使用私有外设？
7. 通过访问 ST 公司的官方网站了解该公司 ARM 产品的主要系列、性能及应用领域。
8. 简要介绍 STM32F10xxx 系列处理器内部的基本架构，说明各部分之间的关系。
9. STM32F10xxx 系列处理器内部的种类有哪些？各种总线的主要功能是什么？
10. 以 STM32F10xxx 系列处理器的高密度产品为例，说明其内部存储器的映射关系。
11. 以 STM32F10xxx 系列处理器的高密度产品为例，说明其内部外设的映射关系。
12. 简要说明 STM32F10xxx 系列处理器内部外设总线 APB1 总线和 APB2 总线的功能及差异。

第 3 章 集成开发环境

工欲善其事，必先利其器。嵌入式系统的开发是一件很复杂的事情，要较好地完成这项任务，如果没有好的工具，将举步维艰。在针对嵌入式系统的程序开发方面，好的集成开发环境就是程序开发的利器，学习并熟练掌握一种或几种高效的集成开发环境是实现嵌入式系统开发的先决条件。本章介绍 STM32F10xxx 系列处理器的集成开发环境及基本的使用方法，为以后的程序设计打下基础。

3.1 Keil μVision 4 集成开发环境

3.1.1 Cortex-M3 集成开发环境概述

能够实现 Cortex-M3 系列 ARM 芯片软件开发的工具有多种，目前在国内应用较为广泛的有 Keil MDK for ARM 和 IAR Embedded Workbench。

1. Keil MDK for ARM 开发工具

Keil MDK for ARM 开发工具源自德国 Keil 公司(后被 ARM 公司收购)，被全球上百万的嵌入式开发工程师使用，这里的 MDK(Microcontroller Developer Kit)即指微控制器开发套件，是 ARM 公司针对各种 ARM 嵌入式处理器的软件开发工具。

Keil MDK 集成了业内领先的技术，先后发布了 Keil μVision 3、Keil μVision 4、Keil μVision 5 等多个版本的集成开发环境，可支持 ARM7、ARM9、Cortex-M0、Cortex-M0+、Cortex-M3、Cortex-M4、Cortex-R4 等内核处理器的开发。

Keil MDK 可以自动配置启动代码，集成 Flash 烧写模块，具有强大的 Simulation 设备模拟及性能分析等功能，与 ARM 之前的工具包 ADS 相比较，ARM 编译器的最新版本可将性能改善 20%以上。

2. IAR Embedded Workbench 开发工具

IAR Embedded Workbench 开发工具来自瑞典的 IAR Systems 公司，是一套用于编译和调试嵌入式系统应用程序的开发工具，支持汇编、C 和 C++语言。它提供完整的集成开发环境，包括工程管理器、编辑器、编译链接工具和 C-SPY 调试器。IAR Systems 以其高度优化的编译器而闻名。每个 C/C++编译器不仅包含一般全局性的优化，也包含针对特定芯片的低级优化，以充分利用所选芯片的所有特性，确保较小的代码尺寸。IAR Embedded Workbench 能够支持众多芯片制造商生产的种类繁多的 8 位、16 位或 32 位芯片的开发，当然也支持 ARM 处理器的开发。

3.1.2　Keil μVision 4 集成开发环境

Keil MDK for ARM 集成开发环境包含了源程序编辑器、C/C++编译器、汇编器、连接器、模拟仿真器、交叉调试器、程序下载器等众多软件功能，开发环境功能强大，可实现从程序的编辑、编译、汇编、链接、下载到仿真调试的全程软件开发流程，具有友好的人机界面，支持众多厂家不同的 Cortex-M3 产品的开发。

目前用于 Cortex-M3 内核处理器开发的 Keil MDK 软件包对应的集成开发环境为 Keil μVision 4 和 Keil μVision 5，这两个版本有一定的差异，对已经习惯于老版本 Keil μVision 4 的用户可能不太习惯使用 Keil μVision 5。从初学者的角度看，使用 Keil μVision 4 可能更容易理解和入门，基于此，我们首先介绍 Keil μVision 4 集成开发环境。Keil μVision 5 环境下将器件库单独从集成环境中剥离出来，开发某种芯片前需要单独安装对应的支持包，支持包安装后可通过运行时库的设置提供对器件库的支持，从而简化在 Keil μVision 4(以下简称 Keil)环境下需要人为添加器件库文件的操作，使用更方便些。Keil μVision 5 对于初学者而言掌握起来会困难些，因此这里先学习 Keil μVision 4，再来了解 Keil μVision 5。本小节以 Keil μVision 4 为基础介绍 Keil MDK 的基本功能及基本操作方法。

图 3-1 所示为 Keil μVision4 集成开发环境主界面，主要包括菜单栏、文件操作工具栏、项目建立工具栏、项目管理窗口、文件编辑窗口及信息输出窗口等。

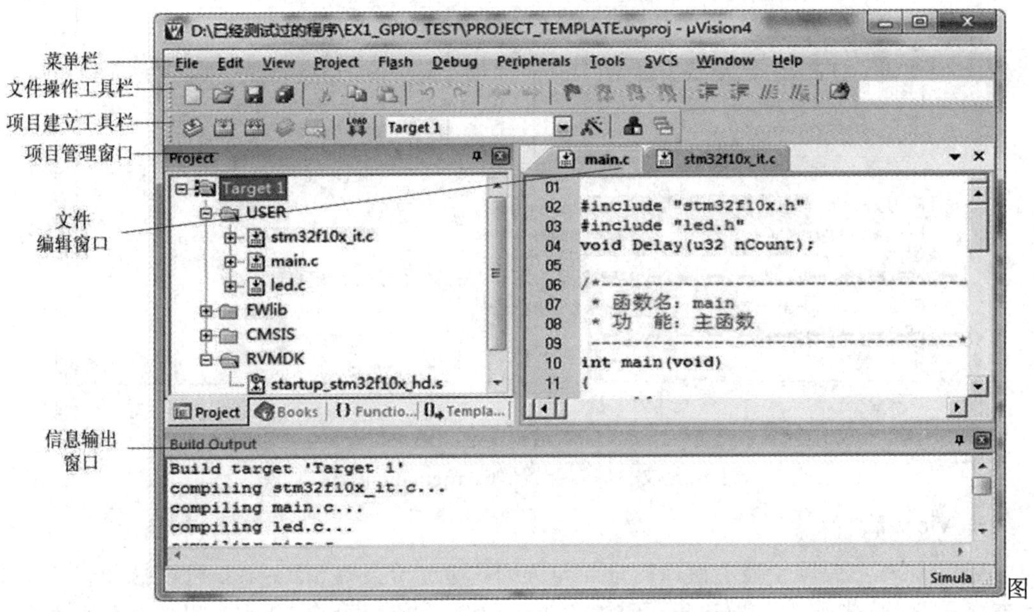

图 3-1　Keil μVision 4 集成开发环境主界面

1. 菜单栏

菜单栏包含集成环境下的所有操作功能，主要的菜单包括 File、Edit、View、Project、Debug 等，这些菜单功能与其他操作软件相似，如果使用过类似的软件应该不会陌生，因此这里仅介绍其中几个主要的菜单。

1) File 菜单

File 菜单主要实现文件的创建、打开、保存及软件的授权管理等。新建文件时应该注意文件的类型，可通过文件的扩展名加以区分，新建文件主要包含 C 语言源程序文件(文件扩展名为“.c”)、汇编语言源程序文件(文件扩展名为“.s”或“.asm”)及头文件(文件扩展名为“.h”)。特别在 File 菜单下可以通过子菜单 License Management 设置软件的授权，没有授权的软件运行在评估模式，只能编译有限长度的代码，获取授权并且通过 License Management 菜单设置后可以获得软件的全部功能，工程代码的大小不受限制。

2) Edit 菜单

Edit 菜单可以实现文件的各种编辑操作，包括剪切、复制、粘贴、查找及替换等，还可以通过 Navigate Backwards 和 Navigate Forwards 快速地查看浏览历史；另外，通过子菜单 Configuration 可以设置文件的配置信息，通过 Configuration 打开配置窗口可以设置的信息包括编辑器(Editor)、颜色和字体(Colors & Fonts)等。图 3-2 所示为“Configuration”窗口。

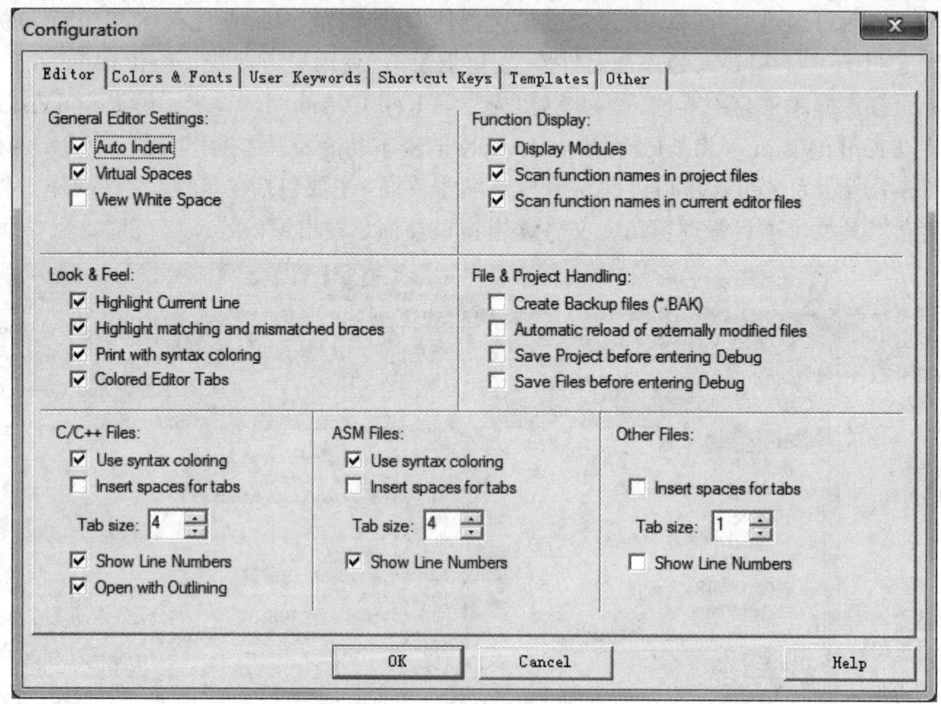

图 3-2　文件编辑配置“Configuration”窗口

3) View 菜单

View 菜单主要用于显示窗口的打开与关闭。通过子菜单 Status Bar 可以打开或者关闭状态显示条，通过子菜单 Toolbars 下的 Filebar 和 Buildbar 可以打开或关闭文件操作工具和项目建立工具，通过子菜单 Project Window、Books Window、Functions Window、Templates Window、Source Browser Window、Build Output Window 及 Find In Files Window 可以打开或关闭项目管理窗口、书签窗口、函数窗口、模板窗口、资源浏览窗口、建立输出信息窗口及文件查找窗口等。灵活地配置这些工具条和窗口可以大大方便工程的建立、文件的管理及信息的浏览。

4) Project 菜单

Project 菜单包含工程项目的新建、打开、关闭等基本操作以及工程的编译和链接操作命令，除此以外，该菜单下还可以实现工程的管理和配置，对于一个工程项目而言，对其进行配置和管理是非常重要的，下面还会重点介绍这方面的内容。

5) Debug 菜单

Debug 菜单包含对工程项目进行仿真、调试的各种命令，这一部分的内容将结合具体的工程项目仿真调试进行介绍，这里不再赘述。

其他的主菜单及其功能这里也不再一一赘述。

2. 文件操作工具栏

如图 3-1 所示，文件操作工具栏包含常用的文件操作工具按钮，这些按钮实际上是 File、Edit 及 View 等菜单下子菜单功能的快捷形式，使用这些工具按钮可以加快操作过程。

3. 项目建立工具栏

如图 3-1 所示，项目建立工具栏实际上是主菜单 Project 的子菜单的快捷按钮形式。该工具栏可以通过 View 主菜单下的命令打开或关闭。

4. 项目管理窗口

项目管理窗口为工程项目文件提供一个树状的管理结构，通过该结构可以清楚地知道各个文件之间的依赖关系，可以通过该窗口管理项目文件成员，进行文件的添加与删除。项目管理窗口可以放置在主窗口的不同位置，用鼠标点击并拖住项目管理窗口的标题栏，会自动出现放置的位置导引，把项目管理窗口拖曳到对应的引导位置释放鼠标即可完成窗口停放位置的设置。

5. 文件编辑窗口

打开文件会显示在文件编辑窗口中，在该窗口可以对文件进行各种编辑操作。文件编辑窗口可以同时打开多个文件，这些文件可以以选项卡的形式共存于文件窗口内，通过点击文件的选项卡可以把该文件切换为当前文件。在文件窗口进行文件编辑时需要注意文件的格式，要使文件便于阅读。文件窗口中可以打开编辑的文件类型主要包括 C 语言源程序文件、汇编语言源程序文件及各种头文件。文件窗口显示的文件格式可以通过 Edit 菜单下的 Configuration 子菜单进行配置，如图 3-2 所示，通过配置使文件内容显示条理清晰，便于阅读和修改。

6. 信息输出窗口

信息输出窗口显示源程序的编译信息、链接文件的链接信息等，如果编译或链接过程中出现警告或错误信息也会在该窗口输出，用户可以根据输出信息对程序进行修改，直到工程编译链接成功，生成可执行文件为止。

3.1.3　工程项目的创建

在 Keil 环境下，软件的开发是以工程项目的形式进行的，所谓的工程项目，就是针对特定处理器为实现特定功能而进行的所有软件开发工作。为便于管理软件的开发过程，通过工程项目把相关的资源组合起来，工程项目实际上就是一个对各种资源进行管理的容器。由于针对 ARM 处理器进行软件开发是一项具有挑战性的工作，因此创建工程项目并对其进行配置及管理就显得特别重要，这也是作为初学者掌握在 Keil 环境下进行软件开发的关键。

1. 创建工程项目

创建工程项目之前需要做一些准备工作：

首先，需要准备好 STM32 的库文件，准备好的库文件存放在一个固定的位置，由于库文件可能被多个工程使用，因此应该保持库文件的安全稳定，不能删除、改变库文件及其内容。

其次，建立一个存放新建工程的文件夹，可以称为工程文件夹，除库文件之外的所有的工程文件都存放在该文件夹之中。

最后，根据需要再在该工程文件夹中创建若干个子文件夹，用来存放不同性质的工程文件。

例如，当前计算机上库文件存放路径为 E:\stm32_library\Libraries，在 E 盘下创建 NEW_TEST 文件夹用来存放新建工程，文件夹路径为 E:\STM32 Software develop\NEW_TEST，在 NEW_TEST 文件夹中建立 user 和 project 两个子文件夹备用。

运行 Keil µVision 4 软件，单击主菜单 Project 下的“New µVision Project”，弹出新建工程界面，选择新工程的存储路径为“E:\STM32 Software develop\NEW_TEST”，输入新建工程的名字“PROJECT_TEMPLATE”，如图 3-3 所示。

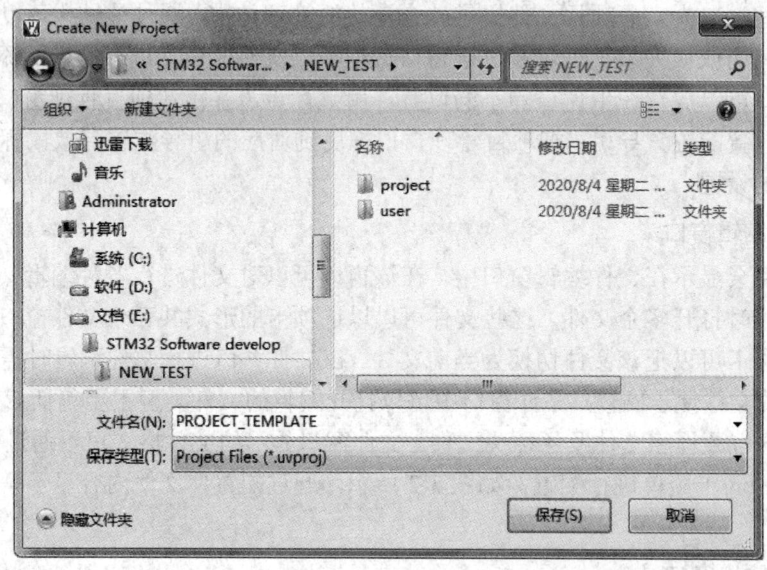

图 3-3　创建新工程

单击“保存”按钮，弹出器件选择界面，可以看到有许多厂家的器件可供选择，针对 STM32 系列器件应该在“STMicroelectronics”中选择，这里选择的器件为 STM32F103C8，如图 3-4 所示。

如图 3-4 所示，单击选择某个型号的芯片时，该芯片的基本特性及所具有的片上资源通过右侧的信息描述框被显示出来。此处选择 STM32F103C8，其具有如下特征：

➢ 32 位 ARM Cortex-M3 微控制器，主频 72 MHz。

➢ 64 KB Flash ROM，20 KB SRAM。

➢ 内置时钟锁相环，内置 8 MHz 和 32 kHz RC 振荡器，内置实时时钟。

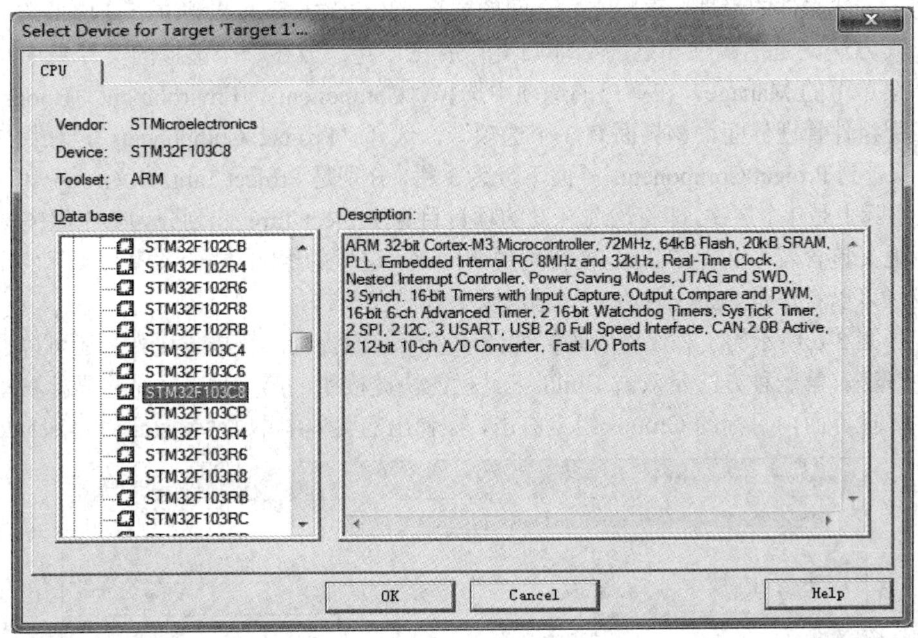

图 3-4　为新建工程选择器件

➢ 可嵌套中断控制器 NVIC。
➢ 节电运行模式。
➢ 支持 JTAG 和 SWD 调试。
➢ 3 个 16 位的同步计数器，可实现中断捕获、输出比较及 PWM 等功能。
➢ 1 个 16 位 6 通道的高级定时器。
➢ 2 个 16 位的看门狗定时器。
➢ 系统滴答定时器。
➢ 2 路 SPI、2 路 I^2C、3 路 USART、1 路 USB 2.0 全速接口和 1 路 CAN 接口。
➢ 2 路 12 位 10 通道的 A/D 转换器。

单击“OK”按钮，弹出如图 3-5 所示的对话框，该对话框询问是否拷贝启动文件到当前工程中，单击“否”按钮。为了把启动文件存放在指定位置及采用最新的启动文件，通常在建立工程以后手动添加启动文件。这时，一个新的空的工程就建立起来了，但是此时的工程还不能用来进行程序的开发，必须进行文件的管理和配置。

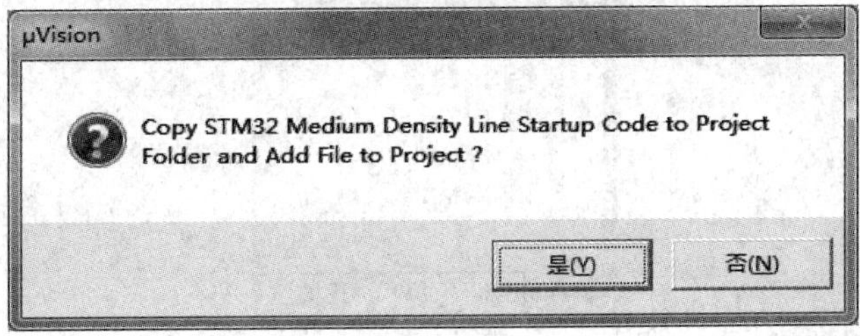

图 3-5　是否拷贝启动文件

2. 管理工程文件

为了方便文件的管理，理顺文件之间的关系，Keil 软件下可以建立一个虚拟的文件管理器，其方法就是把属性相近的文件归类存放在一起，放在一个虚拟的文件夹中。单击 Project 菜单下的 Manage，在弹出的选项中选择“Components，Environment，Books…”，弹出工程组件管理界面，该界面有 3 个选项卡，选择“Project Components”，如图 3-6 所示。可以看到 Project Components 界面下分为 3 栏，分别是 Project Targets、Groups 和 Files。这 3 栏实际上是 3 个层次，即将当前开发的项目目标(Project Targets)划分为若干组(Groups)，而每个组又包含若干文件(Files)。要特别说明的是，这里的组(Groups)并不与实际的文件夹相对应，可以看作是虚拟文件夹，只是逻辑上划归在一起。

打开图 3-6 所示的工程组件管理界面除了采用前面提到的菜单方法外，还可以通过另外两种方法。第一种方法是双击 Build 工具栏的快捷按钮，第二种方法是将光标移动到工程组件管理界面内目标的 Groups 组上右击，在弹出的菜单中单击“Manage Project Items”。

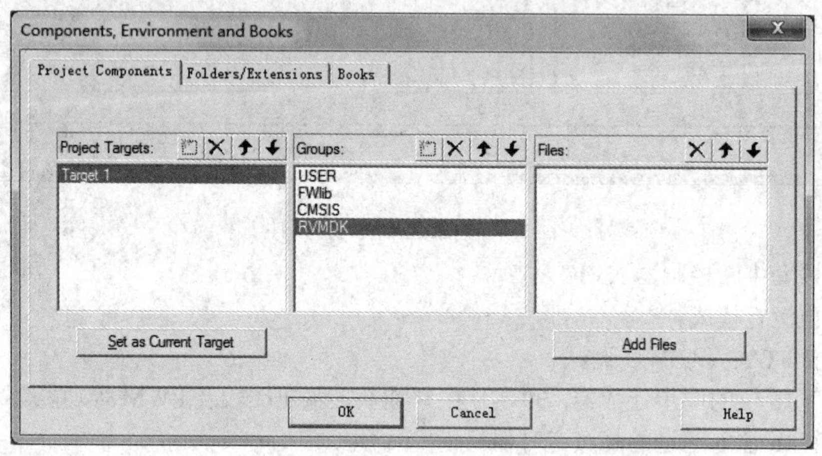

图 3-6　工程组件管理界面

如图 3-6 所示，在 Groups 栏中新建 4 个组，分别是 USER、FWlib、CMSIS、RVMDK。Folders/Extensions 和 Books 选项卡保持默认值不变，单击“OK”按钮，此时在工程项目管理窗口中出现如图 3-7 所示的文件夹树，这里的文件夹就是分组，这样的文件夹实际上是不存在的。当向这些文件夹添加相应的文件后，这些文件也直观地显示在工程项目管理窗口内，以方便管理。下面为这些文件夹添加必要的文件，这些文件是利用库函数开发工程时必需的。关于这些文件的作用会陆续介绍。

图 3-7　工程管理窗口

(1) 复制 4 个文件到.\NEW_TEST\user\下。这 4 个文件分别为 main.c，stm32f10x_it.c，stm32f10x_it.h 和 stm32f10x_conf.h，这些文件是提前准备好的，可以通过拷贝 STM32 库文件内提供的工程模板中的文件，或者拷贝其他样例工程中已有的文件。光标移动到工程项目管理窗口的 USER 组上右击，在弹出的快捷菜单中选择“Add Files to Groups'USER'”命令，在.\NEW_TEST\user\文件夹下找到 main.c 和 stm32f10x_it.c 并添加，如图 3-8 所示。这样的操作也可以通过图 3-6 所示的工程组件管理界面中的“Add Files”按钮实现。

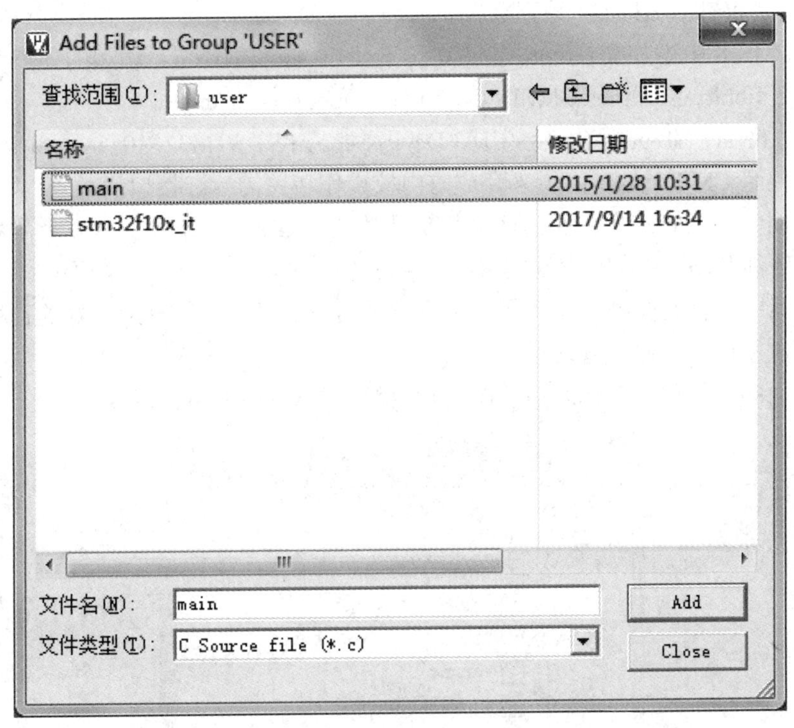

图 3-8　向 user 添加文件

这里需要特别注意的是路径为.\NEW_TEST\user\的文件夹 user 是实际存在的，我们将用户文件保存在该文件夹下。工程管理器中的 USER 文件夹是一个虚拟的文件夹，实际上并不存在，只是在逻辑上将相关的文件关联在一起，通过 USER 这样一个虚拟的文件夹来管理。添加到虚拟文件夹 USER 的文件可以位于 .\NEW_TEST\user 文件夹，也可以放在其他的地方。下面向工程的其他虚拟组添加文件也是同样的道理。

(2) 向 RVMDK 中添加启动文件 startup_stm32f10x_md.s。可以在工程项目管理窗口通过右击的方式添加，也可以打开工程组件管理界面进行添加，所添加的启动文件为库文件，因此必须清楚库文件的路径所在。这里添加文件的完整路径为 E:\stm32_library\Libraries\CMSIS\CM3\DeviceSupport\ST\STM32F10x\startup\arm\startup_stm32f10x_md.s，文件 startup_stm32f10x_md.s 为中密度芯片的启动文件，不同类型的芯片对应的启动文件不同。在此建立 RVMDK 文件组的目的是用来存放由 Keil MDK 提供的启动文件，该文件屏蔽了许多针对底层硬件的汇编指令操作，大大地简化了 Cortex-M 系列处理器上电初始化的过程，降低了学习和应用的难度。

(3) 向 FWlib 中添加文件 misc.c、stm32f10x_gpio.c 和 stm32f10x_rcc.c。添加的详细路径如下：

E:\stm32_library\Libraries\STM32F10x_StdPeriph_Driver\src\misc.c

E:\stm32_library\Libraries\STM32F10x_StdPeriph_Driver\src\stm32f10x_gpio.c

E:\stm32_library\Libraries\STM32F10x_StdPeriph_Driver\src\stm32f10x_rcc.c

建立 FWlib 文件组的目的是用来存放 STM32 标准外设的驱动函数文件，这些文件是由 ST 提供的，仅针对 STM32 系列器件。

(4) 向 CMSIS 中添加文件 core_cm3.c 和 system_stm32f10x.c。添加的详细路径如下：

E:\stm32_library\Libraries\CMSIS\CM3\CoreSupport\core_cm3.c

E:\stm32_library\Libraries\CMSIS\CM3\DeviceSupport\ST\STM32F10x\system_stm32f10x.c

建立文件组 CMSIS 是专门用来存放与内核操作相关的标准接口函数。

对于本例中建立的 4 个文件管理组并不是必须这样做的，不同的开发者的思路及习惯不同，对于所涉及的文件的管理方法不同，在文件的分组管理上就可能不同，并无统一的标准可言。其中可以遵循的基本思想是：不管采用什么样的文件分组，总的目标是要使工程中文件的关系清晰，便于管理。

完成上面的文件添加工作之后，工程项目管理窗口如图 3-9 所示。

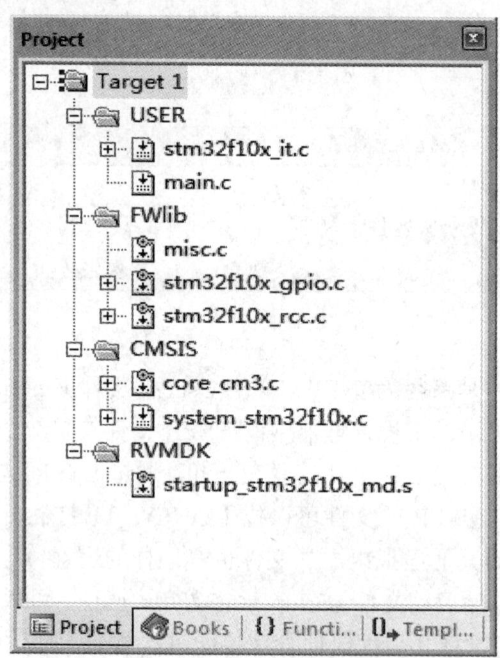

图 3-9　添加文件后的工程项目管理窗口

3.1.4　工程项目的配置

在 Keil 环境下通过函数库开发工程还必须依赖头文件的支持，在工程的配置里主要解决头文件的包含路径等问题。将光标移动到工程项目管理窗口的“Target1”上右击，在弹出的菜单中选择“Option for Target 'Target1'”命令即可打开工程选项配置窗口。还可以通过菜单项“Project\Options for Group...”或 Build 工具栏中的“Options for Target”工具按钮打开工程选项配置窗口。工程选项配置窗口共包含 10 个选项卡，许多选项卡只要保持默认状态即可，这里重点介绍以下几个选项卡的设置。

1. Output 选项卡的设置

“Output”选项卡主要用来设置工程建立过程中输出哪些文件及输出文件的存储位置，如图 3-10 所示。

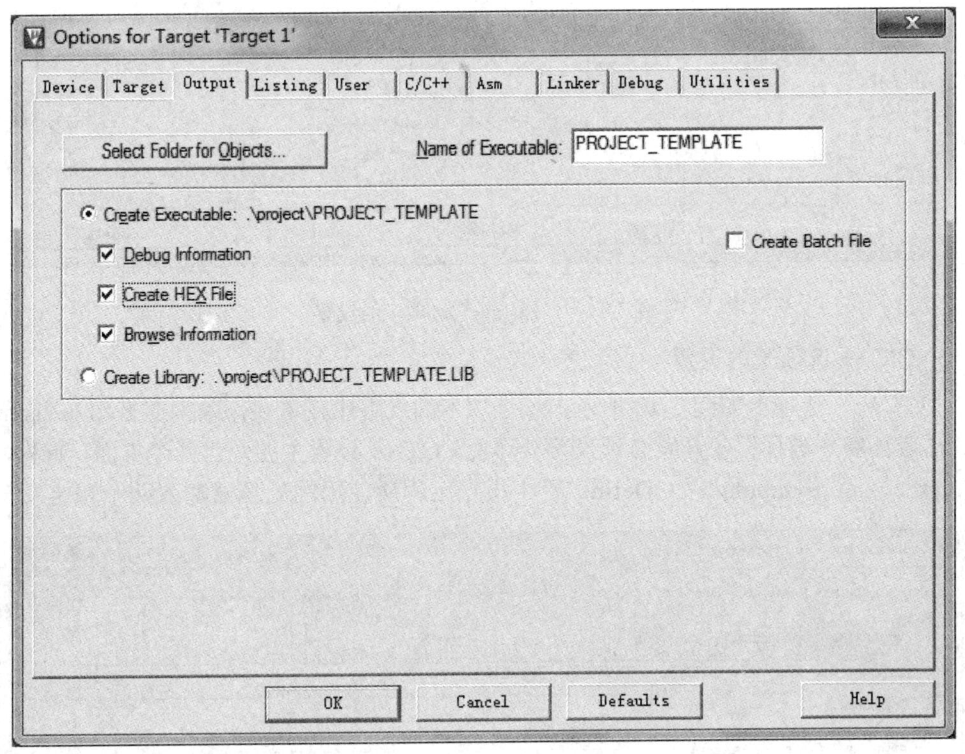

图 3-10　“Targer Output”选项卡的设置

单击“Select Folder for Objects”按钮，可在弹出的对话框中设置用于编译链接时生成目标文件的存放位置，这里设置目标文件的存储路径为“.\NEW_TEST\project\obj”，即以 obj 文件夹作为输出文件的存储地。勾选“Create HEX File”选项，则输出文件中包含.HEX 的十六进制编程文件，该文件是可以下载到目标板上运行的固件代码。

2. Listing 选项卡的设置

Listing 选项卡用来设置工程建立过程中要产生哪些列表文件及这些列表文件的存储位置。单击“Select Folder for Listings”，在“\NEW_TEST\project\”下选中“list”文件夹作为列表文件的存储地。本选项卡下的其他选项可以保持默认设置。图 3-11 所示为 Listing 选项卡的设置。

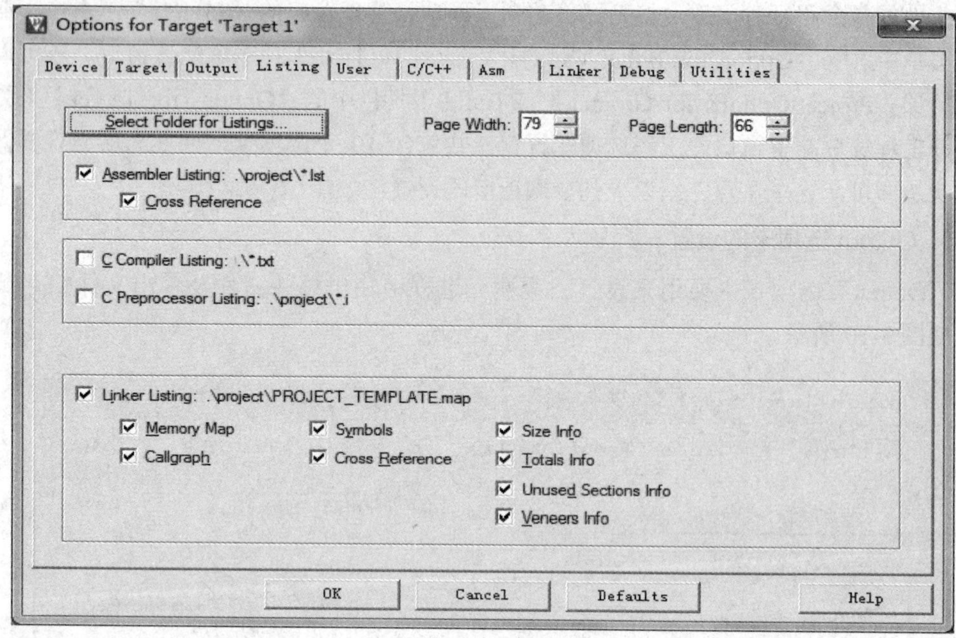

图 3-11 "Listing"选项卡的设置

3. C/C++ 选项卡的设置

"C/C++"选项卡如图 3-12 所示。该选项卡的设置比较重要，因为在 Keil μVision 4 的 C 语言环境下进行程序开发必须设置其环境。C/C++ 设置主要包含两个方面，首先，在"Preprocessor Symbols"的 Define 栏中根据工程所使用的处理器输入两个预定义符号

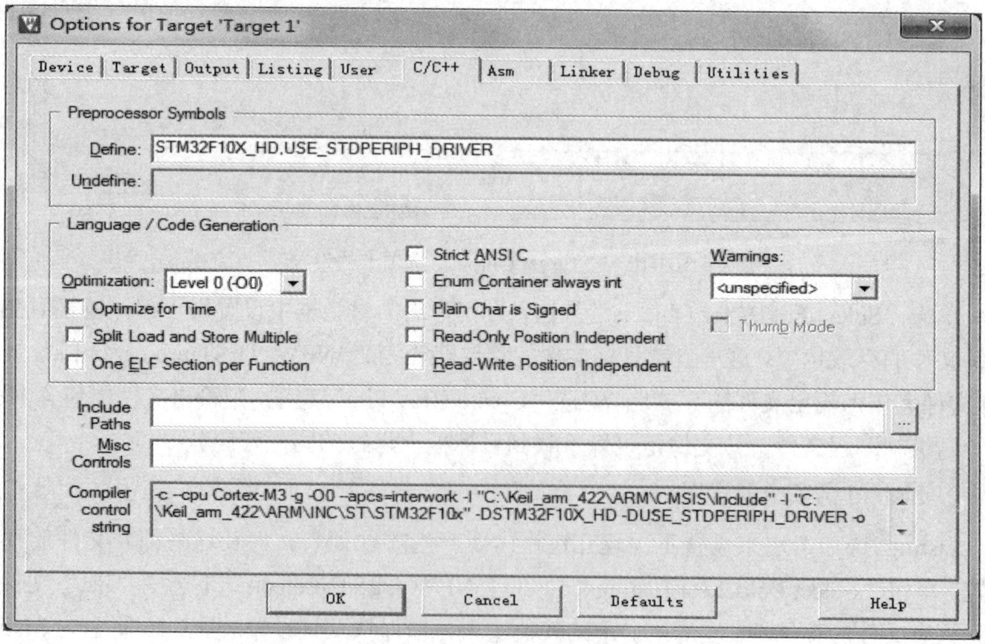

图 3-12 "C/C++"选项卡的设置

“STM32F10X_MD，USE_STDPERIPH_DRIVER”(本例选用中密度的芯片 STM32F103C8，因此对应的预处理符号为 STM32F10X_MD)；然后在“Include Paths”栏中输入需要包含的库文件的路径，其他选项可以保持默认设置。

单击“Include Paths”栏右侧的按钮，出现如图 3-13 所示的路径设置界面。

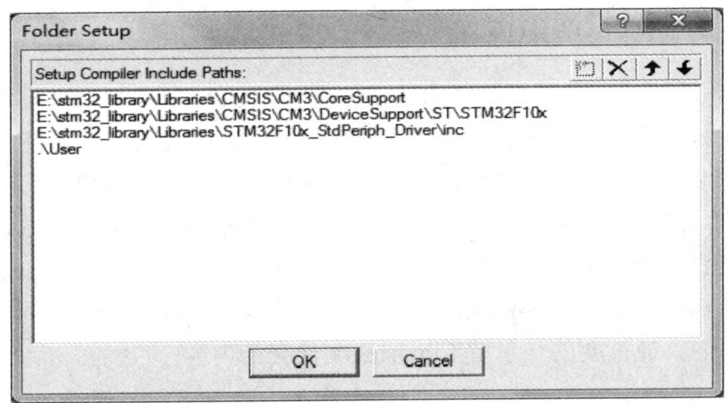

图 3-13　路径设置界面

在该界面下输入以下路径：

E:\stm32_library\Libraries\CMSIS\CM3\CoreSupport

E:\stm32_library\Libraries\CMSIS\CM3\DeviceSupport\ST\STM32F10x

E:\stm32_library\Libraries\STM32F10x_StdPeriph_Driver\inc

.\User

以上所输入的这些路径是工程编译必需的，编译系统通过这些路径才能够找到对应的文件。路径添加不全或错误工程都将无法正常编译。

路径设置完成后单击“OK”按钮退回到 C/C++ 界面。

其他的选项卡先保持为默认值，在以后涉及的章节中介绍。单击“Option for Target 'Target1'”界面最下面的“OK”按钮完成设置。

此时的工程实际上是不具有任何功能的，但是它已经为实现一些具体的功能搭建好了平台。单击工程编译按钮查看是否有报错或者警告出现，如果没有则说明新的工程创建成功。图 3-14 所示为工程编译成功时信息输出窗口输出的信息。在后续的章节里将进一步添加代码实现一些具体的功能。

Build Output

```
Build target 'Target 1'
compiling stm32f10x_it.c...
compiling main.c...
compiling misc.c...
compiling stm32f10x_gpio.c...
compiling stm32f10x_rcc.c...
compiling core_cm3.c...
compiling system_stm32f10x.c...
assembling startup_stm32f10x_md.s...
linking...
Program Size: Code=868 RO-data=268 RW-data=20 ZI-data=1636
"PROJECT_TEMPLATE.axf" - 0 Error(s), 0 Warning(s).
```

图 3-14　工程编译成功信息输出窗口输出的信息

3.2　STM32 标准外设库简介

3.2.1　STM32 标准外设库结构

要应用 STM32 的库函数开发软件项目，必须了解 STM32 的标准外设库的结构，它由程序、数据结构和宏组成，包括了 STM32 微控制器所有外设的性能特征。这里要介绍的 STM32 外设库版本为 v3.5。图 3-15 所示为 STM32 标准外设库文件结构图，在 stm32_library 下包含_htmresc、Libraries、Project 和 Utilities 4 个子文件夹，其中_htmresc 中包含了所有的 html 页面资源，Project 包含了标准外设库驱动的完整例程，Utilities 包含了用于 STM3210B-EVAL 和 STM3210E-EVAL 评估板的专用驱动，对于上述 3 个文件夹的内容可以慢慢了解，目前，最重要的是了解 Libraries 文件夹的内容。

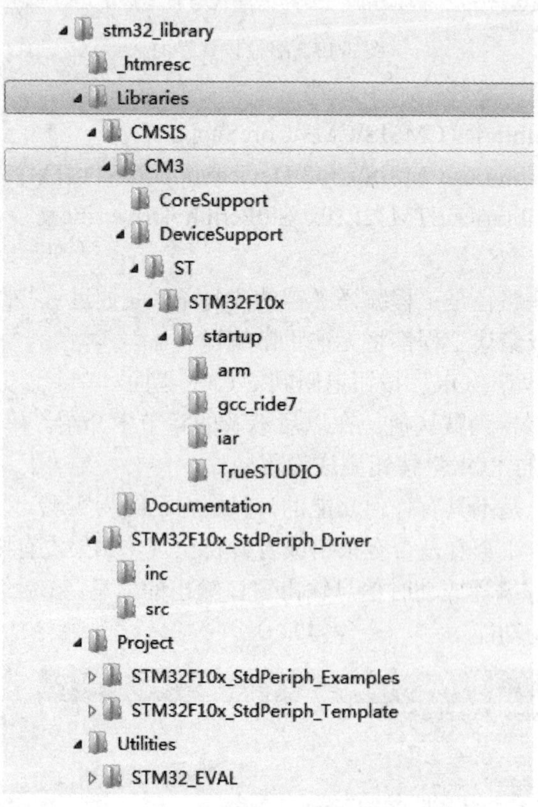

图 3-15　STM32 标准外设库文件结构图

3.2.2　重要库文件介绍

Libraries 文件夹包含 CMSIS 和 STM32F10x_StdPeriph_Driver 两个文件夹。

CMSIS(Cortex Microcontroller Software Interface Standard)是独立于供应商的所有类

型的 Cortex-M 系列处理器硬件抽象层，为芯片厂商和中间件供应商提供了简单的处理器软件接口，简化了软件复用工作，降低了 Cortex-M 系列处理器上操作系统的移植难度，降低了微控制器开发者学习软件开发的难度，缩短了产品开发和上市时间。简单地讲，CMSIS 是针对所有采用 Cortex 内核的处理器，不是仅针对 ST 公司的 ARM 嵌入式处理器。

STM32F10x_StdPeriph_Driver 文件夹包括了所有外设对应的驱动函数，这些驱动函数均使用 C 语言编写，并提供了统一的、易于调用的函数接口，供开发者使用。

下面对 Libraries 文件夹下的主要库文件进行说明，以便正确理解和使用这些库文件。

1. core_cm3.c 和 core_cm3.h 文件

core_cm3.c 文件为 Cortex-M3 内核设备访问的源文件，位于 CMSIS 子文件夹中，该文件路径为.\stm32_library\Libraries\CMSIS\CM3\CoreSupport\core_cm3.c，core_cm3.h 文件为内核设备访问的头文件，文件路径与 core_cm3.c 文件相同。

2. system_stm32f10x.c 和 system_stm32f10x.h 文件

system_stm32f10x.c 为 Cortex-M3 外设访问系统的源文件，该文件中的功能函数在系统上电复位后的启动过程中实现系统时钟初始化等功能，system_stm32f10x.h 是与 system_stm32f10x.c 配套使用的头文件，这两个文件在 STM32 标准库中的存储路径为.\stm32_library\Libraries\CMSIS\CM3\DeviceSupport\ST\STM32F10x\。

3. startup_stm32f10x_xd.s 文件

startup_stm32f10x_xd.s 文件是 Keil 环境下为 STM32 系列器件的开发专门配置的启动文件，是汇编语言源文件，从处理器上电复位之后到真正进入到用户主程序之前，需要调用该启动文件对系统进行初始化。根据工程项目所选择的器件不同选择不同的启动文件，也就是说不同器件应该配置不同的启动文件，这些具体的启动文件包括：startup_stm32f10x_ld.s(低密度器件)、startup_stm32f10x_ld_vl.s(低密度超值器件)、startup_stm32f10x_md.s(中密度器件)、startup_stm32f10x_md_vl.s(中密度超值器件)、startup_stm32f10x_hd.s(高密度器件)、startup_stm32f10x_hd_vl.s(高密度超值器件)等，这些文件的存储路径为.\stm32_library\Libraries\CMSIS\CM3\DeviceSupport\ST\STM32F10x\startup\arm\。

4. misc.c 和 misc.h 文件

misc.c 文件提供所有的杂项函数功能，实际上主要是嵌套中断控制器(NVIC)的驱动函数，misc.h 文件是其对应的头文件。若要对可嵌套中断控制器(NVIC)进行设置，就必须添加 misc.c 文件，并包含头文件 misc.h。这两个文件的存储路径为.\stm32_library\Libraries\STM32F10x_StdPeriph_Driver\src\。

5. stm32f10x_ppp.c 和 stm32f10x_ppp.h 文件

stm32f10x_ppp.c 文件为片内外设驱动文件，stm32f10x_ppp.h 文件为对应的外设的头文件，这些外设驱动文件及其头文件是 STM32 固件库的核心，具体到一个工程，用到什么片内资源就应该在工程中添加相应外设的驱动文件及其头文件。stm32f10x_ppp.c 文件的存储路径为.\stm32_library\Libraries\STM32F10x_StdPeriph_Driver\src\，stm32f10x_ppp.h 头文件在库中的路径为.\stm32_library\Libraries\STM32F10x_StdPeriph_Driver\inc\。例如，在前面 3.1.3 小节中创建的新工程中添加了 stm32f10x_rcc.c 和 stm32f10x_gpio.c 两个文件，分别用来实现时钟配置和 GPIO 的驱动。

6. stm32f10x.h 头文件

stm32f10x.h 文件是 STM32 的 CM3 设备访问的头文件，在该文件中包含 STM32F10xxx 系列器件的所有外设寄存器的定义、寄存器中位的定义及存储器的映射关系等。在应用 C 语言开发程序时，该文件是唯一的应该在主函数 main.c 中包含的头文件。该文件在库中的存储路径为 .\stm32_library\Libraries\CMSIS\CM3\DeviceSupport\ST\STM32F10x\。

在具体的工程中，如果引用 STM32 库中的 .c 或 .asm 文件，引用的方法是直接添加这些文件到工程中，可通过工程文件的管理窗口完成；但是如果要用到对应的头文件，即 .h 文件，则需要在工程选项配置窗口的“C/C++”选项卡的“Include Paths”栏中添加对应的路径。

3.2.3　工程模板的应用

在 STM32 标准外设库的 Project 文件夹中包含有标准外设库文件驱动的工程样例和工程模板，这些样例可以作为工程项目的范例来学习，工程模板可以用来快速地建立自己的工程，从而降低初学者新建工程的难度。

在新建工程时，除了按照需求添加 CMSIS 文件夹和 STM32F10x_StdPeriph_Driver 文件夹下的文件外，通常还需要添加用户文件，为了简化用户文件的添加过程，可以从标准库的 Project 文件夹的工程样例中拷贝文件，从而达到快速建立工程的目的。通常情况下，可以通过拷贝添加 stm32f10x_conf.h、stm32f10x_it.c 和 stm32f10x_it.h 等文件。

1. stm32f10x_conf.h 文件

stm32f10x_conf.h 文件为外设库配置文件，该文件并不是真正的库文件，可以在库文件的工程模板或者例程中拷贝，用户可以根据应用的需要修改该文件，把需要的外设的头文件包含到工程中，不需要的外设头文件无须包含。在 3.1.3 小节创建的工程中，该文件被拷贝到了 user 文件夹下。

2. stm32f10x_it.c 和 stm32f10x_it.h 文件

stm32f10x_it.c 是中断服务函数文件，该文件实现所有的异常处理和外设中断服务，对应的头文件为 stmf10x_it.h，这两个文件都是由用户实现的，并不是真正的库文件，使用时需要从库文件附带的例程中拷贝到用户文件夹下，用户再根据需要修改。在 3.1.3 小节的工程中，将这两个文件拷贝到了.\NEW_TEST\user\文件夹下。

3.3　Keil μVision 5 集成开发环境

2013 年 10 月，Keil MDK v5 正式发布，该版本使用 Keil μVision 5 集成开发环境，是目前针对 ARM 微控制器，尤其是 ARM Cortex-M 内核微控制器具有较好应用效果的集成开发工具。

3.3.1　Keil μVision 5 概述

Keil μVision 5 集成开发环境与 Keil μVision 4 集成开发环境兼容，以前在 Keil μVision 4 集成开发环境下开发的项目可以在 Keil μVision 5 上运行。Keil MDK v5 加强了针对 Cortex-M 微控制器开发的支持，并且对传统的开发模式和界面进行了升级。从结构上看，Keil MDK v5 软件包包含 MDK 核心组件(MDK Core)和软件支持包(Software Packs)两大部分。

Keil MDK v5 的核心组件包含微控制器开发的所有组件，包括集成开发环境图形化界面(μVision 5 IDE)、编辑器、ARM C/C++ 编译器、μVision 调试跟踪器和支持包安装器(Pack Installer)。仅从软件的界面上看，Keil μVision 5 集成开发环境与 Keil μVision 4 集成开发环境区别不大。

软件支持包与 Keil MDK v5 的核心组件独立，可以根据需要选取安装相应的器件支持包及中间件支持包，并且这些已经安装的支持包还可以进行升级。软件支持包(Software Packs)分为器件(Device)支持包、CMSIS 支持包、专业的 MDK 中间件(MDK Professional Midleware)支持包三个部分，可支持各类可用的设备驱动，这部分较 Keil MDK v4 版本有很大的进步，通过这些中间件支持包可降低相关部件的开发难度。图 3-16 所示为 Keil MDK v5 的软件结构组成图。

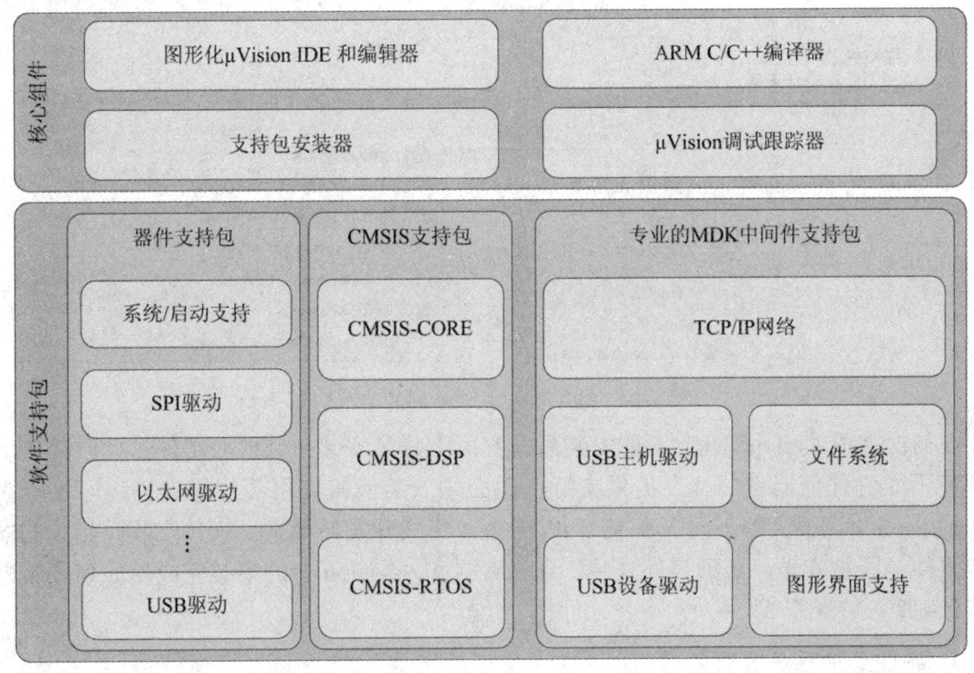

图 3-16　Keil MDK v5 软件结构组成图

3.3.2　Keil μVision 5 集成开发环境

Keil μVision 5 集成开发环境从界面上看与 Keil μVision 4 集成开发环境差别不大。打开 Keil μVision 5 集成开发环境，其建立(Build)工具栏比 Keil μVision 4 集成开发环境的建立工具栏的界面多了 3 个按钮，如图 3-17 所示。

图 3-17　Keil μVision 5 的 Build 工具栏

如图 3-17 所示，3 个工具按钮分别为“Manage Run-Time Enviroment”“Select Software Packs”和“Pack Installer”。其实，这 3 个工具按钮的功能也可以通过 Keil μVision 5 开发环境的菜单命令来实现，如图 3-18 所示，对应的菜单命令在“Project\Manage\”下。

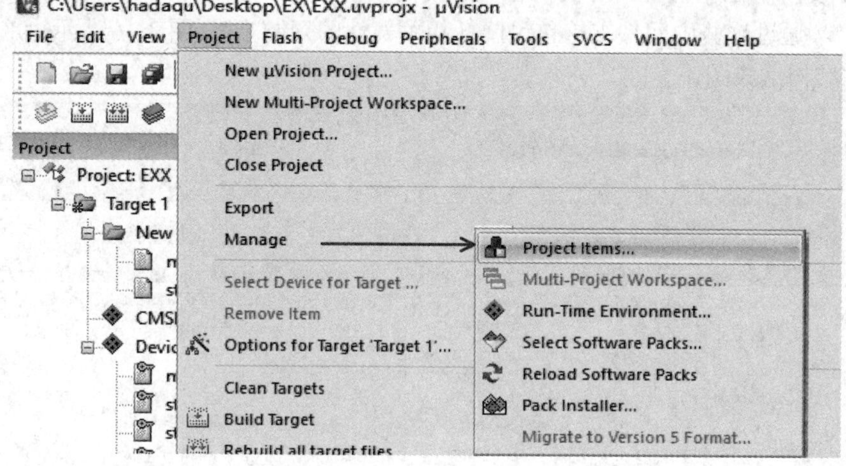

图 3-18　Keil μVision 5 新增的菜单命令

在初次完成 Keil μVision 5 的安装后，实际上只是安装了其核心组件，此时的集成开发环境不能为任何器件的开发提供支持，而必须安装所需使用芯片的支持包。这一点与 Keil μVision 4 有很大的不同。在 Keil μVision 4 集成开发环境下，软件安装时相关的器件支持组件一同被安装，无须另外安装。那么在 Keil μVision 5 的安装完成后如何安装器件支持包呢？

1. 器件支持包在线安装

单击 Build 工具栏中的“Pack Intaller”按钮，进入“Pack Installer”界面，如图 3-19 所示。在“Pack Installers”界面的左侧是可安装的器件及开发板的列表，通常情况下重点关注的是所要安装的器件，因此单击“Device”选项卡，然后在器件列表中查找要安装的器件。现在要开发 STM32F10xxx 系列的器件，因此在器件列表中找到 STMicroelectronics，单击展开，再从 ST 的器件中选择 STM32F1 Series。在“Pack Installer”

界面左侧选中所要安装的器件后，在界面的右侧会自动显示所选器件对应的软件支持包，即对应的 pack。例如，刚才选中的器件为 STM32F10 Series，对应的 Pack 为“Keil：STM32F1xx_DFP”(DFP-Device Family Pack)，此时，在“Keil：STM32F1xx_DFP”包后的“Action”栏会显示该支持包状态及可采取的行动。如果显示为“Install”，则说明该支持包未安装，单击 Intall 即可进入安装状态；如果显示为“Update”，则说明支持包已经安装，但是该支持包有新的版本，需要更新，单击“Update”即可进行更新；如果显示的状态为“Up to date”，则说明所安装的支持包已经更新至最新版，无须采取任何动作。在图 3-19 中“Keil：STM32F1xx_DFP”包后的“Action”栏显示为“Up to date”，这是由于本机已经安装了 STM32F1xx_DFP 包。每次运行 Pack Installer 时，单击界面左上角的“Check For Updates”按钮，可以检查更新。以上方法是通过在线方式安装支持包的基本过程，安装器件的支持包的过程中必须保持网络畅通，但是由于种种原因在线安装较慢，成功率并不高。

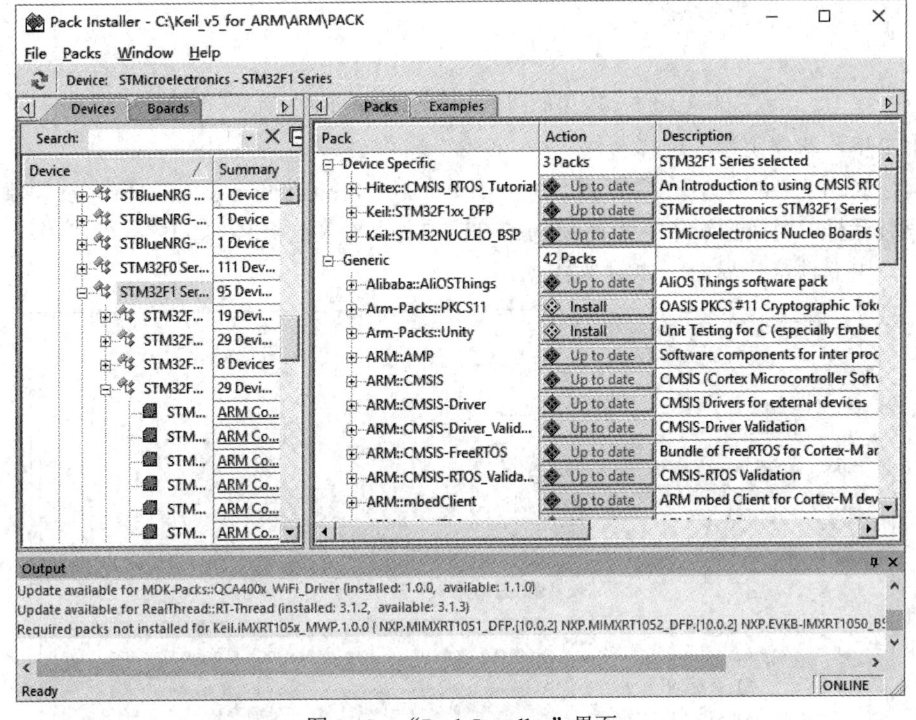

图 3-19　“Pack Installer”界面

2. 器件支持包离线安装

这里给出的第二种安装方法就是离线安装，这种方法需要提前准备好要安装的支持包文件，需要什么器件就下载什么器件的 DFP 支持包，下载好后，直接双击支持包就可自动完成安装，存储路径是在安装 Keil μVision 5 时设定好的，不可更改。

3.3.3　在Keil μVision 5 环境中新建工程

安装完器件支持包后就可以在 Keil μVision 5 集成开发环境下创建工程进行程序开发了。下来通过创建一个新工程来说明在 Keil μVision 5 环境下创建工程及工程设置与 Keil μVision 4 的不同之处，实际上就是 Keil μVision 5 的特点。

第一步，准备工程的存储文件夹。

新建一个文件夹“MDK5_TEST”，用于存储工程文件，再在该文件夹下新建子文件夹 USER，复制几个事先准备好的用户文件到该文件夹下。如图 3-20 所示为复制到子文件夹 USER 下的文件。

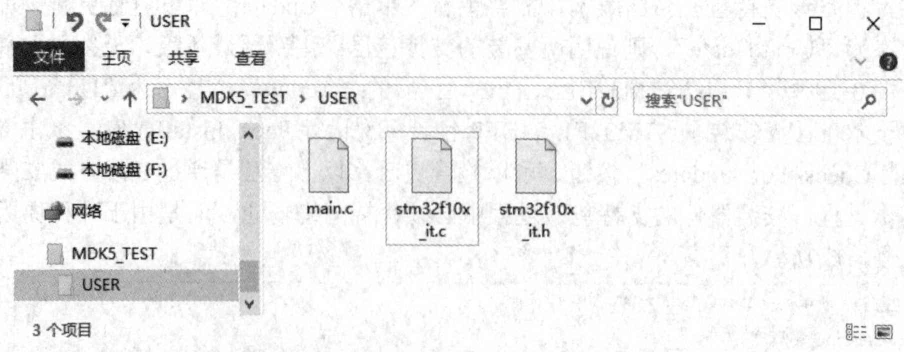

图 3-20　复制到子文件夹 USER 下的文件

第二步，新建工程，选择器件。

运行 Keil μVision 5，在主界面上单击菜单命令“Project\New μvision Project”，弹出新建工程对话框，切换到新建文件夹 MDK5_TEST 处，输入工程名“keil5_ex”，单击“保存”按钮，弹出器件选择界面，如图 3-21 所示。

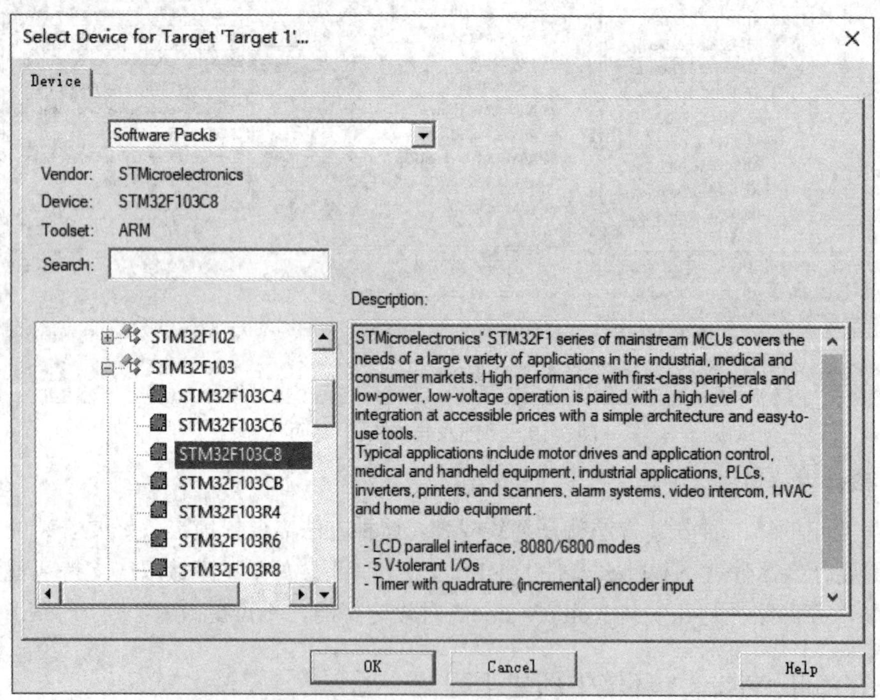

图 3-21　工程器件选择界面

由于已经提前安装了 STM32F10xxx 系列的器件支持包，因此可以在此选择所需的型号，这里选择 STM32F103C8。如果没有安装器件支持包，则选择栏不会出现所需的器件，这和 Keil μVision 4 是不同的。确定所选的器件后单击“OK”按钮，将自动弹出运行环境管理界面“Manage Run-Time Environment”，如图 3-22 所示。

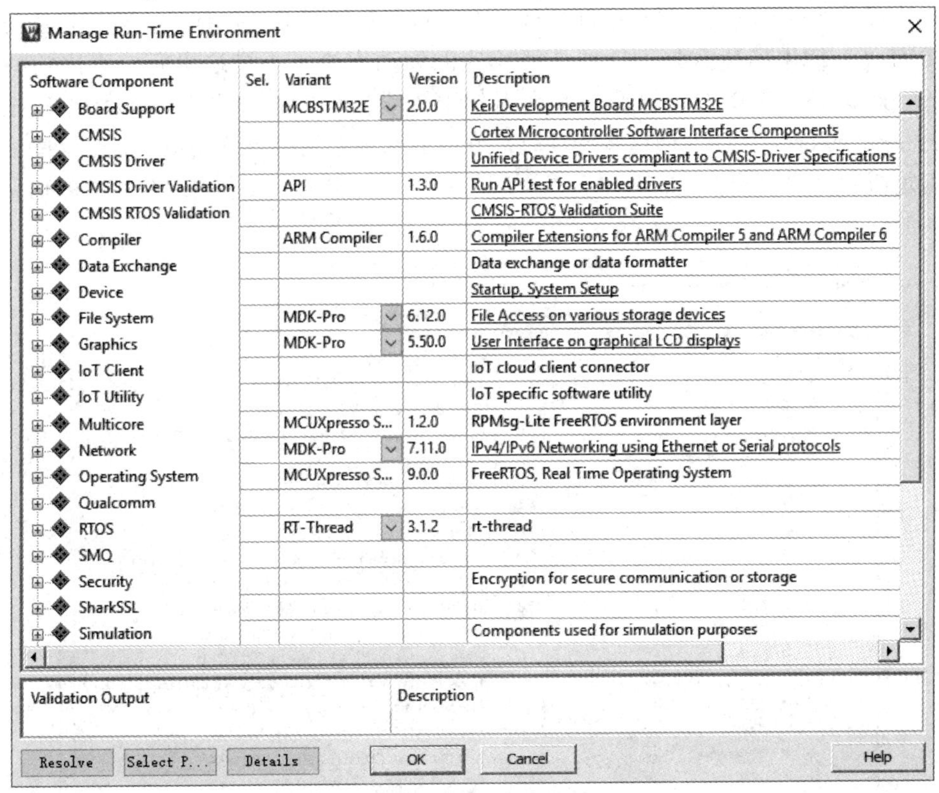

图 3-22　运行环境管理界面

第三步，设置运行环境。

许多初学者看到图 3-22 可能会感到不知所措。其实目前先可以“不求甚解”，记住最关键的几点即可。如图 3-22 所示，在“Software Component”所在的列上单击 CMSIS 前的加号，如图 3-23 所示。勾选 CORE 所对应的模块，这是必须要选中的。

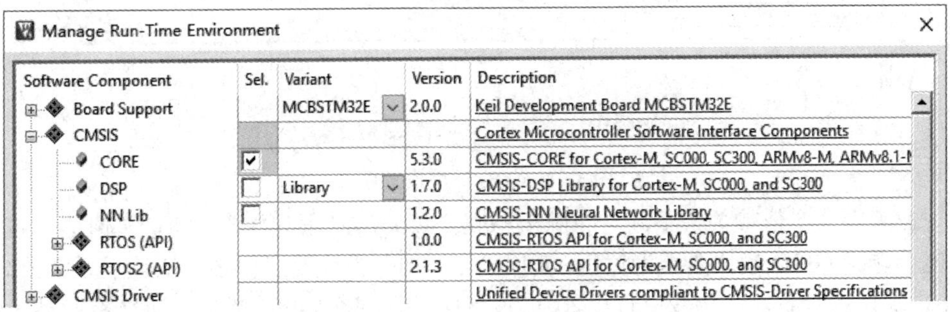

图 3-23　运行环境设置图 1

接下来要设置的 Software Component 就是 Device 了。单击 Device 前的加号，展开后的界面如图 3-24 所示。首先，在 Device 界面下勾选 Startup 模块，该模块提供系统启动文件，是必须选中的；其次，单击“StdPeriph Drivers”前的加号展开其子项，按照图示选中Flash、GPIO、RCC和Framework，这里选中的Flash、GPIO、RCC几项实际上就是加载STM32标准外设库中这3个外设的驱动库函数，这与在Keil μVision 4环境下添加标准外设库文件实现外设驱动是一样的。在新建一个工程的过程中究竟选择什么外设模块与具体的需求有关，使用到什么外设就要选择相应的驱动模块。不过这里有一点比较特别，Framework是必须选中的，该选项是所有标准外设驱动的程序框架(Standard Periperals Drivers Frameworks)。在勾选这些选项时，许多的选项之间有依赖关系，如果这些依赖关系不满足或者有冲突，所选的选项会以不同的颜色示意出来，并在窗口最底下的信息栏输出相关的信息。

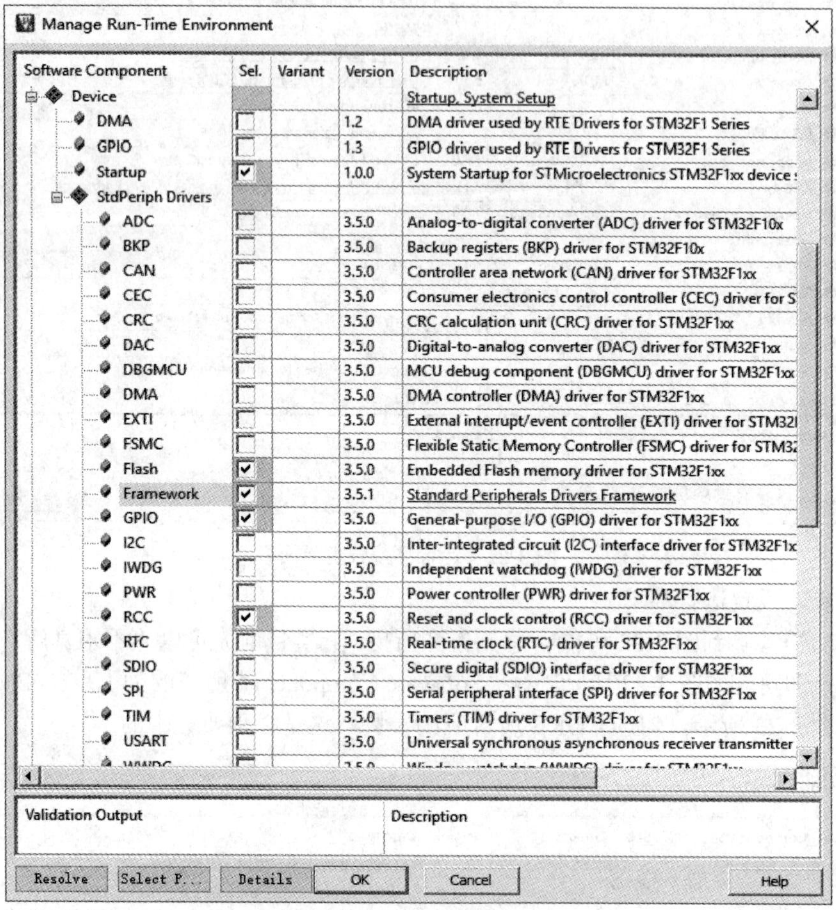

图3-24　运行环境设置图2

现在来看一个依赖关系不满足的例子。如图3-25所示，假定不选中RCC，但选中GPIO，此时就会看到GPIO模块显示为黄色，其原因是GPIO模块要工作必须依赖于系统的时钟，即RCC模块的设置，如果没有选中RCC设置时钟，那么GPIO模块不可能有驱动时钟，GPIO的时钟设置依赖于RCC模块的设置。此时在该管理窗口底下的信息栏会有相应的提示信息，请求用户确认当前设置的GPIO模块，并提示GPIO工作依赖于RCC模块。在设置工程运行环境时应该消除冲突，满足各模块之间的依赖关系。

运行环境设置完成后，单击设置窗口的“OK”按钮进行确认。

运行环境设置在新建工程的环节完成后，可以通过快捷按钮再次进入，重新设置，多次设置，不仅限于在新建工程的过程中设置。

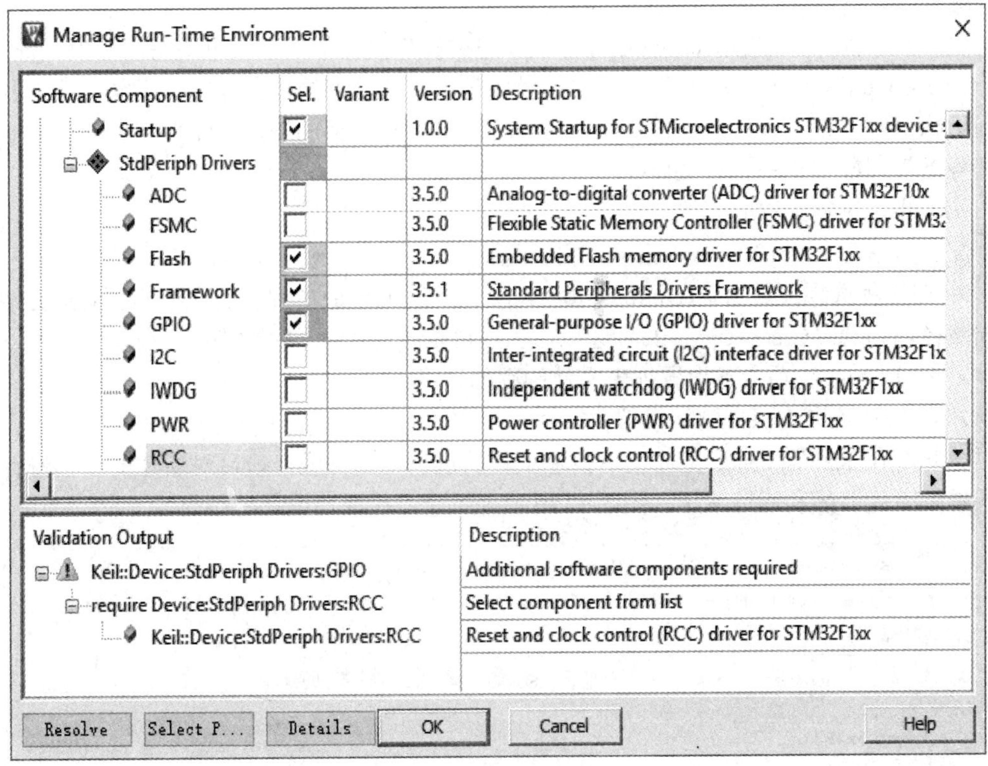

图 3-25　运行环境设置图 3

点击 Build 工具栏中的“Select Software Pack”按钮可以进入“Select Software Packs for 'Target1'”窗口，如图 3-26 所示。

Select Software Packs for Target 'Target 1'

Use latest versions of all installed Software Packs

Pack	Selection	Version	Description
ARM::AMP	latest	1.1.0	Software components for inter processor communication (
ARM::CMSIS	latest	5.6.0	CMSIS (Cortex Microcontroller Software Interface Standard
ARM::CMSIS-Driver	latest	2.4.1	CMSIS Drivers for external devices
ARM::CMSIS-Driver_Validation	latest	1.3.0	CMSIS-Driver Validation
ARM::CMSIS-FreeRTOS	latest	10.2.0	Bundle of FreeRTOS for Cortex-M and Cortex-A
ARM::CMSIS-RTOS_Validation	latest	1.1.0	CMSIS-RTOS Validation
ARM::TFM	latest	1.2.1	Trusted Firmware-M (TF-M) is the reference implementatic
ARM::mbedClient	latest	1.1.0	ARM mbed Client for Cortex-M devices

OK　Cancel　Help

图 3-26　支持包选择窗口

当同一个模块安装了不同版本的支持包时，用户可以指定使用哪一个版本的支持包。通常情况下勾选“Use latest versions of all installed Software Packs”即可，即各模块都采用已经安装的最新支持包，单击“OK”按钮完成设置。

第四步，管理工程组件，添加工程文件。

这一步与前面介绍的 Keil μVision 4 版本下的操作是类似的。这里值得注意的一点是：由于在 Keil μVision 5 环境下各个库文件模块是由系统管理的，作为用户无需再建立各种不同虚拟文件夹来对各种库文件进行管理，因此在工程组件的管理上得到简化，用户的主要任务是管理好用户的各种文件。

第五步，进行工程的配置。

配置方法与 Keil μVision 4 相似，主要包括：

➢ 在工程选项配置窗口(Options for Target...)的 Output 选项卡中设置工程输出文件的存储路径，勾选“Creat HEX File”选项，生成可执行的十六进制文件。

➢ 在 Listing 选项卡下设置列表文件的存储路径。

➢ 其他选项卡均保持默认设置。

至此，在 Keil μVision 5 环境下新建工程的过程基本完成，最后对新建的工程进行编译，看是否能够顺利通过编译。图 3-27 所示为新建工程成功编译的结果。

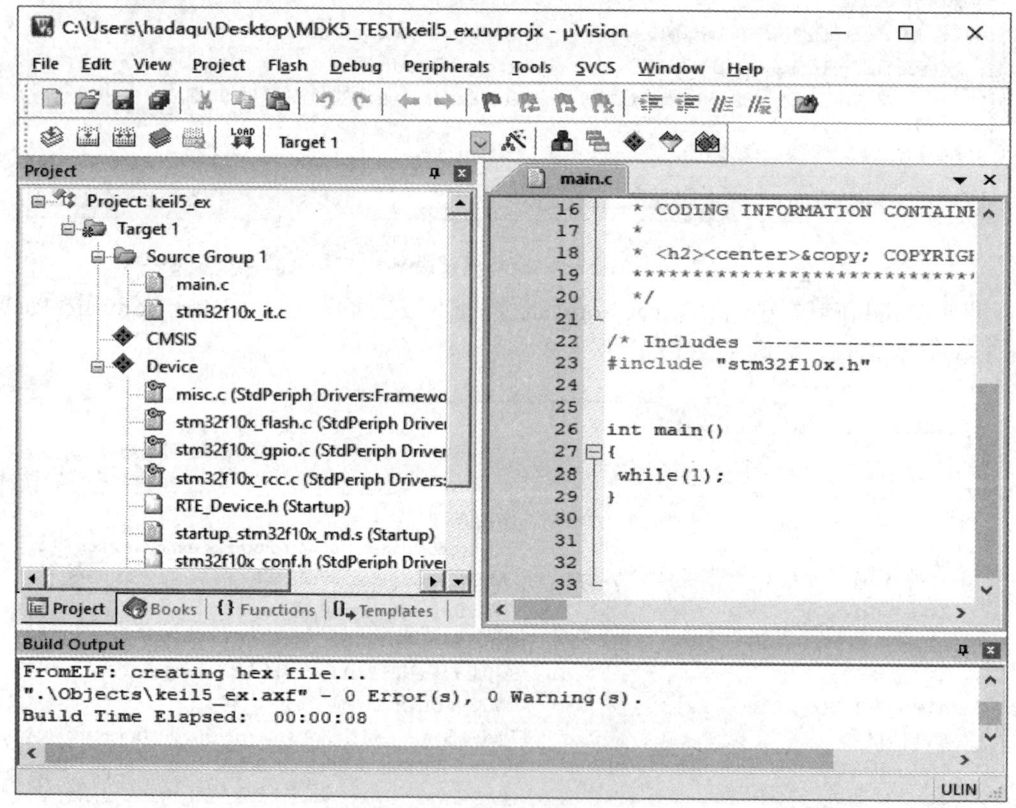

图 3-27　新建工程的编译结果

工程编译成功说明工程相关的配置及运行环境设置正常，这为后续的真正使用创造了良好的条件。

思考题与习题 3

1. 简述 Keil MDK 集成开发环境的软件组成及功能。

2. 安装 Keil μVision 4 软件，实现在 Keil μVision 4 集成开发环境下新建工程的任务，并且使工程能够顺利通过编译。

3. 安装 Keil μVision 5 软件，实现在 Keil μVision 5 集成开发环境下新建工程的任务，并且使工程能够顺利通过编译。

4. 简述 STM32F10xxx 系列器件标准外设库的结构及各部分的功能。

5. 简述 Keil μVision 5 软件的结构组成，对比其与 Keil μVision 4 软件的异同。

6. 完成 Keil μVision 5 软件器件支持包的安装和运行环境的设置。

第 4 章　STM32 系列处理器时钟系统

计算机是典型的数字系统，任何计算机要正常工作都离不开时钟驱动信号。时钟频率的高低关系到计算机处理速度的快慢，不仅如此，对时钟信号的有效管理还关系到计算机系统的可靠性和功耗等。

4.1　STM32 系列处理器时钟系统

STM32F10xxx 系列处理器的时钟系统较为复杂，在 2.4 小节已经提到该系列处理器的时钟源包含内部时钟源和外部时钟源，内部时钟源包括内部高速时钟源(HSI)和内部低速时钟源(LSI)，外部时钟源包括外部高速时钟源(HSE)和外部低速时钟源(LSE)。其实，STM32F10xxx 系列的时钟系统不仅时钟源多，而且内部的时钟网络及其控制也较为复杂，这种复杂的时钟系统使得 STM32F10xxx 系列芯片的时钟配置具有很高的灵活性，只有掌握 STM32F10xxx 系列处理器时钟网络的结构及其配置方法才能很好地配置系统各部分的工作时钟，为系统各部分的正常工作创造时钟条件。

4.1.1　STM32F10xxx系列处理器时钟系统结构

图 4-1 所示为 STM32F10xxx 系列处理器内部时钟系统的结构框图。从图 4-1 中可以看出 STM32F10xxx 系列处理器内部时钟系统主要由时钟源、时钟锁相环、分频器、时钟信号选择开关及控制部分组成。STM32F10xxx 系列处理器的时钟源可划分为内部时钟源和外部时钟源。

1. 内部时钟源

内部高速(HSI)时钟：由内部集成的 RC 振荡器构成的 8 MHz 时钟源，由于 RC 振荡器的稳定性较差，该时钟源的精度不高。HSI 时钟主要在系统启动时作为系统时钟使用，如果系统对时钟的精度不敏感，HSI 时钟也可以作为系统运行时的系统时钟使用；另外，当系统配置的外部高速时钟失效时，系统会自动切换到 HSI 时钟状态下运行。

内部低速(LSI)时钟：由内部集成的 RC 振荡器构成的 40 kHz 的时钟源，同样，由于 RC 振荡器的稳定性不高，因此该时钟源的稳定性较低，主要作为看门狗定时器和实时时钟的时钟源使用。

2. 外部时钟源

外部高速(HSE)时钟：在 OSC_IN 和 OSC_OUT 两个引脚外接 4 MHz～16 MHz 的晶体

振荡器或陶瓷谐振器及其补偿电容即可构成完整的 HSE 时钟振荡电路。由于晶体振荡器的稳定性高，因此 HSE 时钟源的稳定性也高，当系统正常启动后，常将 HSE 时钟作为正式的系统时钟源来使用。

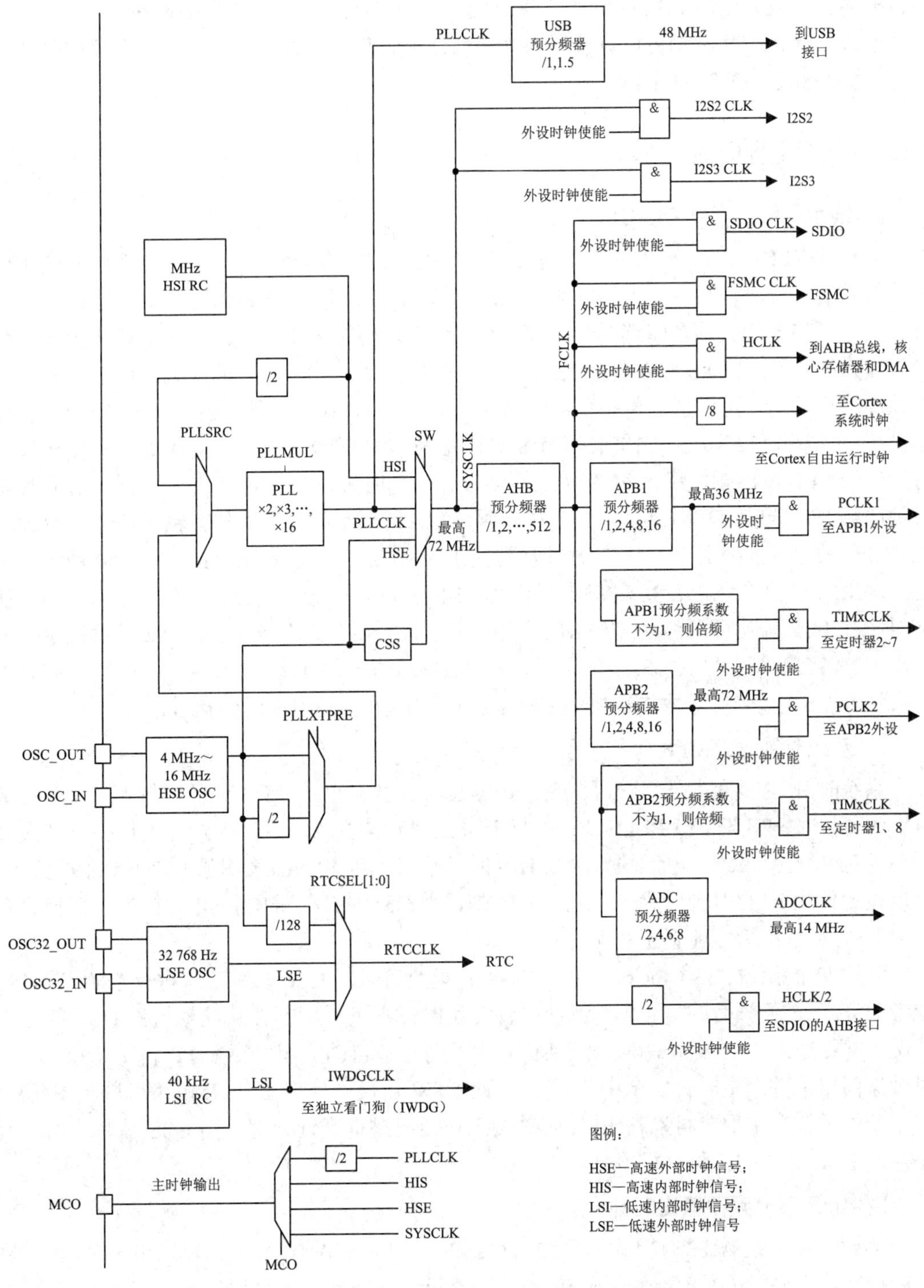

图 4-1　STM32F10xxx 系列处理器内部时钟系统的结构框图

通过 OSC_IN 引脚可以直接引入外部的时钟信号，这时，通过设置可以旁路掉 HSE 时钟的内部振荡电路，而 OSC_OUT 此时保持悬空即可。

外部低速(LSE)时钟：通常在 OSC32_IN 和 OSC32_OUT 两个引脚外接 32.768 kHz 的晶体振荡器构成完整的 LSE 时钟源，该时钟源可以实现高稳定性的实时时钟。

通过 OSC32_IN 引脚可以直接引入外部低速时钟信号，此时 LSE 的内部振荡电路被旁路，引脚 OSC32_OUT 悬空。

4.1.2 内部主要时钟信号

1. 锁相环输出时钟 PLLCLK

锁相环(PLL)可以对输入的信号进行倍频。PLL 的时钟源包括两路，一路是来自 HSI 时钟信号的 2 分频信号，另一路是来自 HSE 时钟信号或 HSE 时钟信号的 2 分频信号。与 PLL 信号源选择相关的多路选择开关有两个，通过这两个多路选择开关的设置决定哪一个信号作为锁相环(PLL)的输入信号源。锁相环(PLL)可实现输入信号的倍频，倍频的系数可以通过编程控制，可设置的倍频系数包括 2，3，4，…，16。但是，锁相环(PLL)的最高输出频率不应高于 72 MHz。如果选择 HIS 时钟作为 PLL 的输入信号，在最高倍频系数为 16 时对应的 PLL 输出频率仅为 64 MHz；而当选择外部时钟信号作为 PLL 输入时，由于 HSE 时钟的频率可能较高，因此必须注意在设置 PLL 倍频系数时不能使其输出信号频率超过 72 MHz。在实际的应用中，HSE 时钟常常使用 8 MHz 的外部晶振，因此 HSE 时钟的频率也为 8 MHz，如果将此 HSE 时钟信号作为 PLL 的输入信号，此时设置倍频系数为 9，那么对应的 PLL 输出即可达到 72 MHz，因此此时的倍频系数不能高于 9。如果系统中需要使用 USB 接口，则 PLLCLK 必须设置为 48 MHz 或者 72 MHz，只有这样，PLLCLK 时钟信号经过 USB 预分频器才能转换为 USB 接口所必需的 48 MHz 时钟信号。

2. 系统时钟 SYSCLK

系统时钟 SYSCLK 是系统内核及外设的总时钟源，也是 I^2S 总线的时钟源，SYSCLK 时钟源可以由 HSI 时钟、PLLCLK 时钟和 HSE 时钟来提供，通过多路开关选择，其最高频率为 72 MHz。系统上电后缺省时以 HIS 时钟信号作为 SYSCLK，此时 HSI 不能被禁止。可以设置使用 HSE 时钟作为 SYSCLK，但是，由 HSI 时钟信号向 HSE 时钟信号切换只有在 HSE 时钟就绪后才能真正实现。

时钟安全系统(CSS-Clock Security System)模块可以对 HSE 时钟信号进行检测。当 HSE 或者 HSE 经过倍频后的信号作为系统时钟使用时，被使能 CSS 模块能够检测 HSE 的工作情况。如果 HSE 时钟发生故障，则 HSE 时钟振荡器被自动关闭，系统时钟自动切换到 HIS 时钟振荡器，并产生时钟安全中断 CSSI。此 CSSI 连接到处理器的 NMI(不可屏蔽中断)，在中断处理程序中用户可以对 HSE 时钟的工作情况进行查询处理。当 CSS 被禁止时，则不会对 HSE 时钟的工作进行检测。

3. AHB 预分频器输出时钟

SYSCLK 经过 AHB 预分频器分频后得到的时钟称为 AHB 预分频器输出时钟，该时钟是内核及片上外设的总时钟源。AHB 预分频器可以设置的分频系数包括 1，2，4，8，16，

32，64，128，256，512。其中，1 分频即为不分频。当系统的外设速度较慢时，可以通过 AHB 预分频将时钟频率降下来。

SDIO 接口时钟、FSMC 接口时钟及 HCLK(High Speed Clock)时钟都来自 AHB 预分频器的输出时钟，HCLK 时钟是 AHB 总线、内核及 DMA 控制器的工作时钟，这 3 种时钟信号均有使能控制。

FCLK(Free Running Clock)时钟信号直接由 AHB 预分频器输出时钟提供，未经过任何缓冲或者使能控制，该时钟为内核自由运行部分的时钟，用于采样中断和为调试模块提供时钟驱动，即使在处理器休眠时，通过 FCLK 仍能保证可以采样到中断和跟踪休眠事件。Cortex-M3 内核的 CPU 时钟来自系统时钟 HCLK，它可以被停止，但是即使 CPU 时钟停止，FCLK 也继续运行。

Cortex 系统定时器时钟是 AHB 预分频器输出时钟的 8 分频，SDIO 的 AHB 接口的时钟是 AHB 预分频器输出时钟的 2 分频。

4. APB1 时钟

APB1 时钟是指通过 APB1 总线连接到系统中的外设的时钟，APB1 总线外设称为低速外设，连接在 APB1 上的设备有电源接口、备份接口、CAN、USB、I2C1、I2C2、UART2、USART3、SPI2、窗口看门狗、定时器 TIMER2～TIMER7。AHB 预分频器输出的时钟作为 APB1 预分频器的输入，经过 APB1 预分频器的分频后产生 APB1 外设时钟，APB1 预分频系数可设置为 1、2、4、8、16，APB1 外设时钟的最高频率不超过 36 MHz。特别是 APB1 总线上的定时器 TIMER2～TIMER7 的时钟是单独控制的，当 APB1 的预分频系数不为 1 时，定时器 TIMER2～TIMER7 的时钟为 APB1 外设时钟信号的 2 倍频，这样可以使定时器获得足够高的输入时钟信号。每种 APB1 的外设时钟都是可以单独控制使能或禁止的。

5. APB2 时钟

APB2 时钟是指通过 APB2 总线连接的外设的时钟。APB2 外设通常称为高速外设，连接在 APB2 上的设备有 USART1、SPI1、TIMER1、TIMER8、ADC1、ADC2、所有普通 I/O 口(PA～PE)、第二功能 I/O 口等。AHB 预分频器输出时钟经过 APB2 预分频器得到 APB2 时钟，APB2 的预分频系数可设置为 1，2，4，8，16。APB2 时钟的最高频率不超过 72 MHz。APB2 外设的 TIMER1 和 TIMER8 的时钟是单独控制的，当 APB2 的分频系数不为 1 时，TIMER1 和 TIMER8 的时钟相对于 APB2 时钟翻倍。另外，APB2 时钟通过 ADC 预分频器分频得到 ADC 模块的时钟，并且该时钟的最高频率不高于 14 MHz。APB2 的外设时钟也是可以单独控制使能或禁止的。

这里强调一点，STM32F10xxx 系列芯片的外设时钟都是可以通过使能控制打开或者关闭的，这样做的主要目的是有利于控制功耗和减少干扰，把没有用到的设备时钟关闭有利于降低功耗和抑制噪声。

6. 实时时钟 RTCCLK

实时时钟 RTCCLK 的时钟源包括：LSI 时钟、LSE 时钟和 HSE 时钟的 128 分频信号，由于 LSI 时钟频率稳定性较差，要实现高精度的实时时钟应该采用 LSE 时钟或 HSE 时钟作为时钟源。

7. 独立的看门狗时钟 IWDGCLK

独立的看门狗时钟 IWDGCLK 时钟由 LSI 时钟提供。

8. 主时钟输出 MCO

STM32F10xxx 系列芯片时钟系统产生的时钟信号可以通过引脚向外输出，把该输出信号称为主时钟输出 MCO(Main Clock Output)，主时钟输出信号可以从 HSE、HSI、SYSCLK 及 PLLCLK 的 2 分频信号中选择。

4.2 复位与时钟控制(RCC)寄存器

STM32F10xxx 系列处理器上电复位后要做的第一件事就是设置系统的时钟，这是一切应用的基础。设置系统时钟的方法就是通过编程操作复位与时钟控制(Reset and Clock Control Registers，RCC)寄存器来实现。

复位与时钟控制寄存器 RCC 是指与复位和时钟控制相关的寄存器，这些寄存器主要包括：时钟控制寄存器 RCC_CR、时钟配置寄存器 RCC_CFGR、时钟中断寄存器 RCC_CIR、APB2 外设复位寄存器 RCC_APB2RSTR、APB1 外设复位寄存器 RCC_APB1RSTR、AHB 外设时钟使能寄存器 RCC_AHBENR、APB2 外设时钟使能寄存器 RCC_APB2ENR 和 APB1 外设时钟使能寄存器 RCC_APB1ENR、备份域控制寄存器 RCC-BDCR、控制/状态寄存器 RCC-CSR 等。

4.2.1 RCC 寄存器简介

1. 时钟控制寄存器 RCC_CR

时钟控制寄存器 RCC_CR 的偏移地址为 0x00，复位值为 0x0000xx83，x 代表未定义。图 4-2 所示为 RCC_CR 寄存器的。在图 4-2 中，数字 0～31 表示位的序号，位名称下的 r 表示只读(read-only)，rw 表示可读可写(read-write)，Reserved 或 Res.表示保留位，无定义。下面仅介绍有定义的位(在以后的章节中寄存器均采用这种形式)。

<table>
<tr><td>31</td><td>30</td><td>29</td><td>28</td><td>27</td><td>26</td><td>25</td><td>24</td><td>23</td><td>22</td><td>21</td><td>20</td><td>19</td><td>18</td><td>17</td><td>16</td></tr>
<tr><td colspan="6" rowspan="2">Reserved</td><td>PLL RDY</td><td>PLL ON</td><td colspan="4" rowspan="2">Reserved</td><td>CSS ON</td><td>HSE BYP</td><td>HSER DY</td><td>HSEO N</td></tr>
<tr><td>r</td><td>rw</td><td>rw</td><td>rw</td><td>r</td><td>rw</td></tr>
<tr><td>15</td><td>14</td><td>13</td><td>12</td><td>11</td><td>10</td><td>9</td><td>8</td><td>7</td><td>6</td><td>5</td><td>4</td><td>3</td><td>2</td><td>1</td><td>0</td></tr>
<tr><td colspan="8">HSICAL[7:0]</td><td colspan="5">HSITRIM[4:0]</td><td rowspan="2">Res.</td><td>HSI RDY</td><td>HSI ON</td></tr>
<tr><td>r</td><td>r</td><td>r</td><td>r</td><td>r</td><td>r</td><td>r</td><td>r</td><td>rw</td><td>rw</td><td>rw</td><td>rw</td><td>rw</td><td>r</td><td>rw</td></tr>
</table>

图 4-2　RCC_CR 寄存器的结构图

➢ HSION：HSI 时钟使能控制位。HSION 为 1 时 HSI 时钟使能，HSION 为 0 时 HSI 时钟禁止。该位可由软件置位或清零。当系统复位或者从待机和停止模式恢复时，由硬件自动置位该位。当系统时钟为 HSE 时钟，并且 CSS 模块使能时，如果 HSE 时钟失效，那么系统会自动置位 HSION，启动 HIS 时钟作为系统时钟；当 HSI 时钟作为系统时钟时，不能由软件清零 HSION 位。

➢ HSIRDY：HSI 时钟就绪状态位。当 HSI 时钟启动就绪后由硬件置位该位；当软件清零 HSION 位时，还需经过 6 个 HSI 时钟周期 HSIRDY 位才会清零。

➢ HSITRIM[4:0]：HSI 时钟调整位组，由用户软件设置。可以对 HSI 时钟的频率进行微调，复位时默认值为 16。由于环境温度及供电电压等因素的变化，内部 RC 高速振荡器的频率很难保持稳定，如果需要高稳定的时钟信号还是使用 HSE 为好。

➢ HSICAL[7:0]：HSI 时钟校准位组(Internal High-speed Clock Calibration)。这些位的值是芯片出厂时由厂家在一定条件下校准内部高速 RC 振荡器频率时设置的，在系统启动时，这些位会被自动初始化。HSICAL[7:0]和 HSITRIM[4:0]共同对内部高速 RC 振荡器的振荡频率进行微调，微调总范围在±1%。

➢ HSEON：HSE 时钟使能位(External High-speed Clock Enable)，由软件置位或清零。HSEON 为 0 时，HSE 振荡器关闭；HSEON 为 1 时，HSE 振荡器开启。当进入待机和停止模式时，该位由硬件清零，关闭 HSE 时钟振荡器。当 HSE 时钟被用作系统时钟时，该位不能被清零。

➢ HSERDY：HSE 时钟就绪标志位(External High-speed Clock Ready Flag)，由硬件设置，用来指示 HSE 时钟信号是否稳定。HSERDY 为 0 时，表示 HSE 时钟未就绪；HSERDY 为 1 时，表示 HSE 时钟就绪。在 HSEON 位清零后，该位需要 6 个 HSE 时钟周期才能由硬件清零。

➢ HSEBYP：HSE 时钟旁路控制位(External High-speed Clock Bypass)，由软件置位或清零。HSEBYP 为 0 时，HSE 时钟旁路禁止；HSEBYP 为 1 时，HSE 时钟被旁路。当 HSE 时钟作为当前的系统时钟时不能对 HSEBYP 位进行操作。

➢ CSSON：时钟安全系统使能控制位(Clock Security System Enable)，由软件置位或清零。CSSON 为 0 时，时钟监测器关闭；CSSON 为 1 时，如果 HSE 就绪，则时钟监测器开启。

➢ PLLON：PLL 使能控制位(PLL Enable)，由软件置位或清零。PLLON 为 0 时，PLL 关闭，PLLON 为 1 时，PLL 使能。当进入待机和停止模式时，该位由硬件清零；当 PLL 时钟被用作系统时钟时，该位不能被清零。

➢ PLLRDY：PLL 时钟就绪标志状态位(PLL Clock Ready Flag)，PLL 锁定后由硬件置位。PLLRDY 为 0 时，PLL 未锁定；PLLRDY 为 1 时，PLL 锁定。

2. 时钟配置寄存器 RCC_CFGR

时钟配置寄存器 RCC_CFGR 的偏移地址为 0x04，复位值为 0x0000 0000。RCC_CFGR 寄存器的结构图如图 4-3 所示。

31	30	29	28	27	26	25	24	23	22	21	20	19	18	17	16
Reserved					MCO[2:0]			Res.	USB PRE	PLLMUL[3:0]				PLLX TPRE	PLL SRC
					rw	rw	rw		rw	rw	rw	rw	rw	rw	rw
15	14	13	12	11	10	9	8	7	6	5	4	3	2	1	0
ADCPRE[1:0]		PPRE2[2:0]			PPRE1[2:0]			HPRE[3:0]				SWS[1:0]		SW[1:0]	
rw	rw	rw	rw	rw	rw	rw	rw	rw	rw	rw	rw	r	r	rw	rw

图 4-3　RCC_CFGR 寄存器的结构图

➢ SW[1:0]：系统时钟切换控制位组(System Clock Switch)，由软件设置，用于选择系统时钟源。SW[1:0]为 00 时，HSI 时钟作为系统时钟；SW[1:0]为 01 时，HSE 时钟作为系统时钟；SW[1:0]为 10 时，PLL 输出作为系统时钟；SW[1:0]为 11 时，无定义。若 HSE 时钟作为系统时钟出现故障，且时钟安全系统使能，则由硬件强制选择 HIS 时钟作为系统时钟。

➢ SWS[1:0]：系统时钟切换状态位组(System Clock Switch Status)，由硬件设置来指示哪一个时钟源作为系统时钟。SWS[1:0]为 00 时，HSI 时钟作为系统时钟；SWS[1:0]为 01 时，HSE 时钟作为系统时钟；SWS[1:0]为 10 时，PLL 输出作为系统时钟；SWS[1:0]为 11 时，无定义。

➢ HPRE[3:0]：AHB 预分频器分频系数设置位组(AHB Prescaler)，由软件设置来控制 AHB 时钟的预分频系数，设置值与分频系数的对应关系如表 4-1 所示。

表 4-1　AHB 预分频器分频系数设置表

HPRE[3:0]	AHB 预分频系数	HPRE[3:0]	AHB 预分频系数
0xxx	1	1100	64
1000	2	1101	128
1001	4	1110	256
1010	8	1111	512
1011	16	—	—

注：当 AHB 时钟的预分频系数大于 1 时，必须开启预取缓冲器。

➢ PPRE1[2:0]：APB1 预分频器分频系数设置位组(APB1 Prescaler)，由软件设置来控制 APB1 时钟的预分频系数，设置值与分频系数的对应关系如表 4-2 所示。

表 4-2　APB1 预分频器分频系数设置表

PPRE1[2:0]	APB1 预分频系数
0xx	1
100	2
101	4
110	8
111	16

注：软件设置必须保证 APB1 时钟频率不超过 36 MHz。

➢ PPRE2[2:0]：APB2 预分频器分频系数设置位组(APB2 Prescaler)，由软件设置来控制 APB2 时钟的预分频系数。PPRE2[2:0]为 0xx 时，不分频；PPRE2[2:0]为 100 时，2 分频；PPRE2[2:0]为 101 时，4 分频；PPRE2[2:0]为 110 时，8 分频；PPRE2[2:0]为 111 时，16 分频。

➢ ADCPRE[1:0]：ADC 预分频器分频系数设置位组(ADC Prescaler)，由软件设置来确定 ADC 时钟频率，设置 ADCPRE[1:0]分别为 00，01，10，11 时，ADC 预分频器对应的分频系数分别为 2，4，6，8。

➢ PLLSRC：PLL 输入时钟源选择位(PLL Entry Clock Source)，由软件设置来选择 PLL

输入时钟源。PLLSRC 为 0 时，HSI 振荡器时钟经 2 分频后作为 PLL 输入时钟；PLLSRC 为 1 时，HSE 时钟作为 PLL 输入时钟。需要注意，只能在关闭 PLL 时才能操作该位。

➢ PLLXTPRE：HSE 分频器设置位(HSE Divider for PLL Entry)，由软件设置。该位为 0 时，HSE 时钟不分频；该位为 1 时，HSE 被 2 分频。只能在关闭 PLL 时才能写入此位。

➢ PLLMUL[3:0]：PLL 倍频系数设置位组(PLL Multiplication Factor)，由软件设置来确定 PLL 倍频系数。只有在 PLL 关闭的情况下才可写入此位。注意：倍频后 PLL 的输出频率不能超过 72 MHz。PLLMUL 设置值与倍频系数之间的关系如表 4-3 所示。

表 4-3　PLLMUL 倍频系数设置表

PLLMUL[3:0]	PLL 倍频系数	PLLMUL[3:0]	PLL 倍频系数
0000	1	1000	9
0001	2	1001	10
0010	3	1010	11
0011	4	1011	12
0100	5	1100	13
0101	6	1101	14
0110	7	1110	15
0111	8	1111	16

➢ USBPRE：USB 预分频设置位(USB Prescaler)，由软件设置来产生 48 MHz 的 USB 时钟。在 RCC_APB1ENR 寄存器中使能 USB 时钟之前，必须保证该位已经有效。如果 USB 时钟被使能，则该位不能被清零。USBPRE 为 0 时，PLL 时钟被 1.5 倍分频作为 USB 时钟；USBPRE 为 1 时，PLL 时钟直接作为 USB 时钟。

➢ MCO[2:0]：主时钟输出(Microcontroller Clock Output) 信号源选择，由软件设置来选择输出时钟的时钟源，具体情况如表 4-4 所示。

表 4-4　MCO 输出时钟源选择表

MCO[2:0]	输出时钟源
100	系统时钟 SYSCLK
101	HSI 时钟
110	HSE 时钟
111	PLL 时钟 2 分频信号

当系统时钟 SYSCLK 作为输出时钟源从 MCO 引脚输出时，必须保证输出时钟频率不超过 50 MHz，这是由 I/O 口输出信号的最高频率限制的。

3. 时钟中断寄存器 RCC_CIR

时钟中断寄存器 RCC_CIR 偏移地址为 0x08，复位值为 0x0000 0000。图 4-4 所示为 RCC_CIR 寄存器的结构图。

31	30	29	28	27	26	25	24	23	22	21	20	19	18	17	16
Reserved								CSSC	Reserved		PLL RDYC	HSE RDYC	HSI RDYC	LSE RDYC	LSI RDYC
								w			w	w	w	w	w
15	**14**	**13**	**12**	**11**	**10**	**9**	**8**	**7**	**6**	**5**	**4**	**3**	**2**	**1**	**0**
Reserved			PLL RDYIE	HSE RDYIE	HSI RDYIE	LSE RDYIE	LSI RDYIE	CSSF	Reserved		PLL RDYF	HSE RDYF	HSI RDYF	LSE RDYF	LSI RDYF
			rw	rw	rw	rw	rw	r			r	r	r	r	r

图 4-4　RCC_CIR 寄存器的结构图

RCC_CIR 寄存器主要用来管理 5 个有关时钟中断的使能、标志及标志的清除，还涉及时钟安全系统模块 CSS 的中断标志及标志的清除控制位。为简化起见，通过表 4-5 说明该寄存器的各位作用。

表 4-5　CRR_CIR 寄存器位功能表

位名称	功　　能	备　注
LSIRDYF	LSI 时钟就绪中断标志	高电平有效
LSERDYF	LSE 时钟就绪中断标志	高电平有效
HSIRDYF	HSI 时钟就绪中断标志	高电平有效
HSERDYF	HSE 时钟就绪中断标志	高电平有效
PLLRDYF	PLL 时钟就绪中断标志	高电平有效
LSIRDYIE	LSI 时钟就绪中断使能	高电平使能
LSERDYIE	LSE 时钟就绪中断使能	高电平使能
HSIRDYIE	HSI 时钟就绪中断使能	高电平使能
HSERDYIE	HSE 时钟就绪中断使能	高电平使能
PLLRDYIE	PLL 时钟就绪中断使能	高电平使能
LSIRDYC	LSI 时钟就绪中断标志清除控制位	写 1 清零
LSERDYC	LSE 时钟就绪中断标志清除控制位	写 1 清零
HSIRDYC	HSI 时钟就绪中断标志清除控制位	写 1 清零
HSERDYC	HSE 时钟就绪中断标志清除控制位	写 1 清零
PLLRDYC	PLL 时钟就绪中断标志清除控制位	写 1 清零
CSSF	时钟安全系统中断标志	高电平有效
CSSC	时钟安全系统中断标志清除控制位	写 1 清除

所有的标志位均由硬件置位，软件只能读取；所有的中断使能控制位可读可写；对于 CSS 模块，只有当 CSS 模块被使能的情况下，相应的标志位才有可能置位。

4. APB2 外设复位寄存器 RCC_APB2RSTR

APB2 外设复位寄存器 RCC_APB2RSTR 的偏移地址为 0x0C，复位值为 0x0000 0000。图 4-5 所示为 RCC_APB2RSTR 寄存器的结构图。

31	30	29	28	27	26	25	24	23	22	21	20	19	18	17	16
Reserved															
15	**14**	**13**	**12**	**11**	**10**	**9**	**8**	**7**	**6**	**5**	**4**	**3**	**2**	**1**	**0**
ADC3 RST	USAR T1RST	TIM8 RST	SPI1 RST	TIM1 RST	ADC2 RST	ADC1 RST	IOPG RST	IOPF RST	IOPE RST	IOPD RST	IOPC RST	IOPB RST	IOPA RST	Res.	AFIO RST
rw	rw	rw	rw	rw	rw	rw	rw	rw	rw	rw	rw	rw	rw		rw

图 4-5　RCC_APB2RSTR 寄存器的结构图

RCC_APB2RSTR 该寄存器用来设置 APB2 总线上的外设接口复位。APB2 总线上的外设包括：GPIOA～GPIOG，ADC1、ADC2、ADC3、TIM1 和 TIM8、SPI1 及 USART1。例如，第二位 IOPARST，当该位写 0 时，不产生任何效果，但当该位写 1 时，GPIOA 就进入复位状态，对应的 GPIOA 接口时钟关闭。其他外设复位的控制与此类似，不再一一赘述。

5. APB1 外设复位寄存器 RCC_APB1RSTR

APB1 外设复位寄存器 RCC_APB1RSTR 的偏移地址为 0x10，复位值为 0x0000 0000。图 4-6 所示为 RCC_APB1RSTR 寄存器的结构图。

31	30	29	28	27	26	25	24	23	22	21	20	19	18	17	16
Reserved		DAC RST	PWR RST	BKP RST	Res.	CAN RST	Res.	USB RST	I2C2 RST	I2C1 RST	UART 5RST	UART 4RST	UART 3RST	UART 2RST	Res.
		rw	rw	rw		rw		rw	rw	rw	rw	rw	rw	rw	
15	**14**	**13**	**12**	**11**	**10**	**9**	**8**	**7**	**6**	**5**	**4**	**3**	**2**	**1**	**0**
SPI3 RST	SPI2 RST	Reserved		WWD GRST	Reserved					TIM7 RST	TIM6 RST	TIM5 RST	TIM4 RST	TIM3 RST	TIM2 RST
rw	rw			rw						rw	rw	rw	rw	rw	rw

图 4-6　RCC_APB1RSTR 寄存器的结构图

RCC_APB1RSTR 该寄存器用于控制由 APB1 总线驱动的外设的复位，这些外设包括：定时器 TIM2～TIM7、看门狗定时器 WWDG、SPI2 和 SPI3 接口、串行口 UART2～UART5、I2C1 和 I2C2 接口、USB 接口、CAN 接口、BKP、电源管理模块及 ADC 模块等。若该寄存器中的各位写 1 则对应的外设复位，该外设的时钟关闭；若写 0 则不起作用。

6. AHB 外设时钟使能寄存器 RCC_AHBENR

外设时钟使能寄存器 RCC_AHBENR 的偏移地址为 0x14，复位值为 0x0000 0014。RCC_AHBENR 寄存器的结构图如图 4-7 所示。

31	30	29	28	27	26	25	24	23	22	21	20	19	18	17	16
Reserved															
15	**14**	**13**	**12**	**11**	**10**	**9**	**8**	**7**	**6**	**5**	**4**	**3**	**2**	**1**	**0**
Reserved					SDIO EN	Res.	FSMC EN	Res.	CRC EN	Res.	FLITF EN	Res.	SRAM EN	DMA2 EN	DMA1 EN
					rw		rw		rw		rw	rw	rw	rw	rw

图 4-7　RCC_AHBENR 寄存器的结构图

RCC_AHBENR 该寄存器用来设置 AHB 时钟(即 AHB 预分频器输出时钟)驱动的外设

的使能或禁止，共有 7 位有定义，对应位设置为 1 时，该位对应的外设时钟使能，为 0 时对应的外设时钟禁止。这些外设包括 SDIO、FSMC、CRC、FLITF、SRAM、DMA2 及 DMA1 等接口控制器，这些直接使用 AHB 时钟的设备通常速度都较高。

7. APB2 外设时钟使能寄存器 RCC_APB2ENR

APB2 外设时钟使能寄存器 RCC_APB2ENR 的偏移地址为 0x18，复位值为 0x0000 0000。RCC_APB2ENR 寄存器的结构图如图 4-8 所示。

31	30	29	28	27	26	25	24	23	22	21	20	19	18	17	16
Reserved															
15	14	13	12	11	10	9	8	7	6	5	4	3	2	1	0
ADC3 EN	USAR T1EN	TIM8 EN	SPI1 EN	TIM1 EN	ADC2 EN	ADC1 EN	IOPG EN	IOPF EN	IOPE EN	IOPD EN	IOPC EN	IOPB EN	IOPA EN	Res.	AFIO EN
rw	rw	rw	rw	rw	rw	rw	rw	rw	rw	rw	rw	rw	rw		rw

图 4-8　RCC_APB2ENR 寄存器的结构图

RCC_APB2ENR 该寄存器用来实现 APB2 所有外设的时钟使能控制，每种外设均有对应的时钟使能控制位。若使能位置 1，则对应的外设时钟使能；若使能位清零，则对应的外设时钟禁止。

8. APB1 外设时钟使能寄存器 RCC_APB1ENR

APB1 外设时钟使能寄存器 RCC_APB1ENR 的偏移地址为 0x1C，复位值为 0x0000 0000。RCC_APB1ENR 寄存器的结构图如图 4-9 所示。

31	30	29	28	27	26	25	24	23	22	21	20	19	18	17	16
Reserved		DAC EN	PWR EN	BKP EN	Res.	CAN EN	Res.	USB EN	I2C2 EN	I2C1 EN	UART 5EN	UART 4EN	USART 3EN	USART 2EN	Res.
		rw	rw	rw		rw		rw	rw	rw	rw	rw	rw	rw	
15	14	13	12	11	10	9	8	7	6	5	4	3	2	1	0
SPI3 EN	SPI2 EN	Reserved		WWD GEN	Reserved					TIM7 EN	TIM6 EN	TIM5 EN	TIM4 EN	TIM3 EN	TIM2 EN
rw	rw			rw						rw	rw	rw	rw	rw	rw

图 4-9　RCC_APB1ENR 寄存器的结构图

与 APB2 的外设时钟管理类似，该寄存器用来设置 APB1 所有外设的时钟使能与否，每种外设均有对应的时钟使能控制位。若使能位置 1，则对应的外设时钟使能；若使能位清零，则对应的外设时钟禁止。

9. 备份域控制寄存器 RCC_BDCR

备份域控制寄存器 RCC_BDCR 的偏移地址为 0x20，复位值为 0x0000 0000，只能由备份域复位有效复位。RCC_BDCR 寄存器的结构图如图 4-10 所示。

31	30	29	28	27	26	25	24	23	22	21	20	19	18	17	16
Reserved															BDR ST
															rw
15	14	13	12	11	10	9	8	7	6	5	4	3	2	1	0
RTC EN	Reserved					RTCSEL[1:0]		Reserved					LSE BYP	LSE RDY	LSE ON
rw						rw	rw						rw	r	rw

图 4-10　RCC_BDCR 寄存器的结构图

备份域控制寄存器 RCC_BDCR 的 LSEON、LSEBYP、RTCSEL 和 RTCEN 位在复位后处于写保护状态，只有在电源控制寄存器(PWR_CR)中的 DBP 位置 1 后，才能对这些位进行改动，任何内部或外部复位都不会影响这些位的状态。

该寄存器各定义位简要介绍如下：

➢ LSEON：外部低速振荡器使能位(External Low-speed Oscillator Enable)，由软件设置。LSEON 为 0 表示 LSE 振荡器关闭，为 1 表示 LSE 振荡器开启。

➢ LSERDY： LSE 就绪状态位(External Low-speed Oscillator Ready)，由硬件置 1 或清零，用来指示 LSE 振荡器是否就绪。LSEDY 为 0 表示 LSE 振荡器未就绪，为 1 表示 LSE 振荡器就绪。在 LSEON 被清零后，该位需要 6 个 LSE 时钟周期才清零。

➢ LSEBYP：外部低速时钟振荡器旁路控制位(External Low-speed Oscillator Bypass)，在调试模式下由软件置 1 来旁路 LSE。只有在外部 32 kHz 振荡器关闭时，才能写入该位。

➢ RTCSEL[1:0]：RTC 时钟源选择位组(RTC Clock Source Selection)，由软件设置来选择 RTC 时钟源。当这两位为 00 时，表示无时钟；为 01 时，表示 LSE 振荡器作为 RTC 时钟；为 10 时，表示 LSI 振荡器作为 RTC 时钟；为 11 时，表示 HSE 信号的 128 分频作为 RTC 时钟。一旦 RTC 时钟源被选定，直到下次备份域被复位，它都不能被修改，可通过设置 BDRST 位来清除。

➢ RTCEN：RTC 时钟使能位(RTC Clock Enable)，由软件设置。RTCEN 为 0 表示 RTC 时钟关闭，为 1 表示 RTC 时钟开启。

➢ BDRST：备份域软件复位控制位(Backup Domain Software Reset)，由软件设置。BDRST 为 0 表示复位未激活，为 1 表示复位整个备份域。

10. 控制/状态寄存器 RCC_CSR

控制/状态寄存器 RCC_CSR 的偏移地址为 0x24，复位值为 0x0C00 0000，除复位标志外由系统复位清除，复位标志只能由电源复位清除。RCC_CSR 寄存器的结构图如图 4-11 所示。

31	30	29	28	27	26	25	24	23	22	21	20	19	18	17	16
LPWR RSTF	WWD GRST	IWDG RSTF	SFT RSTF	POR RSTF	PIN RSTF	Rse.	RMVF	Reserved							
rw	rw	rw	rw	rw	rw		rw								
15	14	13	12	11	10	9	8	7	6	5	4	3	2	1	0
Reserved														LSI RDY	LSION
														r	rw

图 4-11 RCC_CSR 寄存器的结构图

该寄存器各定义位简要介绍如下：

➢ LSION：内部低速振荡器使能控制位(Internal Low-speed Oscillator Enable)，由软件设置。设置为 0 时，内部 40 kHz RC 振荡器关闭；设置为 1 时，内部 40 kHz RC 振荡器开启。

➢ LSIRDY：内部低速振荡器就绪状态位(Internal Low-speed Oscillator Ready)，由硬件设置来指示内部 40 kHz RC 振荡器是否就绪。当该位为 0 时表示 LSI 时钟未就绪，当该位为 1 时表示 LSI 时钟就绪。在 LSION 清零后，经过 3 个内部 40 kHz RC 振荡器周期后

LSIRDY 清零。

➢ RMVF：清除复位标志(Remove Reset Flag)，由软件设置。设置为 1 时，清除 PINRSTF、PORRSTF、SFTRSTF、IWDGRSTF、WWDGRSTF 和 LPWRRSTF 等复位标志；设置为 0 时无作用；

➢ PINRSTF：NRST 引脚复位标志(PIN Reset Flag)。PINRSTF 在 NRST 引脚复位发生时由硬件置 1，由软件通过写 RMVF 位清除。

➢ PORRSTF：上电/掉电复位标志(POR/PDR Reset Flag)。PORRSTF 在上电/掉电复位发生时由硬件置 1，表示发生了上电/掉电复位，由软件通过写 RMVF 位清除。

➢ SFTRSTF：软件复位标志(Software Reset Flag)。SFTRSTF 在软件复位发生时置 1，表示发生软件复位，由软件通过写 RMVF 位清除。

➢ IWDGRSTF：独立看门狗复位标志(Independent Watchdog Reset Flag)。ZWDGRSTF 在独立看门狗复位发生在 VDD 区域时由硬件置 1，由软件通过写 RMVF 位清除。

➢ WWDGRSTF：窗口看门狗复位标志(Window Watchdog Reset Flag)。WWDGRSTF 在窗口看门狗复位发生时由硬件置 1，由软件通过写 RMVF 位清除。

➢ LPWRRSTF：低功耗复位标志(Low-power Reset Flag)。LPWRRSTF 在低功耗管理复位发生时由硬件置 1，由软件通过写 RMVF 位清除。

4.2.2 RCC寄存器的定义

前面介绍了 RCC 寄存器组各个寄存器的结构与功能，RCC 的使用对于一个 STM32F10xxx 系列处理器系统至关重要，那么如何通过编程操作这些寄存器呢？这实际上就涉及程序开发的问题了。在第 3 章简要介绍了 Keil MDK 开发环境，在 Keil 环境下支持汇编语言和 C 语言的程序开发。使用汇编语言开发程序将避不开汇编指令，掌握并应用基于 Cortex-M3 内核的 ARM 指令系统具有一定的难度，无疑将增加学习的难度。使用 C 语言开发程序可以在很大程度上屏蔽掉汇编指令，这可以降低程序开发的难度。

为支持 Cortex-M3 系列处理器的开发，Keil 环境下提供了处理器内核和片上设备的各种库文件，例如 STM32 系列的标准库文件等，从而方便软件的设计。对于 STM32F10xxx 系列处理器，要对其内部的资源进行操作，首先必须对相应的资源进行定义。为方便使用，在 STM32 的库文件中对 STM32F10xxx 系列处理器内部的所有资源进行了定义，这个定义的文件就是 stm32f10x.h 头文件，该文件位于 STM32 标准外设库\Libraries\CMSIS\CM3\DeviceSupport\ST\STM32F10x\路径下。下面以 RCC 相关寄存器为例，说明在 stm32f10x.h 头文件中是如何定义这些寄存器的。

stm32f10x.h 头文件中关于 RCC 相关寄存器的定义引用如下：

```
typedef struct
{
    __IO uint32_t CR;
    __IO uint32_t CFGR;
    __IO uint32_t CIR;
```

```
1081    __IO uint32_t APB2RSTR;
1082    __IO uint32_t APB1RSTR;
1083    __IO uint32_t AHBENR;
1084    __IO uint32_t APB2ENR;
1085    __IO uint32_t APB1ENR;
1086    __IO uint32_t BDCR;
1087    __IO uint32_t CSR;
1088
1089    #ifdef STM32F10X_CL
1090    __IO uint32_t AHBRSTR;
1091    __IO uint32_t CFGR2;
1092    #endif                    /* STM32F10X_CL */
1093
1094    #if defined (STM32F10X_LD_VL) || defined (STM32F10X_MD_VL) || defined
        (STM32F10X_HD_VL)
1095    uint32_t RESERVED0;
1096    __IO uint32_t CFGR2;
1097    #endif /*STM32F10X_LD_VL||STM32F10X_MD_VL||STM32F10X_HD_VL*/
1098    } RCC_TypeDef;

1274    #define   PERIPH_BASE           ((uint32_t)0x40000000)
1284    #define   AHBPERIPH_BASE        (PERIPH_BASE + 0x20000)
1352    #define   RCC_BASE              (AHBPERIPH_BASE + 0x1000)
1443    #define   RCC                   ((RCC_TypeDef *) RCC_BASE)
```

上面的这几段代码是从 stm32f10x.h 头文件中摘录出来的，每行前面的数字代表该行代码在头文件中的行号，保留这些行号是为了便于解释说明。

首先，定义 RCC 寄存器组的结构体。1076～1098 行定义了 RCC 寄存器组的结构体类型 RCC_TypeDef，RCC 中的寄存器的相对地址关系也由该结构类型固定下来；该结构体的前 10 个成员与前面介绍的 RCC 的 10 个相关的寄存器相对应，均为 32 位成员变量。由于不同类型的芯片 RCC 的寄存器有差异，通过 1089～1097 行的 if…endif 编译预处理指令进行区分，即当所定义的芯片是 STM32F10X_CL 型(实际上就是互联型 STM32F105/107 系列)时，RCC 寄存器中需要定义 AHBRSTR 和 CFGR2 两个寄存器，而当芯片的类型为 STM32F10X_LD_VL、STM32F10X_MD_VL 或 STM32F10X_HD_VL 型(实际上就是 STM32F100/101/102/103 等非互联型)时，RCC 寄存器中只需定义 CFGR2 一个寄存器，原本互联型 AHBRSTR 寄存器所对应的位置保留。

其次，定义 RCC 寄存器的地址。1274 行定义了外设基地址 PERIPH_BASE 为 0x4000 0000，该地址为整个外设映射区 0x4000 0000～0x5FFF FFFF 的基地址；1284 行定义了 AHB 外设基地址 AHBPERIPH_BASE 为外设基地址加偏移量 0x20000，即 PERIPH_BASE+0x20000；1352 行定义了 RCC 寄存器组基地址 RCC_BASE 的地址为

AHBPERIPH_BASE + 0x1000。至此，RCC 寄存器组的基地址可以计算出来，为 0x4002 1000，该地址就是 RCC 寄存器组结构体首个成员 RCC_CR 寄存器的地址，可查看前面介绍的存储器映射表进行对照。

最后，定义指向 RCC 结构体的指针。在 1443 行定义了 RCC 为 RCC_TypeDef 类型的指针，指向 RCC_BASE，即指向 RCC 寄存器组。这样一来，就可以在 C 语言源程序中利用指向 RCC 的结构体指针访问 RCC 相关的寄存器了，这为后续的操作打下了基础。

举例：假定向 RCC_CR 寄存器写入值 0x00，对应的指令为

```
RCC->CR=0x00;
```

上面通过 RCC 相关寄存器的定义说明了在 stm32f10x.h 头文件中如何定义设备寄存器。STM32F10xxx 系列处理器的其他片内外设相关的大量寄存器都是这样定义的。

4.2.3　RCC 寄存器操作函数

在 STM32 的程序开发的过程中有两种基本的方式：一种是由用户直接操作寄存器来实现相关的功能，这种方式称为寄存器模式；另一种是用户利用意法公司开发的库函数对相关的寄存器进行操作，这种方式称为库函数模式。例如，对于 RCC 寄存器组，用户如果通过寄存器模式直接操作 RCC 寄存器，则要求用户对寄存器的结构及功能必须清楚，而这往往是较难做到的，特别是对于初学者，面对众多的寄存器往往感到无所适从。库函数模式采用了意法公司编写的标准库函数操作 RCC 寄存器，对于用户而言可以不关心 RCC 寄存器的底层结构及功能，只需弄清楚标准库函数的功能及操作方法即可使用，因此更适合初学者进行程序开发。

意法公司为每种外设编写了专门的库函数文件，用户需要使用某种外设只需将该外设的库函数文件包含到工程中，调用相应的库函数即可。RCC 操作的库函数文件为 stm32f10x_rcc.c，在该文件中定义了 RCC 操作的各种标准库函数，在 stm32f10x._rcc.h 头文件中对 stm32f10x_rcc.c 文件中定义的库函数进行了声明。表 4-6 列出了 RCC 库函数的名称及其主要功能。

表 4-6　RCC 库函数

函　数　名	函数功能描述
RCC_DeInit	将外设 RCC 寄存器设为缺省值
RCC_HSEConfig	外部高速振荡器(HSE)配置
RCC_WaitForHSEStartUp	等待 HSE 振荡就绪
RCC_AdjustHSICalibrationValue	调整内部高速晶振(HSI)校准值
RCC_HSICmd	HSI 时钟使能控制
RCC_PLLConfig	PLL 时钟源及倍频系数配置
RCC_PLLCmd	PLL 使能控制
RCC_SYSCLKConfig	系统时钟 SYSCLK 配置
RCC_GetSYSCLKSource	系统时钟源获取

续表

函　数　名	函数功能描述
RCC_HCLKConfig	AHB 时钟 HCLK 配置
RCC_PCLK1Config	低速 AHB 时钟 PCLK1 配置
RCC_PCLK2Config	高速 AHB 时钟 PCLK2 配置
RCC_ITConfig	RCC 中断配置
RCC_USBCLKConfig	USB 时钟 USBCLK 配置
RCC_ADCCLKConfig	ADC 时钟 ADCCLK 配置
RCC_LSEConfig	外部 LSE 时钟配置
RCC_LSICmd	LSI 时钟使能控制
RCC_RTCCLKConfig	RTC 时钟 RTCCLK 配置
RCC_RTCCLKCmd	RTC 时钟使能控制
RCC_GetClocksFreq	时钟频率获取
RCC_AHBPeriphClockCmd	AHB 外设时钟使能控制
RCC_APB2PeriphClockCmd	APB2 外设时钟使能控制
RCC_APB1PeriphClockCmd	APB1 外设时钟使能控制
RCC_APB2PeriphResetCmd	APB2 外设复位设置
RCC_APB1PeriphResetCmd	APB1 外设复位设置
RCC_BackupResetCmd	备份域复位设置
RCC_ClockSecuritySystemCmd	时钟安全系统使能控制
RCC_MCOConfig	MCO 输出时钟源配置
RCC_GetFlagStatus	获取指令的 RCC 标志位设置状态
RCC_ClearFlag	清除 RCC 的复位标志位
RCC_GetITStatus	RCC 中断状态获取
RCC_ClearITPendingBit	清除 RCC 的中断挂起位

下面介绍 RCC 库函数中的一些常用函数。注意：并不是每个库函数都必须使用，大家需要重点掌握那些常用的库函数即可，使用中对于不太熟悉的库函数可以查阅相关的手册。

1. 函数 RCC_DeInit

功能描述：将外设 RCC 寄存器设为缺省值，使 CR、CFGR、CIR 等寄存器复位。

函数原型：

```
void RCC_DeInit(void);
```

2. 函数 RCC_HSEConfig

功能描述：外部 HSE 时钟配置函数，用于设置 HSE 的开启、关闭及旁路状态。

函数原型：

```
void RCC_HSEConfig(u32 RCC_HSE);
```

参数说明： RCC_HSE 的取值状态及参数功能见表 4-7。

表 4-7　RCC_HSE 的取值状态及参数功能

RCC_HSE	参数功能描述
RCC_HSE_OFF	HSE 晶振 OFF
RCC_HSE_ON	HSE 晶振 ON
RCC_HSE_Bypass	HSE 晶振被外部时钟旁路

3. 函数 RCC_WaitForHSEStartUp

功能描述：等待 HSE 振荡就绪，该函数在设定的等待时间内持续监测 HSE 时钟振荡是否就绪，若 HSE 就绪则退出，返回就绪状态 SUCCESS，或者当设置的等待时间结束 HSE 还未就绪，则返回 HSE 错误状态 ERROR。

函数原型：

```
ErrorStatus RCC_WaitForHSEStartUp(void);
```

参数说明：返回值为 SUCCESS 表示 HSE 就绪，返回值为 ERROR 表示 HSE 失败。

4. 函数 RCC_HSICmd

功能描述：HSI 时钟使能控制，当 HSI 直接或间接作为系统时钟时，HSI 不能被禁止。

函数原型：

```
void RCC_HSICmd(FunctionalState NewState);
```

参数说明：NewState 可能的取值为枚举型常量 ENABLE 或 DISABLE，分别用于 HSI 的使能或禁止。

5. 函数 RCC_PLLConfig

功能描述：PLL 时钟源及倍频系数配置。

函数原型：

```
void RCC_PLLConfig(uint32_t RCC_PLLSource, uint32_t  RCC_PLLMul);
```

参数说明：参数 RCC_PLLSource 用于 PLL 时钟源的选择，它的取值及对应的时钟源如表 4-8 所示。

表 4-8　RCC_PLLSource 的取值及对应的 PLL 时钟源

RCC_PLLSource	PLL 时钟源
RCC_PLLSource_HSI_Div2	HSI 时钟的 2 分频信号
RCC_PLLSource_HSE_Div1	HSE 时钟信号
RCC_PLLSource_HSE_Div2	HSE 时钟的 2 分频信号

RCC_PLLMul 用于 PLL 的倍频系数设置，其取值及其对应的倍频系数如表 4-9 所示。

表 4-9　RCC_PLLMul 取值及其对应的倍频系数

RCC_PLLMul	PLL 倍频系数
RCC_PLLMul_2	2
RCC_PLLMul_3	3
⋮	⋮
RCC_PLLMul_15	15
RCC_PLLMul_16	16

6. 函数 RCC_PLLCmd

功能描述：PLL 时钟使能控制。

函数原型：

```
void RCC_PLLCmd(FunctionalState NewState);
```

参数说明：NewState 取值为 ENABLE 或 DISABLE，分别表示 PLL 时钟使能或禁止。

7. 函数 RCC_SYSCLKConfig

功能描述：系统时钟 SYSCLK 配置。

函数原型：

```
void  RCC_SYSCLKConfig(uint32_t  RCC_SYSCLKSource);
```

参数说明：RCC_SYSCLKSource 的取值及其对应的 SYSCLK 时钟源如表 4-10 所示。

表 4-10　RCC_SYSCLKSource 的取值及其对应的 SYSCLK 时钟源

RCC_SYSCLKSource	SYSCLK 时钟源
RCC_SYSCLKSource_HSI	HSI 时钟
RCC_SYSCLKSource_HSE	HSE 时钟
RCC_SYSCLKSource_PLLCLK	PLL 时钟

8. 函数 RCC_GetSYSCLKSource

功能描述：返回用作系统时钟的时钟源。

函数原型：

```
u8 RCC_GetSYSCLKSource(void);
```

参数说明：返回值可能为 0x00、0x04、0x08，表示当前用作系统时钟的时钟源分别为 HSI 时钟、HSE 时钟、PLL 时钟。

9. 函数 RCC_HCLKConfig

功能描述：AHB 时钟 HCLK 配置。

函数原型：

```
void RCC_HCLKConfig(u32 RCC_HCLK);
```

参数说明：RCC_HCLK 用于设置 AHB 预分频器对 SYSCLK 信号的分频系数，它的取值与分频系数的对应关系如表 4-11 所示。

表 4-11 RCC_HCLK 的取值与 AHB 预分频器的分频系数关系表

RCC_HCLK	AHB 预分频系数
RCC_SYSCLK_Div1	1
RCC_SYSCLK_Div2	2
RCC_SYSCLK_Div4	4
RCC_SYSCLK_Div8	8
RCC_SYSCLK_Div16	16
RCC_SYSCLK_Div64	64
RCC_SYSCLK_Div128	128
RCC_SYSCLK_Div256	256
RCC_SYSCLK_Div512	512

10. 函数 RCC_PCLK1Config

功能描述：低速 AHB 时钟 PCLK1 配置。

函数原型：

```
void RCC_PCLK1Config(u32 RCC_PCLK1);
```

参数说明：参数 RCC_PCLK1 用于设置 APB1 预分频器对 HCLK 信号的分频系数，它的取值与对应的 APB1 预分频器的分频系数的关系见表 4-12。

表 4-12 RCC_PCLK1 的取值与 APB1 预分频系数的对应关系

RCC_PCLK1	APB1 预分频系数
RCC_HCLK_Div1	1
RCC_HCLK_Div2	2
RCC_HCLK_Div4	4
RCC_HCLK_Div8	8
RCC_HCLK_Div16	16

11. 函数 RCC_PCLK2Config

功能描述：高速 AHB 时钟 PCLK2 配置。

函数原型：

```
void RCC_PCLK2Config(u32 RCC_PCLK2);
```

参数说明：RCC_PCLK2 用于设置 APB2 预分频器的分频系数，可以设置的值与 RCC_PCLK1 相同。

12. 函数 RCC_ADCCLKConfig

功能描述：用于 ADC 时钟 ADCCLK 的配置。

函数原型：

```
void ADC_ADCCLKConfig(u32 RCC_ADCCLKSource);
```

参数说明：RCC_ADCCLKSource 用于设置 ADC 预分频器对 PCLK2 时钟的分频系数，其可能的取值及其对应的分频系数见表 4-13。

表 4-13　RCC_ADCCLKSource 的取值及其对应的分频系数

RCC_ADCCLKSource	ADC 预分频系数
RCC_PCLK2_Div2	2
RCC_PCLK2_Div4	4
RCC_PCLK2_Div6	6
RCC_PCLK2_Div8	8

13. 函数 RCC_LSEConfig

功能描述：LSE 时钟配置。

函数原型：

```
void RCC_LSEConfig(u32 RCC_HSE);
```

参数说明：RCC_HSE 取值为 RCC_LSE_OFF 时，LSE 关闭；RCC_HSE 取值为 RCC_LSE_ON 时，LSE 使能或开启；RCC_HSE 取值为 RCC_LSE_Bypass 时，LSE 振荡器被旁路掉，LSE 由外部引入。

14. 函数 RCC_LSICmd

功能描述：LSI 时钟使能控制。

函数原型：

```
void RCC_LSICmd(FunctionalState NewState);
```

参数说明：参数 NewState 取值为 ENABLE 或 DISABLE 时，对应的 LSI 使能或禁止。

15. 函数 RCC_RTCCLKConfig

功能描述：实时时钟 RTCCLK 配置。

函数原型：

```
void RCC_RTCCLKConfig(u32 RCC_RTCCLKSource);
```

参数说明：RCC_RTCCLKSource 用于选择 RTCCLK 时钟源，可取值为 RCC_RTCCLKSource_LSE、RCC_RTCCLKSource_LSI、RCC_RTCCLKSource_HSE_Div128，分别表示选择 LSE 信号、LSI 信号、HSE 的 128 分频信号作为 RTCCLK 时钟源。

16. 函数 RCC_RTCCLKCmd

功能描述：RTC 时钟使能控制。

函数原型：

```
void RCC_RTCCLKCmd(FunctionalState NewState);
```

参数说明：NewState 可取值为 ENABLE 或者 DISABLE，分别表示实时时钟使能或禁止。

17. 函数 RCC_AHBPeriphClockCmd

功能描述：AHB 外设时钟使能控制。

函数原型：

```
void RCC_AHBPeriphClockCmd(u32 RCC_AHBPeriph, FunctionalState NewState);
```

参数说明：RCC_AHBPeriph 用于选择 AHB 外设，可取值为 RCC_AHBPeriph_DMA、RCC_AHBPeriph_SRAM 或 RCC_AHBPeriph_FLITF，分别代表外设 DMA、SRAM 或 FLITF；NewState 可取值为 ENABLE 或 DISABLE。

18. 函数 RCC_APB2PeriphClockCmd

功能描述：APB2 外设时钟使能控制。

函数原型：

```
void RCC_APB2PeriphClockCmd(u32 RCC_APB2Periph, FunctionalState NewState);
```

参数说明：RCC_APB2Periph 用于选择 APB2 外设，取值包括 RCC_APB2Periph_AFIO、RCC_APB2Periph_GPIOA、RCC_APB2Periph_GPIOB、RCC_APB2Periph_GPIOC、RCC_APB2Periph_GPIOD、RCC_APB2Periph_GPIOE、RCC_APB2Periph_GPIOF、RCC_APB2Periph_GPIOG、RCC_APB2Periph_ADC1、RCC_APB2Periph_ADC2、RCC_APB2Periph_TIM1、RCC_APB2Periph_TIM8、RCC_APB2Periph_SPI1、RCC_APB2Periph_USART1、RCC_APB2Periph_ALL，选择了某个外设即表示对该外设时钟进行操作，RCC_APB2Periph_ALL 表示选择所有的 APB2 外设，如果对多个外设同时操作可把多个外设取值“或”起来。NewState 用于指定选定的外设时钟使能(ENABLE)或禁止(DISABLE)。

例如，要同时使能 GPIOA 和 GPIOB 的外设时钟，可以调用以下函数来实现：

```
RCC_APB2PeriphClockCmd(RCC_APB2Periph_GPIOA|RCC_APB2Periph_GPIOB, ENABLE);
```

19. 函数 RCC_APB1PeriphClockCmd

功能描述：APB1 外设时钟使能控制。

函数原型：

```
void RCC_APB1PeriphClockCmd(u32 RCC_APB1Periph, FunctionalState NewState);
```

参数说明：RCC_APB1Periph 用于指定 APB1 外设，包括 RCC_APB1Periph_TIM2、RCC_APB1Periph_TIM3、RCC_APB1Periph_TIM4、RCC_APB1Periph_TIM5、RCC_APB1Periph_TIM6、RCC_APB1Periph_TIM7、RCC_APB1Periph_WWDG、RCC_APB1Periph_SPI2、RCC_APB1Periph_USART2、RCC_APB1Periph_USART3、RCC_APB1Periph_USART4、RCC_APB1Periph_USART5、RCC_APB1Periph_I2C1、RCC_APB1Periph_I2C2、RCC_APB1Periph_USB、RCC_APB1Periph_CAN1、RCC_APB1Periph_DAC、RCC_APB1Periph_CEC、RCC_APB1Periph_BKP、RCC_APB1Periph_PWR、RCC_APB1Periph_ALL，与 APB2 外设时钟操作类似，可以一次操作一个或多个外设时钟。通过设置参数 NewState 选定外设时钟的使能与否。

20. 函数 RCC_ClockSecuritySystemCmd

功能描述：时钟安全系统使能控制。

函数原型：

void RCC_ClockSecuritySystemCmd(FunctionalState NewState);

参数说明：NewState 取值为 ENABLE 或 DISABLE 时，分别表示时钟安全系统使能或禁止。

21. 函数 RCC_MCOConfig

功能描述：MCO 输出时钟源配置。

函数原型：

void RCC_MCOConfig(u8 RCC_MCO);

参数说明：RCC_MCO 用于 MCO 输出时钟源的选择，它的取值与选定的 MCO 时钟源的对应关系如表 4-14 所示。

表 4-14　RCC_MCO 的取值与 MCO 时钟源的对应关系

RCC_MCO	MCO 时钟源
RCC_MCO_NoClock	无信号
RCC_MCO_SYSCLK	SYSCLK 时钟
RCC_MCO_HSI	HSI 时钟
RCC_MCO_HSE	HSE 时钟
RCC_MCO_PLLCLK_Div2	PLL 时钟的 2 分频信号

22. 函数 RCC_GetFlagStatus

功能描述：获取指定的 RCC 标志位设置状态。

函数原型：

FlagStatus RCC_GetFlagStatus(u8 RCC_FLAG);

参数说明：RCC_FLAG 用于指定待获取的时钟标志和复位标志，可设置的值及其对应的标志如表 4-15 所示。

表 4-15　RCC_FLAG 设置值及其对应的标志

RCC_FLAG	标志
RCC_FLAG_HSIRDY	HSI 晶振就绪
RCC_FLAG_HSERDY	HSE 晶振就绪
RCC_FLAG_PLLRDY	PLL 就绪
RCC_FLAG_LSERDY	LSI 晶振就绪
RCC_FLAG_LSIRDY	LSE 晶振就绪
RCC_FLAG_PINRST	管脚复位
RCC_FLAG_PORRST	POR/PDR 复位
RCC_FLAG_SFTRST	软件复位
RCC_FLAG_IWDGRST	IWDG 复位
RCC_FLAG_WWDGRST	WWDG 复位

该函数的返回值为 SET 或 RESET，SET 代表对应的标志置位，RESET 代表对应的标志复位。

23. 函数 RCC_ClearFlag

功能描述：清除 RCC 的复位标志位，可以清除的复位标志位包括 RCC_FLAG_PINRST、RCC_FLAG_PORRST、RCC_FLAG_SFTRST、RCC_FLAG_IWDGRST、RCC_FLAG_WWDGRST 和 RCC_FLAG_LPWRRST。

函数原型：

```
void RCC_ClearFlag(void);
```

思考题与习题 4

1. STM32F10xxx 系列处理器的时钟源有哪几种？各有什么特点？
2. 时钟锁相环 PLL 的输入可以选什么信号？其倍频系数该如何设置？
3. 系统时钟 SYSCLK 如何产生？由 SYSCLK 驱动的设备有哪些？
4. APB1 总线时钟如何产生？该时钟有什么特点？
5. APB2 总线时钟如何产生？该时钟有什么特点？
6. 定时器时钟信号各由什么时钟源提供？试比较不同定时器的时钟信号。
7. ADC 时钟信号如何产生？
8. USB 模块的时钟如何设置？
9. 简要介绍 RCC 寄存器组的结构及各寄存器的主要功能。
10. 以 RCC 寄存器为例，说明外设寄存器的映射是如何定义的。
11. RCC 库函数是如何定义的？该如何使用？

第 5 章　GPIO 接口及其应用

GPIO 接口是计算机与外部进行信息交换的最基本通道，是为实现信息交换过程中进行信号缓冲、锁存、时序配合及电平转换等需求而设置的专门 I/O 接口电路。学习 STM32F10xxx 系列 Cortex-M3 微控制器 GPIO 接口的结构、工作模式及编程应用是掌握该系列微控制器应用的关键之一。

5.1　GPIO 基　础

STM32F10xxx 系列 Cortex-M3 微控制器的各种具体产品具有的 GPIO 接口不同，对应的I/O 口线数目不同，应用时可以查阅相关产品的数据手册了解每种产品的GPIO 资源。GPIO 接口的基本功能是作为 CPU 与片外进行数据交换的通道，除此以外，GPIO 接口还可作为片内外设与外部进行信息交换的通道，这些信息可能是数字信号，也可能是模拟信号。

5.1.1　GPIO 的基本结构

STM32F10xxx 系列处理器的每个GPIO 接口包含 16 根 I/O 口线，通常用 GPIOA、GPIOB 等表示。每根 I/O 口线的内部结构不完全相同，但是它们的大体结构相当。图 5-1 所示为一根 I/O 口线对应的 GPIO 接口的基本结构。

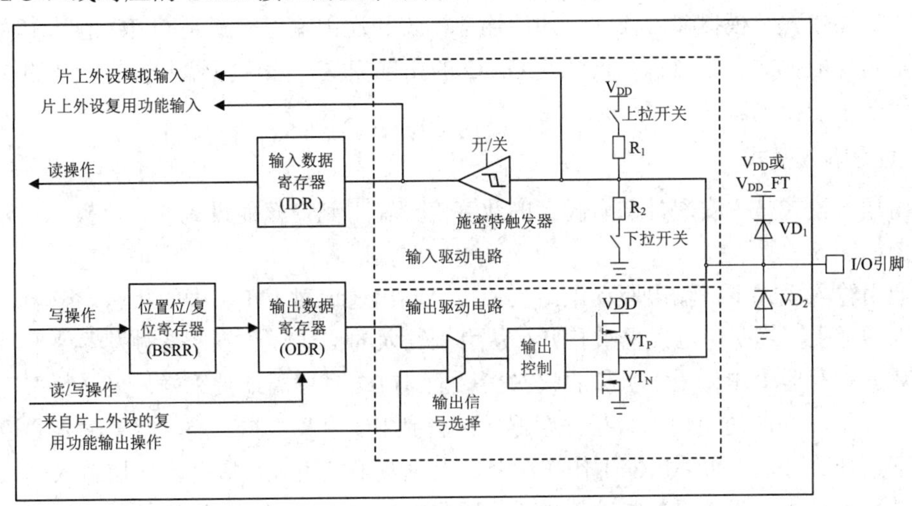

图 5-1　GPIO 接口的基本结构

每个 GPIO 接口主要由口寄存器、输出驱动电路、输入驱动电路及保护电路等部分组成。

(1) 口寄存器主要包括输入数据寄存器(IDR)、输出数据寄存器(ODR)、位置位/复位寄存器(BSRR)、位复位寄存器(BRR)、口配置寄存器(CRL 和 CRH)及口锁定寄存器(LCKR)等，这些寄存器除位复位寄存器(BRR)为 16 位以外，其他寄存器均为 32 位。一个并行 GPIO 接口含有 16 根 I/O 口线，这些 I/O 口线共用一组口寄存器。

(2) 输出驱动电路实现内部输出信号的电平驱动，其输出信号源来自输出数据寄存器或片上外设的复用功能输出，通过配置可以实现开漏或推挽等输出模式。

(3) 输入驱动电路实现对不同性质输入信号的转换，通过配置可以实现上拉输入、下拉输入、浮空输入及模拟输入等输入模式。输入/输出模式的配置通过口配置寄存器(CRL 和 CRH)实现。

(4) 保护电路主要由 VD_1 和 VD_2 组成，这两个二极管起电平钳位作用，使输入信号在 V_{SS} 到 V_{DD} 或 V_{DD}_FT 之间变化，防止干扰信号对引脚内部电路造成损害。不同的口线内部，VD_1 连接可能不同，如果接 V_{DD}，则对应的 I/O 引脚的信号电平不超过 V_{DD}，如果接 V_{DD}_FT，则对应的 I/O 引脚可以耐受+5V 的信号输入，这样一来，这些口在与 5V 的逻辑信号相连时就非常方便，省去了进行电平转换的麻烦。

5.1.2 GPIO的工作模式

STM32F10xxx 系列芯片的 GPIO 的工作模式配置灵活，功能强大，必须对不同模式的功能理解清楚才能正确应用。GPIO 的基本功能是基本的数字 I/O 功能，即实现内核与外部的数据交换；此外，GPIO 还可实现片上外设与外部的信息交换，这些信息包含数字信号和模拟信号，此时的 GPIO 实现的功能称为复用功能。学习 GPIO 的工作模式时，从 GPIO 的基本功能和复用功能这两个方面去理解就抓住了关键。

STM32F10xxx 系列芯片的 GPIO 的工作模式分为 4 种，即通用输入模式、通用输出模式、复用功能模式及模拟输入模式。通用输入模式和通用输出模式是 GPIO 的基本功能模式，而复用功能模式及模拟输入模式是 GPIO 的拓展模式，除模拟输入模式以外的 3 种模式又包含若干子模式。

1. 通用输入模式

通用输入模式是为实现外部引脚上的数字信号输入到内核而设置的。该模式下 GPIO 的结构图如图 5-2 所示。

在通用输入模式下，输出驱动电路被禁止，输出通道对 I/O 引脚的状态无影响。在信号的输入通道上，施密特触发器被打开，从引脚输入的信号经过施密特触发器整形后被送入输入数据寄存器(IDR)，I/O 引脚的状态在每个 APB2 时钟周期被采样，采样数据送入输入数据寄存器。CPU 访问输入数据寄存器即可得到 I/O 引脚数据。通过配置输入通道上的上拉及下拉开关可以设置 GPIO 工作在浮空、上拉及下拉模式，因此，通用输入模式实际上包含 3 种子模式，即通用浮空输入模式、通用上拉输入模式和通用下拉输入模式。由于上拉及下拉电阻的阻值较大，上拉及下拉电流较小，为弱上拉或弱下拉，因此在通用上拉或通用下拉输入模式下，I/O 引脚开路时的状态通过上拉或下拉固定下来，避免了浮空高阻状态下引脚引入的干扰。

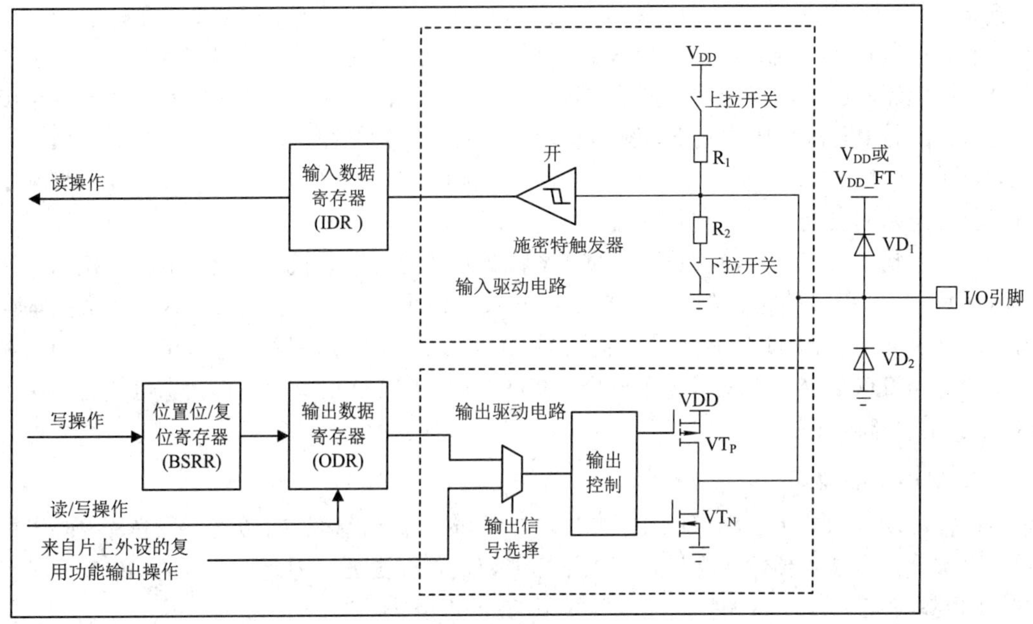

图 5-2　通用输入模式下 GPIO 的结构图

2. 通用输出模式

通用输出模式用于实现内核数据到引脚的输出功能。该模式下 GPIO 的结构图如图 5-3 所示。

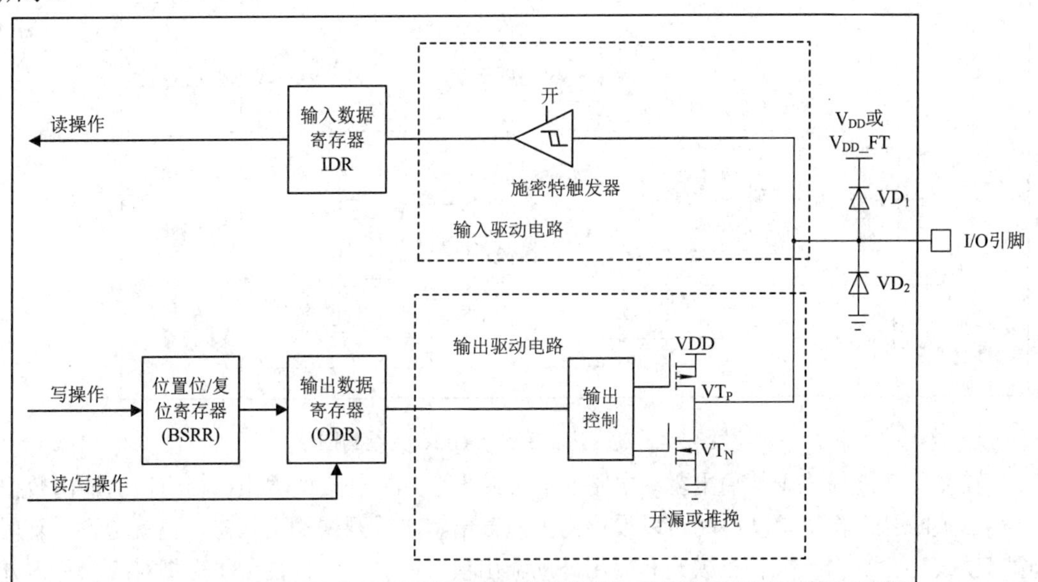

图 5-3　通用输出模式下 GPIO 的结构图

在通用输出模式下，来自内部总线的数据可被直接写入输出数据寄存器(ODR)，或者通过位置位/复位寄存器(BSRR)或位复位寄存器(BRR)设置输出数据寄存器(ODR)的状态，该状态通过输出驱动电路输出到 I/O 引脚上。输出驱动电路可以被设置为推挽输出状态或开漏输出状态，即相当于该模式包含通用推挽输出模式和通用开漏输出模式。在推挽输出状态下，当 ODR 的状态为 0 时，VT_N 导通，VT_P 截止，I/O 引脚下拉为低电平，引脚电流为灌电流；当 ODR 的状态为 1 时，VT_P 导通，VT_N 截止，I/O 引脚被强推为高电平，引脚电流为拉电流。因此，在通用推挽输出模式下，I/O 引脚的状态是由内部的推挽电路直接支配的。在通用开漏输出模式下，输出驱动电路的 VT_P 始终截止，这样，当 ODR 为 0 时，VT_N 导通，I/O 引脚输出低电平，承担灌电流，当 ODR 为 1 时，VT_N 截止，I/O 引脚不受内部驱动电路的支配，处在高阻状态。

在通用输出模式下，输入通道上的施密特触发器处于导通状态，通道上的上拉和下拉电阻断开，I/O 引脚的状态在每个 APB2 时钟周期被采样，采样数据被送入输入数据寄存器，这样一来，输出的状态能够通过输入通道读取。这里需要注意的是：ODR 输出的状态并不一定与 IDR 读入的状态相同，例如，在开漏输出时 I/O 引脚的真正状态可能还取决于 I/O 引脚的外部连接状态。

3. 复用功能模式

在复用功能模式下，GPIO 用作为片内外设与外部交换信息的通道。有些片内外设需要输出数据，有些需要输入数据，有些则需要双向传输数据，因此，此时的 GPIO 应满足这样的要求。图 5-4 所示为复用功能模式下 GPIO 的结构图。

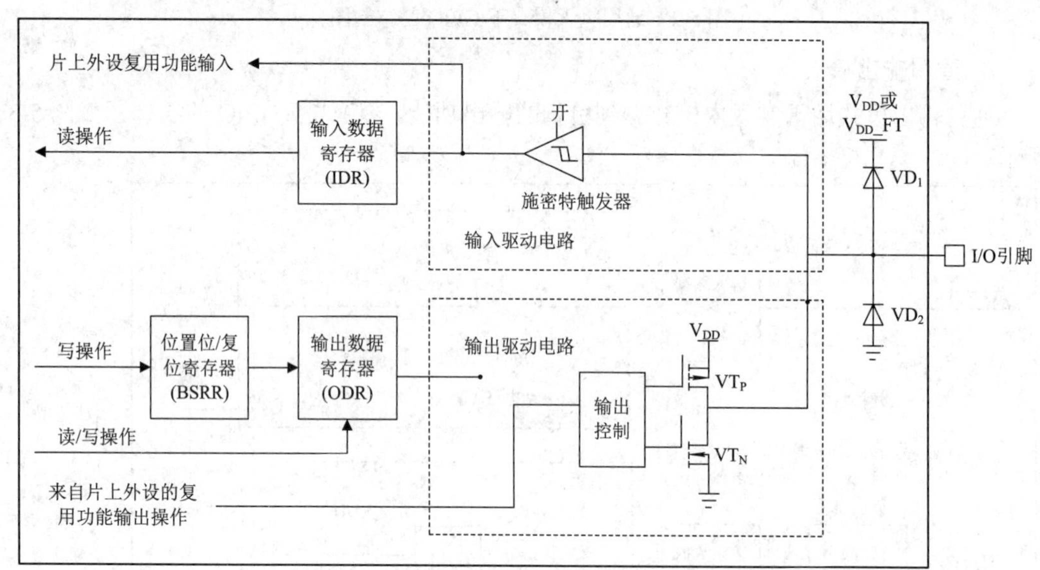

图 5-4　复用功能模式下 GPIO 的结构图

在复用功能模式下，输出驱动电路的信号源来自片内外设的输出，相应口的输出数据寄存器被断开。输出驱动电路可以设置为推挽输出状态或开漏输出状态，也就是说，复用输出模式包含复用推挽输出模式和复用开漏输出模式两种。不同的 I/O 引脚对应的片内外设性质不同，需要根据具体情况确定设置为哪种复用功能模式。

在复用功能模式下，如果片上外设需要输入数据，则输入通道上的施密特触发器导通，上拉电阻和下拉电阻断开，I/O 引脚的状态经过施密特触发器后到达片上外设的输入端，从而实现片上外设数据的输入；另外，在每个 APB2 时钟周期 I/O 引脚的状态还被输入数据寄存器(IDR)采样，读取输入数据寄存器的值，即可得到当前 I/O 引脚上的状态。

4. 模拟输入模式

模拟输入模式是一种特殊的复用功能模式。在这种模式下，需要把外部的模拟信号输入到内部的模数模块，输入时应避免其他信号对模拟信号的干扰。图 5-5 所示为模拟输入模式下 GPIO 的结构图。

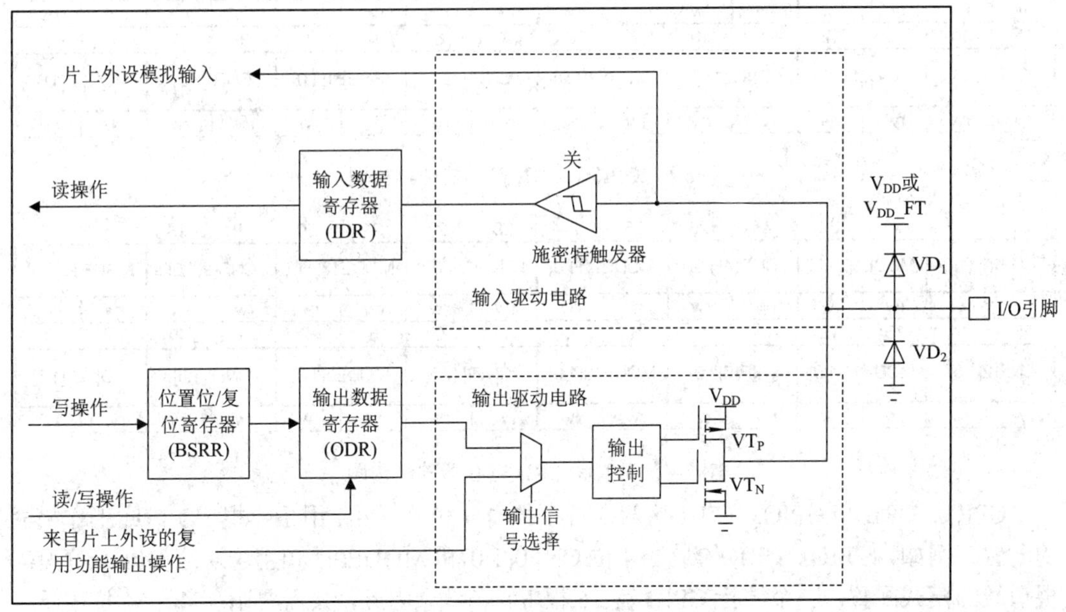

图 5-5　模拟输入模式下 GPIO 的结构图

在模拟输入模式下，数据的输出通道被禁止，输出数据寄存器及片内外设的数据都无法输出到 I/O 引脚，输入通道的上拉电阻和下拉电阻被断开，施密特触发器关闭，输入数据寄存器(IDR)始终为 0，I/O 引脚上的模拟信号直接送到片上的模拟外设(通常就是 ADC)。

综合上面介绍的 4 种工作模式，在具体应用时，必须首先清楚对应的 I/O 引脚要用于什么目的，然后才能依据用途合理地设置 GPIO 的工作模式。

5.1.3　GPIO 的相关寄存器

GPIO 中的寄存器是用户对 GPIO 进行操作的窗口，只有通过这个窗口，用户才能实现 GPIO 的设置、数据输入/输出及片上外设与外部的信息交换。

GPIO 的相关寄存器包括输入数据寄存器(IDR)、输出数据寄存器(ODR)、位置位/复位寄存器(BSRR)、位复位寄存器(BRR)、口配置寄存器(CRL 和 CRH)及口锁定寄存器(LCKR)等。下面对这些寄存器的结构及功能进行简要介绍。GPIO 口较多，每个口都有一组相关寄存器，为清楚起见，每个寄存器名称前加 GPIOx_(例如 GPIOx_IDR 表示 GPIOA_IDR、GPIOB_IDR 等不同口的寄存器)，在具体的应用中将 GPIOx_中的 x 换成对应的口即可。

1. 口配置寄存器 GPIOx_CRL 和 GPIOx_CRH

GPIOx_CRL 和 GPIOx_CRH 这两个寄存器的地址偏移量分别为 0x00 和 0x04，复位值都为 0x4444 4444。图 5-6 和图 5-7 分别为 GPIOx_CRL 和 GPIOx_CRH 寄存器的结构图。

31	30	29	28	27	26	25	24	23	22	21	20	19	18	17	16
CNF7[1:0]		MODE7[1:0]		CNF6[1:0]		MODE6[1:0]		CNF5[1:0]		MODE5[1:0]		CNF4[1:0]		MODE4[1:0]	
rw	rw	rw	rw	rw	rw	rw	rw	rw	rw	rw	rw	rw	rw	rw	rw
15	14	13	12	11	10	9	8	7	6	5	4	3	2	1	0
CNF3[1:0]		MODE3[1:0]		CNF2[1:0]		MODE2[1:0]		CNF1[1:0]		MODE1[1:0]		CNF0[1:0]		MODE0[1:0]	
rw	rw	rw	rw	rw	rw	rw	rw	rw	rw	rw	rw	rw	rw	rw	rw

图 5-6　GPIOx_CRL 寄存器的结构图

31	30	29	28	27	26	25	24	23	22	21	20	19	18	17	16
CNF15[1:0]		MODE15[1:0]		CNF14[1:0]		MODE14[1:0]		CNF13[1:0]		MODE13[1:0]		CNF12[1:0]		MODE12[1:0]	
rw	rw	rw	rw	rw	rw	rw	rw	rw	rw	rw	rw	rw	rw	rw	rw
15	14	13	12	11	10	9	8	7	6	5	4	3	2	1	0
CNF12[1:0]		MODE11[1:0]		CNF10[1:0]		MODE10[1:0]		CNF9[1:0]		MODE9[1:0]		CNF8[1:0]		MODE8[1:0]	
rw	rw	rw	rw	rw	rw	rw	rw	rw	rw	rw	rw	rw	rw	rw	rw

图 5-7　GPIOx_CRH 寄存器的结构图

GPIOx_CRL 和 GPIOx_CRH 这两个寄存器每 4 位为一组，用于一根 I/O 口线工作模式的配置。例如，GPIOx_CRL 的最低 4 位 CNF0[1:0]和 MODE0[1:0]用于对应 GPIOx 的第 0 根口线的模式配置。一个并行 GPIO 有 16 根 I/O 口线，因此，共需要 16 × 4 = 64 位用于一个并行 GPIO 所有口线的配置，这 64 位正好占用两个 32 位的寄存器 GPIOx_CRL 和 GPIOx_CRH。每根 I/O 口线的配置是独立的，因此了解清楚一根 I/O 口线的配置，其他的也就清楚了。

表 5-1 为 GPIO 配置寄存器配置表，该表表明 GPIO 配置寄存器的 CNFn[1:0]和 MODEn[1:0]的设置与对应的第 n 根 I/O 口线工作模式的对应关系。

表 5-1　GPIO 配置寄存器配置表

CNFn[1:0]	MODEn[1:0]	I/O 口线工作模式	备　注
00	00	模拟输入模式	—
01	00	通用浮空输入模式	—
10	00	通用上拉输入模式	ODRn=1
10	00	通用下拉输入模式	ODRn=0
00	01/10/11	通用推挽输出模式	当 MODEn[1:0]为 01 时，最大输出频率为 10 MHz； 当 MODEn[1:0]为 10 时，最大输出频率为 2 MHz； 当 MODEn[1:0]为 11 时，最大输出频率为 50 MHz
01	01/10/11	通用开漏输出模式	
10	01/10/11	复用推挽输出模式	
11	01/10/11	复用开漏输出模式	

当 MODEn[1:0] = 00 时，I/O 口线对应的工作模式为输入模式，具体是何种输入模式

取决于 CNFn[1:0]的设置。当 CNFn[1:0] 为 00 时，I/O 口线工作模式为模拟输入模式；当 CNFn[1:0] 为 01 时，为通用浮空输入模式；当 CNFn[1:0]为 10 时，为通用上拉/下拉输入模式，但究竟是通用上拉还是通用下拉输入模式，取决于此时该 I/O 口线数据输出寄存器的对应位 ODRn 的值，如果 ODRn 为 0，则为通用下拉输入模式，如果 ODRn 为 1，则为通用上拉输入模式。当 I/O 口线被设置为输入模式时，输出通道被断开，此时的 ODR 寄存器被借用来设置通用上拉/下拉输入模式，这一点需要特别注意。

当 MODEn[1:0]不为 00 时，I/O 口线对应的工作模式为输出模式，包括通用推挽、通用开漏、复用推挽及复用开漏 4 种输出模式，具体由 CNFn[1:0]决定。此时的 MODEn[1:0]的取值决定输出信号能够达到的最高频率。当 MODEn[1:0]为 01 时，最大输出频率为 10 MHz；当 MODEn[1:0]为 10 时，最大输出频率为 2 MHz；当 MODEn[1:0]为 11 时，最大输出频率为 50 MHz。I/O 口输出信号的最高频率设置越高，所引起的噪声及功耗就越大，因此应用中应该根据需要设置合适的频率。

2. 口输入数据寄存器 GPIOx_IDR

GPIOx_IDR 寄存器的地址偏移量为 0x08，复位值为 0x0000 xxxx。图 5-8 所示为 GPIOx_IDR 寄存器的结构图。

31	30	29	28	27	26	25	24	23	22	21	20	19	18	17	16
Reserved															
15	14	13	12	11	10	9	8	7	6	5	4	3	2	1	0
IDR15	IDR14	IDR13	IDR12	IDR11	IDR10	IDR9	IDR8	IDR7	IDR6	IDR5	IDR4	IDR3	IDR2	IDR1	IDR0
r	r	r	r	r	r	r	r	r	r	r	r	r	r	r	r

图 5-8　GPIOx_IDR 寄存器的结构图

GPIOx_IDR 寄存器只有低 16 位有定义，高 16 位未定义，读出值始终为 0。每个并行 GPIO 共 16 根 I/O 口线，每根 I/O 口线输入的值对应地存入输入数据寄存器的一位，CPU 经过总线读取输入数据寄存器就可以得到输入的数据。

3. 口输出数据寄存器 GPIOx_ODR

GPIOx_ODR 寄存器的地址偏移量为 0x0C，复位值为 0x0000 0000。图 5-9 所示为 GPIOx_ODR 寄存器的结构图。

31	30	29	28	27	26	25	24	23	22	21	20	19	18	17	16
Reserved															
15	14	13	12	11	10	9	8	7	6	5	4	3	2	1	0
ODR15	ODR14	ODR13	ODR12	ODR11	ODR10	ODR9	ODR8	ODR7	ODR6	ODR5	ODR4	ODR3	ODR2	ODR1	ODR0
rw	rw	rw	rw	rw	rw	rw	rw	rw	rw	rw	rw	rw	rw	rw	rw

图 5-9　GPIOx_ODR 寄存器的结构图

GPIOx_ODR 寄存器只有低 16 位有定义，高 16 位保留，在输出模式下，CPU 输出数据先写入该寄存器，再输出到引脚。另外，为增加 I/O 口线操作的灵活性，可以通过位置位/复位寄存器 GPIOx_BSRR 和位复位寄存器 GPIOx_BRR 操作 ODR 寄存器。

4. 位置位/复位寄存器 GPIOx_BSRR

GPIOx_BSRR 寄存器的地址偏移量为 0x10，复位值为 0x0000 0000。图 5-10 所示为 GPIOx_BSRR 寄存器的结构图。

31	30	29	28	27	26	25	24	23	22	21	20	19	18	17	16
BR15	BR14	BR13	BR12	BR11	BR10	BR9	BR8	BR7	BR6	BR5	BR4	BR3	BR2	BR1	BR0
w	w	w	w	w	w	w	w	w	w	w	w	w	w	w	w
15	14	13	12	11	10	9	8	7	6	5	4	3	2	1	0
BS15	BS14	BS13	BS12	BS11	BS10	BS9	BS8	BS7	BS6	BS5	BS4	BS3	BS2	BS1	BS0
w	w	w	w	w	w	w	w	w	w	w	w	w	w	w	w

图 5-10　GPIOx_BSRR 寄存器的结构图

GPIOx_BSRR 寄存器的高 16 位用于位复位控制，BRn 为 1，对应的 ODR 寄存器的 ODRn 位清零，BRn 为 0，对应的 ODR 寄存器的 ODRn 位不受影响；GPIOx_BSRR 寄存器的低 16 位用于位置位控制，BSn 为 1，对应的 ODR 寄存器的 ODRn 位置 1，BSn 为 0，对应的 ODR 寄存器的 ODRn 位不受影响。在输出模式下，ODR 寄存器的值会被输出到引脚，这样一来，通过该寄存器可以对 GPIO 的特定位进行操作，而不被操作的位不受影响。如果同时设置 BRn = 1 和 BSn = 1，则对应位被置 1，也就是置位控制优先。

5. 位复位寄存器 GPIOx_BRR

GPIOx_BRR 寄存器的地址偏移量为 0x14，复位值为 0x0000 0000。图 5-11 所示为 GPIOx_BRR 寄存器的结构图。

31	30	29	28	27	26	25	24	23	22	21	20	19	18	17	16
Reserved															
15	14	13	12	11	10	9	8	7	6	5	4	3	2	1	0
BR15	BR14	BR13	BR12	BR11	BR10	BR9	BR8	BR7	BR6	BR5	BR4	BR3	BR2	BR1	BR0
w	w	w	w	w	w	w	w	w	w	w	w	w	w	w	w

图 5-11　GPIOx_BRR 寄存器的结构图

GPIOx_BRR 寄存器只有低 16 位有定义，只能写，写入 1 时 ODR 寄存器的对应位复位，写入 0 时，ODR 寄存器的对应位不受影响。

6. 口锁定寄存器 GPIOx_LCKR

GPIOx_LCKR 寄存器的地址偏移量为 0x18，复位值为 0x0000 0000。图 5-12 所示为 GPIOx_LCKR 寄存器的结构图。

31	30	29	28	27	26	25	24	23	22	21	20	19	18	17	16
Reserved															LCKK
															rw
15	14	13	12	11	10	9	8	7	6	5	4	3	2	1	0
LCK15	LCK14	LCK13	LCK12	LCK11	LCK10	LCK9	LCK8	LCK7	LCK6	LCK5	LCK4	LCK3	LCK2	LCK1	LCK0
rw	rw	rw	rw	rw	rw	rw	rw	rw	rw	rw	rw	rw	rw	rw	rw

图 5-12　GPIOx_LCKR 寄存器的结构图

GPIOx_LCKR 寄存器可以把 GPIO 的配置状态锁定下来，防止误操作改变重要 GPIO 的工作模式。GPIOx_LCKR 的低 16 位用于具体的 I/O 口线的锁定设置，如果 LCKn 设置为 0，则该位对应的 I/O 口线不锁定，如果 LCKn 设置为 1，则该位对应的 I/O 口线设置锁定。仅设置 GPIOx_LCKR 的低 16 位是不能启动锁定的，在设置好低 16 位的状态后，通过 LCKK 位真正使能锁定，具体的做法是对 LCKK 进行序列操作：写 1→写 0→写 1→读 0→读 1，该序列操作完成后锁定真正有效，被锁定的口的工作模式不能再被修改，除非复位系统。

5.2　GPIO 库函数

通过直接操作 STM32 的相关寄存器实现的编程方法称为直接寄存器编程法，这种方法要求开发人员对 STM32 的相关寄存器结构及功能非常熟悉，这对于初学者来说难度较大。意法公司为方便人们对 STM32 系列产品的应用，专门编写了 STM32 的标准库函数。通过这些库函数，开发人员不用直接与最底层的寄存器打交道，就可以较为方便地操作 STM32 的各种外设，从而降低程序设计的难度。这种编程方法称为库函数编程法。

本章将涉及 GPIO 的编程应用，为了使读者能够顺利地应用 GPIO 库函数进行编程，这里对 GPIO 库函数进行详细介绍。

5.2.1　GPIO 相关寄存器的定义

与 RCC 寄存器的定义类似，在 stm32f10x.h 头文件中对 GPIO 的相关寄存器进行了定义，通过这些定义好的寄存器可对 I/O 口进行操作。下面以程序注释的方式说明在 stm32f10x.h 头文件中是如何实现 GPIO 相关寄存器的定义的。

```
/*首先，声明 GPIO 寄存器结构 GPIO_TypeDef ，该结构的成员即为 GPIO 的寄存器*/
typedef struct
{
  __IO uint32_t CRL;
  __IO uint32_t CRH;
  __IO uint32_t IDR;
  __IO uint32_t ODR;
  __IO uint32_t BSRR;
  __IO uint32_t BRR;
```

```
    __IO uint32_t LCKR;
} GPIO_TypeDef;
/*声明 AFIO_TypeDef ，该结构的成员即为 AFIO 的寄存器，这些寄存器与 GPIO 的复用功能设置
有关*/
typedef struct
{   __IO uint32_t EVCR;
    __IO uint32_t MAPR;
    __IO uint32_t EXTICR[4];
    uint32_t RESERVED0;
    __IO uint32_t MAPR2;
} AFIO_TypeDef;
/*定义各个 GPIO 寄存器的基地址映射关系*/
#define PERIPH_BASE             ((uint32_t)0x40000000)
#define APB2PERIPH_BASE         (PERIPH_BASE + 0x10000)
#define AFIO_BASE               (APB2PERIPH_BASE + 0x0000)
#define GPIOA_BASE              (APB2PERIPH_BASE + 0x0800)
#define GPIOB_BASE              (APB2PERIPH_BASE + 0x0C00)
#define GPIOC_BASE              (APB2PERIPH_BASE + 0x1000)
#define GPIOD_BASE              (APB2PERIPH_BASE + 0x1400)
#define GPIOE_BASE              (APB2PERIPH_BASE + 0x1800)
#define GPIOF_BASE              (APB2PERIPH_BASE + 0x1C00)
#define GPIOG_BASE              (APB2PERIPH_BASE + 0x2000)
/*最后，定义指向 AFIO 和各 GPIO 口基地址的结构指针，通过这些指针即可访问具体的寄存器，从
而实现对 GPIO 的操作*/
#define AFIO                    ((AFIO_TypeDef *) AFIO_BASE)
#define GPIOA                   ((GPIO_TypeDef *) GPIOA_BASE)
#define GPIOB                   ((GPIO_TypeDef *) GPIOB_BASE)
#define GPIOC                   ((GPIO_TypeDef *) GPIOC_BASE)
#define GPIOD                   ((GPIO_TypeDef *) GPIOD_BASE)
#define GPIOE                   ((GPIO_TypeDef *) GPIOE_BASE)
#define GPIOF                   ((GPIO_TypeDef *) GPIOF_BASE)
#define GPIOG                   ((GPIO_TypeDef *) GPIOG_BASE)
```

将上面各 GPIO 定义中指定的基地址与存储器映射部分对应 GPIO 口的映射地址进行对照，可以发现两者是完全一致的。

5.2.2 GPIO 库函数

为方便用户开发程序，STM32 标准的外设库中定义了 GPIO 操作的库函数。通过库函数进行编程时，用户可以不必具体了解 GPIO 每个寄存器的设置方法及功能，而是通过

库函数提供的界面实现 GPIO 操作，这就降低了编程难度。

GPIO 库函数不仅包括对 GPIO 进行设置、按照字节读/写及按位进行操作的各种函数，还包含与 GPIO 复用功能相关的函数等。表 5-2 是 GPIO 的相关库函数。

表 5-2　GPIO 的相关库函数

函数名称	功能描述
GPIO_DeInit	设置外设 GPIOx 寄存器为缺省值
GPIO_AFIODeInit	设置复用功能(重映射事件控制和 EXTI 设置)寄存器为缺省值
GPIO_Init	根据 GPIO_InitStruct 中指定的参数初始化外设 GPIOx 寄存器
GPIO_StructInit	设置 GPIO_InitStruct 中的每一个成员为缺省值
GPIO_ReadInputDataBit	读取指定口引脚的输入
GPIO_ReadInputData	读取指定的 GPIO 口输入
GPIO_ReadOutputDataBit	读取指定口引脚的输出
GPIO_ReadOutputData	读取指定的 GPIO 口输出
GPIO_SetBits	设置指定的数据口位为高电平
GPIO_ResetBits	清除指定的数据口位为低电平
GPIO_WriteBit	设置或者清除指定的数据口位
GPIO_Write	向指定的 GPIO 数据口写入数据
GPIO_PinLockConfig	锁定 GPIO 引脚设置寄存器
GPIO_EventOutputConfig	选择 GPIO 引脚用作事件输出
GPIO_EventOutputCmd	使能或者禁止事件输出
GPIO_PinRemapConfig	改变指定引脚的映射
GPIO_EXTILineConfig	选择 GPIO 引脚用作外部中断线路

下面对 GPIO 操作的主要函数进行简要介绍。

1. 函数 GPIO_DeInit

功能描述：设置外设 GPIOx 寄存器为缺省值。

函数原型：

```
void GPIO_DeInit(GPIO_TypeDef* GPIOx);
```

参数说明：GPIOx 中的 x 可以是 A、B、C、D、E、F 及 G。

2. 函数 GPIO_AFIODeInit

功能描述：设置复用功能(重映射事件控制和 EXTI 设置)寄存器为缺省值。

函数原型：

```
void GPIO_AFIODeInit(void);
```

3. 函数 GPIO_Init

功能描述：根据 GPIO_InitStruct 中指定的参数初始化外设 GPIOx 寄存器。该函数是实现 GPIO 初始化的重要函数。

函数原型：

void GPIO_Init(GPIO_TypeDef* GPIOx, GPIO_InitTypeDef* GPIO_InitStruct);

参数说明：GPIOx 用于指定需要操作的 GPIO 口；GPIO_InitTypeDef 的结构定义在 stm32f10x_gpio.h 中，用于 GPIO 初始化设置，其定义如下：

```
typedef struct
{
  uint16_t   GPIO_Pin;
  GPIOSpeed_TypeDef   GPIO_Speed;
  GPIOMode_TypeDef   GPIO_Mode;
}GPIO_InitTypeDef;
```

使用 GPIO_Init 函数对某个 GPIO 口进行初始化前，需要定义一个 GPIO_InitTypeDef 类型的结构体 GPIO_InitStruct，在该结构体中指定待设置口的引脚、输入/输出模式等信息，然后调用 GPIO_Init 函数，通过 GPIO_InitTypeDef 类型的指针访问 GPIO_InitStruct 结构体即可。

在 GPIO_InitTypeDef 的结构体中，成员 GPIO_Pin 用于指定引脚，GPIO_Pin_0 到 GPIO_Pin_15 分别代表第 0 号到第 15 号引脚，GPIO_Pin_All 代表所有引脚，可以一次指定一个或多个引脚；成员 GPIO_Speed 用于设定口的输出速度，其设置值与口的最高输出频率的关系见表 5-3。

表 5-3　GPIO_Speed 设置值与口的最高输出频率的关系

GPIO_Speed	口的最高输出频率
GPIO_Speed_10 MHz	最高输出频率为 10 MHz
GPIO_Speed_2 MHz	最高输出频率为 2 MHz
GPIO_Speed_50 MHz	最高输出频率为 50 MHz

成员 GPIO_Mode 用于设置口的工作模式，其设置值与口工作模式的对应关系见表 5-4。

表 5-4　GPIO_Mode 设置值与口的工作模式的对应关系

GPIO_Mode	口工作模式
GPIO_Mode_AIN	模拟输入模式
GPIO_Mode_IN_FLOATING	通用浮空输入模式
GPIO_Mode_IPD	通用下拉输入模式
GPIO_Mode_IPU	通用上拉输入模式
GPIO_Mode_Out_OD	通用开漏输出模式
GPIO_Mode_Out_PP	通用推挽输出模式
GPIO_Mode_AF_OD	复用开漏输出模式
GPIO_Mode_AF_PP	复用推挽输出模式

例如，配置 GPIOA 为通用浮空输入模式的代码如下：

```
GPIO_InitTypeDef   GPIO_InitStructure;
GPIO_InitStructure.GPIO_Pin = GPIO_Pin_All;
GPIO_InitStructure.GPIO_Speed = GPIO_Speed_10 MHz;
GPIO_InitStructure.GPIO_Mode = GPIO_Mode_IN_FLOATING;
GPIO_Init(GPIOA,&GPIO_InitStructure);
```

4. 函数 GPIO_ReadInputDataBit

功能描述：读取指定口引脚的输入。

函数原型：

```
uint8_t GPIO_ReadInputDataBit(GPIO_TypeDef* GPIOx, uint16_t GPIO_Pin);
```

参数说明：GPIOx 用于指定 GPIO 口；GPIO_Pin 用于指定具体的引脚。

返回值：函数返回值为 8 位的无符号数，或者为 0x00，或者为 0x01。

5. 函数 GPIO_ReadInputData

功能描述：读取指定的 GPIO 口输入，把选定的 GPIO 口作为一个整体进行读取。

函数原型：

```
uint16_t GPIO_ReadInputData(GPIO_TypeDef* GPIOx);
```

参数说明：GPIOx 用于指定要读取的 GPIO 口。

返回值：函数返回一个 16 位的无符号数。

6. 函数 GPIO_ReadOutputDataBit

功能描述：读取指定口引脚的输出。

函数原型：

```
uint8_t GPIO_ReadOutputDataBit(GPIO_TypeDef* GPIOx, uint16_t GPIO_Pin);
```

参数说明：GPIOx 用于指定 GPIO 口；GPIO_Pin 用于指定要读取的引脚。

7. 函数 GPIO_ReadOutputData

功能描述：读取指定的 GPIO 口输出。

函数原型：

```
uint16_t GPIO_ReadOutputData(GPIO_TypeDef* GPIOx);
```

参数说明：GPIOx 用于指定要读取的 GPIO 口。

8. 函数 GPIO_SetBits

功能描述：置位指定的数据口位，设置指定的数据口位为高电平。

函数原型：

```
void GPIO_SetBits(GPIO_TypeDef* GPIOx, uint16_t GPIO_Pin);
```

参数说明：GPIOx 用于指定 GPIO 口；GPIO_Pin 用于指定要置位的引脚，可以同时指定多位。

9. 函数 GPIO_ResetBits

功能描述：清除指定的数据口位为低电平。

函数原型：

void GPIO_ResetBits(GPIO_TypeDef* GPIOx, uint16_t GPIO_Pin);

参数说明：GPIOx 用于指定 GPIO 口；GPIO_Pin 用于指定要复位的引脚，可以同时指定多位。

10. 函数 GPIO_WriteBit

功能描述：设置或者清除指定的数据口位。

函数原型：

void GPIO_WriteBit(GPIO_TypeDef* GPIOx, uint16_t GPIO_Pin, BitAction BitVal);

参数说明：GPIOx 用于指定 GPIO 口；GPIO_Pin 用于指定要写入的引脚，可以同时指定多位；BitVal 用于设置写入的值，可取 Bit_RESET 和 Bit_SET，分别代表 0 和 1。

11. 函数 GPIO_Write

功能描述：向指定的 GPIO 数据口写入数据。

函数原型：

void GPIO_Write(GPIO_TypeDef* GPIOx, uint16_t PortVal);

参数说明：GPIOx 用于指定待写的 GPIO 口；PortVal 为写入的值。

12. 函数 GPIO_PinLockConfig

功能描述：锁定 GPIO 引脚设置寄存器。

函数原型：

void GPIO_PinLockConfig(GPIO_TypeDef* GPIOx, uint16_t GPIO_Pin);

参数说明：GPIOx 用于指定 GPIO 口；GPIO_Pin 用于指定引脚，选定的引脚的模式被锁定后不能修改，除非复位。

除了上面介绍的 GPIO 库函数外，还有些库函数暂时不作介绍，后面章节用到时再进行说明，这些函数原型如下：

```
void GPIO_StructInit(GPIO_InitTypeDef* GPIO_InitStruct);
void GPIO_EventOutputConfig(uint8_t GPIO_PortSource, uint8_t GPIO_PinSource);
void GPIO_EventOutputCmd(FunctionalState NewState);
void GPIO_PinRemapConfig(uint32_t GPIO_Remap, FunctionalState NewState);
void GPIO_EXTILineConfig(uint8_t GPIO_PortSource, uint8_t GPIO_PinSource);
void GPIO_ETH_MediaInterfaceConfig(uint32_t GPIO_ETH_MediaInterface);
```

5.3 GPIO 编程应用

本节将通过实际的测试程序说明 GPIO 的编程使用方法。首先，介绍测试电路的原理图，然后，在 Keil μVision 4 集成开发环境下建立新工程，应用前面介绍的时钟 RCC 和 GPIO 库函数编程，添加时钟和 GPIO 的测试代码，编译链接，进而完成 GPIO 的测试程序，说明 GPIO 的基本应用方法。

5.3.1　GPIO 测试电路

为实现程序的测试，需要选择合适的实验开发板。目前，可供选择的 STM32F10xxx 系列实验开发板很多，这里使用一种以 STM32F103C8 为处理器的实验开发板来完成实验测试。图 5-13 所示为实验开发板的图片。

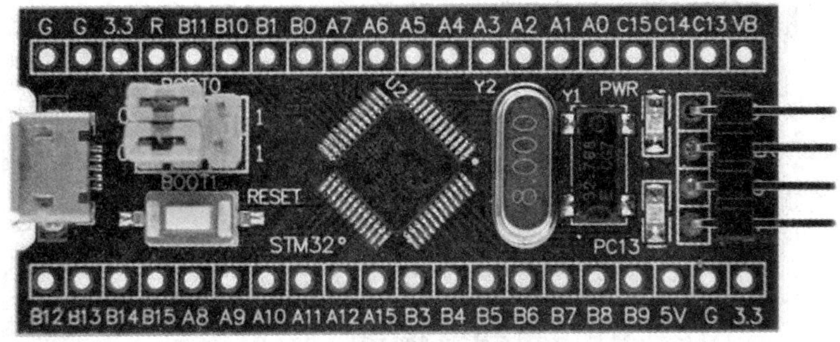

图 5-13　STM32F103C8 实验开发板

图 5-13 所示的实验开发板结构小巧，板上的主要电路为主处理器 STM32F103C8 及基本的外围支持电路，包括晶振电路、复位电路、3.3 V 稳压电源及接口电路。该实验开发板将所有的 I/O 引脚通过两排插针(使用时焊接上)引出，可用于连接外部电路。另外，在实验开发板上通过 PC13 引脚接有一只 LED 发光管，电路如图 5-14 所示。

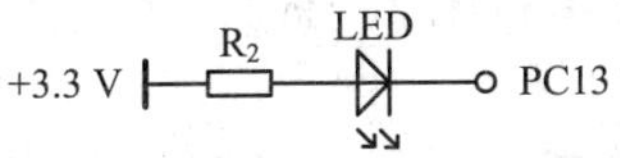

+3.3 V　R_2　LED　PC13

图 5-14　LED 电路

本实验的主要任务是通过 PC13 引脚控制 LED 发光管闪烁。首先对系统的时钟进行初始化，使系统具有工作的时钟条件；然后初始化 GPIO，通过 GPIO 控制 LED 发光管的亮灭，从而控制 LED 的闪烁。

5.3.2　GPIO 库函数编程

前面已经介绍了 Keil MDK 集成开发环境下创建工程的方法，现在可以按照第 3 章的方法创建一个 GPIO 的测试工程。建立起来的测试工程项目窗口如图 5-15 所示。该工程项目窗口中建立了 4 个虚拟的文件夹，分别是 USER、FWlib、CMSIS 和 RVMDK。USER 文件夹用来存放用户文件；FWlib 文件夹用来存放片上资源的标准库文件；CMSIS 文件夹用来存放内核设备访问的库文件和系统的初始化文件；RVMDK 文件夹用来存放 Keil 环境下提供的启动文件。通过工程组件管理窗口添加相关的库文件到 FWlib、CMSIS 和 RVMDK 文件夹，通过新建或者复制的方式向文件夹 USER 中添加文件。

在这个工程中，首先通过 RCC 库函数配置系统各部分的时钟，然后通过 GPIO 库函数设置 I/O 口的工作模式并操作 I/O 口的状态。

下面具体介绍测试程序的文件及内容。

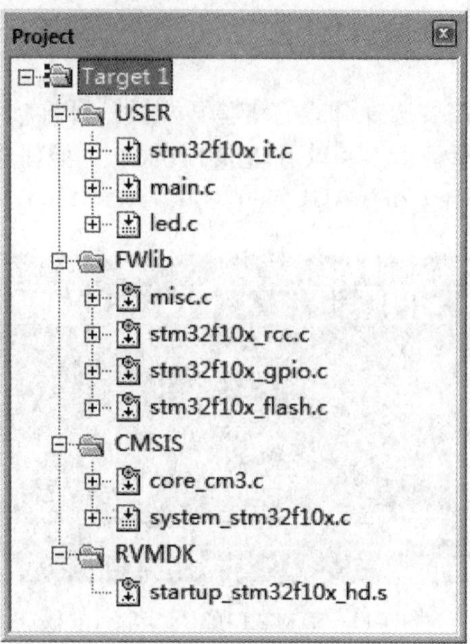

图 5-15　GPIO 测试工程项目窗口

首先，新建 led.c 源程序文件，该文件的主要内容是建立时钟和 GPIO 的初始化函数，这些函数都是基于前面介绍过的库函数编写的。由于要使用 RCC 和 GPIO 库，因此，在 Fwlib 组需要添加 stm32f10x_rcc.c 和 stm32f10x_gpio.c 这两个库文件。另外，由于程序读取涉及 Flash 的操作，还需添加 stm32f10x_flash.c 库文件。在 stm32f10x_conf.h 文件中配置这些库文件的头文件如下：

```
#include "stm32f10x_flash.h"
#include "stm32f10x_gpio.h"
#include "stm32f10x_rcc.h"
#include "misc.h"
```

在 led.c 文件中定义了 RCC 操作的函数 RCC_HSE_Configuration，通过该函数配置系统使用 HSE 产生 72 MHz 的系统时钟 SYSCLK；还定义了 GPIO 的工作模式初始化函数 LED_GPIO_Config，led.c 的内容如下：

```
#include "led.h"
/*-------------------------------------------
 * 函数：LED_GPIO_Config
 * 功能：配置 LED 用到的 I/O 口
 -------------------------------------------*/
void LED_GPIO_Config(void)
{
  //定义一个 GPIO_InitTypeDef 类型的结构体
  GPIO_InitTypeDef GPIO_InitStructure;
  //开启 GPIOC 的时钟
```

```
    RCC_APB2PeriphClockCmd( RCC_APB2Periph_GPIOC, ENABLE);
    //选择要控制的 GPIOC 引脚
    GPIO_InitStructure.GPIO_Pin = GPIO_Pin_13;
    //设置引脚模式为通用推挽输出模式
    GPIO_InitStructure.GPIO_Mode = GPIO_Mode_Out_PP;
    //设置引脚频率为 10 MHz
    GPIO_InitStructure.GPIO_Speed = GPIO_Speed_10 MHz;
    //调用库函数，初始化 GPIOC
    GPIO_Init(GPIOC, &GPIO_InitStructure);
    //设置 PC13 的初始状态为高电平
    GPIO_SetBits(GPIOC,GPIO_Pin_13);
}

/*------------------------------------------------------------------------------------------
*函数：RCC_HSE_Configuration
*功能：在外部晶振为 8 MHz 的情况下，将 HSE 设置为 PLL 时钟源，PLL 的倍频系数
        设置为 9，得到 72 MHz 的 PLLCLK 时钟作为系统时钟 SYSCLK，AHB 总线时
        钟频率与系统时钟相同，高速外设总线时钟 PCLK2 设置为 72 MHz，低速外设
        总线时钟 PCLK1 设置为 36 MHz
------------------------------------------------------------------------------------------*/
void RCC_HSE_Configuration(void)
{
    //将外设 RCC 寄存器重设为缺省值
    RCC_DeInit();
    //设置外部高速晶振 HSE 打开
    RCC_HSEConfig(RCC_HSE_ON);
    /*等待 HSE 起振，返回 SUCCESS 表示 HSE 晶振稳定且就绪，返回 ERROR 表示 HSE
    失败或启动超时*/
    if(RCC_WaitForHSEStartUp() == SUCCESS)
    {
        //设置 AHB 预分频器分频系数为 1，AHB 总线时钟 HCLK=系统时钟 SYSCLK
        RCC_HCLKConfig(RCC_SYSCLK_Div1);
        //设置高速外设总线预分频器分频系数为 1，APB2 总线时钟 PCLK2=HCLK
        RCC_PCLK2Config(RCC_HCLK_Div1);
        //设置低速外设总线预分频器分频系数为 2，APB1 总线时钟 PCLK1=HCLK/2
        RCC_PCLK1Config(RCC_HCLK_Div2);
        //设置 PLL 时钟源及倍频系数为 9
        RCC_PLLConfig(RCC_PLLSource_HSE_Div1, RCC_PLLMul_9);
        //设置 Flash 存储器延时时钟周期
```

```
        FLASH_SetLatency(FLASH_Latency_2);
        //使能 Flash 预取指令缓冲
        FLASH_PrefetchBufferCmd(FLASH_PrefetchBuffer_Enable);
        //使能 PLL，启动 PLL 工作
        RCC_PLLCmd(ENABLE);
        //等待 PLL 就绪标志位准备好
        while(RCC_GetFlagStatus(RCC_FLAG_PLLRDY) == RESET) ;
        //设置系统时钟 SYSCLK 为 PLL 输出时钟
        RCC_SYSCLKConfig(RCC_SYSCLKSource_PLLCLK);
        /*等待 PLL 系统时钟达到稳定，RCC_GetSYSCLKSource()=0x08 表示 PLL 为系统时钟 */
        while(RCC_GetSYSCLKSource() != 0x08);
        }
    }
```

上面的 led.c 文件中有详细的注释，因此不再进一步解释。led.c 中定义的函数的声明放在头文件 led.h 中，需要新建 led.h 头文件，该头文件的内容如下：

```
#ifndef   __LED_H
#define   __LED_H
#include   "stm32f10x.h"
void   LED_GPIO_Config(void);
void   RCC_HSE_Configuration(void);
#endif /* __LED_H */
```

最后，来看 main 函数。该函数实际上并不复杂。首先，利用 led.c 文件中定义的函数 RCC_HSE_Configuration 实现时钟的初始化，系统使用 HSE 时钟经过 PLL 锁相环 9 倍频得到 72 MHz 的系统时钟 SYSCLK，AHB 总线时钟 HCLK 被配置为 72 MHz，外设时钟 PCLK1 和 PCLK2 分别被配置为 36 MHz 和 72 MHz；其次，使用函数 LED_GPIO_Config 配置 GPIOC 的 PC13 引脚为推挽输出模式，并使能 APB2 外设 GPIOC 总线时钟，为 GPIOC 的口操作做好准备；最后，使用 GPIO 库函数编程实现对 PC13 引脚上 LED 发光管闪烁的控制。main 函数的代码如下：

```
#include "stm32f10x.h"
#include "led.h"
void Delay(u32 nCount);
/*------------------------------------
 * 函数：main
 * 功能：主函数
 ------------------------------------*/
int main(void)
{
  u16   temp;
```

```
    //LED 口初始化
    RCC_HSE_Configuration() ;
    LED_GPIO_Config();
    do{
        //PC13 设置为低电平，LED 发光管点亮
        GPIO_Write(GPIOC,~0x2000);
        Delay(0x0ffff);
        //PC13 置高电平，LED 发光管熄灭
        GPIO_Write(GPIOC, 0x2000);
        Delay(0x0ffff);
    }while(1);
    }
    //延时函数定义
void Delay(u32 nCount)
{
for(; nCount != 0; nCount--);
}
```

在 main 函数中，使用 do…while 循环实现对 LED 发光管亮灭的控制，使用 GPIO_Write 函数实现口数据输出；向 GPIOC 写 0x2000 时 PC13 为高电平，LED 发光管熄灭，向 GPIOC 写 0x2000 的取反状态时 PC13 为低电平，LED 发光管点亮；使用 Delay 函数实现延时控制。但是上面的这段程序实际上是存在问题的，这里控制的目标是 PC13 引脚，而每次向 GPIOC 输出状态时对于该口的其他位的状态均造成影响，为了达到在输出数据时仅改变 PC13 的状态，可以对上述的 do…while 循环作如下改变：

```
do{
    temp = GPIO_ReadOutput(GPIOC);      //读取 GPIOC 口的输出数据寄存器 ODR
    temp = temp & (~0x2000);            //仅清零 PC13 对应的位
    GPIO_Write(GPIOC, temp);            //点亮 LED
    Delay(0x0ffff);
    temp = GPIO_ReadOutput(GPIOC);      //读取 GPIOC 口的输出数据寄存器 ODR
    temp = temp | 0x2000;               //仅设置 PC13 对应的位为 1
    GPIO_Write(GPIOC, temp);            //熄灭 LED
    Delay(0x0ffff);
}while(1);
```

上面的程序中 temp 为在 main 函数中定义的 16 位无符号整型变量。为了达到操作 PC13 而不影响其他位的目的，每次设置 PC13 状态之前，先读取整个 GPIOC 的输出状态，利用按位进行“与”运算和“或”运算的方法实现指定位的清零或置位，将设置好的状态再输出到 GPIOC。虽然在本例中这样做似乎对实验的结果不会有什么影响，但是在实际应用中可能一个口的很多口线都被使用，决不能由于改变口中的某一位而造成其

他位的改变。

本程序仅需要实现对 PC13 引脚的控制，在关于 GPIO 的操作函数中有专门用来实现位控制的库函数，利用这些库函数进行操作会更好。下面是使用 GPIO 的位操作函数实现 do…while 循环控制的代码。

```
do{
    GPIO_ResetBits(GPIOC, GPIO_Pin_13);         //PC13 清零，LED 点亮
    Delay(0x0fffff);
    GPIO_SetBits(GPIOC,GPIO_Pin_13);            //PC13 置 1，LED 熄灭
    Delay(0x0fffff);
}while(1);
```

上面的代码更简洁，效果也更好。由上面不同编程方法的对比可知，在实际应用中应根据具体的需求合理地选择和使用库函数，这样才能取得好的效果。

程序编辑完成后，可对工程选项进行配置，设置输出文件的存储位置并指定生成.HEX 文件，设置列表文件的存储位置，设置编译器搜索文件的路径等，具体的操作可参照第 3 章相关内容。

对整个工程进行编译和链接，如果无语法错误将生成可执行的.HEX 文件，将此文件下载到目标板(也就是实验开发板)，即可观察结果。

上例中仅对一个 GPIO 口进行了操作，如果对多个 GPIO 口进行操作，则可实现更复杂的控制功能。例如，使用 8 个 GPIO 口控制 8 只 LED 发光管，可以实现简单的流水灯。

5.3.3 GPIO 寄存器编程

通过直接寄存器编程实现项目开发，虽然初次接触难度可能较大，但这种方法对寄存器的操作更直接，代码的规模更小，代码的执行效率更高。下面采用直接寄存器编程的方法来实现与 5.3.2 节例子相同的 LED 闪烁效果。

首先，建立新的工程。由于不使用外设库函数，因此所建工程与通过库函数编程的工程不同，工程组的管理也有差别。图 5-16 所示为寄存器版本 GPIO 测试工程窗口。

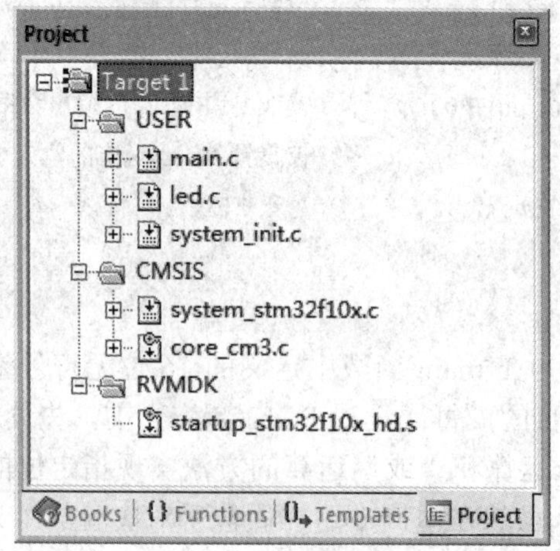

图 5-16　寄存器版本 GPIO 测试工程窗口

在图 5-16 所示的测试工程窗口中建立了 3 个文件夹，分别是 USER、CMSIS 和 RVMDK。RVMDK 文件夹用来存放启动文件 startup_stm32f10x_hd.s(该文件属于库文件，寄存器版的编程并不是任何库文件都不使用)，该文件用于上电后系统的初始化；CMSIS 文件夹包含 system_stm32f10x.c 和 core_cm3.c 两个文件，system_stm32f10x.c 中的函数在启动文件 startup_stm32f10x_hd.s 中会被调用来实现系统时钟的初始化，core_cm3.c 为 CM3 内核设备访问源文件；USER 文件夹用来存放所有的用户文件，这里建立了 3 个 C 语言源文件，分别为 main.c、led.c 和 system_init.c。

接着，在 system_init.c 文件中通过直接寄存器编程实现 RCC 复位操作函数 RCC_Reset 和系统时钟设置函数 SYSTEM_SetClock。RCC_Reset 函数实现 RCC 的复位设置，使系统 RCC 寄存器回到复位状态，这为实现新的时钟系统设置做好准备。通过函数 SYSTEM_SetClock 实现用户希望的时钟系统设置，这里将 HSE 时钟作为系统时钟，通过设置 PLL 锁相环的倍频系数使系统时钟 SYSCLK 工作在 72 MHz。system_init.c 文件的内容如下：

```
#include "system_init.h"
/*************************************************************************
* 函数：RCC_Reset
* 功能：复位 RCC 时钟系统
*************************************************************************/
static void RCC_Reset(void)
{
    //设置 HSION 位为 1/
    RCC->CR |= (uint32_t)0x00000001;
    //复位 SW、HPRE、PPRE1、PPRE2、ADCPRE 及 MCO 位
    RCC->CFGR &= (uint32_t)0xF0FF0000;
    //复位 HSEON、CSSON 和 PLLON 位
    RCC->CR &= (uint32_t)0xFEF6FFFF;
    //复位 HSEBYP 位
    RCC->CR &= (uint32_t)0xFFFBFFFF;
    //复位 PLLSRC、PLLXTPRE、PLLMUL、USBPRE/OTGFSPRE 位
    RCC->CFGR &= (uint32_t)0xFF80FFFF;
    //禁止所有中断并且清除所有挂起中断标志位
    RCC->CIR = 0x009F0000;
}
/*************************************************************************
* 函数：SYSTEM_SetClock
* 功能：将 HSE 时钟作为系统时钟，在外部晶振为 8 MHz 的情况下，通过设置 PLL 锁
*         相环的倍频系数使系统时钟 SYSCLK 在 32 MHz～72 MHz 之间
* 参数：freq 为设定的 SYSCLK 频率，该参数只能设置为 8 的倍数，从 4 倍到 9 倍；
```

```
*           返回值为 8 位无符号数，当返回 0xFF 时表示设置失败，时钟返回初始状态，
*           当返回 0x00 时表示初始化成功
*******************************************************************************/
u8 SYSTEM_SetClock(u8 freq)
{
   u32 rccCrHserdy = 0;
   u32 faultTime = 0, RCC_CFGR_PLL;

    //选择倍频系数
    switch(freq)
    {
        case(32):   RCC_CFGR_PLL = RCC_CFGR_PLLMULL4;   break;
        case(40):   RCC_CFGR_PLL = RCC_CFGR_PLLMULL5;   break;
        case(48):   RCC_CFGR_PLL = RCC_CFGR_PLLMULL6;   break;
        case(56):   RCC_CFGR_PLL = RCC_CFGR_PLLMULL7;   break;
        case(64):   RCC_CFGR_PLL = RCC_CFGR_PLLMULL8;   break;
        case(72):   RCC_CFGR_PLL = RCC_CFGR_PLLMULL9;   break;
        default:    return 0xFF;
    }

    //复位 RCC_CR 寄存器
    RCC_Reset();

    //开启外部时钟
    RCC->CR &= (~RCC_CR_HSEON);
    RCC->CR |= RCC_CR_HSEON;
    //检测外部时钟是否开启成功
    do{
         rccCrHserdy = RCC->CR & RCC_CR_HSERDY;
         faultTime++;
      }while ((faultTime<0x0FFFFFFF) && (rccCrHserdy==0));
    //如果外部时钟开启成功
    if ((RCC->CR & RCC_CR_HSERDY) != 0)
    {
        //使能预取缓冲器
        FLASH->ACR |= FLASH_ACR_PRFTBE;
        // Flash 读取插入 2 个等待周期
        FLASH->ACR &= (~(uint32_t)FLASH_ACR_LATENCY);
        FLASH->ACR |= (uint32_t) FLASH_ACR_LATENCY_2;
```

```
        /*AHB、APB2 预分频器不分频，即 HCLK=P2CLK=SYSCLK,
        APB1 预分频器 2 分频 P2CLK=HCLK/2*/
        RCC->CFGR&=(~(RCC_CFGR_HPRE|RCC_CFGR_PPRE1| RCC_CFGR_PPRE2));
        RCC->CFGR|=(RCC_CFGR_HPRE_DIV1|RCC_CFGR_PPRE1_DIV2\
                  RCC_CFGR_PPRE2_DIV1);

        //设置 HSE 为 PLL 输入时钟，HSE 不分频
        RCC->CFGR&=(~(uint32_t)(RCC_CFGR_PLLSRC | RCC_CFGR_PLLXTPRE ));
        RCC->CFGR |= (RCC_CFGR_PLLSRC);
        //设置 PLL 倍频系数为 9
        RCC->CFGR &= (~RCC_CFGR_PLLMULL);
        RCC->CFGR |= (RCC_CFGR_PLL);
        //使能 PLL 锁相环
        RCC->CR |= RCC_CR_PLLON;
        //等待 PLL 就绪
        while ((RCC->CR & RCC_CR_PLLRDY) == 0);
        //将 PLL 作为 SYSCLK 时钟来源
        RCC->CFGR &= (~RCC_CFGR_SW);
        RCC->CFGR |= RCC_CFGR_SW_PLL;
        //等待 PLL 作为 SYSCLK 时钟启动成功
        while((RCC->CFGR & RCC_CFGR_SWS)!= (uint32_t)RCC_CFGR_SWS_PLL);
        return 0;
    }
    //如果外部时钟开启失败
    else{
    RCC_Reset();
    return 0xFF;
  }
}
```

system_init.c 文件的头文件 system_init.h 用于 RCC_Reset 和 SYSTEM_SetClock 两个函数的声明。system_init.h 文件的内容如下：

```
#ifndef __SYSTEM_INIT_H
#define __SYSTEM_INIT_H
#include"stm32f10x.h"
static void RCC_Reset(void);
u8 SYSTEM_SetClock(u8 freq);
```

然后在 led.c 文件中实现 LED_GPIO_Config 和 LED_Set 两个函数。函数 LED_GPIO_Config 使能测试 GPIO 口的时钟，配置它们的工作模式；函数 LED_Set 实现

GPIO 口数据的输出。led.c 文件的内容如下：

```
#include "led.h"
/*------------------------------------------
 * 函数：LED_GPIO_Config
 * 功能：配置 LED 用到的 GPIO 口
 ------------------------------------------*/
void LED_GPIO_Config(void)
{
    //使能 GPIOC 的时钟
    RCC->APB2ENR |= 0x00000010;
    //设置 GPIOC 的 PC13 位为通用推挽输出模式
   GPIOC->CRH   |= 0x00300000;

    // GPIOC 的 PC13 初始化为 1，LED 熄灭
    GPIOC->ODR |= 0x2000;
}
/*-----------------------------------------------------------------------------------------
   函数：LED_Set
   功能：用于设置 PC13 位的状态，通过 BSRR 和 BRR 寄存器操作实现
-------------------------------------------------------------------------------------------*/
 void LED_Set(u16 stateValue)
{
     //设置 LED 灯的状态
     if(stateValue==0x01)   GPIOC->BSRR = 0x2000;
     if(stateValue==0x00)   GPIOC->BRR = 0x2000;
     //也可以通过 ODR 寄存器实现 GPIO 的状态设置
     //GPIOC->ODR &=  ~(0x0001<<13);
     //GPIOC->ODR |=  ~( stateValue <<13);
}
```

在 led.h 文件中声明 led.c 中定义的函数。led.h 文件的内容如下：

```
#ifndef __LED_H
#define __LED_H
#include "stm32f10x.h"
void LED_GPIO_Config(void);
void LED_Set(u16 stateValue);
#endif
```

最后，在 main.c 文件中实现 GPIO 的应用测试。首先，初始化系统时钟和 GPIO 口的工作模式，然后调用 led.c 中的 GPIO 口操作函数 LED_Set 实现 LED 闪烁测试。main.c 文

件的内容如下：

```
#include "stm32f10x.h"
#include "system_init.h"
#include "led.h"

/*------------------------------------
 * 函数：main
 * 功能：主函数
 *------------------------------------*/
int main(void)
{
    u32 i;
    //初始化系统时钟
    SYSTEM_SetClock(72);
    //使能 GPIOC 的时钟，配置其模式
    LED_GPIO_Config();
    // LED 闪烁控制
do{
      LED_Set(0x0000);                    //设置 PC13=0，LED 点亮
      for(i=0; i<0x000FFFFF; i++);        //延时
      LED_Set(0x0001);                    //设置 PC13=1，LED 熄灭
      for(i=0; i<0x000FFFFF; i++);        //延时
    }while(1);
}
```

5.4　实验开发环境

5.4.1　实验开发环境概述

实验开发环境是指进行 STM32F10xxx 系列处理器系统开发所具备的软硬件条件的总称。第 3 章介绍了软件开发环境的基本内容，这是整个实验开发环境的重要内容。除了软件开发环境外，硬件开发环境也非常重要。所谓硬件环境，是指在进行实验开发时具备的硬件条件，包括采用的实验开发板、仿真调试设备、程序下载设备等，这些为实验开发提供了硬件支持，用来最终验证设计的正确性。与这些设备使用相关的仿真调试软件及下载软件等，也属于实验开发环境的范畴。

构建实验开发环境对于学习和掌握 ARM Cortex-M3 处理器非常重要。要真正掌握嵌入式处理器的相关技术，最终的落脚点必定是应用，这里的实验环境就是应用实战的战场。

随着技术的不断发展，用于开发的软硬件技术也不断地变化，搭建适合的、可以进行有效开发的环境是环境建设的目标。

对于软件开发环境，在前面章节重点介绍了 Keil MDK 集成开发环境的两个版本，分别是 Keil μVision 4 和 Keil μVision 5，这两个版本的操作界面区别不大，使用方法差异也不是很大，但是两个版本支持的仿真调试工具及其性能不同，也就是说，采用的软件环境不同，匹配的硬件也要做相应改变。对于硬件开发环境，主要是选择合适的实验开发板(目标板)、仿真调试设备及程序下载设备等。

5.4.2　实验开发板的选择

在学习的过程中，可以选用市场上各种实验开发板作为硬件基础平台使用。在选择这些实验开发板的时候应该结合实际情况合理地选择，而不应该盲目地追求高大上。在实际教学过程中一些学生花费了很高的价格购置了功能齐全的实验开发板，但是使用效果并不理想，他们可能会因难以掌握复杂的功能而产生挫败感，甚至对学习失去兴趣。当然，具有较好基础的学生为进行实际工程开发而选择了性能优越、支持全面的实验开发板是无可厚非的。

下面介绍几类市场上常见的实验开发板。

图 5-17 所示为常见的 48 脚 LQFP 封装的 STM32F103C8T6 实验开发板。这类实验开发板结构简单，板子上除了主处理器之外，还包括电源稳压模块、晶振电路、复位电路、I/O 接口、电源接口、通信接口及调试接口等。这类实验开发板是非常适合初学者使用的。几乎所有的 I/O 引脚都通过接口接插件引出，非常适合进行扩展，可通过这些 I/O 扩展引脚连接各种设备。

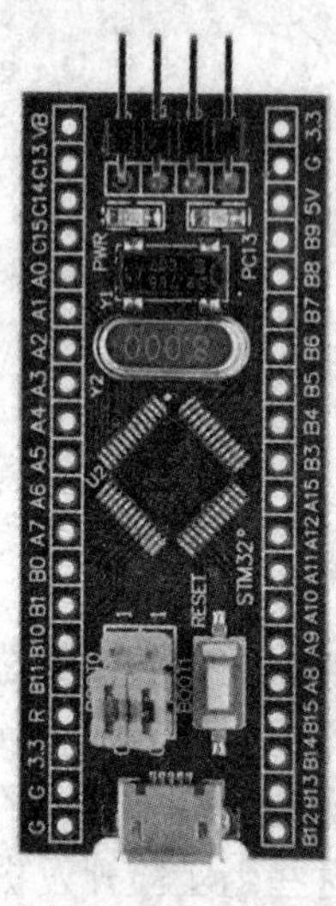

(a) 支持 SW 接口的实验开发板

(b) 支持 JTAG 接口的实验开发板 1

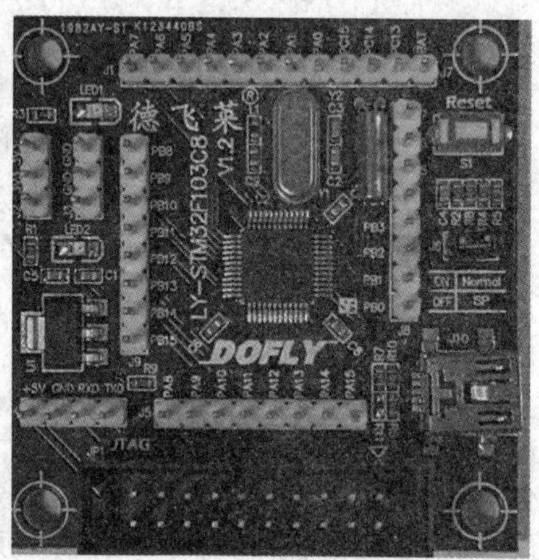

(c) 支持 JTAG 接口的实验开发板 2

图 5-17　STM32F103C8T6(48 脚 LQFP 封装)实验开发板

图 5-18 所示为 64 脚 LQFP 封装的 STM32F103 RB/CT6 实验开发板。这类实验开发板

除主处理器芯片外的基本系统支持电路与 48 脚的板子相似，64 脚的芯片通常内部资源会更多，主处理器的引脚更多，可以连接的外部设备也会更丰富。如图 5-18(b)所示，通过实验开发板预留的接口可以方便地连接小的 OLED 显示模块，这在需要简单信息输出的场合应用非常方便。这类实验开发板性价比非常高，与主处理器 48 脚封装的实验开发板类似，适合在学习嵌入式处理器的基础知识时使用。

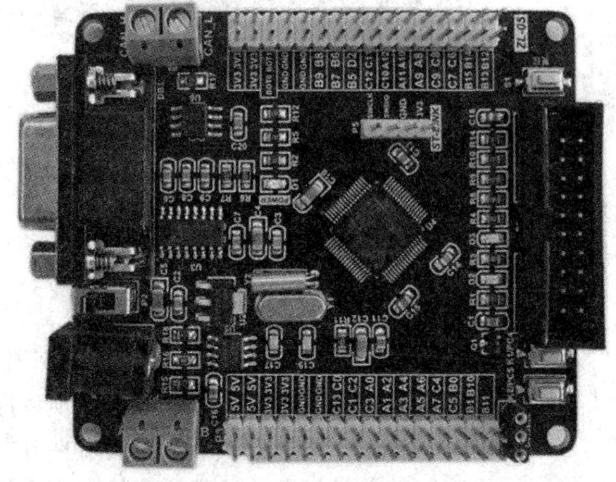

(a) STM32F103RBT6 实验开发板

(b) STM32F103RCT6 实验开发板

图 5-18 STM32F103RB/CT6(64 脚 LQFP 封装)实验开发板

图 5-19 所示为 144 脚 LQFP 封装的 STM32F103ZET6 实验开发板。这类实验开发板可扩展的 I/O 引脚丰富，可支持通过 FSMC 接口扩展 SRAM、NOR Flash 等存储器及总线设备，具有较充足的 I/O 资源，可接彩色液晶显示器等设备，常常作为控制系统的核心板使用。

(a) STM32F103ZET6 实验开发板 1

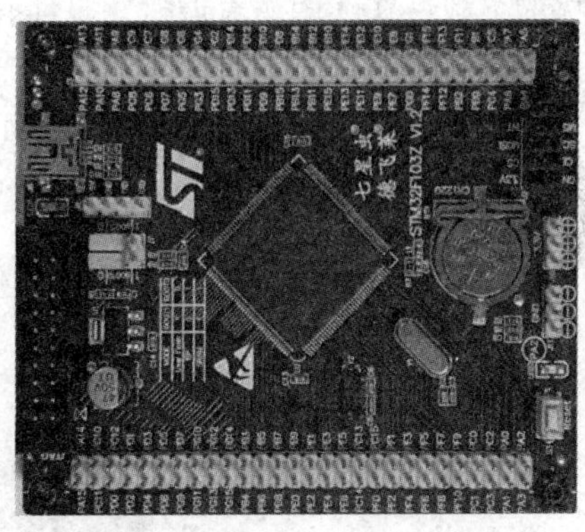

(b) STM32F103ZET6 实验开发板 2

图 5-19 STM32F103ZET6(144 脚 LQFP 封装)实验开发板

图 5-20 所示为 144 脚 LQFP 封装的具有 LCD 显示器的 STM32F103ZET6 实验开发板。这类实验开发板的资源配置丰富，可为较复杂的嵌入式系统开发提供支持，相应地，购置成本也会较高，建议在学习嵌入式处理器的提高阶段使用。

(a) 具有 LCD 显示器的实验开发板 1

(b) 具有 LCD 显示器的实验开发板 2

图 5-20　具有 LCD 显示器的 STM32F103ZET6(144 脚 LQFP 封装)实验开发板

5.4.3　仿真调试设备的选择

针对 ARM Cortex-M3 内核处理器开发的仿真调试设备较多，典型的如 ULINK 仿真器、J-LINK 仿真器、ST-LINK 仿真器及 DAP-LINK 仿真器等。仿真器的主要功能是实现程序下载和在线仿真。在嵌入式程序的开发过程中，采用微型计算机(宿主机)搭建的软件开发平台进行程序开发，程序最终必须在目标板上进行实际的测试运行，这就需要将在宿主机上所开发程序的目标代码固化到目标板的程序存储器中，这个过程就是目标板程序代码的下载或固化。仿真器首先要实现的一项基本功能就是将在宿主机上生成的目标代码固化到目标板的程序存储器中；其次，在宿主机上运行仿真软件，仿真软件通过仿真器这个中间桥梁与目标板之间通信，实现在宿主机上查看及控制目标板上嵌入式处理器程序运行情况的目的，从而判断目标板程序是否能够实现需要的功能，是否满足设计的要求。

Keil MDK 集成开发环境中包含仿真功能模块，可通过该模块配合合适的仿真器实现程序的下载及在线的仿真调试。下面介绍几种具体的仿真调试设备。

1. J-LINK 仿真器

J-LINK 仿真器是 SEGGER 公司为支持仿真 ARM 内核芯片推出的 JTAG 仿真器，支持 IAR EWARM、Keil 等集成开发环境，可与 IAR、Keil 等编译环境无缝连接，支持所有 ARM7/ARM9/ARM11、Cortex M0/M1/M3/M4、Cortex A8/A9 等内核芯片的仿真，连接稳定，操作方便，简单易学，是学习开发 ARM 最常用的开发工具之一。图 5-21 所示为 J-LINK 仿真器。

图 5-21　J-LINK 仿真器

J-LINK 仿真器包括 J-Link Plus、J-Link Ultra、J-Link Pro 及 J-Trace 等几种不同的版本，性能及所支持的集成开发环境有差异，在使用时要注意。

J-LINK 仿真器与计算机之间通过 USB 接口相连，与目标板之间通过 20 根排线相连。J-LINK 仿真器支持标准的 JTAG 接口模式和 SWD 接口模式，这两种接口情况下的仿真器与目标板之间的连接头的信号定义不同，如图 5-22 所示。

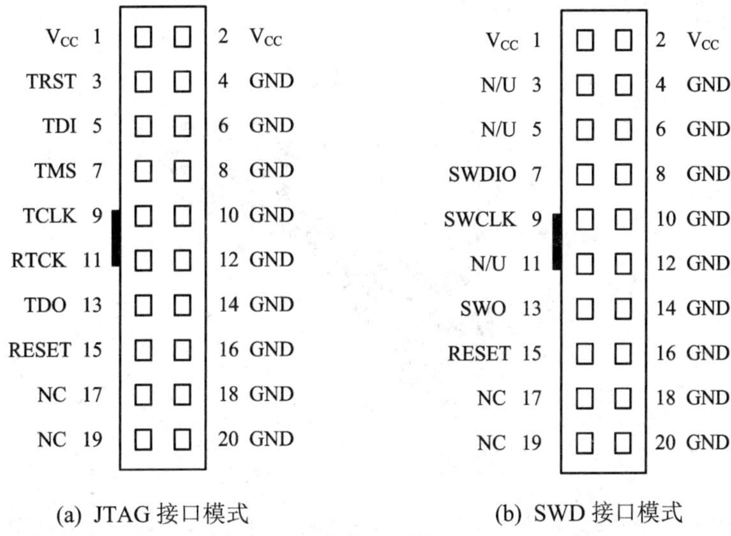

图 5-22 J-LINK 仿真器与目标板之间的接口信号

在前面介绍的实验开发板中，凡是具有 20 针 IDC 插座的 JTAG 接口的板子都支持使用 J-LINK 仿真器进行程序的下载及仿真调试。图 5-23 所示为采用 JTAG 接口的目标板上 JTAG 接口信号与主处理器之间的连接关系。不同的主处理器的 JTAG 接口信号对应的引脚的序号不同，但对应引脚的名称相同。

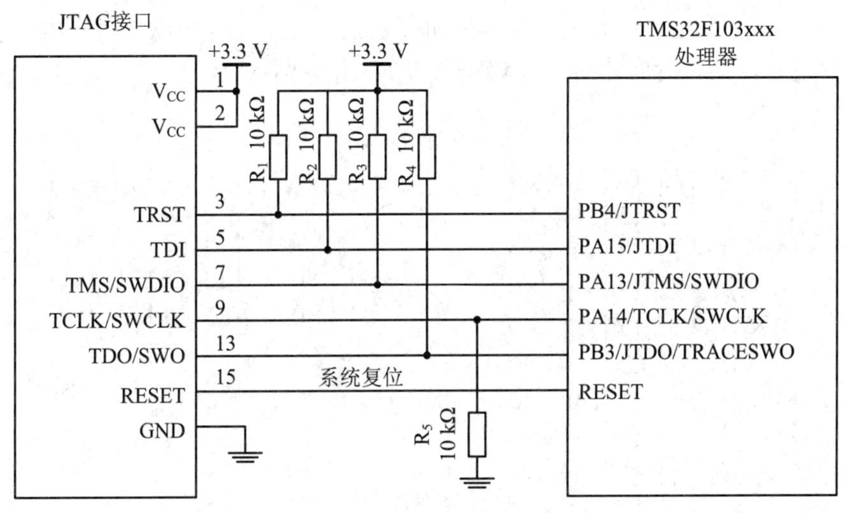

图 5-23 目标板上的 JTAG 接口

2. ULINK 系列仿真器

ULINK 系列仿真器是由 ARM 公司推出的仿真器，主要包含 ULINK、ULINK-ME、ULINK2 及 ULINKPRO 等几个版本。ULINK 已经趋于淘汰，现在使用较多的是 ULINK2，ULINKPRO 性能最好，但价格最贵。ULINK2 仿真器也称 Keil ULINK2、ARM ULINK2 仿真器等，配合 Keil MDK 可对 ARM 处理器进行开发，支持 ARM7、ARM9 及 Cortex-M 系列。图 5-24 所示为 ULINK2 仿真器。

图 5-24　ULINK2 仿真器

Keil ULINK2 仿真器与上位机 PC 通过 USB 接口相连，在进行 ARM 处理器仿真时，与目标板通过 JTAG 接口或 SWD 接口相连，与目标板之间的连接器可采用标准的 20 针 JTAG 连接器，也可以采用 10 针的 Cortex 连接器，可实现程序的下载和在线的仿真调试。图 5-25 所示为 ULINK2 仿真器在 JTAG 接口模式下的连接器的信号定义。图 5-26 所示为 ULINK2 仿真器在 SW 接口模式下的连接器的信号定义。

在 JTAG 接口模式下操作频率可达 10 MHz。SW 接口模式支持串行调试 SWD 和串行查看器 SWV 两种模式。在 SWD 模式下，仅需使用 SWDIO 和 SWCLK 两根信号线；在 SWV 模式下，对于 Cortex-M 系列处理器可通过 Cortex-M 串行查看器查看数据和进行时间跟踪，速度达 1 Mb/s，此时相对于 SWD 模式需要用到 SWO 信号。

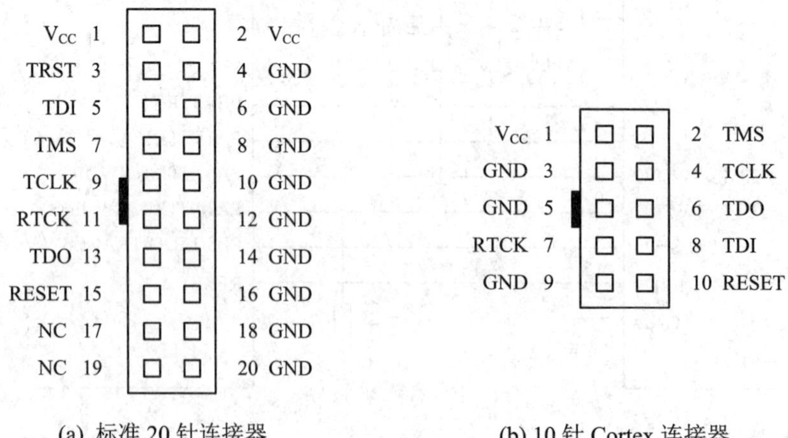

(a) 标准 20 针连接器　　(b) 10 针 Cortex 连接器

图 5-25　ULINK2 仿真器在 JTAG 接口模式下的连接器的信号定义

信号	引脚	引脚	信号
V_{CC}	1	2	VCC
N/U	3	4	GND
N/U	5	6	GND
SWDIO	7	8	GND
SWCLK	9	10	GND
N/U	11	12	GND
SWO	13	14	GND
RESET	15	16	GND
NC	17	18	GND
NC	19	20	GND

(a) 标准 20 针连接器

信号	引脚	引脚	信号
V_{CC}	1	2	SWDIO
GND	3	4	SWCLK
GND	5	6	SWO
N/U	7	8	N/U
GND	9	10	RESET

(b) 10 针 Cortex 连接器

图 5-26　ULINK2 仿真器在 SW 接口模式下的连接器的信号定义

3. ST-LINK 仿真器

ST-LINK 仿真器是 ST 公司推出的用于 STM32 系列 ARM 处理器开发的仿真器，它有两个典型的版本，即 ST-LINK 和 ST-LINK v2，目前主要以 ST-LINK v2 为主。图 5-27 所示为 ST-LINK 仿真器。

(a) 标准版 ST-LINK 仿真器

(b) 简化版 ST-LINK 仿真器

图 5-27　ST-LINK 仿真器

ST-LINK 仿真器通过 USB 接口与计算机相连，与目标板的连接有 JTAG 接口模式和 SW 接口模式两种。图 5-27(a)所示的标准版 ST-LINK 仿真器提供 20 针的 JTAG 连接器接口和 4 针的 SW 接口；图 5-27(b)所示的简化版 ST-LINK 仿真器只提供 SW 接口。简化版 ST-LINK v2 仿真器外形如同 U 盘，体积小巧，使用方便，价格低廉，非常适合作为学习 Cortex-M3 系列处理器的仿真器使用。其实，要构建学习 STM32 的实验开发环境，一台计算机、一块小的实验开发板，再加上一个小小的仿真器，就能基本满足要求。

图 5-28 所示为简化版 ST-LINK v2 仿真器与目标板之间的接口信号。

信号	引脚	引脚	信号
RST	1	2	SWCLK
SWIM	3	4	SWDIO
GND	5	6	GND
3.3V	7	8	3.3V
5.0V	9	10	5.0V

图 5-28　简化版 ST-LINK 仿真器与目标板之间的接口信号

在目标板上预留一个 4 针的 SW 接口，使用 ST-LINK v2 仿真器可以非常方便地实现连接。图 5-29 所示为目标板上预留的 SW 接口。

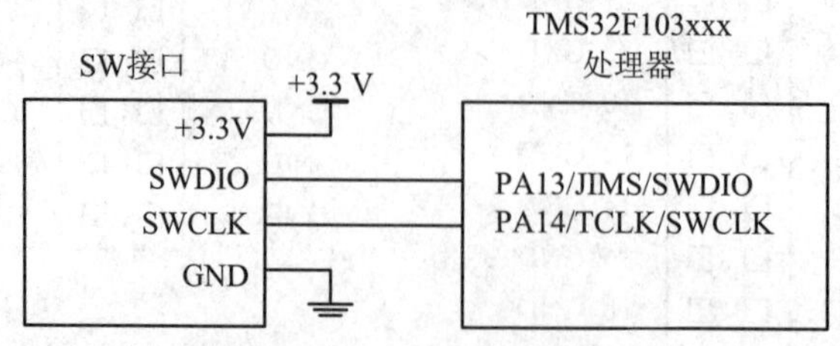

图 5-29　目标板上预留的 SW 接口

使用连接线将 ST-LINK v2 仿真器接口的 7(或 8)脚、4 脚、2 脚和 5(或 6)脚分别对应连接目标板 SW 接口的 +3.3 V、SWDIO、SWCLK 和 GND 引脚，即可搭建一个基本的仿真调试硬件环境。图 5-30 所示为 ST-LINK v2 仿真器与小实验开发板的连接图。

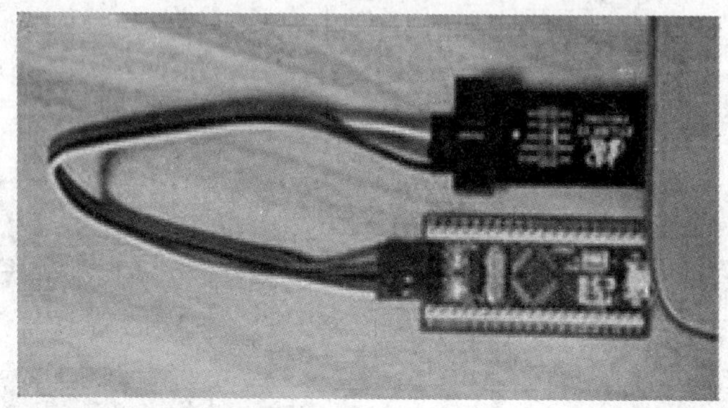

图 5-30　ST-LINK v2 仿真器与小实验开发板的连接图

上面介绍的这三种仿真调试设备实际使用较多，除此之外还有其他仿真调试设备，这里不再赘述。

5.5　用仿真器实现程序下载

在计算机上开发的嵌入式系统程序要验证其功能的正确性需要将生成的可执行代码下载到目标板的程序存储器，并通过加电运行测试其功能的正确与否，其中可执行程序的下载是实现程序调试的基础。在 Keil MDK 集成开发环境下，可通过配置好的仿真器实现目标板的编程，也可以通过 Keil 之外的第三方编程软件实现目标板的编程。

5.5.1　J-LINK 仿真器的配置

在 Keil MDK 集成开发环境下为各种仿真调试设备提供了无缝的对接，当需要使用某种仿真器时，必须先安装该仿真调试设备的驱动程序。驱动程序安装成功后，打开 Keil µVision 集成开发环境进行必要的配置后即可使用仿真器进行程序下载。

下面介绍 J-LINK 仿真器在 Keil µVision 集成开发环境下的配置过程。

首先，将 J-LINK 仿真器连接到计算机的 USB 接口上，系统提示驱动程序已经正常安装。接着，选择前面已经建立的 GPIO 工程，打开 Keil μVision 集成开发环境，单击菜单命令“Project\Options for Target”，或者单击 Build 工具栏的“Target Options”快捷按钮，打开工程选项配置窗口，选择 Debug 选项卡。如图 5-31 所示，Debug 选项卡设置界面分为左、右两部分，左侧用于软件仿真设置，右侧用于硬件仿真设置。

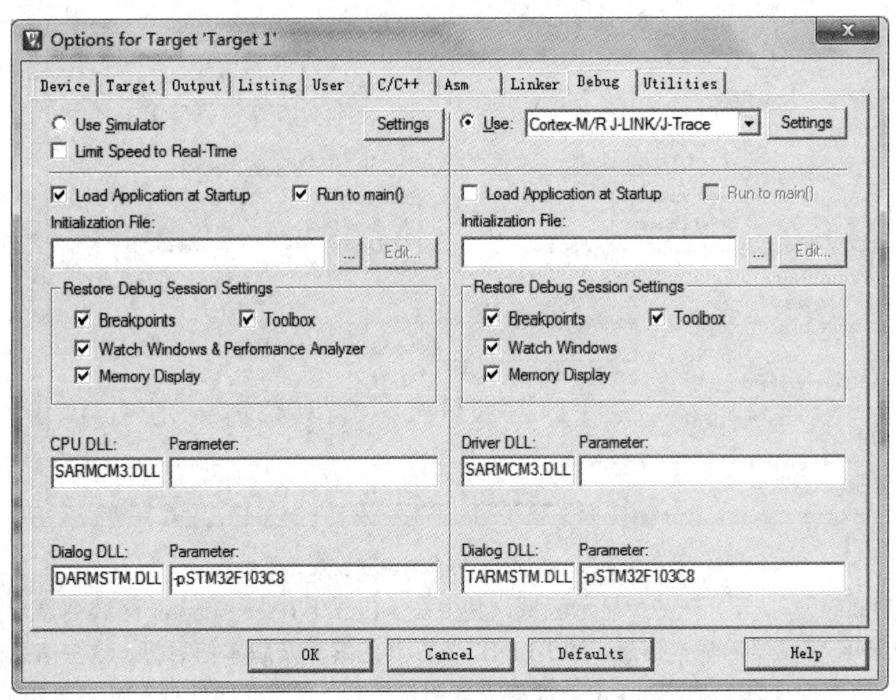

图 5-31　工程配置窗口的 Debug 选项卡

单击选中 Debug 选项卡界面右侧的 Use 选项，表示使用硬件仿真器。在 Use 选项的右侧单击下拉列表，可以选择要使用的硬件仿真器。如图 5-32 所示，从下拉列表中选择“Cortex-M/R J-LINK/J-Trace”项，即选择使用 J-LINK 仿真器。

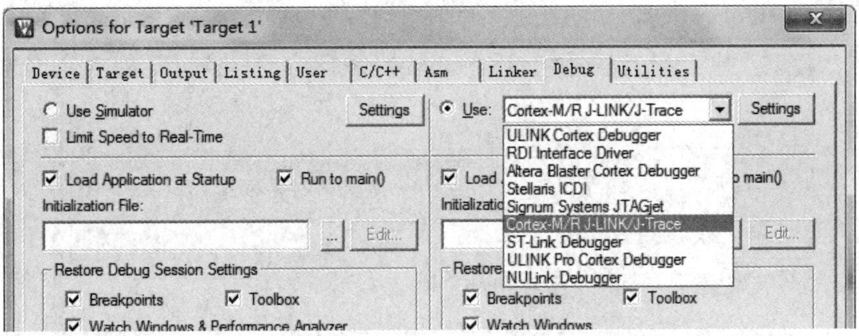

图 5-32　选择使用的仿真器

接下来对选择的 J-LINK 仿真器进行配置。单击仿真器选项右侧的“Settings”按钮，打开仿真器驱动设置界面，如图 5-33 所示。该设置界面共有 3 个选项卡，分别为 Debug、Trace 和 Flash Download。

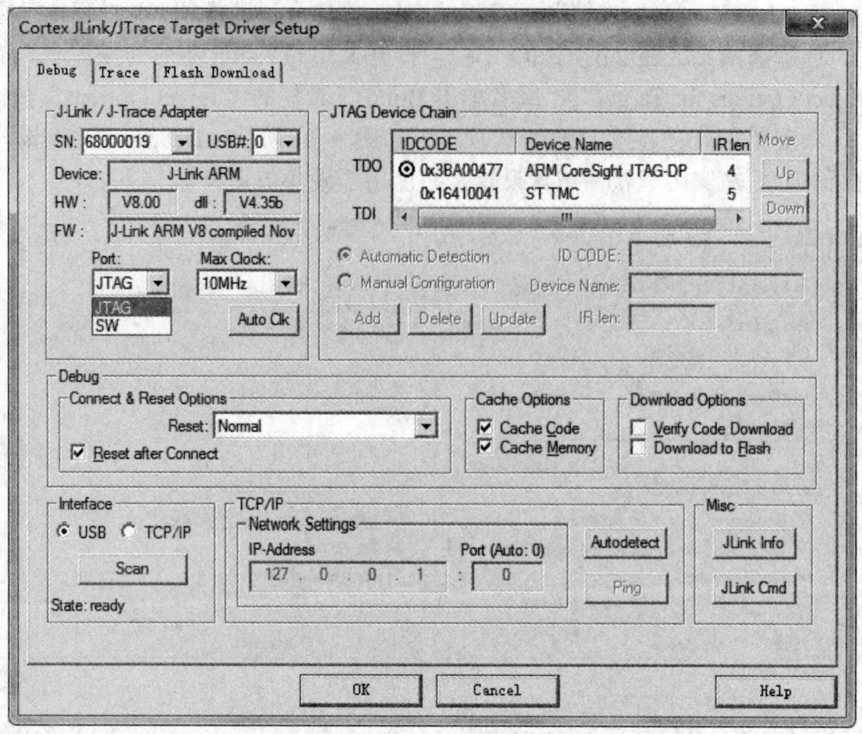

图 5-33　J-LINK 仿真器驱动设置界面

在 Debug 选项卡下有多个显示区域，其中在 J-Link/J-Trace Adapter 区域会显示当前连接的 J-LINK 仿真器的基本信息，如 J-LINK 仿真器的编号及版本信息等，这些信息是自动获取的。这里要注意的是，Port 下拉菜单需要用户选择，可选 JTAG 或 SW 两者中的一种。当选择 JTAG 接口时，表示仿真器与目标板之间通过 JTAG 接口连接，此时在 J-Link/J-Trace Adapter 区域右侧的 JTAG Device Chain 区域会显示仿真器通过 JTAG-DP 接口进行调试，如图 5-33 所示；当选择 SW 接口时，表示仿真器与目标板之间通过串口连接，此时，在 J-Link/J-Trace Adapter 区域右侧的 SW Device 区域显示仿真器通过 SW-DP 接口进行调试，如图 5-34 所示。

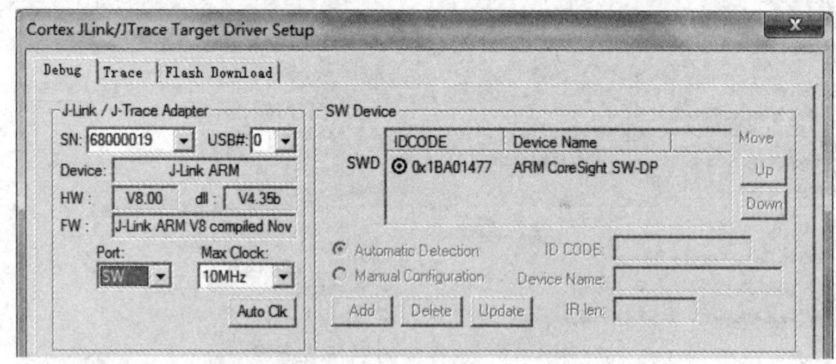

图 5-34　J-LINK 仿真器选择 SW 接口

在 Debug 区域勾选“Reset after Connect”复选框，当 J-LINK 仿真器连接正常时，Reset 栏中显示为“Nomal”；Interface 区域自动选中“USB”是因为 J-LINK 仿真器与计算机是通过 USB 接口相连的。除此之外，Debug 选项卡的时钟操作频率也可设置，其他信息保持默认状态即可。

Debug 选项卡设置完成后，单击 Trace 选项卡，该选项卡根据 Debug 选项卡下仿真接口设置的不同而不同。如果选择 JTAG 接口，则 Trace 选项卡不可设置，这是由于 JTAG 接口不支持跟踪，如图 5-35 所示。如果选择 SW 接口，则 SW-DP 调试接口支持跟踪调试，此时可根据需要设置相关的选项，如图 5-36 所示。

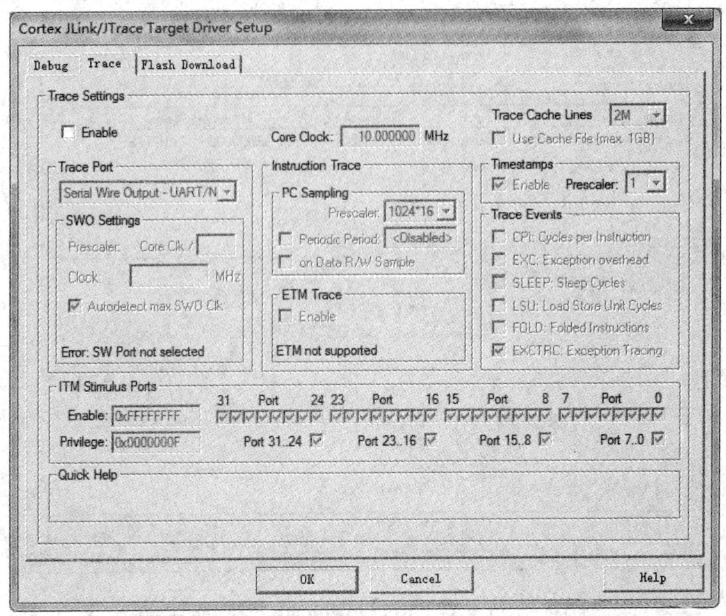

图 5-35　JTAG 调试时 Trace 选项卡的设置

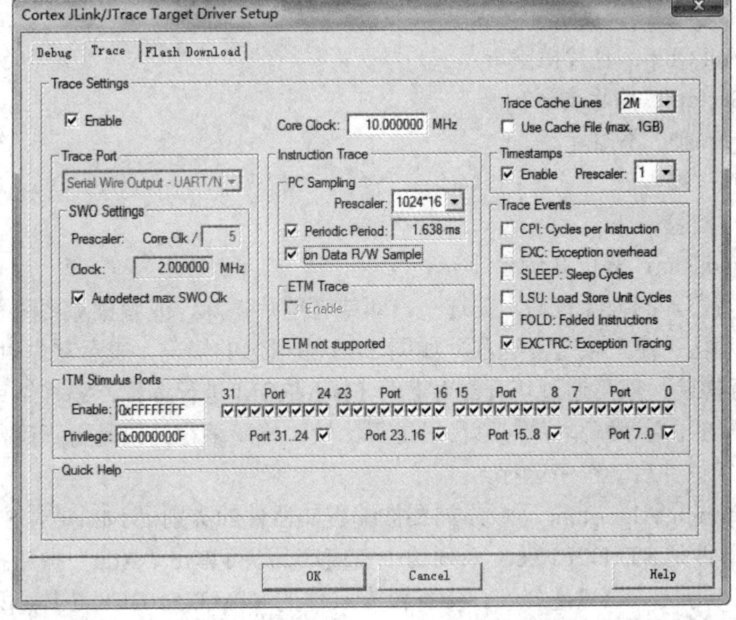

图 5-36　SW 调试时 Trace 选项卡的设置

仿真驱动设置的最后一个选项卡是 Flash Download 选项卡。单击进入该选项卡，界面如图 5-37 所示。在该界面包含 3 个区域，分别是 Download Function、Programming Algorithm 和 RAM for Algorithm。

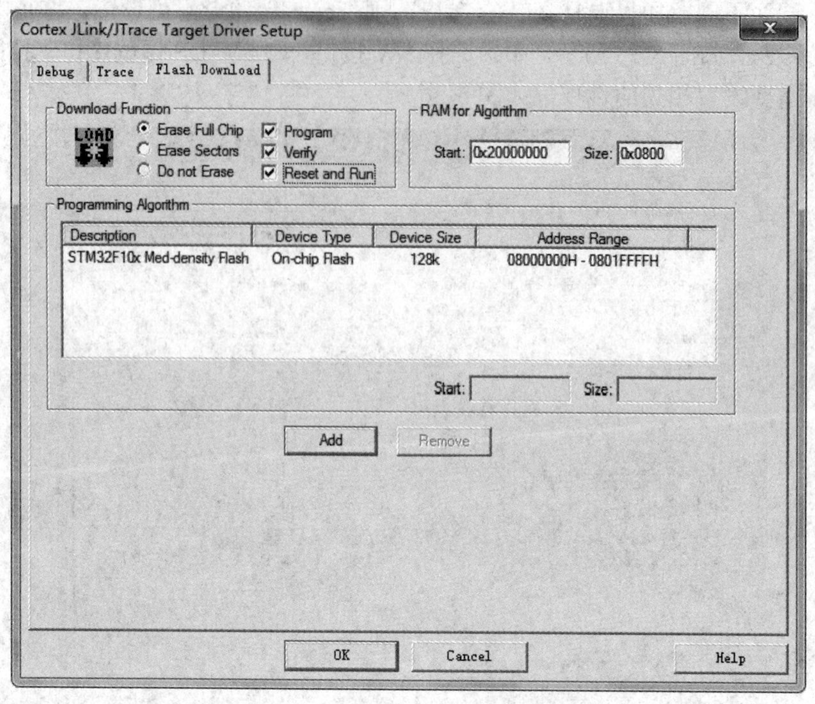

图 5-37　仿真器 Flash Download 选项卡的设置

在 Download Function 区域设置如何擦除和编程芯片的 Flash ROM 区域，具体各项的含义如下：

- Erase Full Chip：整片擦除。
- Erase Sectors：擦除扇区。
- Do not Erase：不擦除。
- Program：编程。
- Verify：校验。
- Reset and Run：复位并运行。

前三项用于设置芯片的擦除策略，三选一，即或者整片擦除，或者擦除要编程的扇区，或者不擦除任何扇区；后三项是复选项，如图 5-37 中所选的情况，表示首先对整片的 Flash ROM 空间进行擦除，然后通过仿真器对芯片 Flash ROM 进行编程，编程结束后，由仿真器将写入 Flash 的内容读出，并与原代码进行比较，检验编程结果是否正确，最后，由仿真器控制芯片复位并启动程序运行。

在 Programming Algorithm 区域添加要被编程的器件的类别。例如，要对 STM32F103C8 进行编程，该器件是 STM32F10xxx 系列的中密度产品，可单击“Add”按钮打开器件选择窗口，如图 5-38 所示，器件选择窗口中并没有具体的 STM32F103C8 芯片，只能选择该器件所属的中密度产品系列，然后单击“Add”按钮添加，添加后如图 5-37 所示。添加到编程算法列表中的器件可以删除，删除的方法是：单击要删除的器件条目，“Programming Algorithm”区域下面的“Remove”按钮变为有效，单击该按钮即可删除当前选中的器件。

RAM for Algorithm 区域的设置与 Flash ROM 的编程无关，保持默认设置即可。

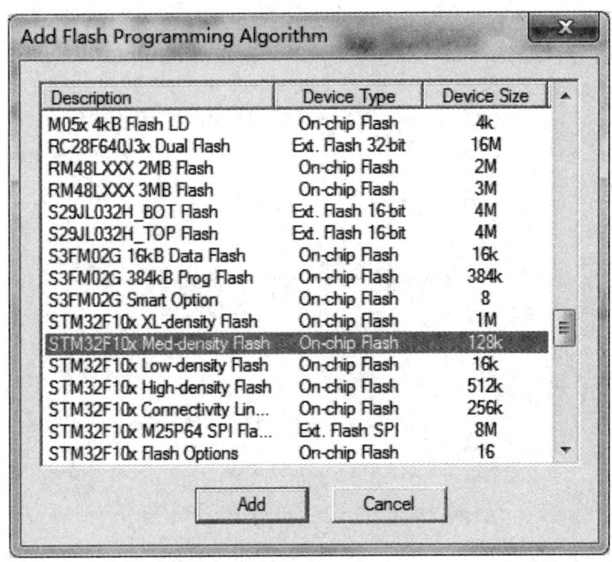

图 5-38　添加编程器件

仿真驱动设置结束后，单击“OK”按钮完成设置并退回工程选项配置窗口，如图 5-39 所示。

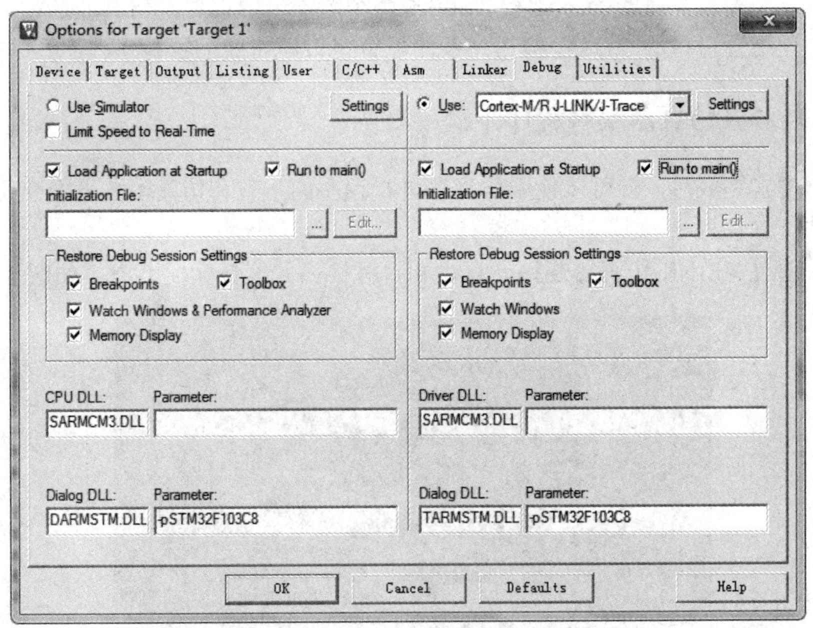

图 5-39　Debug 选项卡设置后的结果

工程选项配置窗口中与仿真器应用相关的选项卡为 Utilities，单击该选项卡，打开如图 5-40 所示的设置界面。Configure Flash Menu Command 区域用于设置 Flash 编程命令，默认情况下“Use Target Driver for Flash Programming”被选中，所使用的仿真器就是在 Debug 选项下设置的仿真器；“Use External Tool for Flash Programming”用于设置使用外部的编程工具，通常用不到此项设置。

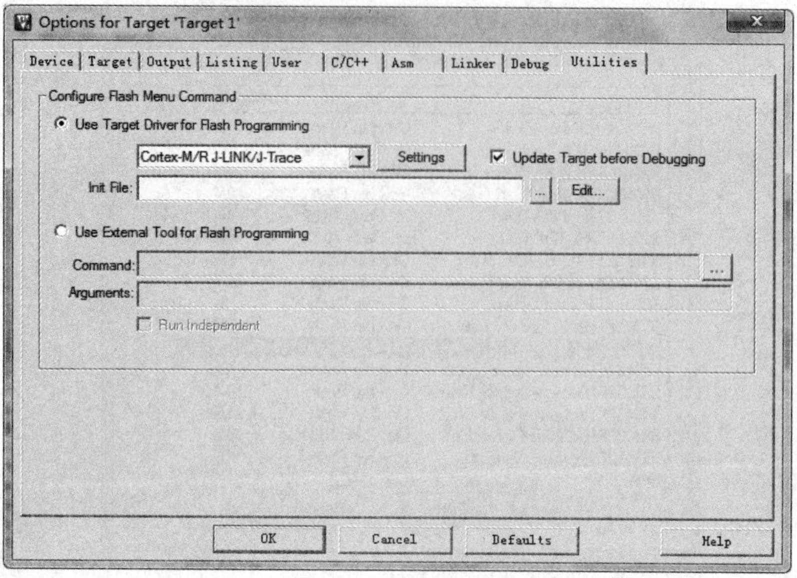

图 5-40　Utilities 选项卡

在图 5-40 中单击“Settings”按钮也可以打开仿真器驱动设置窗口，如图 5-33 所示，设置过程与前述内容相同。

在工程选项配置窗口的 Debug 和 Utilities 两个选项卡中设置好仿真器的相关参数后，单击工程选项配置窗口的“OK”按钮，关闭配置窗口，完成配置。

5.5.2　用J-LINK仿真器实现程序下载

仿真器配置完成后，就可以使用仿真器进行程序的下载和仿真了。下面介绍进行程序下载的方法。

首先，通过 J-LINK 仿真器连接计算机和目标板，并给目标板上电，如图 5-41 所示。

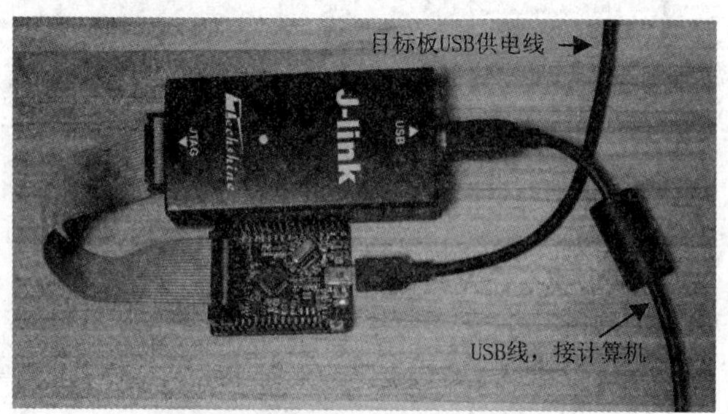

图 5-41　J-LINK 仿真器与目标板的连接

其次，保证所建立的工程顺利通过编译、链接，生成可执行的目标代码。以本章所介绍的 GPIO 工程为例，工程编译、链接通过后，如图 5-42 所示，单击“Flash\Download”命令，或者单击 Build 工具栏的“Download”快捷按钮，执行程序下载操作。

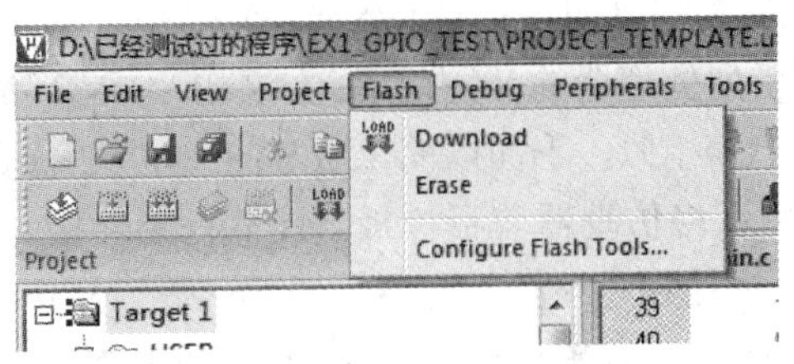

(a)　通过菜单命令执行程序下载操作

(b)　通过快捷按钮执行程序下载操作

图 5-42　执行程序下载操作命令

程序下载启动后，仿真器按照前面配置的要求，先对目标板芯片中的 Flash ROM 进行擦除，随后将计算机上生成的可执行代码写入目标板的 Flash ROM 中，写入完成后，仿真器还会把目标板芯片中的 Flash ROM 的内容重新读出，并与源代码进行对比，验证写入代码的正确性。这样的编程过程实际上就是在 Keil 软件的控制下，通过仿真器实现计算机与目标板上的调试接口之间的通信，从而实现 Flash ROM 的擦除、编程及校验。

程序下载过程中，Keil μVision 界面会有下载的进程显示(这个过程很快，程序代码较少时就是一闪而过)。程序下载结束信息输出窗口会显示相应的记录信息，如图 5-43 所示。J-LINK 仿真器支持 JTAG 和 SW 两种接口模式，设置不同的接口模式，下载时的时钟操作频率会不同，通常 JTAG 接口模式下的下载速度会更快。

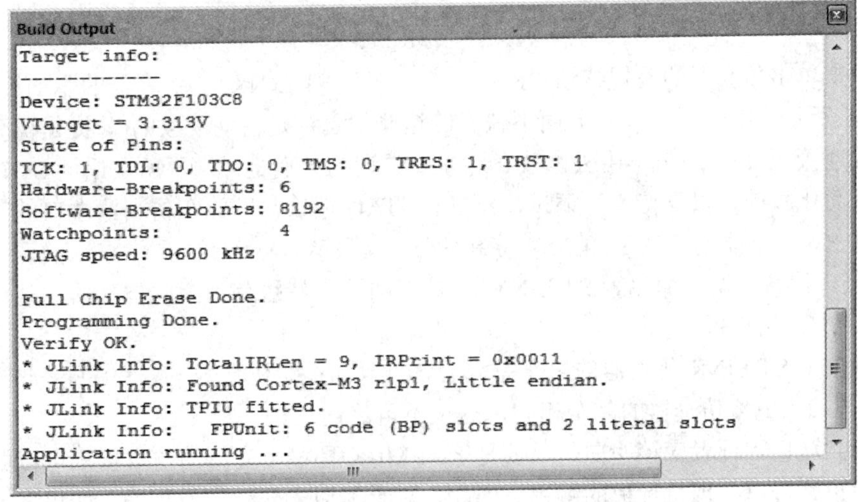

图 5-43　程序下载结束信息输出窗口显示的信息

5.5.3　ST-LINK v2仿真器的应用

ST-LINK 仿真器是 ST 公司针对 STM32 系列开发的仿真器，性价比较高，非常适合初学者学习 STM32F10xxx 系列处理器的开发使用。在 Keil MDK 环境下配置 ST-LINK 仿真器的过程与 J-LINK 仿真器十分相似，下面以简化版 ST-LINK v2 仿真器为例说明其配置过程。

首先，按照图 5-30 所示将仿真器与目标板、计算机相连接。注意：仿真器与目标板之间的接线要严格对应，不能接错。

然后，运行 Keil MDK，打开前面建立的 GPIO 工程，打开工程选项配置窗口，单击选择 Debug 选项卡，在该界面的右侧选择 Use 选项，单击 Use 右侧的仿真器下拉按钮，从中选择“ST-Link Debugger”仿真器，如图 5-44 所示。

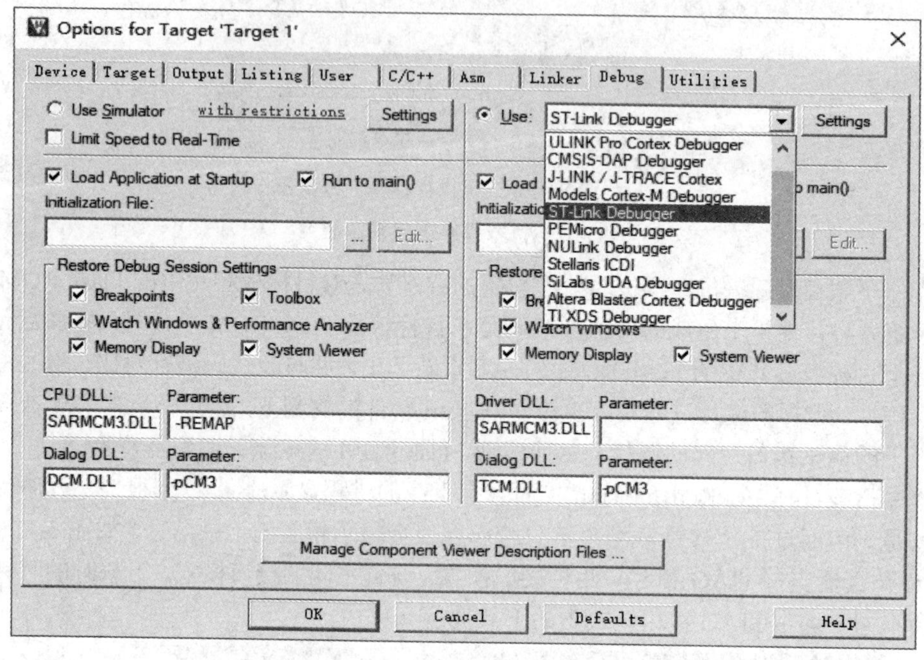

图 5-44　ST-LINK 仿真器配置

接下来单击仿真器的设置按钮“Settings”，打开 ST-LINK v2 仿真器的驱动设置界面，如图 5-45 所示。Debug 选项卡界面下缺省的这些信息都是自动获取的(前提是仿真器安装了驱动并连接正常)，用户不用去修改。这里要强调的一点是：由于所采用的 ST-LINK v2 仿真器是简化版的，仅支持 SW 调试，不支持 JTAG 调试，因此在仿真器端口的下拉选项中只能选 SW，不能选 JTAG。在 SW 接口模式下，SW Device 区域中显示的调试设备为 SW-DP 接口设备。由于简化版 ST-LINK v2 仿真器不支持跟踪，因此仿真器驱动设置中的 Trace 选项卡不用设置。

配置整个 ST-LINK 仿真器的工作完成后就可以通过该仿真器下载程序了，此时下载程序的方法与 J-LINK 仿真器的完全相同，这里不再赘述。

介绍到这里，读者应该明白，只要是 Keil MDK 环境下支持的仿真器都可以配置，配置完成后也都可以实现目标板的编程。因此，对于其他未介绍的仿真器，如果在实际中用到，也可以基本上遵从同样的方法进行配置和使用。

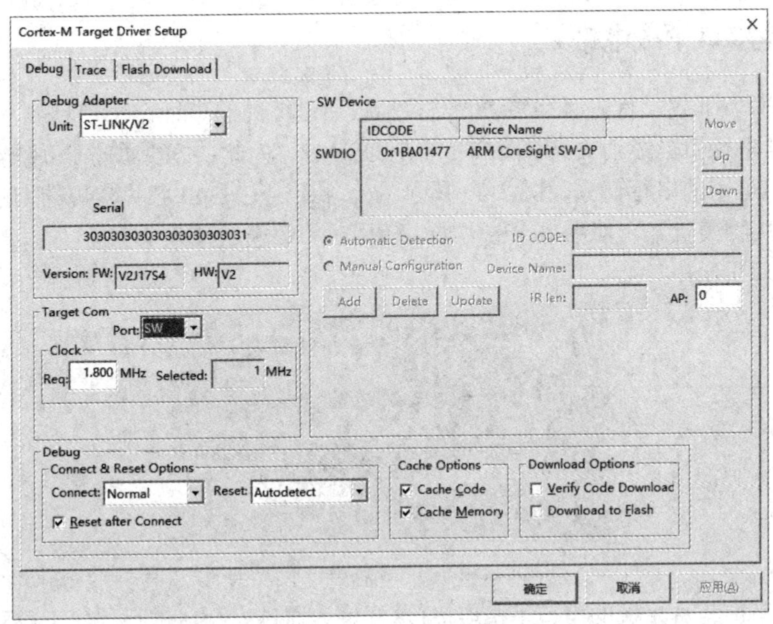

图 5-45　ST-LINK v2 仿真器驱动设置 1

最后，配置仿真器的 Flash Download 选项卡，如图 5-46 所示。它与前面介绍的 J-LINK 仿真器的 Flash Download 配置方法完全相同，这里不再赘述。

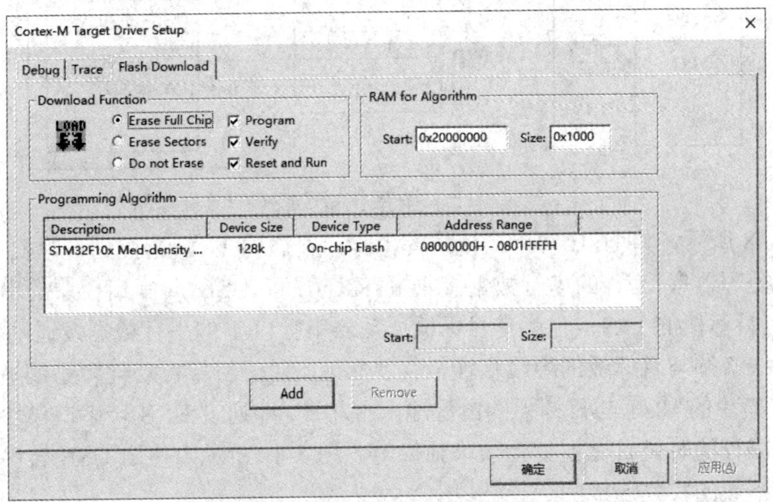

图 5-46　ST-LINK v2 仿真器驱动设置 2

5.6　其他程序的下载方法

对于 STM32F10xxx 系列处理器，为方便程序的下载，每个芯片内置有一段系统程序，可通过设置启动模式进入系统程序，处理器通过串口 1 与外部 PC 通信，执行系统程序，接收 PC 的命令及数据，实现对处理器 Flash ROM 空间的编程。下面介绍实现串口程序下载的基本方法。

5.6.1　搭建串口下载电路

要实现串口下载，首先必须将 PC 与目标板通过彼此的串行口连接起来，但是现在的 PC 上的标准串行口已经消失，取而代之的是 USB 口，为此，必须通过 USB 转串口模块在 PC 上虚拟出可用的串行口来。图 5-47 所示为一种通过 CH340 芯片实现的 USB 转串口模块。这种模块物美价廉，使用也十分方便，使用时将该模块插入 PC 的 USB 口，即可从模块的虚拟串口引出串行接口信号。

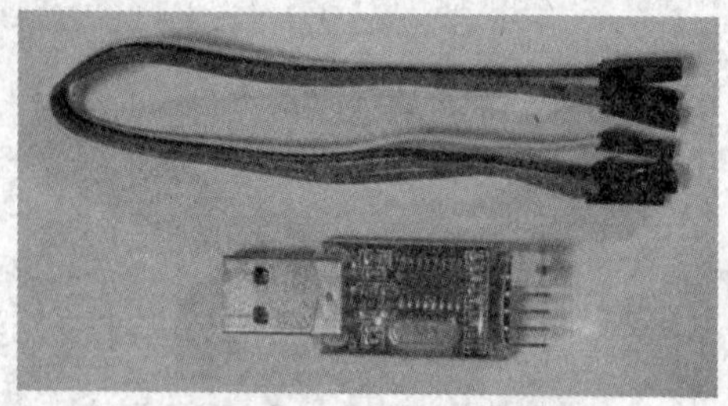

图 5-47　USB 转串口模块

将虚拟串口与目标板的串口 1 相连接，这样就为通过串行口进行程序下载建立了通道。图 5-48 所示为通过串行口进行程序下载的硬件连接电路图。

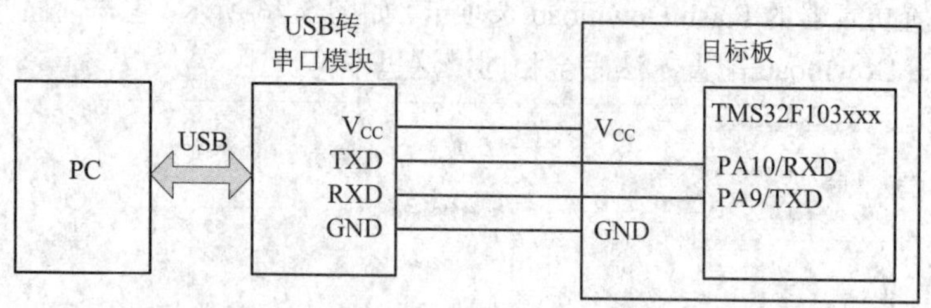

图 5-48　通过串行口进行程序下载的硬件连接电路

如图 5-48 所示，将 USB 转串口模块的串行口发送端 TXD 连接到目标板的 PA10，也就是目标板处理器串口 1 的串行数据接收端 RXD，将 USB 转串口模块的串行口接收端 RXD 连接到目标板的 PA9，也就是目标板处理器串行口 1 的串行数据发送端。USB 转串口模块的地线必须与目标板的地线相连，实现共地。对于目标板功耗较小的情况，可以将 USB 转串口模块的 VCC 与目标板的电源输入端相连，即通过 USB 转串口模块向目标板供电，这样在编程的时候目标板就无须单独供电。图 5-49 所示为使用 USB 转串口模块实现目标板程序下载的实物连接图。

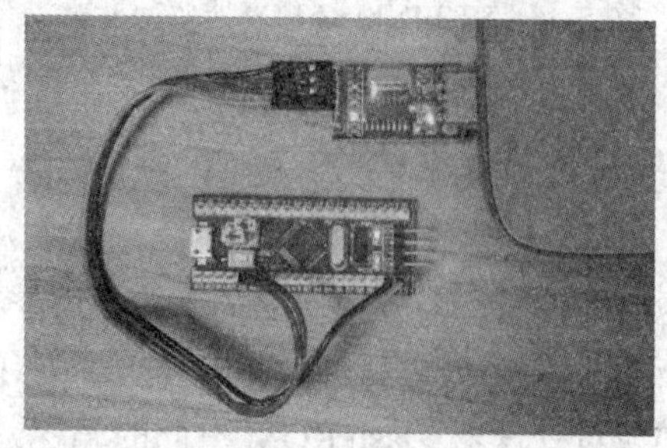

图 5-49　实现目标板程序下载的实物连接图

串口下载硬件设置的最后一点是：必须设置目标板的 BOOT0 为 1，BOOT 为 0。只有这样设置，目标板上电时才能进入系统模式执行，PC 才有可能通过串口下载程序。

5.6.2　安装虚拟串口驱动程序

要实现虚拟串口，必须在 PC 上安装 USB 转串口模块的驱动程序。所使用的模块驱动芯片不同，需要安装的驱动程序也不同。目前常见的实现 USB 转串口的驱动芯片有 CH340、PL2302、CP2102 及 FT232 等，这些芯片的驱动程序都可以通过网络下载得到。安装驱动程序时应该注意驱动程序匹配的操作系统，因为同一种芯片对于不同操作系统的驱动程序可能不兼容。这里使用的是 CH340 驱动芯片的 USB 转串口模块，安装驱动程序，并在计算机的 USB 口上插入 USB 转串口模块后可在计算机的设备管理器窗口中看到该虚拟串口。如图 5-50 所示，当前 PC 的虚拟串口为 COM3。

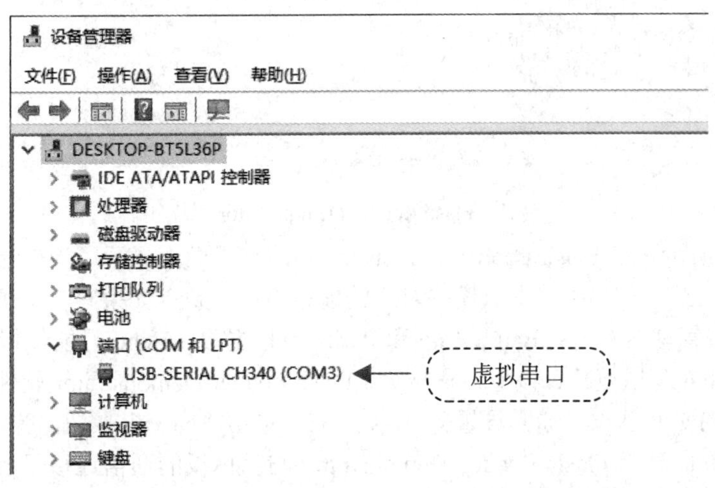

图 5-50　计算机设备管理器中的虚拟串口

5.6.3　应用串口下载软件实现程序下载

通过串口下载程序除了准备 USB 转串口模块，并为其安装驱动程序外，还必须具有在 PC 上使用的下载工具软件，这类下载工具软件实现的功能是将 PC(宿主机)上生成的嵌入式处理器的程序代码通过虚拟串口写入目标板的程序存储空间，除此之外，还可以实现目标板程序存储器的擦除、读取及校验等功能。下面介绍两款典型的串口下载软件及其应用。

1. Flash Loader Demonstrator

Flash Loader Demonstrator 是 ST 公司推出的串口下载软件，可以用于 STM32 系列处理器的程序下载。该软件可从 ST 的官方网站上下载得到。由于 ST 对该软件不断地升级，因此该软件有多个版本，但各版本的功能差别并不是很大。

首先，安装 Flash Loader Demonstrator 工具。需要进行程序下载时运行该软件，打开的界面如图 5-51 所示。在打开软件之前应该连接好串口的下载电路，并设置目标板启动模式为 BOOT1=0，BOOT0=1，即从系统存储区运行程序。

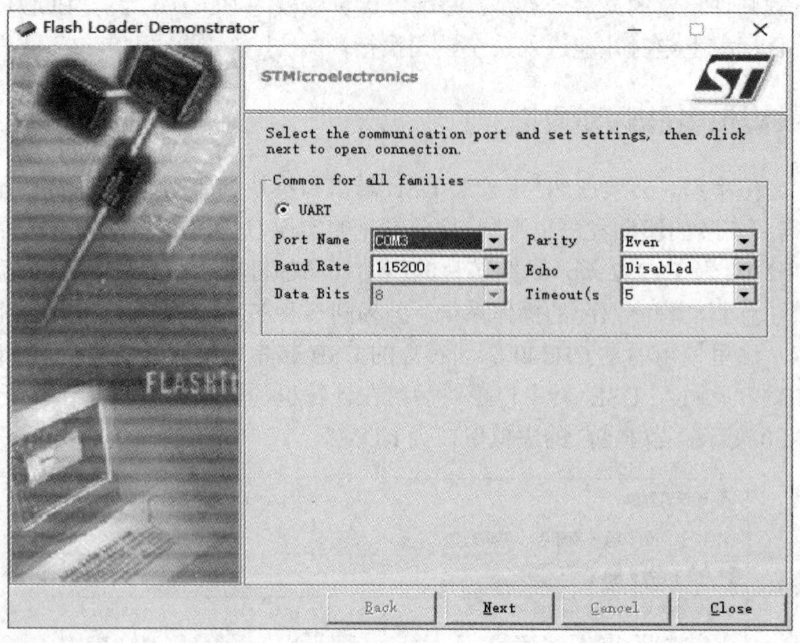

图 5-51　Flash Loader Demonstrator 界面 1

如图 5-51 所示，在 Flash Loader Demonstrator 的首界面上显示了当前通信口的基本信息。Port Name 应该与 USB 转串口模块对应的虚拟串口一致，如果有多个虚拟串口，可以通过 PC 的设备管理器查看；Baud Rate 和 Parity 可以更改；Echo 只能保持为 Disabled(禁止)状态；Timeout 可以更改，该值设置越大，Flash Loader Demonstrator 软件与目标板建立通信连接等待的时间越长，通常设置为 10 s 左右。单击“Next”按钮，弹出如图 5-52 所示的界面，该界面表示 Flash Loader Demonstrator 与目标板的通信连接已经建立，并且获取到目标板上处理器的 Flash 空间大小为 64 KB。

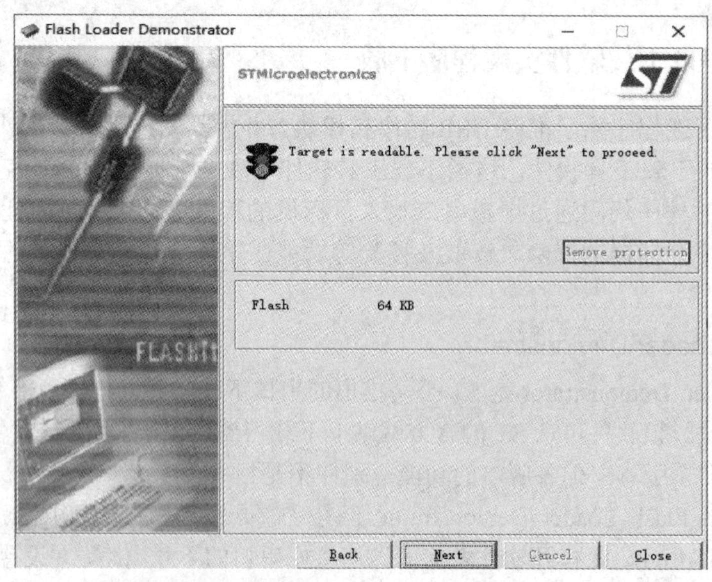

图 5-52　Flash Loader Demonstrator 界面 2

单击图 5-52 中的“Next”按钮，进入如图 5-53 所示的界面。在 Target 栏选择即将被编程的芯片的类别。PID 为目标芯片的 PID 编号，Versio 为芯片的系统 BootLoader 的版本号，这两项均保持默认状态即可。在 Flash 框中显示当前目标器件中 Flash 存储器的各个扇区的起始地址、结束地址、大小及读写保护状态。若读写保护状态标签为绿色，则表示处于非保护状态；若为红色，则表示处于保护状态。当某个扇区处于写保护状态时，是无法擦除该扇区并对其进行重新编程的。如果要对受写保护的扇区进行编程，必须通过后续界面的相关操作解除保护后才能执行擦除和编程操作。从图 5-53 可以看出当前目标芯片的所有扇区均是非保护状态，这种状态下可以对扇区进行擦除和编程。

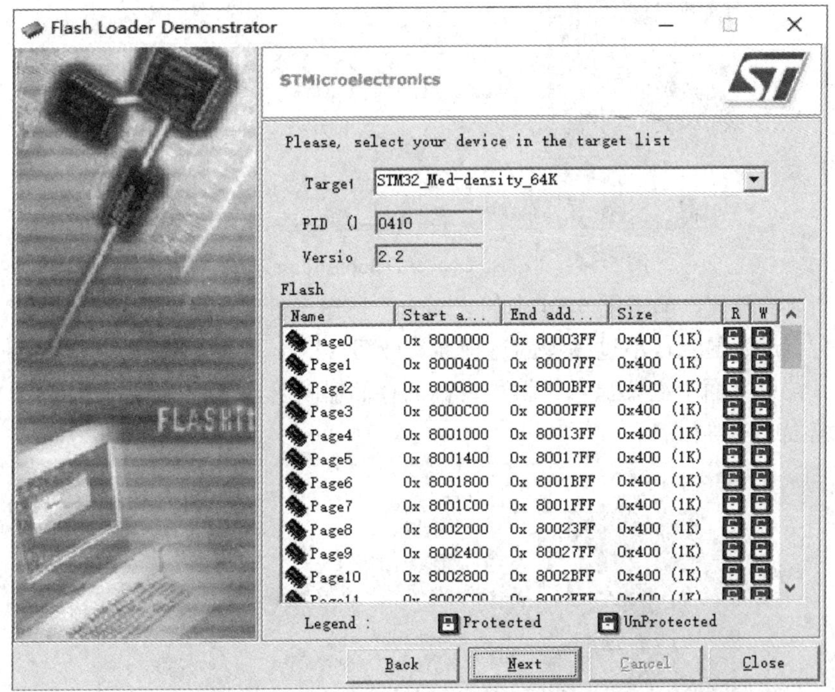

图 5-53　Flash Loader Demonstrator 界面 3

单击图 5-53 中的“Next”按钮，进入如图 5-54 所示的界面。该界面中包含了 5 个选项，分别是 Erase、Download to device、Upload from device、Enable/Disable Flash protection 和 Edit option bytes，这 5 项当前只能选一项。

如图 5-54 所示，当前选中的是“Download to device”，即向器件写入代码(也就是编程)。在 Download from file 对应的框内通过目录索引选择上位机生成的目标文件，这里对应的目标文件为.hex 文件。设置好编程的目标文件后，在底下的区域可以设置编程策略。按照当前的设置情况对应的编程策略是：先对整个芯片的 Flash 进行擦除，然后将选中的.hex 文件写入 Flash 中，编程完毕后对器件的编程内容进行校验，之后通过内部复位控制使程序跳转到用户程序执行。

Erase 选项用于擦除芯片的整个 Flash 或部分 Flash；Upload from device 选项用于将目标芯片 Flash 中的内容读出来，并以文件的形式存放到 PC 中；Enable/Disable Flash protection 选项用于设置或更改 Flash 存储器各扇区的保护状态；Edit option bytes 选项用于设置选项字节。

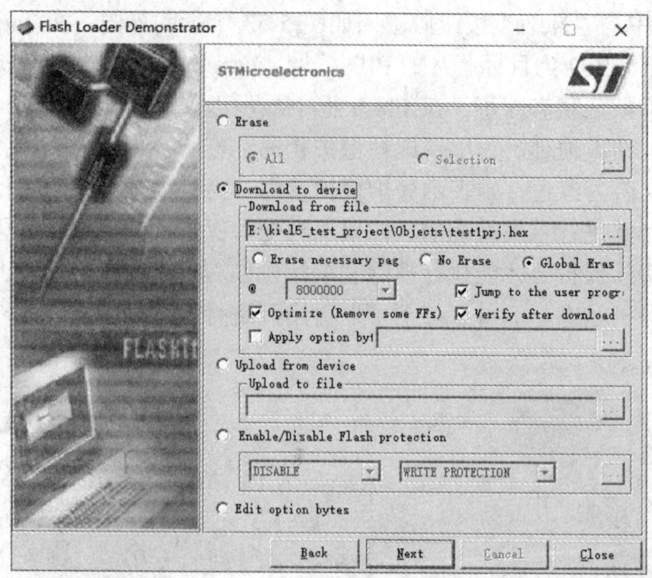

图 5-54　“Flash Loader Demonstrator”界面 4

按照当前的设置，单击图 5-54 中的“Next”按钮，即启动对芯片的编程操作。编程进行过程中会有进度显示，不过编程的过程通常较短，很快就会结束，结束后界面显示如图 5-55 所示。结束界面中主要显示了编程目标的存储器映射，编程文件的位置、大小、编程耗时以及编程成功等信息。

图 5-55　Flash Loader Demonstrator 界面 5

一次完整的编程过程结束后，需要再次编程时，可依次单击各界面中的“Back”按钮回到图 5-51 所示的界面，重新进行一次编程过程。

Flash Loader Demonstrator 工具除实现芯片的编程外，还具有芯片 Flash 空间的读取、读/写保护设置及解除等功能，这些功能增加了 Flash 操作的灵活性，增强了程序的安全性，这是 Keil MDK 集成开发环境下使用的仿真器不具备的。

2. mcuisp

mcuisp 是由国内的单片机在线编程网开发的一款串口下载软件，它有多个版本，但基本功能相似。该软件除支持 ST 公司的 STM32 系列芯片外，还支持 NXP 公司 LPC2xxx 系列 ARM 芯片的编程。该软件可从单片机在线编程网上下载。mcuisp 为免安装的软件，使用时双击即可打开。

使用 mcuisp 进行串口编程前的准备工作与使用 ST 的 Flash Loader Demonstrator 相同，包括连接电路，设置系统启动模式及安装虚拟串口驱动等。

打开 mcuisp 所在的文件夹，双击 mcuisp.exe 文件 (如图 5-56 所示)，运行 mcuisp 编程软件，运行界面如图 5-57 所示。

图 5-56　mcuisp.exe 文件

在图 5-57 所示的软件界面中，通过菜单栏设置虚拟串口 Port 与 USB 转串口模块对应的串口相同，设置串口的波特率为所需要的值。

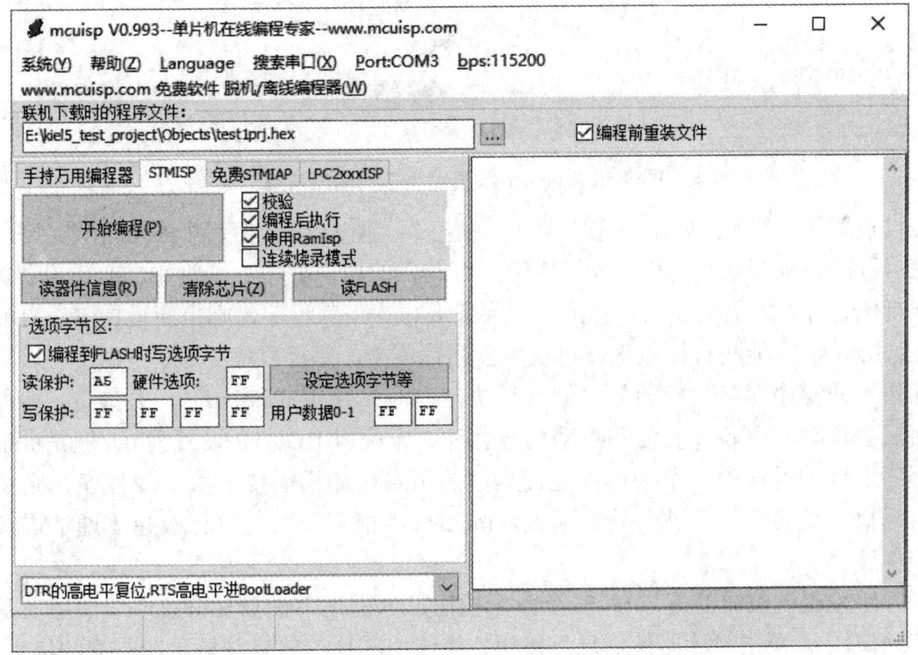

图 5-57　mcuisp 软件运行界面

图 5-57 中的“联机下载时的程序文件”栏通过目录索引指定要下载的目标文件，勾选右侧的“编程前重装文件”选项，可以保证每次下载时加载的是最新的目标文件。图 5-57 所示界面的左半边有 4 个选项卡，如果对 STM32 系列芯片进行编程，则必须选中 STMISP 选项卡。其他选项卡这里不作介绍。

在 STMISP 选项卡中可设置编程策略，如勾选“校验”“编程后执行”和“使用 RamIsp”，即表示执行编程操作时，先擦除芯片，再利用 RamIsp 方法编程，然后对编程结果进行校验，校验无误后控制芯片复位并运行用户程序。设置好编程策略后单击“开始编程”按钮，即启动编程操作，并在右侧的信息输出窗口中显示编程过程的记录信息。图 5-58 所示为单击“开始编程”按钮完成编程时信息输出窗口中显示的信息。

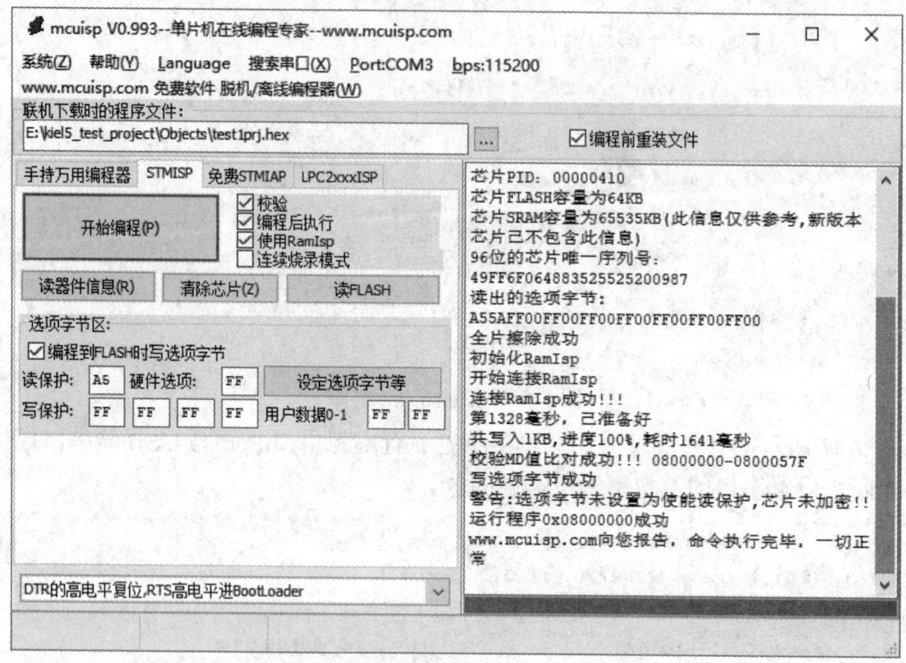

图 5-58　mcuisp 编程结束后的输出信息

在设置编程策略时，如果勾选“编程后执行”，但未勾选“使用 RamIsp”，则程序下载结束后程序并不会自动运行。如果需要运行写入的用户程序，则将 BOOT0 设置为 0，并重新复位芯片，才能启动用户程序。如果需要再次下载程序，则重新设置 BOOT0 为 1，并复位，mcuisp 才能与目标处理器再次建立通信连接，进行程序下载。

如果下载程序前将“校验”“编程后执行”和“使用 RamIsp”一并勾选，则程序下载结束后会自动实现芯片复位并启动用户程序，无须将 BOOT0 设置为 0。但是此后，在用户程序运行的过程中，无法再次进行程序的下载；如果需要再次下载程序，则要手动复位目标板，使芯片重新进入系统模式，mcuisp 才能够重新与目标板建立通信连接，重新下载程序。

“开始编程”按钮的下方有 3 个命令按钮，分别是“读器件信息”“清除芯片”和“读 FLASH”。单击“读器件信息”按钮，将读出芯片的信息并显示在右侧的信息窗口，如图 5-59 所示，单击“清除芯片”按钮，将执行芯片的整片擦除命令并将擦除相关的信息显示在右侧的信息窗口，如图 5-60 所示；单击“读 FLASH”按钮，将读出芯片的 Flash 中的内容，并以文件的形式存储。这些功能，读者可以通过实践进一步熟悉。

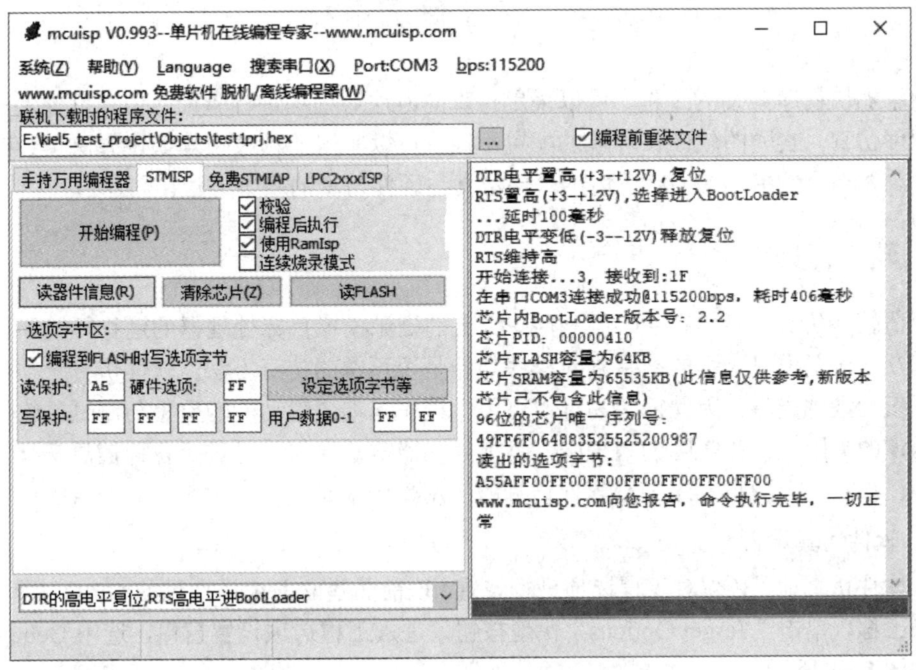

图 5-59　执行“读器件信息”命令后的结果

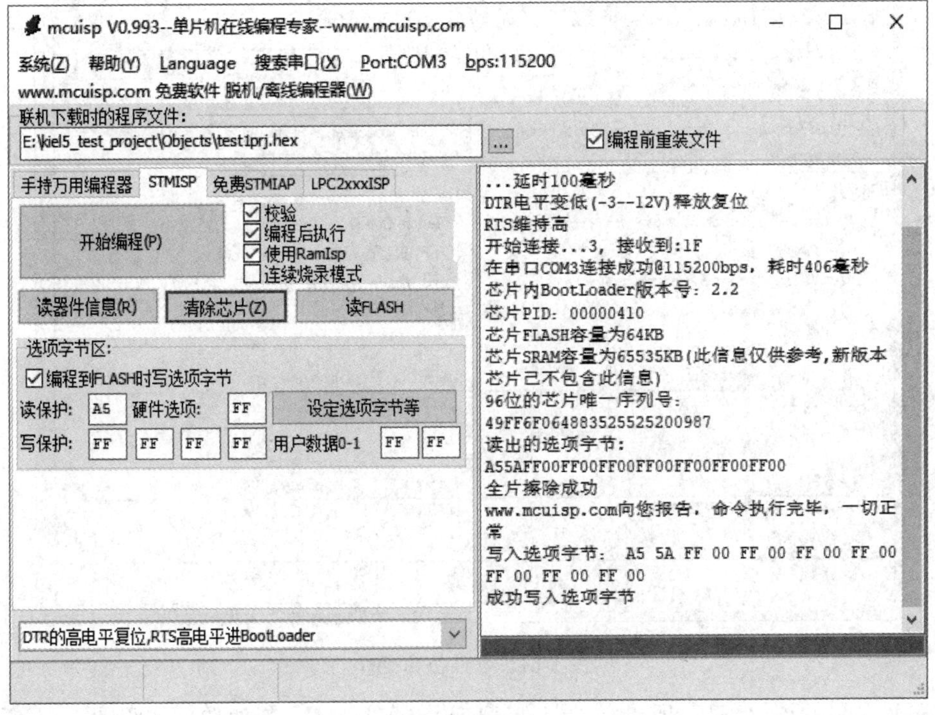

图 5-60　执行“清除芯片”命令后的结果

5.7 程序仿真基础

为了加快程序开发的过程，可以采用仿真的方法对程序进行验证。仿真可分为软件仿真和硬件仿真。实验的软硬件环境的配置不同，可以实现的程序仿真调试方法也会有较大的差异。本节介绍 Keil MDK 环境下软件仿真与硬件仿真的基本方法。

5.7.1 软件仿真

所谓软件仿真，是指在 PC 上利用 PC 上的资源模拟目标处理器的运行环境和程序执行过程，并根据模拟执行的结果判断程序功能是否正常的仿真方法。软件仿真无须仿真器和目标板的硬件支持，因此简单易行，可用于程序基本逻辑功能的检验与测试。软件仿真具有一定的局限性，在实际的系统中，目标处理器常常要与外界进行各种信息交互，软件仿真往往很难完全模拟，这使得软件仿真的应用受到限制。

1. 软件仿真设置

在软件仿真前，必须对工程选项进行设置。以前面建立并编译通过的 GPIO 工程为例，打开该工程，单击“Target Options”快捷按钮，进入工程选项设置窗口，选中 Debug 选项卡，如图 5-61 所示。

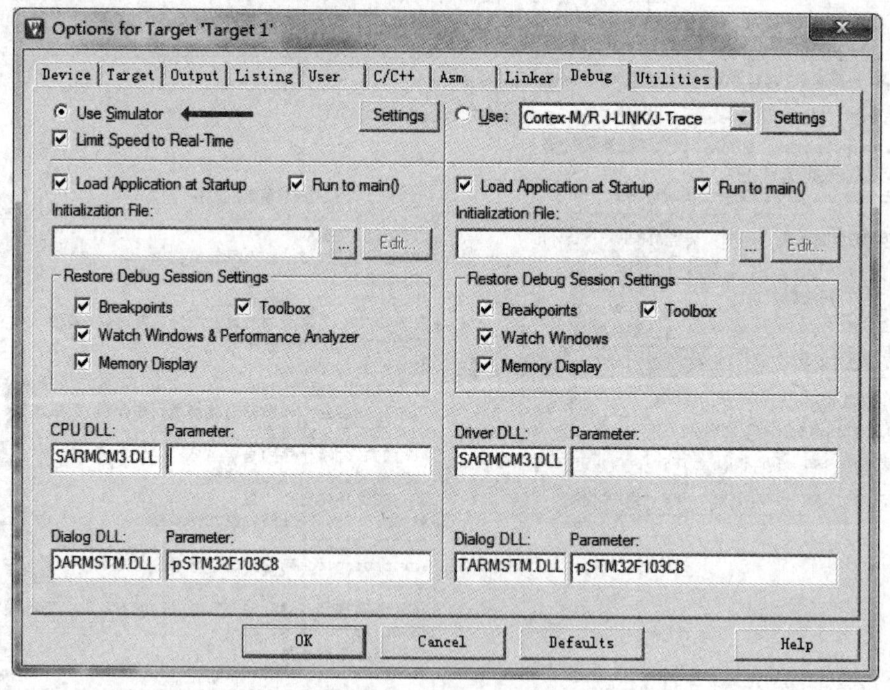

图 5-61 软件仿真设置

这里要采用软件仿真，所以必须点选“Use Simulator”，其他选项按照图 5-61 所示设置。在 Keil μVision 4 环境下，该设置界面中的 CPU DLL 和 Dialog DLL 这两项对应的

Parameter 信息框中的信息是系统自动设置的，保持默认状态即可；在 Keil μVision 5 环境下的设置与 Keil μVision 4 环境下的不同，需要用户修改，即将 Dialog DLL 设置为 DARMSTM.DLL，而对应的 Parameter 应与选用的处理器保持对应关系。例如，当前处理器选用 STM32F103C8，则该项的参数应设置为-p STM32F103C8。如果处理器改变，则-p 后面的型号应该相应地改变。

设置完成后，单击“OK”按钮，退出工程选项设置窗口。

2. 启动/停止软件仿真

启动软件仿真可通过菜单命令实现，也可通过快捷按钮实现。图 5-62 所示为启动软件仿真的两种方法。

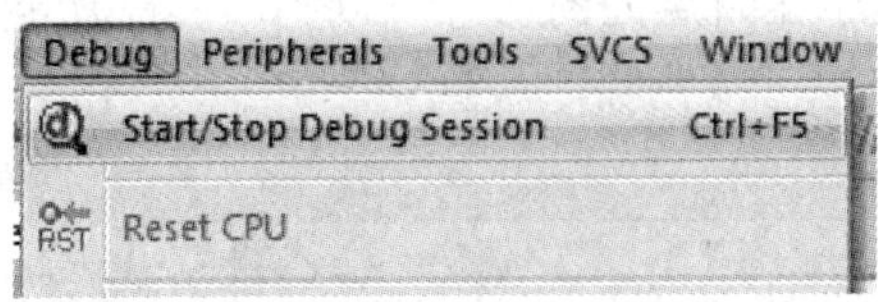

(a) 通过菜单命令实现

(b) 通过快捷按钮实现

图 5-62　启动/停止软件仿真方法

通过菜单命令启动软件仿真需执行“Debug\Start/Stop Debug Session”命令，如图 5-62(a)所示；通过快捷按钮启动软件仿真可单击“Start/Stop Debug Session”快捷按钮。启动软件仿真后，进入仿真调试界面，如图 5-63 所示。

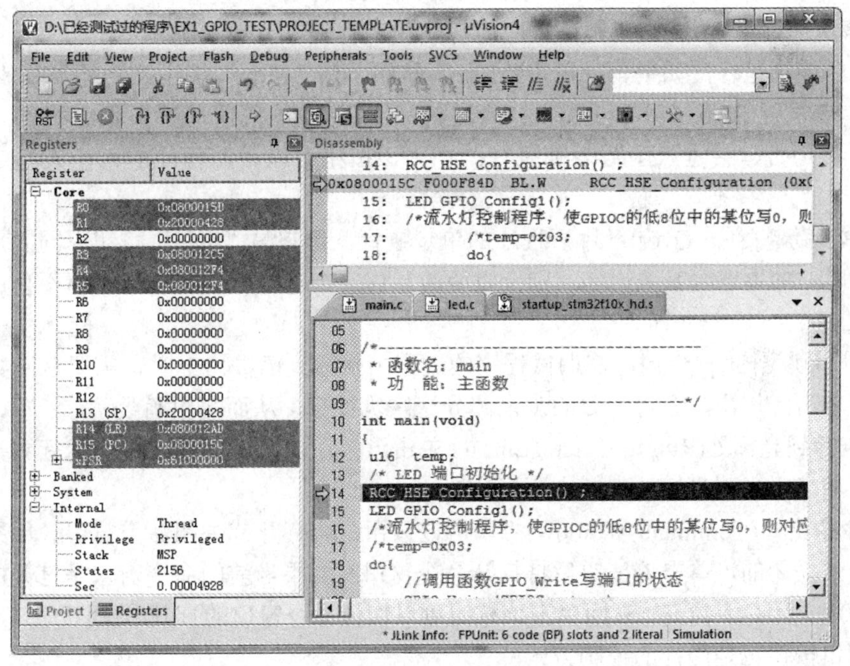

图 5-63　仿真调试界面

图 5-63 所示的仿真调试界面与非仿真调试界面有很大的不同，出现了寄存器窗口、反汇编窗口等新的窗口，这些窗口可以根据需要设置为打开或关闭的状态，窗口的排列可以灵活地安排；另外，进入仿真环境后菜单和快捷按钮也发生了明显的变化，这些菜单和快

捷按钮都是为方便仿真调试而设置的。需要退出仿真环境时，可以通过在仿真环境下单击“Start/Stop Debug Session”快捷按钮或者执行菜单命令“Debug\Start/Stop Debug Session”实现。

下面介绍仿真环境下的调试快捷按钮。图 5-64 所示为仿真环境下的调试快捷按钮。为方便介绍，在图 5-64 中 Debug 工具条的下方标注了每个快捷按钮的序号及名称，这里对常用的快捷按钮作简要介绍。

➢ 复位(Reset)：实现 CPU 复位功能。按下该按钮，相当于实现了一次硬复位，为代码重新从头开始执行做好准备。

➢ 运行(Run)：启动程序运行，如果没有遇到断点，相当于程序自由运行；当设置有仿真断点时，会在断点处停下来。通过观察程序在断点处的状态可以判断程序功能是否正常。断点可在程序执行前设置好，不用的断点也可以删除。

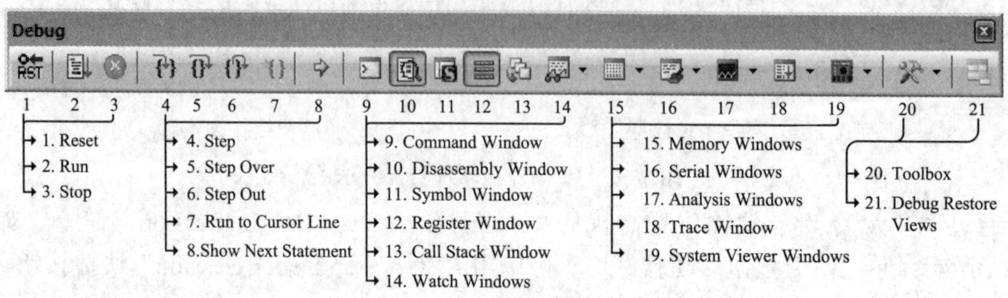

图 5-64 仿真环境下的调试快捷按钮

➢ 停止运行(Stop)：此按钮在程序运行时变为有效。有效状态下单击“Stop”按钮，可以使程序停止运行，如果再次单击“Run”按钮，则“Stop”按钮又会处于有效状态。

➢ 单步执行(Step)：用于程序的单步执行。每单击该按钮一次，程序执行一步；当遇到函数语句时，会进入函数内部执行。利用该按钮可以跟踪程序的每一条指令的执行情况。

➢ 单步跨越(Step Over)：用于程序的单步执行，但它与“Step”按钮不同的是：每次单步执行时，如果遇到函数语句，则会将函数当作一个整体一次执行完，而不会进入函数内部执行。

➢ 单步跳出(Step Out)：在调试程序的过程中执行到函数内部时，需要从函数中快速跳出，可单击此按钮，它将函数的剩余部分一次执行完，从而跳出函数。

➢ 执行到光标处(Run to Cursor Line)：单击该按钮，可以迅速使程序运行到光标处自动停止，相当于当前光标处为断点所在位置。

➢ 命令窗口(Command Window)：单击该按钮，可打开或关闭命令窗口。如果当前的命令窗口是关闭的，单击该按钮后将打开命令窗口；如果当前的命令窗口是打开的，单击该按钮后将关闭命令窗口；来回单击该按钮可以切换命令窗口的打开/关闭状态。后面介绍的其他窗口按钮也是同样的控制方式。

➢ 汇编窗口(Disassembly Window)：通过该按钮可以查看 C 语言源程序对应的汇编代码，分析程序的汇编实现形式。

➢ 符号窗口(Symbol Window)：通过该按钮可以打开/关闭符号窗口，该窗口用来查看虚拟寄存器、内部外设的寄存器及用户定义的变量等。

➢ 寄存器窗口(Register Window)：通过该按钮可以打开/关闭寄存器窗口，该窗口用于查看内核寄存器的状态，分析指令执行的功能。

➢ 堆栈局部变量窗口(Call Stack Window)：通过该按钮可以显示/关闭调用堆栈和局部变量窗口，显示当前函数的局部变量及其值。

➢ 观察窗口(Watch Windows)：　可提供 2 个观察窗口，在打开的观察窗口中可输入需要观察的变量或表达式，调试时即可查看其值，是常用的调试窗口。

➢ 内存查看窗口(Memory Windows)：可提供 4 个内存查看窗口，在打开的内存窗口中可设置需要查看的内存的起始地址，从该地址开始的一片内存区域的值都会显示出来。

➢ 串口打印窗口(Serial Windows)：可提供 4 个串口打印窗口。单击该按钮，则弹出一个类似串口调试助手界面的窗口，用来显示从串口打印出来的内容。

➢ 分析窗口(Analysis Windows)：该按钮包括 3 个下拉按钮，一般用第一个，也就是逻辑分析窗口。通过该窗口可以波形的形式较为直观地观察信号的变化，实用性较强。

➢ 系统查看窗口(System Viewer Windows)：通过选择该按钮的下拉按钮打开各种外设寄存器的查看窗口，从而对打开的外设的相关寄存器的值进行显示和观察，检查这些寄存器的设置是否正确，程序功能是否正常。

在仿真环境下，菜单命令的内容也发生变化，主要体现在 View、Debug 和 Peripherals 等 3 个菜单上。图 5-65 所示为仿真环境下 View、Debug 和 Peripherals 等 3 个菜单对应的菜单命令。许多的仿真操作既可以通过菜单命令执行，也可以通过快捷按钮执行。读者可通过实践，学习和了解这些菜单命令，这里不再赘述。

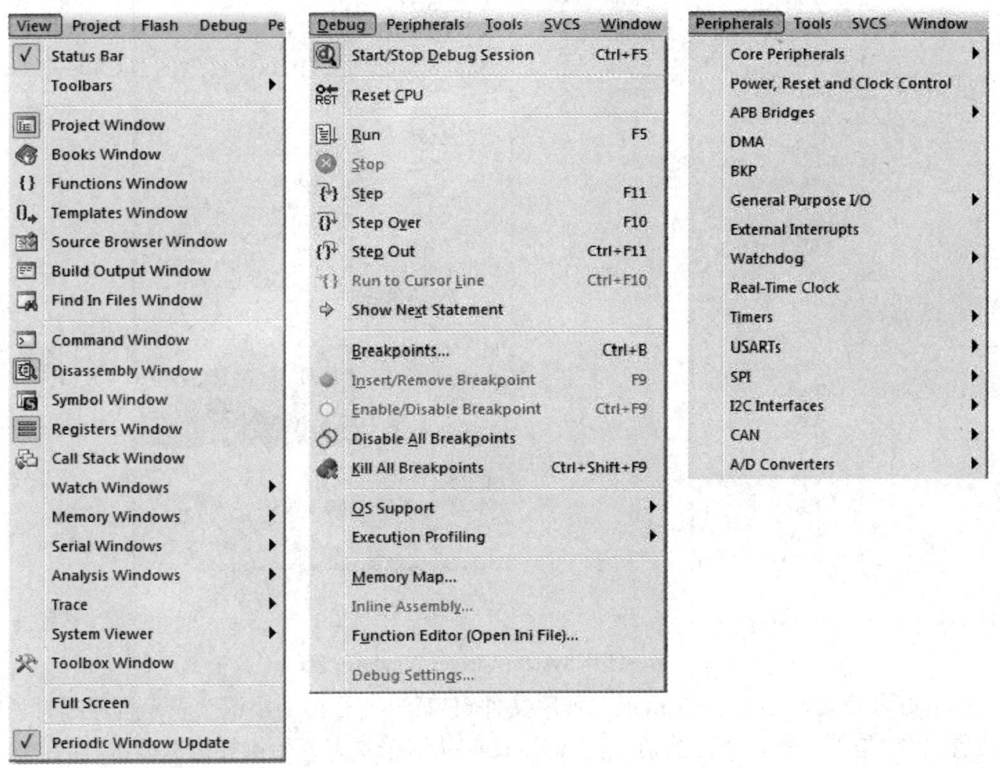

图 5-65　仿真环境下的菜单命令

3. 通过仿真观察程序运行

Keil MDK 环境提供了丰富的仿真方法，在具体仿真时应根据需求选择合适的仿真方法来解决实际问题。结合本章介绍的 GPIO 工程，这里介绍两种对 GPIO 输出口的信号进行仿真观察的方法。

1) 通过 System Viewer Windows 观察 GPIO 信号

单击“System Viewer Windows”右侧的下拉按钮，出现当前工程目标处理器 STM32F103C8 片上的各种外设，将光标移到“GPIO”，在“GPIO”的右侧出现了 GPIOA～GPIOE 共 5 项，如图 5-66(a)所示；将光标移到“GPIOC”处并单击，即打开 GPIOC 的所有外设寄存器，并显示该寄存器的当前值。由于 GPIO 的输出状态实际上就是输出数据寄存器(ODR)的状态，因此这里重点关注该寄存器。在本章的 GPIO 工程中控制的对象是 GPIOC 的 13 号引脚，为便于观察，单击 ODR 寄存器左侧的加号，将 ODR 寄存器展开成位显示模式，如图 5-66(b)所示。

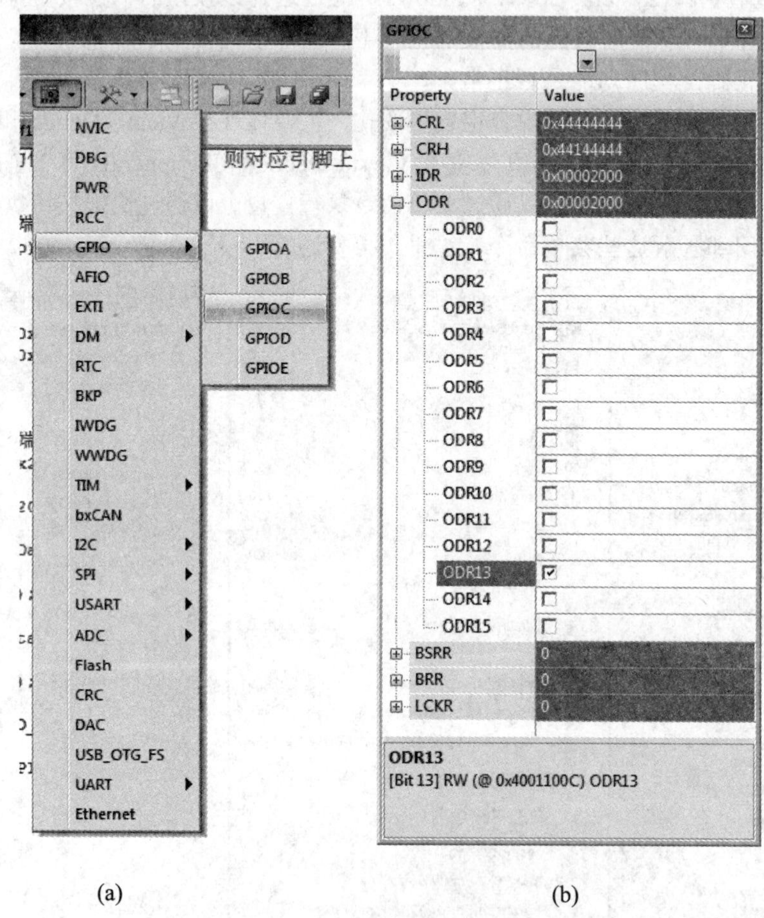

(a)　　(b)

图 5-66　打开 System Viewer Windows 窗口

排列好各窗口，如图 5-67 所示。程序文件窗口第 14 行前的小箭头表示程序指针所在的位置，也就是下一条要执行的指令，我们现在就从这个状态开始执行仿真调试。通过“Step Over”按钮执行指令，每执行一条指令，小箭头向下移动一个位置，移动到置位和清零 PC13

的指令时，观察 System Viewer Windows 窗口的 GPIOC 的 13 号引脚的逻辑状态是否发生变化。

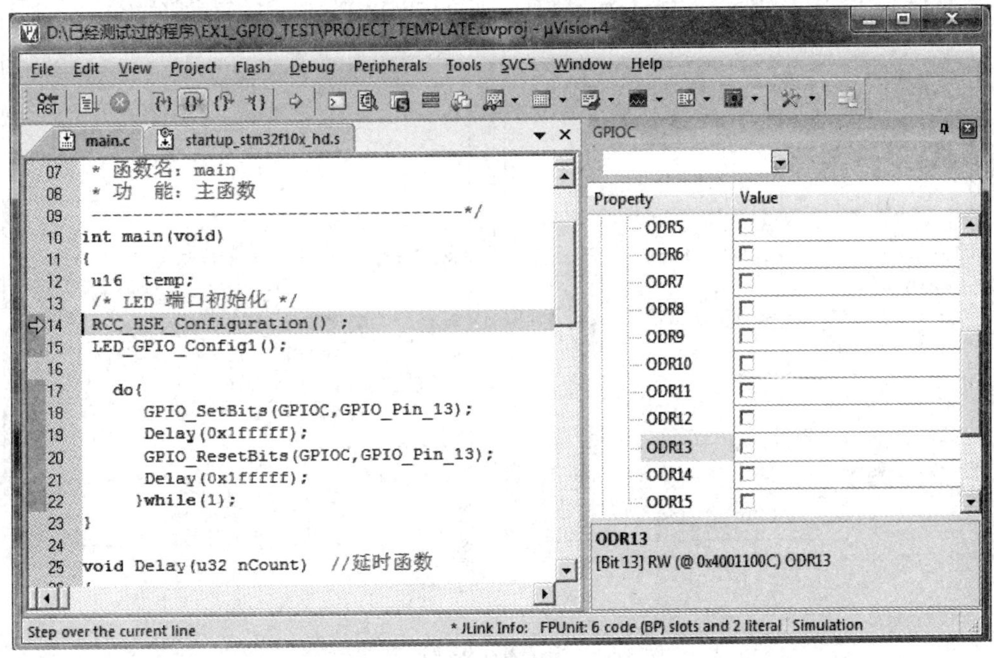

图 5-67　通过 System Viewer Windows 窗口观察 GPIOC 的输出状态

2) 通过 Analysis Windows 观测输出信号的波形

单击“Analysis Windows”按钮右侧的下拉按钮，选中“Logic Analyzer”并单击，则可打开逻辑分析仪窗口，如图 5-68 所示。

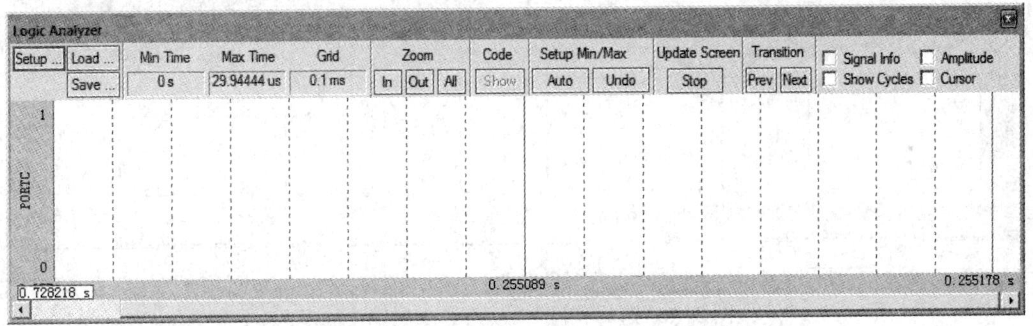

图 5-68　“Logic Analyzer”窗口

打开逻辑分析仪窗口后，需要观测的信号由用户设置。这里要观测 GPIOC 的 13 号引脚的逻辑状态，因此需要将该信号加载到逻辑分析仪窗口进行显示。在图 5-68 所示的界面中，单击左上角的“Setup”按钮，打开逻辑分析仪信号设置对话框，如图 5-69 所示。

在图 5-69(a)的“Current Logic Analyzer Signals”栏右侧单击按钮，在下面的设置栏中输入“PORTC.13”，单击空白处，则出现图 5-69(b)所示的设置结果，这里设置输入信号为 GPIOC 的第 13 个引脚，以位的形式显示信号，信号波形的颜色与设置颜色一致(可更改)。设置完成后，单击“Close”按钮关闭对话框。

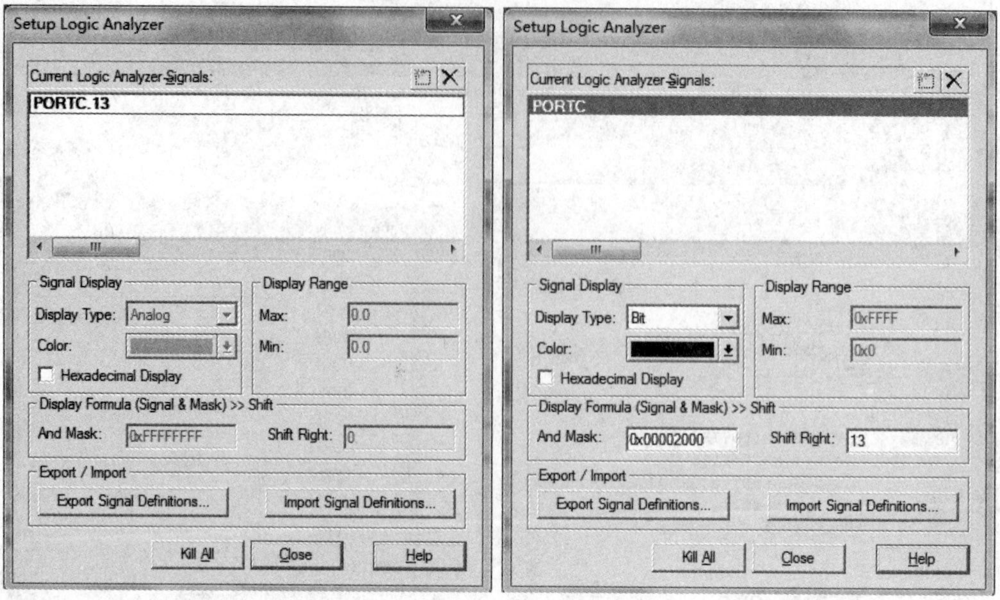

(a)　　　　(b)

图 5-69　为逻辑分析仪设置信号

设置好逻辑分析仪的输入信号后，就可以开始仿真了。这里单击 Debug 工具栏的“Run”按钮，启动程序自由运行，观察逻辑分析仪输出窗口输出的波形。观测到的波形如图 5-70 所示。

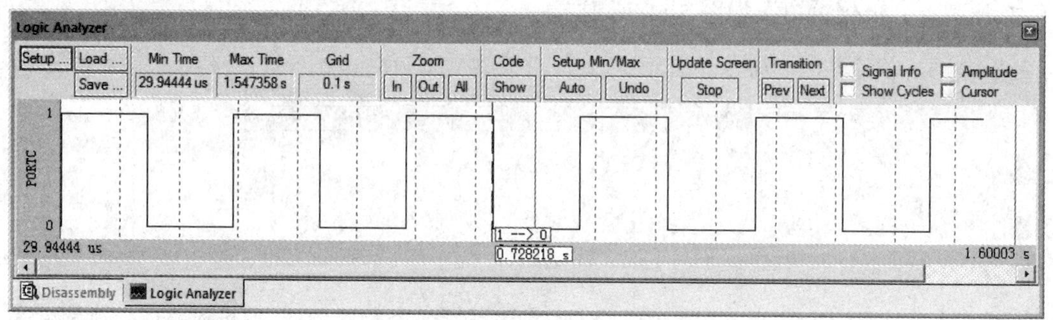

图 5-70　逻辑分析仪显示 PC13 的输出波形

为了观察到清晰的信号波形，需要对逻辑分析仪进行更多的设置。通过 Zoom 命令按钮可以对输出波形在时间轴上进行缩放，单击“All”按钮可以显示所有波形，单击“In”按钮可以进行波形的放大，单击“Out”按钮可以实现波形的压缩；勾选 Cursor 复选框，可以打开逻辑分析仪的光标，通过光标可实现信号的测量；勾选 Amplitude 复选框，可以显示信号的幅度(在观察数字信号时无太多用处，主要用于观测模拟信号)；勾选 Signal Info 复选框，可以显示逻辑分析仪测量的当前信号的参数；勾选 Show Cycles 复选框，可显示信号的周期。

前面介绍了两种对 GPIO 信号进行观测的仿真方法，这只是针对 GPIO 的特点选取的方法，如果需要对其他对象进行仿真，因对象不同，所采取的仿真措施也应该不同。

软件仿真是在 PC 上实现的模拟调试，具有一定的局限性，要真正验证程序的实际执行情况，还必须经过硬件仿真和实测的脱机测试才能达到验证程序及系统功能正确与否的目的。

5.7.2 硬件仿真

所谓硬件仿真，就是借助仿真调试设备来实现软硬件联合调试的仿真研究方法。在这种方法中，通过仿真调试设备将 PC 与目标板连接起来，在 PC 上运行的仿真软件通过仿真调试设备与目标板上处理器的调试接口设备通信，控制目标处理器执行程序，并将程序执行的结果读取到 PC 上，通过分析程序执行的状态和目标板上呈现的现象，判断程序及系统功能是否正常。

进行仿真调试前必须设置好仿真调试设备，准备好用于仿真调试的目标板。硬件仿真器的设置方法与 5.5 小节中应用仿真器进行程序下载时仿真器的设置方法相似，这里以 J-LINK 仿真器为例介绍硬件仿真的基本步骤。

1. 设置仿真器

将 PC、仿真器及目标板连接好，给目标板上电。运行 GPIO 工程，打开工程选项设置窗口进行仿真器设置，如图 5-71 所示。

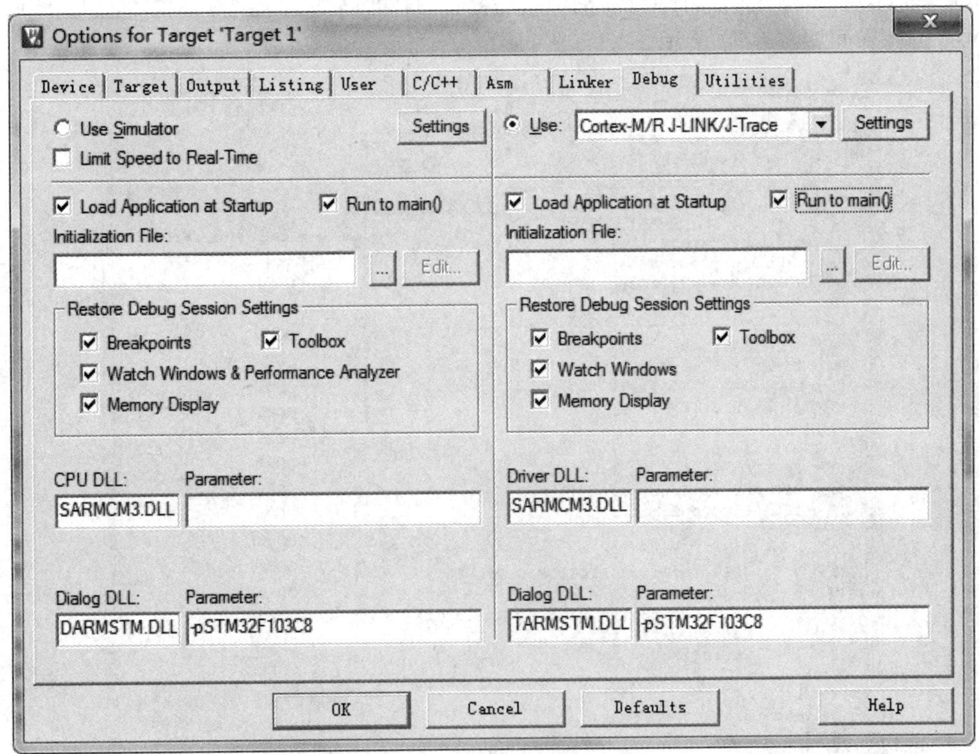

图 5-71　J-LINK 仿真器设置

仿真器的 Settings 选项设置可参照 5.5 节，这里不再赘述。

2. 启动硬件仿真

仿真器设置好后即可启动仿真。启动硬件仿真的方法与启动软件仿真的方法相同。如利用 Start/Stop Debug Session 快捷按钮启动仿真，启动仿真后，PC 上的 Keil MDK 调试软件会自动启动程序的下载过程，先将目标代码加载到目标板的 Flash ROM 中，加载完毕后直接进入仿真界面，此时的仿真界面也与软件仿真的界面相同，菜单、快捷按钮等都与软件仿真环境的一致，因此不再对这些内容进行赘述。

3. 硬件仿真调试过程

硬件仿真与软件仿真最大的不同点在于硬件仿真指令是由目标板上的处理器执行的，指令的执行过程及结果取决于目标处理器本身，与上位机 PC 无关，但是 PC 上运行的仿真软件可以通过仿真器与目标处理器的调试单元通信控制程序执行、停止，并将程序执行的结果读取到 PC 上进行分析。

为观察 GPIO 的输出状态，与软件仿真类似，可通过 System Viewer Windows 打开 GPIOC 的设备寄存器观察窗口。

1) 通过“Step Over”按钮进行仿真

单击“Step Over”按钮，每单击一次，观察程序的运行结果，当程序进入 LED 的闪烁循环后，观察每次单步执行时目标板上 LED 灯的现象和 PC 上仿真界面 GPIOC 的 ODR 对应的位的状态是否一致。由硬件电路可知，LED 发光管是低电平点亮的，正常情况下 GPIOC 的 ODR13 位为 0，目标板上的 LED 点亮，ODR13 位为 1，目标板上的 LED 熄灭。此时的仿真界面如图 5-72 所示。

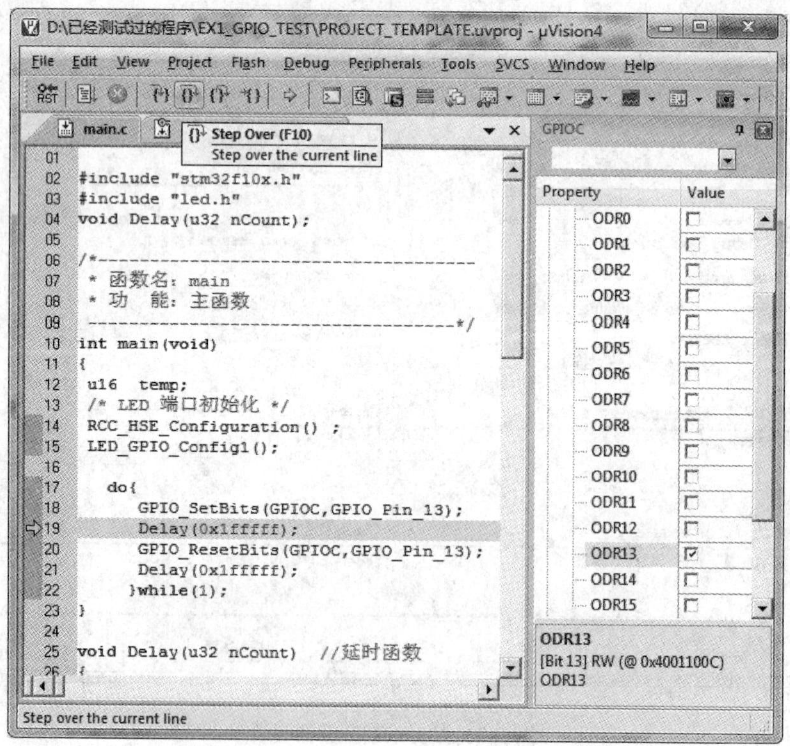

图 5-72　通过 Step Over 单步运行进行仿真

2) 通过设置断点进行仿真

在仿真过程中经常采用的方法是：通过设置断点，让程序在断点处停下来，观察断点处程序的执行情况，判断程序及系统功能是否正常。断点是程序执行的关键点，它不是随意设置的。在断点之前或之后，程序通常会产生非常明确的结果。通过观察这些结果，可以判断出程序功能的正确与否。

设置断点较为方便的方法是将光标移动到要设置断点的指令行标注行号区域左侧的灰色区域，双击鼠标，之后在该行的行号左侧会出现红色的块标志，该标志即为断点标志，再次双击该标志块可以取消断点的设置。除此方法以外，也可以通过菜单命令和工具栏的快捷按钮实现断点的设置与取消，读者可以通过实践掌握，这里不再介绍。

设置好断点以后，开始进行仿真运行。单击“Run”按钮，每单击一次，程序连续执行，遇到断点就停下来，每次在断点停下来的时候观察 PC 上的 GPIO 的 ODR 的状态和目标板上 LED 发光管的状态，从而判断程序是否正常。图 5-73 所示为设置断点运行时的仿真界面。正常情况下，不断单击“Run”按钮，LED 发光管将交替亮灭变化，上位机 PC 的仿真界面上 ODR13 也将在高、低电平之间交替变化。

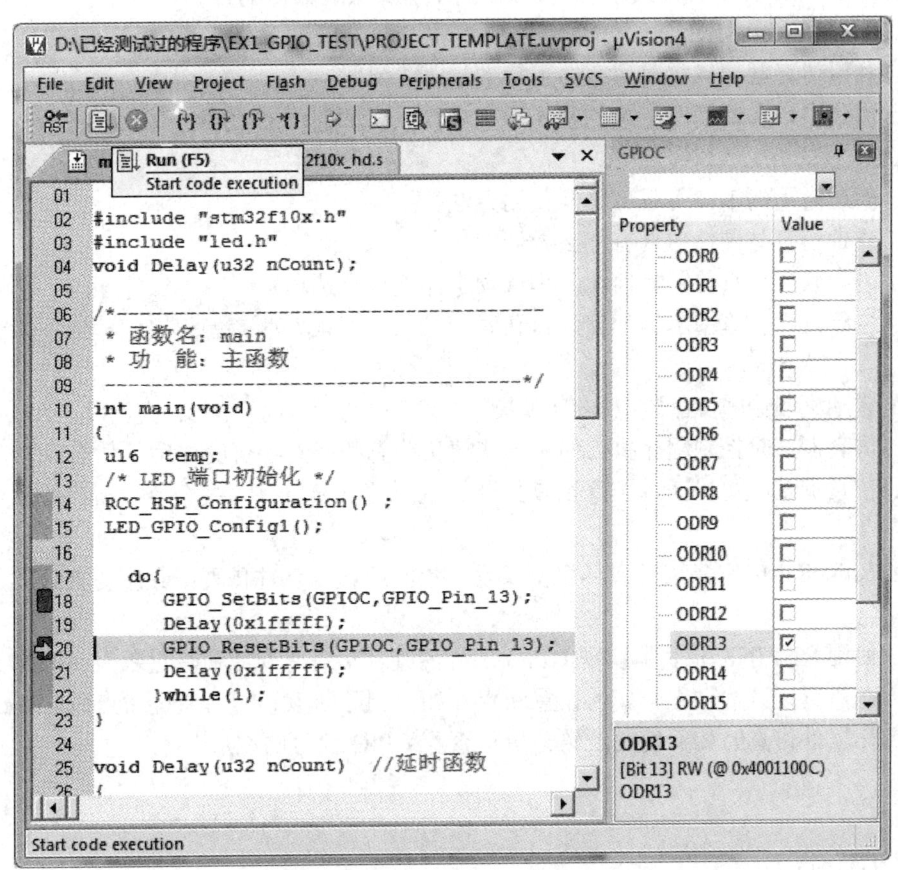

图 5-73 设置断点运行时的仿真界面

硬件仿真结束后，可以退出仿真界面，方法与前面介绍的软件仿真退出方法相同。

软件仿真和硬件仿真不能代替实际的系统测试，在经过仿真验证之后，要最终检验整个嵌入式系统的功能是否正常，能否满足设计的指标要求，必须在完全真实的环境下对整个系统的软硬件进行联合测试，这样才能真正检验系统的正确性和有效性。

思考题与习题 5

1. 简述 GPIO 的通用输入模式是如何工作的。
2. 简述 GPIO 的通用输出模式是如何工作的。
3. 简述 GPIO 的复用工作模式。
4. GPIO 的相关寄存器有哪些？它们在 STM32 的标准库头文件中是如何定义的？
5. 简述 GPIO 主要寄存器的功能。
6. 如何使用 GPIO 初始化设置的库函数实现 GPIO 的初始化？
7. 编写一个子函数，将 GPIOB 的 GPIO_Pin_0 到 GPIO_Pin_3 设置为推挽输出模式。
8. 结合自身的情况简要说明如何构建 STM32F10xxx 系列处理器的实验开发环境。
9. 在 Keil MDK 集成开发环境下，J-LINK 仿真器应如何配置？
10. 如何在 Keil MDK 集成开发环境下配置 ST-LINK 仿真器？
11. 利用仿真器如何实现程序的下载？
12. 通过串口实现程序下载的基本原理是什么？如何使 STM32F10xxx 系列处理器进入系统工作模式？
13. 简述常用的串口下载工具及使用方法。
14. 软件仿真与硬件仿真有什么异同？
15. 进行软件仿真前，如何在工程选项中配置仿真选项？
16. 进行硬件仿真前应该如何连接仿真设备与目标板？应该如何在工程选项中设置仿真器？
17. 启动/停止仿真调试的方法有哪些？
18. 仿真调试时控制程序执行的主要快捷按钮有哪些？各自的作用是什么？
19. 仿真调试时可以通过仿真工具打开的主要调试窗口有哪些？各个窗口的用途和功能是什么？
20. 在 Keil MDK 集成开发环境下实现 GPIO 工程的软件仿真，介绍仿真过程及仿真结果。
21. 使用 ST-LINK 仿真器实现 GPIO 工程的硬件仿真，介绍仿真过程及仿真结果。
22. 在仿真调试的过程中如何设置断点？如何删除断点？如何通过断点进行调试？
23. 在软件仿真时如何使用逻辑分析仪查看 GPIO 信号的波形？

第6章 异常与中断

对于异常与中断的处理能力已经成为衡量处理器性能的核心指标。为提高对异常与中断的处理能力，Cortex-M 系列处理器将中断控制器和处理器的内核紧密地融合在一起，使得处理异常与中断的中断控制器成为内核不可分割的一部分，从而取得强大的异常与中断处理能力。

6.1 异常与中断系统基础

Cortex-M3 内核通过其可嵌套的中断向量控制器(Nested Vectored Interrupt Controller，NVIC)提供了强大的异常与中断处理能力，最多可支持 256 级中断，ST 公司在设计 STM32 系列嵌入式处理器时对 Cortex-M3 内核可嵌套的 NVIC 进行剪裁，最多可实现 16 级中断。

6.1.1 Cotex-M3 异常与中断系统

1. 基本概念

如果学习过 8 位单片机，如 MCS-51 系列单片机，那么对中断的概念一定不陌生。对于 8 位的单片机，其处理能力有限，相应的中断系统的结构简单，能力也较弱；对于 32 位的 Cortex 处理器，其结构复杂，处理能力强大。为了有效保护自身的系统工作的安全和实现强大的信息处理能力，处理器必须具有强大的异常与中断系统才能充分发挥其效能。

什么是异常？简单来说，凡是能够打断正常执行的程序的一切事件均可以看成是异常。例如通过按复位键使计算机复位，计算机终止正在执行的程序进入复位状态，这种情况就是复位异常。什么是中断？在计算机的异常事件中，如果这些异常是由用户有目的地设置使用的，通常就称为中断，因此中断是异常的子集。狭义来说，通常情况下将那些用户不希望发生的“异常事件”称为异常；一旦这些事件发生会对系统造成损害，为处理这些不希望发生的事件而设置的处理机制就是异常处理；而将那些由用户有意设计的，通过某种信号去触发，从而使处理器去及时处理某项紧要的事件，称为中断处理。

Cortex-M3 具有可嵌套的 NVIC，它具有非常强大的异常及中断处理能力，能够支持 256 级可嵌套的异常与中断控制。什么是可嵌套的 NVIC？这里主要从两个方面理解：其一，NVIC 能够实现中断嵌套，当某个中断正在被响应时，若有更高优先级的中断到来，此时高级的中断可以抢占正在响应的中断的 CPU 使用权，使正在响应的中断挂起，使 CPU

为高级中断服务，从而使更紧迫的任务得到及时响应；其二，每个异常或中断都对应一个中断向量地址，当该异常或中断发生时，NVIC 会自动地从该中断的中断向量地址中获取中断服务程序的入口地址，从而实现向异常或中断处理程序的跳转。

Cortex-M3 的 NVIC 不仅可以实现复杂的嵌套控制，还具有尾链功能，在中断响应结束返回时如果有新的中断等待处理，无须恢复现场，可以直接进入等待的中断处理程序执行，这样节省了现场恢复和重新进入中断服务程序所进行现场保护的时间开销，加快了中断程序的响应过程，具有更好的性能。

2. Cortex-M3 处理器支持的异常与中断

Cortex-M3 的可嵌套的 NVIC 能够支持 256 个可嵌套的异常与中断，其中与内核紧密相关的异常最多可支持 16 个(实际上有些未定义)，内核外部中断最多可以达到 240 个。表 6-1 所示为 Cortex-M3 处理器支持的异常与中断表。

表 6-1　Cortex-M3 处理器支持的异常与中断表

编号	类　型	优先级	简　　介
0	N/A	N/A	没有异常在运行
1	复位	−3(最高)	复位
2	NMI	−2	不可屏蔽中断 NMI
3	硬件访问失败	−1	硬件访问失败异常(hard fault)
4	存储器访问失败	可编程	存储器访问异常(memory fault)，MPU 访问犯规以及访问非法位置均可引发，企图在非执行区取指也会引发此异常
5	总线访问失败	可编程	从总线系统收到了错误响应，原因可以是指令或数据预取失败，或者企图访问协处理器失败
6	错误应用	可编程	由于程序错误导致的异常，通常是使用了一条无效指令，或者是非法的状态转换
7～10	保留	N/A	N/A
11	系统功能调用	可编程	执行系统服务调用指令(SVC)引发的异常
12	调试监控器	可编程	调试监控器访问异常，如调试器执行断点、数据观测点等调试指令时即可引发该异常
13	保留	N/A	N/A
14	可挂起请求	可编程	为系统设备而设的可悬挂请求(pendable request)触发的异常
15	SysTick	可编程	系统滴答定时器中断
16	IRQ #0	可编程	外中断#0
17	IRQ #1	可编程	外中断#1
⋮	⋮	⋮	⋮
255	IRQ #239	可编程	外中断#239

如表 6-1 所示编号 0～15 为 Cortex-M3 处理器 NVIC 的内部异常，共 16 个，在这 16 项中编号为 0 的位置用于主栈的初始化，未定义有异常；另外，编号为 7～10 和 13 的位置类型标注为保留，未定义异常，用于 Cortex-M3 系统扩展预留。由此可见内核异常共定义了 10 个。

内核异常中的复位异常优先级为 –3，是中断系统的最高优先级；不可屏蔽中断(Non-Maskable Interrupt，NMI)异常优先级为 –2，是次高优先级；硬件访问失败异常优先级为 –1，低于 NMI 的优先级。在 Cortex-M3 的中断优先级控制中，优先级的编号越小，对应的优先级越高，编号为负的这 3 个异常的优先级高于其他异常和中断的优先级，而且这 3 个异常的优先级是固定的，不可更改。除这 3 个以外的其他内核的中断的优先级均可通过编程更改。

编号大于等于 16 的为 Cortex-M3 内核外部的中断，最多可扩展到 240 个，所有的这些中断的优先级均可编程更改，需要视具体的应用而定。

ARM 公司设计了 Cortex-M3 内核中断系统的总体框架，不同的厂商在具体设计自己的 Cortex-M3 产品时实现的中断控制级数不同，所支持的中断个数也不同。

3. Cortex-M3 的中断优先级控制策略

1) 优先级控制规则

Cortex-M3 的每个可编程中断的优先级由两部分组成：一部分为抢占优先级，一部分为响应优先级(也称亚优先级)。比较两个可编程中断优先级的高低，首先看抢占优先级，抢占优先级高的优先级就高，如果抢占优先级相同，再比较响应优先级。

在响应中断时，抢占优先级高的中断可以打断正在响应的抢占优先级低的中断响应，从而形成中断嵌套；抢占优先级低的中断不能打断抢占优先级高的中断；抢占优先级相同的中断不能打断正在执行的其他同级中断，几个抢占优先级相同的中断同时到来时，响应优先级高的中断优先得到响应。

2) 优先级的设置

Cortex-M3 的每一个可编程中断的优先级由一个对应的优先级控制寄存器进行设置，为了实现 256 级可编程中断，设计者为每一个中断源配置一个 8 位的寄存器来设置该可编程中断的优先级。一个可编程中断源的优先级包含抢占优先级和响应优先级，那么如何设置抢占优先级和响应优先级呢？为了设置一个系统中各个可编程中断的抢占优先级和响应优先级，首先，需要把这个 8 位优先级控制寄存器划分成两部分，一部分用来设置抢占优先级，一部分用来设置响应优先级；然后，再分别设置每个中断的优先级控制寄存器的抢占优先级和响应优先级。例如，把一个 8 位寄存器的高 4 位用来设置抢占优先级，低 4 位用来设置响应优先级，这样一来，可以设置 16 级抢占优先级和 16 级响应优先级，组合起来总共可设置 256 级，如表 6-2 所示。

在一个 Cortex-M3 系统中，划分一个优先级设置寄存器来表示抢占优先级和响应优先级的方法称为优先级分组方案。优先级寄存器共 8 位，抢占优先级占的位数越多，响应优先级占的位数就越少，Cortex-M3 中断系统中至少需要保留 1 位的响应优先级设置位，这样一来，优先级分组方案可能的情况如表 6-3 所示。

表 6-2　抢占优先级与响应优先级各为 4 位时对应的优先级寄存器设置

抢占优先级					响应优先级				
高 4 位				编号	低 4 位				编号
D7	D6	D5	D4		D3	D2	D1	D0	
0	0	0	0	0	0	0	0	0	0
0	0	0	1	1	0	0	0	1	1
0	0	1	0	2	0	0	1	0	2
—	—	—	—	—	—	—	—	—	—
1	1	1	1	15	1	1	1	1	15

表 6-3　优先级分组方案的可能情况

分组方案	表示抢占优先级的位段	表示响应优先级的位段	说　明
0	—	D7～D0	抢占优先级相同；响应优先级 256 级
1	D7	D6～D0	抢占优先级 2 级；响应优先级 128 级
2	D7～D6	D5～D0	抢占优先级 4 级；响应优先级 64 级
3	D7～D5	D4～D0	抢占优先级 8 级；响应优先级 32 级
4	D7～D4	D3～D0	抢占优先级 16 级；响应优先级 16 级
5	D7～D3	D2～D0	抢占优先级 32 级；响应优先级 8 级
6	D7～D2	D1～D0	抢占优先级 64 级；响应优先级 4 级
7	D7～D1	D0	抢占优先级 128 级；响应优先级 2 级

不同的芯片厂家在设计生产自己的 Cortex-M3 产品时对可编程中断的优先级进行了简化，以 STM32 的 Cortex-M3 为例，它的每一个可编程中断的优先级寄存器只有 4 位，而不是 8 位，在这 4 位中又可以划分成两个位段，高的位段用来表示抢占优先级，低的位段用来表示响应优先级，总共可以支持 16 级中断。

6.1.2　STM32F10xxx 系列中断系统

1. STM32F10xxx 系列处理器中断源

ST 公司的 STM32F10xxx 系列处理器一共有 68 个可编程中断源，具有 16 个可编程的优先等级。表 6-4 为 STM32F10xxx 系列处理器(非互联型产品共 67 个)的中断及其向量表。

表 6-4　STM32F10xxx 系列处理器的中断及其向量表

位置	优先级	名　称	说　明	地　址
内核异常与中断				
0	—	—	保留	0x0000 0000
1	-3/固定	Reset	复位	0x0000 0004
2	-2/固定	NMI	不可屏蔽中断	0x0000 0008
3	-1/固定	硬件失效(HardFault)	硬件访问失效异常	0x0000 000C
4	可设置	存储管理(MemManage)	存储器管理异常	0x0000 0010
5	可设置	总线错误(BusFault)	预取指失败，存储器访问失败	0x0000 0014
6	可设置	错误应用(UsageFault)	未定义的指令或非法状态	0x0000 0018
7～10	—	—	保留	0x0000 001C ～0x0000 002B
11	可设置	SVCall	通过软中断指令调用的系统服务	0x0000 002C
12	可设置	调试监控(DebugMonitor)	调试监控器访问异常	0x0000 0030
13	—	—	保留	0x0000 0034
14	可设置	PendSV	可挂起的系统服务	0x0000 0038
15	可设置	SysTick	系统嘀嗒定时器	0x0000 003C
内核外部中断				
16	可设置	WWDG	看门狗窗口定时器中断	0x0000 0040
17	可设置	PVD	连到 EXTI 的电源电压检测(PVD)中断	0x0000 0044
18	可设置	TAMPER	侵入检测中断	0x0000 0048
19	可设置	RTC	实时时钟(RTC)中断	0x0000 004C
20	可设置	FLASH	闪存中断	0x0000 0050
21	可设置	RCC	复位和时钟控制(RCC)中断	0x0000 0054
22	可设置	EXTI0	外部 EXTI0 中断	0x0000 0058
23	可设置	EXTI1	外部 EXTI1 中断	0x0000 005C
24	可设置	EXTI2	外部 EXTI2 中断	0x0000 0060
25	可设置	EXTI3	外部 EXTI3 中断	0x0000 0064
26	可设置	EXTI4	外部 EXTI4 中断	0x0000 0068
27	可设置	DMA1 通道 1	DMA1 通道 1 中断	0x0000 006C
28	可设置	DMA1 通道 2	DMA1 通道 2 中断	0x0000 0070
29	可设置	DMA1 通道 3	DMA1 通道 3 中断	0x0000 0074
30	可设置	DMA1 通道 4	DMA1 通道 4 中断	0x0000 0078
31	可设置	DMA1 通道 5	DMA1 通道 5 中断	0x0000 007C
32	可设置	DMA1 通道 6	DMA1 通道 6 中断	0x0000 0080

续表一

位置	优先级	名　称	说　明	地　址
33	可设置	DMA1 通道 7	DMA1 通道 7 中断	0x0000 0084
34	可设置	ADC1_2	ADC1 和 ADC2 的中断	0x0000 0088
35	可设置	USB_HP_CAN_TX	USB 高优先级或 CAN 发送中断	0x0000 008C
36	可设置	USB_LP_CAN_RX0	USB 低优先级或 CAN 接收 0 中断	0x0000 0090
37	可设置	CAN_RX1	CAN 接收 1 中断	0x0000 0094
38	可设置	CAN_SCE	CAN SCE 中断	0x0000 0098
39	可设置	EXTI9_5	外部 EXTI[9:5]中断	0x0000 009C
40	可设置	TIM1_BRK	TIM1 刹车中断	0x0000 00A0
41	可设置	TIM1_UP	TIM1 更新中断	0x0000 00A4
42	可设置	TIM1_TRG_COM	TIM1 触发和通信中断	0x0000 00A8
43	可设置	TIM1_CC	TIM1 捕获比较中断	0x0000 00AC
44	可设置	TIM2	TIM2 中断	0x0000 00B0
45	可设置	TIM3	TIM3 中断	0x0000 00B4
46	可设置	TIM4	TIM4 中断	0x0000 00B8
47	可设置	I2C1_EV	I2C1 事件中断	0x0000 00BC
48	可设置	I2C1_ER	I2C1 错误中断	0x0000 00C0
49	可设置	I2C2_EV	I2C2 事件中断	0x0000 00C4
50	可设置	I2C2_ER	I2C2 错误中断	0x0000 00C8
51	可设置	SPI1	SPI1 中断	0x0000 00CC
52	可设置	SPI2	SPI2 中断	0x0000 00D0
53	可设置	USART1	USART1 中断	0x0000 00D4
54	可设置	USART2	USART2 中断	0x0000 00D8
55	可设置	USART3	USART3 中断	0x0000 00DC
56	可设置	EXTI15_10	外部 EXTI[15:10]中断	0x0000 00E0
57	可设置	RTCAlarm	连到 EXTI 的 RTC 闹钟中断	0x0000 00E4
58	可设置	USB 唤醒	从 USB 待机唤醒中断	0x0000 00E8
59	可设置	TIM8_BRK	TIM8 刹车中断	0x0000 00EC
60	可设置	TIM8_UP	TIM8 更新中断	0x0000 00F0
61	可设置	TIM8_TRG_COM	TIM8 触发和通信中断	0x0000 00F4
62	可设置	TIM8_CC	TIM8 捕获比较中断	0x0000 00F8
63	可设置	ADC3	ADC3 中断	0x0000 00FC
64	可设置	FSMC	FSMC 中断	0x0000 0100
65	可设置	SDIO	SDIO 中断	0x0000 0104

续表二

位置	优先级	名　称	说　明	地　址
66	可设置	TIM5	TIM5 中断	0x0000 0108
67	可设置	SPI3	SPI3 中断	0x0000 010C
68	可设置	UART4	UART4 中断	0x0000 0110
69	可设置	UART5	UART5 中断	0x0000 0114
70	可设置	TIM6	TIM6 中断	0x0000 0118
71	可设置	TIM7	TIM7 中断	0x0000 011C
72	可设置	DMA2 通道 1	DMA2 通道 1 中断	0x0000 0120
73	可设置	DMA2 通道 2	DMA2 通道 2 中断	0x0000 0124
74	可设置	DMA2 通道 3	DMA2 通道 3 中断	0x0000 0128
75	可设置	DMA2 通道 4_5	DMA2 通道 4 和 DMA2 通道 5 中断	0x0000 012C

如表 6-4 所示，STM32F10xxx 系列处理器(非互联型产品)内核异常共 10 个，其中，优先级最高的 3 个异常的优先级固定，其余的 7 个异常的优先级可编程。内核外部中断共 60 个，均可通过编程改变优先级。

在表 6-4 中每个异常或中断的所在行后面标注的地址号即为缺省情况下该异常或中断的中断向量，每个异常或中断对应的中断向量固定，当该异常或中断发生并被 CPU 响应时，由硬件逻辑决定自动读取其所对应的中断向量地址中存储的内容，该内容实际上就是该异常或中断服务程序的入口地址，简单来说，中断向量中存放的是中断服务程序的入口地址。

2. STM32F10xxx 系列处理器中断系统分组

如前所述，STM32 为每个可编程的中断设置了一个 4 位的寄存器，用来设置对应中断的优先级，4 位长度可以设置 16 个优先等级，这 4 位寄存器如何分段来表示抢占优先级和响应优先级，需要通过中断系统的优先级分组方案来确定。表 6-5 所示为 STM32F10xxx 系列处理器中断系统的分组方案。

表 6-5　STM32F10xxx 系列处理器中断系统分组方案

分组方案	表示抢占优先级的位段	表示响应优先级的位段	说明
0	—	D3～D0	无抢占优先级；响应优先级 16 级
1	D3	D2～D0	抢占优先级 2 级；响应优先级 8 级
2	D3～D2	D1～D0	抢占优先级 4 级；响应优先级 4 级
3	D3～D1	D0	抢占优先级 8 级；响应优先级 2 级
4	D3～D0	—	抢占优先级 16 级；无响应优先级

如表 6-5 所示，如果采用分组方案 0，则对应的中断系统无抢占优先级，优先级设置寄存器的所有位均用于响应优先级的设置，可设置 16 个响应优先级。如果采用分组方案 4，则所有的位用于抢占优先级设置，可设置 16 个抢占优先级，无响应优先级。如果采用其他分组方案，若抢占优先级所占的位数为 n，则抢占优先级的级数为 2 的 n 次方，响应优先级的位数为 4−n，响应优先级可设置的级数为 2 的 4−n 次方，抢占优先级与响应优先级

组合的总优先级的级数仍为 16 级。

6.1.3　NVIC 操作库函数

Cortex-M3 处理器的特点即 NVIC 控制器与处理器的内核深度融合，对 NVIC 控制器进行操作的寄存器与对处理器内核操作的控制寄存器也融为一体，或者说对内核与 NVIC 进行操作的寄存器是混在一起的。与内核和 NVIC 操作相关的寄存器主要包括 NVIC 寄存器组、系统控制寄存器组与系统时钟寄存器组等。

ST 公司为 STM32F10xxx 系列处理器 NVIC 控制器的应用提供了相应的库函数，通过这些库函数可以方便地操作芯片上的外设中断，这里主要介绍与 NVIC 外设中断基本操作和中断系统分组方案设置相关的几个库函数。

1. 函数 NVIC_DeInit

功能描述：将 NVIC 控制器相关的寄存器组重新设置为缺省值。

函数原型：

```
void NVIC_DeInit(void);
```

2. 函数 NVIC_SCBDeInit

功能描述：将系统控制块(System Control Block，SCB)寄存器组重设为缺省值。

函数原型：

```
void NVIC_SCBDeInit(void);
```

3. 函数 NVIC_PriorityGroupConfig

功能描述：设置优先级分组。

函数原型：

```
void NVIC_PriorityGroupConfig(u32 NVIC_PriorityGroup);
```

参数说明：通过参数 NVIC_PriorityGroup 指定优先级分组方案，从而设置各个具体中断抢占优先级和响应优先级在优先级控制寄存器中所占的位数。参数 NVIC_PriorityGroup 可能出现的情形及其代表的含义如表 6-6 所示。

表 6-6　NVIC_PriorityGroup 可能出现的情形及其代表的分组方案

NVIC_PriorityGroup	分组方案	备注
NVIC_PriorityGroup_0	抢占优先级 0 位 响应优先级 4 位	抢占优先级无 响应优先级有 16 级
NVIC_PriorityGroup_1	抢占优先级 1 位 响应优先级 3 位	抢占优先级有 2 级 响应优先级有 8 级
NVIC_PriorityGroup_2	抢占优先级 2 位 响应优先级 2 位	抢占优先级有 4 级 响应优先级有 4 级
NVIC_PriorityGroup_3	抢占优先级 3 位 响应优先级 1 位	抢占优先级有 8 级 响应优先级有 2 级
NVIC_PriorityGroup_4	抢占优先级 4 位 响应优先级 0 位	抢占优先级有 16 级 响应优先级无

4. 函数 NVIC_Init

功能描述：根据 NVIC_InitStruct 中指定的参数初始化外设 NVIC 寄存器。

函数原型：

```
void NVIC_Init(NVIC_InitTypeDef* NVIC_InitStruct);
```

参数说明：参数 NVIC_InitStruct 为指向结构体 NVIC_InitTypeDef 的指针，NVIC_InitTypeDef 结构体是在文件 stm32f10x_nvic.h 中定义的，具体代码如下：

```
typedef struct
{
    u8 NVIC_IRQChannel;
    u8 NVIC_IRQChannelPreemptionPriority;
    u8 NVIC_IRQChannelSubPriority;
FunctionalState NVIC_IRQChannelCmd;
} NVIC_InitTypeDef;
```

结构体中 NVIC_IRQChannel 成员用于指定外设中断源，其可能的取值及其表示的中断源如表 6-7 所示。

表 6-7 NVIC_IRQChannel 可能的取值及其表示的中断源

NVIC_IRQChannel	描　述
WWDG_IRQn	窗口看门狗中断
PVD_IRQn	PVD 通过 EXTI 探测中断
TAMPER_IRQn	篡改中断
RTC_IRQn	RTC 中断
FlashItf_IRQn	Flash 中断
RCC_IRQn	RCC 中断
EXTI0_IRQn	外部中断线 0 中断
EXTI1_IRQn	外部中断线 1 中断
EXTI2_IRQn	外部中断线 2 中断
EXTI3_IRQn	外部中断线 3 中断
EXTI4_IRQn	外部中断线 4 中断
DMAChannel1_IRQn	DMA 通道 1 中断
DMAChannel2_IRQn	DMA 通道 2 中断
DMAChannel3_IRQn	DMA 通道 3 中断
DMAChannel4_IRQn	DMA 通道 4 中断
DMAChannel5_IRQn	DMA 通道 5 中断
DMAChannel6_IRQn	DMA 通道 6 中断
DMAChannel7_IRQn	DMA 通道 7 中断
ADC1_2_IRQn	ADC 中断

续表一

NVIC_IRQChannel	描　述
USB_HP_CAN1_TX_IRQn	USB 高优先级或者 CAN 发送中断
USB_LP_CAN1_RX0_IRQn	USB 低优先级或者 CAN 接收 0 中断
CAN_RX1_IRQn	CAN 接收 1 中断
CAN_SCE_IRQn	CAN SCE 中断
EXTI9_5_IRQn	外部中断线 9-5 中断
TIM1_BRK_IRQn	TIM1 暂停中断
TIM1_UP_IRQn	TIM1 刷新中断
TIM1_TRG_COM_IRQn	TIM1 触发和通信中断
TIM1_CC_IRQn	TIM1 捕获比较中断
TIM2_IRQn	TIM2 全局中断
TIM3_IRQn	TIM3 全局中断
TIM4_IRQn	TIM4 全局中断
I2C1_EV_IRQn	I2C1 事件中断
I2C1_ER_IRQn	I2C1 错误中断
I2C2_EV_IRQn	I2C2 事件中断
I2C2_ER_IRQn	I2C2 错误中断
SPI1_IRQn	SPI1 全局中断
SPI2_IRQn	SPI2 全局中断
USART1_IRQn	USART1 全局中断
USART2_IRQn	USART2 全局中断
USART3_IRQn	USART3 全局中断
EXTI15_10_IRQn	外部中断线 15-10 中断
RTCAlarm_IRQn	RTC 闹钟通过 EXTI 线中断
USBWakeUp_IRQn	USB 通过 EXTI 线从悬挂唤醒中断
TIM8_BRK_IRQn	TIM8 刹车中断
TIM8_UP_IRQn	TIM8 更新中断
TIM8_TRG_COM_IRQn	TIM8 触发或通信中断
TIM8_CC_IRQn	TIM8 捕获/比较中断
ADC3_IRQn	ADC3 全局中断
FSMC_IRQn	FSMC 全局中断
SDIO_IRQn	SDIO 全局中断
TIM5_IRQn	TIM5 全局中断

续表二

NVIC_IRQChannel	描　述
SPI3_IRQn	SPI3 全局中断
UART4_IRQn	UART4 全局中断
UART5_IRQn	UART5 全局中断
TIM6_IRQn	TIM6 全局中断
TIM7_IRQn	TIM7 全局中断
DMA2_Channel1_IRQn	DMA2 通道 1 全局中断
DMA2_Channel2_IRQn	DMA2 通道 2 全局中断
DMA2_Channel3_IRQn	DMA2 通道 3 全局中断
DMA2_Channel4_5_IRQn	DMA2 通道 4 和通道 5 全局中断

结构体成员 NVIC_IRQChannelPreemptionPriority 和 NVIC_IRQChannelSubPriority 分别用于设置抢占优先级和响应优先级，抢占优先级与响应优先级的取值应该与系统的中断分组相关。NVIC_IRQChannelCmd 用于指定设置的中断是允许还是禁止，允许时这个参数取值为 ENABLE，禁止时则取 DISABLE。

5. 函数 NVIC_StructInit

功能描述：给 NVIC_InitStruct 中的每一个参数填入缺省值。

函数原型：

```
void NVIC_StructInit (NVIC_InitTypeDef* NVIC_InitStruct);
```

参数说明：指针 NVIC_InitStruct 指向结构体 NVIC_InitTypeDef。表 6-8 所示为 NVIC_InitTypeDef 结构体的缺省值。

表 6-8　NVIC_InitTypeDef 结构体的缺省值

成　员	缺 省 值
NVIC_IRQChannel	0x0
NVIC_IRQChannelPreemptionPriority	0
NVIC_IRQChannelSubPriority	0
NVIC_IRQChannelCmd	DISABLE

6.2　外部中断/事件控制器

在 STM32F10xxx 系列处理器的内核外部中断中，通过外部引脚及片上部分外设触发的中断由专门的外部中断/事件控制器 EXTI 进行管理，通过该控制器可对外部中断或事件的来源、触发信号的性质、中断/事件的使能等进行配置。

6.2.1 外部中断控制器 EXTI

对于 STM32 的非互联型产品，其外部中断控制器通过 19 个边沿检测器产生中断/事件请求，对于互联型产品则有 20 个边沿检测器对应产生 20 路中断/事件请求信号，每条输入线都可以独立地配置输入触发信号的类型和独立地被使能或屏蔽。

1. 外部中断控制器的基本结构

下面以非互联型产品为例，说明其外部中断控制器的基本结构。图 6-1 所示为非互联型 STM32F10xxx 系列产品的外部中断控制器基本结构。

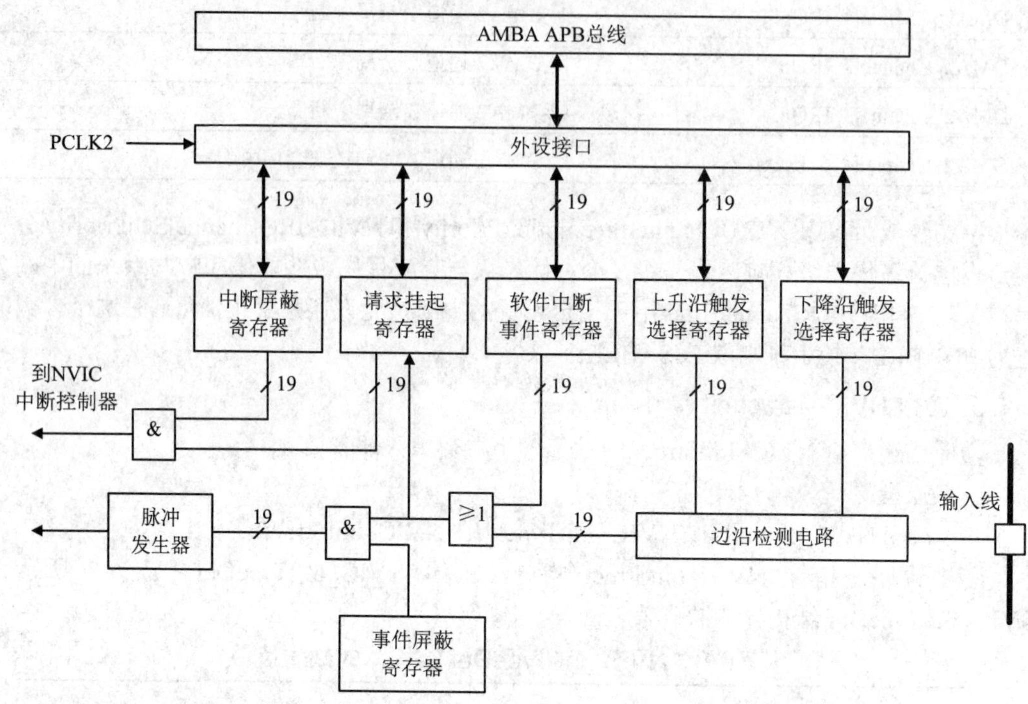

图 6-1 STM32F10xxx(非互联型)外部中断控制器结构图

如图 6-1 所示，来自输入线(外部引脚)的中断/事件触发信号被送入边沿检测电路，边沿检测电路受到上升沿触发选择寄存器和下降沿触发选择寄存器的控制，可设置上升沿触发选择寄存器有效或下降沿触发选择寄存器有效，也可以设置上升沿触发选择寄存器和下降沿触发选择寄存器同时有效。举例来说，当设置上升沿触发选择寄存器有效时，输入线上出现有效的上升沿，当边沿检测电路检测到有效的输入请求信号就会输出高电平，该高电平经过其后的或门输出的信号可置位请求挂起寄存器，该请求挂起寄存器实际上就是中断的标志寄存器。请求挂起寄存器被置位表示有外中断请求发生，但是该请求能否向 CPU 的 NVIC 发出申请信号，必须看对应的中断屏蔽寄存器是否使能了该中断，如果对应的中断屏蔽寄存器置 1 使能，在中断挂起寄存器置 1 的情况下则以中断屏蔽寄存器和中断挂起寄存器作为输入的与门输出有效的高电平，向 CPU 的 NVIC 发出申请信号。

如图 6-1 所示，通过外设总线接口，CPU 可以对外部中断/事件控制器内部的各寄存器进行访问，实现配置，通过上升沿触发选择寄存器和下降沿触发选择寄存器设置外中断的有效触发信号的形式，通过中断屏蔽寄存器可屏蔽或使能外中断，可以直接对中断挂起寄存器中置 1 的中断标志进行清除，还可以通过软件中断/事件寄存器由软中断指令触发外中断。

如果对应的输入线是用于事件管理的，系统可以通过事件屏蔽寄存器使能或禁止对应输入信号线上的事件申请信号，当事件屏蔽寄存器使能且边沿检测电路有有效的输出信号时，则会触发有效的事件触发脉冲。

在图 6-1 中，内部信号上打斜杠标注 19 表示共有 19 路外部中断信号，每路对应的都有如图 6-1 所示的控制结构。

2. 外部中断的组织

STM32F10xxx 系列产品最多共有 7 组 GPIO 口，每一个 I/O 口线都可以配置作为外部中断请求线来使用，但是，并不是所有的口线同时都可以作为中断输入线使用，实际上 STM32F10xxx 系列芯片分配给外部 I/O 口线的中断向量只有 16 个，也就是在一个具体的时刻最多可以使用 16 个 I/O 口线作为外部中断请求信号线。那么，外部口线的中断申请与中断向量的对应关系如何呢？请看图 6-2 所示外部 I/O 口线与外中断的映射关系。

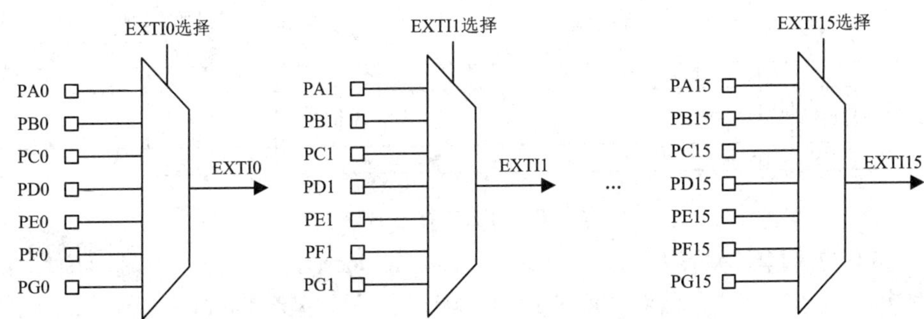

图 6-2 外部 I/O 口线与外部中断的映射关系

从图 6-2 中可以看出：外部中断 EXTI0 只能从 PA0、PB0、PC0、PD0、PE0、PF0 及 PG0 口线中选择一个作为其中断申请信号线，外部中断 EXTI1 只能从 PA1、PB1、PC1、PD1、PE1、PF1 及 PG1 口线中选择一个作为其中断申请信号线，以此类推，直到外部中断 EXTI15 只能从 PA15、PB15、PC15、PD15、PE15、PF15 及 PG15 口线中选择一个作为其中断申请信号线。在具体应用中，通过相关的寄存器可以配置某个具体的外中断究竟使用哪一个口线作为其外部中断申请信号输入端。

外部中断 EXTI16 由电源电压检测 PVD 输出驱动，外部中断 EXTI17 由实时时钟 RTC 闹钟事件驱动，外部中断 EXTI18 由 USB 唤醒事件驱动。在互联型产品中，外部中断 EXTI19 由以太网唤醒事件驱动。

6.2.2 外部中断的相关寄存器

1. 中断屏蔽寄存器(EXTI_IMR)

中断屏蔽寄存器(EXTI_IMR)的偏移地址为 0x00，复位值为 0x0000 0000。图 6-3 所示为中断屏蔽寄存器的结构图。

31	30	29	28	27	26	25	24	23	22	21	20	19	18	17	16
Reserved												MR19	MR18	MR17	MR16
												rw	rw	rw	rw
15	14	13	12	11	10	9	8	7	6	5	4	3	2	1	0
MR15	MR14	MR13	MR12	MR11	MR10	MR9	MR8	MR7	MR6	MR5	MR4	MR3	MR2	MR1	MR0
rw	rw	rw	rw	rw	rw	rw	rw	rw	rw	rw	rw	rw	rw	rw	rw

图 6-3　中断屏蔽寄存器的结构图

➢ MRx：外中断 x 的中断屏蔽控制位(Interrupt Mask on Line x)。当 MRx 为 0 时，EXTIx 中断请求禁止；当 MRx 为 1 时，EXTIx 中断请求使能(位 MR19 只适用于互联型产品，对于其他产品为保留位)。

2. 事件屏蔽寄存器(EXTI_EMR)

事件屏蔽寄存器(EXTI_EMR)的偏移地址为 0x04，复位值为 0x0000 0000。图 6-4 所示为事件屏蔽寄存器的结构图。

31	30	29	28	27	26	25	24	23	22	21	20	19	18	17	16
Reserved												MR19	MR18	MR17	MR16
												rw	rw	rw	rw
15	14	13	12	11	10	9	8	7	6	5	4	3	2	1	0
MR15	MR14	MR13	MR12	MR11	MR10	MR9	MR8	MR7	MR6	MR5	MR4	MR3	MR2	MR1	MR0
rw	rw	rw	rw	rw	rw	rw	rw	rw	rw	rw	rw	rw	rw	rw	rw

图 6-4　事件屏蔽寄存器的结构图

➢ MRx：外部事件 x 的屏蔽控制位(Event Mask on Line x)。当 MRx 为 0 时，事件 x 请求禁止；当 MRx 为 1 时，事件 x 请求使能(位 MR19 只适用于互联型产品，对于其他产品为保留位)。

3. 上升沿触发选择寄存器(EXTI_RTSR)

上升沿触发选择寄存器(EXTI_RTSR)的偏移地址为 0x08，复位值为 0x0000 0000。图 6-5 所示为上升沿触发选择寄存器的结构图。

31	30	29	28	27	26	25	24	23	22	21	20	19	18	17	16
Reserved												TR19	TR18	TR17	TR16
												rw	rw	rw	rw
15	14	13	12	11	10	9	8	7	6	5	4	3	2	1	0
TR15	TR14	TR13	TR12	TR11	TR10	TR9	TR8	TR7	TR6	TR5	TR4	TR3	TR2	TR1	TR0
rw	rw	rw	rw	rw	rw	rw	rw	rw	rw	rw	rw	rw	rw	rw	rw

图 6-5　上升沿触发选择寄存器的结构图

➢ TRx：外部中断/事件 x 线上的上升沿触发配置位(Rising Trigger Event Configuration Bit of Line x)。当 TRx 为 0 时，禁止 EXTI 的 x 线上的上升沿触发；当 TRx 为 1 时，允许 EXTI 的 x 线上的上升沿触发(位 TR19 只适用于互联型产品，对于其他产品为保留位)。

4. 下降沿触发选择寄存器(EXTI_FTSR)

下降沿触发选择寄存器(EXTI_FTSR)的偏移地址为 0x0C，复位值为 0x0000 0000。图

6-6 所示为下降沿触发选择寄存器的结构图。

31	30	29	28	27	26	25	24	23	22	21	20	19	18	17	16
Reserved												TR19	TR18	TR17	TR16
												rw	rw	rw	rw
15	14	13	12	11	10	9	8	7	6	5	4	3	2	1	0
TR15	TR14	TR13	TR12	TR11	TR10	TR9	TR8	TR7	TR6	TR5	TR4	TR3	TR2	TR1	TR0
rw	rw	rw	rw	rw	rw	rw	rw	rw	rw	rw	rw	rw	rw	rw	rw

图 6-6　下降沿触发选择寄存器的结构图

➢ TRx：外部中断/事件 x 线上的下降沿触发配置位(Falling Trigger Event Configuration Bit of Line x)。当 TRx 为 0 时，禁止 EXTI 的 x 线上的下降沿触发；当 TRx 为 1 时，允许 EXTI 的 x 线上的下降沿触发(位 TR19 只适用于互联型产品，对于其他产品为保留位)。

5. 软件中断/事件寄存器(EXTI_SWIER)

软件中断/事件寄存器(EXTI_SWIER)的偏移地址为 0x10，复位值为 0x0000 0000。图 6-7 所示为软件中断/事件寄存器的结构图。

31	30	29	28	27	26	25	24	23	22	21	20	19	18	17	16
Reserved												SWIER 19	SWIER 18	SWIER 17	SWIER 16
												rw	rw	rw	rw
15	14	13	12	11	10	9	8	7	6	5	4	3	2	1	0
SWIER 15	SWIER 14	SWIER 13	SWIER 12	SWIER 11	SWIER 10	SWIER 9	SWIER 8	SWIER 7	SWIER 6	SWIER 5	SWIER 4	SWIER 3	SWIER 2	SWIER 1	SWIER 0
rw	rw	rw	rw	rw	rw	rw	rw	rw	rw	rw	rw	rw	rw	rw	rw

图 6-7　软件中断/事件寄存器的结构图

➢ SWIERx：外部中断/事件 x 线上的软件中断设置位(Software Interrupt on Line x)。当该位为 0 时，写 1 将设置中断挂起寄存器的对应位置 1，如果在中断屏蔽寄存器 EXTI_IMR 或事件屏蔽寄存器 EXTI_EMR 中对应的位使能，则此时将产生一个中断申请或事件触发脉冲(位 SWIER19 只适用于互联型产品，对于其他产品为保留位)。

6. 挂起寄存器(EXTI_PR)

挂起寄存器(EXTI_PR)的偏移地址为 0x14，复位值为 0xXXXX XXXX。图 6-8 所示为挂起寄存器的结构图。

31	30	29	28	27	26	25	24	23	22	21	20	19	18	17	16
Reserved												PR19	PR18	PR17	PR16
												rcw1	rcw1	rcw1	rcw1
15	14	13	12	11	10	9	8	7	6	5	4	3	2	1	0
PR15	PR14	PR13	PR12	PR11	PR10	PR9	PR8	PR7	PR6	PR5	PR4	PR3	PR2	PR1	PR0
rcw1	rcw1	rcw1	rcw1	rcw1	rcw1	rcw1	rcw1	rcw1	rcw1	rcw1	rcw1	rcw1	rcw1	rcw1	rcw1

图 6-8　挂起寄存器的结构图

➢ PRx：外部中断/事件 x 线上的挂起位(Pending Bit)。当 PRx 为 0 时，表示 x 线上没有发生触发请求；当 PRx 为 1 时，表示 x 线上发生了触发请求。当在外部中断线上发生了选择的边沿事件时，该位自动被置 1。在该位中写入 1 则清除该位为 0，也可以通过改变边沿检测的极性清除该位(位 PR19 只适用于互联型产品，对于其他产品为保留位)。

6.2.3　外部中断的操作库函数

1. EXTI 寄存器结构

EXTI 寄存器结构为 EXTI_TypeDef，是在 stm32f10x_map.h 文件中定义的，具体定义引用如下：

```
typedef struct
{
    vu32 IMR;
    vu32 EMR;
    vu32 RTSR;
    vu32 FTSR;
    vu32 SWIER;
    vu32 PR;
} EXTI_TypeDef;
```

显然，在 EXTI_TypeDef 结构体中列举了 EXTI 的所有寄存器。外设 EXTI 的存储器映射也在同一个文件中进行了声明，具体代码如下：

```
#define   PERIPH_BASE ((u32)0x40000000)
#define   APB1PERIPH_BASE   PERIPH_BASE
#define   APB2PERIPH_BASE   (PERIPH_BASE + 0x10000)
#define   AHBPERIPH_BASE   (PERIPH_BASE + 0x20000)
#define   EXTI_BASE   (APB2PERIPH_BASE + 0x0400)
```

2. EXTI 库函数

通过库函数实现 EXTI 的编程应用需要熟悉其相关的库函数。表 6-9 所示为 EXTI 操作相关的库函数。

表 6-9　EXTI 操作库函数

库函数名	功　能
EXTI_DeInit	将外设 EXTI 相关的寄存器重设为缺省值
EXTI_Init	根据 EXTI_InitStruct 中指定的参数初始化外设 EXTI 相关的寄存器
EXTI_StructInit	把 EXTI_InitStruct 中的每一个参数按缺省值填入
EXTI_GenerateSWInterrupt	产生一个软件中断
EXTI_GetFlagStatus	获取指定的 EXTI 线路标志位设置状态
EXTI_ClearFlag	清除指定的 EXTI 线路中断挂起标志位
EXTI_GetITStatus	获取指定的 EXTI 线路中断触发请求状态
EXTI_ClearITPendingBit	清除指定的 EXTI 线路中断挂起标志位

下面简要介绍 EXTI 函数的功能。

1) 函数 EXTI_DeInit

功能描述：将外设 EXTI 相关的寄存器重设为缺省值。

函数原型：

```
void EXTI_DeInit(void);
```

2) 函数 EXTI_Init

功能描述：根据结构体 EXTI_InitStruct 中指定的参数初始化外设 EXTI 相关的寄存器。

函数原型：

```
void EXTI_Init(EXTI_InitTypeDef* EXTI_InitStruct);
```

举例：

/*使能外部中断 12 和 14，下降沿触发*/

```
EXTI_InitTypeDef   EXTI_InitStructure;
EXTI_InitStructure.EXTI_Line = EXTI_Line12 | EXTI_Line14;
EXTI_InitStructure.EXTI_Mode = EXTI_Mode_Interrupt;
EXTI_InitStructure.EXTI_Trigger = EXTI_Trigger_Falling;
EXTI_InitStructure.EXTI_LineCmd = ENABLE;
EXTI_Init(&EXTI_InitStructure);
```

3) 函数 EXTI_StructInit

功能描述：给结构体 EXTI_InitStruct 的每个成员变量赋值为缺省值。

函数原型：

```
void EXTI_StructInit(EXTI_InitTypeDef * EXTI_InitStruct);
```

举例：

```
/*初始化 EXTI 的初始化结构体参数*/
EXTI_InitTypeDef   EXTI_InitStructure;
EXTI_StructInit(&EXTI_InitStructure);
```

4) 函数 EXTI_GenerateSWInterrupt

功能描述：在指定的外中断线产生一个软件中断。

函数原型：

```
void EXTI_GenerateSWInterrupt(u32 EXTI_Line);
```

举例：

```
/* 在 EXTI6 上产生一个软中断请求 */
EXTI_GenerateSWInterrupt(EXTI_Line6);
```

5) 函数 EXTI_GetFlagStatus

功能描述：检查指定的 EXTI 线上对应的中断标志位是否置位。

函数原型：

```
FlagStatus   EXTI_GetFlagStatus(u32 EXTI_Line);
```

举例：

```
/* 获取中断线 8 对应的中断标志*/
FlagStatus EXTIStatus;
EXTIStatus = EXTI_GetFlagStatus(EXTI_Line8);
```

6) 函数 EXTI_ClearFlag

功能描述：清除指定的 EXTI 线路中断挂起标志位。

函数原型：

void EXTI_ClearFlag(u32 EXTI_Line);

举例：

```
/* 清除外中断 2 的中断挂起标志*/
EXTI_ClearFlag(EXTI_Line2);
```

7) 函数 EXTI_GetITStatus

功能描述：检查指定的 EXTI 线路中断向 NVIC 发出的触发请求是否有效。

函数原型：

ITStatus EXTI_GetITStatus(u32 EXTI_Line);

举例：

```
/*获取外中断 8 的中断请求状态 */
ITStatus EXTIStatus;
EXTIStatus = EXTI_GetITStatus(EXTI_Line8);
```

这里要特别说明 EXTI_GetITStatus 和 EXTI_GetFlagStatus 两者不同，EXTI_GetFlagStatus 表示查询指定中断的中断挂起标志是否置位，而 EXTI_GetITStatus 查询的是指定中断线向 NVIC 发出的中断申请是否有效，若中断挂起标志已经置位，但是该中断线是被屏蔽的，则仍不会有有效的中断申请信号送给 NVIC 控制器。

8) 函数 EXTI_ClearITPendingBit

功能描述：清除指定 EXTI 线路的中断挂起标志位。

函数原型：

void EXTI_ClearITPendingBit(u32 EXTI_Line);

举例：

```
/* 清除外中断 2 的中断挂起标志*/
EXTI_ClearITpendingBit(EXTI_Line2);
```

参数说明：函数 EXTI_ClearITPendingBit 与函数 EXTI_ClearFlag 功能实际上是一样的。

6.3 外部中断编程实践

本小节先介绍外部中断编程的基本操作步骤，然后通过一个具体的工程案例说明实现外部中断编程的基本操作方法。

6.3.1 使用外部中断的基本步骤

1. 设置整个系统的中断分组

一个具体系统的中断分组用来规划该系统运行期间的中断优先级的总体安排，通常，在系统上电复位之后通过系统初始化设置系统的中断分组，设置完成后在系统运行期间不再改变。利用库函数编程时需要使用 NVIC_PriorityGroupConfig 函数设置中断分组。

例如，设置系统的中断分组为 NVIC_PriorityGroup_1，可执行如下的函数：

```
NVIC_PriorityGroupConfig(NVIC_PriorityGroup_1);
```

执行该操作后系统将采用 1 位表示抢占优先级，采用 3 位表示响应优先级；抢占优先级分两级，响应优先级分 8 级。

2. 配置用于中断申请输入的 GPIO 口线的模式

作为中断申请输入的 I/O 口线需要使能对应 GPIO 的时钟和 AFIO 时钟，并且将其设置为输入模式。

例如，设置 GPIOE 的 PE2 作为中断信号输入线，使能其 GPIO 时钟和 AFIO 时钟操作，设置的程序如下：

```
GPIO_InitTypeDef GPIO_InitStructure;
//GPIOE 的时钟使能
RCC_APB2PeriphClockCmd(RCC_APB2Periph_GPIOE, ENABLE);
//AFIO 时钟使能
RCC_APB2PeriphClockCmd(RCC_APB2Periph_AFIO,ENABLE);
//GPIO 的 PE2 设置为上拉输入模式
GPIO_InitStructure.GPIO_Pin= GPIO_Pin_2;                    //选择 PE2
GPIO_InitStructure.GPIO_Mode=GPIO_Mode_IPU;                 //上拉输入模式
GPIO_InitStructure.GPIO_Speed=GPIO_Speed_10 MHz;            //IO 口速度 10 MHz
GPIO_Init(GPIOE,&GPIO_InitStructure);                       //调用初始化函数
```

3. 选择要用作外部中断的 I/O 口作为输入

通过库函数配置要作为外部中断的 I/O 口线，例如，配置 GPIOE 的 PE2 作为外中断 EXTI2 中断输入线代码如下：

```
GPIO_EXTILineConfig(GPIO_PortSourceGPIOE, GPIO_PinSource2);
```

GPIO_EXTILineConfig 函数在 stm32f10x_gpio.c 文件中定义，它有两个输入参数，第一个参数是指定 GPIO 口，设置为 GPIO_PortSourceGPIOE，表示选择 GPIOE，第二个参数设置作为中断触发信号输入的具体的 I/O 引脚序号，这里选择 GPIO_PinSource2，即 PE2。

4. 对所使用外中断进行初始化

通过 misc.c 中的库函数 NVIC_Init 设置所要使用的外中断的优先级、触发模式及中断的使能控制。调用该函数时需要使用结构体 NVIC_InitStructure，要先设置该结构体的参数，然后调用 NVIC_Init 函数按照 NVIC_InitStructure 结构体中的参数初始化对应的外中断。

NVIC_InitStructure 结构体参数的 4 个成员：

第一个成员 NVIC_IRQChannelPreemptionPriority，用来设置抢占优先级的等级。

第二个成员 NVIC_IRQChannelSubPriority，用来设置响应优先级的等级。

第三个成员 NVIC_IRQChannel，用来设置中断向量号。

第四个成员 NVIC_IRQChannelCmd，用来设置中断的使能与禁止状态，可以设置 ENABLE 或 DISABLE 两种状态。

例如，设置 PE2 对应的 EXTI2 中断抢占优先级为 0 级，响应优先级为 0 级，并开启该中断，代码如下：

```
NVIC_InitTypeDef   NVIC_InitStructure;
NVIC_InitStructure.NVIC_IRQChannel = EXTI2_IRQn;   //打开 EXTI2 的全局中断
NVIC_InitStructure.NVIC_IRQChannelPreemptionPriority = 0;   //抢占优先级为 0
NVIC_InitStructure.NVIC_IRQChannelSubPriority = 0;   //响应优先级为 0
NVIC_InitStructure.NVIC_IRQChannelCmd = ENABLE;   //使能
NVIC_Init(&NVIC_InitStructure);
```

5. 编写中断响应函数

当 STM32F10xxx 系列处理器的中断发生时，要从正在执行的用户程序跳转到对应的中断服务程序，需要由 STM32F10xxx 系列处理器的中断响应机制，即中断向量来实现。Cortex-M3 系列处理器为每个异常及中断设置一个中断向量，即一个固定的地址，该地址内存放对应异常或中断处理程序的入口地址；当处理器的异常或中断发生时，由系统的硬件自动实现从中断向量处取出对应中断处理程序入口地址，并赋给程序指针，进而进入异常或中断处理程序，从而实现中断的响应。

在 STM32F10xxx 系列处理器的启动文件中可以看到中断向量的定义，摘录如下：

```
; 复位时向量表映射到 0 地址处
    AREA      RESET, DATA, READONLY
    EXPORT    __Vectors
    EXPORT    __Vectors_End
    EXPORT    __Vectors_Size

__Vectors
    DCD       __initial_sp                 ; 栈顶
    DCD       Reset_Handler                ; 复位向量
    DCD       NMI_Handler                  ; 向量
    DCD       HardFault_Handler            ; 硬件访问失败向量
    DCD       MemManage_Handler            ; 操作失败向量
    DCD       BusFault_Handler             ; 总线访问失败向量
    DCD       UsageFault_Handler           ; 错误应用向量
    DCD       0                            ; 保留
    DCD       0                            ; 保留
```

```
    DCD     0                               ; 保留
    DCD     0                               ; 保留
    DCD     SVC_Handler                     ; 系统功能调用向量
    DCD     DebugMon_Handler                ; 调试/监控器向量
    DCD     0                               ; 保留
    DCD     PendSV_Handler                  ; 可挂起请求向量
    DCD     SysTick_Handler                 ; SysTick 向量
; 外部中断
    DCD     WWDG_IRQHandler                 ; 看门狗窗口定时器中断向量
    DCD     PVD_IRQHandler                  ; 连接到 EXTI 线的电源电压检测中断向量
    DCD     TAMPER_IRQHandler               ; 侵入检测中断向量
    DCD     RTC_IRQHandler                  ; 实时时钟中断向量
    DCD     FLASH_IRQHandler                ; 闪存中断向量
    DCD     RCC_IRQHandler                  ; RCC 中断向量
    DCD     EXTI0_IRQHandler                ; EXTI 线 0 中断向量
    DCD     EXTI1_IRQHandler                ; EXTI 线 1 中断向量
    DCD     EXTI2_IRQHandler                ; EXTI 线 2 中断向量
    DCD     EXTI3_IRQHandler                ; EXTI 线 3 中断向量
    DCD     EXTI4_IRQHandler                ; EXTI 线 4 中断向量
    DCD     DMA1_Channel1_IRQHandler        ; DMA1 通道 1 中断向量
    DCD     DMA1_Channel2_IRQHandler        ; DMA1 通道 2 中断向量
    DCD     DMA1_Channel3_IRQHandler        ; DMA1 通道 3 中断向量
    DCD     DMA1_Channel4_IRQHandler        ; DMA1 通道 4 中断向量
    DCD     DMA1_Channel5_IRQHandler        ; DMA1 通道 5 中断向量
    DCD     DMA1_Channel6_IRQHandler        ; DMA1 通道 6 中断向量
    DCD     DMA1_Channel7_IRQHandler        ; DMA1 通道 7 中断向量
    DCD     ADC1_2_IRQHandler               ; ADC1 和 ADC2 中断向量
    DCD     USB_HP_CAN1_TX_IRQHandle        ; USB 高优先级中断或 CAN 发送中断向量
    DCD     USB_LP_CAN1_RX0_IRQHandler      ; USB 低优先级中断或 CAN 接收 0 中断向量
    DCD     CAN1_RX1_IRQHandler             ; CAN 接收 1 中断向量
    DCD     CAN1_SCE_IRQHandler             ; CAN SCE 中断向量
    DCD     EXTI9_5_IRQHandler              ; 外中断 9～5 中断向量
    DCD     TIM1_BRK_IRQHandler             ; TIM1 刹车中断向量
    DCD     TIM1_UP_IRQHandler              ; TIM1 更新中断向量
    DCD     TIM1_TRG_COM_IRQHandler         ; TIM1 触发和通信中断向量
    DCD     TIM1_CC_IRQHandler              ; TIM1 捕获比较中断向量
    DCD     TIM2_IRQHandler                 ; TIM2 中断向量
    DCD     TIM3_IRQHandler                 ; TIM3 中断向量
    DCD     TIM4_IRQHandler                 ; TIM4 中断向量
```

```
        DCD     I2C1_EV_IRQHandler              ; I2C1 事件中断向量
        DCD     I2C1_ER_IRQHandler              ; I2C1 错误中断向量
        DCD     I2C2_EV_IRQHandler              ; I2C2 事件中断向量
        DCD     I2C2_ER_IRQHandler              ; I2C2 错误中断向量
        DCD     SPI1_IRQHandler                 ; SPI1 中断向量
        DCD     SPI2_IRQHandler                 ; SPI2 中断向量
        DCD     USART1_IRQHandler               ; USART1 中断向量
        DCD     USART2_IRQHandler               ; USART2 中断向量
        DCD     USART3_IRQHandler               ; USART3 中断向量
        DCD     EXTI15_10_IRQHandler            ; 外中断 15～10 中断向量
        DCD     RTCAlarm_IRQHandler             ; 连接到 EXTI 线的 RTC 闹钟中断向量
        DCD     USBWakeUp_IRQHandler            ; USB 从待机唤醒中断向量
        DCD     TIM8_BRK_IRQHandler             ; TIM8 刹车中断向量
        DCD     TIM8_UP_IRQHandler              ; TIM8 更新中断向量
        DCD     TIM8_TRG_COM_IRQHandler         ; TIM8 触发和通信中断向量
        DCD     TIM8_CC_IRQHandler              ; TIM8 捕获比较中断向量
        DCD     ADC3_IRQHandler                 ; ADC3 中断向量
        DCD     FSMC_IRQHandler                 ; FSMC 中断向量
        DCD     SDIO_IRQHandler                 ; SDIO 中断向量
        DCD     TIM5_IRQHandler                 ; TIM5 中断向量
        DCD     SPI3_IRQHandler                 ; SPI3 中断向量
        DCD     UART4_IRQHandler                ; UART4 中断向量
        DCD     UART5_IRQHandler                ; UART5 中断向量
        DCD     TIM6_IRQHandler                 ; TIM6 中断向量
        DCD     TIM7_IRQHandler                 ; TIM7 中断向量
        DCD     DMA2_Channel1_IRQHandler        ; DMA2 通道 1 中断向量
        DCD     DMA2_Channel2_IRQHandler        ; DMA2 通道 2 中断向量
        DCD     DMA2_Channel3_IRQHandler        ; DMA2 通道 3 中断向量
        DCD     DMA2_Channel4_5_IRQHandler      ; DMA2 通道 4 和通道 5 中断向量
__Vectors_End
```

外中断 EXTI0 对应的中断向量的内容为 EXTI0_IRQHandler，它其实就是 EXTI0 中断处理程序的入口地址，其他中断与此类同。EXTI0～EXTI4 对应的中断入口地址分别为 EXTI0_IRQHandler～EXTI4_IRQHandler，EXTI5～EXTI9 共用一个中断向量，其入口地址为 EXTI9_5_IRQHandler，EXTI10～EXTI15 共用一个中断向量，其入口地址为 EXTI15_10_IRQHandler。由此可见，来自 I/O 引脚的外中断输入线共有 16 个，但系统给这些外中断分配的中断向量只有 7 个，这一点在实际使用时需要注意。

作为用户要做的事情就是编制所要使用中断的处理程序，也就是在对应的中断入口地址处添加中断代码。那么，中断处理程序究竟存放在什么地方呢？在用户文件中通常要建立一个 stm32f10x_it.c 文件，用户真正的中断处理程序就存放在该文件中。例如，针对 EXTI2 的中断处理程序结构如下：

```
//外部中断 EXTI2 中断函数
void   EXTI2_IRQHandler()
{
//在此添加对应的处理程序代码。
}
```

6.3.2　GPIO 外部中断测试工程

现在建立一个外部中断的测试工程，来演示整个外中断的实现过程。图 6-9 所示为测试电路原理图，在 GPIOB 的第 0 个引脚(PB0)上接一只发光二极管，在 GPIOA 的第 2 个引脚(PA2)上连接一个按键，按下按键，PA2 为低电平，释放按键，PA2 为高电平。现在将 PA2 设置为中断输入口，用其按键信号的下降沿触发外部中断，在中断处理程序中，将 PB0 口上的发光二极管状态取反。

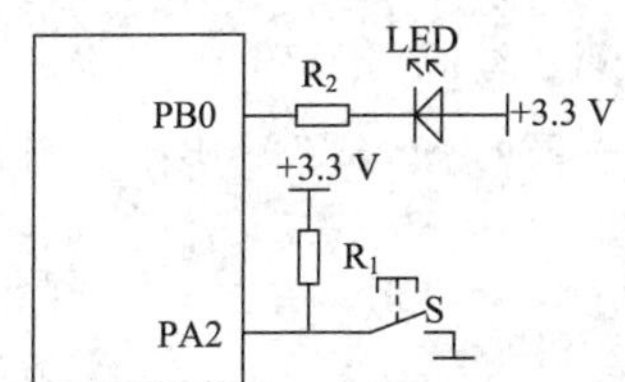

图 6-9　外中断测试电路图

首先，建立一个测试工程，工程结构如图 6-10 所示。在 User 中建立 main.c、led.c、exti.c 及 stm32f10x_it.c 文件，其中 led.c 中存放 LED 输出口 GPIOB 的引脚 PB0 的初始化程序函数，exti.c 中存放总的中断系统及外中断的初始化函数，stm32f10x_it.c 中存放中断处理函数。由于总中断系统操作需要使用 misc.c 中定义的库函数，外中断操作需要使用 stm32f10x_exti.c 中定义的库函数，因此需要添加这两个库文件到 FWlib 文件夹中。

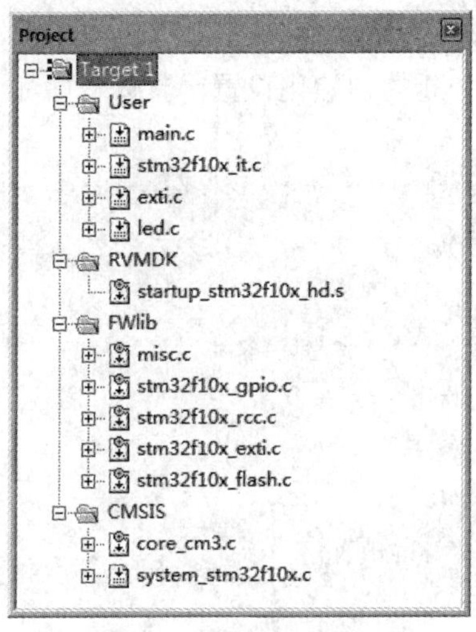

图 6-10　中断测试工程结构

(1) 在 led.c 中实现 GPIOB 端口的初始化，具体程序如下：

```
#include "led.h"
/**********************************************************************
* 函数：LED_Init
* 功能：LED 初始化函数
**********************************************************************/
void led_init()
{
    //声明一个用来初始化 GPIO 的结构体变量
    GPIO_InitTypeDef GPIO_InitStructure;
    //开启 GPIO 时钟
    RCC_APB2PeriphClockCmd(RCC_APB2Periph_GPIOB,ENABLE);

    /*配置 GPIO_InitStructure 成员*/
    GPIO_InitStructure.GPIO_Pin=LED;                              //选择要设置的 IO 口线
    GPIO_InitStructure.GPIO_Mode=GPIO_Mode_Out_PP;      //设置 GPIO 推挽输出模式
    GPIO_InitStructure.GPIO_Speed=GPIO_Speed_10 MHz;   //设置 GPIO 输出速率
    GPIO_Init(GPIOC,&GPIO_InitStructure);                       //完成 GPIO 初始化
    GPIO_SetBits(GPIOC,LED);                                        //GPIO 口初始化为高电平
}
```

在头文件 led.h 中实现 LED 的定义及 led_init 初始化函数的声明，具体程序如下：

```
#ifndef _led_h
#define _led_h
#include "stm32f10x.h"
#define LED   GPIO_Pin_0                //管脚宏定义
void led_init(void);
#endif
```

(2) 在 exti.c 文件中实现中断的初始化设置，具体程序如下：

```
#include "exti.h"
/*************************************************************
*函数：exti_init
*功能：外部中断 2 端口初始化函数
*************************************************************/
void exti_init()    //外部中断初始化
{
    //定义用于 NVIC 设置的结构体
    NVIC_InitTypeDef   NVIC_InitStructure;
    //定义用于 GPIO 设置的结构体
    GPIO_InitTypeDef   GPIO_InitStructure;
```

```
    //定义用于外部中断设置的结构体
    EXTI_InitTypeDef  EXTI_InitStructure;
    /*设置 NVIC 参数*/
    NVIC_PriorityGroupConfig(NVIC_PriorityGroup_1);                          //设置中断分组方案
    NVIC_InitStructure.NVIC_IRQChannel = EXTI2_IRQn;                         //指定中断向量
    NVIC_InitStructure.NVIC_IRQChannelPreemptionPriority = 0;                //配置抢占优先级
    NVIC_InitStructure.NVIC_IRQChannelSubPriority = 0;                       //配置响应优先级
    NVIC_InitStructure.NVIC_IRQChannelCmd = ENABLE;                          //使能中断
    //调用库函数 NVIC_Init 完成 NVIC 初始化
    NVIC_Init(&NVIC_InitStructure);

    //使能 AFIO 时钟
    RCC_APB2PeriphClockCmd(RCC_APB2Periph_AFIO,ENABLE);
    //使能 GPIO 时钟
    RCC_APB2PeriphClockCmd(RCC_APB2Periph_GPIOA,ENABLE);
    /*配置用于 GPIO 设置的结构体成员*/
    GPIO_InitStructure.GPIO_Pin=key;                           //选择 GPIO 端口
    GPIO_InitStructure.GPIO_Mode=GPIO_Mode_IPU;                //设置 GPIO 端口的模式
    GPIO_InitStructure.GPIO_Speed=GPIO_Speed_2 MHz;            //设置 GPIO 端口的输出最高频率
    //按照 GPIO_InitStructure 的配置参数初始化外中断输入引脚
    GPIO_Init(GPIOA,&GPIO_InitStructure);
    //配置用作外部中断输入的 GPIO
    GPIO_EXTILineConfig(GPIO_PortSourceGPIOA, GPIO_PinSource2);

    /*设置外部中断的模式*/
    EXTI_InitStructure.EXTI_Line = EXTI_Line2;                          //选择外中断输入线路
    EXTI_InitStructure.EXTI_Mode = EXTI_Mode_Interrupt;                 //设置中断触发
    EXTI_InitStructure.EXTI_Trigger = EXTI_Trigger_Falling;             //中断申请线下降沿触发有效
    EXTI_InitStructure.EXTI_LineCmd = ENABLE;                           //使能外中断
    EXTI_Init(&EXTI_InitStructure);        //通过 EXTI_InitStructure 结构体实现外中断的初始化
}
```

在头文件 exti.h 中定义用于产生中断信号的按键 key，声明 exti_init 函数，具体程序如下：

```
#ifndef _exti_H
#define _exti_H
#include "stm32f10x.h"
#define key GPIO_Pin_2      //key PA2
void exti_init(void);       //外部中断初始化
#endif
```

(3) 在中断处理文件 stm32f10x_it.c 中定义了外中断 EXTI2 的中断服务函数 EXTI2_IRQHandler 和去抖动延时函数 delay_ms，这两个函数的定义如下：

```
//定义外部中断 EXTI2 中断函数
void EXTI2_IRQHandler()
{
    if(EXTI_GetITStatus(EXTI_Line2)==SET)
    {
      EXTI_ClearITPendingBit(EXTI_Line2);                          //清除 EXTI 线路挂起位
       delay_ms();                                                  //消抖处理
       if(GPIO_ReadInputDataBit(GPIOA,key)==Bit_RESET)              //key 按键按下
       {
            if(GPIO_ReadOutputDataBit(GPIOB,LED)==Bit_RESET)
            {
             //LED 熄灭
             GPIO_SetBits(GPIOB,LED);
            }
            else
            {
             //LED 发光
             GPIO_ResetBits(GPIOB,LED);
            }
       }
      while(GPIO_ReadInputDataBit(GPIOA,key)==0);
    }
}
//定义去抖延时函数
void delay_ms(void)
{
   u16 i,j;
   for(i=100;i!=0;i--)
   for(j=1000;j!=0;j--);
}
```

在 stm32f10x_it.h 头文件中声明中断处理函数和去抖延时函数，该文件的内容如下：

```
#ifndef _stm32f10x_it_H
#define _stm32f10x_it_H
#include   " stm32f10x.h"
#include   " led.h"
```

```
#include  " exti.h"
void EXTI2_IRQHandler(void);
void delay(void);
#endif
```

(4) 最后是主函数文件 main.c。在主函数中首先实现对 LED 和外中断的初始化，然后，进入死循环等待按键中断的到来，当中断发生时，在中断处理程序中实现 LED 状态的翻转，并清除中断挂起标志，具体程序如下：

```
#include "stm32f10x.h"
#include "led.h"
#include "exti.h"
/*----------------------------------------------------------------------------------------------
*函数：main
*功能：主函数,首先初始化要使用到的 IO 口，再对外中断进行初始化
----------------------------------------------------------------------------------------------*/
int main()
{
    led_init();             //LED 初始化
    exti_init();            //外部中断初始化
    while(1);
}
```

思考题与习题 6

1. 简述 Cortex-M3 处理器中断系统及其特点。

2. ARM Cortex-M3 处理器的中断优先级裁决规则是什么？

3. ARM Cortex-M3 处理器支持的优先级可编程的中断与异常是如何设置每个中断或异常的优先级的？

4. 什么是中断分组？ARM Cortex-M3 处理器的中断分组是如何设计的？

5. STM32F10xxx 系列处理器实现的内核异常与中断有哪些？它们的优先级如何？

6. STM32F10xxx 系列处理器实现的内核外部异常与中断有哪些？它们的优先级如何？

7. STM32F10xxx 系列处理器的优先级可编程中断的优先级分组如何设置？

8. STM32F10xxx 系列处理器系统中采用优先级分组方案 2，则在该系统中可编程中断可设置的抢占优先级和响应优先级各有几种情况？

9. 通过库函数编程，设置 STM32F10xxx 处理器中断系统采用中断分组 2，给出实现的程序代码。

10. STM32F10xxx 系列处理器支持的外部中断有哪些？

11. 如何配置用于外部中断信号输入的 I/O 引脚？

12. 什么是中断向量？中断向量在什么地方定义？

13. 设置 PA5 为外部中断的 EXTI5 的中断触发信号，低电平触发，设系统的中断分组方案为方案 3，要求设置 PA5 对应的外中断抢占优先级为 4，响应优先级为 1，请给出应用库函数实现上述初始化的程序代码。

14. 假设 13 题对应的中断发生时，在中断处理程序中设置 FLAG 标志置 1，并清除 EXTI5 的中断挂起标志，请实现对应的中断服务函数。

15. 自己动手验证 6.3.2 节介绍的 GPIO 外部中断测试工程。

第 7 章　定时/计数器

定时/计数器是现代嵌入式处理器非常重要的片上外设，被广泛地应用于定时、计数、测量及系统安全保护等领域，嵌入式处理器拥有定时/计数器资源的多少及性能的优劣已经成为衡量和选择嵌入式处理器的重要依据。STM32F103xxx 系列处理器芯片上集成了丰富的定时/计数器资源，最多可在单片的处理器上集成 11 个定时器，包括 2 个高级定时器、4 个通用定时器、2 个基本定时器、2 个看门狗定时器和 1 个系统滴答定时器。本章主要介绍这些定时器的结构原理及编程应用方法。

7.1　基本定时器

由于 STM32F103xxx 系列处理器内部的定时器较多，为了便于介绍，这里将除看门狗定时器和系统滴答定时器之外的定时器称为一般定时器，这些定时器包括 2 个高级定时器 TIM1 和 TIM8，4 个通用定时器 TIM2、TIM3、TIM4 和 TIM5，以及 2 个基本定时器 TIM6 和 TIM7。STM32F103xxx 系列处理器的不同芯片内部集成的一般定时器的数量是不等的，高密度的芯片内部集成的定时器数量最多，在使用时应该根据需要选择合适的处理器芯片。本节首先对基本定时器的结构原理进行介绍。

7.1.1　基本定时器的结构与原理

基本定时器是指 TIM6 和 TIM7，这两个定时器是 16 位递增计数器，是一般定时器中功能最弱的定时器。TIM6 和 TIM7 通常用于定时，用来提供时间基准；这两个定时器还可以作为数/模转换器的驱动，在此情况下，定时器的触发输出通过芯片内部直接连接到数/模转换模块，为数/模转换模块提供驱动信号。定时器 TIM6 和 TIM7 结构相同，但彼此独立，不共享任何资源，图 7-1 所示为基本定时器的内部结构示意图。

如图 7-1 所示，基本定时器内部的主要结构包括 16 位递增计数器(CNT)、自动重载寄存器(ARR)、预分频寄存器(PSC)及触发控制器等部分。基本定时器的时钟源是来自系统 APB1 总线的时钟信号，即图 7-1 所示的内部时钟(CK_INT)信号。当定时器工作时，内部时钟(CK_INT)信号经过触发控制器的使能加载到预分频寄存器(PSC)的输入端，预分频寄存器(PSC)对输入的时钟信号分频后输出的信号 CK_CNT 作为 16 位递增计数器(CNT)的计数脉冲，16 位递增计数器在计数脉冲的作用下向上累加计数，当计数值与自动重载寄存器(ARR)的值相等时，产生计数器溢出事件，在计数器溢出中断/DMA 请求被使能的情况下，该计数器溢出事件可触发计数器溢出中断或 DMA 请求；另外，计数器溢出事件还可触发定时器更新，更新可使自动重载寄存器 ARR 和预分频寄存器 PSC 的内容被更新。

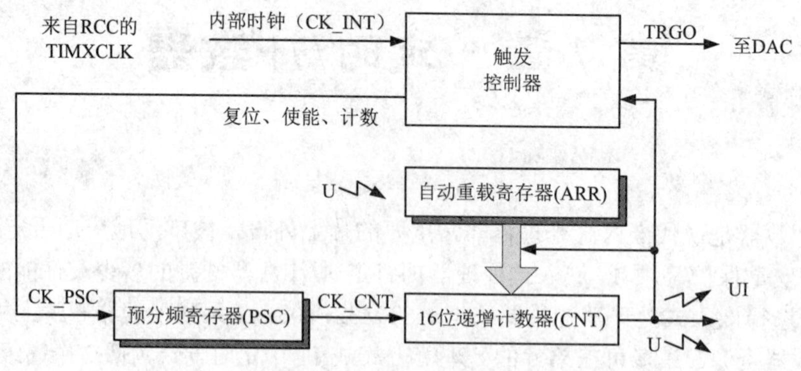

图 7-1　基本定时器结构示意图

预分频寄存器(PSC)是一个 16 位的寄存器，可设置的预分频系数为 0～65 535，实际上该寄存器具有两个相同的 16 位寄存器，为了区分起见，将一个称为原寄存器，另外一个称为影子寄存器。如图 7-1 所示，预分频寄存器(PSC)有一个阴影，这个阴影表示预分频寄存器(PSC)的影子寄存器，真正发挥分频作用的是影子寄存器。通过总线对预分频寄存器(PSC)进行读/写操作实际上是操作原寄存器。

自动重载寄存器(ARR)也是一个具有影子寄存器的 16 位寄存器，该寄存器的作用是用来存放计数器计数的最大值，当基本定时器的递增计数器的计数值达到自动重载寄存器(ARR)中的值时，即产生计数溢出。由于该寄存器具有影子寄存器，每次通过总线对该寄存器进行读/写操作实际上操作的是该寄存器的原寄存器，但是真正起作用的是它的影子寄存器。

将预分频寄存器(PSC)和自动重载寄存器(ARR)设计成具有影子寄存器的目的实际上是为了实现同步操作。在实际的应用中，当定时器正在运行时，通过总线访问修改预分频寄存器(PSC)和自动重载寄存器(ARR)的当前值，如果没有影子寄存器，那么修改操作将使当前定时过程的参数被改变，这相当于定时运行失败；如果有影子寄存器，则可以通过总线访问只改变预分频寄存器(PSC)和自动重载寄存器(ARR)的原寄存器的内容，相当于将新的设置参数先缓存起来，而它们的影子寄存器不受影响，当前的定时过程也不受影响。当前的定时过程结束后，计数器发生溢出，可触发更新事件。更新事件可使预分频寄存器(PSC)和自动重载寄存器(ARR)的原寄存器缓冲的设置值同步加载到各自的影子寄存器中，之后，计数器可以按照新的参数运行。因此，具有影子寄存器后，在当前的定时过程中可以为下一个定时过程做好准备工作，既保护当前的定时过程不受影响，还可以在当前定时结束时同步加载新的定时参数运行。

预分频寄存器(PSC)和自动重载寄存器(ARR)的预加载功能是可以通过软件设置关闭的，在预加载关闭的情况下，预分频寄存器(PSC)和自动重载寄存器(ARR)的原寄存器与其影子寄存器之间直接相通，相当于一个寄存器，此时通过总线操作这两个寄存器，它们的影子寄存器直接被修改。

基本定时器用于周期定时的情况下，可设置其定时溢出的频率，该频率信号可作为片上外设 DAC 模块的触发驱动信号，这为 DAC 模块的使用提供了方便。

综上所述，基本定时器 TIM6 和 TIM7 的功能概括如下：

(1) 可实现 16 位自动重装载递增计数器。

(2) 具有 16 位预分频寄存器，可对输入时钟进行 1～65 536 之间的任意数值分频。

(3) 触发 DAC 的同步电路。

(4) 可在计数器溢出时触发更新事件，产生中断/DMA 请求。

7.1.2 基本定时器的定时分析

基本定时器只能递增计数，且计数的脉冲只能是来自 APB1 总线的内部时钟信号，设内部时钟(CK_INT)信号的频率为 TIMx_CLK，则其周期为 1/TIMx_CLK。CK_INT 信号经过预分频寄存器分频得到的信号为计数器的驱动脉冲，设预分频寄存器的设置值为 TIMx_PSC，则该预分频寄存器输出信号的频率为 TIMx_CLK/(TIMx_PSC+1)，其周期为(TIMx_PSC+1) /TIMx_CLK。设自动重载寄存器的设置值为 TIMx_ARR，由于每次计数器启动从 0 递增计数到 TIMx_ARR 结束，总的计数脉冲数为 TIMx_ARR+1，因此，单次的计数过程花费的时间为(TIMx_PSC+1)(TIMx_ARR+1)/TIMx_CLK。

下面通过一组计数器工作时的时序图说明基本定时器的工作过程。

如图 7-2 所示为基本定时器计数时序图 1，该图为在基本定时器的预分频寄存器设置为 0，对应的分频系数为 1，自动重载寄存器设置为 36，更新事件和更新中断使能的情况下得到的计数时序。从图中可以看出，当计数器使能时，在内部的时钟信号的驱动下，计数器递增计数，计数值达到自动重载寄存器的值 36 时，产生计数溢出，触发更新事件，置位更新中断标志，然后计数器清零，重新开始下一轮的计数过程。

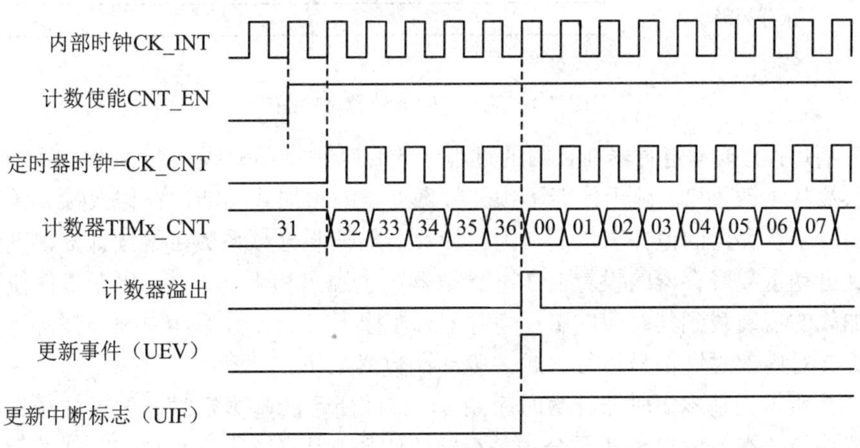

图 7-2　基本定时器计数时序图 1

图 7-3 所示为基本定时器计数时序图 2，该图所示的基本定时器的预分频寄存器设置值为 1，对应的分频系数为 2，其他条件与图 7-2 所示的一致。可以看到计数器每两个内部时钟脉冲计数一次。

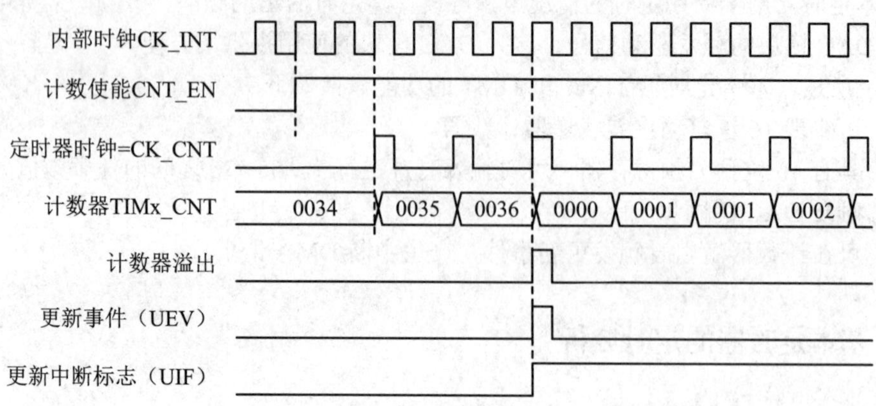

图 7-3　基本定时器计数时序图 2

图 7-4 所示为基本定时器计数时序图 3。

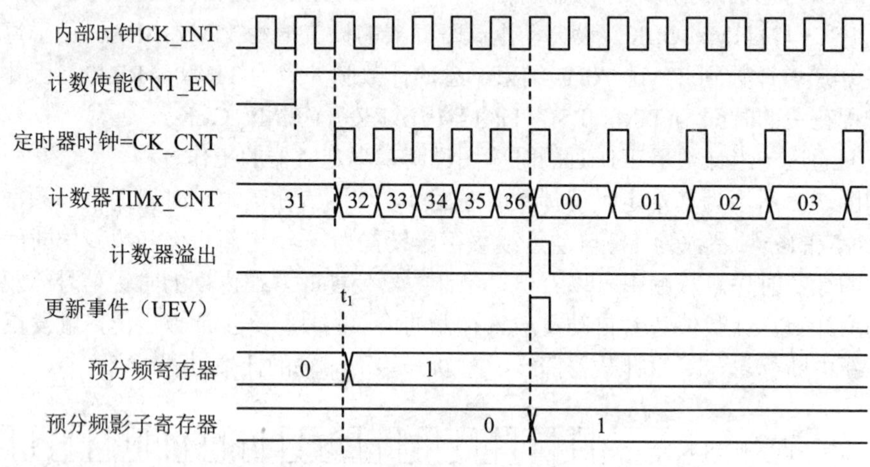

图 7-4　基本定时器计数时序图 3

图 7-4 所示的基本定时器在计数的过程中的 t_1 时刻将预分频寄存器的值由 0 修改为 1，即分频系数从 1 改为 2，由于使能了预分频寄存器的预加载功能，在修改预分频寄存器时其对应的影子寄存器的值并未改变，因此计数器仍按照分频系数 1 继续计数，直到计数器的值达到自动重载寄存器的设置值 36，计数器产生溢出和更新事件；更新事件使预分频寄存器预加载的值装载到其对应的影子寄存器，在接下来的计数循环中预分频寄存器将按照分频系数 2 对内部时钟信号进行分频，驱动计数器工作。

图 7-5 所示为基本定时器计数时序图 4。该图所示的基本定时器的预分频寄存器关闭了预加载功能，在 t_1 时刻修改预分频寄存器的值从 0 到 1，由于预加载功能关闭，因此写入预分频寄存器的值直接进入其对应的影子寄存器，当前计数过程的预分频系数立即从 1 修改为 2，计数器的频率降低，计数过程变慢，直到计数值达到自动重载寄存器的值 36 时，产生溢出和更新事件。对比图 7-4 和图 7-5 所示的情况可以看出使能预分频寄存器预加载功能对计数器预分频的影响。

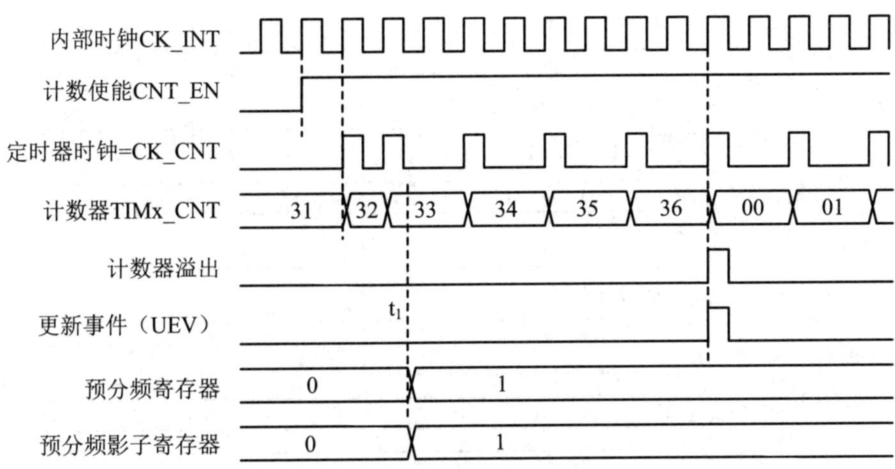

图 7-5　基本定时器计数时序图 4

图 7-6 所示为基本定时器计数时序图 5。在该图所示的基本定时器计数过程中，t_1 时刻向自动重载寄存器写入新值 45，但是由于自动重载寄存器的预加载功能开启，自动重载影子寄存器仍保持 36 不变，当前的计数过程未受影响，当计数器的值与自动重载影子寄存器的值相等时，计数器溢出，产生更新事件，更新事件将自动重载寄存器的值 45 加载到其影子寄存器，在新的计数循环内将按照自动重载影子寄存器中加载的新值进行计数。

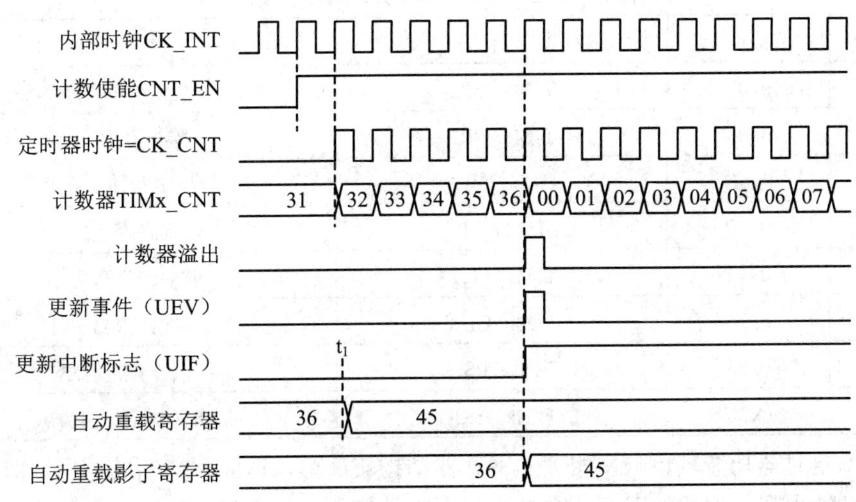

图 7-6　基本定时器计数时序图 5

图 7-7 所示为基本定时器计数时序图 6。在该图示意的计数过程中，t_1 时刻向自动重载寄存器写入新值 36，由于定时器的预加载功能被禁止，自动重载影子寄存器也同时装入新值 36，因此当前计数过程的计数溢出值从 78 被更改为 36，当计数器的值达到 36 时即产生计数溢出，并触发更新事件。

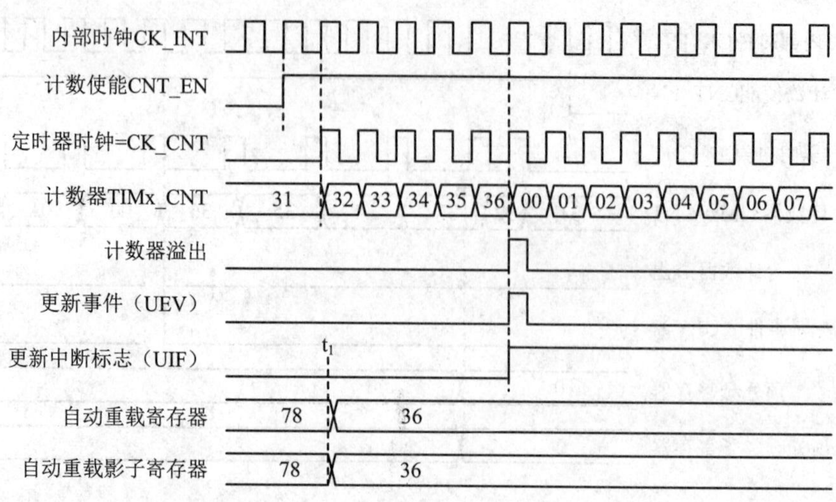

图 7-7　基本定时器计数时序图 6

7.1.3　基本定时器的相关寄存器

基本定时器的相关寄存器是用户对基本定时器进行操作的窗口，其中，TIM6 相关寄存器映射区间为 0x4000 1000～0x4000 13FF，TIM7 相关寄存器映射区间为 0x4000 1400～0x4000 17FF。表 7-1 所示为基本定时器的相关寄存器列表。

表 7-1　基本定时器的相关寄存器列表

序号	偏移地址	寄存器名称	说　明
1	0x00	TIMx_CR1	控制寄存器 1
2	0x04	TIMx_CR2	控制寄存器 2
3	0x0C	TIMx_DIER	DMA/中断使能寄存器
4	0x10	TIMx_SR	状态寄存器
5	0x14	TIMx_EGR	事件产生寄存器
6	0x24	TIMx_CNT	计数器
7	0x28	TIMx_PSC	预分频寄存器
8	0x2C	TIMx_ARR	自动重载寄存器

基本定时器功能较单一，相关的寄存器结构较简单，后面要介绍的通用定时器和高级定时器功能更多，相关的寄存器数量也更多，结构会更复杂；不过，由于基本定时器功能是通用定时器功能的子集，通用定时器的功能又是高级定时器功能的子集，因此高级定时器相关的控制寄存器的功能完全包含通用定时器相关寄存器的功能，而通用定时器相关寄存器的功能也完全包含基本定时器相关寄存器的功能。基于基本定时器、通用定时器和高级定时器相关控制寄存器功能之间的关系，在这里不对基本定时器的相关寄存器进行具体介绍，在学习完这 3 种定时器基本原理之后，再结合高级定时器相关的控制寄存器统一学习计数器的寄存器。

7.2　通用定时器

通用定时器是指 TIM2～TIM5 共 4 个 16 位的自动装载计数器。与基本定时器相比，通用定时器的功能强大得多，通用定时器能够实现的功能完全包含基本定时器的功能，也就是说基本定时器的功能是通用定时器功能的子集。

7.2.1　通用定时器的基本结构

通用定时器与基本定时器相比，主要在 3 个方面取得较大的突破。首先，从计数器的信号源来看，通用定时器信号源包括内部时钟、内部触发输入及外部时钟等，时钟源信号选择更多样；其次，从计数器本身的计数模式来看，通用定时器支持递增、递减及中央对齐等多种计数模式，计数模式设置更灵活；最后，通用定时器支持捕获输入、比较输出、PWM 输出、单脉冲输出及正交编码输入等功能。通用定时器功能上的突破是通过内部硬件结构的复杂设计实现的，图 7-8 所示为通用定时内部结构框图。通用定时器的内部结构框图较为复杂，为介绍方便可将其划分为 3 个部分，分别为时钟源与触发控制部分、时基单元部分和捕获/比较部分。

1. 时钟源与触发控制部分

如图 7-8 所示，时钟源与触发控制部分主要用来选择定时器计数的脉冲源，对于通用定时器可选择的脉冲源包括：

(1) 内部时钟(CK_INT)：来自 APB1 总线的驱动时钟。

(2) 外部时钟模式 1 时钟源：来自定时器外部脉冲输入通道(TIx)的输入信号，对应的输入引脚为 TIMx_CH1 和 TIMx_CH2。

(3) 外部时钟模式 2 时钟源：来自外部触发输入(ETR)端的脉冲输入信号，对应的输入引脚为 TIMx_ETR。

(4) 内部触发输入(ITRx)：将一个定时器的触发输出作为另一个定时器的输入，也就是说通过内部配置将一个定时器作为另一个定时器的预分频器使用。

通过触发控制器可实现定时器输入信号的设置与选择，所选择的时钟信号可作为时基单元的计数脉冲信号或作为定时器的触发信号。还可通过触发控制器配置定时器的触发输出(TRGO)去驱动其他定时器、DAC 或 ADC。

2. 时基单元部分

时基部分实际上就是脉冲分频与计数部分，其组成结构包括预分频寄存器(PSC)、自动重载寄存器(ARR)和 16 位增减计数器(CNT)。通用定时器的预分频寄存器(PSC)、自动重载寄存器(ARR)与前面介绍的基本定时器的预分频寄存器(PSC)、自动重载寄存器(ARR)相同，都是 16 位，且都具有预加载功能，因此对这两个寄存器不再重复说明。通用定时器的计数器与基本定时器的计数器有较大的区别，基本定时器的计数器只能实现增计数，通用定时器的计数器可实现递增计数、递减计数和中央对齐的增减计数，功能提升较大。

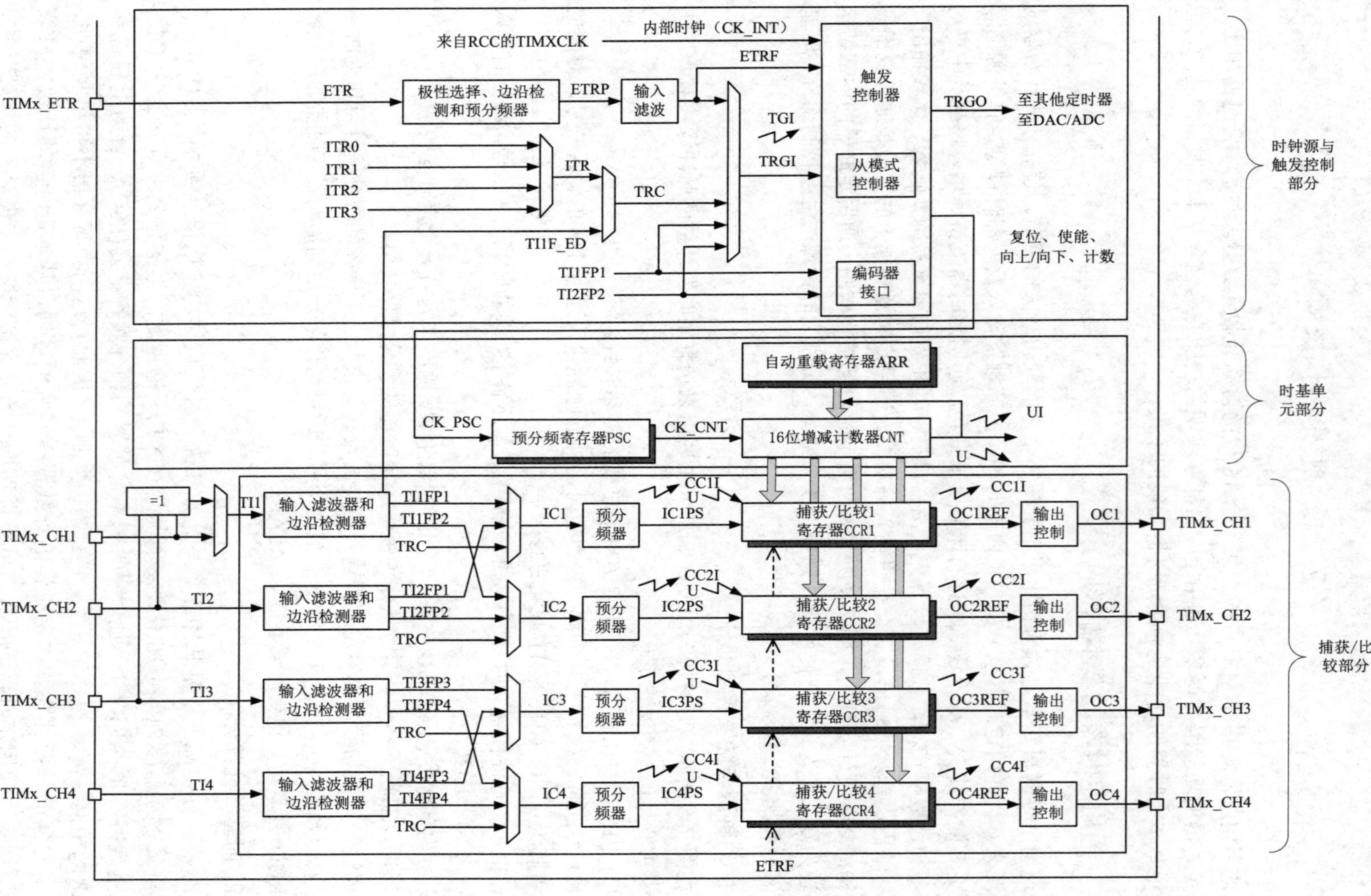

图7-8 通用定时器内部结构框图

定时器工作时，输入到预分频寄存器的时钟信号经预分频器分频产生计数器的驱动脉冲信号，计数器根据设置的计数模式进行计数，并根据自动重载寄存器的值决定当前计数过程，当计数结束时产生计数溢出，可触发更新事件和计数溢出中断/DMA 请求。

3. 捕获/比较部分

每个通用定时器具有 4 个通道的捕获/比较功能结构，每个通道的核心是捕获/比较寄存器 CCR，每个通道又可按照信号的流向划分为输入通道和输出通道两部分。输入通道主要由输入滤波器、边沿检测器、多路选择开关、预分频器及捕获/比较寄存器组成。输出通道主要由捕获/比较寄存器和输出控制电路两部分组成。

当某个通道配置为输入模式时，例如，在最基本的输入捕获模式下，来自通道输入引脚(TIMx_CHy)的信号经过输入滤波器和边沿检测器进行滤波和转换，再经配置的多路选择开关送到通道的预分频器，预分频器输出的信号用于捕获/比较寄存器的触发，当捕获/比较寄存器接收到有效的输入触发信号时，当前计数器的值会被锁存在该通道对应的捕获/比较寄存器 CCR 中。当某个通道的捕获事件发生时，可触发捕获中断，当然前提条件是该中断是被使能的。

当某个通道配置为输出模式时，计数器的计数值与捕获/比较寄存器中的设置值进行比较，比较的结果用于输出引脚上信号的控制，究竟输出什么样的信号与具体的输出模式设置有关。

通用定时器每个通道的捕获/比较寄存器都支持预加载功能，这与计数器的预分频寄存器和自动重载寄存器相似。如果开启捕获/比较寄存器的预加载功能，在计数器工作的过程中可对捕获/比较寄存器进行设置，只有当产生新的更新事件时，预加载值才真正被加载。

7.2.2　通用定时器的计数模式

通用定时器的计数器支持递增计数、递减计数和双向计数模式。

1. 递增计数模式

通用定时器的递增计数模式与基本定时器的递增计数模式完全兼容。在递增计数模式下，使能计数器后，计数器从 0 开始递增计数，直到计数值与自动重载寄存器的值相等，计数器向上溢出，计数溢出可触发更新事件，在中断/DMA 请求使能的情况下还可以触发中断/DMA 请求。

在递增计数模式下，预分频寄存器和自动重载寄存器的预加载功能可以被使能，也可以被禁止，要视具体的需要进行设置。在使能预加载功能的情况下，更新事件可由计数器向上溢出产生，也可以通过软件触发更新。

关于递增计数的时序可参照基本定时器对应的内容，这里不再赘述。

2. 递减计数模式

递减计数就是向下计数，在该模式下每次计数开始时，计数器先自动加载自动重载寄存器(ARR)中的设置值，并以该值为计数初值开始递减计数，直到计数值为 0，则产生计数溢出，由于此时的溢出是向下计数溢出的，通常称为下溢。下溢可触发更新事件，在中断/DMA 请求使能的情况下也可触发中断/DMA 请求。在递减计数模式下，预分频寄存器和自动重载寄存器可使能预加载功能，从而可以在当前计数过程中设置下一个计数循环的参数，当然这两个寄存器的预加载功能也可以关闭。除计数器的下溢可以产生更新事件外，用户也可以通过软件设置产生更新事件。实际上，在通用定时器的递减计数与递增计数模式下预分频寄存器和自动重载寄存器的操作与基本定时器是相似的。

下面通过时序图进一步说明通用定时器的递减计数模式。

图 7-9 所示为通用定时器递减计数时序图 1。

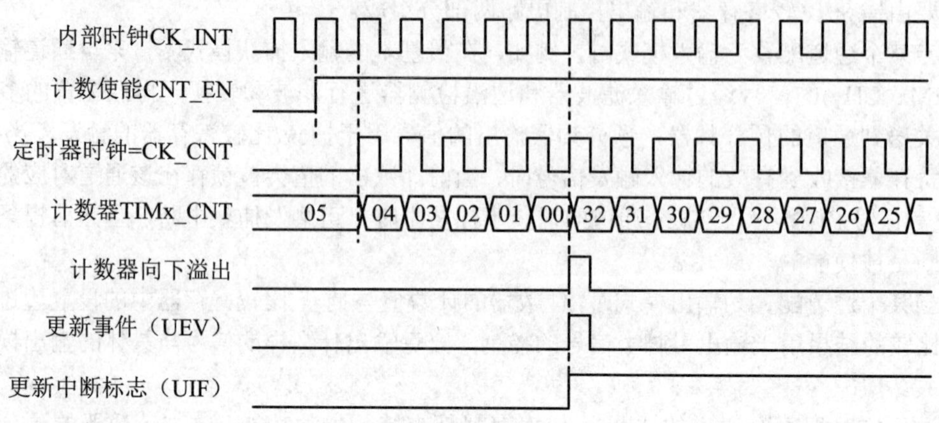

图 7-9 通用定时器递减计数时序图 1

图 7-9 所示的计数器预分频系数设置为 1，自动重载值为 32，使能了更新事件和更新中断，可以看到递减计数到 0 时产生下溢，触发更新事件和更新中断，计数器重新装入自动重载值开始下一个计数循环。

图 7-10 所示为通用定时器递减计数时序图 2，该图所示的计数器预分频系数设置为 2，其他参数设置与图 7-9 相同。由于预分频系数为 2，计数脉冲信号为内部时钟信号的 2 分频，计数器到 0 时产生下溢，触发更新事件与更新中断。

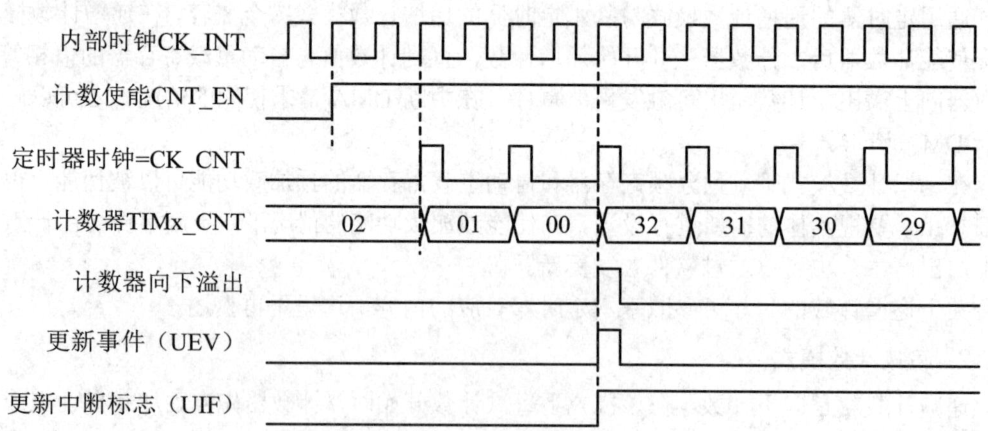

图 7-10 通用定时器递减计数时序图 2

图 7-11 所示为通用定时器递减计数时序图 3，该图所示的计数过程中分别在 t_1 和 t_2 时刻修改了预分频寄存器和自动重载寄存器。由于这两个寄存器的预加载功能使能，因此修改的新值只是写入这两个寄存器的原寄存器中，实现预加载，当前的计数过程不受影响。当计数器计数值到 0 时产生下溢，触发更新事件，预分频寄存器和自动重载寄存器的预加载值装入对应的影子寄存器，计数器按照新的设置参数运行。

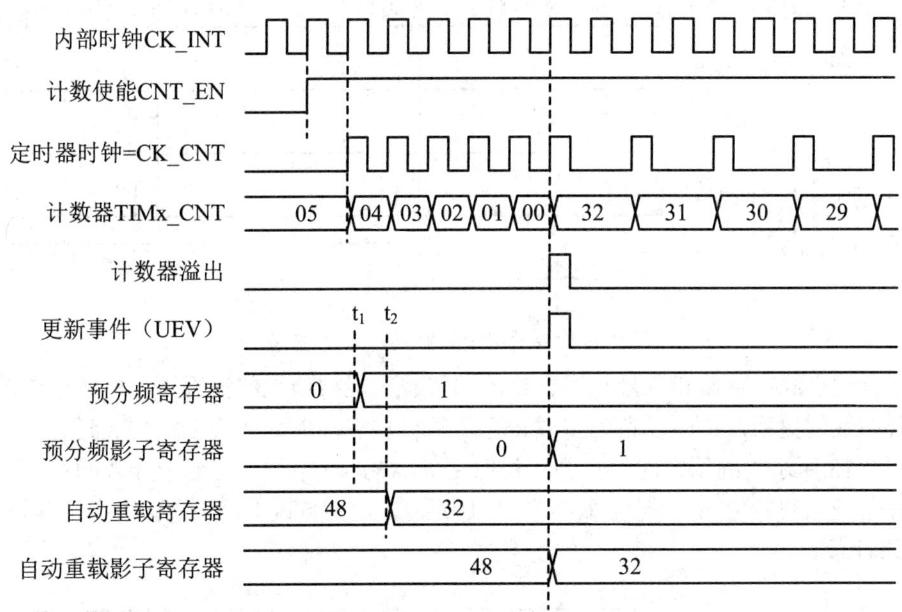

图 7-11　通用定时器递减计数时序图 3

3. 双向计数模式

在双向计数模式下，计数器交替地进行递增计数和递减计数，递增计数与递减计数的脉冲数相等，因此也称中央对齐的双向计数模式。在双向计数模式下，每次计数循环计数器从 0 开始先进行递增计数，计数值达到自动重载寄存器(ARR)的设置值减 1，计数器产生溢出，称为上溢；随后计数器从自动重载寄存器(ARR)的设置值向下递减计数，直到计数值为 1 时又产生溢出，此时的溢出为下溢。以上整个过程是一个完整的计数循环。接下来，计数器又从 0 开始进行下一个计数循环。双向计数过程中计数器会产生两次溢出，这两次溢出均可以触发更新事件和更新中断/DMA 请求，当然，用户也可以禁止更新事件和更新中断。用户可以通过软件设置产生更新。

这里需要注意的是在双向计数模式下，计数器的计数方向设置无效，计数器会自动交替向上、向下计数。

图 7-12 所示为通用定时器双向计数时序图。在图示的双向计数过程中，自动重载寄存器的设置为 6，计数器递增计数时，计数值到 5 即产生上溢。在递减计数的过程中，计数器的值到 1 即产生下溢，一个计数循环中递增计数和递减计数的脉冲数都是 6，是对称相等的。当计数器产生上溢或下溢时，更新使能的情况下可产生更新事件，如果中断/DMA 请求使能，还可以触发更新中断/DMA 请求。

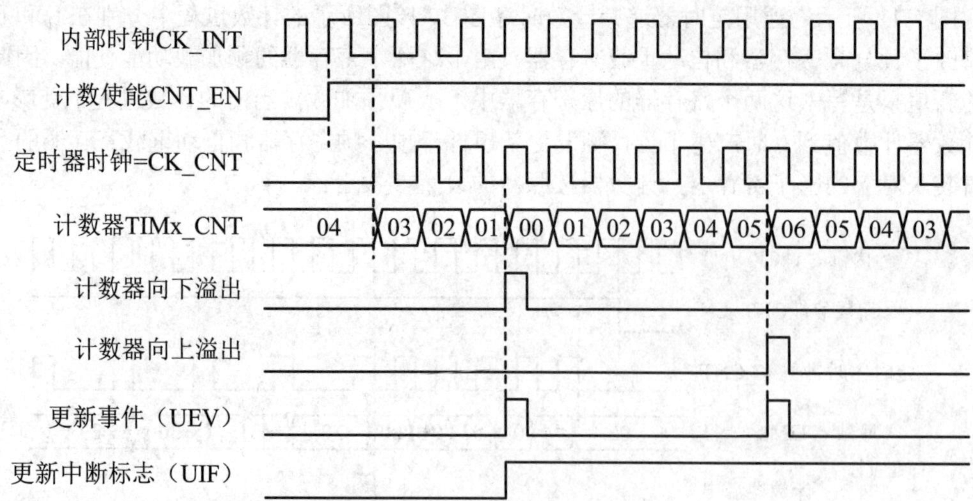

图 7-12　通用定时器双向计数时序图

在自动重载寄存器和预分频寄存器的预加载功能被使能的情况下，可通过更新事件实现设置参数的更新，下面以自动重载寄存器的预加载功能为例说明其更新过程。

图 7-13 所示为通用定时器计数下溢时更新 ARR 时序图。在递减计数的过程中自动重载寄存器预加载新值 45，计数器下溢时触发更新，在接下来的递增计数中计数器从 0 到 44 递增计数。

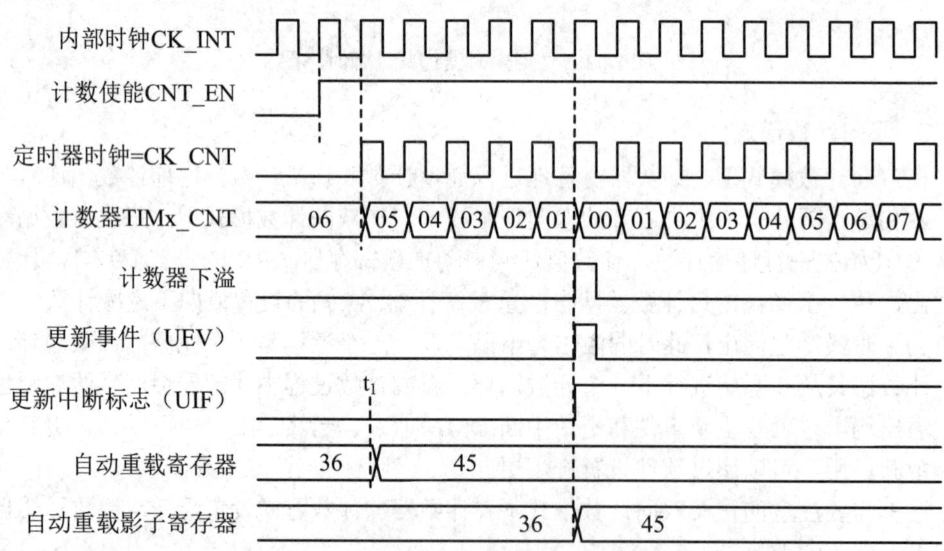

图 7-13　通用定时器计数下溢时更新 ARR 时序图

图 7-14 所示为通用定时器计数上溢时更新 ARR 时序图。在当前的递增计数过程中，自动重载寄存器预加载新值 45，当计数到 35 时(这是由当前 ARR 的影子寄存器决定的)，计数器上溢，触发更新事件，自动重载寄存器被更新为预加载值 45，计数器从 45 开始递减计数过程。

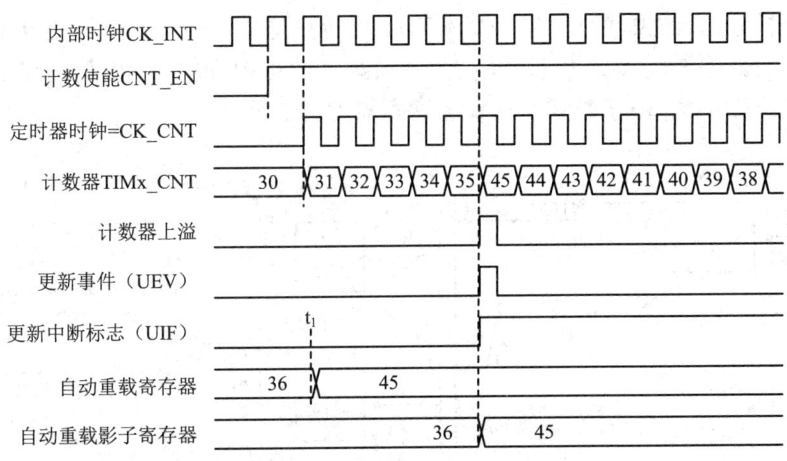

图 7-14　通用定时器计数上溢时更新 ARR 时序图

7.2.3　通用定时器的输入模式

通用定时器的输入模式主要是指利用通用定时器的捕获/比较通道实现外部脉冲信号的检测、脉冲宽度的测量及正交编码脉冲信号的测量等功能时对应的工作模式。通用定时器的输入模式主要包括输入捕获模式、PWM 输入模式及编码器接口模式等。

1. 输入捕获模式

将计数器的捕获/比较通道配置成输入比较模式，启动计数器后，该通道的捕获/比较寄存器 CCR 检测来自通道的输入信号，当检测到有效的输入信号时，捕获/比较寄存器 CCR 立即锁存当前计数器的计数值，置位当前通道的输入捕获标志 CCxIF，如果使能了中断或者 DMA 申请，则还将产生中断或者 DMA 申请。捕获输入信号的有效形式可通过配置设置。配置为输入捕获模式的通道可能被多次触发，后来的触发信号可使上次触发时捕获的计数器值被覆盖掉，为此每个通道还设置了一个重复捕获标志 CCxOF，当通道的捕获/比较寄存器已经触发过，捕获标志 CCxIF 已经置位时，如果有新的触发信号到来，则捕获/比较寄存器再次捕获。由于捕获标志 CCxIF 已经置位，此时重复捕获标志 CCxOF 置位，表示该通道重复捕获。

捕获标志 CCxIF 可以读/写，读取该标志时，如果标志置位，则读操作可使标志复位。重复捕获标志 CCxOF 可读/写，通过写 0 可清除该标志。

输入捕获模式是较常用的，多用来对外部信号进行检测及测量。

2. PWM 输入模式

PWM 输入模式是输入捕获模式的一种特殊形式，在这种模式下使用两个输入捕获/比较寄存器对一个信号源进行检测，达到测量输入信号的脉冲宽度和脉冲周期的目的。

图 7-15 所示为从通用定时器输入通道 1 输入 PWM 信号时的通道配置示意图。图中，TI1 为定时器外部通道的输入信号，接外部的 PWM 输入信号，该信号经过输入滤波器和边沿检测器后输出两路信号，即 TI1FP1 和 TI1FP2，这两个信号均为 TI1 信号经滤波及边沿检测后输出的信号，但是可分别设置，也就是说 TI1FP1 和 TI1FP2 的滤波和有效信号沿是可以独立设置的。为检测 PWM 输入信号，配置 TI1FP1 和 TI1FP2 的有效信号沿分别为

上升沿和下降沿。通过配置使 TI1FP1 和 TI1FP2 分别进入到输入比较通道 IC1 和 IC2，IC1 和 IC2 的预分频系数均设置为 1，经过预分频器后 TI1FP1 和 TI1FP2 这两路信号就可以分别被捕获/比较寄存器 CCR1 和捕获/比较寄存器 CCR2 所捕获了。

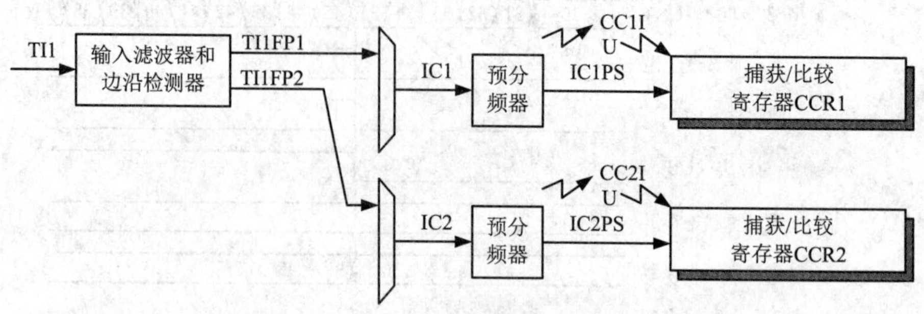

图 7-15　PWM 输入通道配置示意图 1

上面的设置只是配置信号通道，为完成 PWM 信号的检测，接下来还需要配置计数器工作在外部触发同步从模式下。所谓外部触发同步从模式是指通过外部触发信号控制计数器复位、门控及触发启动等操作的工作模式，通过这些模式可以使计数器的控制更加灵活(说明：关于计数器的工作模式提法比较多，这些不同的模式是从不同的角度划分的，不能混淆)。针对 PWM 输入信号的检测，此时的定时器需要配置为外部触发复位模式，具体来讲，可选择 TI1FP1 或 TI1FP2 作为外部触发输入信号，当检测到配置的触发信号有效时，计数器先复位，然后重新开始计数。

完成通道配置和计数器从模式的设置后即可启动定时器。假设，选择 TI1FP1 作为从模式的触发信号，上升沿有效，计数器检测到该信号的上升沿实际上就是检测到输入 PWM 信号的上升沿，由于计数器设置为外部触发复位模式，此时捕获/比较寄存器 CCR1 捕获计数值，计数器复位；随后，计数器重新从 0 计数。当 PWM 信号的下降沿来到的时候，TI1FP2 有效，捕获/比较寄存器 CCR2 捕获 PWM 信号的高电平期间的计数值，该计数值加 1 乘以计数脉冲的周期即为被测信号的脉宽。当 PWM 信号的下一个上升沿来到时，TI1FP1 有效，捕获/比较寄存器 CCR1 捕获到一个完整的 PWM 周期的计数值，该值加 1 乘以计数器脉冲的周期即可得到 PWM 信号的周期。图 7-16 所示为 PWM 输入模式工作时序图。

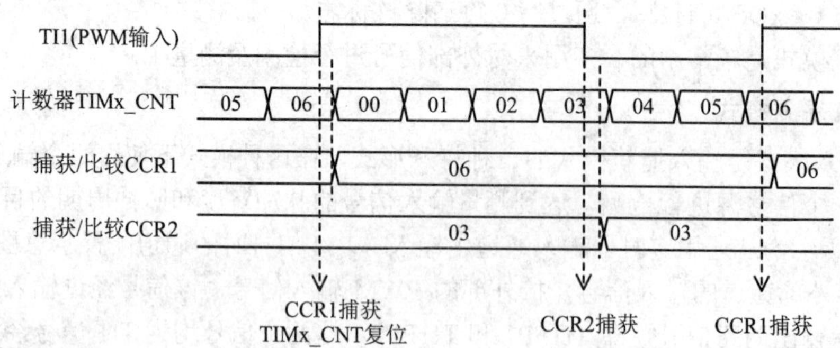

图 7-16　PWM 输入模式工作时序图

通用定时器的 4 个输入通道只有通道 1 和通道 2 支持 PWM 输入模式。图 7-15 所示的情况为从通道 1 输入 PWM 信号。如果从通道 2 输入 PWM 信号，其通道配置的结构如图 7-17 所示。

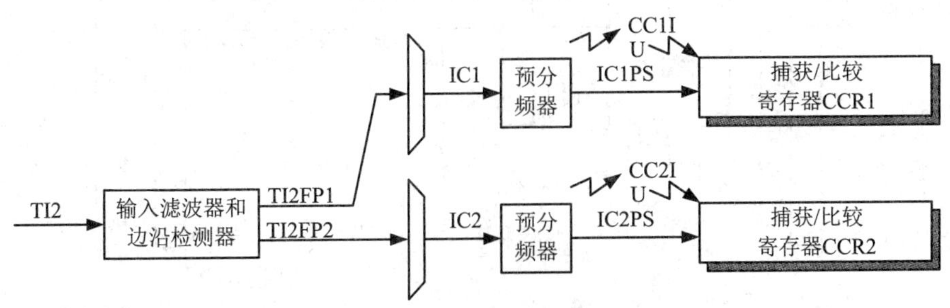

图 7-17　PWM 输入通道配置示意图 2

3. 编码器接口模式

正交编码器在电机的控制中较为常用，通过正交编码器可以对电机旋转系统的转向、速度及位置等信息进行测量。为了采样正交编码信号，STM32 处理器的通用定时器设置了编码器接口模式，可以对外部的正交编码信号进行处理。在通用定时器的 4 个输入通道中只有通道 1 和通道 2 可以用来配置为正交编码接口模式。

将两路正交编码信号分别接到定时器的外部输入通道 1 和通道 2，即 TIMx_CH1 和 TIMx_CH2，配置 TI1FP1 映射到 TI1 上，TI2FP2 映射到 TI2 上，此时每个通道上的输入滤波器和边沿检测器可以分别进行设置，通常情况下滤波器可保持默认状态或视情况设置成相同的参数，输入信号的有效沿同取上升沿或下降沿。图 7-18 所示为编码器接口时的通道配置图。

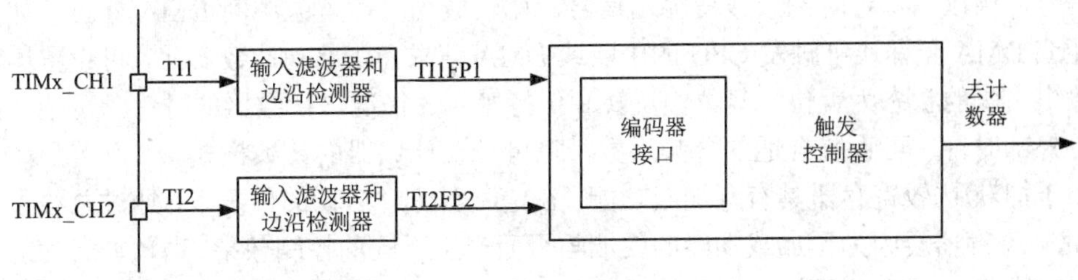

图 7-18　编码器输入通道配置示意图

完成通道设置之后需要设置编码器接口模式，可设置为 3 种情况：TI2 边沿计数、TI1 边沿计数及同时在 TI1 和 TI2 的边沿计数。在启动计数器前设置好自动重载寄存器的值，计数器开始工作后将在 0 到自动重载寄存器(ARR)的设置值之间计数。最后，可启动定时器工作，启动后计数器将根据正交编码器的相位关系自动进行计数，比如，正转时通道 1 的信号超前通道 2 的信号 90°，计数器递增计数，反转时通道 2 的信号超前通道 1 的信号 90°，计数器递减计数。图 7-19 所示为正交编码接口模式的计数时序图。从图 7-19 中可以看出，当 TI1 超前 TI2 时，计数器递增计数，当 TI2 超前 TI1 时，计数器递减计数，且计数器在 TI1 和 TI2 的边沿均计数，如果配合绝对位置传感器即可通过计数器的计数值获得位置、速度及加速度等信号。

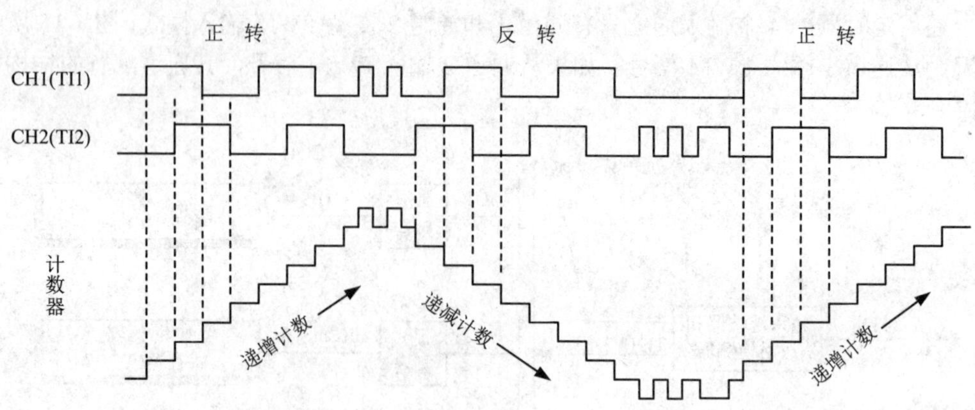

图 7-19　正交编码器接口模式的计数时序图

7.2.4　通用定时器的输出模式

通用定时器的输出模式包括：输出比较模式、PWM 输出模式、单脉冲模式及强制输出模式等，这些输出模式都是利用定时器产生满足特定要求的控制信号，实现一定的控制目的。下面对典型的输出模式进行介绍。

1. 输出比较模式

每个通用定时器有 4 个输出通道，每个输出通道都可以配置为输出比较模式，该模式通常用来产生特定的输出波形或者用来指示一段定时的时间到。输出比较模式的基本思想是：向捕获/比较寄存器 CCR 内加载一个设置值，然后启动定时器计数，当计数器的计数值与捕获/比较寄存器的设定值相等时，即为比较成功，此时对应的比较输出通道可输出指定的信号，用以指示定时到或改变输出信号。比较成功时可置位中断/DMA 标志，如果中断使能或 DMA 允许还可触发 CPU 的中断或 DMA 请求。在启动计数器前，可设置比较成功时输出引脚的状态为置位、复位、反转和保持等 4 种情况，计数器的时钟源可选择内部时钟、外部时钟，可设置合适的分频系数，也可设置计数器的计数模式。

由于捕获/比较寄存器具有预加载功能，在定时器已经启动的情况下，通过总线去修改捕获/比较寄存器会因为预加载功能的使能与否而产生不同的控制效果。当预加载功能禁止时，修改捕获/比较寄存器是立即有效的，只要比较匹配还未发生，定时过程即被改变；相反，如果捕获/比较寄存器的预加载功能被使能，则只有当更新事件来到时才能使捕获/比较寄存器中的预加载值真正起作用，当前的比较计数过程不受影响。

2. PWM 输出模式

PWM 控制信号在电力电子、电机控制等领域的应用广泛，但如何产生 PWM 信号一直是相关控制的一项重要的议题。通用定时器的 PWM 输出模式为产生各种的 PWM 信号提供了较好的支持，因此，PWM 输出模式是非常重要的输出模式。

PWM 输出模式的基本思想是：设置定时器的自动重载寄存器(ARR)和捕获/比较寄存器 RCC，启动计数器计数，在计数的过程中，计数器的计数值与捕获/比较寄存器的值进行比较，由比较的结果控制输出信号的状态周期变化，输出信号的周期和输出信号中高低电平的占比可通过自动重载寄存器和捕获/比较寄存器等参数的设置改变。

每个通用定时器的 4 个通道都可以配置为 PWM 输出模式，也就是说一个通用定时器可产生 4 路 PWM 输出。按照计数器计数模式的不同可以将 PWM 输出模式分成两种情况进行讨论，一种是计数器单向计数时的 PWM 输出模式，另一种是计数器双向计数时的 PWM 输出模式，下面分别说明。

1) 单向计数时的 PWM 输出模式

计数器工作于递增计数或递减计数即为单向计数模式，在计数器的单向计数模式下可再设置定时器的每个输出通道工作于 PWM 模式 1 或 PWM 模式 2，即可实现单向计数时的 PWM 输出通道配置。PWM 模式 1 和 PWM 模式 2 的区别在于当计数器与捕获/比较寄存器的值相等时，改变输出通道的逻辑状态的方式不同。每个输出通道都可设置通道输出的参考电平极性，这里假设通道的参考电平极性为正极性，即高电平，在此前提条件下讨论 PWM 模式 1 和 PWM 模式 2 的异同。在 PWM 模式 1 下，当递增计数时，若计数值小于捕获/比较寄存器的值，则通道的逻辑输出为 1；若计数值大于等于捕获/比较寄存器的值，则通道的逻辑输出为 0。而当递减计数时，若计数值大于捕获/比较寄存器的值，则通道的逻辑输出为 0；若计数值小于等于捕获/比较寄存器的值，则通道的逻辑输出为 1。在 PWM 模式 2 下，递增和递减计数过程中计数值与捕获/比较寄存器匹配前后的状态正好与 PWM 模式 1 相反。在单向计数时通道模式的设置与通道输出状态的关系如表 7-2 所示。

在单向计数的 PWM 模式下，当计数值与捕获/比较寄存器的值发生匹配时，相应通道的比较中断 CCxIF 置位，在中断使能的情况下可触发中断申请。

表 7-2　在单向计数时通道模式的设置与通道输出状态的关系表

PWM 模式	计数方向	计数状态	PWM 输出逻辑状态
PWM 模式 1	递增计数	TIMx_CNT＜TIMx_CCR	1
		TIMx_CNT≥TIMx_CCR	0
	递减计数	TIMx_CNT＞TIMx_CCR	0
		TIMx_CNT≤TIMx_CCR	1
PWM 模式 2	递增计数	TIMx_CNT＜TIMx_CCR	0
		TIMx_CNT≥TIMx_CCR	1
	递减计数	TIMx_CNT＞TIMx_CCR	1
		TIMx_CNT≤TIMx_CCR	0

注：此表是在通道输出参考电平极性为高电平情况下得到的。

举例：设定时器递增计数，自动重载寄存器(ARR)设置为 8，定时器的 4 个通道均配置为 PWM 模式 1，4 个通道的捕获/比较寄存器分别设置为 4、7、9 和 0，各通道对应的输出波形如图 7-20 所示，通道 1 的捕获/比较寄存器的值为 4，输出波形的高电平脉宽为 4 个脉宽，通道 2 的捕获/比较寄存器的值为 7，输出波形的高电平脉宽为 7 个脉宽，也就是说捕获/比较寄存器的值越大，脉宽越宽。当捕获/比较寄存器的值大于自动重载寄存器的值时，计数器的值始终小于捕获/比较寄存器的值，通道的输出始终为高电平，通道 3 的情况就属于此种情况。相反的情况，当捕获/比较寄存器的值设置为 0 时，计数器的值始终大于等于捕获/比较寄存器的值，通道的输出则始终为低电平，通道 4 的情况就属于此种情况。

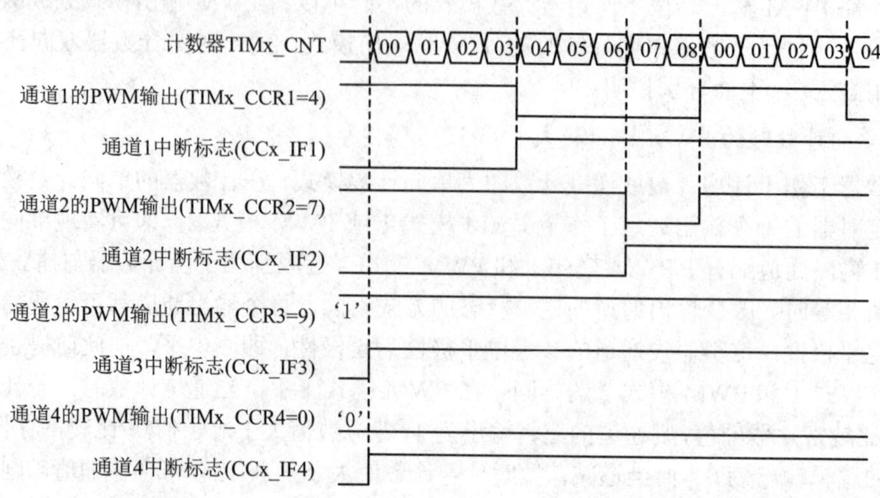

图 7-20　通用定时器 PWM 输出时序图 1

2) 双向计数时的 PWM 输出模式

当计数器工作于中央对齐的双向计数模式下，计数器在递增和递减交替计数的过程中可发生两次匹配(即计数器的计数值与捕获/比较寄存器的值相等)，每次匹配 PWM 输出通道的逻辑状态发生变化，如何变化与 PWM 模式的设置相关。在 PWM 模式 1 下，在递增计数过程中，当计数器的计数值小于捕获/比较寄存器的值时，输出为高电平 1，当计数器的计数值大于等于捕获/比较寄存器的计数值时，输出为逻辑 0；在递减计数过程中，当计数器的计数值大于捕获/比较寄存器的值时输出为逻辑 0，当计数器的计数值小于等于捕获/比较寄存器的值时输出为高电平。在 PWM 模式 2 下，输出的逻辑状态与 PWM 模式 1 相反。

在双向计数的过程中发生匹配时可置位通道的比较中断标志，具体分 3 种情况，即在递增计数过程中发生匹配使能比较标志置位、在递减计数过程中发生匹配使能比较标志置位和在递增、递减过程中发生匹配均使能比较标志置位。

图 7-21 所示为通用定时器 PWM 输出时序图 2，当定时器工作于双向计数的 PWM 输出模式 1 时，自动重载寄存器设置为 8，4 个输出通道的捕获/比较寄存器分别设置为 4、7、9 和 0，在递增计数时发生匹配使能比较标志置位时的输出波形如图 7-21 所示。

3. 单脉冲模式

单脉冲模式是输出比较模式和 PWM 输出模式的特例，当定时器设置为输出比较模式或 PWM 输出模式，并通过控制寄存器设置启用单脉冲模式，启动定时器后，此时的定时器只工作一个计数循环，在这个计数循环内定时器的输出通道按照输出比较模式或 PWM 输出模式的设置方式工作，输出单次的脉冲信号，计数器的单次循环结束时产生的更新事件会使计数器停止。

在单脉冲模式工作时，计数器的启动可通过内部软件启动，也可以通过外部触发启动。

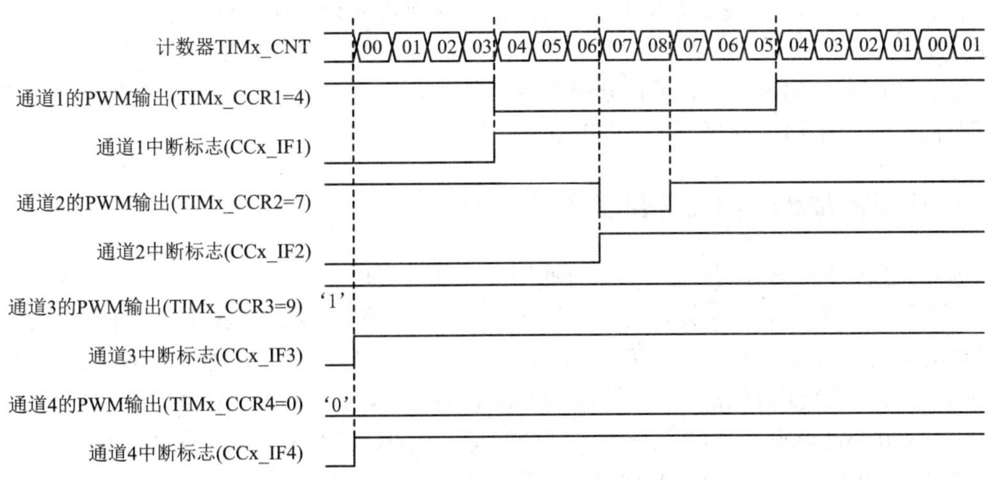

图 7-21　通用定时器 PWM 输出时序图 2

4. 强制输出模式

所谓强制输出模式，就是通过设置直接使输出比较信号(即每个通道的 OCxREF 信号)为有效输出状态(高电平)，此时，计数器的计数值与捕获/比较寄存器的值比较的结果对输出通道的状态无影响，但比较匹配时可正常置位相关的标志或触发中断。输出通道对应引脚的状态可以设置为与输出比较信号相同或相反。

7.2.5　定时器的触发与同步

定时器工作时，可通过外部的信号对其进行控制，以达到复位控制、同步启动及运行控制的目的。当通过外部信号控制一个定时器时，称定时器处在从模式，具体的从模式包括：复位模式、门控模式和触发模式。

1. 复位模式

如果定时器被设置为复位模式，定时器启动后没有收到来自外部通道的有效复位信号，则定时器将按照预设的参数运行；如果在运行过程中接收到有效复位信号，则定时器将产生复位，预分频寄存器、自动重载寄存器和捕获/比较寄存器都将被重载，随后定时器重新启动工作。

前面介绍的 PWM 输入模式在工作时就利用了复位模式。

2. 门控模式

门控模式实际上是通过外部逻辑信号和计数器内部信号共同控制计数器运行的工作模式。在这种模式下，定时器的参数设置好并启动运行时，计数器并不一定计数。计数的条件是在计数器使能的前提下外部控制的门控信号也要有效，只有这两个条件同时具备，计数器才能工作。由于门控信号的加入，增加了定时器控制的灵活性。

3. 触发模式

触发模式是指定时器的启动由外部触发信号控制实现运行的模式。在这种模式下可设置触发信号的输入通道及触发信号的有效沿，当定时器的运行参数设置好后，它将处于等待的状态，此时，如果有有效的触发信号到来，计数器的计数使能位被置位，计数器即可开始计数。

除了前面介绍的内容外，通用定时器的应用还会涉及定时器之间的同步等内容，用到时可查阅相关的资料，这里不一一赘述。

7.2.6 通用定时器的相关寄存器

通用定时器的相关寄存器是用户对通用定时器进行操作的窗口，TIM2～TIM5 每个定时器都对应一组相关的寄存器，每组的结构相同，这 4 组寄存器在系统的存储空间占据的地址映射区为 0x4000 0000～0x4000 0FFF。其中，TIM2 对应的映射区为 0x4000 0000～0x4000 03FF，TIM3 对应的映射区为 0x4000 0400～0x4000 07FF，TIM4 对应的映射区为 0x4000 0800～0x4000 0BFF，TIM5 对应的映射区为 0x4000 0C00～0x4000 0FFF。表 7-3 所示为通用定时器相关的寄存器列表。

表 7-3　通用定时器相关寄存器列表

序号	偏移地址	寄存器名称	说　明
1	0x00	TIMx_CR1	控制寄存器 1
2	0x04	TIMx_CR2	控制寄存器 2
3	0x08	TIMx_SMCR	从模式控制寄存器
4	0x0C	TIMx_DIER	DMA/中断使能寄存器
5	0x10	TIMx_SR	状态寄存器
6	0x14	TIMx_EGR	事件产生寄存器
7	0x18	TIMx_CCMR1	捕获/比较模式寄存器 1
8	0x1C	TIMx_CCMR2	捕获/比较模式寄存器 2
9	0x20	TIMx_CCER	捕获/比较使能寄存器
10	0x24	TIMx_CNT	计数器
11	0x28	TIMx_PSC	预分频寄存器
12	0x2C	TIMx_ARR	自动重载寄存器
13	0x34	TIMx_CCR1	捕获/比较寄存器 1
14	0x38	TIMx_CCR2	捕获/比较寄存器 2
15	0x3C	TIMx_CCR3	捕获/比较寄存器 3
16	0x40	TIMx_CCR4	捕获/比较寄存器 4
17	0x48	TIMx_DCR	DMA 控制寄存器
18	0x4C	TIMx_DMAR	连续模式的 DMA 地址寄存器

如表 7-3 所示，灰色区域的寄存器是通用定时器相对于基本定时器多出来的寄存器，由于通用定时器的功能远超基本定时器，其相关的控制寄存器也多。

7.3 高级定时器

高级定时器是指 TIM1 和 TIM8，这两个定时器是 16 位的具有自动重载功能的定时器，功能覆盖了通用定时器的功能，并且在通用定时器的基础上进一步升级，除可实现通用定时器的全部功能外还可实现嵌入死区时间的互补 PWM 输出等扩展功能，是 STM32F10xxx 系列处理器内部功能最强大的定时器。

7.3.1 高级定时器的结构

高级定时器的结构与通用定时器具有很大的相似性，图 7-22 所示为高级定时器内部结构框图。

从图 7-22 中可以看出，高级定时器与通用定时器的结构在以下几个方面存在差异：

(1) 时基单元增加了重复次数计数器 TIMx_RCR，通过该寄存器可设置重复计数的次数，可通过重复计数的次数控制计数器的更新。

(2) 定时器的输出通道上增加了死区控制 DTG 单元，输出通道支持互补对称的 PWM 输出。如图 7-22 所示，高级定时器的前面 3 个输出通道，每个通道设置两个输出引脚用于输出一对互补的 PWM 信号，这样可支持带死区保护的三相桥的控制。

(3) 定时器支持外部刹车信号的输入和内部时钟失效的安全保护，可在 PWM 模式下防止过流及内部时钟故障等情况下产生不利的后果。

7.3.2 高级定时器的功能

高级定时器与通用定时器相比较，主要的差异体现在以下几个方面：

首先，高级定时器的内部时钟源来自高速外设总线 APB2 时钟驱动信号，这与通用定时器内部时钟信号来自低速外设总线 APB1 时钟信号不同。

其次，从功能上看，高级定时器在实现通用定时器功能的基础上还具有以下功能：

(1) 由于时基单元结构中设计了重复计数器，因此可设置计数器在完成指定数目的计数器周期之后产生更新，从而实现更新的灵活控制；更新发生时可更新定时器的预分频寄存器、自动重载寄存器、捕获/比较寄存器及重复计数器。

(2) 在高级定时器的输出通道中嵌入了可编程死区时间控制单元，输出通道针对互补 PWM 信号的输出进行了特殊设计，可产生带有死区时间保护的互补 PWM 信号，极大地方便了 PWM 的控制。

(3) 在 PWM 输出模式下，支持输入刹车信号，可通过刹车输入信号将定时器输出信号置于复位状态或者一个已知的安全状态，从而达到防止 PWM 应用中出现过流等故障的发生。

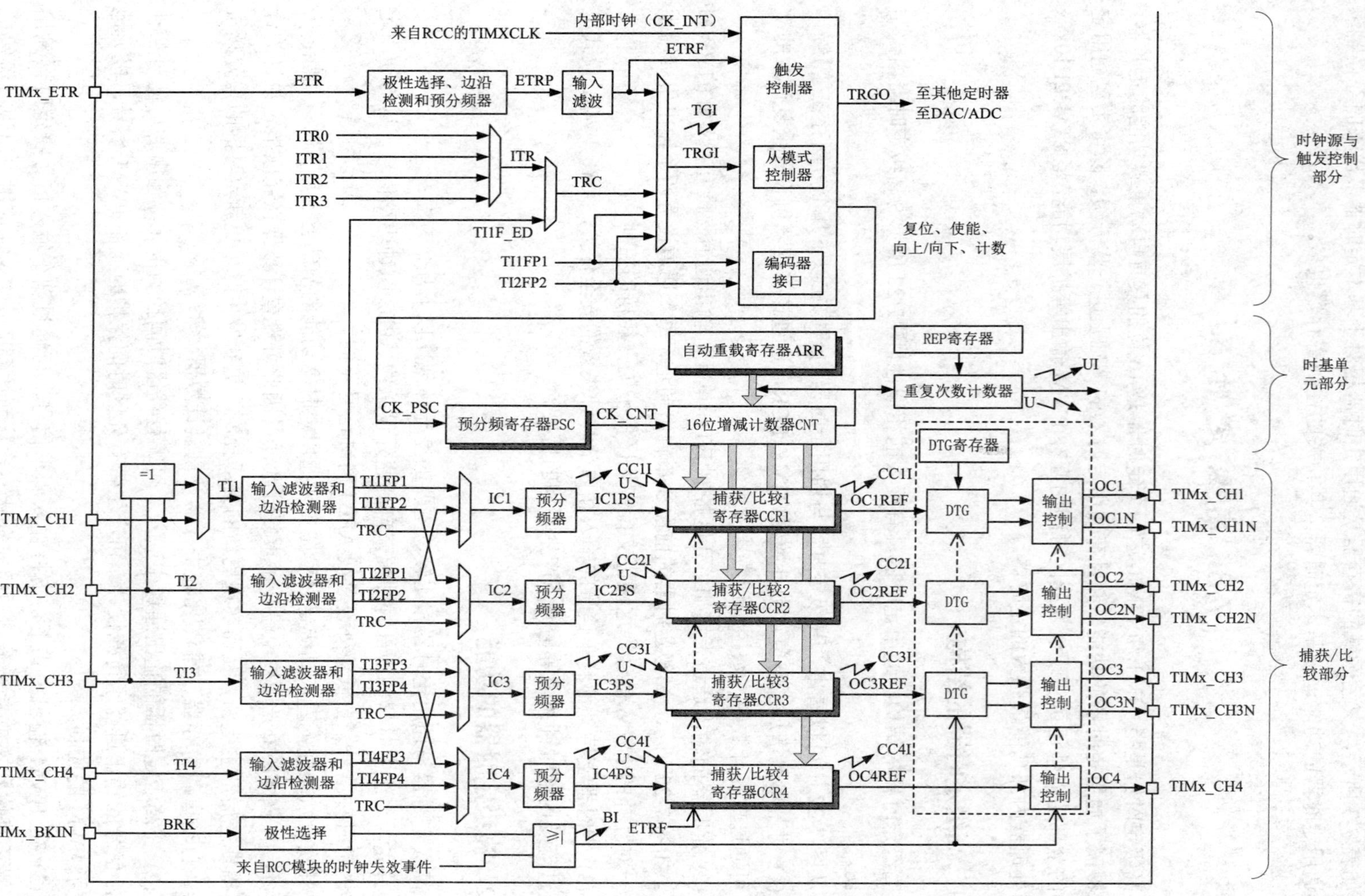

图7-22　高级定时器内部结构框图

最后，高级定时器的功能概括如下：

(1) 具有 16 位计数器，支持递增、递减及双向自动装载计数。

(2) 具有 16 位可编程预分频器，计数器时钟分频系数可在 1～65 536 之间设置。

(3) 具有 4 个独立通道，支持多种通道工作模式，如输入捕获模式、PWM 输入模式、编码器接口模式、输出比较模式、PWM 输出模式、单脉冲模式等。

(4) 支持死区时间可编程的 PWM 互补输出。

(5) 支持外部触发同步控制，可实现定时器之间的主从模式控制。

(6) 支持通过重复计数器实现在指定数目的计数器周期之后实现更新。

(7) 支持输入刹车信号，可以在故障时将定时器输出信号置于复位状态或者一个已知的安全状态。

(8) 支持定时中断和 DMA 请求，当发生下列事件时产生中断或 DMA 请求：

① 发生计数器向上溢出、向下溢出或计数器初始化等更新事件；

② 发生计数器启动、停止、初始化或者由内部/外部触发计数等触发事件；

③ 输入捕获事件；

④ 输出比较匹配事件；

⑤ 刹车信号输入有效事件。

(9) 支持正交编码器和霍尔传感器输入信号的处理。

7.3.3 高级定时器的相关寄存器

对高级定时器的操作是通过其相关的寄存器来实现的，TIM1 和 TIM8 相关的寄存器在系统的存储空间占据的地址映像分别为 0x4001 2C00～0x4001 2FFF 和 0x4001 3400～0x4001 37FF。由于高级定时器功能的扩展，其相关的寄存器组比通用寄存器又有所增加。表 7-4 所示为高级定时器相关的寄存器列表。

表 7-4　高级定时器相关寄存器列表

序号	偏移地址	寄存器名称	说明
1	0x00	TIMx_CR1	控制寄存器 1
2	0x04	TIMx_CR2	控制寄存器 2
3	0x08	TIMx_SMCR	从模式控制寄存器
4	0x0C	TIMx_DIER	DMA/中断使能寄存器
5	0x10	TIMx_SR	状态寄存器
6	0x14	TIMx_EGR	事件产生寄存器
7	0x18	TIMx_CCMR1	捕获/比较模式寄存器 1
8	0x1C	TIMx_CCMR2	捕获/比较模式寄存器 2
9	0x20	TIMx_CCER	捕获/比较使能寄存器

续表

序号	偏移地址	寄存器名称	说明
10	0x24	TIMx_CNT	计数器
11	0x28	TIMx_PSC	预分频寄存器
12	0x2C	TIMx_ARR	自动重载寄存器
13	0x30	TIMx_RCR	重复计数寄存器
14	0x34	TIMx_CCR1	捕获/比较寄存器 1
15	0x38	TIMx_CCR2	捕获/比较寄存器 2
16	0x3C	TIMx_CCR3	捕获/比较寄存器 3
17	0x40	TIMx_CCR4	捕获/比较寄存器 4
18	0x44	TIMx_BDTR	刹车和死区寄存器
19	0x48	TIMx_DCR	DMA 控制寄存器
20	0x4C	TIMx_DMAR	连续模式的 DMA 地址寄存器

由表 7-4 可见，高级定时器比通用定时器多设置了两个寄存器，即 TIMx_RCR 和 TIMx_BDTR 这两个寄存器。

7.4　定时器的相关寄存器

STM32F10xxx 系列处理器的定时器资源丰富，功能十分强大，要发挥这些定时器的作用就必须能够正确地配置这些定时器在不同功能模式下工作的参数，定时器的相关寄存器就是用户实现参数设置的通道，不管采用寄存器编程还是库函数编程，学习和掌握定时器相关寄存器的结构与功能对于编程应用都是十分重要的。

高级定时器 TIM1 和 TIM8 的相关寄存器数量最多，通用定时器 TIM2～TIM5 次之，基本定时器 TIM6 和 TIM7 的相关寄存器最少。由于高级定时器功能最强，其对应的相关寄存器功能兼容通用定时器和基本定时器，因此这里仅介绍高级定时器的相关寄存器，对于通用定时器和基本定时器可以参照高级定时器与其功能相兼容的相关的寄存器。

为便于学习，对于定时器的相关寄存器进行分类介绍。

7.4.1　控制与状态寄存器组

1. 控制寄存器 1(TIMx_CR1)

控制寄存器 1 的偏移地址为 0x00，复位值为 0x0000。该寄存器的结构图如图 7-23 所示。

15	14	13	12	11	10	9	8	7	6	5	4	3	2	1	0
Reserved						CKD[1:0]		ARPE	CMS[1:0]		DIR	OPM	URS	UDIS	CEN
						rw	rw	rw	rw	rw	rw	rw	rw	rw	rw

图 7-23 控制寄存器 1 的结构图

该寄存器各位或位段的定义介绍如下：

➢ CEN(Counter Enable)：计数使能控制位，高电平有效。当定时器工作于外部复位模式、门控模式和编码器模式时，必须先设置 CEN 为 1，当有效的外部信号来到时定时器才能工作。当定时器工作于外部触发的从模式时，CEN 可由外部触发信号置位。

➢ UDIS(Update Disable)：更新禁止位。当 UDIS 为 1 时禁止产生更新，当 UDIS 为 0 时，允许更新，当发生更新时自动重载寄存器 ARR、预分频寄存器 PSC 及捕获/比较寄存器均发生更新。

➢ URS(Update Request Source)：更新请求源设置位，可由软件设置该位为 0 或为 1。在定时器的更新中断/DMA 请求使能的情况下，当 URS 为 0 时，计数器的上溢/下溢、设置 UG 位为 1 及从模式更新均可触发定时器更新中断/DMA 请求；当 URS 为 1 时，只有计数器的上溢/下溢可触发更新中断/DMA 请求。

➢ OPM(One Pulse Mode)：单脉冲模式设置位。若 OPM 为 0，则发生更新时计数器不停止；若 OPM 为 1，则发生更新时计数器停止，计数控制位 CEN 为 0。

➢ DIR(Direction)：计数方向设置位。当 DIR 为 0 时，计数器递增计数；当 DIR 为 1 时，计数器递减计数。对于中央对齐的双向计数模式，该位设置无效，为只读位。

➢ CMS[1:0](Counter-aligned Mode Selection)：计数对齐模式选择位，该位的设置情况如表 7-5 所示。

表 7-5 CMS[1:0]设置表

CMS[1:0]	计数模式	说 明
0 0	边沿对齐模式	由 DIR 位设置递增或递减计数
0 1	中央对齐模式 1	计数器交替地向上和向下计数，输出的通道比较中断标志只在计数器递减计数时被设置
1 0	中央对齐模式 2	计数器交替地向上和向下计数，输出的通道比较中断标志只在计数器递增计数时被设置
1 1	中央对齐模式 3	计数器交替地向上和向下计数，输出的通道比较中断标志在计数器递增和递减计数过程中均被设置

➢ ARPE(Auto-Reload Prescale Enable)：自动重载预装载使能控制位。当 ARPE 为 0 时，禁止自动重载寄存器 ARR 的预加载功能，为直通状态；当 ARPE 为 1 时，使能 ARR 的预加载功能，只有更新发生时 ARR 的预加载值才真正加载到影子寄存器。

➢ CKD[1:0](Clock Division)：时钟分频因子设置位段。通过该位段设置用于采样的时钟的分频系数，可设置的分频系数为 1、2 或 4，分频系数越大，采样时钟的频率越低，高频的滤波效果就越好。

2. 控制寄存器 2(TIMx_CR2)

控制寄存器 2 的偏移地址为 0x04，复位值为 0x0000。该寄存器的结构图如图 7-24 所示。

15	14	13	12	11	10	9	8	7	6	5	4	3	2	1	0
Res.	OIS4	OIS3N	OIS3	OIS2N	OIS2	OIS1N	OIS1	TI1S	MMS[2:0]			CCDS	CCUS	Res.	CCPC
	rw	rw	rw	rw	rw	rw	rw	rw	rw	rw	rw	rw	rw		rw

图 7-24　控制寄存器 2 的结构图

该寄存器主要与定时器的捕获/比较通道的设置有关，针对通用定时器和高级定时器才有。

该寄存器的各位或位段的功能介绍如下：

➢ CCPC(Capture/Compare Preloaded Control)：捕获/比较预装载控制位，高电平有效，该位只对具有互补输出的通道起作用。

➢ CCUS(Capture/Compare Control Update Selection)：捕获/比较控制更新选择位。如果捕获/比较控制位是预装载的(CCPC = 1)，当 CCUS 为 0 时，只能通过设置 COM 位更新；当 CCUS 为 1 时，可以通过设置 COM 位或 TRGI 上的一个上升沿更新。

➢ CCDS(Capture/Compare DMA Selection)：捕获/比较的 DMA 选择位。若 CCDS 为 0，则比较匹配时产生 DMA 请求；若 CCDS 为 1，则更新事件时产生 DMA 请求。

➢ MMS[2:0] (Master Mode Selection)：主模式选择位组，用于选择工作在主模式下的定时器发送到从定时器的触发输出信号(TRGO)的来源，具体的设置情况如表 7-6 所示。

表 7-6　MMS[2:0]主模式选择设置表

MMS[2:0]	主模式选择	说　明
0 0 0	复位	设置事件产生寄存器的 UG 位产生触发输出
0 0 1	使能	计数器使能信号置位产生触发输出
0 1 0	更新	定时器的更新产生触发输出信号
0 1 1	比较脉冲	定时器发生捕获或比较事件，在设置捕获/比较标志的同时输出正脉冲作为触发输出信号
1 0 0	通道 1 比较	通道 1 的 OC1REF 信号被用于作为触发输出信号
1 0 1	通道 2 比较	通道 2 的 OC2REF 信号被用于作为触发输出信号
1 1 0	通道 3 比较	通道 3 的 OC3REF 信号被用于作为触发输出信号
1 1 1	通道 4 比较	通道 4 的 OC4REF 信号被用于作为触发输出信号

➢ TI1S(TI1 Selection)：TI1 信号源选择位。当 TI1S 为 0 时，TIMx_CH1 引脚输入作为 TI1；当 TI1S 为 1 时，由 TIMx_CH1、TIMx_CH2 和 TIMx_CH3 等 3 个引脚的信

号异或产生的信号作为 TI1。

➢ OIS1 (Output Idle State 1)：OC1 的输出空闲状态，可设置为 0 或 1。

➢ OIS1N(Output Idle State 1)：OC1N 的输出空闲状态，可设置为 0 或 1。

➢ OIS2 (Output Idle State 1)：OC2 的输出空闲状态，可设置为 0 或 1。

➢ OIS2N(Output Idle State 1)：OC2N 的输出空闲状态，可设置为 0 或 1。

➢ OIS3 (Output Idle State 1)：OC3 的输出空闲状态，可设置为 0 或 1。

➢ OIS3N(Output Idle State 1)：OC3N 的输出空闲状态，可设置为 0 或 1。

➢ OIS4 (Output Idle State 1)：OC4 的输出空闲状态，可设置为 0 或 1。

3. 从模式控制寄存器(TIMx_SMCR)

从模式控制寄存器的偏移地址为 0x08，复位值为 0x0000。图 7-25 为从模式控制寄存器的结构图。该寄存器主要用于对处于从模式的计数器进行相关的设置。

15	14	13	12	11	10	9	8	7	6	5	4	3	2	1	0
ETP	ECE	ETPS[1:0]		ETF[3:0]				MSM	TS[2:0]			Res.	SMS[2:0]		
rw	rw	rw	rw	rw	rw	rw	rw	rw	rw	rw	rw		rw	rw	rw

图 7-25　从模式控制寄存器的结构图

➢ SMS [2:0] (Slave Mode Selection)：从模式选择位组。通过该位组设置从模式下定时器的触发输入信号，具体的设置如表 7-7 所示。

表 7-7　SMS [2:0]从模式选择设置表

SMS[2:0]	从模式选择	说　明
0 0 0	关闭从模式	此时，定时器由 CEN 位直接控制使能或禁止
0 0 1	编码器模式 1	根据 TI1FP1 的电平，计数器在 TI2FP2 的边沿向上/下计数
0 1 0	编码器模式 2	根据 TI2FP2 的电平，计数器在 TI1FP1 的边沿向上/下计数
0 1 1	编码器模式 3	根据另一个信号的输入电平，计数器在 TI1FP1 和 TI2FP2 的边沿向上/下计数
1 0 0	复位模式	选中的触发输入有效时计数器复位，并且产生一个更新
1 0 1	门控模式	在定时器使能的情况下，门控有效计数器计数，门控无效计数器停止
1 1 0	触发模式	在触发输入信号有效时计数器启动，计数器的 CEN 位被有效的触发信号置位
1 1 1	外部时钟模式 1	计数器在设置的触发输入信号的有效沿计数

➢ TS[2:0] (Trigger Selection)：触发选择位组。该位组用于计数器的同步触发信号源的选择，具体设置如表 7-8 所示。

表 7-8 TS[2:0]同步触发选择设置表

TS[2:0]	同步触发信号选择	说 明
0 0 0	ITR0	内部触发 0
0 0 1	ITR1	内部触发 1
0 1 0	ITR2	内部触发 2
0 1 1	ITR3	内部触发 3
1 0 0	TI1F_ED	TI1 的边沿检测器
1 0 1	TI1FP1	滤波后的定时器输入 1
1 1 0	TI2FP2	滤波后的定时器输入 2
1 1 1	ETRF	外部触发输入

➢ MSM (Master/Slave Mode)：主/从模式位。该位设置为 0 时，不起作用；该位设置为 1 时，可使触发输入信号产生延迟，从而实现主、从定时器之间的时钟同步。

➢ ETF[3:0] (External Trigger Filter)：外部触发滤波设置位组。这些位定义了对 ETRP 信号采样的时钟信号的频率和对 ETRP 信号进行数字滤波的带宽，这里的数字滤波器是一个事件计数器，它记录到 N 个事件后会产生一个输出的跳变。ETF[3:0]位组的具体参数设置如表 7-9 所示。

表 7-9 ETF[3:0]位组的参数设置表

ETF[3:0]	采样频率	数字滤波计数值 N
0 0 0 0	$f_{SAMPLING}=f_{DTS}$	—
0 0 0 1	$f_{SAMPLING}=f_{CK\_INT}$	2
0 0 1 0	$f_{SAMPLING}=f_{CK\_INT}$	4
0 0 1 1	$f_{SAMPLING}=f_{CK\_INT}$	8
0 1 0 0	$f_{SAMPLING}= f_{DTS} /2$	6
0 1 0 1	$f_{SAMPLING}= f_{DTS} /2$	8
0 1 1 0	$f_{SAMPLING}= f_{DTS} /4$	6
0 1 1 1	$f_{SAMPLING}= f_{DTS} /4$	8
1 0 0 0	$f_{SAMPLING}= f_{DTS} /8$	6
1 0 0 1	$f_{SAMPLING}= f_{DTS} /8$	8
1 0 1 0	$f_{SAMPLING}= f_{DTS} /16$	5
1 0 1 1	$f_{SAMPLING}= f_{DTS} /16$	6
1 1 0 0	$f_{SAMPLING}= f_{DTS} /16$	8
1 1 0 1	$f_{SAMPLING}= f_{DTS} /32$	5
1 1 1 0	$f_{SAMPLING}= f_{DTS} /32$	6
1 1 1 1	$f_{SAMPLING}= f_{DTS} /32$	8

➢ ETPS[1:0] (External Trigger Prescaler)：外部触发预分频位组。外部触发信号 ETRP 的最高频率必须低于 TIMx_CLK 频率的 1/4，因此，当输入的外部时钟频率较高时，可使用预分频降低 ETRP 的频率。具体如下：

- ETPS[1:0]为 00：关闭预分频。
- ETPS[1:0]为 01：ETRP 频率除以 2。
- ETPS[1:0]为 10：ETRP 频率除以 4。
- ETPS[1:0]为 11：ETRP 频率除以 8。

➢ ECE(External Clock Enable)：外部时钟使能位，该位用于使能外部时钟模式 2。当 ECE 为 0 时，禁止外部时钟模式 2；当 ECE 为 1 时，使能外部时钟模式 2，计数器由 ETRF 信号上的任意有效边沿驱动。

➢ ETP(External Trigger Polarity)：外部触发极性设置位。当 ETP 为 0 时，ETR 不反相，高电平或上升沿有效；当 ETP 为 1 时，ETR 反相，低电平或下降沿有效。

4. DMA/中断使能寄存器(TIMx_DIER)

DMA/中断使能寄存器的偏移地址为 0x0C，复位值为 0x0000。图 7-26 为 DMA/中断使能寄存器的结构图。

15	14	13	12	11	10	9	8	7	6	5	4	3	2	1	0
Res.	TDE	COMDE	CC4DE	CC3DE	CC2DE	CC1DE	UDE	BIE	TIE	COMIE	CC4IE	CC3IE	CC2IE	CC1IE	UIE
	rw	rw	rw	rw	rw	rw	rw	rw	rw	rw	rw	rw	rw	rw	rw

图 7-26　DMA/中断使能寄存器的结构图

➢ UIE (Update Interrupt Enable)：更新中断使能控制位，高电平有效。

➢ CC1IE～CC4IE (Capture/Compare 1 Interrupt Enable)：捕获/比较通道 1～4 中断使能控制位，高电平有效。

➢ COMIE (COM Interrupt Enable)：COM 中断使能控制位，高电平有效。

➢ TIE(Trigger Interrupt Enable)：触发中断使能控制位，高电平有效。

➢ BIE (Break Interrupt Enable)：刹车中断使能控制位，高电平有效。

➢ UDE (Update DMA Request Enable)：更新 DMA 请求使能位。当 UDE = 1 时，允许更新 DMA 请求。

➢ CC1DE～ CC4DE (Capture/Compare 1～4 DMA Request Enable)：捕获/比较通道 1～4 的 DMA 请求使能控制位，高电平有效。

➢ COMDE (COM DMA Request Enable)：COM 的 DMA 请求使能控制位，高电平有效。

➢ TDE (Trigger DMA Request Enable)：触发 DMA 请求使能位，高电平有效。

5. 状态寄存器(TIMx_SR)

状态寄存器的偏移地址为 0x10，复位值为 0x0000。图 7-27 为状态寄存器的结构图。该寄存器的所有有定义的位由硬件置位，由软件写 0 进行清零。

15	14	13	12	11	10	9	8	7	6	5	4	3	2	1	0
Reserved			CC4OF	CC3OF	CC2OF	CC1OF	Res.	BIF	TIF	COMIF	CC4IF	CC3IF	CC2IF	CC1IF	UIF
			rc/w0	rc/w0	rc/w0	rc/w0		rc/w0	rc/w0	rc/w0	rc/w0	rc/w0	rc/w0	rc/w0	rc/w0

图 7-27　状态寄存器的结构图

➢ UIF(Update Interrupt Flag)：更新中断标志。当 UIF 为 1 时，表示发生了更新中断。

➢ CC1IF～CC4IF(Capture/Compare 1～4 Interrupt Flag)：捕获/比较通道 1～4 中断标志。当通道配置为输入通道时，标志置 1 表示通道发生捕获，捕获/比较寄存器存入捕获值；当通道配置为输出通道时，该标志置 1 表示通道发生比较匹配。

➢ COMIF(COM Interrupt Flag)：COM 中断标志。当 COMIF 为 1 时，表示发生 COM 中断标志有效。

➢ TIF(Trigger Interrupt Flag)：触发器中断标志。当处于从模式的定时器发生触发事件时，该标志置 1 等待处理。

➢ BIF (Break Interrupt Flag)：刹车中断标志。当刹车输入检测到有效的输入信号时，该标志置 1。

➢ CC1OF～CC4OF (Capture/Compare 1～4 Overcapture Flag)：捕获/比较通道 1～4 重复捕获标志。当通道发生重复捕获/比较时，该标志置 1。

6. 事件产生寄存器(TIMx_EGR)

事件产生寄存器的偏移地址为 0x14，复位值为 0x0000。图 7-28 为事件产生寄存器的结构图。该寄存器中的所有位均由软件设置置位，由硬件自动清除。

15	14	13	12	11	10	9	8	7	6	5	4	3	2	1	0
Reserved								BG	TG	COMG	CC4G	CC3G	CC2G	CC1G	UG
								w	w	w	w	w	w	w	w

图 7-28　事件产生寄存器的结构图

➢ UG(Update Generation)：更新事件产生控制位。该位通过软件设置置位，可产生一次更新，是用户产生更新的设置窗口。

➢ CC1G～CC4G(Capture/Compare 1～4 Generation)：通道 1～4 捕获/比较事件产生控制位，需要在某个通道由软件产生捕获/比较事件时，通过软件设置该位为 1，即可产生一次捕获/比较事件，对应通道的捕获/比较标志 CCxIF 置位。如果通道当前配置为输出模式，则相当于产生了一次比较匹配；如果通道当前配置为输入模式，则相当于产生了一次捕获，计数器的当前值被存入捕获寄存器。

➢ COMG(Capture/Compare Control Update Generation)：捕获/比较控制更新产生控制位。该位由软件置 1，由硬件自动清除；该位只对拥有互补输出的通道有效，当该位置位，且 CCPC 为 1 时，允许更新 CCxE、CCxNE、OCxM 位。

➢ TG(Trigger Generation)：触发事件产生控制位，该位置位时置位触发标志 TIF = 1。

➢ BG (Break Generation)：刹车事件产生控制位，软件置位该位可产生刹车事件。

7.4.2　捕获/比较通道控制寄存器组

1. 捕获/比较模式寄存器 1(TIMx_CCMR1)

捕获/比较模式寄存器 1 的偏移地址为 0x18，复位值为 0x0000。图 7-29 为捕获/比较模式寄存器 1 的结构图。

<table>
<tr><td>15</td><td>14</td><td>13</td><td>12</td><td>11</td><td>10</td><td>9</td><td>8</td><td>7</td><td>6</td><td>5</td><td>4</td><td>3</td><td>2</td><td>1</td><td>0</td></tr>
<tr><td>OC2CE</td><td colspan="3">OC2M[2:0]</td><td>OC2PE</td><td>OC2FE</td><td colspan="2" rowspan="2">CC2S[1:0]</td><td>OC1CE</td><td colspan="3">OC1M[2:0]</td><td>OC1PE</td><td>OC1FE</td><td colspan="2" rowspan="2">CC1S[1:0]</td></tr>
<tr><td colspan="4">IC2F[3:0]</td><td colspan="2">IC2PSC[1:0]</td><td colspan="4">IC1F[3:0]</td><td colspan="2">IC1PSC[1:0]</td></tr>
<tr><td>rw</td><td>rw</td><td>rw</td><td>rw</td><td>rw</td><td>rw</td><td>rw</td><td>rw</td><td>rw</td><td>rw</td><td>rw</td><td>rw</td><td>rw</td><td>rw</td><td>rw</td><td>rw</td></tr>
</table>

图 7-29　捕获/比较模式寄存器 1 的结构图

捕获/比较模式寄存器 1 用于通道 1 和通道 2 的捕获/比较模式设置，其中，低 8 位用于通道 1 的设置，高 8 位用于通道 2 的设置，每个通道可能被配置为输出通道，也可能被配置为输入通道。在捕获/比较模式寄存器 1 中的 CC1S[1:0]位段和 CC2S[1:0]位段分别用于通道 1 和通道 2 的输入/输出模式设置，在确定了通道的输入/输出模式后，该寄存器的其他位根据输入/输出模式的不同具有不同的含义。以低 8 位为例，当 CC1S[1:0]位段设置通道 1 为输出通道时，第 2～7 位对应的定义为图 7-29 所示寄存器结构上面一行，位的标识为 OCxxx 的形式；当 CC1S[1:0]位段设置通道 1 为输入通道时，第 2～7 位对应的定义为图 7-29 所示寄存器结构下面一行，位的标识为 ICxxx 的形式。

由于通道 1 和通道 2 模式设置位段的格式相同，下面仅以通道 1 为例，分别介绍其在输入模式和输出模式时对应的寄存器的定义。

1) 输出模式

➢ CC1S[1:0] (Capture/Compare 1 Selection)：捕获/比较通道 1 模式选择位段，该位段的设置详见表 7-10 所示。

表 7-10　CC1S[1:0]设置表

CC1S[1:0]	通道 1 模式选择	说　明
0　0	输出比较	通道 1 配置为输出通道
0　1	输入捕获	通道 1 输入信号从 TI1 输入
1　0	输入捕获	通道 1 输入信号从 TI2 输入
1　1	输入捕获	通道 1 输入信号从 TRC 输入

➢ OC1FE(Output Compare 1 Fast Enable)：输出比较通道 1 快速使能控制位。该位用于加快比较输出对触发输入事件的响应速度，高电平有效。

➢ OC1PE(Output Compare 1 Preload Enable)：输出比较通道 1 预装载使能位。当 OC1PE 为 0 时，禁止通道 1 的捕获/比较寄存器 CCR1 的预加载功能；当 OC1PE 为 1 时，使能通道 1 的捕获/比较寄存器 CCR1 的预加载功能。

➢ OC1M[2:0] (Output Compare 1 Mode)：输出比较通道 1 模式设置位组。该位组用于设定比较结果如何控制通道输出的变化。OC1M[2:0]位组的设置如表 7-11 所示。

表 7-11 OC1M[2:0]设置表

OC1M[2:0]	通道 1 输出模式	说 明
0 0 0	冻结	输出与比较无关
0 0 1	输出有效电平	匹配时通道 1 输出有效电平
0 1 0	输出无效电平	匹配时通道 1 输出无效电平
0 1 1	翻转	比较匹配时输出翻转
1 0 0	强制输出	强制输出无效电平，与比较无关
1 0 1	强制输出	强制输出有效电平，与比较无关
1 1 0	PWM 模式 1	按照 PWM 模式 1 决定输出状态
1 1 1	PWM 模式 2	按照 PWM 模式 2 决定输出状态

➢ OC1CE (Output Compare 1 Clear Enable)：输出比较通道 1 清零使能位。若 OC1CE = 0，则 OC1REF 不受 ETRF 输入的影响；若 OC1CE 为 1，则当检测到 ETRF 输入高电平时，清除 OC1REF = 0。

2) 输入模式

➢ CC1S[1:0] (Capture/Compare 1 Selection)：捕获/比较通道 1 模式选择位段，与输出时定义相同。

➢ IC1PSC[1:0] (Input Capture 1 Prescaler)：输入捕获通道 1 预分频器设置位段，可设置 4 种情况：当 IC1PSC[1:0]为 00 时，每个输入的有效沿均会触发捕获；当 IC1PSC[1:0]为 01、10 和 11 时，分别对应每 2、4 或 8 个输入有效沿才会触发捕获。

➢ IC1F[3:0] (Input Capture 1 Filter)：输入捕获通道 1 滤波器设置位组，该位组定义了 TI1 输入信号的采样频率及数字滤波器的计数值 N，数字滤波器每记录到 N 个事件产生一个输出的跳变。表 7-12 所示为输入捕获通道 1 滤波器设置表。

表 7-12 IC1F[3:0]设置表

IC1F[3:0]	采样频率	数字滤波计数值 N
0 0 0 0	$f_{SAMPLING}=f_{DTS}$	—
0 0 0 1	$f_{SAMPLING}=f_{CK\_INT}$	2
0 0 1 0	$f_{SAMPLING}=f_{CK\_INT}$	4
0 0 1 1	$f_{SAMPLING}=f_{CK\_INT}$	8
0 1 0 0	$f_{SAMPLING}= f_{DTS}/2$	6
0 1 0 1	$f_{SAMPLING}= f_{DTS}/2$	8
0 1 1 0	$f_{SAMPLING}= f_{DTS}/4$	6
0 1 1 1	$f_{SAMPLING}= f_{DTS}/4$	8

续表

IC1F[3:0]	采样频率	数字滤波计数值 N
1　0　0　0	$f_{SAMPLING}= f_{DTS}/8$	6
1　0　0　1	$f_{SAMPLING}= f_{DTS}/8$	8
1　0　1　0	$f_{SAMPLING}= f_{DTS}/16$	5
1　0　1　1	$f_{SAMPLING}= f_{DTS}/16$	6
1　1　0　0	$f_{SAMPLING}= f_{DTS}/16$	8
1　1　0　1	$f_{SAMPLING}= f_{DTS}/32$	5
1　1　1　0	$f_{SAMPLING}= f_{DTS}/32$	6
1　1　1　1	$f_{SAMPLING}= f_{DTS}/32$	8

2. 捕获/比较模式寄存器 2(TIMx_CCMR2)

捕获/比较模式寄存器 2 的偏移地址为 0x1C，复位值为 0x0000。图 7-30 为捕获/比较模式寄存器 2 的结构图。

15	14	13	12	11	10	9	8	7	6	5	4	3	2	1	0
OC4CE	OC4M[2:0]			OC4PE	OC4FE	CC4S[1:0]		OC3CE	OC3M[2:0]			OC3PE	OC3FE	CC3S[1:0]	
IC42F[3:0]				IC4PSC[1:0]				IC3F[3:0]				IC3PSC[1:0]			
rw	rw	rw	rw	rw	rw	rw	rw	rw	rw	rw	rw	rw	rw	rw	rw

图 7-30　捕获/比较模式寄存器 2 的结构图

该寄存器用于通道 3 和通道 4 的模式设置，定义方法与通道 1 的定义类似，这里不再赘述。

3. 捕获/比较使能寄存器(TIMx_CCER)

捕获/比较使能寄存器的偏移地址为 0x20，复位值为 0x0000。图 7-31 为捕获/比较使能寄存器的结构图。

15	14	13	12	11	10	9	8	7	6	5	4	3	2	1	0
Reserved		CC4P	CC4E	CC3NP	CC3NE	CC3P	CC3E	CC2NP	CC2NE	CC2P	CC2E	CC1NP	CC1NE	CC1P	CC1E
		rw	rw	rw	rw	rw	rw	rw	rw	rw	rw	rw	rw	rw	rw

图 7-31　捕获/比较使能寄存器的结构图

➢ CC1E (Capture/Compare 1 Output Enable)：捕获/比较通道 1 使能位。当通道 1 为输出模式时，若 CC1E 为 0，则禁止输出，若 CC1E 为 1，则允许 OC1 信号输出到对应的引脚；当通道 1 为输入模式时，若 CC1E 为 0，则禁止输入捕获，若 CC1E 为 1，则允许 IC1 在有效的情况下捕获。

➢ CC1P(Capture/Compare 1 Output Polarity)：捕获/比较通道 1 极性设置位。当通道 1 为输出模式时，若 CC1P 为 0，则输出高电平有效，若 CC1P 为 1，则输出低电平有效；当通道 1 为输入模式时，若 CC1P 为 0，则 IC1 上的输入捕获信号不反相，若 CC1P 为 1，则

IC1 上的输入捕获信号反相。

➢ CC1NE(Capture/Compare 1 Complementary Output Enable)：捕获/比较通道 1 互补输出使能位。该位仅对通道 1 的输出模式起作用，当通道 1 为输出模式时，若 CC1NE 为 0，则互不输出关闭，OC1N 输出禁止，若 CC1NE 为 1，则互不输出开启，OC1N 输出到对应的引脚。

➢ CC1NP (Capture/Compare 1 Complementary Output Polarity)：捕获/比较通道 1 互补输出极性设置位。该位仅用于通道 1 互补输出模式下的输出极性设置，若 CC1NP 为 0 时，CC1N 高电平有效，若 CC1NP 为 1 时，CC1N 低电平有效。

➢ CC2E、CC2P、CC2NE、CC2NP：用于设置捕获/比较通道 2 的信号极性及相关的使能控制，设置方法参照通道 1。

➢ CC3E、CC3P、CC3NE、CC3NP：用于设置捕获/比较通道 3 的信号极性及相关的使能控制，设置方法参照通道 1。

➢ CC4E、CC4P：用于设置捕获/比较通道 4 的信号极性及通道的使能控制，设置方法参照通道 1 的 CC1E、CC1P。

➢ CC1NE 与 CC1NP、CC2NE 与 CC2NP、CC3NE 与 CC3NP 只在高级定时器的 TIMx_CCER 寄存器中有定义。

7.4.3 时基单元寄存器组

1. 计数器(TIMx_CNT)

计数器的偏移地址为 0x24，复位值为 0x0000。图 7-32 为计数器的结构图。计数器可实现递增、递减或双向计数。

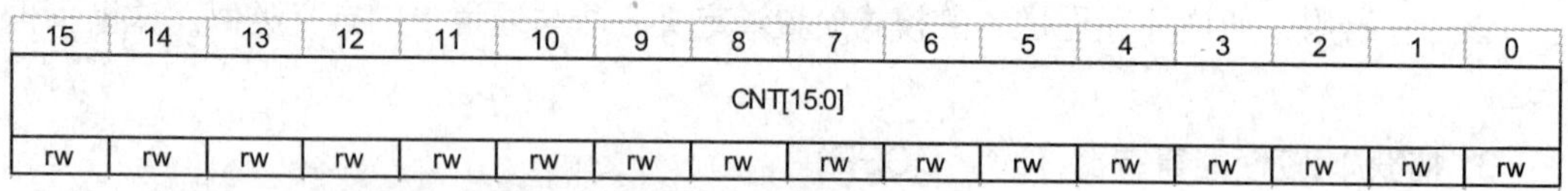

15	14	13	12	11	10	9	8	7	6	5	4	3	2	1	0
CNT[15:0]															
rw	rw	rw	rw	rw	rw	rw	rw	rw	rw	rw	rw	rw	rw	rw	rw

图 7-32 计数器的结构图

2. 预分频寄存器(TIMx_PSC)

预分频寄存器的偏移地址为 0x28，复位值为 0x0000。图 7-33 为预分频寄存器的结构图。该寄存器实现对计数器时钟的预分频功能，可设置的分频系数为 1～65 536，该寄存器具有预加载功能，可根据需要设置预加载使能或禁止。

15	14	13	12	11	10	9	8	7	6	5	4	3	2	1	0
PSC[15:0]															
rw	rw	rw	rw	rw	rw	rw	rw	rw	rw	rw	rw	rw	rw	rw	rw

图 7-33 预分频寄存器的结构图

3. 自动重载寄存器(TIMx_ARR)

自动重载寄存器的偏移地址为 0x2C，复位值为 0x0000。图 7-34 为自动重载寄存器的结构图。该寄存器本质上设置的是计数幅度，当该值为 0 时，计数器不工作，该寄存器具有预加载功能，可根据需要设置预加载使能或禁止。

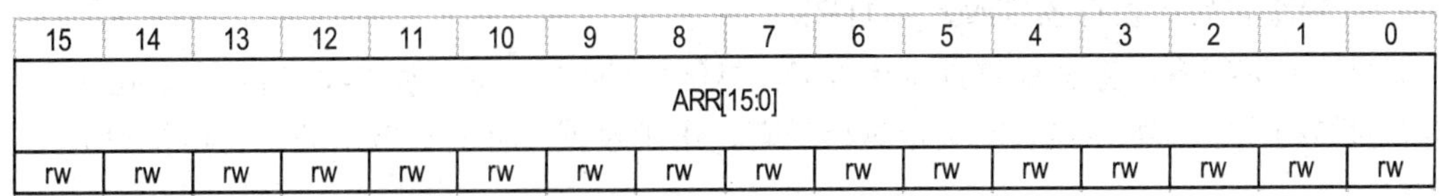

15	14	13	12	11	10	9	8	7	6	5	4	3	2	1	0
ARR[15:0]															
rw	rw	rw	rw	rw	rw	rw	rw	rw	rw	rw	rw	rw	rw	rw	rw

图 7-34　自动重载寄存器的结构图

4. 重复计数寄存器(TIMx_RCR)

重复计数寄存器的偏移地址为 0x30，复位值为 0x0000。图 7-35 为重复计数寄存器的结构图。

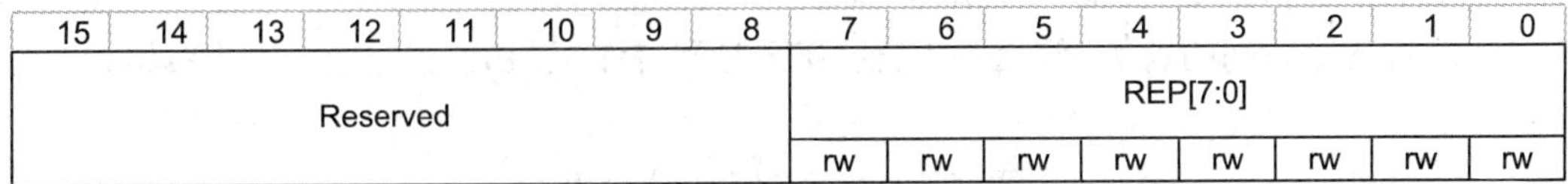

15	14	13	12	11	10	9	8	7	6	5	4	3	2	1	0
Reserved								REP[7:0]							
								rw	rw	rw	rw	rw	rw	rw	rw

图 7-35　重复计数寄存器的结构图

➢ REP[7:0] (Repetition Counter Value)：重复计数器值的设置位段。该位段为 8 位，可设置的最大重复计数值为 255，通过设置重复计数器的值可以控制更新事件产生的频率。只有高级定时器具有重复计数寄存器，其他定时器不具有该寄存器，也不支持重复计数功能。

7.4.4　捕获/比较通道寄存器组

捕获/比较通道寄存器组包括 4 个通道的捕获/比较寄存器、刹车和死区控制寄存器、DMA 控制寄存器和连续模式的 DMA 地址寄存器。

1. 捕获/比较寄存器 1(TIMx_CCR1)

捕获/比较寄存器 1 的偏移地址为 0x34，复位值为 0x0000。图 7-36 为捕获/比较寄存器 1 的结构图。

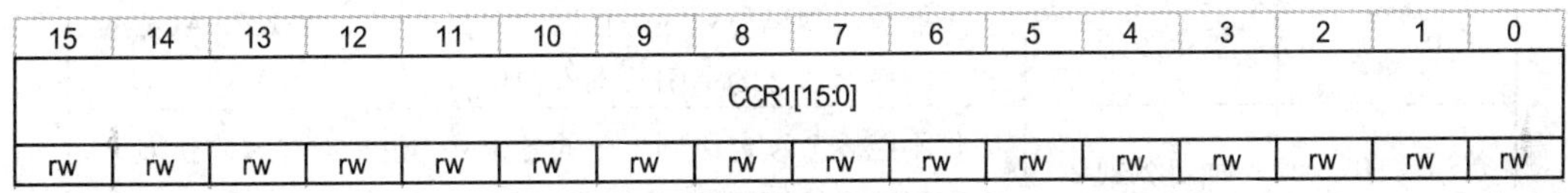

15	14	13	12	11	10	9	8	7	6	5	4	3	2	1	0
CCR1[15:0]															
rw	rw	rw	rw	rw	rw	rw	rw	rw	rw	rw	rw	rw	rw	rw	rw

图 7-36　捕获/比较寄存器 1 的结构图

当通道 1 为输出模式时，该寄存器用于设置比较值，若比较匹配，则可触发更新、中断或 DMA 请求，并按照相应的模式控制通道 1 的输出逻辑状态。该寄存器具有预加载功能，更新发生时预加载值才真正加载。当通道 1 设置为输入模式时，该寄存器在输入通道接收到有效的输入捕获信号后捕获计数器的当前值，并可产生更新、中断或 DMA 请求。

2. 其他通道的捕获/比较寄存器

除通道 1，其他 3 个通道都具有相应的捕获/比较寄存器，分别为 TIMx_CCR2、TIMx_CCR3 和 TIMx_CCR4，它们与通道 1 的捕获/比较寄存器结构及功能均相似，这里不一一赘述。

3. 刹车和死区寄存器(TIMx_BDTR)

刹车和死区寄存器的偏移地址为 0x44，复位值为 0x0000。图 7-37 为刹车和死区寄存器 1 的结构图。该寄存器只高级定时器具有，用于设置互补对称输出通道的运行参数。

15	14	13	12	11	10	9	8	7	6	5	4	3	2	1	0
MOE	AOE	BKP	BKE	OSSR	OSSI	LOCK[1:0]		DTG[7:0]							
rw	rw	rw	rw	rw	rw	rw	rw	rw	rw	rw	rw	rw	rw	rw	rw

图 7-37　刹车和死区寄存器的结构图

➢ DTG[7:0] (Dead-Time Generator Setup)：死区时间设置位组。这些位定义了在互补输出时插入死区时间的长短。假设 DT 表示死区时间，DTG[7:0]设置与 DT 的关系如表 7-13 所示。

表 7-13　DTG[7:0]设置表

DTG[7:5]	死区时间(DT)
0　x　x	$DT = DTG[7:0] \times T_{DTS}$
1　0　x	$DT = (64 + DTG[5:0]) \times 2 \times T_{DTS}$
1　1　0	$DT = (32 + DTG[4:0]) \times 8 \times T_{DTS}$
1　1　1	$DT = (32 + DTG[4:0]) \times 16 \times T_{DTS}$

表 7-13 中 T_{DTS} 是死区时间和外部信号采样时钟的周期，该时钟由内部时钟分频得到。

➢ LOCK[1:0] (Lock Configuration)：锁定设置位组，该位组的设置详见表 7-14。

表 7-14　LOCK[1:0]设置表

LOCK[1:0]	锁定设置	说　　明
0　0	锁定关闭	无锁定，寄存器可修改
0　1	锁定级别 1	不能写入刹车与死区寄存器的 DTG、BKE、BKP、AOE 位和控制寄存器 2 的空闲状态设置位
1　0	锁定级别 2	除不能修改锁定级别 1 中的各位外，也不能修改捕获/比较寄存器的极性设置位以及 OSSR/OSSI 位
1　1	锁定级别 3	除不能修改锁定级别 2 中的各位外，也不能修改捕获/比较寄存器的输出控制位

➢ OSSI(Off-State Selection for Idle Mode)：空闲模式下关闭状态选择位。在定时器停止，通道配置为输出且输出关闭的情况下，若 OSSI 为 0，则禁止输出；若 OSSI 为 1，则一旦 CCxE 为 1 或 CCxNE 为 1，先开启 OC/OCN 并输出无效电平，然后置 OC/OCN 输出高电平。

➢ OSSR(Off-State Selection for Run Mode)：运行模式下关闭状态选择位。在定时器停止，通道配置为互补输出的情况下，若 OSSR 为 0，则禁止 OC/OCN 输出；若 OSSR 为 1，则一旦 CCxE 为 1 或 CCxNE 为 1，先开启 OC/OCN 并输出无效电平，然后置 OC/OCN 输出高电平。

➢ BKE(Break Enable)：刹车使能位，高电平有效。

➢ BKP(Break Polarity)：刹车输入极性选择位。当 BKP 为 0 时，刹车信号低电平有效；当 BKP 为 1 时，刹车信号高电平有效。

➢ AOE(Automatic Output Enable)：自动输出使能控制位。当 AOE 为 0 时，MOE 位只能由软件置 1；当 AOE 为 1 时，MOE 除可被软件置 1 外，也可以由更新事件置 1。

➢ MOE(Main Output Enable)：主输出使能控制位。当 MOE 为 0 时，通道输出禁止或强制为无效状态；当 MOE 为 1 时，通道输出开启。

4. DMA 控制寄存器(TIMx_DCR)

DMA 控制寄存器的偏移地址为 0x48，复位值为 0x0000。图 7-38 为 DMA 控制寄存器的结构图。

15	14	13	12	11	10	9	8	7	6	5	4	3	2	1	0
Reserved			DBL[4:0]					Reserved			DBA[4:0]				
			rw	rw	rw	rw	rw				rw	rw	rw	rw	rw

图 7-38　DMA 控制寄存器的结构图

➢ DBA[4:0] (DMA Base Address)：DMA 基地址。

➢ DBL[4:0] (DMA Burst Length)：DMA 连续传输长度。

5. 连续模式的 DMA 地址寄存器(TIMx_DMAR)

连续模式的 DMA 地址寄存器的偏移地址为 0x4C，复位值为 0x0000。图 7-39 为连续模式的 DMA 地址寄存器的结构图。

15	14	13	12	11	10	9	8	7	6	5	4	3	2	1	0
DMAB[15:0]															
rw	rw	rw	rw	rw	rw	rw	rw	rw	rw	rw	rw	rw	rw	rw	rw

图 7-39　连续模式 DMA 地址寄存器的结构图

➢ DMAB[15:0] (DMA Register for Burst Accesses)：DMA 连续传送寄存器。对该寄存器的读或写会导致对定时器寄存器的存取操作。

7.5　定时器的操作库函数

7.5.1　定时器的操作库函数概述

STM32F10xxx 系列处理器的定时器资源丰富，功能强大，对应的寄存器较多，设置灵活，为了较好地应用这些定时器，ST 公司定义了一套针对定时器操作的库函数，通过这些库函数可以对定时器的寄存器进行设置，实现定时器的各种操作，降低了定时器使用的难度，熟悉和掌握这些库函数是应用库函数实现定时器编程的基础。表 7-15 所示为 ST 在标准外设库 v3.5 版本中定义的定时器库函数。

表 7-15　ST 在标准外设库 v3.5 版本中定义的定时器库函数

函 数 名	描　述
TIM_DeInit	将定时器 TIMx 的寄存器设置为缺省值
TIM_TimeBaseInit	定时器基本参数初始化函数
TIM_OC1Init	定时器通道 1 输出模式的初始化函数
TIM_OC2Init	定时器通道 2 输出模式的初始化函数
TIM_OC3Init	定时器通道 3 输出模式的初始化函数
TIM_OC4Init	定时器通道 4 输出模式的初始化函数
TIM_ICInit	输入比较通道初始化配置函数
TIM_PWMIConfig	PWM 输入通道配置函数
TIM_TimeBaseStructInit	设置定时器基本配置结构体为缺省值
TIM_OCStructInit	设置输出通道初始化配置结构体为缺省值
TIM_ICStructInit	设置输入通道初始化配置结构体为缺省值
TIM_Cmd	使能或禁止指定定时器工作
TIM_CtrlPWMOutputs	使能或禁止指定高级定时器的 PWM 主输出
TIM_ITConfig	使能或禁止指定定时器的中断
TIM_GenerateEvent	通过软件配置指定定时器产生指定的事件
TIM_InternalClockConfig	禁止定时器从模式，设置定时器由内部时钟驱动
TIM_ITRxExternalClockConfig	配置定时器内部触发信号作为外部时钟
TIM_TIxExternalClockConfig	配置定时器触发信号作为外部时钟
TIM_ETRClockMode1Config	外部时钟模式 1 配置函数
TIM_ETRClockMode2Config	外部时钟模式 2 配置函数
TIM_PrescalerConfig	配置定时器预分频器的分频系数
TIM_CounterModeConfig	设置定时器计数器模式
TIM_ARRPreloadConfig	使能或禁止自动重载寄存器的预加载功能
TIM_CCxCmd	使能或禁止定时器 TIMx 的捕获/比较功能
TIM_SelectOnePulseMode	设置定时器 TIMx 的脉冲输出模式
TIM_GetCapture1	读取 TIMx 定时器的通道 1 的捕获/比较寄存器
TIM_GetCapture2	读取 TIMx 定时器的通道 2 的捕获/比较寄存器
TIM_GetCapture3	读取 TIMx 定时器的通道 3 的捕获/比较寄存器
TIM_GetCapture4	读取 TIMx 定时器的通道 4 的捕获/比较寄存器
TIM_GetFlagStatus	检测指定的定时器标志位是否置位
TIM_ClearFlag	清除指定定时器的标志位
TIM_GetITStatus	检查指定的定时器中断是否发生

续表一

函 数 名	描　　述
TIM_ClearITPendingBit	清除指定的定时器挂起中断标志位
TIM_BDTRConfig	刹车与死区时间等参数配置
TIM_BDTRStructInit	设置 TIM_BDTRInitStruct 结构体成员为缺省值
TIM_DMAConfig	配置指定定时器的 DMA 接口
TIM_DMACmd	使能或禁止指定定时器的 DMA 请求
TIM_ETRConfig	配置定时器外部触发器
TIM_SelectInputTrigger	选择定时器输入触发源
TIM_EncoderInterfaceConfig	配置定时器编码器接口
TIM_ForcedOC1Config	强制定时器通道 1 输出为活动或非活动电平
TIM_ForcedOC2Config	强制定时器通道 2 输出为活动或非活动电平
TIM_ForcedOC3Config	强制定时器通道 3 输出为活动或非活动电平
TIM_ForcedOC4Config	强制定时器通道 4 输出为活动或非活动电平
TIM_SelectCOM	选择定时器通信事件
TIM_SelectCCDMA	选择定时器的捕获比较 DMA 源
TIM_CCPreloadControl	设置定时器捕获/比较寄存器预加载功能使能或禁止
TIM_OC1PreloadConfig	使能或禁止定时器通道 1 的 CCR1 的预加载功能
TIM_OC2PreloadConfig	使能或禁止定时器通道 2 的 CCR2 的预加载功能
TIM_OC3PreloadConfig	使能或禁止定时器通道 3 的 CCR3 的预加载功能
TIM_OC4PreloadConfig	使能或禁止定时器通道 4 的 CCR4 的预加载功能
TIM_OC1FastConfig	配置定时器通道 1 的快速输出比较特性
TIM_OC2FastConfig	配置定时器通道 2 的快速输出比较特性
TIM_OC3FastConfig	配置定时器通道 3 的快速输出比较特性
TIM_OC4FastConfig	配置定时器通道 4 的快速输出比较特性
TIM_ClearOC1Ref	外部事件时清除或者保持 OCREF1 信号
TIM_ClearOC2Ref	外部事件时清除或者保持 OCREF2 信号
TIM_ClearOC3Ref	外部事件时清除或者保持 OCREF3 信号
TIM_ClearOC4Ref	外部事件时清除或者保持 OCREF4 信号
TIM_OC1PolarityConfig	设置定时器通道 1 输出极性
TIM_OC2PolarityConfig	设置定时器通道 2 输出极性
TIM_OC3PolarityConfig	设置定时器通道 3 输出极性
TIM_OC4PolarityConfig	设置定时器通道 4 输出极性
TIM_OC1NPolarityConfig	设置定时器通道 1 互补输出极性

续表二

函 数 名	描 述
TIM_OC2NPolarityConfig	设置定时器通道 2 互补输出极性
TIM_OC3NPolarityConfig	设置定时器通道 3 互补输出极性
TIM_CCxNCmd	使能或禁止定时器指定的互补输出通道
TIM_SelectOCxM	选择定时器输出比较模式
TIM_UpdateDisableConfig	使能或禁止定时器更新事件
TIM_UpdateRequestConfig	设置定时器更新中断请求源
TIM_SelectHallSensor	使能或禁止定时器霍尔传感器接口
TIM_SelectOutputTrigger	选择定时器触发输出模式
TIM_SelectSlaveMode	选择定时器从模式
TIM_SelectMasterSlaveMode	设置或者重置定时器的主/从模式
TIM_SetCounter	设置定时器计数器寄存器值
TIM_SetAutoreload	设置定时器自动重载寄存器值
TIM_SetCompare1	设置定时器通道 1 捕获/比较寄存器值
TIM_SetCompare2	设置定时器通道 2 捕获/比较寄存器值
TIM_SetCompare3	设置定时器通道 3 捕获/比较寄存器值
TIM_SetCompare4	设置定时器通道 4 捕获/比较寄存器值
TIM_SetIC1Prescaler	设置定时器输入通道 1 预分频系数
TIM_SetIC2Prescaler	设置定时器输入通道 2 预分频系数
TIM_SetIC3Prescaler	设置定时器输入通道 3 预分频系数
TIM_SetIC4Prescaler	设置定时器输入通道 4 预分频系数
TIM_SetClockDivision	设置定时器的采样时钟分频参数
TIM_GetCounter	获得定时器当前计数器的值
TIM_GetPrescaler	获得定时器预分频值

7.5.2 定时器的操作库函数

1. 函数 TIM_DeInit

功能描述：将定时器 TIMx 的寄存器设置为缺省值。

函数原型：

```
void TIM_DeInit(TIM_TypeDef* TIMx);
```

参数说明：TIMx 中的 x 指明要操作的定时器序号，可取 1～8。当对一个定时器进行重新设置前，可通过该函数使定时器的寄存器复位。

2. 函数 TIM_TimeBaseInit

功能描述：将定时器 TIMx 按照 TIM_TimeBaseInitStruct 结构体进行初始化配置。

函数原型：

```
void TIM_TimeBaseInit(TIM_TypeDef* TIMx, TIM_TimeBaseInitTypeDef*
  TIM_TimeBaseInitStruct);
```

参数说明：TIMx 中的 x 指明要操作的定时器序号，可取 1～8；TIM_TimeBaseInitStruct 为TIM_TimeBaseInitTypeDef类型的结构体指针，TIM_TimeBaseInitTypeDef类型定义如下：

```
typedef   struct
{ uint16_t   TIM_Prescaler;
  uint16_t   TIM_CounterMode;
  uint16_t   TIM_Period;
  uint16_t   TIM_ClockDivision;
  uint8_t   TIM_RepetitionCounter;
} TIM_TimeBaseInitTypeDef;
```

结构体中各成员的作用如下：

➢ TIM_Prescaler：设置计数器时钟的预分频系数，可设置范围 0～65 535。

➢ TIM_CounterMode：设置计数器的计数模式，可设置的取值及计数模式如表 7-16 所示。

表 7-16　TIM_CounterMode 参数设置表

TIM_CounterMode	计数模式
TIM_CounterMode_Up	TIM 递增计数模式
TIM_CounterMode_Down	TIM 递减计数模式
TIM_CounterMode_CenterAligned1	TIM 中央对齐计数模式 1
TIM_CounterMode_CenterAligned2	TIM 中央对齐计数模式 2
TIM_CounterMode_CenterAligned3	TIM 中央对齐计数模式 3

➢ TIM_Period：用于设置计数器的计数周期，可设置范围 0～65 535。

➢ TIM_ClockDivision：设置用于外部信号采样和死区时间控制的时钟的分频系数，具体设置及含义如表 7-17 所示，该设置对于基本的定时器应用可忽略。

表 7-17　TIM_ClockDivision 取值及含义

TIM_ClockDivision 取值	含义说明
TIM_CKD_DIV1	采样和死区时间控制时钟不分频
TIM_CKD_DIV2	采样和死区时间控制时钟 2 分频
TIM_CKD_DIV4	采样和死区时间控制时钟 4 分频

➢ TIM_RepetitionCounter：用于设置重复计数器，该参数只适合高级定时器 TIM1 和 TIM8。

3. 函数 TIM_OC1Init

功能描述：定时器通道 1 设置为输出模式的初始化函数。

函数原型：

```
void TIM_OC1Init(TIM_TypeDef* TIMx, TIM_OCInitTypeDef* TIM_OCInitStruct);
```

参数说明：TIMx 中的 x 指明要操作的定时器序号，可指定基本定时器 2、3、4、5 和高级定时器 1、8；TIM_OCInitStruct 为 TIM_OCInitTypeDef 类型的结构体指针，TIM_OCInitTypeDef 结构体类型定义如下：

```
typedef struct
{
    uint16_t   TIM_OCMode;
    uint16_t   TIM_OutputState;
    uint16_t   TIM_OutputNState;
    uint16_t   TIM_Pulse;
    uint16_t   TIM_OCPolarity;
    uint16_t   TIM_OCNPolarity;
    uint16_t   TIM_OCIdleState;
    uint16_t   TIM_OCNIdleState;
} TIM_OCInitTypeDef;
```

结构体中各成员的作用如下：

➢ TIM_OCMode：设置定时器通道 1 输出模式，具体设置参数及对应模式如表 7-18 所示。

表 7-18　TIM_OCMode 参数设置表

TIM_OCMode	说　明
TIM_OCMode_Timing	基本输出比较模式
TIM_OCMode_Active	输出比较主动模式
TIM_OCMode_Inactive	输出比较非主动模式
TIM_OCMode_Toggle	输出比较触发翻转模式
TIM_OCMode_PWM1	PWM 模式 1
TIM_OCMode_PWM2	PWM 模式 2

➢ TIM_OutputState：用于设置通道比较输出的使能或禁止，取值为 TIM_OutputState_Enable 表示允许输出，取值为 TIM_OutputState_Disable 表示禁止输出。

➢ TIM_OutputNState：用于设置通道互补输出的使能或禁止，仅对高级定时器有效，取值为 TIM_OutputNState_Enable 表示允许输出，取值为 TIM_OutputNState_Disable 表示禁止输出。

➢ TIM_Pulse：用于设置捕获/比较寄存器的脉冲值，可设置的范围为 0～65 535。

➢ TIM_OCPolarity：用于指定输出的极性，取值为 TIM_OCPolarity_High 表示输出为正极性，取值为 TIM_OCPolarity_Low 表示输出为负极性。

➢ TIM_OCNPolarity：用于指定互补输出的极性，仅对高级定时器有效，取值为 TIM_OCNPolarity_High 表示输出为正极性，取值为 TIM_OCNPolarity_Low 表示输出为负极性。

➢ TIM_OCIdleState：用于指定比较输出端在空闲时的状态，取值为 TIM_OCIdleState_Set 或 TIM_OCIdleState_Reset，分别表示在空闲状态时输出高电平或低电平。

➢ TIM_OCNIdleState：用于指定互补比较输出端在空闲时的状态，仅对高级定时器有效，取值为 TIM_OCNIdleState_Set 或 TIM_OCNIdleState_Reset，分别表示在空闲状态时输出高电平或低电平。

除 TIM_OC1Init 函数外，对通道 2、3、4 进行配置的函数分别为 TIM_OC2Init、TIM_OC3Init 和 TIM_OC4Init，使用方法及参数设置可比照 TIM_OC1Init 函数，不再一一赘述。

4. 函数 TIM_ICInit

功能描述：输入比较通道初始化配置函数。

函数原型：

```
void TIM_ICInit(TIM_TypeDef* TIMx, TIM_ICInitTypeDef* TIM_ICInitStruct);
```

参数说明：TIMx 中的 x 指明要操作的定时器序号，可指定基本定时器 2、3、4、5 和高级定时器 1、8；TIM_ICInitStruct 为 TIM_ICInitTypeDef 类型的结构体指针，TIM_ICInitTypeDef 结构体类型定义如下：

```
typedef struct
{
  uint16_t   TIM_Channel;        //用于指定定时器通道
  uint16_t   TIM_ICPolarity;     //用于设置输入信号的有效极性
  uint16_t   TIM_ICSelection;    //指定通道输入信号
  uint16_t   TIM_ICPrescaler;    //指定输入捕获信号的预分频值
  uint16_t   TIM_ICFilter;       //指定输入捕获信号的滤波值，可设置范围 0～15
} TIM_ICInitTypeDef;
```

结构体中各成员的作用如下：

➢ TIM_Channel：用于指定定时器通道，可设置为 TIM_Channel_1、TIM_Channel_2、TIM_Channel_3 及 TIM_Channel_4：分别代表通道 1、2、3 及 4。

➢ TIM_ICPolarity：用于设置输入信号的有效极性，取值及含义如表 7-19 所示。

表 7-19 TIM_ICPolarity 设置表

TIM_ICPolarity	说 明
TIM_ICPolarity_Rising	上升沿有效
TIM_ICPolarity_Falling	下降沿有效
TIM_ICPolarity_BothEdge	上升沿和下降沿均有效

➢ TIM_ICSelection：指定通道输入信号，具体设置如表 7-20 所示。

表 7-20 TIM_ICSelection 设置表

TIM_ICSelection	说 明
TIM_ICSelection_DirectTI	输入通道 1、2、3、4 的引脚分别与 IC1、IC2、IC3、IC4 相连，即各通道的输入信号从其对应的引脚输入
TIM_ICSelection_IndirectTI	输入通道 1、2、3、4 的引脚分别与 IC2、IC1、IC4、IC3 相连，即通道 1、2 的输入信号交叉连接，通道 3、4 的输入信号交叉连接
TIM_ICSelection_TRC	输入通道以 TRC 信号作为输入

➢ TIM_ICPrescaler：指定输入捕获信号的预分频值，可设置为 TIM_ICPSC_DIV1、TIM_ICPSC_DIV2、TIM_ICPSC_DIV4、TIM_ICPSC_DIV8，分别代表不分频、2 分频、4 分频和 8 分频。

➢ TIM_ICFilter：指定输入捕获信号的滤波值，可设置范围为 0～15。

5. 函数 TIM_PWMIConfig

功能描述：PWM 输入通道配置函数。

函数原型：

```
void TIM_PWMIConfig(TIM_TypeDef* TIMx, TIM_ICInitTypeDef* TIM_ICInitStruct);
```

参数说明：TIMx 中的 x 指明要操作的定时器序号，可指定基本定时器 2、3、4、5 和高级定时器 1、8；TIM_ICInitStruct 为 TIM_ICInitTypeDef 类型的结构体指针，与 TIM_ICInit 函数中的结构体相同。

该函数只能对通道 1 或 2 进行配置，如果结构体指针 TIM_ICInitStruct 设置的是通道 1，则该函数会自动配置通道 2 为 PWM 输入的另外一个通道；反之，当 TIM_ICInitStruct 设置的是通道 2，函数会自动配置通道 1 为 PWM 输入的另外一个通道。

6. 函数 TIM_TimeBaseStructInit

功能描述：设置定时器基本参数结构体为缺省值。

函数原型：

```
void TIM_TimeBaseStructInit(TIM_TimeBaseInitTypeDef* TIM_TimeBaseInitStruct);
```

参数说明：通过 TIM_TimeBaseInitTypeDef 类型的指针，TIM_TimeBaseInitStruct 设置定时器基本参数为缺省值，通过该函数的定义可以看出设置的缺省值是什么。

```
void TIM_TimeBaseStructInit(TIM_TimeBaseInitTypeDef* TIM_TimeBaseInitStruct)
{
  /*设置缺省的配置参数 */
  TIM_TimeBaseInitStruct->TIM_Period = 0xFFFF;
  TIM_TimeBaseInitStruct->TIM_Prescaler = 0x0000;
  TIM_TimeBaseInitStruct->TIM_ClockDivision = TIM_CKD_DIV1;
  TIM_TimeBaseInitStruct->TIM_CounterMode = TIM_CounterMode_Up;
  TIM_TimeBaseInitStruct->TIM_RepetitionCounter = 0x0000;
}
```

7. 函数 TIM_OCStructInit

功能描述：设置输出通道初始化配置结构体为缺省值。

函数原型：

```
void TIM_OCStructInit(TIM_OCInitTypeDef* TIM_OCInitStruct);
```

参数说明：通过 TIM_OCInitTypeDef 类型的指针，TIM_OCInitStruct 设置输出通道初始化配置结构体为缺省值。函数的定义如下：

```
void TIM_OCStructInit(TIM_OCInitTypeDef* TIM_OCInitStruct)
{
  /* 设置缺省的配置参数 */
```

```
    TIM_OCInitStruct->TIM_OCMode = TIM_OCMode_Timing;
    TIM_OCInitStruct->TIM_OutputState = TIM_OutputState_Disable;
    TIM_OCInitStruct->TIM_OutputNState = TIM_OutputNState_Disable;
    TIM_OCInitStruct->TIM_Pulse = 0x0000;
    TIM_OCInitStruct->TIM_OCPolarity = TIM_OCPolarity_High;
    TIM_OCInitStruct->TIM_OCNPolarity = TIM_OCPolarity_High;
    TIM_OCInitStruct->TIM_OCIdleState = TIM_OCIdleState_Reset;
    TIM_OCInitStruct->TIM_OCNIdleState = TIM_OCNIdleState_Reset;
}
```

8. 函数 TIM_ICStructInit

功能描述：设置输入通道初始化配置结构体为缺省值。

函数原型：

```
void TIM_ICStructInit(TIM_ICInitTypeDef* TIM_ICInitStruct);
```

参数说明：通过 TIM_ICInitTypeDef 类型的指针，TIM_ICInitStruct 设置输入通道初始化配置结构体为缺省值。函数的定义如下：

```
void TIM_ICStructInit(TIM_ICInitTypeDef* TIM_ICInitStruct)
{
    /* Set the default configuration */
    TIM_ICInitStruct->TIM_Channel = TIM_Channel_1;
    TIM_ICInitStruct->TIM_ICPolarity = TIM_ICPolarity_Rising;
    TIM_ICInitStruct->TIM_ICSelection = TIM_ICSelection_DirectTI;
    TIM_ICInitStruct->TIM_ICPrescaler = TIM_ICPSC_DIV1;
    TIM_ICInitStruct->TIM_ICFilter = 0x00;
}
```

9. 函数 TIM_Cmd

功能描述：使能或禁止指定定时器工作。

函数原型：

```
void TIM_Cmd(TIM_TypeDef* TIMx, FunctionalState NewState);
```

参数说明：TIMx 中的 x 指明要操作的定时器序号，可取 1～8；NewState 的值可设置为 ENABLE 或 DISABLE，分别表示使能或禁止。

10. 函数 TIM_CtrlPWMOutputs

功能描述：使能或禁止指定高级定时器的 PWM 主输出。

函数原型：

```
void TIM_CtrlPWMOutputs(TIM_TypeDef* TIMx, FunctionalState NewState);
```

参数说明：TIMx 中的 x 指明高级定时器序号 1 或 8；NewState 的值可设置为 ENABLE 或 DISABLE，分别表示使能或禁止。

11. 函数 TIM_ITConfig

功能描述：使能或禁止指定定时器的中断。

函数原型：

```
void TIM_ITConfig(TIM_TypeDef* TIMx, uint16_t TIM_IT, FunctionalState NewState);
```

参数说明：TIMx 中的 x 指明定时器序号；NewState 的值可设置为 ENABLE 或 DISABLE，分别表示中断使能或禁止。每个定时器支持的中断的类型不同，这点需要在应用时注意。该函数比较重要，使用定时器中断时需要通过该函数开启中断。

12. 函数 TIM_GenerateEvent

功能描述：通过软件配置指定定时器产生指定的事件。

函数原型：

```
void TIM_GenerateEvent(TIM_TypeDef* TIMx, uint16_t TIM_EventSource);
```

参数说明：TIMx 中的 x 指明定时器序号；TIM_EventSource 用于指定要产生的事件，可设置的值及代表的事件如表 7-21 所示，每个定时器支持的事件的类型不同，基本定时器只能产生更新事件，只有高级定时器能够产生定时器 COM 事件和刹车事件。

表 7-21　TIM_EventSource 设置表

TIM_EventSource	说　明
TIM_EventSource_Update	定时器更新事件
TIM_EventSource_CC1	通道 1 捕获/比较事件
TIM_EventSource_CC2	通道 2 捕获/比较事件
TIM_EventSource_CC3	通道 3 捕获/比较事件
TIM_EventSource_CC4	通道 4 捕获/比较事件
TIM_EventSource_COM	定时器 COM 事件
TIM_EventSource_Trigger	定时器触发事件
TIM_EventSource_Break	刹车事件

13. 函数 TIM_InternalClockConfig

功能描述：禁止定时器从模式，设置定时器由内部时钟驱动。

函数原型：

```
void TIM_InternalClockConfig(TIM_TypeDef* TIMx);
```

参数说明：TIMx 中的 x 指明定时器序号，不包含基本定时器。

14. 函数 TIM_ITRxExternalClockConfig

功能描述：配置定时器内部触发信号作为外部时钟。

函数原型：

```
void TIM_ITRxExternalClockConfig(TIM_TypeDef* TIMx, uint16_t TIM_
InputTriggerSource);
```

参数说明：TIMx 中的 x 指明定时器序号，不包含基本定时器；TIM_InputTriggerSource

可取值为 TIM_TS_ITR0、TIM_TS_ITR1、TIM_TS_ITR2 和 TIM_TS_ITR3，分别表示内部触发的时钟源为 ITR0、ITR1、ITR2 和 ITR3。

15. 函数 TIM_TIxExternalClockConfig

功能描述：配置定时器触发信号作为外部时钟。

函数原型：

```
void TIM_TIxExternalClockConfig(TIM_TypeDef* TIMx, uint16_t TIM_TIxExternal
CLKSource, uint16_t TIM_ICPolarity, uint16_t ICFilter);
```

参数说明：TIMx 中的 x 指明定时器序号，不包含基本定时器；TIM_TIxExternalCLKSource 指定外部触发信号源，具体设置如表 7-22 所示；TIM_ICPolarity 指定触发信号的极性，可设置为 TIM_ICPolarity_Rising 或 TIM_ICPolarity_Falling；ICFilter 设置外部信号的滤波参数，可设置值的范围为 0～15。

表 7-22　TIM_TIxExternalCLKSource 设置表

TIM_TIxExternalCLKSource	说　明
TIM_TIxExternalCLK1Source_TI1ED	选择 TI1 的边沿检测信号 TI1ED 作为外部触发信号
TIM_TIxExternalCLK1Source_TI1	选择 TI1 的滤波信号 TI1FP1 作为外部触发信号
TIM_TIxExternalCLK1Source_TI2	选择 TI2 的滤波信号 TI2FP2 作为外部触发信号

16. 函数 TIM_ETRClockMode1Config

功能描述：配置外部时钟模式 1 的参数。

函数原型：

```
void TIM_ETRClockMode1Config(TIM_TypeDef* TIMx, uint16_t TIM_ExtTRGPrescaler,
uint16_t TIM_ExtTRGPolarity, uint16_t ExtTRGFilter);
```

参数说明：TIMx 中的 x 指明定时器序号，不包含基本定时器；TIM_ExtTRGPrescaler 用于设置外部时钟的预分频系数，具体设置如表 7-23 所示。

表 7-23　TIM_ExtTRGPrescaler 设置表

TIM_ExtTRGPrescaler	说　明
TIM_ExtTRGPSC_OFF	外部输入时钟不分频
TIM_ExtTRGPSC_DIV2	外部输入时钟 2 分频
TIM_ExtTRGPSC_DIV4	外部输入时钟 4 分频
TIM_ExtTRGPSC_DIV8	外部输入时钟 8 分频

TIM_ExtTRGPolarity 用于设置时钟触发极性，可设置为 TIM_ExtTRGPolarity_Inverted 或 TIM_ExtTRGPolarity_NonInverted，前者表示低电平或下降沿有效，后者表示高电平或上升沿有效；ExtTRGFilter 用于设置时钟的滤波参数，可设置值的范围为 0～15。

17. 函数 TIM_ETRClockMode2Config

功能描述：配置外部时钟模式 2 的参数。

函数原型：

void TIM_ETRClockMode2Config(TIM_TypeDef* TIMx, uint16_t TIM_ExtTRGPrescaler, uint16_t TIM_ExtTRGPolarity, uint16_t ExtTRGFilter);

参数说明：参数设置与 TIM_ETRClockMode1Config 函数相同。

18. 函数 TIM_PrescalerConfig

功能描述：配置定时器预分频器的分频系数。

函数原型：

void TIM_PrescalerConfig(TIM_TypeDef* TIMx, uint16_t Prescaler, uint16_t TIM_PSCReloadMode);

参数说明：TIMx 中的 x 指明定时器序号；Prescaler 用于设置预分频寄存器的值；TIM_PSCReloadMode 用于指定预分频值的加载模式，取值为 TIM_PSCReloadMode_Update 时，当发生更新事件时加载，取值为 TIM_PSCReloadMode_Immediate 时，预加载值立即有效。

19. 函数 TIM_CounterModeConfig

功能描述：设置定时器计数模式。

函数原型：

void TIM_CounterModeConfig(TIM_TypeDef* TIMx, uint16_t TIM_CounterMode);

参数说明：TIMx 中的 x 指明定时器序号，不包含基本定时器；TIM_CounterMode 用于设置计数器的计数模式，可设置的模式如表 7-16 所示。

20. 函数 TIM_ARRPreloadConfig

功能描述：使能或禁止自动重载寄存器的预加载功能。

函数原型：

void TIM_ARRPreloadConfig (TIM_TypeDef* TIMx, FunctionalState NewState);

参数说明：TIMx 中的 x 指明定时器序号；NewState 可设置为 ENABLE 或 DISABLE。

21. 函数 TIM_CCxCmd

功能描述：使能或禁止定时器 TIMx 的捕获/比较功能。

函数原型：

void TIM_CCxCmd(TIM_TypeDef* TIMx, uint16_t TIM_Channel, uint16_t TIM_CCx);

参数说明：TIMx 中的 x 指明定时器序号，不包含基本定时器；TIM_Channel 用于指定通道号，可设置为 TIM_Channel_1、TIM_Channel_2、TIM_Channel_3 和 TIM_Channel_4；TIM_CCx 用于指定通道的新状态，可设置为 TIM_CCx_Enable 或 TIM_CCx_Disable，分别代表使能或禁止通道的捕获/比较功能。

22. 函数 TIM_SelectOnePulseMode

功能描述：设置定时器 TIMx 的脉冲输出模式。

函数原型：

void TIM_SelectOnePulseMode(TIM_TypeDef* TIMx, uint16_t TIM_OPMode);

参数说明：TIMx 中的 x 指明定时器序号；TIM_OPMode 用于设置输出脉冲的模式，可取值为 TIM_OPMode_Single 或 TIM_OPMode_Repetitive，分别代表单脉冲输出模式或重复脉冲输出模式。

23. 函数 TIM_GetCapture1

功能描述：读取 TIMx 定时器的通道 1 的捕获/比较寄存器。

函数原型：

```
uint16_t TIM_GetCapture1 (TIM_TypeDef* TIMx);
```

参数说明：TIMx 中的 x 指明定时器序号，不包含基本定时器。返回值为捕获/比较寄存器 CCR1 的值。

函数 TIM_GetCapture2、TIM_GetCapture3 和 TIM_GetCapture4 与 TIM_GetCapture1 相似，分别读取通道 2、3 和 4 的捕获/比较寄存器的值。

24. 函数 TIM_GetFlagStatus

功能描述：检测指定的定时器标志位是否置位。

函数原型：

```
FlagStatus TIM_GetFlagStatus(TIM_TypeDef* TIMx, uint16_t TIM_FLAG);
```

参数说明：TIMx 中的 x 指明定时器序号；TIM_FLAG 用于指定要检测的标志，具体可指定的标志如表 7-24 所示。需要注意：基本定时器 TIM6 和 TIM7 只有更新标志 TIM_FLAG_Update，刹车标志 TIM_FLAG_Break 和通信标志 TIM_FLAG_COM 只适合高级定时器 TIM1 和 TIM8。

表 7-24　TIM_FLAG 标志及含义表

TIM_FLAG	说　明
TIM_FLAG_Update	定时器更新标志
TIM_FLAG_CC1	定时器通道 1 捕获/比较标志
TIM_FLAG_CC2	定时器通道 2 捕获/比较标志
TIM_FLAG_CC3	定时器通道 3 捕获/比较标志
TIM_FLAG_CC4	定时器通道 4 捕获/比较标志
TIM_FLAG_COM	定时器通信标志
TIM_FLAG_Trigger	定时器触发标志
TIM_FLAG_Break	定时器刹车标志
TIM_FLAG_CC1OF	定时器通道 1 重复捕获/比较标志
TIM_FLAG_CC2OF	定时器通道 2 重复捕获/比较标志
TIM_FLAG_CC3OF	定时器通道 3 重复捕获/比较标志
TIM_FLAG_CC4OF	定时器通道 4 重复捕获/比较标志

25. 函数 TIM_ClearFlag

功能描述：清除指定定时器的标志位。

函数原型：

```
void TIM_ClearFlag(TIM_TypeDef* TIMx, uint16_t TIM_FLAG);
```

参数说明：TIMx 中的 x 指明定时器序号；TIM_FLAG 用于指定要清除的定时器标志

位，可指定的标志与表 7-24 相同。

26. 函数 TIM_GetITStatus

功能描述：检查指定的定时器中断是否发生。

函数原型：

ITStatus TIM_GetITStatus(TIM_TypeDef* TIMx, uint16_t TIM_IT);

参数说明：TIMx 中的 x 指明定时器序号；TIM_IT 用于指定要检查的定时器中断的类型，可指定的类型详见表 7-25。需要注意的是：定时器 TIM6 和 TIM7 只有更新中断，通信中断和刹车中断只适合 TIM1 和 TIM8。

表 7-25　TIM_IT 取值及其代表的中断类型表

TIM_IT	说　明
TIM_IT_Update	定时器更新中断
TIM_IT_CC1	定时器通道 1 捕获/比较中断
TIM_IT_CC2	定时器通道 2 捕获/比较中断
TIM_IT_CC3	定时器通道 3 捕获/比较中断
TIM_IT_CC4	定时器通道 4 捕获/比较中断
TIM_IT_COM	定时器通信中断
TIM_IT_Trigger	定时器触发中断
TIM_IT_Break	定时器刹车中断

27. 函数 TIM_ClearITPendingBit

功能描述：清除指定的定时器挂起中断标志。

函数原型：

void TIM_ClearITPendingBit(TIM_TypeDef* TIMx, uint16_t TIM_IT);

参数说明：TIMx 中的 x 指明定时器序号；TIM_IT 用于指定要清除的中断挂起标志的名称，可指定的中断标志名称与表 7-25 相同。

ST 公司的定时器库函数较多，有些库函数的功能互相重叠，可根据使用习惯及具体问题选择使用，限于篇幅，这里不再一一介绍，深入应用时可查阅相关文档进一步了解。

7.6　定时器基本定时应用编程

STM32F103xxx 系列芯片的定时器数量较多，功能强大，应用灵活。定时器的最基本的功能是定时，要较好地掌握定时器的应用，首先应该从使用定时器的定时功能开始。

在前面学习 GPIO 编程时，通过软件延时函数实现 GPIO 所控制的 LED 灯的亮灭延时时间，这样做存在的问题是延时时间精度不高，且延时程序占用 CPU 的执行时间，效率较低；如果利用定时器实现定时，不但可以取得精确的定时时间，还可以将 CPU 解放出来，从而可以较好地克服软件定时存在的缺点。下面就通过定时器的应用实例来介绍定时器的基本应用。

7.6.1 测试硬件环境

定时功能是 TIM1 到 TIM8 都具有的基本功能，所有的 STM32F103xxx 系列芯片都可以完成基本定时功能测试。这里选择一块以 STM32F103C8 为主处理器的实验板作为测试的硬件平台，实验板上通过 PC13 连接了一只 LED 发光管，如图 7-40 所示。

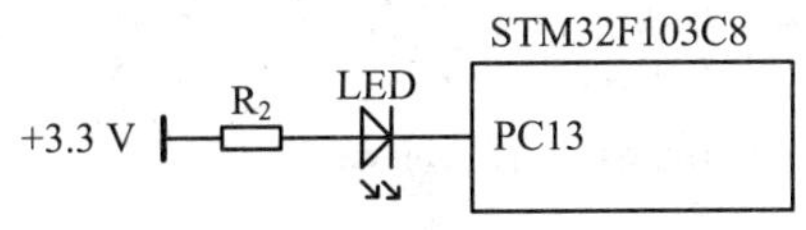

图 7-40 测试电路

STM32F103C8 内部集成有 4 个一般定时器，分别是高级定时器 TIM1 及通用定时器 TIM2、TIM3 和 TIM4。应用时应该知道所使用的芯片内有什么定时器，不同的芯片内部集成的定时器是不同的，这点需要注意。

7.6.2 查询方式应用

本实验程序在 Keil μVision 5 集成开发环境下完成。Keil μVision 5 和 Keil μVision 4 环境具有一定的差异，特别是在对库函数文件的使用上，Keil μVision 5 更为方便。

现在的任务是通过定时器控制 PC13 引脚上的 LED 的闪烁，在每秒内 LED 点亮 500 ms，熄灭 500 ms，并依次循环。控制的基本思想是：通过定时器 TIM1 设置 500 ms 的定时并启动，定时器的更新标志每 500 ms 置位一次，当每次通过软件查询的方式查询到定时器更新标志置位时就切换 LED 发光管的状态，并清除当前的更新标志。

首先，在 Keil μVision 5 集成开发环境下新建工程，选择 STM32F103C8 处理器，设置运行环境(可参考 3.3 小节关于 Keil μVision 5 集成开发环境的内容)，准备相关的源文件。图 7-41 所示为该测试工程的项目窗口。

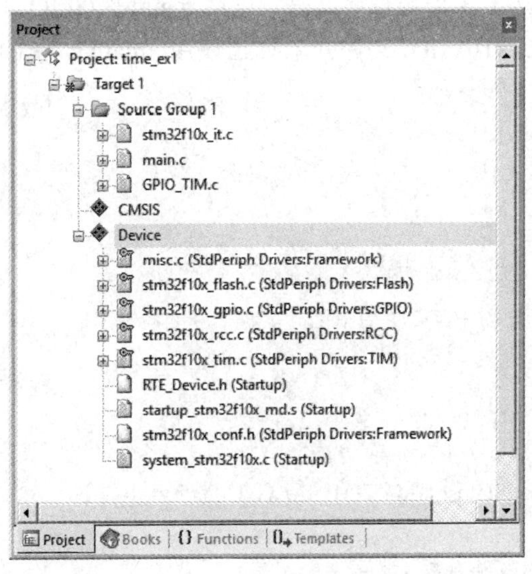

图 7-41 定时器基本测试工程项目窗口

在 Keil μVision 5 集成开发环境下新建工程时，系统会自动在工程文件夹下生成用来存放不同类型及用途文件的子文件夹，如图 7-42 所示。

图 7-42　定时器基本测试工程文件管理窗口

在图 7-42 中除 user 文件夹外，其余文件夹和文件均为新建工程时自动生成的，其中 Debug Config 文件夹用于存储工程调试信息，Listings 文件夹用于存储工程编译的列表文件，Objects 文件夹用于存储编译生成的目标文件，RTE 文件夹用于存储运行环境设置信息，time_ex1.uvprojx 为工程项目文件。user 文件夹为用户自己建立的文件夹，用来存储用户程序文件，在本测试工程中由于所涉及的程序较简单，仅建立 user 文件夹来存储用户程序文件，如果工程复杂，用户可以根据需要建立多个文件夹来分类存储不同的用户程序文件，以便管理文件。

在本测试工程中建立了 3 个源程序文件，包括 main.c、GPIO_TIM.c 和 stm32f10x_it.c，由于并未用到中断，stm32f10x_it.c 文件并未真正使用。main.c 为主函数文件，其内容如下：

```
#include "stm32f10x.h"
#include "GPIO_TIM.h"
int main()
{
  LED_Init();           //LED 端口初始化
  TIM1_Init(500);       //定时器 TIM1 初始化，定时 500ms
  do{
      LED_On();         //LED 点亮
      //等待定时器更新标志置位
       while(TIM_GetFlagStatus(TIM1,TIM_FLAG_Update)==RESET);
      //清除更新标志
       TIM_ClearFlag(TIM1,TIM_FLAG_Update);
```

```
        LED_Off();      //LED 熄灭
      //等待定时器更新标志置位
        while(TIM_GetFlagStatus(TIM1,TIM_FLAG_Update)==RESET);
      //清除更新标志
        TIM_ClearFlag(TIM1,TIM_FLAG_Update);
      }while(1);
}
```

GPIO_TIM.c 文件用来实现 GPIO 和定时器 TIM1 的初始化，内容如下：

```
#include "stm32f10x.h"
#include "GPIO_TIM.h"
/*LED 端口初始化函数*/
void  LED_Init(void )
{
  //定义结构体 GPIO_InitStructure
   GPIO_InitTypeDef GPIO_InitStructure;
  //开启 GPIOC 的时钟
   RCC_APB2PeriphClockCmd(RCC_APB2Periph_GPIOC,ENABLE);
  /*设置 GPIO_InitStructure 成员参数*/
   GPIO_InitStructure.GPIO_Pin=GPIO_Pin_13;
   GPIO_InitStructure.GPIO_Mode=GPIO_Mode_Out_PP;
   GPIO_InitStructure.GPIO_Speed=GPIO_Speed_2 MHz;
  //初始化 GPIOC 引脚 13
  GPIO_Init(GPIOC,&GPIO_InitStructure);
}
/*点亮 LED 函数  */
void  LED_On(void)
{
   GPIO_ResetBits(GPIOC,GPIO_Pin_13);
}
/*熄灭 LED 函数  */
void  LED_Off(void)
{
   GPIO_SetBits(GPIOC, GPIO_Pin_13);
}
/*  TIM1 初始化函数  */
void  TIM1_Init(u16 time)
{
    //定义定时器初始化结构体 TIM_TimeBaseStructure
    TIM_TimeBaseInitTypeDef TIM_TimeBaseStructure;
```

```
    //使能 TIM1 的时钟
    RCC_APB2PeriphClockCmd(RCC_APB2Periph_TIM1,ENABLE);
    //设置计数器预分频系数
    TIM_TimeBaseStructure.TIM_Prescaler=36000-1;
    //设置计数周期
    TIM_TimeBaseStructure.TIM_Period=2*time-1;
    //设置计数模式为递增计数
    TIM_TimeBaseStructure.TIM_CounterMode =TIM_CounterMode_Up;
    //按照结构体参数对 TIM1 进行初始化
    TIM_TimeBaseInit(TIM1,&TIM_TimeBaseStructure);
    //清除 TIM1 的更新标志
    TIM_ClearFlag(TIM1,TIM_FLAG_Update);
    //使能 TIM1 工作
    TIM_Cmd(TIM1,ENABLE);
}
```

头文件 GPIO_TIM.h 用于声明定义的函数，内容如下：

```
#ifndef _GPIO_TIM_H
#define _GPIO_TIM_H
void   LED_Init(void );
void   LED_On(void);
void   LED_Off(void);
void   TIM1_Init(u16 time);
#endif
```

对工程进行编译，编译通过后可通过软件仿真(如虚拟示波器等)观察运行结果，也可通过硬件仿真或直接将程序下载进行实际测试。定时器的初始化函数 TIM1_Init 可通过参数 time 指定定时时间的毫秒数，也可以通过修改定时时间重新编译、下载运行，观察 LED 闪烁频率和周期的变化。

7.6.3　中断方式应用

通过查询方式实现定时器定时会占用 CPU 较多的时间，在实际应用中更多的是使用定时中断来实现定时应用，这样可以更好地发挥定时器的作用，提高 CPU 的效率。

为了实现定时器中断，必须设置系统的中断分组，设置定时器中断的优先级，并使能中断。由于这里使用的定时器 TIM1 属于高级定时器，它的中断类型较多，这里使用的是它的更新中断，因此要对 TIM1 的更新中断进行设置。在 GPIO_TIM.c 文件中实现 LED 和定时器 TIM1 的相关初始化函数，具体文件内容如下：

```
#include "stm32f10x.h"
#include "GPIO_TIM.h"
/*LED 端口初始化函数*/
```

```
void   LED_Init(void )
{
  //定义结构体 GPIO_InitStructure
  GPIO_InitTypeDef GPIO_InitStructure;
  //开启 GPIOC 的时钟
  RCC_APB2PeriphClockCmd(RCC_APB2Periph_GPIOC,ENABLE);
  /*设置 GPIO_InitStructure 成员参数*/
  GPIO_InitStructure.GPIO_Pin=GPIO_Pin_13;
  GPIO_InitStructure.GPIO_Mode=GPIO_Mode_Out_PP;
  GPIO_InitStructure.GPIO_Speed=GPIO_Speed_2 MHz;
  //初始化 GPIOC 引脚 13
  GPIO_Init(GPIOC,&GPIO_InitStructure);
}
/* TIM1 初始化函数*/
void   TIM1_Init(u16 time)
{
  //定义定时器初始化结构体  TIM_TimeBaseStructure
  TIM_TimeBaseInitTypeDef TIM_TimeBaseStructure;
  //使能 TIM1 的时钟
  RCC_APB2PeriphClockCmd(RCC_APB2Periph_TIM1,ENABLE);
  //设置计数器预分频系数
  TIM_TimeBaseStructure.TIM_Prescaler=36000-1;
  //设置计数周期
  TIM_TimeBaseStructure.TIM_Period=2*time-1;
  //设置计数模式为递增计数
  TIM_TimeBaseStructure.TIM_CounterMode =TIM_CounterMode_Up;
  //按照结构体参数对 TIM1 进行初始化
  TIM_TimeBaseInit(TIM1,&TIM_TimeBaseStructure);
  //清除 TIM1 的更新标志
  TIM_ClearFlag(TIM1,TIM_FLAG_Update);
  //使能 TIM1 工作
  TIM_Cmd(TIM1,ENABLE);
}
/*系统中断和定时器 TIM1 中断设置函数*/
void TIM1_IT_Init(void)
{
  //定义系统中断设置结构体
  NVIC_InitTypeDef   NVIC_InitStructure;
  //设置系统中断分组
```

```
    NVIC_PriorityGroupConfig(NVIC_PriorityGroup_1);
    //设置定时器 TIM1 更新中断
    NVIC_InitStructure.NVIC_IRQChannel=TIM1_UP_IRQn;
    //设置 TIM1 更新中断抢占优先级为 0
    NVIC_InitStructure.NVIC_IRQChannelPreemptionPriority=0;
    //设置 TIM1 更新中断响应优先级为 1
    NVIC_InitStructure.NVIC_IRQChannelSubPriority=1;
    //使能 TIM1 通道中断
    NVIC_InitStructure.NVIC_IRQChannelCmd = ENABLE;
    //按照 VIC_InitStructure 结构体初始化 TIM1 更新中断
    NVIC_Init(&NVIC_InitStructure);
    //使能 TIM1 更新中断
      TIM_ITConfig(TIM1, TIM_IT_Update, ENABLE );
}
```

GPIO_TIM.h 头文件的内容在查询方式下也有改变，具体文件内容如下：

```
#ifndef _GPIO_TIM_H
#define _GPIO_TIM_H
void    LED_Init(void );
void    TIM1_Init(u16 time);
void    TIM1_IT_Init(void);
#endif
```

中断的服务函数在 stm32f10x_it.c 中实现，其相关的内容如下：

```
#include "stm32f10x_it.h"
#include "stm32f10x_gpio.h"
//定义 TIM1 的更新中断服务函数
void TIM1_UP_IRQHandler()
{
    TIM_ClearITPendingBit(TIM1,TIM_IT_Update);   //清除更新中断标志
    //根据 PC13 前一个输出状态进行状态切换，从而改变 LED 的亮灭
    if(GPIO_ReadOutputDataBit(GPIOC, GPIO_Pin_13)==0x01)
            GPIO_ResetBits(GPIOC,GPIO_Pin_13);
    else
            GPIO_SetBits(GPIOC,GPIO_Pin_13);
}
```

此时的主函数文件实际上非常简洁，具体文件内容如下：

```
#include "stm32f10x.h"
#include "GPIO_TIM.h"
int main()
```

```
{
    LED_Init();          //初始化 GPIO 口
    TIM1_Init(500);      //初始化定时器 TIM1 的定时参数
    TIM1_IT_Init();      //设置系统中断分组，初始化 TIM1 的更新中断
    while(1);
}
```

7.7　定时器 PWM 输出应用编程

除基本定时器 TIM6 和 TIM7 外，高级定时器和通用定时器均具有 PWM 输出功能，灵活应用定时器的 PWM 输出功能可以为其在电机控制、电源变换等领域的应用提供高效的控制方案和技术路径。

7.7.1　PWM 测试任务

每个通用定时器和高级定时器均具有 4 个捕获/比较通道，每个通道可独立地配置为 PWM 模式 1 或模式 2，每个输出通道的输出信号的极性可以配置。这里设定的任务是：通过定时器 TIM1 的 4 个通道同时产生 4 路 PWM 信号，通过修改每个通道的设置参数来对比不同 PWM 模式、不同通道输出极性情况下的输出波形；另外，还可以通过改变定时器的基本参数，如计数模式、计数器幅度等信息来观察 PWM 输出信号的特性与定时器基本参数之间的关系。

本测试任务选择在一块以 STM32F103C8 为主处理器的实验板上进行。当使用到定时器的捕获/比较通道时，必须了解每个定时器各个通道所对应的 GPIO 引脚，并且对引脚进行配置，这样才能达到 PWM 信号输出的目的。定时器 TIM1 的 4 个捕获/比较通道从通道 1 到通道 4 对应的 GPIO 引脚分别为 PA8、PA9、PA10 和 PA11。

7.7.2　PWM 测试应用编程

本测试工程在 Keil μVision 5 环境下进行。首先，新建工程并配置工程的运行环境(可参照定时器基本定时应用编程工程实例)；其次，新建用户文件夹及文件并编辑工程的文件，图 7-43 所示为该测试工程的项目窗口。

如图 7-43 所示，在设置运行环境时必须设置启动文件、GPIO 模块、RCC 模块、定时器及 Flash 模块操作的库函数文件。用户的 C 语言源文件只有两个，即主函数文件 main.c 和定时器的 PWM 初始化文件 pwm.c。在 main.c 文件中调用 PWM 初始化函数，之后一直死循环，该文件的内容如下：

```
#include "stm32f10x.h"
#include "pwm.h"
int main(void)
```

```
{
  TIM1_PWMInit();
  while(1);
}
```

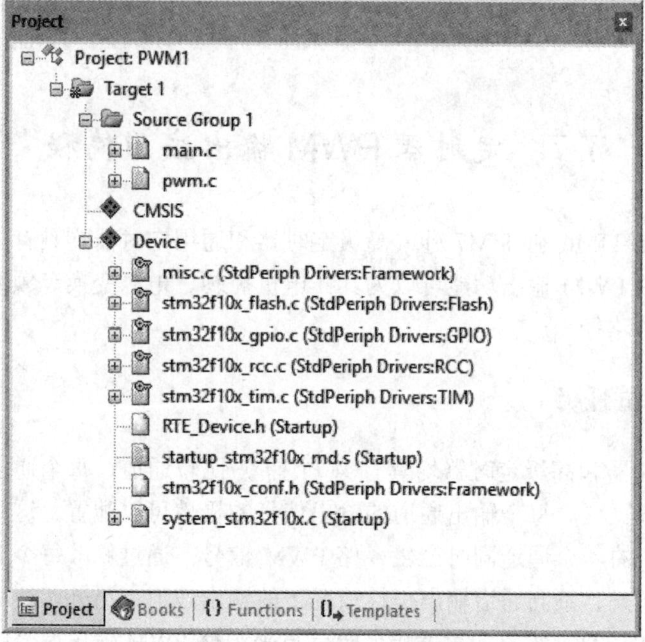

图 7-43　定时器 PWM 测试工程文件的管理窗口

本例程中 pwm.c 文件是重点，该文件中的函数 TIM1_PWMInit 对 TIM1 进行配置，主要实现以下几方面的功能：

(1) 使能 GPIOA 的时钟，并配置 TIM1 的 4 个通道所对应的口为复用推挽输出模式。

(2) 使能 TIM1 的时钟，并对 TIM1 的基本定时参数进行初始化。

(3) 对 TIM1 的 4 个捕获/比较通道进行配置，将 4 个通道配置为 PWM 输出通道。

(4) 使能 4 个捕获/比较通道的捕获/比较寄存器的预加载功能。

(5) 使能 TIM1 的自动重载寄存器的预加载功能。

(6) 启动定时器 TIM1。

(7) 使能定时器通道的 PWM 输出。

pwm.c 文件的具体内容如下：

```
#include "stm32f10x.h"
#include "pwm.h"
/*定时器 TIM1 PWM 参数初始化函数*/
void TIM1_PWMInit(void)
{
  //定义 GPIO 初始化结构体
  GPIO_InitTypeDef GPIO_InitStructure;
```

```
//定义定时器 TIM1 初始化结构体
TIM_TimeBaseInitTypeDef TIM_TimeBaseStructure;
//定义输出比较通道初始化结构体
TIM_OCInitTypeDef TimOCInitStructure;

//使能 GPIOA 的时钟
RCC_APB2PeriphClockCmd(RCC_APB2Periph_GPIOA,ENABLE);
/*设置 GPIOA 的初始化结构体成员参数*/
//设置 TIM1 的四个输出通道引脚 PA8、PA9、PA10 和 PA11
GPIO_InitStructure.GPIO_Pin=GPIO_Pin_8|GPIO_Pin_9|GPIO_Pin_10|GPIO_Pin_11;
//设置引脚输出模式为复用推挽输出模式
GPIO_InitStructure.GPIO_Mode=GPIO_Mode_AF_PP;
GPIO_InitStructure.GPIO_Speed=GPIO_Speed_50 MHz;    //设置输出频率
//按照 GPIO_InitStructure 进行 GPIO 的初始化
GPIO_Init(GPIOA,&GPIO_InitStructure);

//使能定时器 TIM1 时钟
RCC_APB2PeriphClockCmd(RCC_APB2Periph_TIM1,ENABLE);
/*设置定时器初始化结构体参数*/
TIM_TimeBaseStructure.TIM_Prescaler=72-1;          //设置定时器与分频系数
TIM_TimeBaseStructure.TIM_Period=100-1;            //设置计数器的周期
TIM_TimeBaseStructure.TIM_ClockDivision=TIM_CKD_DIV1;          //设置时钟分频系数
TIM_TimeBaseStructure.TIM_CounterMode=TIM_CounterMode_Up;   //设置计数模式
//按照 TIM_TimeBaseStructure 对 TIM1 的基本参数进行初始化
TIM_TimeBaseInit(TIM1,&TIM_TimeBaseStructure);

//设置输出比较通道 1 初始化结构体参数
TimOCInitStructure.TIM_OCMode=TIM_OCMode_PWM1;        //设置输出通道为 PWM1 模式
TimOCInitStructure.TIM_OCPolarity=TIM_OCPolarity_High;     //设置输出极性
TimOCInitStructure.TIM_Pulse=20;                           //设置输出脉冲的宽度
TimOCInitStructure.TIM_OutputState=TIM_OutputState_Enable; //使能输出
TimOCInitStructure.TIM_OCIdleState=TIM_OCIdleState_Reset;
//对定时器 TIM1 的输出通道 1 按照 TimOCInitStructure 结构体参数进行初始化
TIM_OC1Init(TIM1,&TimOCInitStructure);

//设置输出比较通道 2 初始化结构体参数
TimOCInitStructure.TIM_OCMode=TIM_OCMode_PWM1;        //设置输出通道为 PWM1 模式
TimOCInitStructure.TIM_OCPolarity=TIM_OCPolarity_Low;      //设置输出极性
TimOCInitStructure.TIM_Pulse=20;                           //设置输出脉冲的宽度
```

```
    TimOCInitStructure.TIM_OutputState=TIM_OutputState_Enable;  //使能输出
    TimOCInitStructure.TIM_OCIdleState=TIM_OCIdleState_Set;
    //对定时器 TIM1 的输出通道 2 按照 TimOCInitStructure 结构体参数进行初始化
    TIM_OC2Init(TIM1,&TimOCInitStructure);

    //设置输出比较通道 3 初始化结构体参数
    TimOCInitStructure.TIM_OCMode=TIM_OCMode_PWM2;           //设置输出通道为 PWM2 模式
    TimOCInitStructure.TIM_OCPolarity=TIM_OCPolarity_High;   //设置输出极性
    TimOCInitStructure.TIM_Pulse=40;                         //设置输出脉冲的宽度
    TimOCInitStructure.TIM_OutputState=TIM_OutputState_Enable;  //使能输出
    TimOCInitStructure.TIM_OCIdleState=TIM_OCIdleState_Reset;
    //对定时器 TIM1 的输出通道 3 按照 TimOCInitStructure 结构体参数进行初始化
    TIM_OC3Init(TIM1,&TimOCInitStructure);

    //设置输出比较通道 4 初始化结构体参数
    TimOCInitStructure.TIM_OCMode=TIM_OCMode_PWM2;           //设置输出通道为 PWM2 模式
    TimOCInitStructure.TIM_OCPolarity=TIM_OCPolarity_Low;    //设置输出极性
    TimOCInitStructure.TIM_Pulse=40;                         //设置输出脉冲的宽度
    TimOCInitStructure.TIM_OutputState=TIM_OutputState_Enable;  //使能输出
    TimOCInitStructure.TIM_OCIdleState=TIM_OCIdleState_Set;
    //对定时器 TIM1 的输出通道 4 按照 TimOCInitStructure 结构体参数进行初始化
    TIM_OC4Init(TIM1,&TimOCInitStructure);

    *使能定时器 TIM1 的捕获/比较寄存器的预加载功能*/
    TIM_OC1PreloadConfig(TIM1,TIM_OCPreload_Enable);
    TIM_OC2PreloadConfig(TIM1,TIM_OCPreload_Enable);
    TIM_OC3PreloadConfig(TIM1,TIM_OCPreload_Enable);
    TIM_OC4PreloadConfig(TIM1,TIM_OCPreload_Enable);
    //使能定时器 TIM1 的自动重载寄存器的预加载功能
    TIM_ARRPreloadConfig(TIM1,ENABLE);
    //使能 TIM1 计数
    TIM_Cmd(TIM1,ENABLE);
    //使能 TIM1 的 PWM 输出
    TIM_CtrlPWMOutputs(TIM1,ENABLE);
}
```

pwm.c 文件对应的头文件为 pwm.h，在该头文件中对函数 TIM1_PWMInit 进行了声明，具体文件内容如下：

```
#ifndef _PWM_H
```

```
#define _PWM_H
void TIM1_PWMInit(void);
#endif
```

在 TIM1_PWMInit 函数中，定时器 TIM1 的预分频系数为 72，分频后得到的计数脉冲频率为 1 MHz(系统 AHB2 总线频率为 72 MHz)，自动重载寄存器设置计数周期为 100 个计数脉冲，即 100 μs，故 PWM 输出信号的周期为 10 kHz，计数器采用递增计数模式。

分别设置 4 个输出通道的 PWM 参数，其中通道 1 和 2 均设置为 PWM 模式 1，但通道输出信号的参考极性不同，通道 1 设置为高电平，通道 2 设置为低电平，通道 1 和 2 的脉宽设置均为 20；通道 3 和 4 均设置为 PWM 模式 2，通道输出信号的参考极性相反，通道 3 设置为高电平，通道 4 设置为低电平，通道 3 和 4 的脉宽设置均为 40，通过这些刻意的参数设置对比在不同设置下输出信号的关系。

7.7.3　PWM 测试工程仿真

为了更好地理解 PWM 模式及相关参数设置对 PWM 输出信号所产生的作用，可利用软件仿真工具逻辑分析仪来观测各通道输出的 PWM 波形。工程编译通过，启动软件仿真环境，打开逻辑分析仪窗口，在该窗口通过“Setup”按钮添加 TIM1 的 4 个输出引脚，分别为 PA8、PA9、PA10 和 PA11(添加方法可参考 5.7.1 小节)。单击 Debug 工具条的“Run”按钮，可以观察到逻辑分析仪窗口的波形输出，运行一段时间即可单击 Debug 工具条的“Stop”按钮停止仿真，然后仔细观察各通道输出信号的波形及相互之间的相位关系。如图 7-44 所示为仿真输出波形。

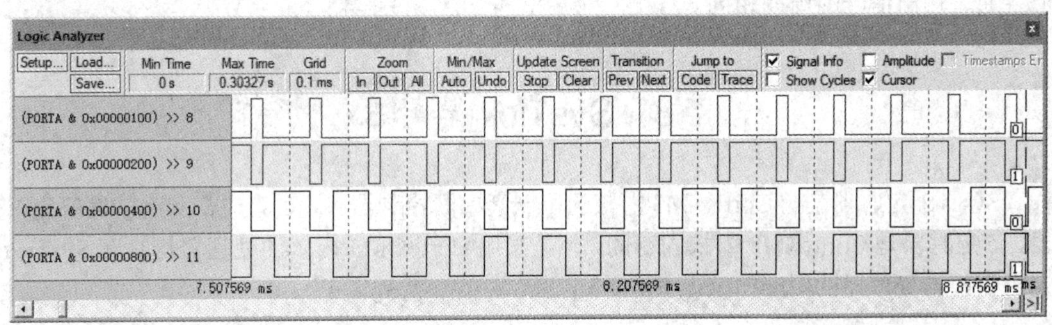

图 7-44　定时器 PWM 测试工程逻辑分析仪的仿真输出波形 1

从图 7-44 可以看出，通道 1 对应的引脚 PA8 和通道 2 对应的引脚 PA9 的输出波形相位相反，通道 3 对应的引脚 PA10 和通道 4 对应的引脚 PA11 的输出波形相位相反；定时器 TIM1 的计数模式为递增计数，计数周期脉冲数为 100。查看通道 1 的 PWM 配置可知该通道设置是：PWM 模式 1，通道输出参考极性为高电平，输出脉冲宽度为 20，PA8 的输出波形为占空比为 20%的周期信号。通道 2 的参数设置除通道输出参考极性为低电平外，其余参数与通道 1 均相同，PA9 的输出信号与 PA8 完全反相，为占空比为 80%的周期信号。通道 3 和通道 4 均设置为 PWM 模式 2，脉冲宽度均设置为 40，通道 3 的输出参考极性为高电平，通道 4 的输出参考极性为低电平，这两个通道的输出参考极性相反。从波形可以看出，通道 3 的输出(PA10)波形为低电平宽度为 40 的周期信号，占空比为 60%，而通道 4 的输出(PA11)波形为高电平宽度为 40 的周期信号，占空比为 40%，这两个通道的输出波形相位相反。由此可见，在 PWM 模式 1 下，只有当输出参考电平为高电平时，输出周期信号的高电平脉宽才等于设置的脉宽，否则输出信号反相；在 PWM 模式 2 下，只有当输出参考电平为低电平时，输出周期信号的高电平脉宽才等于设置的脉宽，否则输出信号反相。

在上面的程序中，设置定时器 TIM1 为递增计数模式。如果将计数器的计数模式更改为递减计数，各通道的 PWM 模式和参数保持不变，重新进行编译和仿真，观察到各输出通道的输出波形与图 7-44 相同。

设置计数模式为递增计数，设置各通道均为 PWM 模式 1，各通道输出参考极性均为高电平，分别设置各通道输出脉冲的宽度为 20、40、60、80，重新编译并进行仿真，通过逻辑分析仪观察到的输出波形如同 7-45 所示。

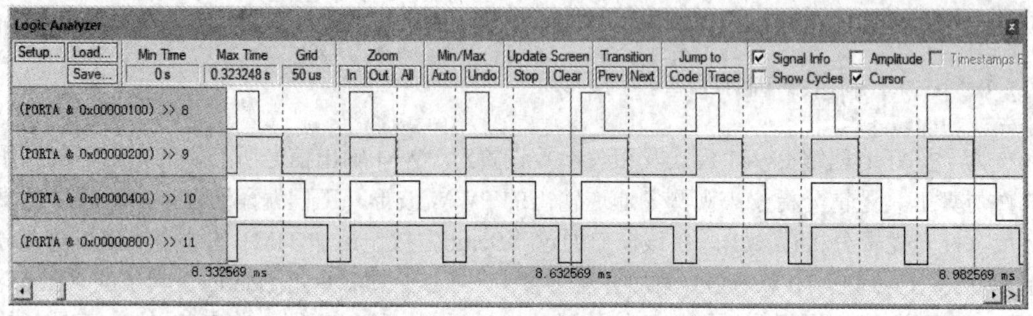

图 7-45　定时器 PWM 测试工程逻辑分析仪的仿真输出波形 2

由图 7-45 可以看出：在相同的 PWM 模式下，输出的脉冲宽度随设置值的改变而变化，但各通道输出信号的周期相同。

7.8　SysTick 定时器

SysTick 定时器是与 Cortex-M3 内核的可嵌套中断控制器 NVIC 集成在一起的滴答定时器，该定时器是 Cortex-M3 内核固有的，凡是采用 Cortex-M3 内核的处理器均具有 SysTick 定时器，与处理器的生产厂家无关。

7.8.1　SysTick 定时器概述

SysTick 定时器是 24 位递减计数的定时器，该定时器最基本的用途是为具有操作系统的嵌入式系统提供系统滴答时钟，从而为操作系统提供时基信号，为此 SysTick 定时器在 NVIC 中设置了专门的异常中断，即 15 号异常中断。在没有使用操作系统的嵌入式系统中，SysTick 定时器作为一个普通的 24 位定时器使用，可产生所需的定时信号。

SysTick 定时器的结构主要由 24 位递减计数器、重载寄存器、控制及状态寄存器和校准寄存器组成，图 7-46 所示为 SysTick 定时器的结构示意图。

如图 7-46 所示，SysTick 定时器可选择内部的自由时钟 FCLK 或外部时钟 STCLK 作为计数时钟信号。在使能计数的情况下，24 位的递减计数器计数，当计数到 0 时，计数溢出(下溢)标志 COUNTFLAG 置位，在中断使能的情况下将申请中断，与此同时，将从重载寄存器中自动重装定时器初值。在 STM32F103xxx 系列处理器中，SysTick 定时器的时钟源可选 FCLK 或 FCLK 的 8 分频信号，即相当于使用 FCLK 的 8 分频信号充当 STCLK。

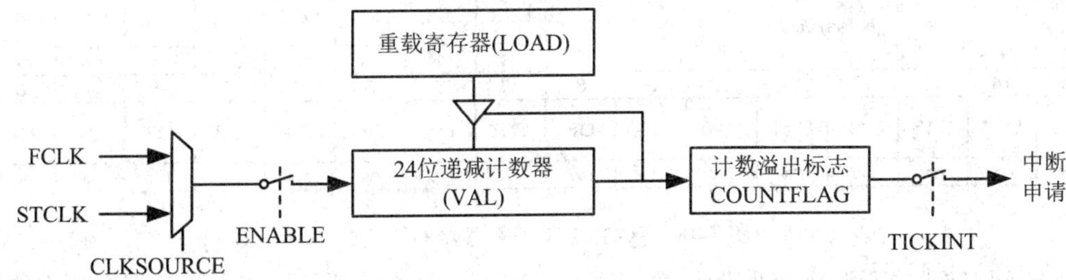

图 7-46　SysTick 定时器内部结构示意图

7.8.2　SysTick 定时器的相关寄存器

SysTick 定时器的结构简单，涉及的寄存器只有 4 个，分别为控制及状态寄存器 CTRL、重载寄存器 LOAD、当前值寄存器 VAL 和校准寄存器 CALIB，这些寄存器是对 SysTick 定时器操作的窗口。

1. SysTick 控制及状态寄存器 CTRL

SysTick 控制及状态寄存器的地址为 0xE000_E010，复位值为 0x0000。图 7-47 为该寄存器的结构图，该寄存器中有定义的位只有 4 位。

31	30	29	28	27	26	25	24	23	22	21	20	19	18	17	16
Reserved															COUNTFLAG
															ro

15	14	13	12	11	10	9	8	7	6	5	4	3	2	1	0
Reserved													CLKSOURCE	TICKINT	ENABLE
													rw	rw	rw

图 7-47　SysTick 控制及状态寄存器的结构图

➢ ENABLE：SysTick 定时器的使能控制位。该位为 0，定时器停止工作；该位为 1，定时器使能计数。

➢ TICKINT：SysTick 定时器中断使能控制位。该位为 1，SysTick 定时器中断使能，当 SysTick 递减计数到 0 时产生 SysTick 异常中断请求；该位为 0，SysTick 定时器中断禁止。

➢ CLKSOURCE：SysTick 定时器时钟源选择位。该位为 0，选择外部时钟源(STCLK)，在 STM32 系列处理器中的外部时钟源实为 FCLK 的 8 分频信号；该位为 1，选择内核时钟 FCLK。

➢ COUNTFLAG：SysTick 定时器计数下溢时的标志。如果在上次读取本寄存器后，SysTick 已经重新递减计数到 0，则该位置 1；如果读取该位，则该位自动清零。

2. SysTick 重载寄存器 LOAD

SysTick 重载寄存器的地址为 0xE000_E014，复位值为 0x0000。图 7-48 为该寄存器的结构图，该寄存器中有定义的位有 24 位。

31	30	29	28	27	26	25	24	23	22	21	20	19	18	17	16
Reserved								D23	D22	D21	D20	D19	D18	D17	D16
								rw	rw	rw	rw	rw	rw	rw	rw
15	14	13	12	11	10	9	8	7	6	5	4	3	2	1	0
D15	D14	D13	D12	D11	D10	D9	D8	D7	D6	D5	D4	D3	D2	D1	D0
rw	rw	rw	rw	rw	rw	rw	rw	rw	rw	rw	rw	rw	rw	rw	rw

图 7-48　SysTick 重载寄存器的结构图

➢ D[23:0]：SysTick 定时器计数初值。每次当计数器递减到 0 时，重载寄存器中的这 24 位计数初值自动重新装入当前的计数器。

3. SysTick 当前值寄存器 VAL

SysTick 当前值寄存器的地址为 0xE000 E018，复位值为 0x0000。图 7-49 为该寄存器的结构图，该寄存器实际上就是 24 位计数器的本体。

31	30	29	28	27	26	25	24	23	22	21	20	19	18	17	16
Reserved								D23	D22	D21	D20	D19	D18	D17	D16
								rw	rw	rw	rw	rw	rw	rw	rw
15	14	13	12	11	10	9	8	7	6	5	4	3	2	1	0
D15	D14	D13	D12	D11	D10	D9	D8	D7	D6	D5	D4	D3	D2	D1	D0
rw	rw	rw	rw	rw	rw	rw	rw	rw	rw	rw	rw	rw	rw	rw	rw

图 7-49　SysTick 当前值寄存器的结构图

读该寄存器，返回当前倒计数的值；写该寄存器，则使之清零，同时还会清除在 SysTick 控制及状态寄存器中的 COUNTFLAG 标志。

4. SysTick 校准寄存器 CALIB

SysTick 校准寄存器的地址为 xE000_E01C，复位值为 0x0000。该寄存器的结构图如图 7-50 所示。

31	30	29	28	27	26	25	24	23	22	21	20	19	18	17	16
NOREF	SKEW	Reserved						TENMS[23:16]							
r	r							rw	rw	rw	rw	rw	rw	rw	rw
15	14	13	12	11	10	9	8	7	6	5	4	3	2	1	0
TENMS[15:0]															
rw	rw	rw	rw	rw	rw	rw	rw	rw	rw	rw	rw	rw	rw	rw	rw

图 7-50　SysTick 校准寄存器的结构图

校准寄存器的作用：当系统的时钟频率在一定的范围内时，校准寄存器可自动生成定时 10 ms 的定时器初值。由于各个具体系统的时钟频率可能不同，因此使用滴答定时器产生 10 ms 定时的计数初值不同，如果考虑系统的移植，则必须对不同的系统环境下的滴答定时器的初值进行重新设定，为了增强移植的通用性，可以直接将校准寄存器的低 24 位值读出装载到 SysTick 重载寄存器 LOAD 中，该寄存器中具有本系统当前时钟频率对应的 10 ms 的定时初值。该寄存器中各位组的含义介绍如下：

➢ TENMS[23:0]：24 位的校准值。

➢ SKEW：校准偏度状态位。该位为 0，表示 TENMS[23:0]的当前值为 10 ms 校准的有效值；该位为 1，表示 TENMS[23:0]中的值不是 10 ms 的校准值。

➢ NOREF：参考时钟是否有效状态位。该位为 1，表示没有外部参考时钟；该位为 0，表示外部参考时钟有效。

要获取校准值需要在 NOREF=0，且 SKEW=0 的状态下读取 TENMS[23:0]的值才是有效的。

7.8.3　SysTick 定时器的操作库函数

由于 SysTick 定时器的结构简单，在 STM32 的 v3.5 版本的库函数中定义的关于 SysTick 定时器操作的库函数很少，主要有两个，分别是 SysTick_CLKSourceConfig 函数和 Systick_Config 函数，这两个函数都是在 core_cm3.c 文件中定义的，下面简要介绍这两个函数。

1. SysTick 定时器时钟源选择函数 SysTick_CLKSourceConfig

功能描述：选择 SysTick 定时器的时钟源。

函数原型：

void SysTick_CLKSourceConfig(uint32_t SysTick_CLKSource);

参数说明：SysTick_CLKSource 用于指定 SysTick 定时器的时钟源，当取值为 SysTick_CLKSource_HCLK 时，设定 SysTick 计数器的时钟源为 AHB 分频输出时钟 HCLK，当取值为 SysTick_CLKSource_HCLK_Div8 时，设定的时钟为 HCLK 时钟的 8 分频信号(注：HCLK 与 FCLK 频率相同)。

2. SysTick 定时器配置函数 Systick_Config

功能描述：配置 SysTick 定时器的初值，选择内部时钟源 HCLK 作为计数器脉冲源，开启定时器的中断，并使能计数器工作。

函数原型：

__STATIC_INLINE uint32_t SysTick_Config(uint32_t ticks);

参数说明：ticks 用于指定 SysTick 定时器的重装值，也就是定时周期的脉冲数，该值不能超过 24 位。

该函数是以内联函数的形式出现的，也就是说在编译时直接将函数代码插入到函数调用地，这与真正的函数调用不同。该函数的定义引用如下：

```
static __INLINE uint32_t SysTick_Config(uint32_t ticks)
{
  if (ticks > SysTick_LOAD_RELOAD_Msk) return (1); //如果重装初始值超范围返回 1
  SysTick->LOAD = (ticks & SysTick_LOAD_RELOAD_Msk) - 1;  //设置重装初始值
  NVIC_SetPriority (SysTick_IRQn, (1<<__NVIC_PRIO_BITS) - 1);        //设置中断优先级
  SysTick->VAL = 0; //清零计数器
```

```
    /*选择系统时钟作时钟源、使能中断、启动计数*/
    SysTick->CTRL=SysTick_CTRL_CLKSOURCE_Msk|          //选择内部时钟 HCLK
                  SysTick_CTRL_TICKINT_Msk |           //使能 SysTick 中断
                  SysTick_CTRL_ENABLE_Msk;             //使能计数器计数
    return (0); //设置成功返回 0
}
```

可以看出，在 SysTick_Config 函数中是直接对 SysTick 相关的寄存器进行操作实现配置的，由于滴答定时器的寄存器少且操作简单，如果上面的两个库函数不能实现所需的功能，可以直接采用寄存器操作进行编程。

7.8.4　SysTick 定时器编程应用举例

1. SysTick 定时器初始化步骤

应用 SysTick 定时器前需要先对其进行必要的初始化，初始化的基本步骤如下：

(1) 设置 SysTick 定时器的时钟源。

(2) 设置 SysTick 定时器的重装初始值。

(3) 使能 SysTick 定时器，如果使用中断，则使能中断。

(4) 清零 SysTick 定时器计数器的值，该操作会触发从重载寄存器装入计数初值。

2. SysTick 程序查询编程示例

现在设定的测试任务是：使用 SysTick 定时器实现重复的 500 ms 的定时，通过该定时控制 PC13 引脚外的 LED 发光管闪烁，在一个闪烁周期内，LED 发光管点亮和熄灭的时间均为 500 ms。SysTick 定时器的寄存器数量少，针对其编程可以直接使用寄存器编程进行操作。在本测试例程中，通过寄存器编程设置 SysTick 定时器的定时参数，并启动定时器计数，通过程序查询 SysTick 定时器溢出标志，判断是否到达定时时间。在 Keil μVision5 环境下建立测试工程，图 7-51 所示为测试工程窗口。

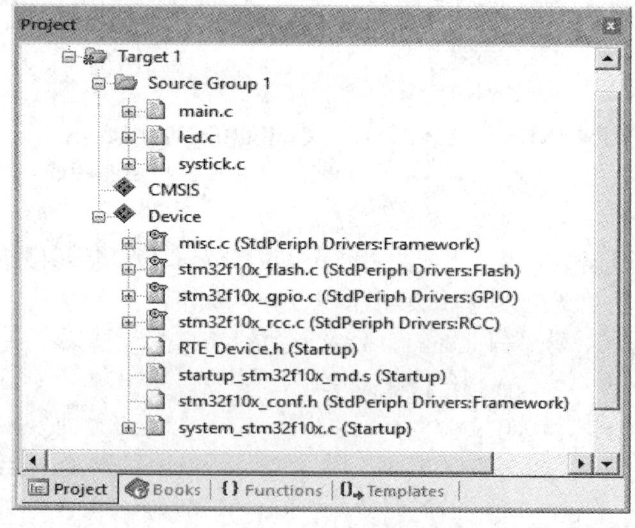

图 7-51　SysTick 查询测试工程窗口

工程中在 systick.c 文件中通过直接寄存器操作定义了两个用于微秒级和毫秒级的延时函数，通过调用这两个函数可以实现精确的定时。systick.c 文件内容如下：

```
#include "systick.h"
/**************************************************
* 函数：delay_us
* 功能：延时函数，延时若干 μs
**************************************************/
void delay_us(u32 i)
{
    u32 temp;
   //设置重装数值, 72 MHz 时
    SysTick->LOAD=9*i;
   //选择外部时钟源(即 HCLK 信号的 8 分频)，定时器中断关闭，启动计数器工作
    SysTick->CTRL=0x01;
    //写计数器使之清零，触发计数初值从重载寄存器装入，并且清除 COUNTFLAG 标志
    SysTick->VAL=0;
    do{
        temp=SysTick->CTRL;                    //读取当前倒计数状态
      }while((temp&(1<<16))!=0x00010000);      //等待时间到达
    SysTick->CTRL=0;                           //关闭计数器
    SysTick->VAL=0;                            //清空计数器
}

/**************************************************************
* 函数：delay_ms
* 功能：延时函数，延时若干 ms
**************************************************************/
void delay_ms(u32 i)    //i<1864
{
    u32 temp;
    SysTick->LOAD=9000*i;          //设置重装数值, 72 MHz 时
    SysTick->CTRL=0x01;            //选择外部时钟源，计数器溢出中断禁止，使能计数
    SysTick->VAL=0;                //清零计数器
    do{
          temp=SysTick->CTRL;                      //读取当前倒计数状态
      }while((temp&(1<<16))!=0x00010000);          //等待时间到达
    SysTick->CTRL=0;                               //关闭计数器
}
```

systick.c 文件的头文件为 systick.h，在该文件中对定义的延时函数进行声明，具体

内容如下：

```
#ifndef _systick_H
#define _systick_H
#include "stm32f10x.h"            // Device header
void delay_us(u32 i);
void delay_ms(u32 i);
#endif
```

led.c 为 LED 发光管对应的 GPIO 口的初始化函数定义文件，具体内容如下：

```
#include "led.h"
/*******************************************************
* 函数：LED_Init
* 功能：LED 端口初始化函数
*******************************************************/
void LED_Init()
{
    //声明一个结构体变量，用来初始化 GPIO
   GPIO_InitTypeDef GPIO_InitStructure;
   //使能 GPIOC 时钟
    RCC_APB2PeriphClockCmd(RCC_APB2Periph_GPIOC,ENABLE);
    /*配置 GPIO 的模式和 IO 口*/
   GPIO_InitStructure.GPIO_Pin=LED;
   GPIO_InitStructure.GPIO_Mode=GPIO_Mode_Out_PP;
   GPIO_InitStructure.GPIO_Speed=GPIO_Speed_50 MHz;
   /*初始化 GPIO */
    GPIO_Init(GPIOC,&GPIO_InitStructure);
}
```

led.h 头文件内容如下：

```
#ifndef _led_H
#define _led_H
#include "stm32f10x.h"
#define LED GPIO_Pin_13            //管脚宏定义
void LED_Init(void);
#endif
```

main 函数中先对 LED 对应的 GPIO 初始化，然后通过循环调用 SysTick 延时程序实现 LED 发光管的闪烁，具体程序如下：

```
/***********************************************
systick 定时器程序查询定时应用实验
***********************************************/
```

```
#include "stm32f10x.h"
#include "led.h"
#include "systick.h"
int main()
{
  LED_Init();          //LED 端口初始化
  do{
       GPIO_SetBits(GPIOC, LED);
        delay_ms(500); //精确延时 0.5 秒
         GPIO_ResetBits(GPIOC, LED);
       delay_ms(500);  //精确延时 0.5 秒
     }while(1);
}
```

3. SysTick 中断编程示例

本例程是为了测试 SysTick 的中断功能，设定的测试任务是：通过 SysTick 定时器中断在 PC13 引脚产生 1 kHz 的方波信号。本例程通过库函数实现 SysTick 定时器的设置，通过中断服务函数实现 GPIO 端口 PC13 的输出状态切换。本例程仍通过 PC13 输出测试信号，所涉及的 GPIO 的初始化与上面例子中的 led.c 相同，不再赘述。工程中需要添加文件 stm2f10x_it.c 实现中断服务函数 SysTick_Handler，该中断函数具体如下：

```
void SysTick_Handler(void)
{
  if(GPIO_ReadOutputDataBit(GPIOC, LED)==0x0) GPIO_SetBits(GPIOC, LED);
  else   GPIO_ResetBits(GPIOC, LED);
}
```

在主函数 main.c 中实现 SysTick 定时器的初始化，代码如下：

```
/**********************************************
systick 定时器中断应用例程
**********************************************/
#include "stm32f10x.h"
#include "led.h"
int main()
{
  LED_Init();  //GPIO 初始化
 //配置 SysTick 定时器计数初值为 4500，时钟源选 HCLK，中断开，使能计数
 SysTick_Config(4500);
 //设置时钟为 HCLK 信号
 //SysTick_CLKSourceConfig(SysTick_CLKSource_HCLK);
```

```
    //设置时钟为 HCLK 的 8 分频信号
    SysTick_CLKSourceConfig(SysTick_CLKSource_HCLK_Div8);
}
```

需要注意的是：如果要设置 SysTick 定时器的时钟为 HCLK 信号的 8 分频信号，则必须要先执行 SysTick_Config 函数，该函数除了设置定时器初值之外，还会默认选择 HCLK 作为计数时钟信号，因此，如果先执行 SysTick_CLKSourceConfig 设置计数时钟为 HCLK 信号的 8 分频信号，再通过 SysTick_Config 函数设置计数初值时，计数时钟信号又会重新选择 HCLK。如果设置的 SysTick 的时钟源为 HCLK，则仅需执行 SysTick_Config 函数，无须再执行函数 SysTick_CLKSourceConfig(SysTick_CLKSource_HCLK)。

系统初始化后，HCLK 信号为 72 MHz，其 8 分频信号为 9 MHz，定时 0.5 ms 需要的脉冲数为 4500，因此定时初值设置为 4500，在中断服务程序中每 0.5 ms 切换 PC13 的输出逻辑状态，这样就可以在该引脚输出周期为 1 kHz 的方波信号了。

可以通过软件仿真的方法观察程序运行的结果，图 7-52 所示为采用逻辑分析仪观察 PC13 引脚输出信号的仿真波形。

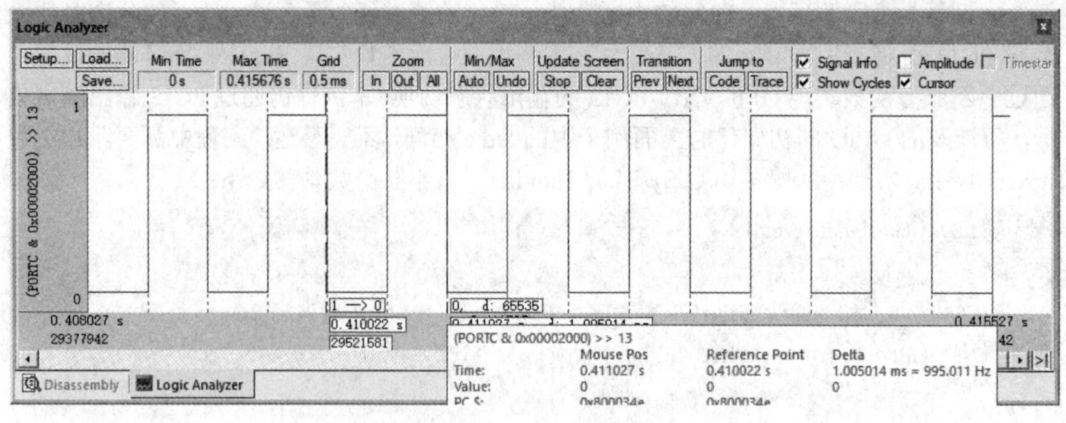

图 7-52　PC13 仿真输出信号的波形

思考题与习题 7

1. STM32F103xxx 系列处理器的定时器资源有哪些？

2. 简述 STM32F103xxx 系列处理器的基本定时器的功能。

3. 简述 STM32F103xxx 系列处理器的通用定时器的结构组成及功能。

4. 简述 STM32F103xxx 系列处理器的高级定时器的结构组成及功能，对比高级定时器与通用定时器在结构和功能上的异同。

5. 通用定时器的计数模式有哪些？

6. 通用定时器的捕获/比较通道可设置为哪些输入模式？各种输入模式的主要功能和用途是什么？

7. 通用定时器的捕获/比较通道可设置为哪些输出模式？各种输出模式的主要功能和用途是什么？

8. 什么是计数器的预加载功能？有什么作用？

9. 什么是计数器预分频器的预加载功能？有什么作用？

10. 通用定时器的捕获/比较寄存器是否具有预加载功能？如果有，举例说明其预加载功能的用途。

11. 如何使用定时器基本参数初始化函数对定时器进行初始化？以通用定时器 TIM2 为例，编写将该定时器初始化为递增计数、自动重载值为 7199、预分频系数为 1 状态时的初始化程序。

12. 通用定时器中断如何进行初始化？以定时器 TIM3 为例，编写实现其定时中断的初始化程序和中断服务函数。

13. 什么是定时器的 PWM 输出模式？以定时器 TIM1 为例，说明如何将其通道 1 设置为 PWM 输出模式。

14. 利用定时器 TIM1 控制 GPIO 口 PA5 产生周期为 10 kHz 的方波信号。

15. 利用定时器 TIM1 的输出通道产生 4 路 PWM 输出信号，输出信号的频率为 10 kHz，从通道 1 到通道 4 输出信号的占空比要求分别为 20%、40%、60%和 80%，请编程实现。

16. 简述 SysTick 定时器的功能和基本结构。

17. SysTick 定时器如何设置？

18. SysTick 定时器操作的库函数有哪些？如何使用？

19. 用 SysTick 定时器产生周期为 1 s 的定时信号，控制 PA2 上的 LED 发光管闪烁，请编程实现之。

20. 用 SysTick 定时器产生 100 kHz 的信号，并通过仿真的方法观察输出的波形。

第 8 章 A/D 转换器

A/D 转换器(ADC)是实现模拟量到数字量转换的模数混合电路。在计算机控制系统中，通过 A/D 转换器实现模拟量的采样和量化，从而达到识别模拟信号的目的，因此，A/D 转换器已经成为沟通模拟世界与数字世界的桥梁。在 STM32 系列处理器芯片中集成了功能强大的 A/D 转换器，这为用户通过片上 A/D 转换器资源实现相关的模拟量识别及控制提供了极大的便利。

8.1 STM32F10xxx 系列 A/D 转换器基础

STM32F10xxx 系列处理器片内集成有 1～3 个 12 位逐次逼近型 A/D 转换器，不同密度的芯片内部集成 A/D 转换器的个数不同。通过这些片上 A/D 转换器可以实现对外部多路模拟量的转换，还可以实现对片内信号源的转换。STM32F10xxx 系列处理器的 A/D 转换器功能强大，操作灵活。本节主要介绍 STM32F10xxx 系列处理器的 A/D 转换器的结构及工作原理。

8.1.1 A/D 转换器概述

STM32F10xxx 系列处理器片内的每个 A/D 转换器都可以独立工作。A/D 转换器的基本特性如下：

(1) 采用逐次逼近型 A/D 转换器进行转换时，A/D 转换器具有 12 位的分辨率。

(2) 1 个 A/D 转换器最多可支持对 18 路模拟信号进行转换(其中含外部信号 16 路，内部信号 2 路)，支持的信号路数较多。

(3) A/D 转换器支持的最高工作时钟频率为 14 MHz，在该频率下进行单次转换的最短时间为 1 μs。

(4) 在对多路模拟信号进行转换时，各路模拟信号的采样时间可以独立编程设置。

(5) A/D 转换器具有自校准功能，通过自校准可提高转换的精度。

(6) A/D 转换器具有模拟看门狗功能，当条件满足时可产生模拟看门狗中断。

(7) A/D 转换器支持单次转换、连续转换、扫描转换及间断转换等多种转换模式。

(8) A/D 转换器内部含有规则通道和注入通道，可对输入的模拟信号按照不同的通道进行转换。

(9) A/D 转换的启动可通过软件触发，也可通过外部触发信号触发。

(10) A/D 转换的结束可触发中断，也可触发 DMA 请求。

(11) A/D 转换结果可选择右对齐或左对齐。

(12) A/D 转换器供电电压范围为 2.4 V～3.6 V。

(13) A/D 转换器输入模拟信号电压范围为 $V_{REF-} \leq V_{IN} \leq V_{REF+}$。

从整体上看，各个 A/D 转换器之间也有一定联系，具体主要体现在以下两点：

(1) 外部的模拟信号输入通道是各个 A/D 转换器所共享的，而不是独占的，也就是说，在具有多个 A/D 转换器的芯片中，外部模拟输入信号通道是可以按照需求分配给不同的 A/D 转换器进行转换的。

(2) 在具有 2 个 A/D 转换器的器件中，2 个 A/D 转换器可以按照双重模式进行工作，从而提高采样率。

8.1.2　A/D 转换器的结构

STM32F10xxx 系列处理器内部最多集成 3 个 A/D 转换器，简称为 ADC1～ADC3，这里以 1 个 ADC 为例来介绍 A/D 转换器的内部结构。图 8-1 所示为 STM32F10xxx 系列处理器 ADC 的内部结构框图。

1. 逐次逼近型 A/D 转换器

如图 8-1 所示，STM32F10xxx 系列处理器内部 ADC 的核心是 12 位逐次逼近型 A/D 转换器，该 A/D 转换器内部含有规则通道和注入通道两个转换通道。待转换的模拟信号可通过规则通道或者注入通道送入 A/D 转换器进行转换，注入通道最多可对 4 路模拟信号进行转换，规则通道最多可对 16 路模拟信号进行转换。在一个具体的时刻，A/D 转换器要么对注入通道的模拟信号进行转换，要么对规则通道的模拟信号进行转换，不能同时对两个通道的模拟信号进行转换。在规则通道转换的过程中，如果注入通道被触发启动转换，则规则通道的转换被复位，并转而进行注入通道的转换，相当于注入通道具有更高的优先权。

2. A/D 转换器的模拟输入信号

如图 8-1 所示，ADCx_IN0～ADCx_IN15 为 A/D 转换器的外部输入信号，这些输入信号通过 GPIO 引脚引入芯片的 A/D 转换器。在实际应用中需要根据所选用的芯片型号查阅数据手册确定每个模拟输入信号对应的引脚。除外部的模拟输入信号外，A/D 转换器还有内部的模拟输入信号。ADC1 具有两路内部模拟输入信号，一路信号为内部的温度传感器产生的信号，另一路信号为内部的电压参考信号 V_{REFINT}。ADC2 和 ADC3 内部的模拟信号均接地，各路模拟输入信号经过多路选择开关被选择并分配到相应的注入通道或规则通道进行转换。

3. A/D 转换器的电源及参考电压

为提高 A/D 转换器工作的稳定性及转换精度，A/D 转换器设置专门的供电电源引脚 V_{DDA} 和 V_{SSA}。V_{DDA} 为电源正端，供电电压范围为 $2.4\ V \leq V_{DDA} \leq 3.6\ V$；$V_{SSA}$ 为电源负端，应与系统的电源地共地。为提高供电质量，可设置独立的模拟部分稳压供电电源，并提供良好的滤波。

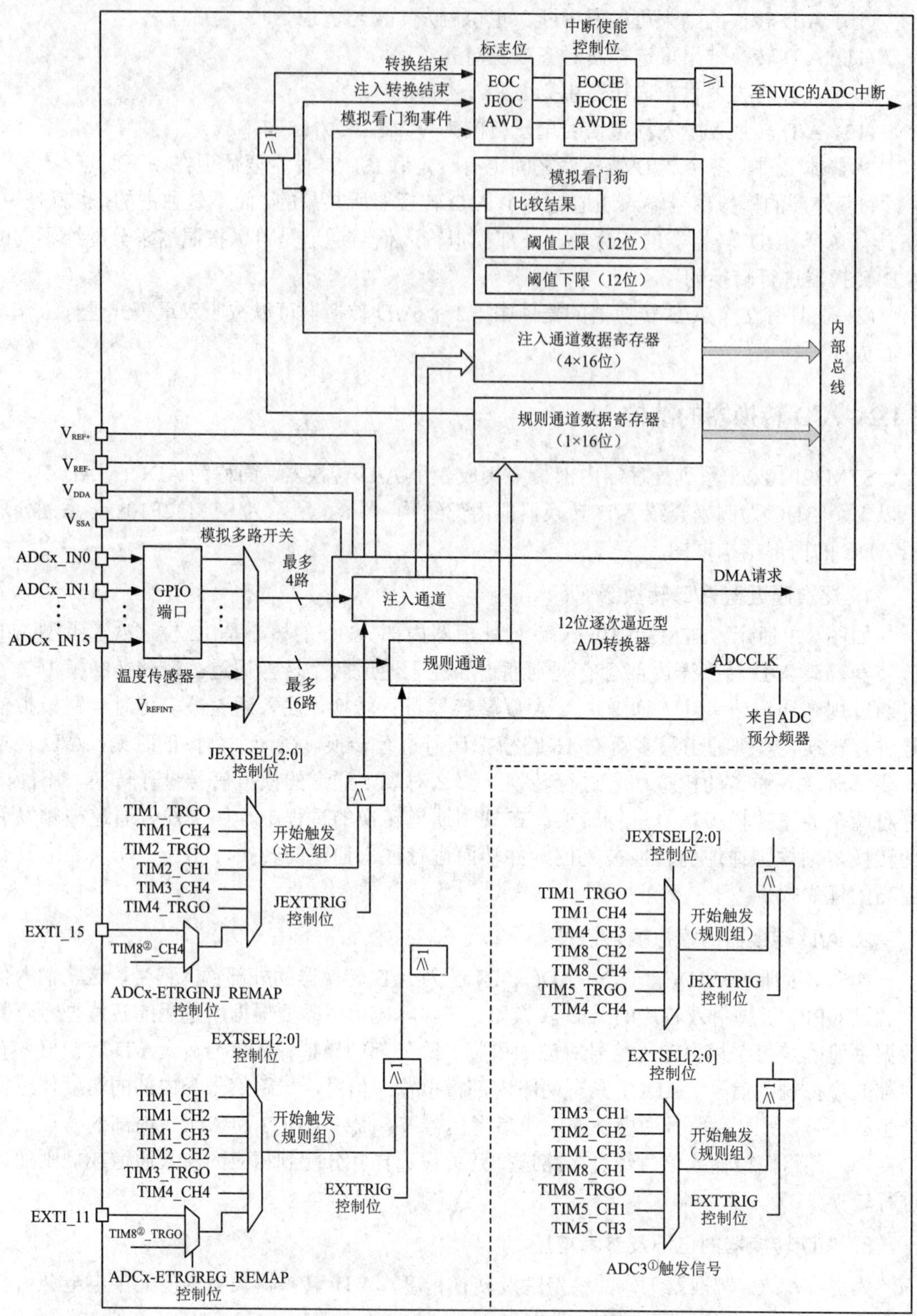

注：① ADC3 的规则转换和注入转换触发信号与 ADC1 和 ADC2 的不同；

② TIM8_CH4 和 TIM8_TRGO 及它们的重映射位只存在于大容量产品中。

图 8-1　STM32F10xxx 系列处理器 ADC 的内部结构框图

V_{REF+}和 V_{REF-}为 A/D 转换器的参考电压源输入引脚，只在 100 脚和 144 脚的芯片上有这两个引脚。通过这两个引脚可以设置 A/D 转换器的参考电压。V_{REF+}设置的范围为 2.4 V≤V_{REF+}≤V_{DDA}；V_{REF-}应与 V_{SSA}共地。在没有 V_{REF+}和 V_{REF-}引脚的芯片上，V_{REF+}和 V_{REF-}在 A/D 转换器内部分别接 V_{DDA}和 V_{SSA}。参考电压决定 A/D 转换器可转换的模拟输入信号的范围，即待转换的模拟信号电压应介于 V_{REF-}和 V_{REF+}之间。

4. A/D 转换器的触发源

A/D 转换器可通过软件启动，也可通过外部触发信号启动。可触发注入通道转换的外部信号包括 TIM1_TRGO、TIM1_CH4、TIM2_TRGO、TIM2_CH1、TIM3_CH4、TIM4_TRGO、TIM8_CH4 及 EXTI_15，通过多路选择开关可设置用作注入通道触发的外部信号；可触发规则通道转换的外部信号包括 TIM1_CH1、TIM1_CH2、TIM1_CH3、TIM2_CH2、TIM3_TRGO、TIM4_CH4、TIM8_TRGO 及 EXTI_11，通过多路选择开关可设置用作规则通道触发的外部信号。

这里需要说明的是，ADC1 和 ADC2 可供选择的外部触发信号是相同的，ADC3 的触发信号与 ADC1 和 ADC2 的不同，ADC3 通常只集成在高密度的芯片中，使用时要注意查询相关的芯片手册。

5. A/D 转换数据寄存器

注入通道转换结果存入注入通道数据寄存器中。注入通道数据寄存器为 4 个 16 位的寄存器。规则通道转换结果存入规则通道数据寄存器中。规则通道数据寄存器为 1 个 16 位的寄存器。处理器可通过内部总线从数据寄存器中读出转换结果。

A/D 转换结果为 12 位，数据寄存器为 16 位，12 位的转换结果可通过编程设置使用左对齐或右对齐的方式存入 16 位的数据寄存器中。

6. A/D 转换中断和 DMA 申请

A/D 转换结束可置位相关的中断标志，在对应的中断使能的情况下可触发 A/D 转换中断。为提高效率，可以通过设置 DMA 传输实现 A/D 转换结果的获取。

7. 模拟看门狗

每个 A/D 转换器都具有模拟看门狗功能。用户设定好模拟看门狗的监测信号的范围后，当被检测信号的转换值超过设定范围时即可置位模拟看门狗事件标志。在模拟看门狗中断使能的情况下，还可以触发相应的中断。

8.1.3　A/D 转换器的时钟

STM32F10xxx 系列处理器内部的 A/D 转换器的时钟是由 APB2 总线外设时钟 PCLK2 经过 ADC 预分频器分频得到的。ADC 预分频器的分频系数可设置为 2、4、6、8 四种情况。经 ADC 预分频器分频得到的 ADCCLK 的最高频率不应超过 14 MHz。如果 PCLK2 的频率为 72 MHz，则设置 ADC 预分频器的分频系数为 6，这样 ADCCLK 的最高频率可设置为 12 MHz；如果要使 ADCCLK 达到最高工作频率 14 MHz，则设置 PCLK2 的时钟频率为 56 MHz，ADC 预分频器的分频系数为 4。

A/D 转换器进行单次 A/D 转换的总时间 T_{conv}(即转换周期)为采样时间 T_s与量化时间

T_d之和，即 $T_{conv}=T_s+T_d$。每个模拟通道的采样时间是可以独立设置的，最短的采样时间为 1.5 个 ADCCLK 周期，最长的采样时间为 239.5 个 ADCCLK 周期。每次 A/D 转换的量化时间为 12.5 个 ADCCLK 周期。显然，A/D 转换器时钟频率越高，转换的速度越快。当 ADCCLK 的最高频率为 14 MHz，且采样时间设置为最短的 1.5 个 ADCCLK 周期时，单次转换需要的时间为 1.5+12.5=14 个 ADCCLK 周期，即取得最小的转换时间 1 μs，也就是说，最高的 A/D 转换频率能达到 1 MHz。

8.1.4　ADC 独立工作模式

STM32F10xxx 系列处理器内的各 A/D 转换器可以相互独立工作，每个 A/D 转换器处在独立状态下，互不相关。在独立工作模式下，可通过编程设置各 A/D 转换器工作于不同的工作模式，这增加了 A/D 转换器应用的灵活性。下面介绍 A/D 转换器的各种工作模式。

1. 单次转换模式

单次转换模式是指 ADC 每次被触发时只转换一次的工作模式，即对指定的规则通道或注入通道的模拟信号进行转换，当一次转换结束后不再进行新的转换，直到 ADC 再次被触发。如果对规则通道的模拟信号进行转换，则单次转换模式的启动可通过软件触发，也可通过 ADC 外部触发信号触发；如果对注入通道的模拟信号进行转换，则只能通过 ADC 外部触发信号启动转换。

规则通道的单次转换结束后，转换结果存入规则通道数据寄存器 ADC_DR 中，并置位规则转换结束标志 EOC，在规则转换中断使能的情况下可产生 A/D 转换中断。

注入通道的单次转换结束后，转换结果存入注入通道数据寄存器 ADC_JDRx 中，并置位注入转换结束标志 JEOC，在注入转换中断使能的情况下可产生 A/D 转换中断。

2. 连续转换模式

连续转换模式是指对指定的规则通道或注入通道的模拟信号进行连续反复转换的工作模式。连续转换模式的启动可通过软件触发，也可通过 ADC 外部触发信号触发。一旦启动连续转换模式，ADC 就会对指定通道的信号进行连续转换。

规则通道的连续转换结束后，转换结果存入规则通道数据寄存器 ADC_DR 中，并置位规则转换结束标志 EOC，在规则转换中断使能的情况下可产生 A/D 转换中断。

注入通道的连续转换结束后，转换结果存入注入通道数据寄存器 ADC_JDRx 中，并置位注入转换结束标志 JEOC，在注入转换中断使能的情况下可产生 A/D 转换中断。

3. 扫描转换模式

扫描转换模式是对规则通道或注入通道的指定的一组模拟信号逐一进行转换的工作模式。对于规则通道，最多可指定 16 路待转换的模拟信号，一旦启动规则通道的扫描转换模式，ADC 就会对指定的多路模拟信号逐一进行转换，直到所有信号均被转换完毕；每路信号转换结束后，转换结果存入规则通道数据寄存器 ADC_DR 中，通常需要通过 DMA 模式将 ADC_DR 的值传输到内存中的指定位置。对于注入通道，最多可指定 4 路待转换的模拟信号，一旦启动注入通道的扫描转换模式，ADC 就会对指定的各路信号逐一进行转换，转换结果存入对应的 ADC_JDRx 中。如果在扫描转换模式下还使能了连续转换模式，则每次对规则通道或注入通道的各路模拟信号完成一遍转换后，紧接着会自动启动对通道组信号的下一遍转换，并且一直重复，连续转换。

在扫描转换模式下，若通道的各路模拟信号均被转换完毕，则置位 EOC 或 JEOC 标志；若对应的中断使能，则触发中断。

4. 间断转换模式

间断转换模式是针对规则通道或注入通道的一组信号进行分组转换的工作模式。下面按照规则通道组和注入通道组分别进行讨论。

1) 规则通道组

对规则通道的一组模拟信号进行间断转换模式设置时，首先，通过 ADC 的序列寄存器指定待转换的模拟信号的序列及序列的总长度 L(即待转换信号的路数)，其次，指定每次触发需要转换的模拟信号的路数 N(实际上就是每个分组的信号路数)。在每次触发信号到来时，ADC 按照序列寄存器指定的顺序连续转换 N 路模拟信号；若所有的分组均被转换完毕，则置位 EOC 标志。

例如：设规则通道待转换的模拟通道为 0、1、2、3、6、7、9、10，共 8 路信号，即 L = 8，每组信号的路数 N = 3，则进行间断转换的转换过程如下：

第一次触发：转换的序列为 0、1、2。

第二次触发：转换的序列为 3、6、7。

第三次触发：转换的序列为 9、10，并产生 EOC 事件。

第四次触发：转换的序列为 0、1、2(重新从头开始转换)。

2) 注入通道组

对注入通道的一组信号进行间断转换模式设置时，需要先通过其序列寄存器指定待转换的模拟信号的序列及序列的总长度 L，其次指定间断转换每个分组信号的路数 N。每次触发，ADC 对注入通道的 N 个信号按照序列寄存器指定的顺序进行转换。

例如：设注入通道待转换的模拟通道为 1、0、3、7，共 4 路信号，即 L = 4，每组信号的路数 N = 1，则进行间断转换的转换过程如下：

第一次触发：转换的序列为 1。

第二次触发：转换的序列为 0。

第三次触发：转换的序列为 3。

第四次触发：转换的序列为 7，并产生 EOC 事件。

第五次触发：转换的序列为 1(重新从头开始转换)。

8.1.5　双 ADC 工作模式

在双 ADC 工作模式下，两个 ADC 可以联合起来对模拟信号进行转换，这样既可以实现联动的控制，也可以提高模拟信号的采样率。双 ADC 工作模式只能用于 ADC1 和 ADC2。在双 ADC 工作模式下，ADC1 称为主 ADC，ADC2 称为从 ADC，转换的启动可以采用交替触发或同步触发。在双 ADC 工作模式下，为了在主 ADC 的数据寄存器上读取从 ADC 的转换结果，必须使能 DMA 位，即使不使用 DMA 传输规则通道数据。

可通过编程设置的双 ADC 工作模式包括同步注入模式、同步规则模式、快速交叉模式、慢速交叉模式、交替触发模式、同步规则+同步注入混合模式、同步规则+交替触发混合模式、同步注入+快速交叉混合模式、同步注入+慢速交叉混合模式等。

下面对典型的双 ADC 工作模式进行说明。

1. 同步注入模式

在同步注入模式下，ADC1 和 ADC2 分别设置各自注入通道的待转换的模拟信号。通常情况下，两个注入通道组的模拟信号序列长度相同，但序列中不能出现同一个信号排列在两个序列相同的位置上的情况。ADC1 的外部触发信号作为同步注入模式的启动信号，当 ADC1 的触发信号来到时，ADC1 和 ADC2 同步启动，分别对各自注入通道的模拟信号按照序列寄存器设定的顺序进行转换，转换结果分别存入各自注入通道数据寄存器 ADC_JDRx 中。所有的信号转换完毕后，置位 JEOC 标志，在中断使能的情况下可触发中断。同步注入转换示意图如图 8-2 所示。

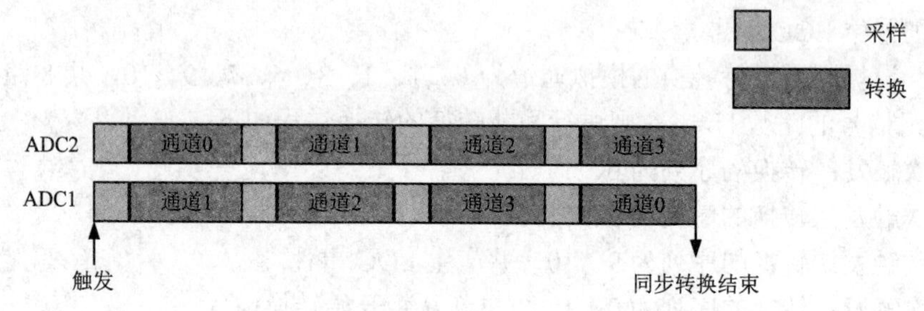

图 8-2　同步注入转换示意图

2. 同步规则模式

在同步规则模式下，对 ADC1 和 ADC2 的规则通道进行转换，两个 ADC 待转换的规则通道模拟信号通过各自的序列寄存器进行设置，在进行序列设置时，不能让两个 ADC 同时对某一路模拟信号进行转换。ADC1 的外部触发信号作为两个 ADC 的同步触发信号，当触发信号来到时，ADC1 和 ADC2 同步启动对各自的规则通道组信号的转换，每次转换完成后，转换结果存入 ADC1 的数据寄存器 ADC1_DR 中。其中，ADC1 的转换结果存入 ADC1_DR 的低 16 位，ADC2 的转换结果存入 ADC1_DR 的高 16 位。在使能 DMA 传输的情况下，每次转换完成会触发一次 32 位 DMA 传输，将两个通道的转换结果从 ADC1_DR 传递到内存中。当两个规则通道的所有信号全部转换完成后，置位 EOC 标志；当 EOC 中断使能时，触发中断。同步规则转换示意图如图 8-3 所示。

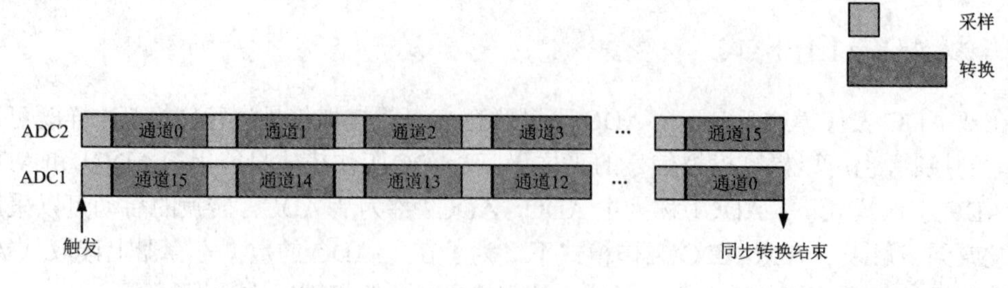

图 8-3　同步规则转换示意图

3. 快速交叉模式

在快速交叉模式下，两个 ADC 针对规则通道的一路模拟信号进行转换。两个 ADC 的触发信号来自 ADC1 的触发信号，当 ADC1 的外部触发信号来到时，ADC2 立刻启动转换，ADC1 延迟 7 个 ADCCLK 周期启动转换。每次转换结束后，转换结果存入 ADC1_DR 中，ADC1 的 EOC 标志置位。如果该中断使能，则触发中断；同时，如果使能了 DMA 传输，则产生一个 32 位的 DMA 传输请求，ADC1_DR 的 32 位数据被传输到内存中，ADC1_DR 的高 16 位包含 ADC2 的转换数据，低 16 位包含 ADC1 的转换数据。

如果同时设置了 ADC1 和 ADC2 的连续转换，则 ADC1 和 ADC2 将对所选的模拟通道上的信号进行连续的重复转换，这样可以使所选的模拟信号的采样率提高一倍。快速交叉转换示意图如图 8-4 所示。

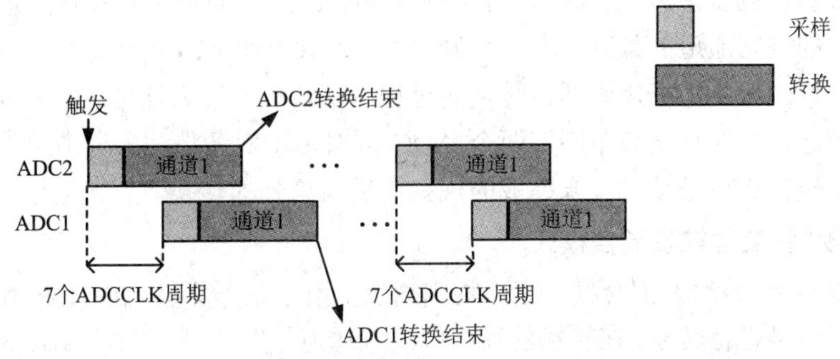

图 8-4　快速交叉转换示意图(连续转换使能)

4. 慢速交叉模式

在慢速交叉模式下，仅对 ADC1 和 ADC2 规则通道的一路信号进行转换，转换的触发信号为 ADC1 的外部触发信号。当 ADC1 的外部触发信号有效时，ADC2 立刻开始转换，ADC1 在触发信号有效后延迟 14 个 ADCCLK 周期开始转换，在延迟第二次 14 个 ADCCLK 周期后 ADC2 再次启动转换，并按照此规律循环。每次 ADC1 转换结束后，转换结果存入 ADC1_DR 中，置位 EOC 标志，当 EOC 中断使能时可触发中断；同时，在 DMA 传输使能的情况下，产生一个 32 位的 DMA 传输请求，可将 ADC1_DR 中的转换结果传输到内存中。ADC1_DR 的高 16 位存放 ADC2 的转换结果，低 16 位存放 ADC1 的转换结果。在该模式下无须使能连续转换模式。慢速交叉转换示意图如图 8-5 所示。

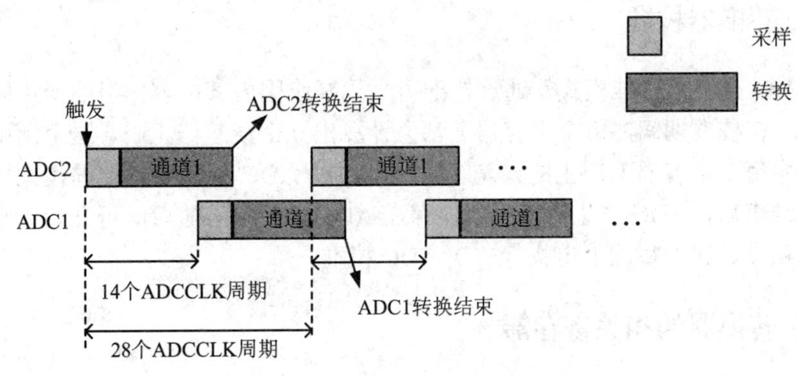

图 8-5　慢速交叉转换示意图

5. 交替触发模式

交替触发模式只适用于 ADC1 和 ADC2 的注入通道。通过两个 ADC 的注入通道序列寄存器设置要转换的注入通道模拟信号组。ADC1 的外部触发信号作为该模式下两个 ADC 的触发信号，第一次触发，ADC1 启动转换，并将其注入通道的所有模拟信号逐一进行转换，转换结果依次存入 ADC_JDRx 中；第二次触发，ADC2 启动转换，并将其注入通道的所有模拟信号逐一进行转换，转换结果也依次存入 ADC_JDRx 中；第三次触发，ADC1 再次启动转换，并依次重复进行。在该模式下，如果使能对应通道的注入转换中断，则在对应注入通道组转换完成后产生一个 JEOC 中断。

6. 同步规则 + 同步注入混合模式

在同步规则 + 同步注入混合模式下，ADC1 和 ADC2 的规则通道和注入通道均参与转换。在 ADC1 的规则通道的外部触发信号到来时，ADC1 和 ADC2 同时对各自的规则通道组信号进行转换，但是，在规则通道转换的过程中，如果有注入通道组的触发信号到来，则当前的规则通道组的转换被中断，两个 ADC 同时启动对各自注入通道组信号的转换，注入通道组转换完成后继续进行未完成的规则通道组信号的转换。

7. 同步规则+交替触发混合模式

在同步规则+交替触发混合模式下，规则通道的触发信号启动 ADC1 和 ADC2 对各自的规则通道组信号进行转换，在转换的过程中注入通道触发信号可触发 ADC1 和 ADC2 交替进行注入通道信号的转换。

8. 同步注入 + 快速交叉混合模式

在同步注入 + 快速交叉混合模式下，ADC1 和 ADC2 的规则通道进行快速交叉转换时，若注入通道的触发信号到来，则中断规则通道的快速交叉转换，两个 ADC 同时启动对各自注入通道信号的转换，注入通道的转换结束后，规则通道的快速交叉转换恢复。

9. 同步注入 + 慢速交叉混合模式

在同步注入 + 慢速交叉混合模式下，ADC1 和 ADC2 的规则通道进行慢速交叉转换时，若注入通道的触发信号到来，则中断规则通道的慢速交叉转换，两个 ADC 同时启动对各自注入通道信号的转换，注入通道的转换结束后，规则通道的慢速交叉转换恢复。

8.1.6 A/D 转换器校准

每个 ADC 具有自校准模式，通过校准可大幅减小因内部电容器组的变化而造成的转换精度误差。在校准期间，每个电容器上都会计算出一个误差修正码，这个码用于消除在随后的转换中每个电容器上产生的误差。用户可通过 ADC 控制寄存器的校准控制位启动校准，校准结束后，ADC 产生的校准码储存在 ADC_DR 中，随后即可开始正常转换。为提高转换的精度，建议每次上电执行一次 ADC 校准。

8.1.7 A/D 转换器的相关寄存器

CPU 对 A/D 转换器的操作是通过相关寄存器实现的。每个 ADC 具有 1 KB 的地址映射空间，ADC1 的地址映射区为 0x4001 2400～0x4001 27FF，ADC2 的地址映射区为 0x4001 2800～0x4001 2BFF，ADC3 的地址映射区为 0x4001 3C00～0x4001 3FFF。每个 A/D 转换器的相关寄存器结构基本相同，表 8-1 所示为一个 ADC 相关寄存器表。

表 8-1　ADC 相关寄存器表

序号	寄存器名称	说　明	地址偏移
1	ADC_SR	ADC 状态寄存器	0x00
2	ADC_CR1	ADC 控制寄存器 1	0x04
3	ADC_CR2	ADC 控制寄存器 2	0x08
4	ADC_SMPR1	ADC 采样时间设置寄存器 1	0x0C
5	ADC_SMPR2	ADC 采样时间设置寄存器 2	0x10
6	ADC_JOFRx(x = 1，2，3，4)	ADC 注入通道数据偏移寄存器 x	0x14～0x20
7	ADC_HTR	ADC 看门狗高阈值寄存器	0x24
8	ADC_LRT	ADC 看门狗低阈值寄存器	0x28
9	ADC_SQR1	ADC 规则序列寄存器 1	0x2C
10	ADC_SQR2	ADC 规则序列寄存器 2	0x30
11	ADC_SQR3	ADC 规则序列寄存器 3	0x34
12	ADC_JSQR	ADC 注入序列寄存器	0x38
13	ADC_JDRx (x = 1，2，3，4)	ADC 注入数据寄存器 x	0x3C～0x48
14	ADC_DR	ADC 规则数据寄存器	0x4C

下面对 ADC 的相关寄存器进行详细介绍。

1. ADC 状态寄存器(ADC_SR)

ADC 状态寄存器的偏移地址为 0x00，复位值为 0x0000 0000。该寄存器的结构图如图 8-6 所示。

31	30	29	28	27	26	25	24	23	22	21	20	19	18	17	16
Reserved															
15	**14**	**13**	**12**	**11**	**10**	**9**	**8**	**7**	**6**	**5**	**4**	**3**	**2**	**1**	**0**
Reserved											STRT	JSTRT	JEOC	EOC	AWD
											rc w0	rc w0	rc w0	rc w0	rc w0

图 8-6　ADC 状态寄存器的结构图

ADC 状态寄存器有定义的位如下：

➢ AWD：模拟看门狗标志位(Analog Watchdog Flag)。当转换的电压值超出了 ADC_LTR 和 ADC_HTR 设定的范围时，该位置 1，表示模拟看门狗监测的信号超范围。

➢ EOC：转换结束标志位(End of Conversion)。该位置 1，表示规则通道或注入通道转换结束，可通过软件清零，或者读取 ADC_DR 时自动清零。

➢ JEOC：注入通道转换结束标志位(Injected Channel End of Conversion)。该位置 1，表示注入通道转换结束。

➢ JSTRT：注入通道开始转换标志位(Injected Channel Start Flag)。该位置 1，表示注入通道转换已经开始。

➢ STRT：规则通道开始转换标志位(Regular Channel Start Flag)。该位置 1，表示规则通道转换已经开始。

2. ADC 控制寄存器 1(ADC_CR1)

ADC 控制寄存器 1 的偏移地址为 0x04，复位值为 0x0000 0000。该寄存器的结构图如图 8-7 所示。

31	30	29	28	27	26	25	24	23	22	21	20	19	18	17	16
Reserved								AWDEN	JAWDEN	Reserved		DUALMOD[3:0]			
								rw	rw			rw	rw	rw	rw
15	**14**	**13**	**12**	**11**	**10**	**9**	**8**	**7**	**6**	**5**	**4**	**3**	**2**	**1**	**0**
DISCNUM[2:0]			JDISCEN	DISCEN	JAUTO	AWDSGL	SCAN	JEOCIE	AWDIE	EOCIE	AWDCH[4:0]				
rw	rw	rw	rw	rw	rw	rw	rw	rw	rw	rw	rw	rw	rw	rw	rw

图 8-7　ADC 控制寄存器 1 的结构图

ADC 控制寄存器 1 有定义的位如下：

➢ AWDCH[4:0]：模拟看门狗通道选择位组 (Analog Watchdog Channel Select Bits)。该位组用于选择模拟看门狗监测的模拟输入通道。当该位组设置为 00000 时，表示选择 ADC 模拟输入通道 0；当设置为 00001 时，表示选择 ADC 模拟输入通道 1；以此类推，当设置为 10001 时，表示选择 ADC 模拟输入通道 17。可供选择的通道共有 18 个，该位组的其他取值状态未定义。

➢ EOCIE：EOC 中断使能控制位 (Interrupt Enable for EOC)。该位置 1，表示允许 EOC 中断。

➢ AWDIE：AWD 中断使能控制位 (Analog Watchdog Interrupt Enable)。该位置 1，表示允许模拟看门狗中断。

➢ JEOCIE：注入通道转换结束中断使能控制位(Interrupt Enable for Injected Channels)。该位置 1，表示使能注入通道转换结束中断。

➢ SCAN：扫描模式控制位(Scan Mode)。该位置 1，表示使能扫描模式；该位清零，表示关闭扫描模式。

➢ AWDSGL：扫描模式中在单一通道上使用看门狗控制位(Enable the Watchdog on a Single Channel in Scan Mode)。该位置 1，表示看门狗仅检测 AWDCH[4:0]位组指定的模拟通道；该位清零，表示看门狗监测所有的模拟通道。

➢ JAUTO：自动注入通道组转换使能控制位(Automatic Injected Group Conversion)。该位置 1，表示规则通道组转换完毕后自动启动注入通道组的转换；该位清零，表示规则通道组转换完毕后不启动注入通道组的转换。

➢ DISCEN：规则通道间断模式使能控制位(Discontinuous Mode on Regular Channels)，高电平有效。

➢ JDISCEN：注入通道间断模式使能控制位(Discontinuous Mode on Injected Channels)，

高电平有效。

➢ DISCNUM[2:0]：间断模式通道计数设置位组(Discontinuous Mode Channel Count)。该位组用于设置在间断模式下当外部触发信号来到时一次要转换的模拟通道数，可设置为000～111，对应的通道数为 1～8。

➢ DUALMOD[3:0]：双模式选择位组 (Dual Mode Selection)。该位组的设置值与所对应的双模式的对应关系如表 8-2 所示。该位组只有在 ADC1 的控制寄存器中有定义，ADC2 和 ADC3 中该位组为保留位，无定义。

表 8-2　双模式选择表

序号	DUALMOD[3:0]	双　模　式
1	0000	独立模式
2	0001	同步规则+同步注入混合模式
3	0010	同步规则+交替触发混合模式
4	0011	同步注入+快速交叉混合模式
5	0100	同步注入+慢速交叉混合模式
6	0101	同步注入模式
7	0110	同步规则模式
8	0111	快速交叉模式
9	1000	慢速交叉模式
10	1001	交替触发模式
11	1010～1111	无定义

➢ JAWDEN：注入通道模拟看门狗使能控制位 (Analog Watchdog Enable on Injected Channels)，高电平有效。

➢ AWDEN：规则通道模拟看门狗使能控制位 (Analog Watchdog Enable on Regular Channels)，高电平有效。

3. ADC 控制寄存器 2(ADC_CR2)

ADC 控制寄存器 2 的偏移地址为 0x08，复位值为 0x0000 0000。该寄存器的结构图如图 8-8 所示。

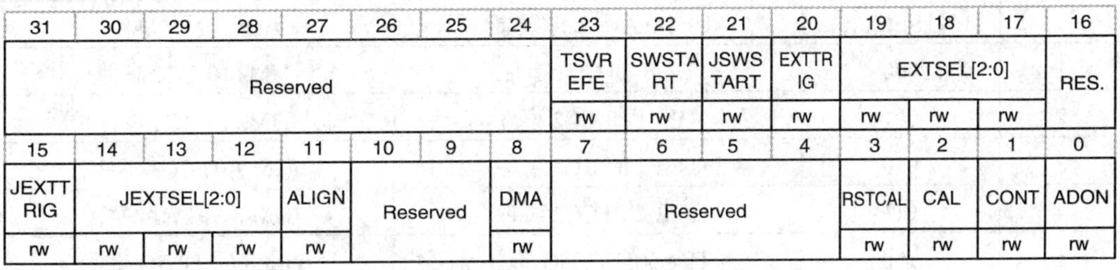

31	30	29	28	27	26	25	24	23	22	21	20	19	18	17	16
Reserved								TSVREFE	SWSTART	JSWSTART	EXTTRIG	EXTSEL[2:0]			RES.
								rw	rw	rw	rw	rw	rw	rw	

15	14	13	12	11	10	9	8	7	6	5	4	3	2	1	0
JEXTTRIG	JEXTSEL[2:0]			ALIGN	Reserved		DMA	Reserved				RSTCAL	CAL	CONT	ADON
rw	rw	rw	rw	rw			rw					rw	rw	rw	rw

图 8-8　ADC 控制寄存器 2 的结构图

ADC 控制寄存器 2 有定义的位如下：

➢ ADON：A/D 转换器开关控制位(A/D Converter ON/OFF)。若该位为 0，则写 1 相当

于给 ADC 上电；若该位已经是 1，则再给该位写 1 表示启动 A/D 转换。

➢ CONT：连续转换控制位(Continuous Conversion)。高电平使能连续转换模式。

➢ CAL：A/D 校准控制位(A/D Calibration)。该位由软件置 1 启动校准，并在校准结束时由硬件清除。

➢ RSTCAL：校准复位控制位(Reset Calibration)。该位由软件置 1 启动校准复位，当校准寄存器复位结束时，该位自动清零。

➢ DMA：DMA 模式使能控制位(Direct Memory Access Mode)。高电平有效，使能 A/D 转换结果的 DMA 传输。

➢ ALIGN：数据对齐方式选择位(Data Alignment)。该位置 0，表示转换结果数据右对齐；该位置 1，表示转换结果数据左对齐。

➢ JEXTSEL[2:0]：注入通道组外部触发事件选择位组(External Event Select for Injected Group)。该位组的取值与选择的注入通道触发信号的关系如表 8-3 所示。

表 8-3　注入通道组外部触发事件选择表

序号	JEXTSEL[2:0]	ADC1、ADC2 触发事件	ADC3 触发事件
1	000	TIM 1 的 TRGO 事件	TIM 1 的 TRGO 事件
2	001	TIM 1 的 CC4 事件	TIM 1 的 CC4 事件
3	010	TIM 2 的 TRGO 事件	TIM 4 的 CC3 事件
4	011	TIM 2 的 CC1 事件	TIM 8 的 CC2 事件
5	100	TIM 3 的 CC4 事件	TIM 8 的 CC4 事件
6	101	TIM 4 的 TRGO 事件	TIM 5 的 TRGO 事件
7	110	EXTI 线 15/TIM8_CC4 事件	TIM 5 的 CC4 事件
8	111	JSWSTART	JSWSTART

➢ JEXTTRIG：注入通道的外部触发模式使能控制位 (External Trigger Conversion Mode for Injected Channels)。该位由软件设置和清除，用于使能或禁止注入通道组转换的外部触发事件。该位置 0，表示禁止外部触发；该位置 1，表示使能外部触发。

➢ EXTSEL[2:0]：规则通道组外部触发事件选择位组(External Event Select for Regular Group)。该位组的取值与选择的规则通道触发信号的关系如表 8-4 所示。

表 8-4　规则通道组外部触发事件选择表

序号	EXTSEL[2:0]	ADC1、ADC2 触发事件	ADC3 触发事件
1	000	TIM1 的 CC1 事件	TIM3 的 CC1 事件
2	001	TIM 1 的 CC2 事件	TIM2 的 CC3 事件
3	010	TIM 1 的 CC3 事件	TIM 1 的 CC3 事件
4	011	TIM 2 的 CC2 事件	TIM 8 的 CC1 事件
5	100	TIM 3 的 TRGO 事件	TIM 8 的 TRGO 事件
6	101	TIM 4 的 CC4 事件	TIM 5 的 CC1 事件
7	110	EXTI 线 11/ TIM8_TRGO 事件	TIM 5 的 CC3 事件
8	111	SWSTART	SWSTART

➢ EXTTRIG：规则通道外部触发模式使能控制位(External Trigger Conversion Mode for Regular Channels)。该位由软件设置和清除，用于使能或禁止启动规则通道组转换的外部触发事件。

➢ JSWSTART：注入通道启动控制位(Start Conversion of Injected Channels)。在JEXTSEL[2:0]位组中选择 JSWSTART 为触发事件时，由软件置位该位可启动注入通道的转换。

➢ SWSTART：规则通道开始转换控制位(Start Conversion of Regular Channels)。在EXTSEL[2:0]位组中选择 SWSTART 为触发事件时，由软件置位该位可启动规则通道的转换。

➢ TSVREFE：温度传感器和 VREFINT 使能控制位(Temperature Sensor and VREFINT Enable)。该位置 1，表示使能对内部的温度传感器和 V_{REFINT} 通道的 A/D 转换；反之，则禁止。该位仅在 ADC1 的寄存器中有定义。

4. ADC 采样时间设置寄存器 1/2(ADC_SMPR1/2)

每个 ADC 具有两个采样时间设置寄存器，分别为 ADC_SMPR1 和 ADC_SMPR2，它们的偏移地址分别为 0x0C 和 0x10，复位值均为 0x0000 0000。通过这两个寄存器可为 ADC 的任何一个模拟信号通道独立地设置采样时间的长短。图 8-9 和图 8-10 分别为 ADC 采样时间设置寄存器 1/2 的结构图。

31	30	29	28	27	26	25	24	23	22	21	20	19	18	17	16
Reserved								SMP17[2:0]			SMP16[2:0]			SMP15[2:1]	
								rw	rw	rw	rw	rw	rw	rw	rw
15	14	13	12	11	10	9	8	7	6	5	4	3	2	1	0
SMP15[0]	SMP14[2:0]			SMP13[2:0]			SMP12[2:0]			SMP11[2:0]			SMP10[2:0]		
rw	rw	rw	rw	rw	rw	rw	rw	rw	rw	rw	rw	rw	rw	rw	rw

图 8-9　ADC 采样时间设置寄存器 1 的结构图

31	30	29	28	27	26	25	24	23	22	21	20	19	18	17	16
Reserved		SMP9[2:0]			SMP8[2:0]			SMP7[2:0]			SMP6[2:0]			SMP5[2:1]	
		rw	rw	rw	rw	rw	rw	rw	rw	rw	rw	rw	rw	rw	rw
15	14	13	12	11	10	9	8	7	6	5	4	3	2	1	0
SMP5[0]	SMP4[2:0]			SMP3[2:0]			SMP2[2:0]			SMP1[2:0]			SMP0[2:0]		
rw	rw	rw	rw	rw	rw	rw	rw	rw	rw	rw	rw	rw	rw	rw	rw

图 8-10　ADC 采样时间设置寄存器 2 的结构图

对于 ADC_SMPR1，从最低位开始，每 3 位为一个位组，共定义了 8 个位组，从SMP10[2:0]到 SMP17[2:0]，每个位组用于设置对应的模拟通道的采样时间，依次设置模拟通道 10 到通道 17 的采样时间。ADC_SMPR2 也按照同样的方式划分位组，各位组依次设置模拟通道 0 到通道 9 的采样时间。每个位组的设置值与对应的采样时间的关系如表 8-5所示。

表 8-5 采样时间设置表

序号	SMPx[2:0]	模拟通道 x 的采样时间
1	000	1.5 个 ADCCLK 周期
2	001	7.5 个 ADCCLK 周期
3	010	13.5 个 ADCCLK 周期
4	011	28.5 个 ADCCLK 周期
5	100	41.5 个 ADCCLK 周期
6	101	55.5 个 ADCCLK 周期
7	110	71.5 个 ADCCLK 周期
8	111	239.5 个 ADCCLK 周期

5. ADC 注入通道数据偏移寄存器 x (ADC_JOFRx)(x=1，2，3，4)

ADC 注入通道数据偏移寄存器共 4 个，偏移地址为 0x14～0x20，复位值均为 0x0000 0000。注入通道可对 4 路模拟信号进行转换。每路模拟信号设置一个注入通道数据偏移寄存器。偏移寄存器中有定义的位为低 12 位，通过软件可设置一个 12 位的偏移量。在注入通道对应的模拟信号转换时，生成的转换结果会自动减去偏移寄存器中的设置值。通过偏移寄存器可以实现将模拟信号中的共模信号去除等目的。

6. ADC 看门狗阈值寄存器(ADC_HTR 和 ADC_LRT)

两个 ADC 看门狗阈值寄存器的偏移地址分别为 0x24、0x28，复位值均为 0x0000 0000。ADC 看门狗阈值寄存器用于设置看门狗监测的模拟信号的范围。高阈值寄存器 ADC_HTR 和低阈值寄存器 ADC_LRT 分别用于设置监测信号变化的上限和下限。这两个寄存器中有定义的位为低 12 位。

7. ADC 规则序列寄存器 1/2/3(ADC_SQR1/2/3)

ADC 规则序列寄存器共有 3 个，分别为 ADC_SQR1、ADC_SQR2 和 ADC_SQR3，偏移地址为 0x2C、0x30、0x34，复位值均为 0x0000 0000。在这 3 个寄存器中，每 5 位为一个位组，用于指定规则通道待转换的模拟信号及其顺序；在 ADC_SQR1 中还指定了待转换的模拟信号序列的长度。3 个 ADC 规则序列寄存器的结构图如图 8-11 至图 8-13 所示。

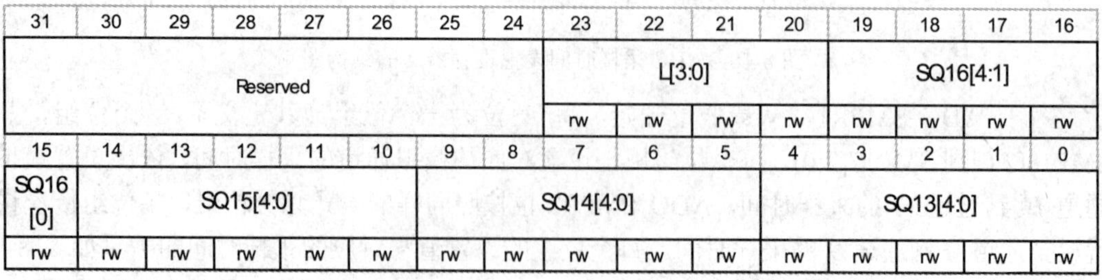

31	30	29	28	27	26	25	24	23	22	21	20	19	18	17	16
Reserved								L[3:0]				SQ16[4:1]			
								rw	rw	rw	rw	rw	rw	rw	rw
15	**14**	**13**	**12**	**11**	**10**	**9**	**8**	**7**	**6**	**5**	**4**	**3**	**2**	**1**	**0**
SQ16[0]	SQ15[4:0]					SQ14[4:0]					SQ13[4:0]				
rw	rw	rw	rw	rw	rw	rw	rw	rw	rw	rw	rw	rw	rw	rw	rw

图 8-11 ADC 规则序列寄存器 1 的结构图

31	30	29	28	27	26	25	24	23	22	21	20	19	18	17	16
Reserved		SQ12[4:0]					SQ11[4:0]					SQ10[4:1]			
		rw	rw	rw	rw	rw	rw	rw	rw	rw	rw	rw	rw	rw	rw
15	14	13	12	11	10	9	8	7	6	5	4	3	2	1	0
SQ10[0]	SQ9[4:0]					SQ8[4:0]					SQ7[4:0]				
rw	rw	rw	rw	rw	rw	rw	rw	rw	rw	rw	rw	rw	rw	rw	rw

图 8-12　ADC 规则序列寄存器 2 的结构图

31	30	29	28	27	26	25	24	23	22	21	20	19	18	17	16
Reserved		SQ6[4:0]					SQ5[4:0]					SQ4[4:1]			
		rw	rw	rw	rw	rw	rw	rw	rw	rw	rw	rw	rw	rw	rw
15	14	13	12	11	10	9	8	7	6	5	4	3	2	1	0
SQ4[0]	SQ3[4:0]					SQ2[4:0]					SQ1[4:0]				
rw	rw	rw	rw	rw	rw	rw	rw	rw	rw	rw	rw	rw	rw	rw	rw

图 8-13　ADC 规则序列寄存器 3 的结构图

ADC 规则序列寄存器中有定义的位如下：

➢ SQx[4:0]：规则序列中的第 x 个转换设置位组 (Number x Conversion in Regular Sequence)。每个 ADC 的规则通道最多可设置对 16 个序列信号进行转换，因此 x 最大为 16。实际应用中可能需要的转换信号序列并没有那么多，实际需要几个就设置几个。SQx[4:0]设置的范围为 00000～10001，共 18 种状态，依次对应模拟信号的输入为第 0 路到第 17 路。

➢ L[3:0]：规则通道序列长度设置位组 (Regular Channel Sequence Length)。由软件定义在规则通道转换序列中需要转换的序列的长度。

8. ADC 注入序列寄存器(ADC_JSQR)

ADC 注入序列寄存器的偏移地址为 0x38，复位值为 0x0000 0000。该寄存器用于设置待转换的注入通道信号序列及序列长度。该寄存器的结构图如图 8-14 所示。

31	30	29	28	27	26	25	24	23	22	21	20	19	18	17	16
Reserved										JL[1:0]		JSQ4[4:1]			
										rw	rw	rw	rw	rw	rw
15	14	13	12	11	10	9	8	7	6	5	4	3	2	1	0
JSQ4[0]	JSQ3[4:0]					JSQ2[4:0]					JSQ1[4:0]				
rw	rw	rw	rw	rw	rw	rw	rw	rw	rw	rw	rw	rw	rw	rw	rw

图 8-14　ADC 注入序列寄存器的结构图

ADC 注入序列寄存器中有定义的位如下：

➢ JSQx[4:0]：注入序列中的第 x 个转换设置位组(Number x Conversion in Injected Sequence)。该位组用于指定注入通道第 x 个转换的模拟信号。注入通道最多可设置 4 个序列信号，设置方法与规则通道的相同。

➢ JL[1:0]：注入通道序列长度设置位组(Injected Sequence Length)。用于指定注入通道待转换的序列长度。

9. ADC 注入数据寄存器 x (ADC_JDRx) (x= 1，2，3，4)

ADC 注入数据寄存器共有 4 个，偏移地址为 0x3C～0x48，复位值均为 0x0000 0000，分别对应存储 4 路注入通道信号的转换结果。每个注入数据寄存器的结构相同。图 8-15 所示为 ADC 注入数据寄存器的结构图。

31	30	29	28	27	26	25	24	23	22	21	20	19	18	17	16
Reserved															
15	14	13	12	11	10	9	8	7	6	5	4	3	2	1	0
JDATA[15:0]															
r	r	r	r	r	r	r	r	r	r	r	r	r	r	r	r

图 8-15　ADC 注入数据寄存器的结构图

ADC 注入数据寄存器中有定义的位如下：

➢ JDATA[15:0]：注入转换的数据(Injected Data)。用于存储转换结果，结果可以选择左对齐或右对齐方式。

10. ADC 规则数据寄存器(ADC_DR)

ADC 规则数据寄存器的偏移地址为 0x4C，复位值为 0x0000 0000。该寄存器用于存储规则通道的转换结果，其结构如图 8-16 所示。

31	30	29	28	27	26	25	24	23	22	21	20	19	18	17	16
ADC2DATA[15:0]															
r	r	r	r	r	r	r	r	r	r	r	r	r	r	r	r
15	14	13	12	11	10	9	8	7	6	5	4	3	2	1	0
DATA[15:0]															
r	r	r	r	r	r	r	r	r	r	r	r	r	r	r	r

图 8-16　ADC 规则数据寄存器的结构图

ADC 规则数据寄存器中有定义的位如下：

➢ DATA[15:0]：规则转换的数据(Regular Data)。用于存储规则通道的转换结果，数据可选择左对齐或右对齐方式。

➢ ADC2DATA[15:0]：ADC2 转换的数据(ADC2 Data)。在双 ADC 工作模式下，用于存储 ADC2 的转换结果。该位组仅对 ADC1 有定义，ADC2 和 ADC3 均不使用该位组。

8.2 A/D 转换器的操作库函数

8.2.1 A/D 转换器的操作库函数概述

ST 提供了一套功能丰富的 ADC 操作库函数，可方便地实现对 A/D 转换器的各种编程应用。表 8-6 所示为 ST 在标准外设库 v3.5 版本中定义的 ADC 操作库函数。

表 8-6 ST 在标准外设库 v3.5 版本中定义的 ADC 操作库函数

函 数	描 述
ADC_DeInit	ADC 寄存器设为缺省值函数
ADC_Init	ADC 初始化函数
ADC_StructInit	设置 ADC_InitStruct 结构体为缺省值函数
ADC_Cmd	使能或禁止 ADC 工作函数
ADC_DMACmd	使能或禁止 ADC 的 DMA 请求函数
ADC_ITConfig	ADC 中断配置函数
ADC_ResetCalibration	ADC 校准复位函数
ADC_GetResetCalibrationStatus	获取 ADC 的校准复位状态函数
ADC_StartCalibration	启动 ADC 的校准进程函数
ADC_GetCalibrationStatus	获取 ADC 的校准状态函数
ADC_SoftwareStartConvCmd	使能或禁止 ADC 软件启动转换函数
ADC_GetSoftwareStartConvStatus	获取 ADC 软件启动状态函数
ADC_DiscModeChannelCountConfig	ADC 间断模式通道计数配置函数
ADC_DiscModeCmd	ADC 间断模式设置函数
ADC_RegularChannelConfig	ADC 规则通道配置函数
ADC_ExternalTrigConvCmd	ADC 外部触发信号设置函数
ADC_GetConversionValue	获取 ADC 转换值的函数
ADC_GetDualModeConversionValue	双 ADC 工作模式下获取转换结果的函数
ADC_AutoInjectedConvCmd	注入自动转换设置函数
ADC_InjectedDiscModeCmd	注入间断模式设置函数
ADC_ExternalTrigInjectedConvConfig	注入通道外部触发配置函数
ADC_ExternalTrigInjectedConvCmd	使能或禁止 ADC 注入通道外部触发函数
ADC_SoftwareStartInjectedConvCmd	软件使能或禁止 ADC 注入通道转换函数
ADC_GetSoftwareStartInjectedConvCmdStatus	获取 ADC 注入通道软件转换状态函数
ADC_InjectedChannelConfig	ADC 注入通道配置函数

续表

函　数	描　述
ADC_InjectedSequencerLengthConfig	ADC 注入通道序列长度设置函数
ADC_SetInjectedOffset	设置 ADC 注入通道偏移量寄存器函数
ADC_GetInjectedConversionValue	读取注入通道转换结果函数
ADC_AnalogWatchdogCmd	模拟看门狗命令函数
ADC_AnalogWatchdogThresholdsConfig	模拟看门狗阈值配置函数
ADC_AnalogWatchdogSingleChannelConfig	模拟看门狗单通道监测设置函数
ADC_TempSensorVrefintCmd	温度传感器与内部基准(即内部参考电压)信号转换命令函数
ADC_GetFlagStatus	ADC 状态获取函数
ADC_ClearFlag	清除 ADC 标志函数
ADC_GetITStatus	获取 ADC 中断状态的函数
ADC_ClearITPendingBit	清除 ADC 挂起中断函数

8.2.2　A/D 转换器的操作库函数

为方便使用，下面对 A/D 转换器的操作库函数进行简要介绍。

1. 函数 ADC_DeInit

功能描述：将 ADCx 的寄存器设置为缺省值。

函数原型：

```
void ADC_DeInit(ADC_TypeDef* ADCx);
```

参数说明：ADCx 中的 x 指明要操作的 ADC 的序号，可取 1、2、3；当对一个 ADC 进行重新设置前，可通过该函数使 ADC 的寄存器复位。

2. 函数 ADC_Init

功能描述：将 ADCx 按照 ADC_InitStruct 结构体设置的参数进行配置。

函数原型：

```
void ADC_Init(ADC_TypeDef* ADCx, ADC_InitTypeDef* ADC_InitStruct);
```

参数说明：ADCx 中的 x 指明要操作的 ADC 的序号，可取 1、2、3；结构体指针变量 ADC_InitStruct 指向的结构体用于设置 ADCx 的基本参数。结构体类型 ADC_InitTypeDef 的定义如下：

```
typedef struct
{
  uint32_t ADC_Mode;
  FunctionalState ADC_ScanConvMode;
  FunctionalState ADC_ContinuousConvMode;
  uint32_t ADC_ExternalTrigConv;
```

```
    uint32_t ADC_DataAlign;
    uint8_t ADC_NbrOfChannel;
}ADC_InitTypeDef;
```

结构体中各成员的作用如下：

➢ ADC_Mode：用于定义 ADC 的工作模式，可设置 ADC 为独立工作模式或双 ADC 工作模式。ADC_Mode 的取值与对应的工作模式如表 8-7 所示。

表 8-7　ADC_Mode 的取值与对应的工作模式

ADC_Mode	工 作 模 式
ADC_Mode_Independent	独立工作模式
ADC_Mode_RegInjecSimult	同步规则＋同步注入混合模式
ADC_Mode_RegSimult_AlterTrig	同步规则＋交替触发混合模式
ADC_Mode_InjecSimult_FastInterl	同步规则＋快速交叉混合模式
ADC_Mode_InjecSimult_SlowInterl	同步注入＋慢速交叉混合模式
ADC_Mode_InjecSimult	同步注入模式
ADC_Mode_RegSimult	同步规则模式
ADC_Mode_FastInterl	快速交叉模式
ADC_Mode_SlowInterl	慢速交叉模式
ADC_Mode_AlterTrig	交替触发模式

➢ ADC_ScanConvMode：用于设置指定 ADC 是否使能扫描模式。该参数取值为 ENABLE 或 DISABLE。

➢ ADC_ContinuousConvMode：用于设置指定 ADC 是否使能连续转换模式。该参数取值为 ENABLE，表示使能连续转换；取值为 DISABLE，表示仅进行单次转换。

➢ ADC_ExternalTrigConv：用于设置指定 ADC 的规则通道外部触发信号。该参数的取值与对应的外部触发信号关系如表 8-8 所示。

表 8-8　ADC_ExternalTrigConv 设置表(ADC1 和 ADC2)

ADC_ExternalTrigConv	触发信号
ADC_ExternalTrigConv_T1_CC1	TIM1_CC1
ADC_ExternalTrigConv_T1_CC2	TIM1_CC2
ADC_ExternalTrigConv_T1_CC3	TIM1_CC3
ADC_ExternalTrigConv_T2_CC2	TIM2_CC2
ADC_ExternalTrigConv_T3_TRGO	TIM3_TRGO
ADC_ExternalTrigConv_T4_CC4	TIM4_CC4
ADC_ExternalTrigConv_Ext_IT11_TIM8_TRGO	EXTI_11 或 TIM8_TRGO
ADC_ExternalTrigConv_None	软件触发

ADC1 和 ADC2 规则通道可供选择的外部触发信号是相同的，而 ADC3 的规则通道触发信号与前两者不同，具体设置情况如表 8-9 所示。

表 8-9　ADC_ExternalTrigConv 设置表(ADC3)

ADC_ExternalTrigConv	触发信号
ADC_ExternalTrigConv_T1_CC3	TIM1_CC3
ADC_ExternalTrigConv_T2_CC3	TIM2_CC3
ADC_ExternalTrigConv_T3_CC1	TIM3_CC1
ADC_ExternalTrigConv_T5_CC1	TIM5_CC1
ADC_ExternalTrigConv_T5_CC3	TIM5_CC3
ADC_ExternalTrigConv_T8_CC1	TIM8_CC1
ADC_ExternalTrigConv_TIM8_TRGO	TIM8_TRGO
ADC_ExternalTrigConv_None	软件触发

➢ ADC_DataAlign：用于指定 ADC 转换结果数据的对齐方式。该参数取值为 ADC_DataAlign_Right，表示右对齐；取值为 ADC_DataAlign_Left，表示左对齐。

➢ ADC_NbrOfChannel：用于设置规则通道待转换的模拟信号序列的长度，可设置的范围为 1～16。

3. 函数 ADC_StructInit

功能描述：将 ADC_InitStruct 结构体的成员设置为缺省值。

函数原型：

```
void ADC_StructInit(ADC_InitTypeDef* ADC_InitStruct);
```

参数说明：结构体指针指向 ADC_InitTypeDef 类型的结构体。该函数设置 ADC_InitStruct 结构体指针的成员变量如下：

```
ADC_Mode = ADC_Mode_Independent;
ADC_ScanConvMode = DISABLE;
ADC_ContinuousConvMode = DISABLE;
ADC_ExternalTrigConv = ADC_ExternalTrigConv_T1_CC1;
ADC_DataAlign = ADC_DataAlign_Right;
ADC_NbrOfChannel = 1;
```

4. 函数 ADC_Cmd

功能描述：使能或禁止指定的 ADC 工作。

函数原型：

```
void ADC_Cmd(ADC_TypeDef* ADCx, FunctionalState NewState);
```

参数说明：ADCx 用于指定 A/D 转换器，可为 ADC1～ADC3；NewState 设置为 ENABLE，表示使能 ADCx 工作，设置为 DISABLE，表示禁止 ADCx 工作。

5. 函数 ADC_DMACmd

功能描述：使能或禁止指定的 ADC 的 DMA 请求。

函数原型：

```
void ADC_DMACmd(ADC_TypeDef* ADCx, FunctionalState NewState);
```

参数说明：ADCx 用于指定 A/D 转换器，可为 ADC1～ADC3；NewState 设置为 ENABLE，

表示使能 ADCx 的 DMA 请求，设置为 DISABLE，表示禁止 ADCx 的 DMA 请求。

6. 函数 ADC_ITConfig

功能描述：使能或禁止 ADCx 的指定中断。

函数原型：

```
void ADC_ITConfig(ADC_TypeDef* ADCx, uint16_t ADC_IT, FunctionalState NewState);
```

参数说明：ADCx 用于指定 A/D 转换器，可为 ADC1～ADC3；ADC_IT 用于指定中断源，可以是 ADC_IT_EOC、ADC_IT_AWD、ADC_IT_JEOC 这三个之一或者它们的组合；NewState 设置为 ENABLE，表示使能指定的中断源，设置为 DISABLE，表示禁止指定的中断源。

7. 函数 ADC_ResetCalibration

功能描述：复位 ADCx 的校准寄存器。

函数原型：

```
void ADC_ResetCalibration(ADC_TypeDef* ADCx);
```

参数说明：ADCx 用于指定 A/D 转换器，可为 ADC1～ADC3。

8. 函数 ADC_GetResetCalibrationStatus

功能描述：获取 ADCx 的校准寄存器复位状态。

函数原型：

```
FlagStatus ADC_GetResetCalibrationStatus(ADC_TypeDef* ADCx);
```

参数说明：ADCx 用于指定 A/D 转换器，可为 ADC1～ADC3。

返回值：该函数的返回值为 SET 或 RESET。

9. 函数 ADC_StartCalibration

功能描述：启动 ADCx 的校准进程。

函数原型：

```
void ADC_StartCalibration(ADC_TypeDef* ADCx);
```

参数说明：ADCx 用于指定 A/D 转换器，可为 ADC1～ADC3。

10. 函数 ADC_GetCalibrationStatus

功能描述：获取 ADCx 的校准状态。

函数原型：

```
FlagStatus ADC_GetCalibrationStatus(ADC_TypeDef* ADCx);
```

参数说明：ADCx 用于指定 A/D 转换器，可为 ADC1～ADC3。

返回值：该函数的返回值为 SET 或 RESET。返回值为 SET，表示正在进行校准；返回值为 RESET，表示 ADC 校准完成。

11. 函数 ADC_SoftwareStartConvCmd

功能描述：设置 ADCx 是否允许通过软件启动。

函数原型：

```
void ADC_SoftwareStartConvCmd(ADC_TypeDef* ADCx, FunctionalState NewState);
```

参数说明：ADCx 用于指定 A/D 转换器，可为 ADC1～ADC3；NewState 取值为 ENABLE，表示使能软件启动 A/D 转换，取值为 DISABLE，表示禁止软件启动 A/D 转换。

12. 函数 ADC_GetSoftwareStartConvStatus

功能描述：获取 ADCx 的软件启动设置状态。

函数原型：

```
FlagStatus ADC_GetSoftwareStartConvStatus(ADC_TypeDef* ADCx);
```

参数说明：ADCx 用于指定 A/D 转换器，可为 ADC1～ADC3。

返回值：该函数的返回值为 SET 或 RESET，分别对应软件启动使能或禁止。

13. 函数 ADC_DiscModeChannelCountConfig

功能描述：设置 ADCx 规则通道每次间断转换的通道数。

函数原型：

```
void ADC_DiscModeChannelCountConfig(ADC_TypeDef* ADCx, uint8_t Number);
```

参数说明：ADCx 用于指定 A/D 转换器，可为 ADC1～ADC3；Number 为每次间断触发转换的通道数，设置范围为 1～8。

14. 函数 ADC_DiscModeCmd

功能描述：使能或禁止 ADCx 规则通道的间断转换。

函数原型：

```
void ADC_DiscModeCmd(ADC_TypeDef* ADCx, FunctionalState NewState);
```

参数说明：ADCx 用于指定 A/D 转换器，可为 ADC1～ADC3；NewState 可设置为 ENABLE 或 DISABLE。

15. 函数 ADC_RegularChannelConfig

功能描述：设置 ADCx 规则通道待转换的模拟信号在序列中的位置与采样时间。

函数原型：

```
void ADC_RegularChannelConfig(ADC_TypeDef* ADCx, uint8_t ADC_Channel,
uint8_t Rank, uint8_t ADC_SampleTime);
```

参数说明：ADCx 用于指定 A/D 转换器，可为 ADC1～ADC3；ADC_Channel 用于指定待转换的模拟信号通道，可选择 ADC_Channel_0～ADC_Channel_17 中的某一个；Rank 用于指定选择的模拟信号在序列中的序号，范围为 1～16；ADC_SampleTime 用于设置所选模拟通道的采样时间，其设置值与对应的采样时间之间的关系如表 8-10 所示。

表 8-10　ADC_SampleTime 设置表

序号	ADC_SampleTime	模拟通道采样时间
1	ADC_SampleTime_1Cycles5	1.5 个 ADCCLK 周期
2	ADC_SampleTime_7Cycles5	7.5 个 ADCCLK 周期
3	ADC_SampleTime_13Cycles5	13.5 个 ADCCLK 周期
4	ADC_SampleTime_28Cycles5	28.5 个 ADCCLK 周期
5	ADC_SampleTime_41Cycles5	41.5 个 ADCCLK 周期
6	ADC_SampleTime_55Cycles5	55.5 个 ADCCLK 周期
7	ADC_SampleTime_71Cycles5	71.5 个 ADCCLK 周期
8	ADC_SampleTime_239Cycles5	239.5 个 ADCCLK 周期

16. 函数 ADC_ExternalTrigConvCmd

功能描述：使能或禁止 ADCx 规则通道转换的外部触发。

函数原型：

```
void ADC_ExternalTrigConvCmd(ADC_TypeDef* ADCx, FunctionalState NewState);
```

参数说明：ADCx 用于指定 A/D 转换器，可为 ADC1～ADC3；NewState 可设置为 ENABLE 或 DISABLE。

17. 函数 ADC_GetConversionValue

功能描述：获取 ADCx 规则通道最近完成的转换结果。

函数原型：

```
uint16_t ADC_GetConversionValue(ADC_TypeDef* ADCx);
```

参数说明：ADCx 用于指定 A/D 转换器，可为 ADC1～ADC3。

返回值：该函数的返回值为 ADCx 规则通道最近完成的转换结果。

18. 函数 ADC_GetDualModeConversionValue

功能描述：获取 ADC1 和 ADC2 双工作模式下的转换结果。

函数原型：

```
uint32_t ADC_GetDualModeConversionValue(void);
```

19. 函数 ADC_AutoInjectedConvCmd

功能描述：使能或禁止 ADCx 注入通道自动转换。

函数原型：

```
void ADC_AutoInjectedConvCmd(ADC_TypeDef* ADCx, FunctionalState NewState);
```

参数说明：ADCx 用于指定 A/D 转换器，可为 ADC1～ADC3；NewState 可设置为 ENABLE 或 DISABLE。

20. 函数 ADC_InjectedDiscModeCmd

功能描述：使能或禁止 ADCx 注入通道间断转换。

函数原型：

```
void ADC_InjectedDiscModeCmd(ADC_TypeDef* ADCx, FunctionalState NewState);
```

参数说明：ADCx 用于指定 A/D 转换器，可为 ADC1～ADC3；NewState 可设置为 ENABLE 或 DISABLE。

21. 函数 ADC_ExternalTrigInjectedConvConfig

功能描述：配置 ADCx 注入通道外部触发信号源。

函数原型：

```
void ADC_ExternalTrigInjectedConvConfig(ADC_TypeDef* ADCx,uint32_t ADC_
ExternalTrigInjecConv);
```

参数说明：ADCx 用于指定 A/D 转换器，可为 ADC1～ADC3；ADC_ExternalTrigInjecConv 用于指定触发信号，其设置值与对应的触发信号如表 8-11 和表 8-12 所示(注意：ADC1 和 ADC2 与 ADC3 的触发信号有差异)。

表 8-11　ADC_ExternalTrigInjecConv 设置表(ADC1 和 ADC2)

ADC_ExternalTrigInjecConv	触发信号
ADC_ExternalTrigInjecConv_T1_TRGO	TIM1_TRGO
ADC_ExternalTrigInjecConv_T1_CC4	TIM1_CC4
ADC_ExternalTrigInjecConv_T2_TRGO	TIM2_TRGO
ADC_ExternalTrigInjecConv_T2_CC1	TIM2_CC1
ADC_ExternalTrigInjecConv_T3_CC4	TIM3_CC4
ADC_ExternalTrigInjecConv_T4_TRGO	TIM4_TRGO
ADC_ExternalTrigInjecConv_Ext_IT15_TIM8_CC4	EXTI_15 或 TIM8_CC4
ADC_ExternalTrigInjecConv_None	软件触发

表 8-12　ADC_ExternalTrigInjecConv 设置表(ADC3)

ADC_ExternalTrigInjecConv	触发信号
ADC_ExternalTrigInjecConv_T1_TRGO	TIM1_TRGO
ADC_ExternalTrigInjecConv_T1_CC4	TIM1_CC4
ADC_ExternalTrigInjecConv_T4_CC3	TIM4_CC3
ADC_ExternalTrigInjecConv_T8_CC2	TIM8_CC2
ADC_ExternalTrigInjecConv_T8_ CC4	TIM8_CC4
ADC_ExternalTrigInjecConv_T5_ TRGO	TIM5_TRGO
ADC_ExternalTrigInjecConv_T5_CC4	TIM5_CC4
ADC_ExternalTrigInjecConv_None	软件触发

22. 函数 ADC_ExternalTrigInjectedConvCmd

功能描述：使能或禁止 ADCx 注入通道外部触发。

函数原型：

```
void ADC_ExternalTrigInjectedConvCmd(ADC_TypeDef* ADCx, FunctionalState
NewState);
```

参数说明：ADCx 用于指定 A/D 转换器，可为 ADC1～ADC3；NewState 可设置为 ENABLE 或 DISABLE。

23. 函数 ADC_SoftwareStartInjectedConvCmd

功能描述：通过软件使能或禁止 ADCx 注入通道转换。

函数原型：

```
void ADC_SoftwareStartInjectedConvCmd(ADC_TypeDef* ADCx, FunctionalState
NewState);
```

参数说明：ADCx 用于指定 A/D 转换器，可为 ADC1～ADC3；NewState 可设置为 ENABLE 或 DISABLE。

24. 函数 ADC_GetSoftwareStartInjectedConvCmdStatus

功能描述：获取 ADCx 注入通道软件转换的设置状态。

函数原型：

```
FlagStatus ADC_GetSoftwareStartInjectedConvCmdStatus(ADC_TypeDef* ADCx);
```

参数说明：ADCx 用于指定 A/D 转换器，可为 ADC1～ADC3。

返回值：该函数的返回值为 SET 或 RESET。

25. 函数 ADC_InjectedChannelConfig

功能描述：对 ADCx 注入通道进行配置。

函数原型：

```
void ADC_InjectedChannelConfig(ADC_TypeDef* ADCx, uint8_t ADC_Channel,
uint8_t Rank, uint8_t ADC_SampleTime);
```

参数说明：ADCx 用于指定 A/D 转换器，可为 ADC1～ADC3；ADC_Channel 用于指定待转换的模拟信号通道，可选择 ADC_Channel_0～ADC_Channel_17 中的某一个；Rank 用于指定选择的模拟信号在序列中的序号，范围为 1～4；ADC_SampleTime 用于设置所选模拟通道的采样时间，其设置值与对应的采样时间之间的关系如表 8-10 所示。

26. 函数 ADC_InjectedSequencerLengthConfig

功能描述：设置 ADCx 注入通道序列的长度。

函数原型：

```
void ADC_InjectedSequencerLengthConfig(ADC_TypeDef* ADCx, uint8_t Length);
```

参数说明：ADCx 用于指定 A/D 转换器，可为 ADC1～ADC3；Length 可设置的范围为 1～4。

27. 函数 ADC_SetInjectedOffset

功能描述：设置 ADCx 注入通道转换值的偏移量。

函数原型：

```
void ADC_SetInjectedOffset(ADC_TypeDef* ADCx, uint8_t ADC_InjectedChannel,
uint16_t Offset);
```

参数说明：ADCx 用于指定 A/D 转换器，可为 ADC1～ADC3；ADC_InjectedChannel 用于指定注入通道，可设置为 ADC_InjectedChannel_1～ADC_InjectedChannel_4；Offset 用于设置偏移量，该偏移量必须是 12 位的。

28. 函数 ADC_GetInjectedConversionValue

功能描述：获取 ADCx 注入通道的转换结果。

函数原型：

```
uint16_t ADC_GetInjectedConversionValue(ADC_TypeDef* ADCx, uint8_t
ADC_InjectedChannel);
```

参数说明：ADCx 用于指定 A/D 转换器，可为 ADC1～ADC3；ADC_InjectedChannel 用于指定待读取的注入通道号。

返回值：该函数的返回值为指定注入通道的转换结果。

29. 函数 ADC_AnalogWatchdogCmd

功能描述：实现 ADCx 的模拟看门狗设置。

函数原型：

```
void ADC_AnalogWatchdogCmd(ADC_TypeDef* ADCx, uint32_t ADC_AnalogWatchdog);
```

参数说明：ADCx 用于指定 A/D 转换器，可为 ADC1～ADC3；ADC_AnalogWatchdog 用于模拟看门狗的配置，具体配置信息如表 8-13 所示。

表 8-13 ADC_AnalogWatchdog 配置表

序号	ADC_AnalogWatchdog	说 明
1	ADC_AnalogWatchdog_SingleRegEnable	看门狗监测单个规则通道
2	ADC_AnalogWatchdog_SingleInjecEnable	看门狗监测单个注入通道
3	ADC_AnalogWatchdog_SingleRegOrInjecEnable	看门狗监测单个规则或注入通道
4	ADC_AnalogWatchdog_AllRegEnable	看门狗监测所有规则通道
5	ADC_AnalogWatchdog_AllInjecEnable	看门狗监测所有注入通道
6	ADC_AnalogWatchdog_AllRegAllInjecEnable	看门狗监测所有注入和规则通道
7	ADC_AnalogWatchdog_None	看门狗禁止

30. 函数 ADC_AnalogWatchdogThresholdsConfig

功能描述：设置 ADCx 模拟看门狗的阈值。

函数原型：

```
void ADC_AnalogWatchdogThresholdsConfig(ADC_TypeDef* ADCx, uint16_t HighThreshold, uint16_t LowThreshold);
```

参数说明：ADCx 用于指定 A/D 转换器，可为 ADC1～ADC3；HighThreshold 和 LowThreshold 分别为模拟看门狗监测信号的上限和下限值。

31. 函数 ADC_AnalogWatchdogSingleChannelConfig

功能描述：配置 ADCx 模拟看门狗对单通道信号进行监测。

函数原型：

```
void ADC_AnalogWatchdogSingleChannelConfig(ADC_TypeDef* ADCx, uint8_t ADC_Channel);
```

参数说明：ADCx 用于指定 A/D 转换器，可为 ADC1～ADC3；ADC_Channel 用于指定待监测的模拟信号，可选择 ADC_Channel_0～ADC_Channel_17 中的一路。

32. 函数 ADC_TempSensorVrefintCmd

功能描述：使能或禁止 ADCx 对温度传感器和内部参考电压信号进行转换。

函数原型：

```
void ADC_TempSensorVrefintCmd(FunctionalState NewState);
```

参数说明：ADCx 用于指定 A/D 转换器，可为 ADC1～ADC3；NewState 可设置为 ENABLE 或 DISABLE。

33. 函数 ADC_GetFlagStatus

功能描述：获取 ADCx 指定状态的标志。

函数原型：

```
FlagStatus ADC_GetFlagStatus(ADC_TypeDef* ADCx, uint8_t ADC_FLAG);
```

参数说明：ADCx 用于指定 A/D 转换器，可为 ADC1～ADC3；ADC_FLAG 用于指定待获取的状态标志，可指定的标志包括 ADC_FLAG_AWD、ADC_FLAG_EOC、ADC_FLAG_JEOC、ADC_FLAG_JSTRT 和 ADC_FLAG_STRT。

返回值：该函数的返回值为 SET 或 RESET。

34. 函数 ADC_ClearFlag

功能描述：清除 ADCx 指定状态标志。

函数原型：

```
void ADC_ClearFlag(ADC_TypeDef* ADCx, uint8_t ADC_FLAG);
```

参数说明：ADCx 用于指定 A/D 转换器，可为 ADC1～ADC3；ADC_FLAG 用于指定待清除的状态标志，可指定的标志包括 ADC_FLAG_AWD、ADC_FLAG_EOC、ADC_FLAG_JEOC、ADC_FLAG_JSTRT 和 ADC_FLAG_STRT。

35. 函数 ADC_GetITStatus

功能描述：获取 ADCx 指定中断标志的状态。

函数原型：

```
ITStatus ADC_GetITStatus(ADC_TypeDef* ADCx, uint16_t ADC_IT);
```

参数说明：ADCx 用于指定 A/D 转换器，可为 ADC1 到 ADC3；ADC_IT 用于指定待检查的中断标志，包括 ADC_IT_EOC、ADC_IT_AWD 和 ADC_IT_JEOC，分别表示 EOC 中断标志、AWD(看门狗)中断标志和 JEOC 中断标志。

36. 函数 ADC_ClearITPendingBit

功能描述：清除 ADCx 的指定挂起中断标志的状态。

函数原型：

```
void ADC_ClearITPendingBit(ADC_TypeDef* ADCx, uint16_t ADC_IT);
```

参数说明：ADCx 用于指定 A/D 转换器，可为 ADC1～ADC3；ADC_IT 用于指定待清除的中断标志，包括 ADC_IT_EOC、ADC_IT_AWD 和 ADC_IT_JEOC，分别表示 EOC 中断标志、AWD(看门狗)中断标志和 JEOC 中断标志。

8.3 A/D 转换器编程应用

STM32F10xxx 系列处理器内部的 A/D 转换器功能强大，应用灵活，本节通过具体的工程实例说明实现 A/D 转换器应用的基本方法。在实际的应用中，对 A/D 转换器的需求可能千差万别，如需要转换的信号的路数、转换的速度、转换的精度等可能各不相同，应用 STM32F10xxx 系列处理器内部的 A/D 转换器解决实际问题的关键就是如何合理地配置 ADC 资源，从而满足实际的转换需求。

8.3.1　单路 A/D 转换器编程实例

单路模拟信号的转换是较为常见的应用场景。本实例需要对单路的模拟信号进行转换，通过电位器产生一路变化的模拟信号，将该模拟信号输入 STM32 处理器内部的 ADC 进行转换，转换结果通过计算机显示。本实例使用一块 STM32F103C8T6 处理器的小实验板完成验证，通过引脚 PA0 输入外部的模拟信号。STM32F103C8T6 处理器内部共有 2 个 ADC，这里使用 ADC1 来进行转换。将 PA0 配置为 ADC1 的模拟信号输入通道，用来输入外部的模拟信号。由于不同处理器的封装、引脚不同，使用时一定要查阅对应芯片的数据手册，清楚各模拟通道对应的引脚。为了观察转换结果，本实例采取的方法是：通过 STM32F103C8T6 处理器的串口 1 与计算机上运行的串口调试软件进行通信，并将转换结果显示在串口调试窗口中。由于现在的计算机均不再设置 DB9 的 RS-232C 串行口，无法通过该串行口与计算机进行通信，因此必须利用 USB 转串口模块在计算机上实现虚拟串口。STM32F103C8T6 处理器的串口 1 通过虚拟串口实现与计算机的通信。图 8-17 所示为本实例的硬件测试系统示意图。

关于 USB 转串口模块的介绍请参考 5.6 小节。为了正常使用 USB 转串口模块，必须安装对应的驱动程序。正确安装驱动程序并插入 USB 转串口模块，可以在计算机的设备管理窗口查看到虚拟串口的映射端口号。

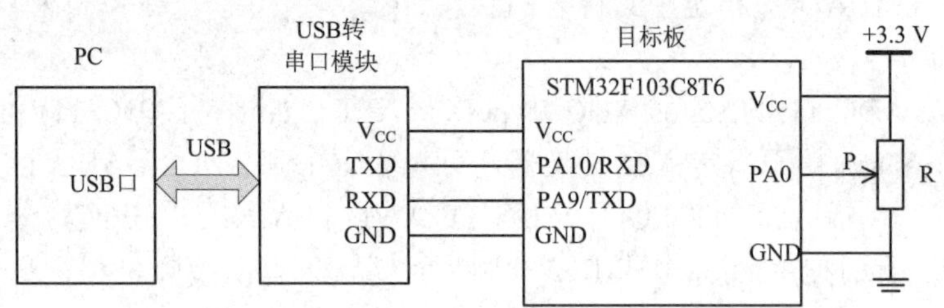

图 8-17　A/D 转换硬件测试系统示意图

在 Keil μVision 集成开发环境下新建测试工程 ADC_TEST1，选择处理器为 STM32F103C8T6，设置工程的运行环境，配置工程选项，新建或添加工程文件并对各源文件进行编辑，完成工程的编译、链接，生成可执行的工程代码。图 8-18 所示为该测试工程项目窗口。

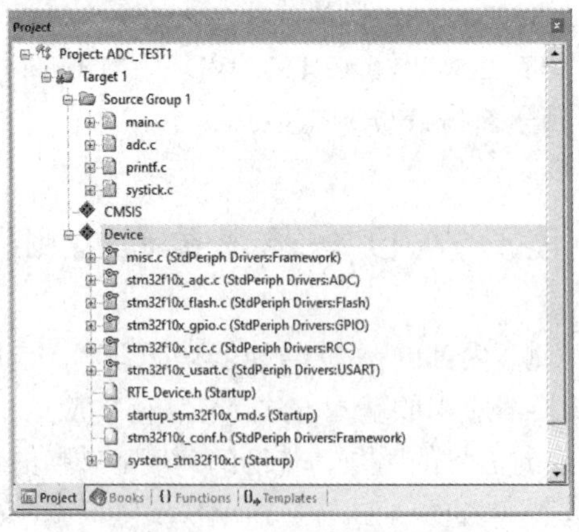

图 8-18　ADC_TEST1 测试工程项目窗口

该工程包含 4 个用户源程序文件，分别是 main.c、adc.c、printf.c 和 systick.c。其中，adc.c 文件是实现 A/D 转换器配置的关键；printf.c 文件实现串行口的初始化和 printf 函数的重映射；systick.c 文件实现 SysTick 定时器的定时函数；main.c 文件通过调用 A/D 转换器和串行口的初始化函数实现初始化，并操作 ADC1 实现转换，将转换结果通过 printf 函数显示到计算机的串行调试软件窗口。

A/D 转换器的初始化包括配置用于 A/D 转换器模拟信号输入的引脚(使能 GPIO 时钟，设置引脚的工作模式等)，使能并配置 ADC 的时钟信号，配置 ADC 的工作模式和通道参数，上电并校准 ADC 等。下面给出本例程中对 ADC1 的模拟转换通道及工作模式等参数进行配置的初始化源文件 adc.c 的内容。

```
#include "adc.h"
/*****************************************************************************
* 函数：ADC1_Init
* 函数功能：ADC1 初始化函数
*****************************************************************************/
void ADC1_Init()
{
 //定义 GPIO 初始化结构体，用于对 A/D 转换器的模拟信号输入引脚进行初始化
 GPIO_InitTypeDef GPIO_InitStructure;
 //定义 ADC 初始化结构体，用于对 A/D 转换器的基本参数进行初始化
 ADC_InitTypeDef ADC_InitStructure;
 //使能 GPIOA 和 ADC1 的时钟
 RCC_APB2PeriphClockCmd(RCC_APB2Periph_GPIOA|RCC_APB2Periph_ADC1,ENABLE);
 //系统时钟 72 MHz，6 分频设置 ADC1 时钟 ADCCLK 为 12 MHz
 RCC_ADCCLKConfig(RCC_PCLK2_Div6);

 GPIO_InitStructure.GPIO_Pin=GPIO_Pin_0;                     //ADC 模拟通道 0
 GPIO_InitStructure.GPIO_Mode=GPIO_Mode_AIN;                 //设置引脚为模拟输入模式
 GPIO_InitStructure.GPIO_Speed=GPIO_Speed_50 MHz;
 //对 A/D 转换器的模拟信号输入引脚进行初始化
 GPIO_Init(GPIOA,&GPIO_InitStructure);
 //设置 ADC1 的相关寄存器为缺省值
 ADC_DeInit(ADC1);
 //设置 ADC 初始化结构体成员变量
 ADC_InitStructure.ADC_Mode = ADC_Mode_Independent;            //ADC 独立工作模式
 ADC_InitStructure.ADC_ScanConvMode = DISABLE;                 //扫描转换模式禁止
 ADC_InitStructure.ADC_ContinuousConvMode = DISABLE;           //连续转换模式禁止
 ADC_InitStructure.ADC_ExternalTrigConv = ADC_ExternalTrigConv_None;  //外部触发禁止
 ADC_InitStructure.ADC_DataAlign = ADC_DataAlign_Right;        //转换结果右对齐
 ADC_InitStructure.ADC_NbrOfChannel = 1;                       //转换的模拟通道数为 1
```

```
    //按照 ADC 初始化结构体对 ADC1 进行初始化
    ADC_Init(ADC1, &ADC_InitStructure);

    //指定 ADC1 的规则组通道，设置它们的转换顺序和采样时间
    ADC_RegularChannelConfig(ADC1,ADC_Channel_0,1,ADC_SampleTime_239Cycles5);
    //给 ADC1 上电
    ADC_Cmd(ADC1,ENABLE);
    //进行 ADC1 的校准复位及校准
    ADC_ResetCalibration(ADC1);                        //复位 ADC1 的校准寄存器
    while(ADC_GetResetCalibrationStatus(ADC1));        //等待校准寄存器复位完成
    ADC_StartCalibration(ADC1);                        //启动 ADC1 的校准
    while(ADC_GetCalibrationStatus(ADC1));             //等待 ADC1 校准完成
    //使能 ADC1 的软件启动功能
    ADC_SoftwareStartConvCmd(ADC1, ENABLE);
}
```

结合程序的注释可知：此处配置 ADC1 工作于独立工作模式，连续转换模式禁止，禁止外部触发信号启动；由于仅对单一的模拟通道，故扫描转换模式禁止；转换结果采用右对齐方式存储；通过 ADC_RegularChannelConfig 函数配置规则通道，对模拟通道 ADC_Channel_0 进行采样；开启 ADC1 的电源，并对其进行校准复位和重新校准；最后使能 ADC1 的软件触发功能。

在头文件 adc.h 中对初始化函数进行声明，具体内容如下：

```
#ifndef _adc_H
#define _adc_H
#include "stm32f10x.h"
void ADC1_Init(void);
#endif
```

为了实现转换结果的显示，采用 printf 函数输出转换结果。由于 printf 函数是基于 PC 环境的输出函数，在 STM32 环境下并不能直接使用，因此需要对 printf 函数进行重映射。由于 printf 函数(实际上是一个宏)执行时自动调用库函数 fputc，通过该函数实现真正的输出，因此在工程中重新定义该函数，使该函数执行时将输出字符通过串行口 USART1 输出。当目标板的串行口 USART1 与计算机的虚拟串口相连时，即可将 ADC 的转换结果传输到计算机进行显示。下面给出 printf.c 文件的内容。

```
#include "printf.h"
//在使用 printf 函数时默认调用库中的 fputc 函数，在工程中重新定义该函数后，
//当执行 printf 函数时自动调用重定义的 fputc 函数，从而实现函数的重映射
/*************************************************************************
* 函数：fputc
* 函数功能：对 fputc 函数重新定义，通过串行口实现字符数据的发送
```

```
* 说明：ch 为待发送的字符；p 为文件指针，这里不用，只是为了与原函数的参
              数保持一致。正常发送完成后返回被发送的字符值
*******************************************************************************/
int fputc(int ch,FILE *p)
{
  USART_SendData(USART1,(u8)ch);
  while(USART_GetFlagStatus(USART1,USART_FLAG_TXE)==RESET);
  return ch;
}
/*******************************************************************************
* 函数：printf_init
* 函数功能：实现 USART1 对应的 I/O 端口、通信参数及时钟的初始化
*******************************************************************************/
void printf_init()
{
 //声明一个 GPIO 初始化结构体变量，用来初始化 GPIO
 GPIO_InitTypeDef GPIO_InitStructure;
 //定义串行口初始化结构体，用于串行口的初始化
 USART_InitTypeDef   USART_InitStructure;
 //使能 PA 口和串行口的时钟
 RCC_APB2PeriphClockCmd(RCC_APB2Periph_GPIOA|RCC_APB2Periph_USART1,ENABLE);
 //设置串口 1 的发送引脚
 GPIO_InitStructure.GPIO_Pin=GPIO_Pin_9;              //PA9 作为数据发送端 TX
 GPIO_InitStructure.GPIO_Speed=GPIO_Speed_50 MHz;
 GPIO_InitStructure.GPIO_Mode=GPIO_Mode_AF_PP;
 GPIO_Init(GPIOA,&GPIO_InitStructure);
 //设置串口 1 的接收引脚
 GPIO_InitStructure.GPIO_Pin=GPIO_Pin_10;             //PA10 作为数据接收端 RX
 GPIO_InitStructure.GPIO_Mode=GPIO_Mode_IN_FLOATING;
 GPIO_Init(GPIOA,&GPIO_InitStructure);

//串行口 1 工作参数设置
 USART_InitStructure.USART_BaudRate=9600;                              //波特率设置为 9600
 USART_InitStructure.USART_WordLength=USART_WordLength_8b;   //字长为 8 位
 USART_InitStructure.USART_StopBits=USART_StopBits_1;               //1 位停止位
 USART_InitStructure.USART_Parity=USART_Parity_No;                  //无奇偶校验
//流控制禁止
 USART_InitStructure.USART_HardwareFlowControl=USART_HardwareFlowControl_None;
 USART_InitStructure.USART_Mode=USART_Mode_Rx|USART_Mode_Tx;
```

```
//按照串口初始化结构体参数进行串行口设置
USART_Init(USART1,&USART_InitStructure);
//使能串行口 1 工作
USART_Cmd(USART1, ENABLE);
//清除串行口 1 的待处理标志位
USART_ClearFlag(USART1,USART_FLAG_TC);
}
```

在 printf.c 文件中首先定义了 fputc 函数，在该函数中通过调用串行口发送函数将待发送的字符 ch 由 USART1 发送出去，这实际上是实现 printf 函数的关键。在 fputc 函数中还可以指定其他的串行口进行数据发送。由于这里指定使用 USART1，因此必须对 USART1 进行初始化，printf_init 就是对 USART1 进行初始化的函数。在 printf_init 函数中，首先，对串行口 1 使用到的 I/O 口进行配置(使能对应的 GPIOA 时钟，设置 PA9 和 PA10 的工作模式)；其次，对 USART1 的工作参数进行设定，使能串行口工作，为数据的发送做好准备。

在 printf.h 头文件中对 fputc 和 pintf_init 两个函数进行了声明。printf.h 头文件的内容如下：

```
#ifndef _printf_H
#define _printf_H
#include "stm32f10x.h"
#include "stdio.h"
int fputc(int ch,FILE *p);
void printf_init(void);
#endif
```

systick.c 文件中定义了两个 SysTick 的定时函数，通过调用这些定时函数实现时间控制。systick.c 文件的内容如下：

```
#include "systick.h"
/*******************************************************************
* 函数：delay_us
* 函数功能：用于定时若干微秒的函数
* 说明：通过参数 i 指定需要定时的微秒数
*******************************************************************/
void delay_us(u32 i)
{
  u32 temp;
  SysTick->LOAD=9*i;          //设置重装数值，系统时钟为 72 MHz
  SysTick->CTRL=0x01;         //选择外部时钟源，计数器中断禁止，使能计数
  SysTick->VAL=0;             //清零计数器
```

```
    do{
        temp=SysTick->CTRL;              //读取当前倒计数值
      }while((temp&0x01)&&(!(temp&(1<<16))));      //等待时间到达
  SysTick->CTRL=0;                        //关闭计数器
  SysTick->VAL=0;                         //清空计数器
}

/***********************************************************
* 函数：delay_ms
* 函数功能描述：延时若干毫秒的定时函数
* 说明：参数 i 用于指定延时的毫秒数
***********************************************************/
void delay_ms(u32 i)
{
  u32 temp;
  SysTick->LOAD=9000*i;                   //设置重装数值, 系统时钟为 72 MHz
  SysTick->CTRL=0x01;                     //采用外部时钟源，中断禁止，使能计数
  SysTick->VAL=0;                         //清零计数器
   do{
        temp=SysTick->CTRL;              //读取当前倒计数值
      }while((temp&0x01)&&(!(temp&(1<<16))));      //等待时间到达
  SysTick->CTRL=0;                        //关闭计数器
  SysTick->VAL=0;                         //清空计数器
}
```

在 main.c 文件中，首先，调用 ADC 的初始化函数实现 ADC1 的初始化，调用 printf_init 函数实现对 USART1 的初始化；然后，通过软件触发进行 A/D 转换，为提高转换的稳定性，对转换值取平均值，每 10 次将转换的值进行平均；最后，将转换结果折算成电压值，并调用 printf 函数，通过 USART1 将转换结果发送到计算机进行显示。为了便于结果的观察，通过延时函数使每次转换结果显示一段时间再进行下一次采样转换，并不断循环。main.c 文件的内容如下：

```
#include "printf.h"
#include "adc.h"
#include "systick.h"
int main()
{
  u32 ADC_CH1_Value=0;
  u8 i;
  ADC1_Init();                //ADC1 初始化
```

```
    printf_init();              //printf 初始化
    while(1)
     {
      ADC_CH1_Value=0;
      //每 10 次的 A/D 转换值累加
      for(i=0;i<10;i++)
      {
           //通过软件触发对模拟通道 0 进行转换
           ADC_SoftwareStartConvCmd(ADC1, ENABLE);
           while(!ADC_GetFlagStatus(ADC1,ADC_FLAG_EOC));
           ADC_CH1_Value=ADC_CH1_Value+ADC_GetConversionValue(ADC1);
      }
      //求 10 次 A/D 转换的平均值
      ADC_CH1_Value=ADC_CH1_Value/10;
      //通过 printf 函数显示转换结果
      printf("ADC_CH1_Value = %.3fV\n",ADC_CH1_Value*3.3/4096);
      delay_ms(500);          //延时 0.5 秒
    }
}
```

工程编译、链接生成可执行的目标代码，下载目标代码到目标板。通过计算机的 USB 转串口模块连接目标板的串行口 1，并在计算机上运行串行口调试软件，运行目标板上的测试代码，在串口调试软件窗口显示转换结果，该结果每 0.5 s 增加一行。这里要注意计算机与目标板串行通信的参数应一致。图 8-19 所示为串口调试软件窗口显示的 A/D 转换结果。

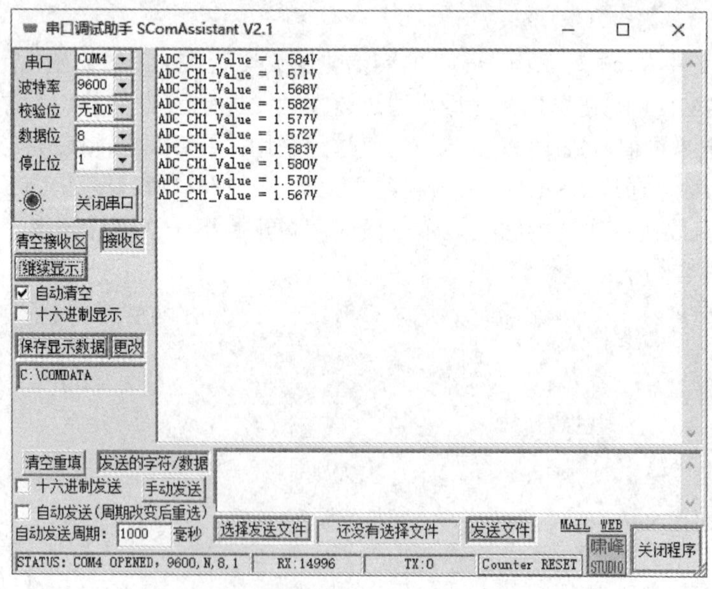

图 8-19　单路 A/D 转换结果显示

在上面的实例中，由于连续转换模式被禁止，每次通过软件使能 A/D 转换器只能转换 1 次，这实际上增加了 CPU 的负担。可以在 ADC 初始化时使能连续转换，修改 ADC1_Init 函数，将 ADC_InitStructure.ADC_ContinuousConvMode 的值修改为 ENABLE，即

```
ADC_InitStructure.ADC_ContinuousConvMode = ENABLE;   //连续转换模式使能
```

在主程序中可修改 while 循环转换程序：

```
while(1)
{
    ADC_CH1_Value=0;
    ADC_SoftwareStartConvCmd(ADC1, ENABLE);
    //每 10 次的 A/D 转换值累加
    for(i=0;i<10;i++)
    {
        while(!ADC_GetFlagStatus(ADC1,ADC_FLAG_EOC));
        ADC_CH1_Value=ADC_CH1_Value+ADC_GetConversionValue(ADC1);
    }
    ADC_SoftwareStartConvCmd(ADC1, DISABLE);
    //求 10 次 A/D 转换的平均值
    ADC_CH1_Value=ADC_CH1_Value/10;
    //通过 printf 函数显示转换结果
    printf("ADC_CH1_Value = %.3fV\n",ADC_CH1_Value*3.3/4096);
    delay_ms(500);
}
```

在连续转换模式下每 10 次转换只需通过软件启动一次，一旦启动，A/D 转换器会连续不断地重复对选定的单通道信号进行转换，相较于单次转换更为方便。在上面的 for 循环结束后，通过软件可设置 A/D 转换器停止，直到下次转换时再打开。

8.3.2　双路 A/D 转换器编程实例

对多路模拟信号进行采样转换也是应用中常见的情况。实现多路转换的途径有多种。例如，可以通过不同的 ADC 对不同的模拟信号进行转换(这要求片内有足够多的 ADC 资源)，也可以使用一个 ADC 分别对不同的模拟信号进行转换(这相当于多路模拟信号共享一个 ADC，ADC 通过分时复用的方式为各路模拟信号提供转换服务)。在能够满足转换速率的情况下，多通过共享 ADC 的形式实现转换。下面假设要对两路模拟信号进行等速率的转换，我们可通过规则通道的间断转换模式实现两路信号的交替转换。

该测试工程可通过对 8.3.1 节单路 A/D 转换器编程实例进行改造实现。在单路 A/D 转换器编程实例的基础上增加一路外部的输入信号，选择模拟通道 1，在 STM32F103C8T6 芯片上对应的引脚为 PA1，同单路 A/D 转换器编程实例一样，通过目标板上的串行口与计算机的虚拟串口通信，实现转换结果的显示。图 8-20 所示为双路 A/D 转换测试系统示意图。

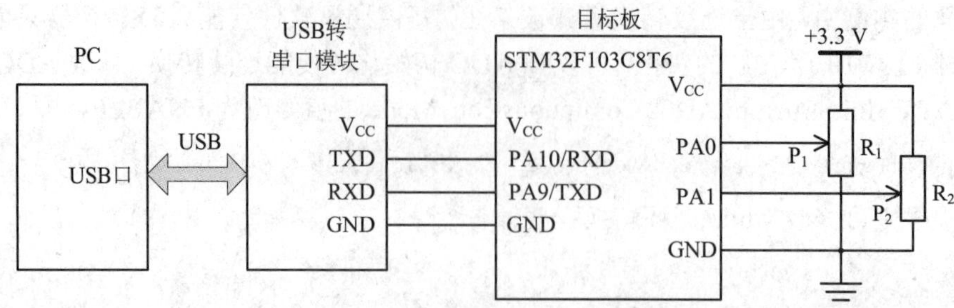

图 8-20　双路 A/D 转换测试系统示意图

测试工程的项目文件结构、运行环境及工程选项配置与单路 A/D 转换器编程实例完全相同，只需要对 adc.c 文件中 ADC1_Init 函数和主函数进行修改即可实现对双路模拟信号的转换及结果显示。在 ADC1_Init 函数中，首先需要对 PA0 和 PA1 两路模拟信号输入的引脚进行配置；其次，配置 ADC1 为独立工作模式、禁止连续转换和扫描转换模式，模拟通道数为 2 个，设置 ADC1 每次间断转换的通道数为 1，并使能 ADC1 的间断转换；最后，分别配置两路待转换的模拟信号在规则通道中的转换顺序及采样时间；其余工作与单路 A/D 转换器编程实例基本相同。

本实例中 ADC1_Init 函数的实现代码如下：

```
void ADC1_Init()
{
  GPIO_InitTypeDef GPIO_InitStructure;
  ADC_InitTypeDef ADC_InitStructure;
  RCC_APB2PeriphClockCmd(RCC_APB2Periph_GPIOA|RCC_APB2Periph_ADC1,ENABLE);
  RCC_ADCCLKConfig(RCC_PCLK2_Div6);

  GPIO_InitStructure.GPIO_Pin=GPIO_Pin_0|GPIO_Pin_1;     //选择模拟通道 0 和 1
  GPIO_InitStructure.GPIO_Mode=GPIO_Mode_AIN;
  GPIO_InitStructure.GPIO_Speed=GPIO_Speed_50 MHz;
  //对 A/D 转换器的模拟信号输入引脚进行初始化
  GPIO_Init(GPIOA,&GPIO_InitStructure);
  ADC_DeInit(ADC1);
  //设置 ADC 初始化结构体成员变量
  ADC_InitStructure.ADC_Mode = ADC_Mode_Independent;            //ADC 独立工作模式
  ADC_InitStructure.ADC_ScanConvMode = DISABLE;                 //扫描转换模式禁止
  ADC_InitStructure.ADC_ContinuousConvMode = DISABLE;           //连续转换模式禁止
  ADC_InitStructure.ADC_ExternalTrigConv = ADC_ExternalTrigConv_None;  //外部触发禁止
  ADC_InitStructure.ADC_DataAlign = ADC_DataAlign_Right;        //转换结果右对齐
  ADC_InitStructure.ADC_NbrOfChannel = 2;                       //转换的模拟通道数为 2
  //按照 ADC 初始化结构体对 ADC1 进行初始化
  ADC_Init(ADC1, &ADC_InitStructure);
```

```
    //配置间断模式 ADC1 每次触发转换的模拟通道数为 1
    ADC_DiscModeChannelCountConfig(ADC1, 1);
    //使能 ADC1 间断模式
    ADC_DiscModeCmd(ADC1, ENABLE);

    //指定 ADC1 的规则组通道，设置它们的转换顺序和采样时间
    ADC_RegularChannelConfig(ADC1,ADC_Channel_0,1,ADC_SampleTime_239Cycles5);
    ADC_RegularChannelConfig(ADC1,ADC_Channel_1,2,ADC_SampleTime_239Cycles5);

    ADC_Cmd(ADC1,ENABLE);
    ADC_ResetCalibration(ADC1);          //复位 ADC1 的校准寄存器
    while(ADC_GetResetCalibrationStatus(ADC1));          //等待校准寄存器复位完成
    ADC_StartCalibration(ADC1);          //启动 ADC1 的校准
    while(ADC_GetCalibrationStatus(ADC1));               //等待 ADC1 校准完成
    ADC_SoftwareStartConvCmd(ADC1, ENABLE);          //使能 ADC1 的软件启动功能
}
```

在主函数中，每次通过软件触发规则通道组进行转换，由于设置间断转换每次触发转换的模拟通道数为 1，因此仅对 1 路模拟信号进行转换，转换完毕置位 EOC 标志，可作为读取转换结果的标志。这样一来，连续触发两次即可对 PA0 和 PA1 输入的模拟信号转换一遍。为提高转换的稳定性，每次连续对每路信号转换 10 次，将转换结果平均，再将转换结果换算为对应的电压值进行显示。主函数的实现代码如下：

```
int main()
{
    u32 ADC_CH1_Value=0;
    u32 ADC_CH2_Value=0;
    u8 i;
    ADC1_Init();  //ADC1 初始化
    printf_init();    //printf 初始化
    while(1)
    {
        ADC_CH1_Value=0;
        ADC_CH2_Value=0;
        //每 10 次的 A/D 转换值累加
        for(i=0;i<10;i++)
        {
            //通过软件触发对模拟通道 0 进行转换
            ADC_SoftwareStartConvCmd(ADC1, ENABLE);
            while(!ADC_GetFlagStatus(ADC1,ADC_FLAG_EOC));
```

```
        ADC_CH1_Value=ADC_CH1_Value+ADC_GetConversionValue(ADC1);
        //通过软件触发对模拟通道 1 进行转换
        ADC_SoftwareStartConvCmd(ADC1, ENABLE);
        while(!ADC_GetFlagStatus(ADC1,ADC_FLAG_EOC));
        ADC_CH2_Value=ADC_CH2_Value+ADC_GetConversionValue(ADC1);
      }
      //求每个通道 10 次 A/D 转换的平均值
      ADC_CH1_Value=ADC_CH1_Value/10;
      ADC_CH2_Value=ADC_CH2_Value/10;
      //通过 printf 函数显示转换结果
      printf("ADC_CH1_Value = %.3fV       ",ADC_CH1_Value*3.3/4096);
      printf("ADC_CH2_Value = %.3fV\n",ADC_CH2_Value*3.3/4096);
      delay_ms(1000);
    }
}
```

对于规则通道，利用间断转换模式对多个模拟信号进行转换。如果设置每次触发转换的通道数大于 1，当 EOC 置位时，A/D 转换器的数据寄存器中存储的是最后被转换的模拟通道的转换结果，此时则无法通过软件查询 EOC 或 EOC 中断的方式读取各个通道的转换结果。也就是说，可以设置间断转换模式，并且使每次触发时转换的通道数为 1，通过逐次触发，对规则通道组的各路信号进行转换，然后通过查询 EOC 或使能中断的方式读取转换结果。

编译、链接，生成可执行的目标代码，并下载到目标板进行测试，通过计算机的串口调试软件窗口观测转换结果，从而验证程序的正确性。图 8-21 所示为串口调试软件窗口显示的转换结果。

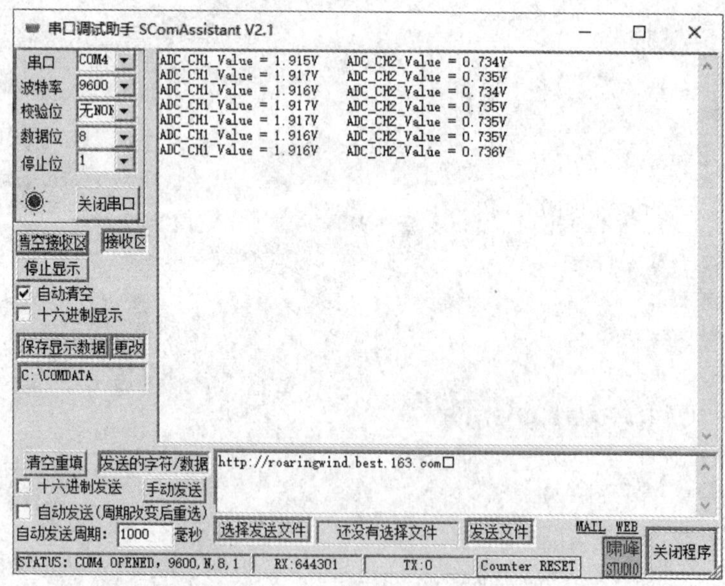

图 8-21　双路 A/D 转换结果显示

注入通道具有 4 个数据寄存器，通过注入通道实现不超过 4 路的模拟信号转换实际上更为方便。通过 DMA 实现 A/D 转换结果的存储是实现多通道连续转换的必由之路，对于这部分的应用，读者可以查阅相关资料，这里不再赘述。

思考题与习题 8

1. 简述 STM32F10xxx 系列处理器内部 A/D 转换器的基本特性。
2. 简述 STM32F10xxx 系列处理器内部 A/D 转换器的基本结构组成。
3. 如何配置 STM32 芯片内部 ADC 工作时的时钟？需要注意什么问题？
4. STM32 芯片内部 ADC 的注入通道和规则通道有什么异同？
5. 以 ADC1 为例，说明其规则通道外部触发信号有哪些。
6. 以 ADC1 为例，说明其注入通道外部触发信号有哪些。
7. 什么是 ADC 的独立工作模式？什么是双 ADC 工作模式？
8. 在独立工作模式下，简述连续转换和扫描转换各表示的含义。
9. 什么是间断转换模式？举例说明规则通道间断转换模式的工作过程。
10. 简述注入通道与规则通道数据寄存器的组成。
11. 双 ADC 工作模式下包含哪些具体的模式？请简述各模式。
12. 模拟看门狗有何作用？如何使用？
13. STM32 芯片内部 ADC 使用前为什么要进行校准？如何实现校准？
14. 选择使用 ADC1 实现对模拟通道 2 输入的信号进行 A/D 转换，转换结果通过计算机的串口调试软件显示，请编程加以实现。
15. 编程实现对内部的温度信号进行采样，将转换结果通过 LED 显示器显示出来，并设计接口电路。

第 9 章　D/A 转换器

D/A 转换器(DAC)是实现数字量到模拟量转换的数模混合电路。计算机是数字电子系统，无法直接产生模拟信号，当需要产生模拟信号时，计算机必须借助 D/A 转换器来产生模拟信号。在 STM32F10xxx 系列芯片中集成的 D/A 转换器可实现具有 D/A 转换需求的应用。

9.1　STM32F10xxx 系列 D/A 转换器基础

高密度的 STM32F103xx 系列处理器片内集成的 D/A 转换模块含有 2 个 12 位 D/A 转换器，每个 D/A 转换器可以工作于 12 位或 8 位的转换模式，可以用来产生噪声信号或三角波信号，支持外部触发和 DMA 方式传输数据，2 个 D/A 转换器还可以工作于双 DAC 模式，从而进行同步转换。

9.1.1　D/A 转换器的基本特性

STM32F103xx 系列芯片的 D/A 转换器具有的基本特性如下：

(1) 具有最高 12 位的分辨率，可工作于 12 位或 8 位的转换模式。

(2) 输出模拟信号为单极性信号。

(3) 支持噪声信号生成模式，可方便地产生所需的噪声信号。

(4) 支持三角波生成模式，可方便地产生所需的三角波信号。

(5) 支持无触发启动转换或由外部触发信号启动转换。

(6) 支持 DMA 方式。在 DMA 模式下，由 DMA 控制器负责转换数据的加载，从而使 CPU 效率得以提升。

(7) 2 个通道 D/A 转换器可以彼此独立工作，也可以在双 DAC 工作模式下同步转换。

(8) 支持外部基准电压的输入。

9.1.2　D/A 转换器的结构与原理

STM32F103xx 系列处理器内部 D/A 转换模块含 2 个 D/A 转换器，通常也称为 2 个 D/A 转换通道，每个 D/A 转换器的内部结构如图 9-1 所示。图 9-1 中，寄存器或信号名的后缀 x 表示 2 个 D/A 转换器的对应寄存器或信号，x 为 1 表示 DAC1，x 为 2 表示 DAC2。

由图 9-1 可以看出每个 DAC 主要由数据保持寄存器(DHR)、数据输出寄存器

(DOR)、数模转换器(DAC)、控制寄存器(DAC_CR)、控制逻辑和触发信号多路选通控制等部分组成。

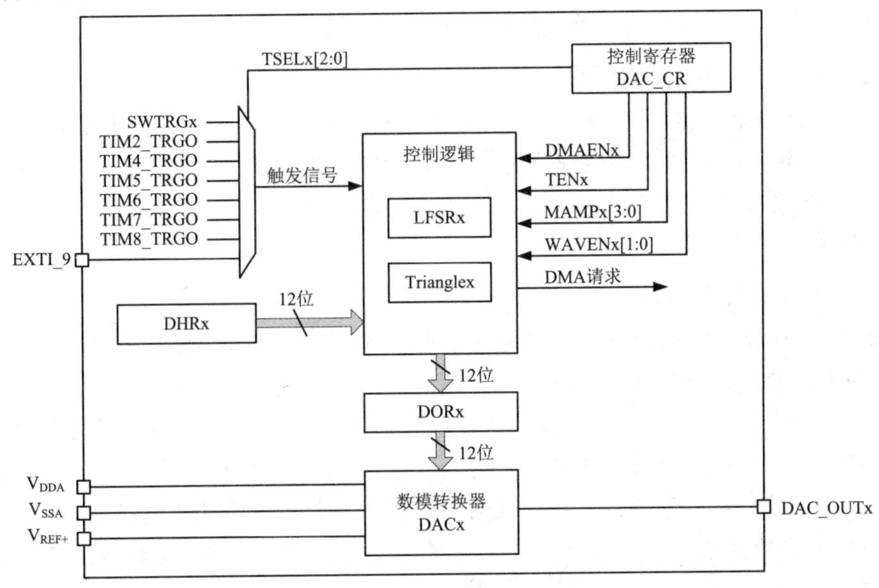

图 9-1　DACx 内部结构框图

1. 数据保持寄存器(DHR)

用户无法直接将待转换数据送到 DAC 的数据输出寄存器(DOR)，需要进行 D/A 转换的数据须先装入数据保持寄存器(DHR)。在外部触发禁止的情况下，装入数据保持寄存器(DHR)的数据会在 1 个 APB1 时钟周期后自动写入 DOR；在外部触发使能的情况下，当触发信号到来时，DHR 中的数据会在 3 个 APB1 时钟周期完成向 DOR 的加载。

2. 数据输出寄存器(DOR)

在 D/A 转换器使能的情况下，数据一旦加载到数据输出寄存器(DOR)，数模转换器(DAC)即对 DOR 中的数据进行转换，因此，DOR 是直接向 DAC 提供转换数据的寄存器。任何需要实现 D/A 转换的数据最终都必须通过 DOR 实现转换。

3. 数模转换器(DAC)

数模转换器(DAC)的功能是将数字量转换为模拟量，通过该 DAC 将 DOR 输出的数字量转换为电压信号。引脚 V_{DDA} 和 V_{SSA} 分别为 DAC 供电的电源端和电源地端，引脚 V_{REF+} 为 DAC 参考电源的输入端，为提高转换的精度，要求模拟部分的供电和参考电源要稳定。引脚 DAC_OUT 为 DAC 的输出信号端子，DAC1 对应的输出端子为 PA4，DAC2 对应的输出端子为 PA5。当参考电源电压为 V_{REF}，DOR 中的数据为 D 时，输出的模拟电压信号的幅值为

$$V_{out} = \frac{D}{4095} \times V_{REF} \tag{9-1}$$

由式(9-1)可以看出，D/A 转换器输出信号为单极性电压信号，其幅值与 DAC 的输入数字量 D 成正比。

每个 DAC 的输出通道具有驱动模块，通过驱动模块可以降低 DAC 的输出电阻，提高

驱动电流，但是驱动模块会对输出电压的幅度造成影响，由于输出驱动器工作于单电源模式，不能提供轨到轨的输出电压，这会使得 DAC 在输出接近 0 V 和 V_{REF} 的电压时幅度受到影响。用户应该根据实际的需要选择是否使用输出驱动模块。

4. 控制寄存器(DAC_CR)和控制逻辑

控制寄存器(DAC_CR)用于 2 个 DAC 的工作模式及运行控制，包括 DAC 的波形控制、幅度控制、DMA 使能控制、外触发使能控制及触发信号源的选择控制等；控制逻辑用于实现由控制寄存器设置的控制意图，包括产生正常的 D/A 转换、产生幅度可控的噪声信号和产生幅度可控的三角波信号等。

5. 触发信号及其选通控制

在 DAC 转换使能的情况下，要完成一次 D/A 转换，需要将 DHR 的待转换数据加载到 DOR 中去，实现这一加载过程的方式有两种。其一，禁止外部触发方式，此时相当于无触发方式。在该方式下，CPU 一旦将待转换的数据加载到 DHR，在 1 个 APB1 时钟周期后，DHR 中的数据自动写入 DOR，这就相当于写 DHR 自动触发转换数据向 DOR 进行加载。其二，使能外部触发方式，此时 DAC 的触发由外部选择的信号控制。当触发信号有效时，DHR 的数据会在 3 个 APB1 时钟周期完成向 DOR 的加载。在外触发使能的情况下，外部触发信号源可通过 DAC_CR 进行设置。

9.1.3 DAC 独立工作模式

STM32 的 D/A 转换模块含 2 个 DAC，这两个 DAC 可以彼此完全独立地进行工作，此时，每个 DAC 可独立地设置波形生成方式、触发方式及触发信号源等信息，每个 DAC 具有相互独立的数据保持寄存器，可设置数据寄存器的位数及数据的对齐方式。

1. 数据位数及对齐方式

每个 DAC 可工作在 8 位或 12 位的转换模式下，在 8 位模式下数据只能采用右对齐，在 12 位模式下数据可采用右对齐或左对齐。为了使待转换的数据可以准确地写入对应通道的数据保持寄存器(DHR)中，这里为每一种数据对齐方式设置了彼此独立的窗口寄存器，通过这些寄存器实际上访问的是 DHR。

➢ 8 位数据右对齐：在 8 位数据转换模式下，在写入 DHR 时只写入 DHR[11:4]，DHR[3:0]保持为 0，这相当于 12 位的 D/A 转换器，低 4 位始终为 0，只设置高 8 位进行转换。为了将待转换的数据写入 DHR[11:4]，设置 DAC_DHR8Rx 寄存器，用户将待转换的数据写入该寄存器的 DAC_DHR8Rx[7:0]，实际上即写入 DHR[11:4]。

➢ 12 位数据右对齐：在该模式下，设置窗口寄存器 DAC_DHR12Rx，用户将待转换的数据写入 DAC_DHR12Rx[11:0]，实际上写入对应通道 DHR[11:0]。

➢ 12 位数据左对齐：在该模式下，设置窗口寄存器 DAC_DHR12Lx，用户将待转换的数据写入 DAC_DHR12Lx[15:4]，实际上写入对应通道 DHR[11:0]。

2. 波形生成模式

每个 DAC 具有 3 种波形产生模式，可通过 DAC_CR 寄存器进行设置，这 3 种波形产生模式分别为无波形生成模式、噪声生成模式和三角波生成模式。

➢ 无波形生成模式。在该模式下，DAC 产生的输出信号的波形完全由用户数据决定，控制逻辑电路在每次转换时只是将 DHR 的数据加载到 DOR 进行转换。

➢ 噪声生成模式。在该模式下，DAC 控制逻辑利用线性反馈移位寄存器(Linear Feedback Shift Register，LFSR)产生伪噪声信号，噪声信号的幅度可通过 DAC_CR 进行设置。要产生噪声信号，必须使能 DAC 外部触发，并设置触发信号源。当触发信号有效时，按照一定控制算法产生的 LFSR 的值与 DHR 的值相加，去掉溢出位的值，传送至 DOR 进行转换，从而输出噪声信号。这里要说明的是：用户可以控制 DHR 的值按照一定规律变化，例如，按照正弦波规律变化，此时，输出的信号是在正弦信号的波形上叠加上噪声信号，如果仅产生纯噪声信号，则可保持 DHR 的值不变。

➢ 三角波生成模式。在该模式下，可在一个直流信号或者一个缓慢变化的信号上叠加一个幅度可控的三角波信号，三角波信号的幅度可通过 DAC_CR 进行设置。与噪声信号类似，需要使能外触发并设置触发信号源才能实现三角波信号的产生。实际上，三角波信号是在控制逻辑内部的三角波计数器控制下实现三角波幅值交替上升、下降变化的。在每次触发信号有效，三角波的幅度递增时，三角波计数器加 1，而当三角波的幅度递减时，三角波计数器减 1；之后，将 DHR 和三角波计数器的数据相加，去掉溢出位，送 DOR 进行转换。

3. DMA 模式

STM32 的 2 个 DAC 通道均支持 DMA 模式，DAC1 使用 DMA2 通道 3，DAC2 使用 DMA2 通道 5。通过 DAC_CR 使能 DMA 请求时，每当 DAC 的外部触发有效，即产生一次 DMA 请求，DMA 控制器从内存单元向 DHR 加载数据，然后 DHR 的数据被传输到 DOR，从而实现转换。通过 DMA 模式实现转换可以提高 CPU 的效率。

9.1.4　双 DAC 工作模式

所谓双 DAC 工作模式，是指在需要两个 DAC 同时工作的情况下，通过一组窗口寄存器同时对两个 DAC 进行操作，从而提高操作效率和总线利用率的工作模式。

1. 输入窗口寄存器

在双 DAC 工作模式下设置的这一组公用的窗口寄存器为 DAC_DHR8RD、DAC_DHR12LD 和 DAC_DHR12RD，分别用于双 DAC 工作模式下不同位数及不同数据对齐模式下的 D/A 转换数据加载。工作于双 DAC 工作模式下的两个 DAC 必须具有相同的位数和数据对齐方式。

➢ DAC_DHR8RD 寄存器：当两个 DAC 同时工作于 8 位模式时，数据只能采用右对齐，DAC1 和 DAC2 两个通道的待转换数据需要分别写入 DAC_DHR8RD[7:0]和 DAC_DHR8RD[15:8]，实际上 DAC1 和 DAC2 两个通道的数据被分别写入 DHR1[11:4]和 DHR2[11:4]。

➢ DAC_DHR12LD 寄存器：当两个 DAC 工作于 12 位左对齐模式时，DAC1 和 DAC2 两个通道的待转换的数据需要分别写入 DAC_DHR12LD[15:4]和 DAC_DHR12LD[31:20]，实际上 DAC1 和 DAC2 两个通道的数据被分别写入 DHR1[11:0]和 DHR2[11:0]。

➢ DAC_DHR12RD 寄存器：当两个 DAC 工作于 12 位右对齐模式时，DAC1 和 DAC2 两个通道的待转换的数据需要分别写入 DAC_DHR12RD [11:0]和 DAC_DHR12RD[27:16]，实际上 DAC1 和 DAC2 两个通道的数据被分别写入 DHR1[11:0]和 DHR2[11:0]。

2. 触发方式与触发源

在双 DAC 工作模式下，两个 DAC 的外部触发方式要么同时禁止，要么同时使能。当外触发同时禁止时，软件写入 DHR 立即触发从 DHR 向 DOR 的数据加载，随后即开始进行转换。在外部触发使能的情况下，两个 DAC 的触发信号源可以分别进行设置，可设置为不同的触发源，也可以设置为同一个触发源。当触发源不同时，若某个通道的触发信号有效，则该通道对应的 DHR 的内容加载到 DOR 进行转换，即各通道的触发转换分别受控于各自对应的触发源。当两个通道的外触发信号源相同时，一旦触发信号有效，两个通道就同时进行转换，这样可以实现两个通道输出信号的严格同步。

3. 输出波形与幅度控制

在双 DAC 工作模式下，两个 DAC 通道的输出波形可分别设置，可设置为相同的波形产生模式，也可以不同；每个 DAC 通道在噪声生成模式和三角波生成模式下的幅值可以分别设置，可以设置为不同或相同。

9.1.5　D/A 转换器的相关寄存器

D/A 转换器的操作是通过其相关的寄存器实现的，STM32F103xx 系列处理器内部的 DAC 模块相关寄存器的映射地址为 0x4000 7400～0x4000 7FFF，占用 1 KB 存储空间。表 9-1 所示为 DAC 的相关寄存器表。

表 9-1　DAC 的相关寄存器表

序号	寄存器名称	说　明	地址偏移
1	DAC_CR	DAC 控制寄存器	0x00
2	ADC_SWTRIGR	DAC 软件触发寄存器	0x04
3	DAC_DHR12R1	DAC1 12 位右对齐数据保持寄存器	0x08
4	DAC_DHR12L1	DAC1 12 位左对齐数据保持寄存器	0x0C
5	DAC_DHR8R1	DAC1 8 位右对齐数据保持寄存器	0x10
6	DAC_DHR12R2	DAC2 12 位右对齐数据保持寄存器	0x14
7	DAC_DHR12L2	DAC2 12 位左对齐数据保持寄存器	0x18
8	DAC_DHR8R2	DAC2 8 位右对齐数据保持寄存器	0x1C
9	DAC_DHR12RD	双 DAC 12 位右对齐数据保持寄存器	0x20
10	DAC_DHR12LD	双 DAC 12 位左对齐数据保持寄存器	0x24
11	DAC_DHR8RD	双 DAC 8 位右对齐数据保持寄存器	0x28
12	DAC_DOR1	DAC1 数据输出寄存器	0x2C
13	DAC_DOR2	DAC2 数据输出寄存器	0x30

下面对 DAC 相关的寄存器进行介绍。

1. DAC 控制寄存器(DAC_CR)

DAC 控制寄存器的结构图如图 9-2 所示。

31	30	29	28	27	26	25	24	23	22	21	20	19	18	17	16
Reserved			DMAEN2	MAMP2[3:0]				WAVE2[1:0]		TSEL2[2:0]			TEN2	BOFF2	EN2
			rw	rw	rw	rw	rw	rw	rw	rw	rw	rw	rw	rw	rw
15	14	13	12	11	10	9	8	7	6	5	4	3	2	1	0
Reserved			DMAEN1	MAMP1[3:0]				WAVE1[1:0]		TSEL1[2:0]			TEN1	BOFF1	EN1
			rw	rw	rw	rw	rw	rw	rw	rw	rw	rw	rw	rw	rw

图 9-2　DAC 控制寄存器的结构图

该寄存器可分为高 16 位和低 16 位，其中，低 16 位用于 DAC1 的设置，高 16 位用于 DAC2 的设置，两个通道设置寄存器的结构及定义方法相同，因此这里仅介绍 DAC1 对应的低 16 位的相关设置。

➢ EN1：DAC1 使能控制位 (DAC Channel1 Enable)。高电平有效使能转换，低电平时 DAC1 禁止转换。

➢ BOFF1：DAC1 通道输出缓冲禁止位(DAC Channel1 Output Buffer Disable)。该位置 1，表示关闭 DAC1 输出通道驱动器；该位清零，表示 DAC1 输出驱动使能。

➢ TEN1：DAC1 触发使能控制位(DAC Channel1 Trigger Enable)。该位为 1，使能 DAC1 外部触发；该位为 0，禁止 DAC1 外部触发。

➢ TSEL1[2:0]：DAC1 触发信号选择位组(DAC Channel1 Trigger Selection)。该位组的设置值与所对应的触发信号的关系如表 9-2。

表 9-2　TSEL1[2:0]设置表

序号	TSEL[2:0]	触 发 信 号
1	000	TIM6 TRGO 事件
2	001	TIM8 TRGO 事件
3	010	TIM7 TRGO 事件
4	011	TIM5 TRGO 事件
5	100	TIM2 TRGO 事件
6	101	TIM4 TRGO 事件
7	110	外部中断线 EXTI_9
8	111	软件触发

➢ WAVE1[1:0]：DAC1 波形生成使能控制位组(DAC Channel1 Noise/Triangle Wave Generation Enable)。该位组的有效组合有 3 种情况，具体如下：

WAVE1[1:0]为 00：关闭波形发生器，输出信号的波形完全由 DHR 中的待转换数据决定。

WAVE1[1:0]为 01：使能噪声发生器，在控制逻辑控制下产生伪噪声信号。

WAVE1[1:0]为 10 或 11：使能三角波发生器，在控制逻辑的控制下产生三角波信号。

➢ MAMP1[3:0]：DAC1 屏蔽/幅值选择器位组(DAC Channel1 Mask/Amplitude Selector)。该位组的设置仅在噪声发生器或三角波发生器使能的情况下有效。在噪声发生器使能的情况下，该位设置值用于控制 LSFR 屏蔽的位组，从而控制输出噪声的幅度；在三角波发生器使能的情况下，该位组的设置值用于控制输出的三角波的幅度大小。MAMP1[3:0]的设置情况如表 9-3 所示。

表 9-3　MAMP1[3:0]的设置情况表

序号	MAMP[3:0]	噪声发生器	三角波发生器
1	0000	不屏蔽 LSFR 位 0	三角波幅值为 1
2	0001	不屏蔽 LSFR 位[1:0]	三角波幅值为 3
3	0010	不屏蔽 LSFR 位[2:0]	三角波幅值为 7
4	0011	不屏蔽 LSFR 位[3:0]	三角波幅值为 15
5	0100	不屏蔽 LSFR 位[4:0]	三角波幅值为 31
6	0101	不屏蔽 LSFR 位[5:0]	三角波幅值为 63
7	0110	不屏蔽 LSFR 位[6:0]	三角波幅值为 127
8	0111	不屏蔽 LSFR 位[7:0]	三角波幅值为 255
9	1000	不屏蔽 LSFR 位[8:0]	三角波幅值为 511
10	1001	不屏蔽 LSFR 位[9:0]	三角波幅值为 1023
11	1010	不屏蔽 LSFR 位[10:0]	三角波幅值为 2047
12	1011～1111	不屏蔽 LSFR 位[11:0]	三角波幅值为 4095

➢ DMAEN1：DAC1 DMA 使能控制位 (DAC Channel1 DMA Enable)。该位为 1 时，DAC1 的 DMA 传输使能；该位为 0 时，DAC1 的 DMA 传输禁止。

2. DAC 软件触发寄存器(DAC_SWTRIGR)

DAC 软件触发寄存器的结构图如图 9-3 所示。

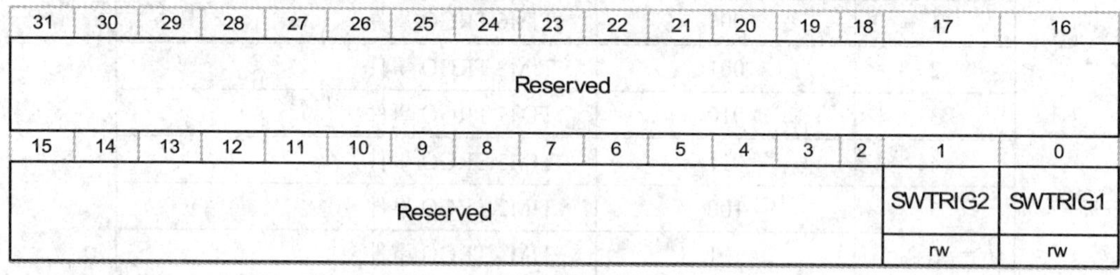

图 9-3　DAC 软件触发寄存器的结构图

该寄存器有定义的位只有 2 位，介绍如下：

➢ SWTRIG1：DAC1 软件触发位(DAC Channel1 Software Trigger)。该位为 1 时，使能软件触发，DHR1 寄存器的内容在该位置 1 后被自动加载到 DOR1 寄存器，并自动清除该位为 0；该位为 0 时，禁止软件触发。

➢ SWTRIG2：DAC2 软件触发位(DAC Channel2 Software Trigger)，设置方法同 SWTRIG1。

3. 单通道数据保持寄存器

在 DAC 独立操作时，每个 DAC 通道具有 3 个数据保持寄存器。对于 DAC1，对应的 3 个数据保持寄存器分别为 12 位右对齐数据保持寄存器 DAC_DHR12R1、12 位左对齐数据保持寄存器 DAC_DHR12L1 和 8 位右对齐数据保持寄存器 DAC_DHR8R1；对于 DAC2，对应的 3 个数据保持寄存器分别为 12 位右对齐数据保持寄存器 DAC_DHR12R2、12 位左对齐数据保持寄存器 DAC_DHR12L2 和 8 位右对齐数据保持寄存器 DAC_DHR8R2。在 8 位数据模式下，待转换的数据需要采用右对齐方式装入 DAC_DHR8Rx[7:0]；在 12 位左对齐模式下，待转换的数据需要装入 DAC_DHR12Lx[16:4]；在 12 位右对齐模式下，待转换的数据需要装入 DAC_DHR12Rx[11:0]。

4. 双 DAC 工作模式下的数据保持寄存器

在双 DAC 工作模式下，两个 D/A 转换通道共用一组数据保持寄存器(含 3 个寄存器)，它们是 12 位右对齐数据保持寄存器 DAC_DHR12RD、12 位左对齐数据保持寄存器 DAC_DHR12LD 及 8 位右对齐数据保持寄存器 DAC_DHR8RD。如图 9-4 所示为 12 位右对齐数据保持寄存器 DAC_DHR12RD 的结构图。

31	30	29	28	27	26	25	24	23	22	21	20	19	18	17	16
Reserved				DACC2DHR[11:0]											
				rw	rw	rw	rw	rw	rw	rw	rw	rw	rw	rw	rw
15	14	13	12	11	10	9	8	7	6	5	4	3	2	1	0
Reserved				DACC1DHR[11:0]											
				rw	rw	rw	rw	rw	rw	rw	rw	rw	rw	rw	rw

图 9-4　12 位右对齐数据保持寄存器 DAC_DHR12RD 的结构图

➢ DACC1DHR[11:0]：DAC1 的 12 位右对齐数据 (DAC Channel1 12-bit Right-aligned Data)，该位组用于装填 DAC1 的待转换数据。

➢ DACC2DHR[11:0]：DAC2 的 12 位右对齐数据 (DAC Channel2 12-bit Right-aligned Data)，该位组用于装填 DAC2 的待转换数据。

如图 9-5 所示为 12 位左对齐数据保持寄存器 DAC_DHR12LD 的结构图。

31	30	29	28	27	26	25	24	23	22	21	20	19	18	17	16
DACC2DHR[11:0]												Reserved			
rw	rw	rw	rw	rw	rw	rw	rw	rw	rw	rw	rw				
15	14	13	12	11	10	9	8	7	6	5	4	3	2	1	0
DACC1DHR[11:0]												Reserved			
rw	rw	rw	rw	rw	rw	rw	rw	rw	rw	rw	rw				

图 9-5　12 位左对齐数据保持寄存器 DAC_DHR12LD 的结构图

与 DAC_DHR12RD 寄存器相对比，在 DAC_DHR12LD 寄存器中两个 DAC 通道的待转换数据均靠左存储，其余相同。

如图 9-6 所示为 8 位右对齐数据保持寄存器 DAC_DHR8RD 的结构图。

31	30	29	28	27	26	25	24	23	22	21	20	19	18	17	16
Reserved															
15	14	13	12	11	10	9	8	7	6	5	4	3	2	1	0
DACC2DHR[7:0]								DACC1DHR[7:0]							
rw	rw	rw	rw	rw	rw	rw	rw	rw	rw	rw	rw	rw	rw	rw	rw

图 9-6　8 位右对齐数据保持寄存器 DAC_DHR8RD 的结构图

在该寄存器中，两通道的待转换数据分别存储在该寄存器低半字的低 8 位和高 8 位中。

5. DAC 数据输出寄存器

两个 DAC 转换器各有一个数据输出寄存器，分别为 DAC_DOR1 和 DAC_DOR2，它们分别为两个 DAC 提供转换数据，装入这两个寄存器的数据按照右对齐的方式存储。

9.2 D/A 转换器的操作库函数

9.2.1 D/A 转换器的操作库函数概述

为实现对 D/A 转换器的操作，ST 提供了一套 DAC 操作函数，通过这些函数可以方便地实现对 D/A 转换器的各种编程应用。表 9-4 所示为 ST 提供的标准外设库 v3.5 版本中定义的 DAC 操作库函数列表。

表 9-4　ST 在标准外设库 v3.5 版本中定义的 DAC 操作库函数

函　数	描　述
DAC_DeInit	复位 DAC 寄存器为缺省值
DAC_Init	对指定的 DAC 通道进行初始化
DAC_StructInit	设置 DAC_InitStruct 结构体指针指向的成员变量为缺省值
DAC_Cmd	使能或禁止指定的 DAC 通道的数模转换
DAC_DMACmd	使能或禁止指定的 DAC 通道的 DMA 请求
DAC_SoftwareTriggerCmd	使能或禁止指定的 DAC 通道的软件触发
DAC_DualSoftwareTriggerCmd	同时使能或禁止双 DAC 通道的软件触发
DAC_WaveGenerationCmd	使能或禁止指定 DAC 通道的波形发生器
DAC_SetChannel1Data	设置 DAC1 通道保持寄存器的数据
DAC_SetChannel2Data	设置 DAC2 通道保持寄存器的数据
DAC_SetDualChannelData	设置双 DAC 通道保持寄存器的数据
DAC_GetDataOutputValue	获取指定通道输出寄存器的数据

9.2.2 D/A转换器的操作库函数

为方便使用，下面对 D/A 转换器的操作库函数进行简要介绍。

1. 函数 DAC_DeInit

功能描述：实现 DAC 模块的复位，设置 DAC 模块相关寄存器为缺省值。

函数原型：

```
void DAC_DeInit(void);
```

2. 函数 DAC_Init

功能描述：对指定的 D/A 转换通道按照结构体 DAC_InitStruct 设置的参数进行初始化。

函数原型：

```
void DAC_Init(uint32_t DAC_Channel, DAC_InitTypeDef* DAC_InitStruct);
```

参数说明：DAC_Channel 用于指定 D/A 转换通道，设置为 DAC_Channel_1 指定 DAC1，设置为 DAC_Channel_2 指定 DAC2；DAC_InitStruct 是指向结构体 DAC_InitTypeDef 的指针。在结构体 DAC_InitTypeDef 中设置 DAC 的工作参数。DAC_InitTypeDef 结构体的定义如下：

```
typedef struct
{
  uint32_t   DAC_Trigger;
  uint32_t   DAC_WaveGeneration;
  uint32_t   DAC_LFSRUnmask_TriangleAmplitude;
  uint32_t   DAC_OutputBuffer;
}DAC_InitTypeDef;
```

结构体中各成员的作用如下：

➢ DAC_Trigger：用于设置指定 DAC 通道的触发方式，具体设置情况如表 9-5 所示。

表 9-5　DAC_Trigger 参数设置表

DAC_Trigger	触发方式
DAC_Trigger_None	无触发方式(禁止外部触发)
DAC_Trigger_T6_TRGO	TIM6 TRGO 事件触发
DAC_Trigger_T8_TRGO	TIM8 TRGO 事件触发
DAC_Trigger_T7_TRGO	TIM7 TRGO 事件触发
DAC_Trigger_T5_TRGO	TIM5 TRGO 事件触发
DAC_Trigger_T2_TRGO	TIM2 TRGO 事件触发
DAC_Trigger_T4_TRGO	TIM4 TRGO 事件触发
DAC_Trigger_Ext_IT9	外部中断线 EXTI_9 触发
DAC_Trigger_Software	软件触发

➢ DAC_WaveGeneration：用于设置 DAC 的波形生成方式，具体设置情况如表 9-6 所示。

表 9-6　DAC_WaveGeneration 参数设置表

DAC_WaveGeneration	波形生成方式
DAC_WaveGeneration_None	禁止波形发生器
DAC_WaveGeneration_Noise	噪声发生器方式
DAC_WaveGeneration_Triangle	三角波发生器方式

➢ DAC_LFSRUnmask_TriangleAmplitude：用于在噪声发生器或三角波发生器使能的情况下设置噪声信号或三角波信号的幅值，具体设置情况如表 9-7 所示。

➢ DAC_OutputBuffer：用于设置指定的 DAC 通道输出是否使能输出缓冲驱动器，当取值为 DAC_OutputBuffer_Enable 时缓冲器使能，取值为 DAC_OutputBuffer_Disable 时缓冲器被禁止。

表 9-7　DAC_LFSRUnmask_TriangleAmplitude 参数设置表

DAC_LFSRUnmask_TriangleAmplitude	说　明
DAC_LFSRUnmask_Bit0	噪声发生方式，不屏蔽 LFSR 寄存器的第 0 位
DAC_LFSRUnmask_Bits1_0	噪声发生方式，不屏蔽 LFSR[1:0]
DAC_LFSRUnmask_Bits2_0	噪声发生方式，不屏蔽 LFSR[2:0]
DAC_LFSRUnmask_Bits3_0	噪声发生方式，不屏蔽 LFSR[3:0]
DAC_LFSRUnmask_Bits4_0	噪声发生方式，不屏蔽 LFSR[4:0]
DAC_LFSRUnmask_Bits5_0	噪声发生方式，不屏蔽 LFSR[5:0]
DAC_LFSRUnmask_Bits6_0	噪声发生方式，不屏蔽 LFSR[6:0]
DAC_LFSRUnmask_Bits7_0	噪声发生方式，不屏蔽 LFSR[7:0]
DAC_LFSRUnmask_Bits8_0	噪声发生方式，不屏蔽 LFSR[8:0]
DAC_LFSRUnmask_Bits9_0	噪声发生方式，不屏蔽 LFSR[9:0]
DAC_LFSRUnmask_Bits10_0	噪声发生方式，不屏蔽 LFSR[10:0]
DAC_LFSRUnmask_Bits11_0	噪声发生方式，不屏蔽 LFSR[11:0]
DAC_TriangleAmplitude_1	三角波生成方式，幅值为 1
DAC_TriangleAmplitude_3	三角波生成方式，幅值为 3
DAC_TriangleAmplitude_5	三角波生成方式，幅值为 5
DAC_TriangleAmplitude_7	三角波生成方式，幅值为 7
DAC_TriangleAmplitude_15	三角波生成方式，幅值为 15
DAC_TriangleAmplitude_31	三角波生成方式，幅值为 31
DAC_TriangleAmplitude_63	三角波生成方式，幅值为 63
DAC_TriangleAmplitude_127	三角波生成方式，幅值为 127
DAC_TriangleAmplitude_255	三角波生成方式，幅值为 255
DAC_TriangleAmplitude_511	三角波生成方式，幅值为 511
DAC_TriangleAmplitude_1023	三角波生成方式，幅值为 1023
DAC_TriangleAmplitude_2047	三角波生成方式，幅值为 2047
DAC_TriangleAmplitude_4095	三角波生成方式，幅值为 4095

3. 函数 DAC_StructInit

功能描述：设置 DAC_InitStruct 结构体指针指向的成员变量为缺省值。

函数原型：

```
void DAC_StructInit(DAC_InitTypeDef* DAC_InitStruct);
```

参数说明：DAC_InitStruct 为指向 DAC_InitTypeDef 结构体的指针，该函数将各 DAC 设置为禁止波形发生(DAC_WaveGeneration_None)、禁止外部触发(DAC_Trigger_None)和

使能输出缓冲器(DAC_OutputBuffer_Enable)的工作模式。

4. 函数 DAC_Cmd

功能描述：使能或禁止指定的 DAC 通道的数模转换。

函数原型：

```
void DAC_Cmd(uint32_t DAC_Channel, FunctionalState NewState);
```

参数说明：DAC_Channel 用于指定 DAC 通道，可设置为 DAC_Channel_1 或 DAC_Channel_2；NewState 用于设置指定通道使能(ENABLE)或禁止(DISABLE)。

5. 函数 DAC_DMACmd

功能描述：使能或禁止指定的 DAC 通道的 DMA 请求。

函数原型：

```
void DAC_DMACmd(uint32_t DAC_Channel, FunctionalState NewState);
```

参数说明：DAC_Channel 用于指定 DAC 通道，可设置为 DAC_Channel_1 或 DAC_Channel_2；NewState 用于设置指定通道 DMA 使能(ENABLE)或禁止(DISABLE)。

6. 函数 DAC_SoftwareTriggerCmd

功能描述：使能或禁止指定的 DAC 通道的软件触发。

函数原型：

```
void DAC_SoftwareTriggerCmd(uint32_t DAC_Channel, FunctionalState NewState);
```

参数说明：DAC_Channel 用于指定 DAC 通道，可设置为 DAC_Channel_1 或 DAC_Channel_2；NewState 用于设置指定通道软件触发使能(ENABLE)或禁止(DISABLE)。

7. 函数 DAC_DualSoftwareTrigger Cmd

功能描述：同时使能或禁止双 DAC 通道的软件触发。

函数原型：

```
void DAC_DualSoftwareTriggerCmd(FunctionalState NewState);
```

参数说明：NewState 用于设置双 DAC 软件触发使能(ENABLE)或禁止(DISABLE)。

8. 函数 DAC_WaveGenerationCmd

功能描述：使能或禁止指定 DAC 通道的波形发生器。

函数原型：

```
void DAC_WaveGenerationCmd(uint32_t DAC_Channel, uint32_t DAC_Wave,
FunctionalState NewState);
```

参数说明：DAC_Channel 用于指定 DAC 通道，可设置为 DAC_Channel_1 或 DAC_Channel_2；DAC_Wave 用于指定波形发生器，可设置噪声发生器(DAC_Wave_Noise)或三角波发生器(DAC_Wave_Triangle)；NewState 用于设置波形发生器使能(ENABLE)或禁止(DISABLE)。

9. 函数 DAC_SetChannel1Data

功能描述：设置 DAC1 通道保持寄存器的数据。

函数原型：

```
void DAC_SetChannel1Data(uint32_t DAC_Align, uint16_t Data);
```

参数说明：DAC_Align 用于指定数据的位数及对齐方式，可设置为

- DAC_Align_8b_R：8 位数据右对齐。
- DAC_Align_12b_L：12 位数据左对齐。
- DAC_Align_12b_R：12 位数据右对齐。

Data 为加载到数据保持寄存器的值。

10. 函数 DAC_SetChannel2Data

功能描述：设置 DAC2 通道保持寄存器的数据。

函数原型：

```
void DAC_SetChannel2Data(uint32_t DAC_Align, uint16_t Data);
```

参数说明：参数设置方法与函数 DAC_SetChannel1Data 相同。

11. 函数 DAC_SetDualChannelData

功能描述：设置双 DAC 通道保持寄存器的数据。

函数原型：

```
void DAC_SetDualChannelData(uint32_t DAC_Align, uint16_t Data2, uint16_t Data1);
```

参数说明：DAC_Align 用于指定待转换数据的位数及对齐方式，设置方法与函数 DAC_SetChannel1Data 相同；Data1 和 Data2 分别为要加载到 DAC1 和 DAC2 的数据保持寄存器的值。

12. 函数 DAC_GetDataOutputValue

功能描述：获取指定通道输出寄存器的数据。

函数原型：

```
uint16_t DAC_GetDataOutputValue(uint32_t DAC_Channel);
```

参数说明：DAC_Channel 用于指定 DAC 通道。

9.3 D/A 转换器编程应用

STM32 系列芯片内置的 D/A 转换器可以方便地实现模拟信号的输出，这为相关的应用提供了便利。D/A 转换器应用的关键在于对 D/A 转换器进行编程控制，本小节通过两个例子说明 D/A 转换器应用的基本方法。

9.3.1 D/A 转换器编程的基本步骤

使用 STM32 芯片内置的 D/A 转换器，可以按照下面的步骤进行操作：

(1) 使能 D/A 转换器输出需要使用的 GPIO 时钟，并对相应的引脚进行配置。

STM32F103xx 系列芯片含两个 D/A 转换器，DAC1 输出信号使用的引脚为 PA4，DAC2 输出信号使用的引脚为 PA5。当使用 D/A 转换器时，首先必须使能 GPIOA 的时钟，其次要对使用到的 I/O 端口进行设置，通常需要将对应的 GPIO 设置为模拟输入模式(GPIO_Mode_AIN)，这样该 GPIO 才能不受内部数字接口电路的影响输出模拟信号。

(2) 使能 D/A 转换器的时钟，并对使用到的 DAC 通道的基本参数进行配置。

首先，D/A 转换器的时钟信号是由 APB1 时钟源提供的，使用 D/A 转换器必须使能该时钟，这样 D/A 转换器才能工作；其次，可通过 DAC 的初始化函数对需要使用的 DAC 通道参数进行初始化，初始化过程需要设置包括通道触发方式、波形产生方式及幅值、输出缓冲器等；另外，还需要使能 DAC 通道的转换工作等。

(3) 通过 CPU 或 DMA 方式向 DAC 通道传输数据，通过外部触发等方式进行转换。

在完成 D/A 转换的相关初始化工作之后，就可以开始 D/A 转换了。如果 DMA 方式被禁止，待转换的数据由 CPU 加载到 D/A 转换器的数据保持寄存器，通过无触发方式或外部触发方式实现 D/A 转换的触发启动；在 DMA 方式使能的情况下，由 DMA 控制器实现 D/A 转换器数据的加载。通过 CPU 加载数据降低了 CPU 的效率，而 DMA 方式可以明显地提高 CPU 的效率，特别是在连续的周期转换过程中。

9.3.2　单路 D/A 转换器编程实例

本例通过 DAC1 通道产生一路周期变化的锯齿波信号。首先，在 Keil MDK5 集成开发环境下新建测试工程，设置工程选项及运行环境；其次，新建工程文件，并添加到工程中，图 9-7 所示为该测试工程窗口。

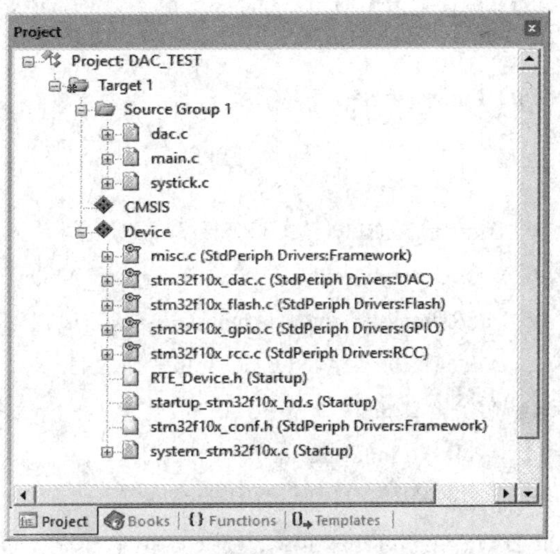

图 9-7　DAC 测试工程窗口

在该工程中包含 3 个源程序文件，分别是 dac.c、systick.c 和 main.c。在 dac.c 文件中实现 DAC1 输出信号引脚 GPIO 口的初始化和 DAC1 基本参数的设置，在 systick.c 中实现滴答定时器的延时函数，在 main.c 文件中实现 DAC1 的输出应用。

1. 禁止外部触发时进行转换

在 dac.c 文件中定义了 MyDAC_Init 函数，该函数主要完成两项工作：其一，实现 DAC1 输出引脚 PA4 时钟使能及引脚工作模式的初始化；其二，实现 DAC1 通道工作参数的配置及使能等。下面是 dac.c 文件的内容：

```
#include "dac.h"
/*************************************************************************
* 函数：MyDAC_Init
```

```
* 函数功能：DAC1 输出引脚 PA4 及其参数初始化函数
*************************************************************************/
void MyDAC_Init()            //DAC 初始化
{
  //定义用于 GPIO 初始化的结构体
  GPIO_InitTypeDef GPIO_InitStructure;
  //定义用于 DAC 初始化的结构体
  DAC_InitTypeDef DAC_InitStructure;
  //使能 GPIOA 的时钟
  RCC_APB2PeriphClockCmd(RCC_APB2Periph_GPIOA|RCC_APB2Periph_AFIO,ENABLE);
  //使能 DAC 模块的时钟
  RCC_APB1PeriphClockCmd(RCC_APB1Periph_DAC,ENABLE);
  /*配置 PA4 工作模式*/
  GPIO_InitStructure.GPIO_Pin=GPIO_Pin_4;                    //对 PA4 进行设置
  GPIO_InitStructure.GPIO_Speed=GPIO_Speed_50 MHz;
  GPIO_InitStructure.GPIO_Mode=GPIO_Mode_AIN;                //设置引脚为模拟量输入模式
  //初始化 PA4 引脚
  GPIO_Init(GPIOA,&GPIO_InitStructure);
  GPIO_SetBits(GPIOA,GPIO_Pin_4);                            //输出高电平
  /*配置 DAC1 工作参数*/
  DAC_InitStructure.DAC_Trigger=DAC_Trigger_None;            //禁止外部触发模式
  DAC_InitStructure.DAC_WaveGeneration=DAC_WaveGeneration_None;            //禁止波形发生器
  DAC_InitStructure.DAC_LFSRUnmask_TriangleAmplitude=DAC_LFSRUnmask_Bit0;
  DAC_InitStructure.DAC_OutputBuffer=DAC_OutputBuffer_Disable;            //关闭输出缓冲器
  //按照 DAC_InitStructure 初始化 DAC1
  DAC_Init(DAC_Channel_1,&DAC_InitStructure);
  DAC_Cmd(DAC_Channel_1,ENABLE);              //使能 DAC1
  DAC_SetChannel1Data(DAC_Align_12b_R,0);   //按照 12 位右对齐方式向数据保持寄存器写 0
}
```

这里设置 DAC1 的工作模式为：禁止外部触发、禁止波形发生器、关闭输出缓冲器，由于禁止外部触发，数据一旦写入通道的数据保持寄存器，就立即被转移到通道的数据输出寄存器进行转换。

头文件 dac.h 中对 dac.c 中定义的函数进行声明，dac.h 文件内容如下：

```
#ifndef _dac_H
#define _dac_H
#include "stm32f10x.h"
void MyDAC_Init(void);
#endif
```

在 main.c 文件中实现波形的输出。这里通过一个 for 循环实现一个周期内的波形输出，

每次输出的数字量递增 40，最大输出数字量为 4000，接近最大值 4095；一个转换周期内输出信号的幅值线性增加，输出达到最大值后重新从 0 开始转换，从而实现锯齿波周期输出。下面是 main.c 文件的内容：

```
/*********************************************************************
实验名：DAC1 单通道转换实验
实验说明：DAC1 的 PA4 管脚输出一个锯齿波电压信号
*********************************************************************/
#include "dac.h"
#include "systick.h"
//主函数
int main()
{
  u16 value;
  u16 i=0;
  MyDAC_Init();              //dac 配置内部温度初始化
  while(1)
   {
      value=0;
      for(i=0;i<=100;i++)
      {
        value=i*40;
        DAC_SetChannel1Data(DAC_Align_12b_R,value);//12 位 右对齐 PA4 端口输出
       delay_us(5);          //延时 5 微秒
      }
   }
}
```

通过示波器观察 PA4 输出的模拟信号，波形如图 9-8 所示。

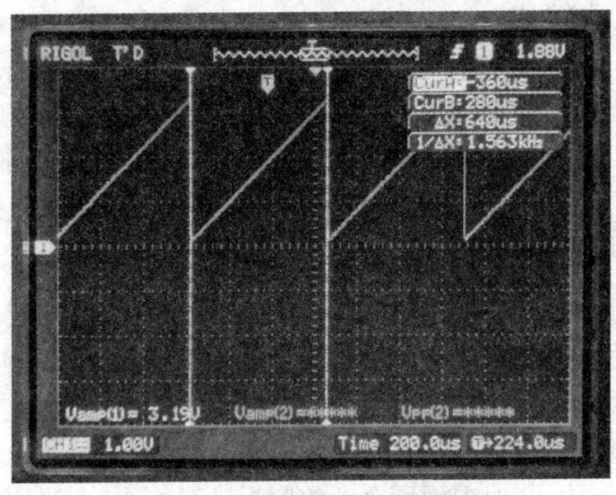

图 9-8　DAC1 输出波形 1

修改每次 D/A 转换后的延时时间可以改变输出锯齿波的周期，将延时时间修改为 10 μs，输出的波形如图 9-9 所示。

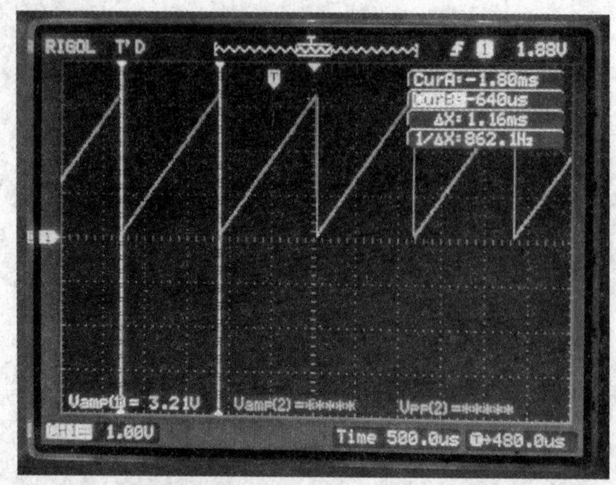

图 9-9　DAC1 输出波形 2

systick.c 文件用于定义滴答定时器的延时函数，这与第 7、8 章介绍的内容相同，这里不再赘述。

2. 使用软件触发进行转换

上面的例程中没有使能 DAC1 的外部触发功能，每次待转换的数据一旦写入数据保持寄存器，数据就会立即装入输出寄存器进行转换。下面介绍外部触发转换，修改 dac.c 文件中 MyDAC_Init 函数中关于 DAC1 的配置参数，将 DAC1 的触发方式修改为软件触发，即

```
DAC_InitStructure.DAC_Trigger=DAC_Trigger_Software;
```

这样一来，每次向通道数据保持寄存器写入待转换的数据后，必须使用软件触发函数进行触发才能够实现待转换数据从数据保持寄存器向输出寄存器的加载。对 DAC1 进行软件触发的函数为

```
DAC_SoftwareTriggerCmd(DAC_Channel_1, ENABLE);
```

在 MyDAC_Init 函数中向 DAC1 的数据保持寄存器写入初始化值 0 后，需要通过软件触发使通道输出信号幅值为零。

在 main.c 文件中，通过 for 循环不断向 DAC1 的通道数据保持寄存器写入数据，但是，如果不进行软件触发就无法启动转换，因此在每次向 DAC1 的数据保持寄存器写入数据后，需要通过软件触发函数进行触发，启动转换，这样才能输出所需要的锯齿波信号。

在实际的应用中，可通过定时器触发转换，这样可以严格控制触发的时间间隔，从而精确控制输出信号的周期。

3. 使用噪声发生器产生含噪声信号的锯齿波

可通过使能噪声发生器的方法在生成的模拟信号中叠加上伪噪声信号。使用噪声发生器时，必须通过外触发方式实现转换，每次触发时通道数据保持寄存器的值与线性反馈移位寄存器 LFSR 的值相加送至输出寄存器进行转换，通过设置 LFSR 寄存器非屏蔽位数的多少可控制噪声信号的幅值。对前面所介绍的例程进行修改，可在输出锯齿波信号上叠加

噪声信号。修改后的 dac.c 文件内容如下：

```
#include "dac.h"
/*************************************************************************
* 函数：MyDAC_Init
* 函数功能：DAC1 输出引脚 PA4 及其参数初始化函数(使能噪声发生器)
**************************************************************************/
void MyDAC_Init()            //DAC 初始化
{
  GPIO_InitTypeDef GPIO_InitStructure;      //定义用于 GPIO 初始化的结构体
  DAC_InitTypeDef DAC_InitStructure;        //定义用于 DAC 初始化的结构体
  RCC_APB2PeriphClockCmd(RCC_APB2Periph_GPIOA|RCC_APB2Periph_AFIO,ENABLE);
  RCC_APB1PeriphClockCmd(RCC_APB1Periph_DAC,ENABLE);

  GPIO_InitStructure.GPIO_Pin=GPIO_Pin_4;             //对 PA4 进行设置
  GPIO_InitStructure.GPIO_Speed=GPIO_Speed_50 MHz;
  GPIO_InitStructure.GPIO_Mode=GPIO_Mode_AIN;   //设置引脚为模拟量输入模式
  GPIO_Init(GPIOA,&GPIO_InitStructure);
  /*配置 DAC1 工作参数*/
  DAC_InitStructure.DAC_Trigger=DAC_Trigger_Software;                    //使能软件触发模式
  DAC_InitStructure.DAC_WaveGeneration=DAC_WaveGeneration_Noise;        //使能噪声发生器
  //噪声幅值设置
  DAC_InitStructure.DAC_LFSRUnmask_TriangleAmplitude=DAC_LFSRUnmask_Bits8_0;
  DAC_InitStructure.DAC_OutputBuffer=DAC_OutputBuffer_Disable;    //关闭输出缓冲器
  //初始化 DAC1
  DAC_Init(DAC_Channel_1,&DAC_InitStructure);
  DAC_Cmd(DAC_Channel_1,ENABLE);                       //使能 DAC1
  DAC_SetChannel1Data(DAC_Align_12b_R,0);             //按照 12 位右对齐方式向数据保持寄存器写 0
  DAC_SoftwareTriggerCmd(DAC_Channel_1, ENABLE);     //通过软件触发 DAC1 转换
}
```

main.c 文件中每次向数据保持寄存器 DHR 写入数据后，通过软件触发启动转换，LFSR 寄存器和 DHR 寄存器的内容相加送至 DOR 寄存器进行转换。main.c 文件的内容如下：

```
/*********************************************************************
*实验名：DAC1 单通道转换实验
*实验说明：DAC1 的 PA4 管脚输出含伪噪声的锯齿波信号
*********************************************************************/
#include "dac.h"
#include "systick.h"
```

```
int main()
{
  u16 value;
  u16 i=0;
  MyDAC_Init();        //DAC1 初始化
  while(1)
  {
    value=0;
    for(i=0;i<=100;i++)
      {
        value=i*40;
        DAC_SetChannel1Data(DAC_Align_12b_R,value);//12 位右对齐 PA4 端口输出
        DAC_SoftwareTriggerCmd(DAC_Channel_1, ENABLE);
        delay_us(5);  //间隔 1 秒输出一个电压
      }
  }
}
```

如图 9-10 所示为叠加伪噪声的锯齿波输出信号的波形图。

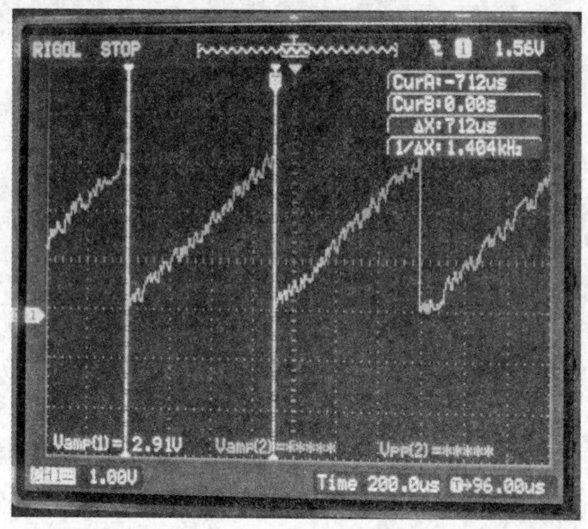

图 9-10　DAC1 输出波形 3

9.3.3　双路 D/A 转换器编程实例

本例程的基本任务是通过双 DAC 工作模式产生两路相差为 90° 的正弦波信号。在双 DAC 工作模式下，可通过 DAC_DHR12RD、DAC_DHR12LD 和 DAC_DHR8RD 这三个寄存器同时向两个 DAC 通道的数据保持寄存器加载数据，这样提高了操作的效率，但是，要求在向这三个寄存器加载数据时需要将两个通道的待转换数据存入一个 32 位的数据单元中。在 DAC 的 12 位数据模式下，为了产生两路相差 90° 的正弦信号，建立一个字型(32

位)的数组，该数组中的每个字型数据分低 16 位和高 16 位，分别用于存储 DAC1 和 DAC2 两个通道一次转换的数据。建立的字型数组含 100 个单元，将两路相差为 90º 正弦信号在一个周期内 99 等分，对应的每个通道会有 100 个数据，通过计算可确定两路 DAC 在一个完整的正弦波周期内按照时间均匀分布的各点的正弦值，这样就可以建立两路正弦信号对应的波形产生码表。

通过 DMA 方式实现转换数据的加载可以极大地减轻 CPU 的负担，因此本例程通过 DMA 方式实现双 DAC 数据的加载。DMA 传输的触发信号通过定时器 TIM2 的 TRGO 信号来实现。要实现双 DAC 操作，需要分别设置 DAC1 和 DAC2 的工作模式，设置两个通道具有相同的触发信号，并分别启动工作，但是，只使能 DAC1 的 DMA 申请，禁止 DAC2 的 DMA 申请，仅通过 DAC1 的 DMA 申请实现双 DAC 的数据加载。DMA 通道的设置在此比较重要，相关内容可结合注释加以理解。

新建测试工程，图 9-11 所示为测试工程窗口。

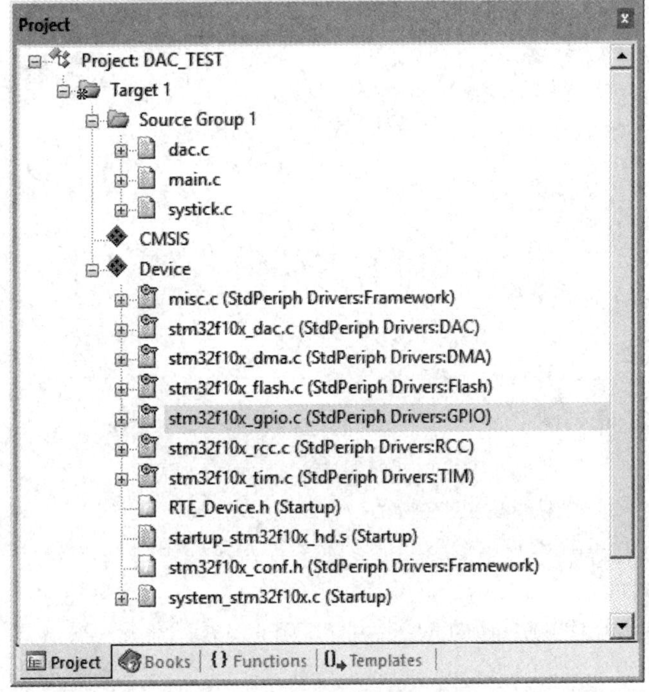

图 9-11　双 DAC 测试工程窗口

设置工程选项和运行环境，这里用到定时器、DMA、DAC 等模块，需要在运行环境设置部分使能这些模块。该工程包括 3 个用户源程序文件，分别是 dac.c、main.c 和 systick.c。在 dac.c 文件中对 D/A 转换器使用到的 GPIO、两个 DAC 通道的参数、触发定时器及 DMA 通道实现初始化设置。dac.c 的内容如下：

```
#include "dac.h"
extern u32 SineWave_TAB[100];
/*************************************************************************
*函数：SineWave_Generate
```

```
*函数功能：生成具有 N 个点的双通道正弦码表，两个通道的正弦波相位差 90°
*参数说明：N 为一个周期内正弦码的个数，CODE 为存储正弦码表的数组，Am
          用于设置输出电压的峰值，3.3V 参考电压时 Am 的最大值为 1.65
*************************************************************************/
void SineWave_Generate( u16 N,u32 *CODE,float Am)
{
    u16 i;
    u32 temp;
    for( i=0;i<N;i++)
     {
        //通道 2 正弦波滞后 90°
        temp= (Am*sin(( 1.0*i/(N-1))*2*PI-PI/2)+Am)*4095/3.3;
        //通道 2 数据右对齐存入 CODE[i]的高 16 位
        temp=temp<<16;
        //将通道 1 和通道 2 的数据合成存入 CODE[i]中
        CODE[i]=temp+((Am*sin(( 1.0*i/(N-1))*2*PI)+Am)*4095/3.3);
     }
}
/*******************************************************************
*函数：DAC_GPIO_Init
*函数功能：对两个 DAC 通道的输出引脚进行初始化
*******************************************************************/
void DAC_GPIO_Init(void)
{
    GPIO_InitTypeDef GPIO_InitStructure;
    RCC_APB2PeriphClockCmd(RCC_APB2Periph_GPIOA, ENABLE);  //使能 GPIOA 时钟
    GPIO_InitStructure.GPIO_Mode = GPIO_Mode_AIN;            //模拟输入模式
    GPIO_InitStructure.GPIO_Pin =GPIO_Pin_4|GPIO_Pin_5 ;     //选择引脚
    GPIO_Init(GPIOA, &GPIO_InitStructure);                   //初始化 PA4 和 PA5
    GPIO_InitStructure.GPIO_Mode = GPIO_Mode_Out_PP;         //推挽输出模式
    GPIO_InitStructure.GPIO_Speed = GPIO_Speed_50 MHz;       //输出速率
    GPIO_InitStructure.GPIO_Pin =   GPIO_Pin_2;              //选择引脚
    GPIO_Init(GPIOA, &GPIO_InitStructure);                   //初始化 PA2
    GPIO_SetBits(GPIOA,GPIO_Pin_2);                          //输出高电平
}
/*************************************************************************
*函数：Dual_DAC_Init
*函数功能：对两个 DAC 通道的参数进行初始化并使能，使能 DAC1 的 DMA 请求
*************************************************************************/
```

```
void Dual_DAC_Init( void)
{
    DAC_InitTypeDef   DAC_InitStructure;     //定义 DAC 初始化结构体
    RCC_APB1PeriphClockCmd(RCC_APB1Periph_DAC, ENABLE);    //使能 DAC 模块时钟
    /*DAC 通道基本参数设置*/
    DAC_StructInit(&DAC_InitStructure);      //DAC 结构体默认设置
    DAC_InitStructure.DAC_WaveGeneration = DAC_WaveGeneration_None; //禁止波形生成
    DAC_InitStructure.DAC_OutputBuffer = DAC_OutputBuffer_Disable;       //禁止输出缓冲器
    DAC_InitStructure.DAC_Trigger = DAC_Trigger_T2_TRGO;           //设置 DAC 通过 TIM2 触发
    DAC_Init(DAC_Channel_1, &DAC_InitStructure);                   //DAC1 初始化
    DAC_Cmd(DAC_Channel_1, ENABLE);                                //使能 DAC1
    DAC_DMACmd(DAC_Channel_1, ENABLE);             //使能 DAC1 的 DMA 请求
    DAC_Init(DAC_Channel_2, &DAC_InitStructure);         //DAC2 初始化
    DAC_Cmd(DAC_Channel_2, ENABLE);                      //使能 DAC2
}
/*************************************************************************
*函数：TIM2_Init
*函数功能：根据给定参数 Time_Counter 对定时器 TIM2 进行初始化
*参数说明：Time_Counter 为定时器一个计数周期的脉冲数
*************************************************************************/
void TIM2_Init(u16 Time_Counter)
{
    TIM_TimeBaseInitTypeDef   TIM_TimeBaseStructure;  //定义定时器初始化结构体
    RCC_APB1PeriphClockCmd(RCC_APB1Periph_TIM2, ENABLE);       //使能 TIM2 时钟
    TIM_TimeBaseStructInit(&TIM_TimeBaseStructure);
    TIM_TimeBaseStructure.TIM_Prescaler = 0x0;             //预分频系数为 0
    TIM_TimeBaseStructure.TIM_ClockDivision = 0x0;      //时钟分频系数为 0
    TIM_TimeBaseStructure.TIM_CounterMode = TIM_CounterMode_Up;   //计数器递增计数
    TIM_TimeBaseStructure.TIM_Period = Time_Counter;   //设置 TIM 计数脉冲数
    TIM_TimeBaseInit(TIM2, &TIM_TimeBaseStructure);
    //设置 TIM2 触发输出为更新模式
    TIM_SelectOutputTrigger(TIM2, TIM_TRGOSource_Update);
}
/*************************************************************************
*函数：DAC_DMA_Init
*函数功能：为实现 DAC 模块的 DMA 传输对 DMA 通道进行配置
*************************************************************************/
void DAC_DMA_Init(void)
{
```

```
    DMA_InitTypeDef   DMA_InitStructure;
    RCC_AHBPeriphClockCmd(RCC_AHBPeriph_DMA2, ENABLE);        //使能 DMA2 时钟

    DMA_StructInit( &DMA_InitStructure);              //DMA 结构体初始化
    //从内存向外设寄存器传递数据
    DMA_InitStructure.DMA_DIR = DMA_DIR_PeripheralDST;
    DMA_InitStructure.DMA_BufferSize = 100;         //寄存器大小
    DMA_InitStructure.DMA_PeripheralInc = DMA_PeripheralInc_Disable;  //外设地址固定
    DMA_InitStructure.DMA_MemoryInc = DMA_MemoryInc_Enable;         //内存地址递增
    //外设数据宽度为 32 位
    DMA_InitStructure.DMA_PeripheralDataSize = DMA_PeripheralDataSize_Word;
    //内存数据宽度为 32 位
    DMA_InitStructure.DMA_MemoryDataSize = DMA_MemoryDataSize_Word;
    DMA_InitStructure.DMA_Priority = DMA_Priority_VeryHigh;        //优先级非常高
    DMA_InitStructure.DMA_M2M = DMA_M2M_Disable;                  //关闭内存到内存模式
    DMA_InitStructure.DMA_Mode = DMA_Mode_Circular;               //DMA 循环发送模式
    //外设地址为双 DAC 模式下的 12 位右对齐数据保持寄存器的地址
    DMA_InitStructure.DMA_PeripheralBaseAddr = DAC_DHR12RD;
    //波形数据表内存地址
    DMA_InitStructure.DMA_MemoryBaseAddr = (uint32_t)SineWave_TAB;
    DMA_Init(DMA2_Channel3, &DMA_InitStructure);      //对 DMA2 的通道 3 进行初始化
    DMA_Cmd(DMA2_Channel3, ENABLE);                  //使能 DMA2 通道 3
}
```

dac.c 文件的头文件为 dac.h，内容如下：

```
#ifndef _dac_H
#define _dac_H
#include "stm32f10x.h"
#include "math.h"
#define PI 3.1415926
#define DAC_DHR12R1 ((uint32_t)0x40007408)
#define DAC_DHR12RD ((uint32_t)0x40007420)

void SineWave_Generate( u16 cycle ,u32 *CODE,float Am);
void DAC_GPIO_Init(void);
void Dual_DAC_Init( void);
void TIM2_Init(u16 Time_Counter);
void DAC_DMA_Init(void);
#endif
```

在 main.c 文件中调用 dac.c 中定义的函数实现正弦码表生成、模拟信号输出引脚的初始化、DAC 通道参数的配置、定时器 TIM2 的初始化及 DMA 通道参数的配置等。main.c 文件的内容如下：

```
/*********************************************************************
*实验名：双 DAC 转换实验
*实验说明：PA4 和 PA5 引脚分别输出相差为 90º 的正弦波信号
*********************************************************************/
#include "dac.h"
#include "systick.h"
u32 SineWave_TAB[100];
int main()
{
   u16 f=10000;            //指定输出正弦信号的频率
   float Am=1.2;           //设置输出信号的幅度
   u16 Counter_Number;
   //生成输出正弦波的波形表
   SineWave_Generate(100,SineWave_TAB,Am);
   //根据要产生的正弦波频率计算定时器 TIM2 的定时周期
   DAC_GPIO_Init();   //对两个 DAC 通道的模拟信号输出引脚进行初始化
   Counter_Number=(u16)(72000000/100/f);
   TIM2_Init(Counter_Number);            //根据输出频率确定的定时值对 TIM2 初始化
   Dual_DAC_Init();                      //对两个 DAC 进行配置
   DAC_DMA_Init();                       //配置 DMA 通道
   TIM_Cmd(TIM2, ENABLE);                //开启定时器
   /*启动定时器触发和 DMA 传输后 CPU 控制 PA2 引脚的 LED 闪烁*/
     do{
            GPIO_SetBits(GPIOA, GPIO_Pin_2);
            delay_ms(500);
            GPIO_ResetBits(GPIOA, GPIO_Pin_2);
            delay_ms(500);
       }while(1);
}
```

main 函数中调用了 delay_ms 函数实现延时，delay_ms 函数在 systick.c 文件中定义，systick.c 文件与 8.3.1 小节中的相同，不再介绍。

在主函数中可指定输出正弦波信号的频率和幅值，此例中设置输出信号的频率为 10 kHz，输出幅值为 1.2 V，工程编译通过，下载到目标板实际测试所得的输出信号波形，如图 9-12 所示。

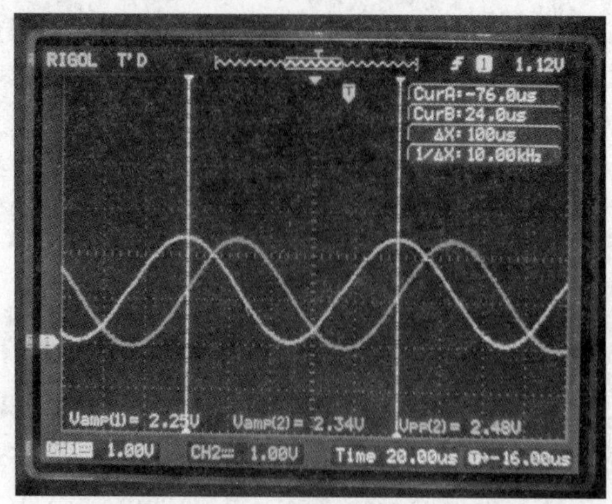

图 9-12　双 DAC 测试输出信号波形

思考题与习题 9

1. 简述 STM32F103xx 系列处理器内部 D/A 转换器的基本特性。
2. 简述 STM32F103xx 系列处理器内部 D/A 转换器的基本结构组成。
3. 如何配置 STM32 芯片内部 DAC 工作时的时钟？
4. STM32 芯片内部 DAC 模块转换输出的 GPIO 引脚该如何配置？
5. 以 DAC1 为例，说明如何设置其数据对齐方式及如何操作数据保持寄存器。
6. 简述在双 DAC 模式下数据对齐方式及数据保持寄存器的操作方法。
7. DAC 模块的触发方式有哪些？如何设置 DAC 的触发方式？
8. 如何使能噪声发生器？如何控制噪声的幅度？
9. 如何使能三角波发生器？如何控制三角波的幅度与频率？
10. 简述各 DAC 通道输出启动器的作用及使用方法。
11. 新建工程并编程，通过 DAC1 产生一路幅度为 1 V、频率为 1 kHz 的三角波信号，并通过示波器观测输出信号。
12. 新建工程并编程，通过 DAC1 产生一路幅度为 1.5 V、频率为 1 kHz 的正弦波信号，并通过示波器观测输出信号。

第 10 章　USART 串口通信

USART(Universal Synchronous Asynchronous Receiver Transmitter)即通用同步异步串行接收发送器，是 MCU 系统开发中的重要组成部分。利用 USART 可以轻松实现 PC 与嵌入式主控制器的通信，降低硬件资源的消耗，并具有可靠性高、协议简洁、灵活性高的特点。

10.1　STM32F10xxx 系列 USART 串口通信基础

STM32F10xxx 系列处理器内最多集成了 3 个通用同步/异步收发器(USART1、USART2 和 USART3)和 2 个通用异步收发器(UART4 和 UART5)。USART 1 通信接口通信速率可达 4.5 Mb/s，其他串行接口的通信速率可达 2.25 Mb/s。USART1、USART2 和 USART3 具有硬件的 CTS 和 RTS 信号管理，兼容 IS07816 智能卡模式和类 SPI 通信模式。除 UART5 外，其他串行接口都可以使用 DMA 操作。

10.1.1　USART 的基本特性

USART 提供了一种灵活的方法与使用工业标准 NRZ 异步串行数据的外部设备之间进行全双工数据交换，其基本特性如下：

(1) 可实现单线半双工通信。

(2) 可实现全双工同步、异步通信，同步通信仅可用于主模式，通过 SPI 总线和外设通信。

(3) 发送方为同步传输提供时钟。

(4) 单独的发送器和接收器使能位。

(5) 可编程数据字长度(8 位或 9 位)。

(6) 可配置的停止位，支持 1 或 2 个停止位。

(7) 可配置的使用 DMA 的多缓冲器通信。

(8) 硬件数据流控制。

(9) 分数波特率发生器系统，发送和接收共用的可编程波特率，最高达 4.5 Mb/s。

(10) 检测标志：接收缓冲器满、发送缓冲器空和传输结束标志。

(11) 校验控制：发送校验位，对接收数据进行校验。

(12) 4 个错误检测标志：溢出错误、噪声错误、帧错误和校验错误。

(13) 10 个带标志的中断源：CTS 改变、LIN 断开符检测、发送数据寄存器空、发送完成、接收数据寄存器满、检测到总线为空闲、溢出错误、帧错误、噪声错误和校验错误。

(14) 通过空闲总线检测或地址标志检测，从静默模式中唤醒。

(15) 多处理器通信，如果地址不匹配，则进入静默模式。

(16) 配备 IRDA(Infrared Data Association) SIR 编码器、解码器。

(17) 支持智能卡模拟功能。

(18) 支持 LIN 功能。

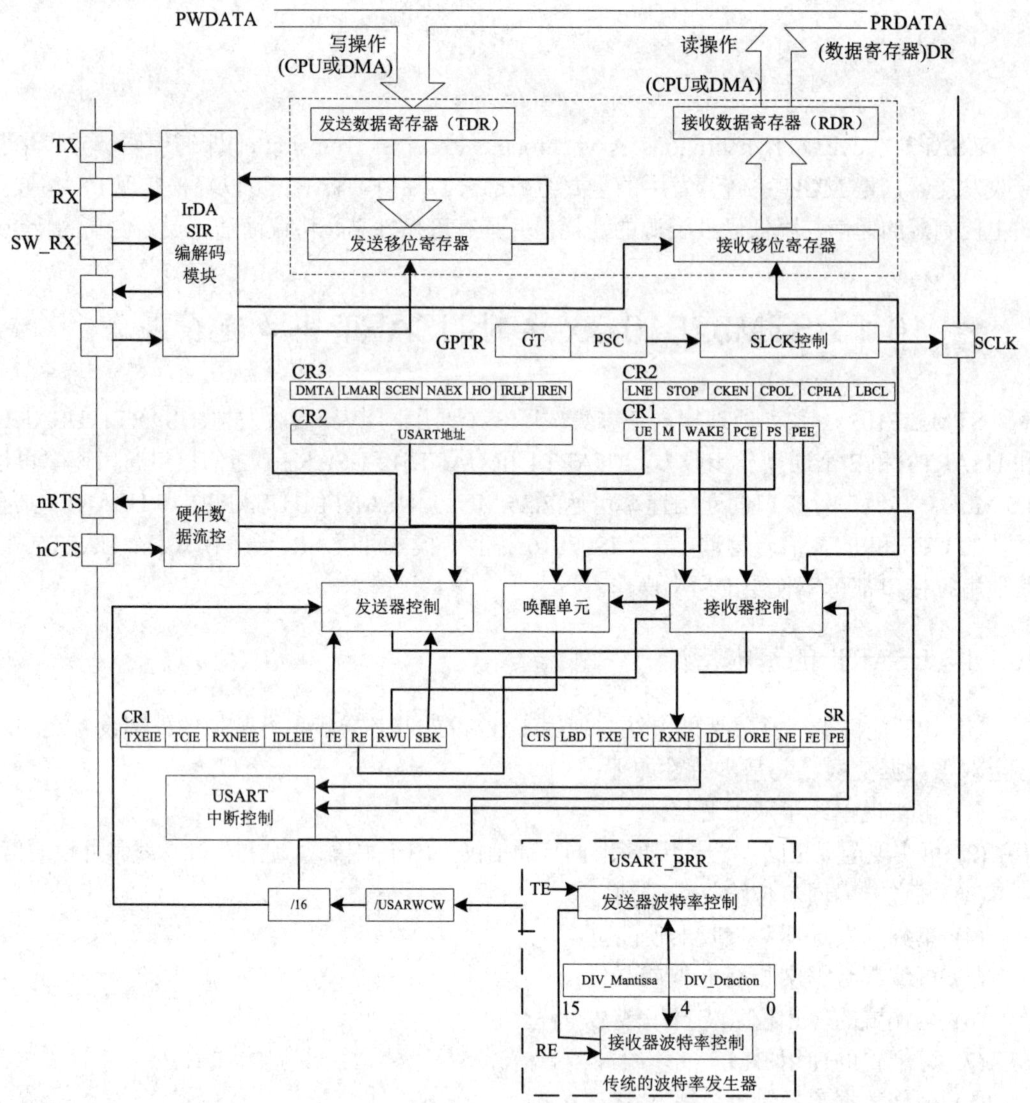

图 10-1　USART 硬件结构

10.1.2　USART 的结构与原理

STM32F103xx 系列处理器内部 USART 串口通信模块包含 5 个 USART，每个 USART 的内部结构框图如图 10-1 所示，通过接收数据输入引脚 RX、发送数据输出引脚 TX 和 GND 3 个引脚与其他设备连接在一起。其工作逻辑如下：

(1) 当需要发送数据时，内核或 DMA 外设把数据从内存写入发送数据寄存器 TDR 后，发送控制器将自动把数据从 TDR 加载到发送移位寄存器中，然后通过串口线 TX，把数据逐位地发送出去。在数据从 TDR 转移到移位寄存器时，会产生发送寄存器 TDR 已空事件 TXE；当数据从移位寄存器全部发送出去时，会产生数据发送完成事件 TC，这些事件可以在状态寄存器中查询到。

(2) 接收数据则是一个逆过程，数据从串口线 RX 逐位地输入到接收移位寄存器中，然后自动地转移到接收数据寄存器 RDR，最后用软件程序或 DMA 读取到内存中。

由图 10-1 可以看出，每个 USART 内部结构控制主要由发送器控制、接收器控制、中断控制、波特率控制等部分组成。发送和接收控制部分由控制寄存器 CR1、控制寄存器 CR2、控制寄存器 CR3、状态寄存器 SR 组成。通过向控制寄存器 CR1、CR2、CR3 写入奇偶校验位、停止位等控制参数来控制发送和接收，串口状态可以从状态寄存器 SR 中查询；通过波特率寄存器 USART_BRR 设置串口数据传输波特率。

10.1.3　USART 帧格式

USART 帧格式如图 10-2 所示，字长可以为 8 或 9 位。在起始位期间，TX 引脚处于低电平；在停止位期间，TX 引脚处于高电平。完全由 1 组成的帧称为空闲帧，完全由 0 组成的帧称为断开帧。

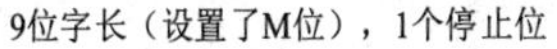

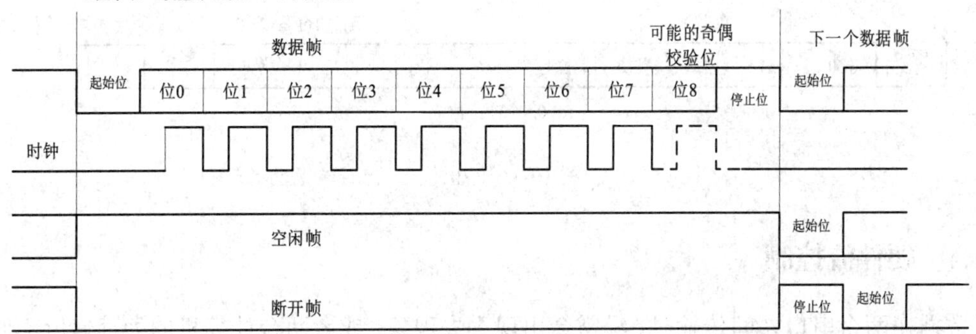

8位字长（未设置M位），1个停止位

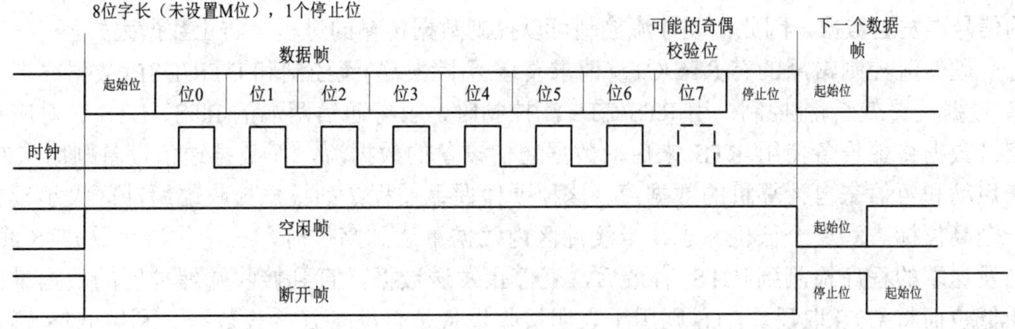

图 10-2　USART 帧格式

停止位如图 10-3 所示。

(1) 1 个停止位：停止位位数的默认值。

(2) 2 个停止位：可用于常规 USART 模式、单线模式及调制解调器模式。

(3) 0.5 个停止位：在智能卡模式下接收数据时使用。

(4) 1.5 个停止位：在智能卡模式下发送和接收数据时使用。

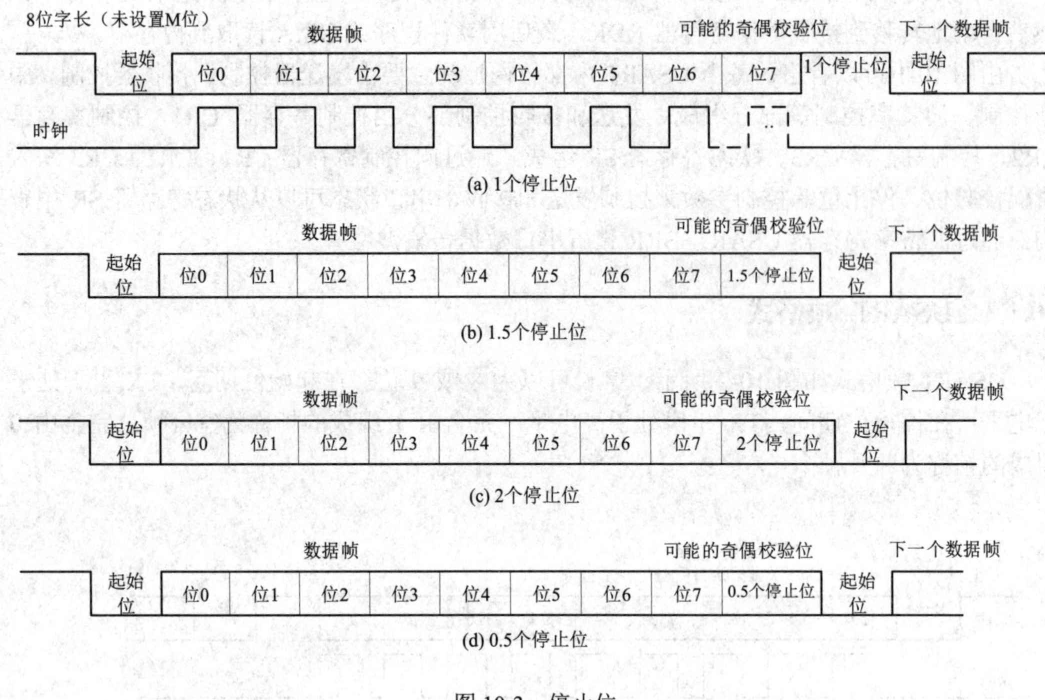

图 10-3　停止位

10.1.4　硬件流控制

数据在两个串口之间传输时，经常会出现丢失现象，或者两台计算机的处理速度不同，接收端数据缓冲区已满，则此时继续发送的数据就会丢失。当接收端数据处理能力不足时，硬件流控制就发出“不再接收”的信号，发送端即停止发送，直至收到“可以继续发送”的信号再发送数据，因此，硬件流控制可以控制数据传输的进程，防止数据丢失。

硬件流控制常用的有 RTS/CTS(请求发送/清除发送)流控制和 DTR/DSR(数据终端就绪/数据设置就绪)流控制。用 RTS/CTS 流控制时，应将通信两端的 RTS、CTS 线对应相连。数据终端设备使用 RTS 来启动数据通信设备的数据流，而数据通信设备则用 CTS 来启动和暂停来自计算机的数据流。这种硬件握手过程是：根据接收端缓冲区大小设置一个高位标志和一个低位标志，当缓冲区内数据量达到高位时，在接收端设置 CTS 线，当发送端的程序检测到 CTS 有效后，就停止发送数据，直到接收端缓冲区的数据量低于低位而将 CTS 取反。RTS 则用于表明接收设备是否准备好接收数据。利用 CTS 输入和 RTS 输出可以控制两个设备之间的串行数据流。图 10-4 所示为两个 USART 之间的硬件流控制。

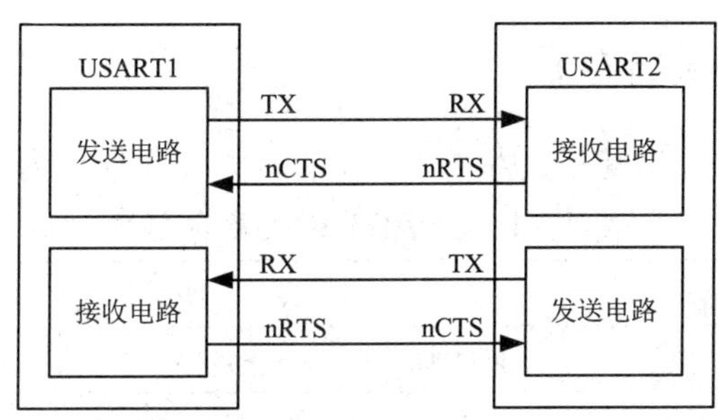

图 10-4　两个 USART 之间的硬件流控制

1. RTS 流控制

如果用 RTS 流控制被使能(RTSE 为 1)，只要 USART 接收器准备好接收新的数据，nRTS 就变成低电平有效。当接收寄存器内有效数据到达时，nRTS 被释放，由此表明希望在当前帧结束时停止数据传输。图 10-5 所示的是一个启用 RTS 流控制通信的例子。

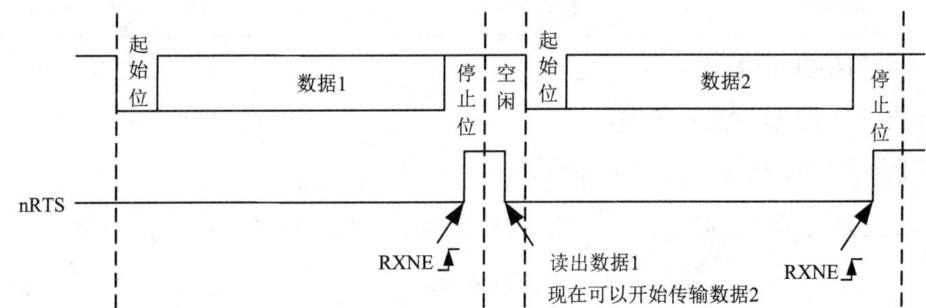

图 10-5　启用 RTS 流控制通信示意图

2. CTS 流控制

如果 CTS 流控制被使能(CTSE 为 1)，发送器在发送下一帧前检查 nCTS 输入。如果 nCTS 低电平有效，则发送下一帧数据，否则不发送下一帧数据。若 nCTS 在传输期间变成无效，当前的传输完成后停止发送。当 CTSE 为 1 时，只要 nCTS 输入变换状态，硬件就自动设置 CTSIF 状态位，它表明接收器是否已准备好进行通信。如果设置了 USART_CT3 寄存器的 CTSIE 位，则产生中断。图 10-6 所示的是一个启用 CTS 流控制通信的例子。

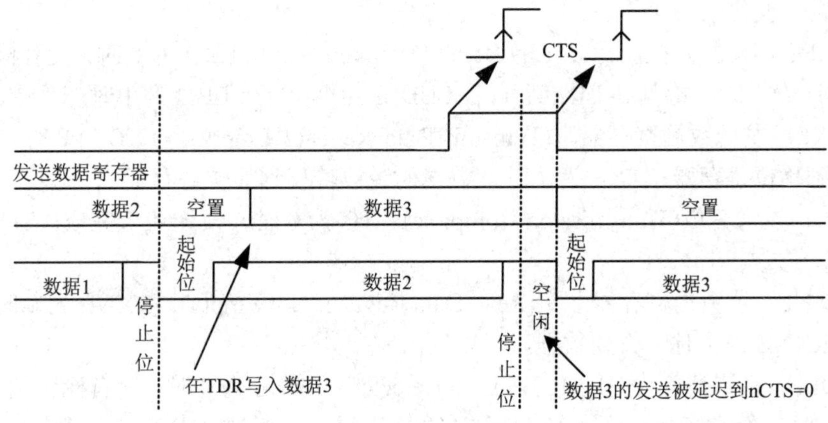

图 10-6　启用 CTS 流控制通信示意图

10.1.5 USART 的相关寄存器

USART 通信操作是通过其相关寄存器实现的。表 10-1 所示为 USART 相关寄存器表。

表 10-1 USART 相关寄存器表

序号	寄存器名称	说　明	地址偏移
1	USART_SR	反映 USART 单元的状态	0x00
2	USART_DR	保存接收或发送的数据	0x04
3	USART_BRR	用于设置 USART 的波特率	0x08
4	USART_CR1	用于控制 USART	0x0C
5	USART_CR2	用于控制 USART	0x10
6	USART_CR3	用于控制 USART	0x14
7	USART_GTPR	保护时间和预分频	0x18

下面对 USART 相关的寄存器进行介绍。

1. 状态寄存器(USART_SR)

状态寄存器的结构图如图 10-7 所示。

31	30	29	28	27	26	25	24	23	22	21	20	19	18	17	16
Reserved															

15	14	13	12	11	10	9	8	7	6	5	4	3	2	1	0
Reserved						CTS	LBD	TXE	TC	RXNE	IDLE	ORE	NE	FE	PE
						rcw0	rcw0	rcw0	r	rcw0	r	r	r	r	r

图 10-7 状态寄存器的结构图

该寄存器有定义的位只有 10 位，具体如下：

➢ CTS：CTS 标志(CTS Flag)。如果 USART_CR3 中的 CTSIE 为 1，则产生中断，UART4 和 UART5 上不存在这一位。CTS 为 0 时，nCTS 状态线上没有变化；CTS 为 1 时，nCTS 状态线上发生变化。

➢ LBD：LIN 断开检测标志(LIN Break Detection Flag)。LBD 为 0 时，没有检测到 LIN 断开；LBD 为 1 时，检测到 LIN 断开(若 LBDIE 为 1，则当 LBD 为 1 时产生中断)。

➢ TXE：发送数据寄存器空(Transmit Data Register Empty)。TXE 为 0 时，数据还没有被转移到移位寄存器；TXE 为 1 时，数据已经被转移到移位寄存器。

➢ TC：发送完成(Transmission Complete)。TC 为 0 时，发送还未完成；TC 为 1 时，发送完成。

➢ RXNE：读数据寄存器非空(Read Data Register Not Empty)。RXNE 为 0 时，没有收到数据；RXNE 为 1 时，收到数据，可以读出。

➢ IDLE：监测到总线空闲(IDLE Line Detected)。IDLE 为 0 时，没有检测到空闲总线；IDLE 为 1 时，检测到空闲总线(IDLE 位不会再次被置高直到 RXNE 位被置起)。

➢ ORE：过载错误(Overrun Error)。ORE 为 0 时，没有过载错误；ORE 为 1 时，检测

到过载错误。

➢ NE：噪声错误(Noise Error)。NE 为 0 时，没有检测到噪声错误；NE 为 1 时，检测到噪声错误。

➢ FE：帧错误(Framing Error)。FE 为 0 时，没有检测到帧错误；FE 为 1 时，检测到帧错误或者 break 符。

➢ PE：校验错误 (Parity Error)。PE 为 0 时，没有奇偶校验错误；PE 为 1 时，奇偶校验错误。

2. 数据寄存器(USART_DR)

数据寄存器的结构图如图 10-8 所示。

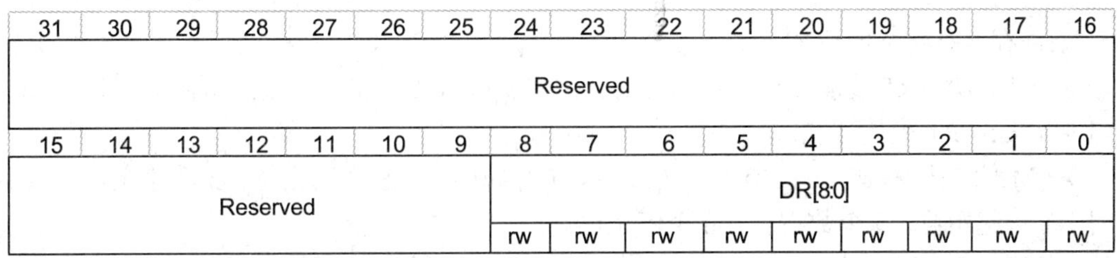

图 10-8　数据寄存器的结构图

该寄存器有定义的位只有 9 位，具体如下：

➢ DR：数据值(Data Value)，包含了发送或接收的数据。由于它是由两个寄存器组成的，一个给发送用(TDR)，一个给接收用(RDR)，故该寄存器兼具读和写的功能。

➢ TDR 寄存器提供了内部总线和输出移位寄存器之间的并行接口。

➢ RDR 寄存器提供了输入移位寄存器和内部总线之间的并行接口。

当使能校验位(USART_CR1 中 PCE 位被置位)进行发送时，写到 MSB 的值会被后来的校验位取代。当使能校验位进行接收时，读到的 MSB 位是接收到的校验位。

3. 波特率寄存器(USART_BRR)

波特率寄存器的结构图如图 10-9 所示。

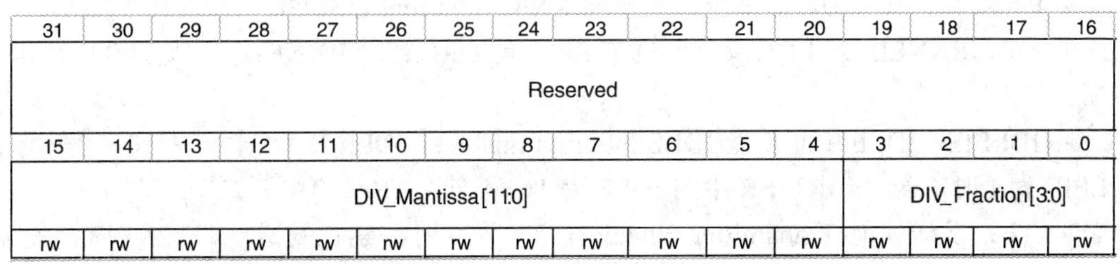

图 10-9　波特率寄存器的结构图

该寄存器有定义的位如下：

➢ DIV_Mantissa[11:0]：USARTDIV 的整数部分，这 12 位定义了 USART 分频器除法因子(USARTDIV)的整数部分。

➢ DIV_Fraction[3:0]：USARTDIV 的小数部分，这 4 位定义了 USART 分频器除法因子(USARTDIV)的小数部分。

4. 控制寄存器 1(USART_CR1)

控制寄存器 1 的结构图如图 10-10 所示。

31	30	29	28	27	26	25	24	23	22	21	20	19	18	17	16
Reserved															
15	14	13	12	11	10	9	8	7	6	5	4	3	2	1	0
Reserved		UE	M	WAKE	PCE	PS	PEIE	TXEIE	TCIE	RXNEIE	IDLEIE	TE	RE	RWU	SBK
		rw	rw	rw	rw	rw	rw	rw	rw	rw	rw	rw	rw	rw	rw

图 10-10　控制寄存器 1 的结构图

该寄存器有定义的位如下：

➢ UE：USART 使能(USART Enable)。UE 为 0 时，USART 分频器和输出被禁止；UE 为 1 时，USART 模块使能。

➢ M：字长(Word Length)。M 为 0 时，1 个起始位，8 个数据位，n 个停止位；M 为 1 时，1 个起始位，9 个数据位，n 个停止位。

➢ WAKE：唤醒的方法(Wakeup Method)。WAKE 为 0 时，被空闲总线唤醒；WAKE 为 1 时，被地址标记唤醒。

➢ PCE：校验控制使能(Parity Control Enable)。PCE 为 0 时，禁止校验控制；PCE 为 1 时，使能校验控制。

➢ PS：校验选择(Parity Selection)。PS 为 0 时，偶校验；PS 为 1 时，奇校验。

➢ PEIE：PE 中断使能(PE Interrupt Enable)。PEIE 为 0 时，禁止产生中断；PEIE 为 1 时，若 USART_SR 中的 PE 为 1，则产生 USART 中断。

➢ TXEIE：发送缓冲区空中断使能(TXE Interrupt Enable)。TXEIE 为 0 时，禁止产生中断；TXEIE 为 1 时，若 USART_SR 中的 TXE 为 1，则产生 USART 中断。

➢ TCIE：发送完成中断使能(Transmission Complete Interrupt Enable)。TCIE 为 0 时，禁止产生中断；TCIE 为 1 时，若 USART_SR 中的 TC 为 1，则产生 USART 中断。

➢ RXNEIE：接收缓冲区非空中断使能(RXNE Interrupt Enable)。RXNEIE 为 0 时，禁止产生中断；RXNEIE 为 1 时，若 USART_SR 中的 ORE 或者 RXNE 为 1，则产生 USART 中断。

➢ IDLEIE：IDLE 中断使能(IDLE Interrupt Enable)。IDLEIE 为 0 时，禁止产生中断；IDLEIE 为 1 时，若 USART_SR 中的 IDLE 为 1，则产生 USART 中断。

➢ TE：发送使能(Transmitter Enable)。TE 为 0 时，禁止发送；TE 为 1 时，使能发送。

➢ RE：接收使能(Receiver Enable)。RE 为 0 时，禁止接收；RE 为 1 时，使能接收，并开始搜寻 RX 引脚上的起始位。

➢ RWU：接收唤醒(Receiver Wakeup)。RWU 为 0 时，接收器处于正常工作模式；RWU 为 1 时，接收器处于静默模式。

➢ SBK：发送断开帧(Send Break)。SBK 为 0 时，没有发送断开字符；SBK 为 1 时，将要发送断开字符。

5．控制寄存器 2(USART_CR2)

控制寄存器 2 的结构图如图 10-11 所示。

31	30	29	28	27	26	25	24	23	22	21	20	19	18	17	16
Reserved															

15	14	13	12	11	10	9	8	7	6	5	4	3	2	1	0
Res.	LINEN	STOP[1:0]		CLKEN	CPOL	CPHA	LBCL	Res.	LBDIE	LBDL	Res.	ADD[3:0]			
	rw	rw	rw	rw	rw	rw	rw		rw	rw		rw	rw	rw	rw

图 10-11　控制寄存器 2 的结构图

该寄存器有定义的位如下：

➢ LINEN：LIN 模式使能(LIN Mode Enable)。在 LIN 模式下，可以用 USART_CR1 寄存器中的 SBK 位发送 LIN 同步断开符(低 13 位)，以及检测 LIN 同步断开符。LINEN 为 0 时，禁止 LIN 模式；LINEN 为 1 时，使能 LIN 模式。

➢ STOP：停止位(STOP Bits)。UART4 和 UART5 不能用 0.5 停止位和 1.5 停止位。STOP 为 00 时，表示 1 个停止位；STOP 为 01 时，表示 0.5 个停止位；STOP 为 10 时，表示 2 个停止位；STOP 为 11 时，表示 1.5 个停止位。

➢ CLKEN：时钟使能(Clock Enable)。UART4 和 UART5 上不存在这一位。CLKEN 为 0 时，禁止 CK 引脚；CLKEN 为 1 时，使能 CK 引脚。

➢ CPOL：时钟极性(Clock Polarity)。UART4 和 UART5 上不存在这一位。CPOL 为 0 时，若总线空闲，则 CK 引脚上保持低电平；CPOL 为 1 时，若总线空闲，则 CK 引脚上保持高电平。

➢ CPHA：时钟相位(Clock Phase)。UART4 和 UART5 上不存在这一位。CPHA 为 0 时，在时钟的第一个边沿进行数据捕获；CPHA 为 1 时，在时钟的第二个边沿进行数据捕获。

➢ LBCL：最后一位时钟脉冲(Last Bit Clock Pulse)。UART4 和 UART5 上不存在这一位。LBCL 为 0 时，最后一位数据的时钟脉冲不从 CK 输出；LBCL 为 1 时，最后一位数据的时钟脉冲从 CK 输出。

➢ LBDIE：LIN 断开符检测中断使能(LIN Break Detection Interrupt Enable)。LBDIE 为 0 时，禁止中断；LBDIE 为 1 时，只要 USART_SR 寄存器中的 LBD 为 1 就产生中断。

➢ LBDL：LIN 断开符检测长度(LIN Break Detection Length)。LBDL 为 0 时，10 位的断开符检测；LBDL 为 1 时，11 位的断开符检测。

➢ ADD[3:0]：设备的 USART 节点地址，在多处理器通信下的静默模式中使用，用地址标记来唤醒某个 USART 设备。

6．控制寄存器 3(USART_CR3)

控制寄存器 3 的结构图如图 10-12 所示。

31	30	29	28	27	26	25	24	23	22	21	20	19	18	17	16
Reserved															
15	14	13	12	11	10	9	8	7	6	5	4	3	2	1	0
Reserved					CTSIE	CTSE	RTSE	DMAT	DMAR	SCEN	NACK	HDSEL	IRLP	IREN	EIE
					rw	rw	rw	rw	rw	rw	rw	rw	rw	rw	rw

图 10-12　控制寄存器 3 的结构图

该寄存器有定义的位如下：

➢ CTSIE：CTS 中断使能(CTS Interrupt Enable)。UART4 和 UART5 上不存在这一位。CTSIE 为 0 时，禁止中断；CTSIE 为 1 时，USART_SR 寄存器中的 CTS 为 1 时产生中断。

➢ CTSE：CTS 使能 (CTS Enable)。CTSE 为 0 时，禁止 CTS 硬件流控制；CTSE 为 1 时，CTS 模式使能，只有 nCTS 输入信号有效(拉成低电平)时才能发送数据。如果在数据传输的过程中，nCTS 信号变成无效，那么发送这个数据后，就停止传输。如果 nCTS 为无效，往数据寄存器里写数据，则要等到 nCTS 有效时才会发送这个数据。

➢ RTSE：RTS 使能(RTS Enable)。UART4 和 UART5 上不存在这一位。RTSE 为 0 时，禁止 RTS 硬件流控制；RTSE 为 1 时，RTS 中断使能，只有当接收缓冲区内有空余的空间时才请求下一个数据。当前数据发送完成后，发送操作就需要暂停。如果可以接收数据，则将 nRTS 输出置为有效(拉至低电平)。

➢ DMAT：DMA 使能发送(DMA Enable Transmitter)。UART4 和 UART5 上不存在这一位。DMAT 为 0 时，禁止发送时的 DMA 模式；DMAT 为 1 时，使能发送时的 DMA 模式。

➢ DMAR：DMA 使能接收(DMA Enable Receiver)。UART4 和 UART5 上不存在这一位。DMAR 为 0 时，禁止接收时的 DMA 模式；DMAR 为 1 时，使能接收时的 DMA 模式。

➢ SCEN：智能卡模式使能(Smartcard Mode Enable)。UART4 和 UART5 上不存在这一位。SCEN 为 0 时，禁止智能卡模式；SCEN 为 1 时，使能智能卡模式。

➢ NACK：智能卡 NACK 使能(Smartcard NACK Enable)。UART4 和 UART5 上不存在这一位。NACK 为 0 时，若校验错误出现，则禁止发送 NACK；NACK 为 1 时，若校验错误出现，则使能发送 NACK。

➢ HDSEL：半双工选择(Half-duplex Selection)。HDSEL 为 0 时，不选择半双工模式；HDSEL 为 1 时，选择半双工模式。

➢ IRLP：红外低功耗(IrDA Low-power)。IRLP 为 0 时，表示通常模式；IRLP 为 1 时，表示低功耗模式。

➢ IREN：红外模式使能(IrDA Mode Enable)。IREN 为 0 时，不使能红外模式；IREN 为 1 时，使能红外模式。

➢ EIE：错误中断使能(Error Interrupt Enable)。EIE 为 0 时，禁止中断；EIE 为 1 时，只要 USART_CR3 中的 DMAR 为 1，并且 USART_SR 中的 FE 为 1，或者 ORE 为 1，或者 NE 为 1，则产生中断。

7. 保护时间和预分频寄存器(USART_GTPR)

保护时间和预分频寄存器的结构图如图 10-13 所示。

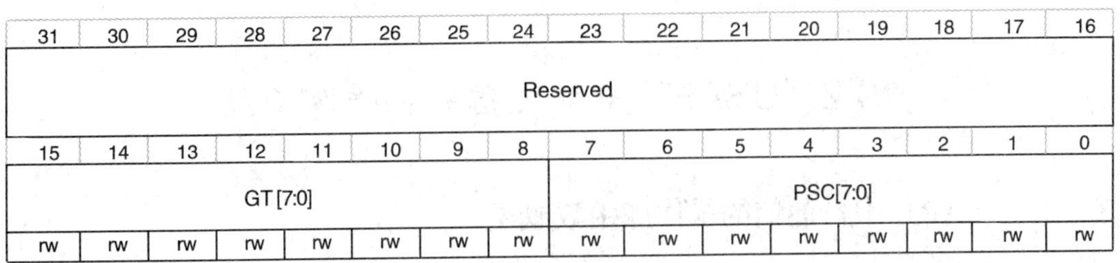

图 10-13　保护时间和预分频寄存器的结构图

该寄存器有定义的位如下：

➢ GT[7:0]：保护时间值(Guard Time Value)。该位域规定了以波特时钟为单位的保护时间。在智能卡模式下，需要这个功能。当保护时间过去后，才会设置发送完成标志。

➢ PSC[7:0]：预分频器值(Prescaler Value)。该位组的有效组合有 3 种情况，具体如下：

• 在红外(IrDA)低功耗模式下，PSC[7:0] = 红外低功耗波特率，其设置情况详见表 10-2。

表 10-2　PSC[7:0]的设置情况

序号	PSC[7:0]	分频
1	00000000	保留，不要写入该值
2	00000001	对源时钟 1 分频
3	00000010	对源时钟 2 分频
4	00000011	对源时钟 3 分频
5	00000100	对源时钟 4 分频
6	00000101	对源时钟 5 分频

• 在红外(IrDA)的正常模式下，PSC 只能设置为 00000001。

• 在智能卡模式下，PSC[4:0]为预分频值(注意：位[7:5]在智能卡模式下没有意义)，其设置情况详见表 10-3，以此类推。

表 10-3　PSC[4:0]的设置情况

序号	PSC[4:0]	系统时钟
1	00000	保留，不要写入该值
2	00001	对源时钟进行 2 分频
3	00010	对源时钟进行 4 分频
4	00011	对源时钟进行 6 分频
5	00100	对源时钟进行 8 分频
6	00101	对源时钟进行 10 分频
7	…	…

10.2　USART 串口通信的操作库函数

10.2.1　USART 串口通信的操作库函数概述

为实现 USART 的串口通信，ST 提供了一套 USART 操作函数，通过这些函数可以方便地实现对 USART 通信的各种编程应用。表 10-4 所示为 ST 提供的标准外设库 v3.5 版本中定义的 USART 操作库函数列表。

表 10-4　ST 在标准外设库 v3.5 版本中定义的 USART 操作库函数

函　数　名	描　　述
USART_Init	初始化外设 USARTx 寄存器
USART_Cmd	使能或者禁止 USART 外设
USART_SendData	通过外设 USARTx 发送单个数据
USART_ReceiveData	返回 USARTx 最近接收到的数据

10.2.2　USART 串口通信的操作库函数

为方便使用，下面对 USART 串口通信的操作库函数进行简要介绍。

1. 函数 USART_Init

功能描述：根据 USART_InitStruct 中指定的参数初始化外设 USARTx 寄存器。

函数原型：

```
void USART_Init(USART_TypeDef*USARTx.USART_InitTypeDef*
USART_InitStruct);
```

参数说明：USART_InitStruct 为指向结构体 USART_InitTypeDef 的指针。USART_InitTypeDef 结构体的定义如下：

```
typedef struct {
  uint32_t  USART_BaudRate;                //波特率
  uint16_t  USART_WordLength;              //字长
  uint16_t  USART_StopBits;                //停止位
  uint16_t  USART_Parity;                  //校验位
  uint16_t  USART_Mode;                    //USART 模式
  uint16_t  USART_HardwareFlowControl;     //硬件流控制
  uint16_t  USART_Clock;                   //时钟使能控制
  uint16_t  USART_CPOL;                    //时钟极性
  uint16_t  USART_CPHA;                    //时钟相位
  uint16_t  USART_LastBit;                 //最尾位时钟脉冲
} USART_InitTypeDef;
```

结构体中各成员的作用如下：

➢ USART_BaudRate：设置 USART 传输的波特率。

波特率可以由以下公式计算：

$$波特率 = \frac{f_{PLCK}}{16 \times USARTDIV}$$

其中，f_{PLCK} 为 USART 时钟，USARTDIV 是波特率寄存器 USART_BRR 的一个无符号定点数。波特率常用值为 115 200、57 600、38 400、9600、4800、2400、1200 等。

➢ USART_WordLength：提示在一个帧中传输或接收到的数据位数，如表 10-5 所示。

表 10-5　USART_WordLength 定义

USART_WordLength	描　述
USART_ WordLength _8b	8 位数据
USART_ WordLength _9b	9 位数据

➢ USART_ StopBits：定义发送停止位的数目，如表 10-6 所示。

表 10-6　USART_StopBits 定义

USART_StopBits	描　述
USART_StopBits_1	在帧结尾传输 1 个停止位
USART_StopBits_0.5	在帧结尾传输 0.5 个停止位
USART_StopBits_2	在帧结尾传输 2 个停止位
USART_StopBits_1.5	在帧结尾传输 1.5 个停止位

➢ USART_Parity：定义奇偶模式。奇偶校验一旦使能，在发送数据的 MSB 位插入经计算的奇偶位(字长 9 位时的第 9 位，字长 8 位时的第 8 位)，如表 10-7 所示。

表 10-7　USART_Parity 定义

USART_Parity	描　述
USART_Parity_No	奇偶禁止
USART_Parity_Even	偶模式
USART_Parity_Odd	奇模式

➢ USART_Mode：指定使能或禁止发送和接收模式，如表 10-8 所示。

表 10-8　USART_Mode 定义

USART_Mode	描　述
USART_Mode_Tx	发送使能
USART_Mode_Rx	接收使能

➢ USART_HardwareFlowControl：指定硬件流控制模式是否使能，如表 10-9 所示。

表 10-9　USART_HardwareFlowControl 定义

USART_HardwareFlowControl	描　述
USART_HardwareFlowControl_None	表示硬件流控制禁止
USART_HardwareFlowControl_RTS	发送请求 RTS 使能
USART_HardwareFlowControl_CTS	接收请求 CTS 使能
USART_HardwareFlowControl_RTS_CTS	RTS 和 CTS 使能

➢ USART_Clock：表明 USART 时钟是否使能，如表 10-10 所示。

表 10-10　USART_Clock 定义

USART_Mode	描　述
USART_Clock_Enable	时钟高电平活动
USART_Clock_Disable	时钟低电平活动

➢ USART_CPOL：指定 SCLK 引脚上时钟输出的极性，如表 10-11 所示。

表 10-11　USART_CPOL 定义

USART_CPOL	描　述
USART_CPOL_High	时钟高电平
USART_CPOL_Low	时钟低电平

➢ USART_CPHA：指定 SCLK 引脚上时钟输出的相位，与 CPOL 位一起配合来产生用户希望的时钟/数据的采样关系，如表 10-12 所示。

表 10-12　USART_CPHA 定义

USART_CPHA	描　述
USART_CPHA_1Edge	时钟第 1 个边沿进行数据捕获
USART_CPHA_2Edge	时钟第 2 个边沿进行数据捕获

➢ USART_LastBit：用于控制是否在同步模式下，在 SCLK 引脚上输出最后发送的那个数据字(MSB)对应的时钟脉冲，如表 10-13 所示。

表 10-13　USART_LastBit 定义

USART_LastBit	描　述
USART_LastBit_Disable	最后一位数据的时钟脉冲不从 SCLK 输出
USART_LastBit_Enable	最后一位数据的时钟脉冲从 SCLK 输出

2. 函数 USART_Cmd

功能描述：使能或者禁止 USART 外设。

函数原型：

```
void USART_Cmd(USART_TypeDef * USARTx,FunctionalState New-State);
```

参数说明：USARTx 用来选择 USART 外设，可设置为 1、2 或 3；New-State 设置外设 USARTx 的新状态，可设置为 ENABLE 或者 DISABLE。

3. 函数 USART_SendData

功能描述：通过外设 USARTx 发送单个数据。

函数原型：

```
void USART_SendData( USART_TypeDef*USARTx，u8 Data) ;
```

参数说明：USARTx 用来选择 USART 外设，可设置为 1、2 或 3；Data 为待发送的数据。

4. 函数 USART_ReceiveData

功能描述：返回 USARTx 最近接收到的数据。

函数原型：

```
u8 USART_ReceiveData(USART_TypeDef* USARTx);
```

参数说明：USARTx 用来选择 USART 外设，可设置为 1、2 或 3。

10.3　USART 串口通信编程应用

STM32 系列芯片内置的 USART 串口可以方便地实现数据的发送和接收，为相关的应用提供了便利。USART 串口通信的关键在于对 USART 串口进行编程控制，本小节通过例子说明 USART 串口通信的基本方法。

10.3.1　USART 串口通信编程的基本步骤

要使用 STM32 芯片内置的 D/A 转换器可以按照下面的步骤进行操作。

(1) USART 串口时钟使能，GPIO 时钟使能。

在开始串口通信之前需要对串口时钟以及 GPIO 时钟使能：

```
RCC_APB2PeriphClockCmd(RCC_APB2Periph_GPIOA,ENABLE);   //使能 GPIOA 时钟
RCC_APB2PeriphClockCmd(RCC_APB2Periph_USART1,ENABLE); //使能 USART1 时钟
```

(2) GPIO 端口模式设置，设置串口对应的引脚为复用功能。

在完成对串口时钟以及 GPIO 时钟使能后，需要设置 GPIO 端口模式，并把串口对应的引脚设置为复用功能：

```
GPIO_InitStructure.GPIO_Mode=GPIO_Mode_AF_PP;
GPIO_lnitStructure.GPIO_Mode=GPIO_Mode_IN_FLOATING;
```

(3) USART 串口参数初始化。

初始化串口参数，对串口的波特率、字长、停止位、校验位、USART 模式以及硬件流控制进行设置：

```
void USART_Init (USART_TypeDef*USARTx，USART_InitTypeDef*USART_InitStruct) ;
typedef struct
{
  uint32_t USART_BaudRate;                   //波特率
  uint16_t USART_WordLength;                 //字长
```

```
    uint16_t USART_StopBits;                    //停止位
    uint16_t USART_Parity;                      //校验位
    uint16_t USART_Mode;                        //USART 模式
    uint16_t USART_HardwareFlowControl;         //硬件流控制
}
USART_InitTypeDef;
```

(4) 设置串口中断类型和中断优先级，并使能串口中断通道。

```
void USART_Cmd(USART_TypeDef*USARTx，FunctionalState NewState) ;
USART_Cmd(USART1，ENABLE);        //使能串口 1
Void   USART_ITConfig(USART_TypeDef*USARTx,uint16_t USART_IT,
FunctionalState NewState);
USART_ITConfig(USART1,USART_IT_RXNE,ENABLE);     //开启接收中断
USART_ITConfig(USART1 , USART_IT_TC,ENABLE);
```

(5) 编写串口中断服务函数。

```
USART1_IRQHandler
ITStatus USART_GetlTStatus(USART_TypeDef*USARTx,uint16_t USART_IT);
if(USART_GetlT Status(USART1,USART_IT_RXNE)!=RESET)
{
    ...//执行 USART1 接收中断内控制
}
void USART_ClearFlag(USART_TypeDef* USARTx,uint16_t
USART_FLAG);
```

10.3.2　USART 串口通信编程实例

本例程主要编写一个程序实现 STM32 与 PC 之间的通信。在 STM32 上电时通过 USART 发送一串字符串给 PC，STM32 就会产生串口中断，利用中断服务函数接收数据，并把数据返回发送给电脑。

为利用 USART 实现 STM32 与 PC 通信，选择 CH340G 芯片实现 USB 转 USART 的功能，具体的电路设计如图 10-14 所示。CH340G 的 TXD 引脚与 USART1 的 RX 引脚连接，CH340G 的 RXD 引脚与 USART1 的 TX 引脚连接。

本例通过 USART1 实现与 PC 端的通信。首先，在 Keil MDK5 集成开发环境下新建测试工程，设置工程选项及运行环境；其次，新建工程文件，并添加到工程中。图 10-15 所示为该测试工程窗口。

在该工程中包含 5 个源程序文件，分别是 stm32f10x_conf.h、stm32f10x_it.c、stm32f10x_it.h、bsp_usart.c 和 main.c。stm32f10x_conf.h 文件为库配置文件，stm32f10x_it.c 文件为主中断服务程序为所有异常处理程序提供的外设中断服务程序，stm32f10x_it.h 文件是该文件包含的中断处理程序的头文件，bsp_usart.c 文件实现重定向 c 库 printf 函数到 USART 端口，在 main.c 文件中实现串口中断接收测试。

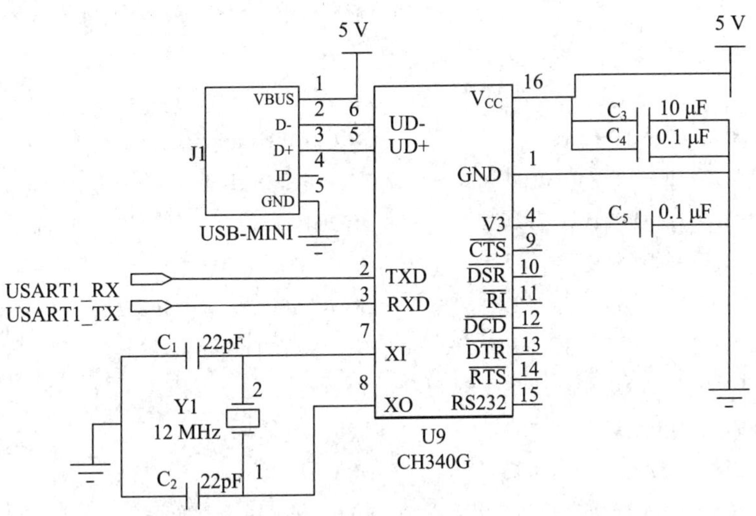

图 10-14　USB 转串口硬件设计图

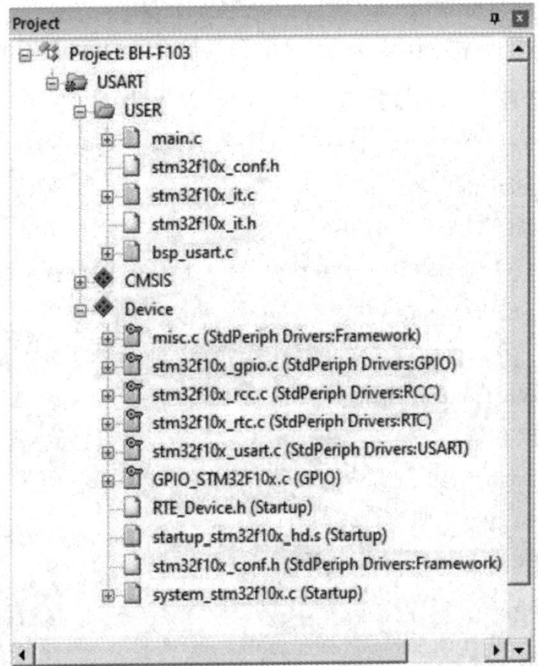

图 10-15　USART 通信测试工程窗口

1. GPIO 和 USART 宏定义

在 bsp_usart.c 文件中对 GPIO 和 USART 宏定义，主要实现串口参数的选择以及 USARTGPIO 引脚宏定义。下面是 bsp_usart.c 文件的内容：

```
/***********************************************************************
 * 文件名：bsp_usart.c
 * 功能：GPIO 和 USART 宏定义
```

```
*****************************************************************************/
//串口 1-USART1
# define DEBUG_USARTx                       USART1
#define DEBUG_USART_CLK                     RCC_APB2Periph_USART1
#define DEBUG_USART_APBxClkCmd              RCC_APB2PeriphClockCmd
#define DEBUG_USART_BAUDRATE                115200
// USARTGPIO 引脚宏定义
#define DEBUG_USART_GPIO_CLK                (RCC_APB2Periph_GPIOA)
#define DEBUG_USART_GPIO_APBxClkCmd         RCC_APB2PeriphClockCmd
#define DEBUG_USART_TX_GPIO_PORT            GPIOA
#define DEBUG_USART_TX_GPIO_PIN             GPIO_Pin_9
#define DEBUG_USART_RX_GPIO_PORT            GPIOA
#define DEBUG_USART_RX_GPIO_PIN             GPIO_Pin_10
#define DEBUG_USART_IRQ                     USART1_IRQn
#define DEBUG_USART_IRQHandler              USART1_IRQHandler
```

这里使用 USART1，设定波特率为 115 200，选定 USART 的 GPIO 为 PA9 和 PA10。

2．嵌套向量中断控制器 NVIC 配置

```
/*****************************************************************************
* 函数：NVIC_Configuration
* 函数功能：配置嵌套向量中断控制器 NVIC
*****************************************************************************/
static void NVIC_Configuration(void)
{
  NVIC_InitTypeDef NVIC_InitStructure;
  /*嵌套向量中断控制器组选择*/
  NVIC_PriorityGroupConfig(NVIC_PriorityGroup_2);
  /*配置 USART 为中断源*/
  NVIC_InitStructure.NVIC_IRQChannel = DEBUG_USART_IRQ;
  /*抢断优先级为 1*/
  NVIC_InitStructure.NVIC_IRQChannelPreemptionPriority = 1;
  /*子优先级为 1*/
  NVIC_InitStructure.NVIC_IRQChannelSubPriority = 1;
  /*使能中断*/
  NVIC_InitStructure.NVIC_IRQChannelCmd = ENABLE;
  /*初始化配置 NVIC */
  NVIC_Init(&NVIC_InitStructure);
}
```

这里直接使用嵌套向量中断控制器配置 USART 作为中断源，因为本实验没有使用其

他中断，对优先级没有具体要求。

3. USART 初始化配置

使用 GPIO_InitTypeDef 和 USART_InitTypeDef 结构体定义一个 GPIO 初始化变量以及一个 USART 初始化变量，调用 RCC_APB2PeriphClockCmd 函数开启 GPIO 端口时钟，使用 GPIO 之前必须开启对应端口的时钟。使用 RCC_APB2PeriphClockCmd 函数开启 USART 时钟。

```
/**************************************************************************
* 函数：USART_Config
* 函数功能：USART、GPIO 配置,工作参数配置
**************************************************************************/
void USART_Config(void)
{
  GPIO_InitTypeDef GPIO_InitStructure;
  USART_InitTypeDef USART_InitStructure;
  //打开串口 GPIO 的时钟
  DEBUG_USART_GPIO_APBxClkCmd(DEBUG_USART_GPIO_CLK, ENABLE);
  //打开串口外设的时钟
  DEBUG_USART_APBxClkCmd(DEBUG_USART_CLK, ENABLE);
  //将 USART Tx 的 GPIO 配置为推挽复用模式
  GPIO_InitStructure.GPIO_Pin = DEBUG_USART_TX_GPIO_PIN;
  GPIO_InitStructure.GPIO_Mode = GPIO_Mode_AF_PP;
  GPIO_InitStructure.GPIO_Speed = GPIO_Speed_50 MHz;
  GPIO_Init(DEBUG_USART_TX_GPIO_PORT, &GPIO_InitStructure);
  //将 USART Rx 的 GPIO 配置为浮空输入模式
  GPIO_InitStructure.GPIO_Pin = DEBUG_USART_RX_GPIO_PIN;
  GPIO_InitStructure.GPIO_Mode = GPIO_Mode_IN_FLOATING;
  GPIO_Init(DEBUG_USART_RX_GPIO_PORT, &GPIO_InitStructure);
  //配置串口的工作参数
  //配置波特率
  USART_InitStructure.USART_BaudRate = DEBUG_USART_BAUDRATE;
  //配置针数据字长
  USART_InitStructure.USART_WordLength = USART_WordLength_8b;
  //配置停止位
  USART_InitStructure.USART_StopBits = USART_StopBits_1;
  //配置校验位
  USART_InitStructure.USART_Parity = USART_Parity_No ;
  //配置硬件流控制
  USART_InitStructure.USART_HardwareFlowControl =
```

```
    USART_HardwareFlowControl_None;
    //配置工作模式，收发一起
    USART_InitStructure.USART_Mode = USART_Mode_Rx | USART_Mode_Tx;
    //完成串口的初始化配置
    USART_Init(DEBUG_USARTx, &USART_InitStructure);
    //串口中断优先级配置
    NVIC_Configuration();
    //使能串口接收中断
    USART_ITConfig(DEBUG_USARTx, USART_IT_RXNE, ENABLE);
    //使能串口
    USART_Cmd(DEBUG_USARTx, ENABLE);
}
```

使用 GPIO 之前都需要初始化，并且还要添加特殊设置，使用它作为外设的引脚，一般都有特殊功能。在初始化时需要把 GPIO 模式设置为复用功能，把串口的 TX 引脚配置为复用推挽输出，RX 引脚配置为浮空输入，数据完全由外部输入决定。

配置 USART1 通信参数：波特率为 115 200，字长为 8，1 个停止位，没有校验位，不使用硬件流控制，收发一体工作模式，然后调用 USART 初始化函数完成配置。

程序用到 USART 接收中断，调用 NVIC_Configuration 函数配置 WIC。配置完 NVIC 之后调用 USART_ITConfig 函数使能 USART 接收中断。

最后调用 USART_Cmd 函数使能 USART，用来配置 USART_CR1 的 UE 位，并开启 USART 的工作时钟。

4. 字符发送

发送一个字节的函数 Usart_SendByte 是通过调用子函数 USART_SendData 实现的。发送过程中，使用 USART_GetFlagStatus 函数获取 USART 事件标志。发送一个字符串的函数 Usart_SendString 是通过调用 Usart_SendByte 函数发送每个字符实现的。

```
/**************************************************************************
 * 函数： Usart_SendByte
 * 函数功能： 发送一个字节
 **************************************************************************/
void Usart_SendByte( USART_TypeDef * pUSARTx, uint8_t ch)
{
    /*发送一个字节数据到 USART */
    USART_SendData(pUSARTx,ch);
    /*等待发送数据寄存器为空*/
    while (USART_GetFlagStatus(pUSARTx, USART_FLAG_TXE) == RESET);
}
/**************************************************************************
 * 函数：Usart_SendString
```

```
* 函数功能：发送字符串
****************************************************************************/
void Usart_SendString( USART_TypeDef * pUSARTx, char *str)
{
  unsigned int k=0;
  do{
        Usart_SendByte( pUSARTx, *(str + k) );
      k++;
    } while (*(str + k)!='\0');
      /*等待发送完成*/
      while (USART_GetFlagStatus(pUSARTx,USART_FLAG_TC)==RESET)
  {}
}
```

5. USART 中断服务函数

这段代码存放在 stm32f4xx_it.c 文件中，该文件用于集中存放外设中断服务函数。当使能中断并且中断发生时会执行中断服务函数。

```
/****************************************************************************
* 函数：DEBUG_USART_IRQHandler
* 函数功能： 处理系统中断
****************************************************************************/
void DEBUG_USART_IRQHandler(void)
{
  uint8_t ucTemp;
  if (USART_GetITStatus(DEBUG_USARTx,USART_IT_RXNE)!=RESET)
  {
    ucTemp = USART_ReceiveData( DEBUG_USARTx );
    USART_SendData(USARTx,ucTemp);
  }
}
```

USART 接收中断通过 USART_IRQHandler 函数实现。子函数 USART_GetITStatus 用于获取中断事件标志，并返回该标志位状态。当产生 USART 接收中断事件时，函数 USART_ReceiveData 读取数据到指定存储区，函数 USART_SendData 将数据发送至串口调试助手。

6. 主函数

主函数代码如下：

```
/**************************************************************************
*实 验 名：串口中断接收实验
```

```
*实验说明：发送字符给串口调试助手
*****************************************************************/
int main(void)
{
  /*初始化 USART 配置模式为 115200 8-N-1，中断接收*/
  USART_Config();
  Usart_SendString( DEBUG_USARTx,"这是一个串口中断接收回显实验\n");
  printf("欢迎使用 STM32 \n\n\n\n");
  while (1)
  {
  }
}
```

主函数首先需要调用 USART_Config 函数完成 USART 初始化配置，包括 GPIO 配置、USART 配置、接收中断使能等信息；接下来调用字符发送函数把数据发送给串口调试助手。

用 USB 线连接开发板的 USB 转串口跟电脑，在电脑端打开串口调试助手并配置好相关参数：115200 8-N-1，把编译好的程序下载到开发板，此时串口调试助手可收到开发板发过来的数据。在串口调试助手发送区域输入任意字符，单击“发送”按钮，在串口调试助手接收区即可看到相同的字符。

思考题与习题 10

1. 简述 STM32 的 USART 的功能特点。

2. 对 STM32 的 USART 进行配置时需要定义的参数有哪些？各有什么含义？

3. STM32 的 USART 主要由哪些部分组成？

4. 简述 STM32 的通信步骤。

5. STM32 的 USART 的中断事件有哪些？分别有哪些标志？

6. 如何设置 STM32 串口通信时的波特率、字长、停止位、校验位、USART 模式以及硬件流控制？

7. STM32F10xxx 系列处理器的 USART 数据收发方式有哪些？

8. 以 STM32F10xxx 系列 USART1 为例，若将其 TX 和 RX 从默认 PA9、PA10 重映射到 PA6、PA7 上，简述其引脚的配置步骤。

9. 自己动手验证 10.3.2 节介绍的 USART 串口通信实例。

第 11 章　SPI 通信接口

SPI (Serial Peripheral Interface)通信协议是由摩托罗拉公司提出的通信协议，即串行外围设备接口，是一种高速、全双工、同步的通信总线，被广泛地使用在 ADC、LCD 等通信速率较高的场合。

11.1　STM32F10xxx 系列 SPI 通信基础

串行外设接口(SPI)允许芯片与外部设备以全双工、同步、串行方式通信，可以被配置为主模式，为外部从设备提供通信时钟(SCK)。SPI 能以多主配置方式工作，使用一条双向数据线实现双线单工同步传输，还可使用 CRC 校验进行可靠通信。

11.1.1　SPI基础

1. SPI 物理层

SPI 通信设备之间的常用连接方式如图 11-1 所示。

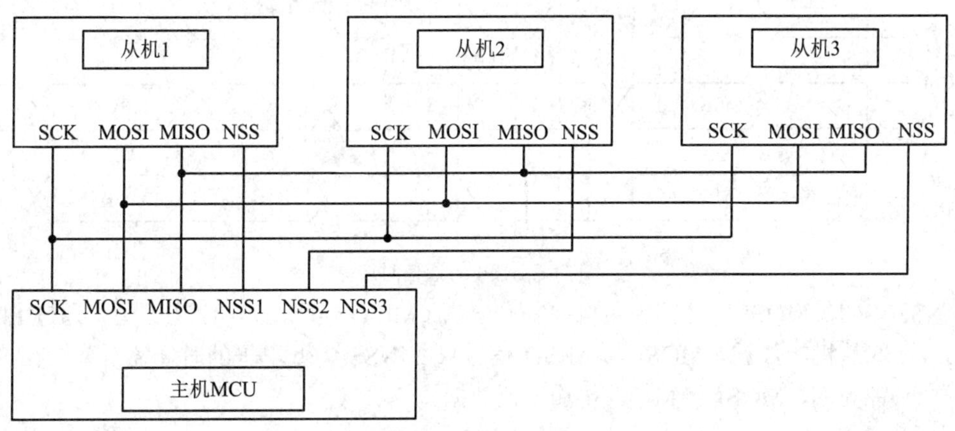

图 11-1　SPI 通信设备之间的常用连接方式

SPI 通信使用 3 条总线及 1 条片选线，3 条总线分别为 SCK、MOSI、MISO，片选线为 NSS，它们的作用如下：

(1) NSS(Slave Select)：从机(也称从设备)选择信号线，常称为片选信号线，也称为 CS，以下用 NSS 表示。当有多个 SPI 从机与 SPI 主机(也称主设备)相连时，设备的其他信号线

SCK、MOSI 及 MISO 同时并联到相同的 SPI 总线上，即无论有多少个从机，都共同使用这 3 条总线；而每个从机都有独立的 1 条 NSS 信号线，本信号线独占主机的一个引脚，即有多少个从机，就有多少条片选信号线。I^2C 协议中通过设备地址来寻址，选中总线上的某个设备并与其进行通信；而 SPI 协议中没有设备地址，它使用 NSS 信号线来寻址，当主机要选择从机时，把该从机的 NSS 信号线设置为低电平，该从机即被选中，即片选有效，然后主机开始与被选中的从机进行 SPI 通信。所以 SPI 通信以 NSS 线置低电平为开始信号，以 NSS 线被拉高为结束信号。

(2) SCK(Serial Clock)：时钟信号线，用于通信数据同步。它由通信主机产生，决定了通信的速率。不同的设备支持的最高时钟频率不同，如 STM32 的 SPI 时钟频率最大为 $f_{PCLK}/2$。两个设备之间通信时，通信速率受限于低速设备。

(3) MOSI (Master Output/Slave Input)：主机输出/从机输入数据线。主机的数据由这条数据线输出，从机通过这条数据线读入主机发送的数据，即这条数据线上数据的方向为主机到从机。

(4) MISO(Master Input/Slave Output)：主机输入/从机输出数据线。主机通过这条数据线读入数据，从机的数据由这条数据线输出到主机，即在这条数据线上数据的方向为从机到主机。

2. SPI 协议层

1) SPI 基本的通信过程

SPI 的通信时序如图 11-2 所示。

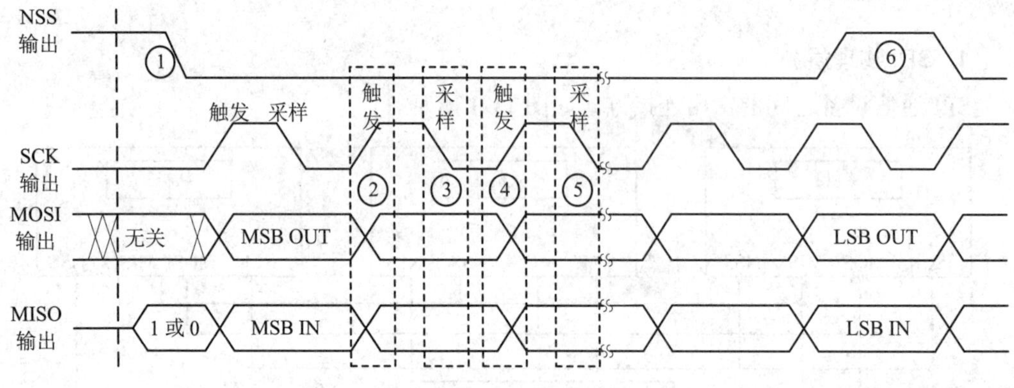

图 11-2　SPI 的通信时序

NSS、SCK、MOSI 信号都由主机控制产生，而 MISO 信号由从机产生，主机通过 MISO 数据线读取从机的数据。MOSI 与 MISO 信号只在 NSS 为低电平的时候才有效。在 SCK 的每个时钟周期，MOSI 和 MISO 传输 1 位数据。

2) 通信的起始和停止信号

在图 11-2 中的标号①处，NSS 信号由高变低，是 SPI 通信的起始信号。NSS 是每个从机各自独占的信号线，当从机在自己的 NSS 信号线检测到起始信号后，开始准备与主机通信。在图中的标号⑥处，NSS 信号由低变高，是 SPI 通信的停止信号，表示本次通信结束，从机的选中状态被取消。

3) 数据有效性

SPI 使用 MOSI 及 MISO 数据线来传输数据，使用 SCK 信号线进行数据同步。MOSI 及 MISO 数据线在 SCK 的每个时钟周期传输 1 位数据，且数据的输入、输出是同时进行的。数据传输时，MSB 先行或 LSB 先行并没有做硬性规定，但要保证两个 SPI 通信设备之间使用同样的协定，一般都会采用图 11-2 所示的 MSB 先行模式。观察图 11-2 中的标号②、③、④、⑤处，MOSI 及 MISO 的数据在 SCK 的上升沿期间变化输出，在 SCK 的下降沿时被采样。即在 SCK 的下降沿时刻，MOSI 及 MISO 的数据有效，高电平时表示数据为 1，低电平时表示数据为 0。在其他时刻，数据无效，MOSI 及 MISO 为下一传输数据做准备。SPI 每次传输数据可以 8 位或 16 位为单位，每次传输的单位数不受限制。

4) CPOL/CPHA 及通信模式

图 11-2 所示的时序只是 SPI 中的一种通信模式，SPI 一共有 4 种通信模式，它们的主要区别是总线空闲时 SCK 的时钟状态以及数据采样时刻。为方便说明，在此引入时钟极性 CPOL 和时钟相位 CPHA 的概念。时钟极性 CPOL 是指 SPI 通信设备处于空闲状态时，SCK 信号线的电平信号(即 SPI 通信开始前，NSS 信号线为高电平时 SCK 的状态)。CPOL = 0 时，SCK 在空闲状态下为低电平；CPOL = 1 时，则相反。时钟相位 CPHA 是指数据的采样时刻。当 CPHA = 0 时，MOSI 或 MISO 数据线上的信号将会在 SCK 的奇数边沿被采样；当 CPHA = 1 时，MOSI 或 MISO 数据线上的信号将会在 SCK 的偶数边沿被采样。

下面分析 CPHA = 0 时的时序图(见图 11-3)。根据 SCK 在空闲状态时的电平，分两种情况讨论。SCK 信号线在空闲状态下为低电平时，CPOL = 0；在空闲状态下为高电平时，CPOL = 1。无论 CPOL = 0 还是 CPOL = 1，配置的时钟相位 CPHA = 0，从图 11-3 中可以看到，采样时刻都在 SCK 的奇数边沿。注意，当 CPOL = 0 时，时钟的奇数边沿是上升沿，而当 CPOL = 1 时，时钟的奇数边沿是下降沿，所以 SPI 的采样时刻不是由上升/下降沿决定的。MOSI 和 MISO 数据线的有效信号在 SCK 的奇数边沿保持不变，数据线上的信号将在 SCK 奇数边沿被采样，在非采样时刻，MOSI 和 MISO 的有效信号才发生切换。类似地，当 CPHA = 1 时，不受 CPOL 的影响，数据线上的信号在 SCK 的偶数边沿被采样，如图 11-4 所示。

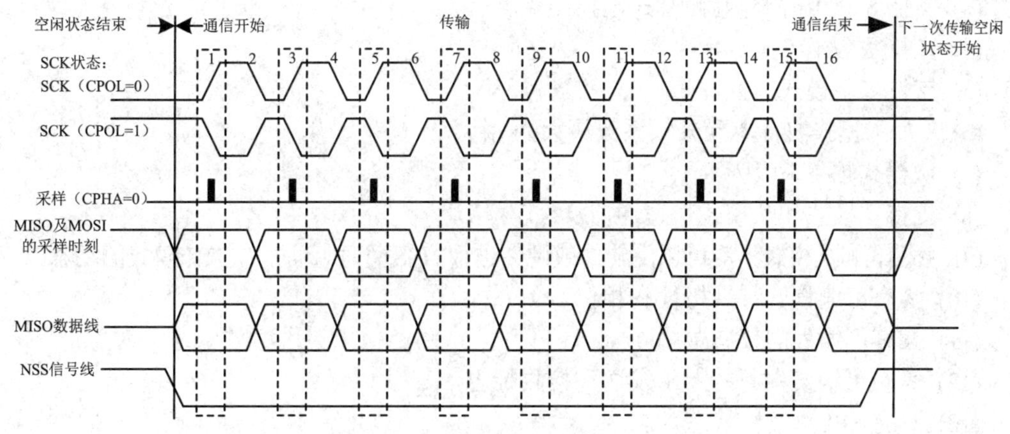

图 11-3　CPHA = 0 时的 SPI 通信模式

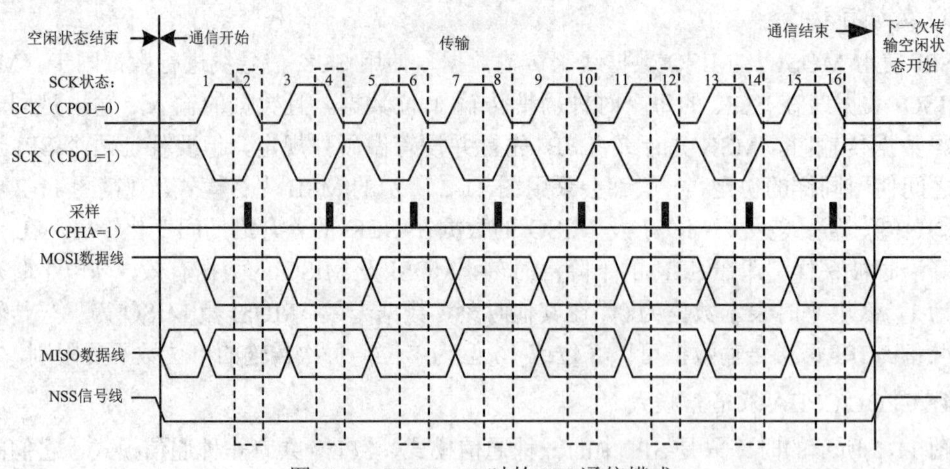

图 11-4　CPHA = 1 时的 SPI 通信模式

按 CPOL 及 CPHA 的不同状态，SPI 分成了 4 种模式，如表 11-1 所示。主机与从机须要工作在相同的模式下才可以正常通信，实际中采用较多的是模式 0 与模式 3。

表 11-1　SPI 的 4 种模式

SPI 模式	CPOL	CPHA	空闲时 SCK 时钟	采样时刻
0	0	0	低电平	奇数边沿
1	0	1	低电平	偶数边沿
2	1	0	高电平	奇数边沿
3	1	1	高电平	偶数边沿

11.1.2　SPI 通信的基本特性

STM32F10xxx 系列芯片的 SPI 通信的基本特性如下：

(1) 支持 3 线全双工同步传输。

(2) 支持带或不带第 3 根双向数据线的双线单工同步传输。

(3) 支持 8 或 16 位传输帧格式选择。

(4) 支持主/从操作。

(5) 支持多主模式。

(6) 8 个主模式波特率预分频系数最大为 $f_{PCLK}/2$。

(7) 从模式频率最大为 $f_{PCLK}/2$。

(8) 支持主模式和从模式快速通信。

(9) 主模式和从模式下均可以由软件或硬件进行 NSS 管理，即主/从操作模式的动态改变。

(10) 具有可编程的时钟极性和相位。

(11) 具有可编程的数据顺序。

(12) 具有可触发中断的专用发送和接收标志。

(13) 具有 SPI 总线忙状态标志。

(14) 支持可靠通信的硬件 CRC。

11.1.3　SPI 通信的结构与工作原理

STM32 的 SPI 外设可用作通信的主机及从机，支持最高的 SCK 时钟频率 $f_{PCLK}/2$，完全支持 SPI 协议的 4 种模式，数据帧长度可设置为 8 位或 16 位，可设置数据 MSB 先行或 LSB 先行，还支持双线全双工、双线单向以及单线模式。其中，双线单向模式可以同时使用 MOSI 及 MISO 数据线向一个方向传输数据，使传输速度提高了 1 倍。STM32 的 SPI 架构如图 11-5 所示。

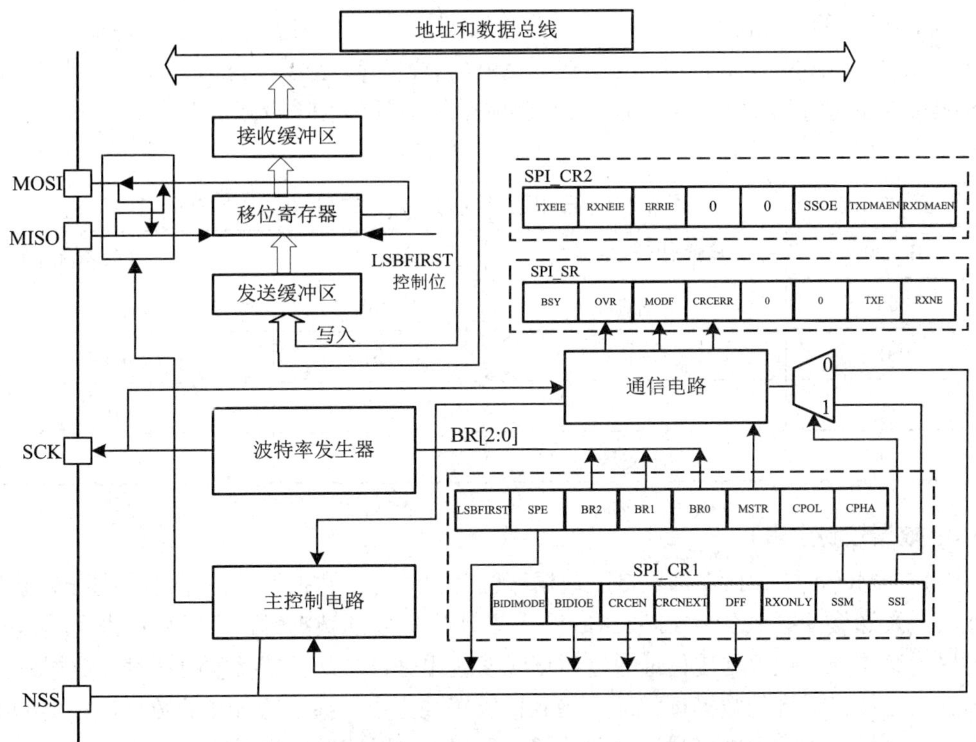

图 11-5　STM32 的 SPI 架构

1. 通信引脚

SPI 的所有硬件架构都从图 11-5 的左侧 MOSI、MISO、SCK 及 NSS 线展开。STM32F10xxx 系列芯片有多个 SPI 外设，它们的 SPI 通信信号引出到不同的 GPIO 引脚上，使用时必须配置到这些指定的引脚，见表 11-2。

表 11-2　STM32F10xxx 的 SPI 引脚

引脚	SPI 编号		
	SPI1	SPI2	SPI3
NSS	PA4	PB12	PA15 下载接口的 TDI
SCK	PA5	PB13	PB3 下载接口的 TDO
MISO	PA6	PB14	PB4 下载接口的 NTRST
MOSI	PA7	PB15	PB5

表 11-2 中，SPI1 是 APB2 上的设备，最高通信速率为 36 Mb/s；SPI2、SPI3 是 APB1 上的设备，最高通信速率为 18 Mb/s。除了通信速率，在其他功能上，SPI1～SPI3 没有差异。SPI3 用于下载接口的引脚，这几个引脚的默认功能是下载，第二功能才是 I/O 口，如果使用 SPI3 接口，则程序上必须先禁用这几个 I/O 口的下载功能。一般在资源不是十分紧张的情况下，这几个 I/O 口专门用于下载和调试程序，不会复用为 SPI3。

2. 时钟控制逻辑

SCK 线的时钟信号由波特率发生器根据控制寄存器 CR1 中的 BR[2:0]位控制，该位是对 f_{PCLK} 时钟的分频因子，对 f_{PCLK} 的分频结果就是 SCK 引脚输出的时钟频率，计算方法见表 11-3，其中的 f_{PCLK} 是指 SPI 所在的 APB 总线频率(APB1 为 f_{PCLK1}，APB2 为 f_{PCLK2})。通过配置控制寄存器 CR 的 CPOL 位及 CPHA 位可以把 SPI 设置成前面分析的 4 种 SPI 模式。

表 11-3　BR[2:0]位对 f_{PCLK} 的分频

BR[2:0]	分频结果(SCK 频率)	BR[2:0]	分频结果(SCK 频率)
000	$f_{PCLK}/2$	100	$f_{PCLK}/32$
001	$f_{PCLK}/4$	101	$f_{PCLK}/64$
010	$f_{PCLK}/8$	110	$f_{PCLK}/128$
011	$f_{PCLK}/16$	111	$f_{PCLK}/256$

3. 数据控制逻辑

SPI 的 MOSI 及 MISO 都连接到数据移位寄存器上，数据移位寄存器的数据来源于目标接收、发送缓冲区以及 MISO、MOSI 线。当向外发送数据时，数据移位寄存器以发送缓冲区为数据源，把数据逐位地通过数据线发送出去；当从外部接收数据时，数据移位寄存器把数据线采样到的数据逐位地存储到接收缓冲区中。通过写 SPI 的数据寄存器 DR 把数据填充到发送缓冲区中，通过读数据寄存器 DR 可以获取接收缓冲区中的内容，其中数据帧长度可以通过控制寄存器 CR1 的 DFF 位配置成 8 位及 16 位模式。

4. 整体控制逻辑

整体控制逻辑负责协调整个 SPI 外设，控制逻辑的工作模式根据配置的控制寄存器 CR1/CR2 的参数而改变。基本的控制参数包括前面提到的 SPI 模式、波特率、LSB 先行、主/从模式、单/双向模式等。当外设工作时，控制逻辑会根据外设的工作状态修改状态寄存器 SR，只要读取状态寄存器相关的寄存器位，就可以了解 SPI 的工作状态。除此之外，控制逻辑还根据要求，负责控制产生 SPI 中断信号、DMA 请求及控制 NSS 信号线。

在实际应用中，一般不使用 STM32 SPI 外设的标准 NSS 信号线，而是简单地使用普通的 GPIO，通过软件控制它的输出电平，从而产生通信起始和停止信号。

11.1.4　SPI 的相关寄存器

SPI 外设的操作是通过相关寄存器实现的。表 11-4 所示为 SPI 的相关寄存器。

表 11-4　SPI 的相关寄存器

序号	寄存器名称	说　明	地址偏移
1	SPI_CR1	SPI 控制寄存器 1	0x00
2	SPI_CR2	SPI 控制寄存器 2	0x04
3	SPI_SR	SPI 状态寄存器	0x08
4	SPI_DR	SPI 数据寄存器	0x0C
5	SPI_CRCPR	SPI CRC 多项式寄存器	0x10
6	SPI_RXCRCR	SPI RX CRC 寄存器	0x14
7	SPI_TXCRCR	SPI TX CRC 寄存器	0x18

下面对 SPI 的相关寄存器进行介绍。

1. SPI 控制寄存器 1(SPI_CR1)

如图 11-6 所示为 SPI 控制寄存器 1 的结构图。

15	14	13	12	11	10	9	8	7	6	5	4	3	2	1	0
BIDIMODE	BIDIOE	CRCEN	CRCNEXT	DFF	RXONLY	SSM	SSI	LSBFIRST	SPE	BR[2:0]			MSTR	CPOL	CPHA
rw	rw	rw	rw	rw	rw	rw	rw	rw	rw	rw	rw	rw	rw	rw	rw

图 11-6　SPI 控制寄存器 1 的结构图

该寄存器有定义的位如下：

➢ BIDIMODE：双向数据模式使能(Bidirectional Data Mode Enable)。BIDIMODE 为 0 时，选择“双线双向”模式；BIDIMODE 为 1 时，选择“单线双向”模式。

➢ BIDIOE：双向模式下的输出使能(Output Enable In Bidirectional Mode)。BIDIOE 为 0 时，输出禁止(只收模式)；BIDIOE 为 1 时，输出使能(只发模式)。

➢ CRCEN：硬件 CRC 校验使能(Hardware CRC Calculation Enable)。CRCEN 为 0 时，禁止 CRC 计算；CRCEN 为 1 时，启动 CRC 计算。

➢ CRCNEXT：下一个发送 CRC(Transmit CRC Next)。CRCNEXT 为 0 时，下一个发送的值来自发送缓冲区；CRCNEXT 为 1 时，下一个发送的值来自发送 CRC 寄存器。

➢ DFF：数据帧格式(Data Frame Format)。DFF 为 0 时，使用 8 位数据帧格式进行发送/接收；DFF 为 1 时，使用 16 位数据帧格式进行发送/接收。

➢ RXONLY：只接收(Receive Only)。RXONLY 为 0 时，全双工(发送和接收)；RXONLY 为 1 时，禁止输出(只接收模式)。

➢ SSM：软件从设备管理(Software Slave Management)。SSM 为 0 时，禁止软件从设备管理；SSM 为 1 时，启用软件从设备管理。

➢ SSI：内部从设备选择(Internal Slave Select)。该位只在 SSM 位为 1 时有意义，它决定了 NSS 上的电平，在 NSS 引脚上的 I/O 操作无效。

➢ LSBFIRST：帧格式(Frame Format)。LSBFIRST 为 0 时，先发送 MSB；LSBFIRST 为 1 时，先发送 LSB。

➢ SPE：SPI 使能(SPI Enable)。SPE 为 0 时，禁止 SPI 设备；SPE 为 1 时，开启 SPI 外设。

➢ BR[2:0]：波特率控制(Baud Rate Control)，该位组的设置值与所对应的触发信号的关系如表 11-5 所示。

表 11-5　BR[2:0]设置表

序号	BR[2:0]	波特率	序号	BR[2:0]	波特率
1	000	f_{PCLK}/2	5	100	f_{PCLK}/32
2	001	f_{PCLK}/4	6	101	f_{PCLK}/64
3	010	f_{PCLK}/8	7	110	f_{PCLK}/128
4	011	f_{PCLK}/16	8	111	f_{PCLK}/256

➢ MSTR：主设备选择(Master Selection)。MSTR 为 0 时，配置为从设备；MSTR 为 1 时，配置为主设备。

➢ CPOL：时钟极性(Clock Polarity)。CPOL 为 0 时，空闲状态下，SCK 保持低电平；CPOL 为 1 时，空闲状态下，SCK 保持高电平。

➢ CPHA：时钟相位(Clock Phase)。CPHA 为 0 时，数据采样从第一个时钟边沿开始；CPHA 为 1 时，数据采样从第二个时钟边沿开始。

2. SPI2 控制寄存器 2(SPI_CR2)

如图 11-7 所示为 SPI2 控制寄存器 2 的结构图。

15	14	13	12	11	10	9	8	7	6	5	4	3	2	1	0
Reserved								TXEIE	RXNEIE	ERRIE	Reserved		SSOE	TXDMAEN	RXDMAEN
								rw	rw	rw			rw	rw	rw

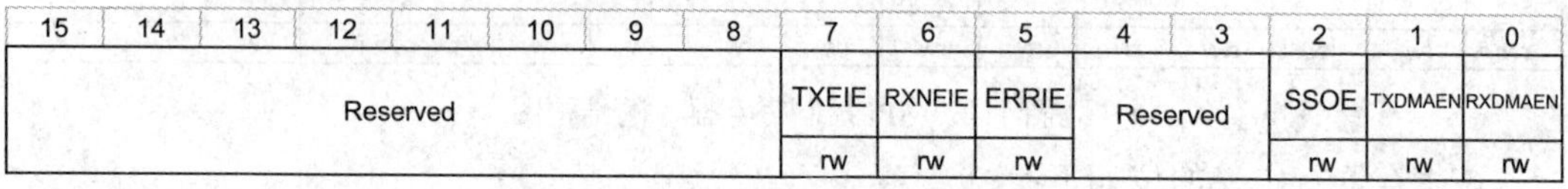

图 11-7　SPI2 控制寄存器 2 的结构图

该寄存器有定义的位如下：

➢ TXEIE：发送缓冲区空中断使能(TX Buffer Empty Interrupt Enable)。TXEIE 为 0 时，禁止 TXE 中断；TXEIE 为 1 时，允许 TXE 中断，当 TXE 标志置位为 1 时产生中断请求。

➢ RXNEIE：接收缓冲区非空中断使能(RX Buffer Not Empty Interrupt Enable)。RXNEIE 为 0 时，禁止 RXNE 中断；RXNEIE 为 1 时，允许 RXNE 中断，当 RXNE 标志置位时产生中断请求。

➢ ERRIE：错误中断使能(Error Interrupt Enable)。ERRIE 为 0 时，禁止错误中断；ERRIE 为 1 时，允许错误中断。

➢ SSOE：SS 输出使能(SS Output Enable)。SSOE 为 0 时，禁止在主模式下 SS 输出，该设备可以工作在多主设备模式；SSOE 为 1 时，设备开启时，开启主模式下 SS 输出，该设备不能工作在多主设备模式。

➢ TXDMAEN：发送缓冲区 DMA 使能(TX Buffer DMA Enable)。TXDMAEN 为 0 时，禁止发送缓冲区 DMA；TXDMAEN 为 1 时，启动发送缓冲区 DMA。

➢ RXDMAEN：接收缓冲区 DMA 使能(RX Buffer DMA Enable)。RXDMAEN 为 0 时，禁止接收缓冲区 DMA；RXDMAEN 为 1 时，启动接收缓冲区 DMA。

3. SPI 状态寄存器(SPI_SR)

图 11-8 所示为 SPI 状态寄存器的结构图。

该寄存器有定义的位如下：

➢ BSY：忙标志(Busy Flag)。BSY 为 0 时，SPI 不忙；BSY 为 1 时，SPI 正在通信，或者发送缓冲非空。

15	14	13	12	11	10	9	8	7	6	5	4	3	2	1	0
Reserved								BSY	OVR	MODF	CRCERR	UDR	CHSIDE	TXE	RXNE
								rw	rw	rw	rw	rw	rw	rw	rw

图 11-8　SPI 状态寄存器的结构图

➢ OVR：溢出标志(Overrun Flag)。OVR 为 0 时，没有出现溢出错误；OVR 为 1 时，出现溢出错误。

➢ MODF：模式错误(Mode Fault)。MODF 为 0 时，没有出现模式错误；MODF 为 1 时，出现模式错误。

➢ CRCERR：CRC 错误标志(CRC Error Flag)。CRCERR 为 0 时，收到的 CRC 值和 SPI_RXCRCR 寄存器中的值匹配；CRCERR 为 1 时，收到的 CRC 值和 SPI_RXCRCR 寄存器中的值不匹配。

➢ UDR：下溢标志位(Underrun Flag)。UDR 为 0 时，未发生下溢；UDR 为 1 时，发生下溢。

➢ CHSIDE：声道(Channel Side)。CHSIDE 为 0 时，需要传输或者接收左声道；CHSIDE 为 1 时，需要传输或者接收右声道。

➢ TXE：发送缓冲为空(Transmit Buffer Empty)。TXE 为 0 时，发送缓冲非空；TXE 为 1 时，发送缓冲为空。

➢ RXNE：接收缓冲非空(Receive Buffer Not Empty)。RXNE 为 0 时，接收缓冲为空；RXNE 为 1 时，接收缓冲非空。

4. SPI 数据寄存器(SPI_DR)

图 11-9 所示为 SPI 数据寄存器的结构图。

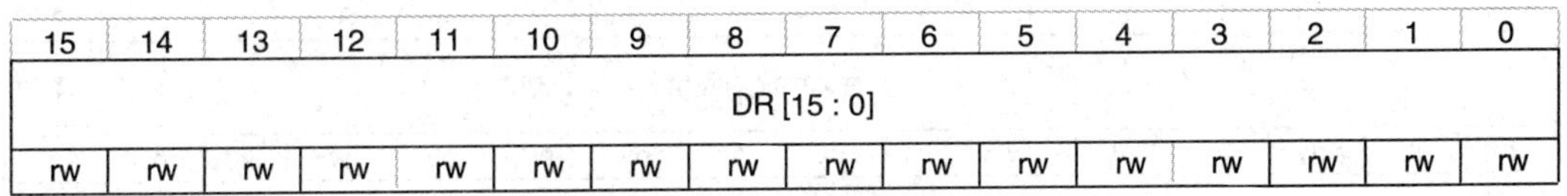

15	14	13	12	11	10	9	8	7	6	5	4	3	2	1	0
DR [15 : 0]															
rw	rw	rw	rw	rw	rw	rw	rw	rw	rw	rw	rw	rw	rw	rw	rw

图 11-9　SPI 数据寄存器的结构图

该寄存器有定义的位介绍如下：

➢ DR[15:0]：数据寄存器(Data Register)待发送或者已经收到的数据。数据寄存器对应两个缓冲区：一个用于写(发送缓冲)，写操作将数据写到发送缓冲区；另一个用于读(接收缓冲)，读操作将返回接收缓冲区里的数据。

根据 SPI 模式要求，使用 SPI_CR1 的 DF 位对数据帧格式进行选择时，数据的发送和接收可以是 8 位或者 16 位的。为保证正确的操作，需要在启用 SPI 之前就确定好数据帧格式。对于 8 位的数据，缓冲器是 8 位的，发送和接收时只会用到 SPI_DR[7:0]。在接收时，SPI_DR[15:8]被强制为 0。对于 16 位的数据，缓冲器是 16 位的，发送和接收时会用到整个数据寄存器，即 SPI_DR[15:0]。

5. SPI CRC 多项式寄存器(SPI_CRCPR)

图 11-10 所示为 SPI CRC 多项式寄存器的结构图。

15	14	13	12	11	10	9	8	7	6	5	4	3	2	1	0
CRCPOLY[15:0]															
rw	rw	rw	rw	rw	rw	rw	rw	rw	rw	rw	rw	rw	rw	rw	rw

图 11-10　SPI CRC 多项式寄存器的结构图

该寄存器有定义的位如下：

➢ CRCPOLY[15:0]：CRC 多项式寄存器 (CRC Polynomial Register)。该寄存器包含了 CRC 计算时用到的多项式，其复位值为 0x0007，根据应用可以设置其他数值。

6. SPI RX CRC 寄存器(SPI_RXCRCR)

如图 11-11 所示为 SPI RX CRC 寄存器的结构图。

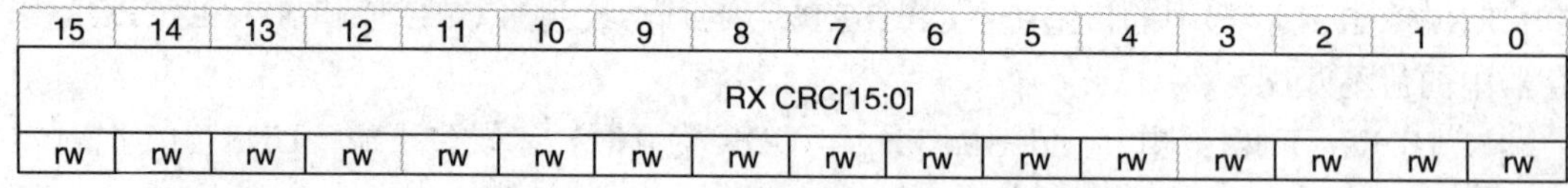

15	14	13	12	11	10	9	8	7	6	5	4	3	2	1	0
RX CRC[15:0]															
rw	rw	rw	rw	rw	rw	rw	rw	rw	rw	rw	rw	rw	rw	rw	rw

图 11-11　SPI RX CRC 寄存器的结构图

该寄存器有定义的位如下：

➢ RXCRC[15:0]：接收 CRC 寄存器在启用 CRC 计算时，RXCRC[15:0]中包含了依据收到的字节计算的 CRC 数值。当在 SPI_CR1 中的 CRCEN 位写入 1 时，该寄存器被复位。CRC 计算使用 SPI_CRCPR 中的多项式。

当数据帧格式为 8 位时，仅低 8 位参与计算，并且按照 CRC8 的方法进行计算。当数据帧格式为 16 位时，寄存器中的 16 位都参与计算，并且按照 CRC16 的标准进行计算。

7. SPI TX CRC 寄存器(SPI_TXCRCR)

图 11-12 所示为 SPI TX CRC 寄存器的结构图。

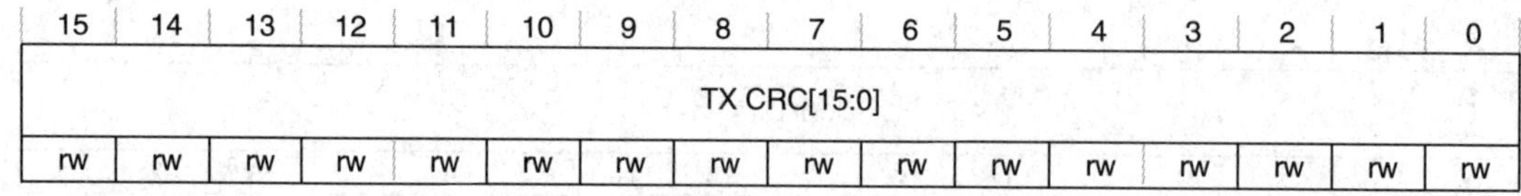

15	14	13	12	11	10	9	8	7	6	5	4	3	2	1	0
TX CRC[15:0]															
rw	rw	rw	rw	rw	rw	rw	rw	rw	rw	rw	rw	rw	rw	rw	rw

图 11-12　SPI TX CRC 寄存器的结构图

该寄存器有定义的位如下：

➢ TXCRC[15:0]：发送 CRC 寄存器在启用 CRC 计算时，TXCRC[15:0]中包含了依据将要发送的字节计算的 CRC 数值。当在 SPI_CR1 中的 CRCEN 位写入 1 时，该寄存器被复位。CRC 计算使用 SPI_CRCPR 中的多项式。当数据帧格式为 8 位时，仅低 8 位参与计算，并且按照 CRC8 的方法进行计算。当数据帧格式为 16 位时，寄存器中的 16 位都参与计算，并且按照 CRC16 的标准进行计算。

11.2　SPI 通信的操作库函数

11.2.1　SPI 通信的操作库函数概述

为方便配置 SPI 外设，ST 提供了一套 SPI 操作函数，通过这些函数可以方便地实现对 SPI

外设的各种编程应用。如表 11-6 所示为 ST 在标准外设库 v3.5 版本中定义的 SPI 操作库函数。

表 11-6　ST 在标准外设库 v3.5 版本中定义的 SPI 操作库函数

函　数	描　述
SPI_Init	对指定的 SPI 相关参数进行初始化
SPI_Cmd	使能或禁止指定的 SPI 外设
SPI_I2S_ITConfig	使能或禁止指定的 SPI 中断
SPI_I2S_DMACmd	使能或禁止指定的 SPI 的 DMA 功能
SPI_I2S_SendData	通过外设 SPI 发送一个数据
SPI_I2S_ReceiveData	返回通过 SPI 最近接收的数据
SPI_I2S_GetFlagStatus	使能或禁止指定的 SPI 的状态位
SPI_I2S_ClearFlag	清除 SPI 的状态位
SPI_I2S_GetITStatus	使能或禁止指定的 SPI 的中断标志位
SPI_I2S_ClearITPendingBi	清除 SPI 的中断标志位

11.2.2　SPI 通信的操作库函数

为方便使用，下面对 SPI 通信的操作库函数进行简要介绍。

1. 函数 SPI_Init

功能描述：初始化 SPI 的相关参数。

函数原型：

```
void SPI_Init(SPI_TypeDef* SPIx, SPI_InitTypeDef* SPI_InitStruct);
```

参数说明：SPI_InitStruct 是指向结构体 SPI_InitTypeDef 的指针。SPI_InitTypeDef 结构体的定义如下：

```
typedef struct
{
  uint16_t SPI_Direction;            /*设置 SPI 的单/双向模式*/
  uint16_t SPI_Mode;                 /*设置 SPI 的主/从机模式*/
  uint16_t SPI_DataSize;             /*设置 SPI 的数据帧长度，可选 8/16 位*/
  uint16_t SPI_CPOL;                 /*设置时钟极性 CPOL，可选高/低电平*/
  uint16_t SPI_CPHA;                 /*设置时钟相位，可选奇/偶数边沿采样*/
  uint16_t SPI_NSS;                  /*设置 NSS 引脚由 SPI 硬件控制还是软件控制*/
  uint16_t SPI_BaudRatePrescaler;    /*设置时钟分频因子，fPCLK/分频数 = fSCK */
  uint16_t SPI_FirstBit;             /*设置 MSB/LSB 先行*/
  uint16_t SPI_CRCPolynomial;        /*设置 CRC 校验的表达式*/
} SPI_InitTypeDef;
```

结构体中各成员的作用如下：

➢ SPI_Direction：设置 SPI 的通信方向，具体设置情况如表 11-7 所示。

表 11-7　SPI_Direction 参数列表

SPI_Direction	描　述
SPI_Direction_2Lines_FullDuplex	双线全双工
SPI_Direction_2Lines_RxOnly	双线只接收
SPI_Direction_1Line_Rx	单线只接收
SPI_Direction_1Line_Tx	单线只发送

➢ SPI_Mode：设置 SPI 的工作模式，具体设置情况如表 11-8 所示。

表 11-8　SPI_Mode 参数列表

SPI_Mode	描　述
SPI_Mode_Master	主机模式
SPI_Mode_Slave	从机模式

➢ SPI_DataSize：选择 SPI 通信的数据帧大小，具体设置情况如表 11-9 所示。

表 11-9　SPI_DataSize 参数列表

SPI_DataSize	描　述
SPI_DataSize_8b	8 位数据帧
SPI_DataSize_16b	16 位数据帧

➢ SPI_CPOL：配置 SPI 的时钟极性 CPOL，具体设置情况如表 11-10 所示。

表 11-10　SPI_CPOL 参数列表

SPI_CPOL	描　述
SPI_CPOL_High	高电平
SPI_CPOL_Low	低电平

➢ SPI_CPHA：设置 SPI 的时钟相位 CPHA，具体设置情况如表 11-11 所示。

表 11-11　SPI_CPHA 参数列表

SPI_CPHA	描　述
SPI_CPHA_1Edge	在 SCK 的奇数边沿采集数据
SPI_CPHA_2Edge	在 SCK 的偶数边沿采集数据

➢ SPI_NSS：配置 NSS 引脚的使用模式，具体设置情况如表 11-12 所示。

表 11-12　SPI_NSS 参数列表

SPI_NSS	描　述
SPI_NSS_Hard	硬件模式
SPI_NSS_Soft	软件模式

➢ SPI_BaudRatePrescaler：设置波特率分频因子，分频后的时钟即为 SPI 的 SCK 信号线的时钟频率。这个成员参数可设置为 f_{PCLK} 的 2、4、6、8、16、32、64、128、256 分频。

➢ SPI_FirstBit：所有串行的通信协议都会有 MSB 先行(高位数据在前)还是 LSB 先行(低位数据在前)的问题，而 STM32 的 SPI 模块可以通过这个结构体成员对这个特性进行编程控制。

➢ SPI_CRCPolynomial：SPI 的 CRC 校验中的多项式，若进行 CRC 校验，就使用这个成员的参数(多项式)来计算 CRC 的值。

2. 函数 SPI_Cmd

功能描述：使能或禁止指定的 SPI 外设。

函数原型：

```
void SPI_Cmd(SPI_TypeDef* SPIx, FunctionalState NewState);
```

参数说明：SPIx 用来选择 SPI 外设，可设置为 1、2 或 3；NewState 为 SPIx 的最新状态，可设置为 ENABLE 或 DISABLE。

3. 函数 SPI_I2S_ITConfig

功能描述：使能或禁止指定的 SPI 中断。

函数原型：

```
void SPI_I2S_ITConfig(SPI_TypeDef* SPIx, uint8_t SPI_I2S_IT, FunctionalState
NewState);
```

参数说明：SPIx 用来选择 SPI 外设，可设置为 1、2 或 3；SPI_I2S_IT 用来指定 SPI 中断源，可设置为 SPI_I2S_IT_TXT、SPI_I2S_IT_RXNE 或 SPI_I2S_IT_ERR；NewState 为 SPIx 中断的最新状态，可设置为 ENABLE 或 DISABLE。

4. 函数 SPI_I2S_DMACmd

功能描述：使能或禁止指定的 SPI 的 DMA 功能。

函数原型：

```
void SPI_I2S_DMACmd(SPI_TypeDef* SPIx, uint16_t SPI_I2S_DMAReq,
FunctionalState NewState);
```

参数说明：SPIx 用来选择 SPI 外设，可设置为 1、2 或 3；SPI_I2S_DMAReq 用来确定 DMA 传输请求，可设置为 SPI_I2S_DMAReq_TX 和 SPI_I2S_DMAReq_RX；NewState 为 DMA 传输请求的最新状态，可设置为 ENABLE 或 DISABLE。

5. 函数 SPI_I2S_SendData

功能描述：通过外设 SPI 发送一个数据。

函数原型：

```
void SPI_I2S_SendData(SPI_TypeDef* SPIx, uint16_t Data);
```

参数说明：SPIx 用来选择 SPI 外设，可设置为 1、2 或 3；Data 为待发送数据。

6. 函数 SPI_I2S_ReceiveData

功能描述：返回通过 SPI 最近接收的数据。

函数原型：

```
uint16_t SPI_I2S_ReceiveData(SPI_TypeDef* SPIx);
```

参数说明：SPIx 用来选择 SPI 外设，可设置为 1、2 或 3。

7. 函数 SPI_I2S_GetFlagStatus

功能描述：使能或禁止指定的 SPI 的状态位。

函数原型：

FlagStatus SPI_I2S_GetFlagStatus(SPI_TypeDef* SPIx, uint16_t SPI_I2S_FLAG);

参数说明：SPIx 用来选择 SPI 外设，可设置为 1、2 或 3；SPI_I2S_FLAG 为 SPI 状态标志，可设置为传输缓冲区空标志 SPI_I2S_FLAG_TXE、接收缓冲区非空标志 SPI_I2S_FLAG_RXNE、忙标志 SPI_I2S_FLAG_BSY、溢出标志 SPI_I2S_FLAG_OVR、故障模式标志 SPI_I2S_FLAG_MODF 或 CRC 错误标志 SPI_I2S_FLAG_CRCERR。

8. 函数 SPI_I2S_ClearFlag

功能描述：清除 SPI 的状态位。

函数原型：

void SPI_I2S_ClearFlag(SPI_TypeDef* SPIx, uint16_t SPI_I2S_FLAG);

参数说明：SPIx 用来选择 SPI 外设，可设置为 1、2 或 3；SPI_I2S_FLAG 仅用来清除 CRCERR 标志。

9. 函数 SPI_I2S_GetITStatus

功能描述：检查指定的 SPI 的中断状态。

函数原型：

ITStatus SPI_I2S_GetITStatus(SPI_TypeDef* SPIx, uint8_t SPI_I2S_IT);

参数说明：SPIx 用来选择 SPI 外设，可设置为 1、2 或 3；SPI_I2S_IT 为待检查的 SPI 中断源，可设置为传输缓冲区空中断 SPI_I2S_IT_TXE、接收缓冲区非空中断 SPI_I2S_IT_RXNE、溢出中断 SPI_I2S_IT_OVR、故障模式中断 SPI_I2S_IT_MODF 或 CRC 错误中断 SPI_I2S_IT_CRCERR。

10. 函数 SPI_I2S_ClearITPendingBi

功能描述：清除 SPI 的中断挂起状态位。

函数原型：

void SPI_I2S_ClearITPendingBit(SPI_TypeDef* SPIx, uint8_t SPI_I2S_IT);

参数说明：SPIx 用来选择 SPI 外设，可设置为 1、2 或 3；SPI_I2S_IT 仅用来清除 CRCERR 中断挂起位。

11.3 SPI 通信编程应用

STM32 系列芯片内置的 SPI 通信可以方便地实现高速数据通信，为相关的应用提供了便利。SPI 通信应用的关键在于对 SPI 通信进行编程控制，本节通过两个例子说明 SPI 通信应用的基本方法。

11.3.1 SPI 通信编程的基本步骤

要使用 STM32 芯片内置的 SPI 通信可以按照下面的步骤进行操作。

(1) 初始化通信使用的目标引脚及端口时钟。

(2) 使能 SPI 外设的时钟。

(3) 配置 SPI 外设的模式、地址、速率等参数，并使能 SPI 外设。

(4) 编写基本 SPI 按字节收发的函数。

(5) 编写对 Flash 擦除及读/写操作的函数。

(6) 编写测试程序，对读/写数据进行校验。

11.3.2　单路 SPI 通信编程实例

Flash 存储器又称闪存，它与 EEPROM 一样，都是掉电后数据不丢失的存储器，但 Flash 存储器容量普遍大于 EEPROM。生活中常用的 U 盘、SD 卡、SSD 固态硬盘以及 STM32 芯片内部用于存储程序的设备都是 Flash 类型的存储器。在存储控制方面，Flash 芯片只能整片擦写。

本小节以一种使用 SPI 通信的串行 Flash 存储芯片的读/写实验为例，说明 STM32 的 SPI 的使用方法。实验中 STM32 的 SPI 外设采用主模式，通过查询事件的方式来确保正常通信。

1. 硬件设计

SPI 串行 Flash 的硬件连接如图 11-13 所示。

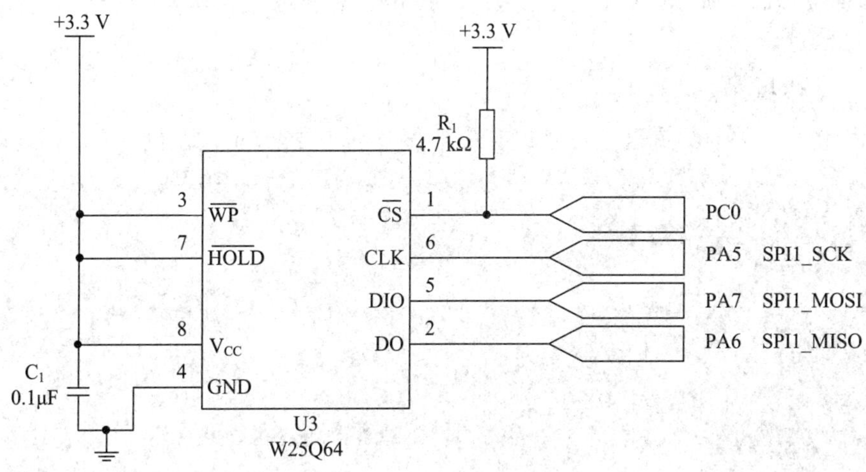

图 11-13　SPI 串行 Flash 的硬件连接

本实验中的 Flash 芯片(型号为 W25Q64)是一种使用 SPI 通信协议的 NOR Flash 存储器，它的 $\overline{\text{CS}}$、CLK、DIO、DO 引脚分别连接到了 STM32 对应的 SPI 引脚 NSS、SCK、MOSI、MISO 上，其中 STM32 的 NSS 引脚是一个普通的 GPIO，不是 SPI 的专用 NSS 引脚，所以程序中使用软件控制的方式。

Flash 芯片中还有 $\overline{\text{WP}}$ 和 $\overline{\text{HOLD}}$ 引脚。$\overline{\text{WP}}$ 引脚用于控制写保护，当该引脚为低电平时，禁止写入数据，直接接电源，不使用写保护功能。$\overline{\text{HOLD}}$ 引脚用于暂停通信，当该引脚为低电平时，通信暂停，数据输出引脚处于输出高阻抗状态，时钟和数据输入引脚无效，直接接电源，不使用暂停通信功能。

2. 软件设计

本例为 SPI 读/写串行 Flash 存储芯片的实验。首先，在 Keil MDK5 集成开发环境下新建测试工程，设置工程选项及运行环境；其次，新建工程文件，并将其添加到工程中。图11-14 所示为该测试工程窗口。

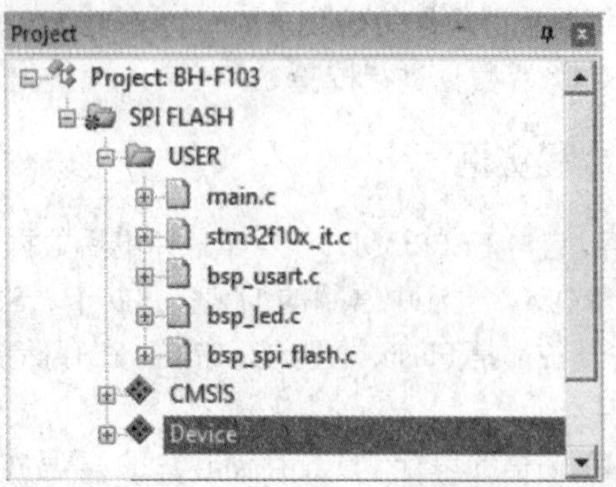

图 11-14　SPI 读写串行 Flash 存储芯片的测试工程窗口

在该工程中包含 5 个源程序文件，分别是 bsp_led.c、stm32f10x_it.c、bsp_spi_flash.c、bsp_usart.c 和 main.c。bsp_usart.c 文件实现串口调试功能；stm32f10x_it.c 文件为主中断服务程序，为所有异常处理程序提供外设中断服务；bsp_led.c 文件中包含 led 应用函数接口；bsp_spi_flash.c 文件实现 SPI Flash 底层应用函数 bsp；main.c 文件实现 SPI 读/写串行 Flash 存储芯片的测试。

1) SPI 硬件相关宏定义

把 SPI 硬件相关的配置以宏的形式定义到“bsp_spi_ flash.h”文件中。

```
/************************************************************************
* 文件：bsp_spi_ flash.h
* 功能：接口定义
************************************************************************/
#define     FLASH_SPIx                        SPI1
#define     FLASH_SPI_APBxClock_FUN           RCC_APB2PeriphClockCmd
#define     FLASH_SPI_CLK                     RCC_APB2Periph_SPI1

//CS(NSS)引脚
#define     FLASH_SPI_CS_APBxClock_FUN        RCC_APB2PeriphClockCmd
#define     FLASH_SPI_CS_CLK                  RCC_APB2Periph_GPIOC
#define     FLASH_SPI_CS_PORT                 GPIOC
#define     FLASH_SPI_CS_PIN                  GPIO_Pin_0

//SCK 引脚
#define     FLASH_SPI_SCK_APBxClock_FUN       RCC_APB2PeriphClockCmd
#define     FLASH_SPI_SCK_CLK                 RCC_APB2Periph_GPIOA
#define     FLASH_SPI_SCK_PORT                GPIOA
#define     FLASH_SPI_SCK_PIN                 GPIO_Pin_5
```

```
//MISO 引脚
#define    FLASH_SPI_MISO_APBxClock_FUN    RCC_APB2PeriphClockCmd
#define    FLASH_SPI_MISO_CLK              RCC_APB2Periph_GPIOA
#define    FLASH_SPI_MISO_PORT             GPIOA
#define    FLASH_SPI_MISO_PIN              GPIO_Pin_6
//MOSI 引脚
#define    FLASH_SPI_MOSI_APBxClock_FUN    RCC_APB2PeriphClockCmd
#define    FLASH_SPI_MOSI_CLK              RCC_APB2Periph_GPIOA
#define    FLASH_SPI_MOSI_PORT             GPIOA
#define    FLASH_SPI_MOSI_PIN              GPIO_Pin_7

#define FLASH_SPI_CS_LOW()   GPIO_ResetBits(FLASH_SPI_CS_PORT,FLASH_SPI_CS_PIN)
#define FLASH_SPI_CS_HIGH()  GPIO_SetBits(FLASH_SPI_CS_PORT, FLASH_SPI_CS_PIN)
```

以上代码根据硬件连接，把与 Flash 通信使用的 SPI、GPIO、NSS 等都以宏封装起来，便于编写 SPI 初始化函数。

```
/**************************************************************************
* 函数：SPI_FLASH_Init
* 功能：SPI_FLASH 初始化
**************************************************************************/
void SPI_FLASH_Init(void)
{
  SPI_InitTypeDef     SPI_InitStructure;
  GPIO_InitTypeDef  GPIO_InitStructure;

  /*使能 SPI 时钟*/
  FLASH_SPI_APBxClock_FUN   ( FLASH_SPI_CLK, ENABLE );

  /*使能 SPI 引脚相关的时钟*/
  FLASH_SPI_CS_APBxClock_FUN ( FLASH_SPI_CS_CLK|FLASH_SPI_SCK_CLK|
  FLASH_SPI_MISO_PIN|FLASH_SPI_MOSI_PIN, ENABLE );

  /*配置 SPI 的 CS 引脚，普通 I/O 即可*/
  GPIO_InitStructure.GPIO_Pin = FLASH_SPI_CS_PIN;
  GPIO_InitStructure.GPIO_Speed = GPIO_Speed_50 MHz;
  GPIO_InitStructure.GPIO_Mode = GPIO_Mode_Out_PP;
  GPIO_Init(FLASH_SPI_CS_PORT, &GPIO_InitStructure);

  /*配置 SPI 的 SCK 引脚*/
```

```
    GPIO_InitStructure.GPIO_Pin = FLASH_SPI_SCK_PIN;
    GPIO_InitStructure.GPIO_Mode = GPIO_Mode_AF_PP;
    GPIO_Init(FLASH_SPI_SCK_PORT, &GPIO_InitStructure);

    /*配置 SPI 的 MISO 引脚*/
    GPIO_InitStructure.GPIO_Pin = FLASH_SPI_MISO_PIN;
    GPIO_Init(FLASH_SPI_MISO_PORT, &GPIO_InitStructure);

    /*配置 SPI 的 MOSI 引脚*/
    GPIO_InitStructure.GPIO_Pin = FLASH_SPI_MOSI_PIN;
    GPIO_Init(FLASH_SPI_MOSI_PORT, &GPIO_InitStructure);

    /*停止信号 Flash: CS 引脚高电平*/
    FLASH_SPI_CS_HIGH();39 //为方便讲解，以下省略 SPI 模式初始化部分
}
```

SPI 初始化时需要先进行 GPIO 初始化。GPIO 初始化流程如下：

(1) 使用 GPIO_InitTypeDef 定义 GPIO 初始化结构体变量，用于配置 GPIO。

(2) 调用库函数 RCC_APB2PeriphClockCmd 使能 SPI 引脚使用的 GPIO 端口时钟。

(3) 向 GPIO 初始化结构体赋值，将 SCK、MOSI、MISO 引脚初始化为复用推挽模式；NSS 引脚由软件控制，将其配置为普通的推挽输出模式。

(4) 使用以上初始化结构体的配置，调用 GPIO_Init 函数向寄存器写入参数，完成 GPIO 的初始化。

2) 配置 SPI 模式

配置 SPI 模式需要查阅 W25Q64 的数据手册。W25Q64 的最高通信时钟为 104 MHz、数据帧长度为 8 位，支持双线全双工、SPI 模式 0 及模式 3。

```
/***********************************************************************
* 函数：SPI_FLASH_Init
* 功能：SPI_FLASH 引脚初始化
***********************************************************************/
void SPI_FLASH_Init(void)
{
    SPI_InitTypeDef SPI_InitStructure;
    /*SPI 模式配置*/
    // Flash 芯片支持 SPI 模式 0 及模式 3，据此设置 CPOL CPHA
    SPI_InitStructure.SPI_Direction = SPI_Direction_2Lines_FullDuplex;
    SPI_InitStructure.SPI_Mode = SPI_Mode_Master;
    SPI_InitStructure.SPI_DataSize = SPI_DataSize_8b;
    SPI_InitStructure.SPI_CPOL = SPI_CPOL_High;
```

```
    SPI_InitStructure.SPI_CPHA = SPI_CPHA_2Edge;
    SPI_InitStructure.SPI_NSS = SPI_NSS_Soft;
    SPI_InitStructure.SPI_BaudRatePrescaler = SPI_BaudRatePrescaler_4;
    SPI_InitStructure.SPI_FirstBit = SPI_FirstBit_MSB;
    SPI_InitStructure.SPI_CRCPolynomial = 7;
    SPI_Init(FLASH_SPIx, &SPI_InitStructure);
    /*使能 SPI*/
    SPI_Cmd(FLASH_SPIx, ENABLE);
}
```

在这段代码中，把 STM32 的 SPI 外设配置为主机端，双线全双工模式，数据帧长度为 8 位，使用 SPI 模式 3(CPOL = 1，CPHA = 1)，NSS 引脚由软件控制，MSB 为先行模式。代码中将 SPI 的时钟频率配置为 4 分频，实际上可以配置为 2 分频以提高通信速率。最后一个成员为 CRC 计算式，由于与 Flash 芯片通信不需要 CRC 校验，故没有使能 SPI 的 CRC 功能，这时 CRC 计算式的成员值是无效的。赋值结束后调用库函数 SPI_Init 将这些配置写入寄存器，并调用 SPI_Cmd 函数使能外设。

3) 使用 SPI 发送和接收一个字节的数据

初始化 SPI 外设后，即可使用 SPI 进行通信。复杂的数据通信都是由单个字节数据的收发组成的，其实现代码如下：

```
/*************************************************************************
* 函数：SPI_FLASH_SendByte
* 功能：SPI_FLASH 引脚初始化
*************************************************************************/
u8 SPI_FLASH_SendByte(u8 byte)
{
    SPITimeout = SPIT_FLAG_TIMEOUT;

    /*等待发送缓冲区为空，TXE 事件*/
    while (SPI_I2S_GetFlagStatus(FLASH_SPIx, SPI_I2S_FLAG_TXE) = = RESET)
    {
        if ((SPITimeout--) = = 0) return SPI_TIMEOUT_UserCallback(0);
    }
    /*写入数据寄存器，把要写入的数据写入发送缓冲区*/
    SPI_I2S_SendData(FLASH_SPIx, byte);

    SPITimeout = SPIT_FLAG_TIMEOUT;

    /*等待接收缓冲区非空，RXNE 事件*/
    while (SPI_I2S_GetFlagStatus(FLASH_SPIx, SPI_I2S_FLAG_RXNE) = = RESET)
```

```
    {
        if ((SPITimeout--) ==0) return SPI_TIMEOUT_UserCallback(1);
    }

    *读取数据寄存器，获取接收缓冲区数据*/
    return SPI_I2S_ReceiveData(FLASH_SPIx);
}

/*************************************************************************
* 函数：SPI_FLASH_ReadByte
* 功能：使用 SPI 读取一个字节的数据
*************************************************************************/
u8 SPI_FLASH_ReadByte(void)
{
    return (SPI_FLASH_SendByte(Dummy_Byte));
}
```

SPI_FLASH_SendByte 函数实现了 SPI 通信过程：

(1) 本函数中不包含 SPI 起始操作和停止操作，仅涉及 SPI 收发的主要操作。

(2) 将 SPITimeout 变量赋值为宏 SPIT_FLAG_TIMEOUT。在 while 循环中每次循环减 1，该循环通过调用库函数 SPI_I2S_GetFlagStatus 检测事件。若检测到事件，则进入通信的下一阶段；若未检测到事件，则停留在此处一直检测。

(3) 通过检测 TXE 标志，获取发送缓冲区的状态。若发送缓冲区为空，则表示数据已经发送完毕。

(4) 等待发送缓冲区空闲后，调用库函数 SPI_I2S_SendData 将发送的数据“byte”写入 SPI 数据寄存器 DR 中，并存储到 SPI 发送缓冲区。

(5) 写入完毕后等待接收缓冲区非空 RXNE 事件。由于在 SPI 双线全双工模式下 MOSI 与 MISO 数据传输是同步的，因此当接收缓冲区非空时，表示上面的数据已发送至接收缓冲区。

(6) 通过调用库函数 SPI_I2S_ReceiveData 读取 SPI 数据寄存器 DR，获取接收缓冲区中的新数据。

4) 控制 Flash 的指令

完成 SPI 的数据收发操作后，通过 STM32 利用 SPI 总线对 Flash 芯片 W25Q64 进行读/写操作。查看 Flash 芯片 W25Q64 数据手册，可了解 Flash 芯片所定义的各种指令功能及指令格式。

在 Flash 芯片内部，存储有固定的厂商编号(M7～M0)和不同类型 Flash 芯片独有的编号(ID15～ID0)，如表 11-13 所示。

通过指令表中的读 ID 指令“JEDEC ID”可以获取这两个编号。该指令编码为“9F h”，其中“9F h”是指十六进制数“9F”(相当于 C 语言中的 0x9F)。紧跟指令编码的 3

个字节分别为 Flash 芯片输出的“(M7～M0)”“(ID15～ID8)”及“(ID7～ID0)”。

表 11-13　Flash 数据手册的设备 ID 说明

Flash 型号	厂商 ID(M7～M0)	Flash 类型(ID15～ID0)
W25Q64	EF h	4017 h
W25Q128	EF h	4018 h

主机首先通过 MOSI 线向 Flash 芯片发送第一个字节数据“9F h”，当 Flash 芯片收到该数据后会解读为主机向它发送了“JEDEC”指令，然后作出对该命令的响应：通过 MISO 线把厂商 ID(M7～M0)及芯片类型(ID15～ID0)发送给主机，主机接收到指令响应后进行校验。常见的应用是主机端通过读取设备 ID 来测试硬件是否连接正常，或用于识别设备。

对于 Flash 芯片的其他指令，都是类似的，只是有的指令包含多个字节，或者响应包含更多的数据。

实际上，编写设备驱动都是有一定的规律可循的。首先，确定设备使用的是什么通信协议，根据它的通信协议选择 STM32 的硬件模块，并进行相应的 I^2C 或 SPI 模块初始化；接着，了解目标设备的相关指令(因为不同的设备，都会有相应的不同的指令，如 EEPROM 会把第一个数据解释为内部存储矩阵的地址(实质就是指令)，而 Flash 则定义了更多的指令，有写指令、读指令、读 ID 指令等)；最后，根据这些指令的格式要求，使用通信协议向设备发送指令，达到控制设备的目的。

5) 定义 Flash 指令编码表

为了方便使用，把 Flash 芯片的常用指令编码通过宏封装起来，后面需要发送指令编码时直接使用这些宏即可。

```
#define W25X_WriteEnable            0x06
#define W25X_WriteDisable           0x04
#define W25X_ReadStatusReg          0x05
#define W25X_WriteStatusReg         0x01
#define W25X_ReadData               0x03
#define W25X_FastReadData           0x0B
#define W25X_FastReadDual           0x3B
#define W25X_PageProgram            0x02
#define W25X_BlockErase             0xD8
#define W25X_SectorErase            0x20
#define W25X_ChipErase              0xC7
#define W25X_PowerDown              0xB9
#define W25X_ReleasePowerDown       0xAB
#define W25X_DeviceID               0xAB
#define W25X_ManufactDeviceID       0x90
#define W25X_JedecDeviceID          0x9F
```

```
/*其他*/
#define sFLASH_ID                          0XEF4017
#define Dummy_Byte                         0xFF
```

6) 读取 Flash 芯片 ID

根据 JEDEC 指令的时序，将读取 Flash ID 的过程编写成一个函数，代码如下：

```
/*************************************************************************
* 函数：SPI_FLASH_ReadID
* 功能：读取 Flash ID
*************************************************************************/
u32 SPI_FLASH_ReadID(void)
{
  u32 Temp = 0, Temp0 = 0, Temp1 = 0, Temp2 = 0;
  /*开始通信：CS 低电平*/
  SPI_FLASH_CS_LOW();
  *发送 JEDEC 指令，读取 ID */
  SPI_FLASH_SendByte(W25X_JedecDeviceID);
  /*读取一个字节数据*/
  Temp0 = SPI_FLASH_SendByte(Dummy_Byte);
  /*读取一个字节数据*/
  Temp1 = SPI_FLASH_SendByte(Dummy_Byte);
  /*读取一个字节数据*/
  Temp2 = SPI_FLASH_SendByte(Dummy_Byte);
  /*停止通信：CS 高电平*/
  SPI_FLASH_CS_HIGH();
  *把数据组合起来，作为函数的返回值*/
  Temp = (Temp0 << 16) | (Temp1 << 8) | Temp2;
  return Temp;
}
```

这段代码利用控制CS引脚电平的宏“SPI_FLASH_CS_LOW/HIGH”以及前面编写的单字节收发函数 SPI_FLASH_SendByte，实现“JEDEC ID”指令的时序：发送一个字节的指令编码“W25X_JedecDeviceID”，然后读取 3 个字节，获取 Flash 芯片对该指令的响应，最后把读取到的这 3 个数据合并到一个变量 Temp 中，作为函数的返回值，把该返回值与定义的宏“sFLASH_ID”对比，即可知道 Flash 芯片是否正常。

7) Flash 写使能以及读取当前状态

在向 Flash 芯片存储矩阵写入数据前，要先通过“Write Enable”命令使能写操作。

```
/*************************************************************************
* 函数：SPI_FLASH_WriteEnable
```

```
* 功能：向 Flash 发送写使能命令
*****************************************************************************/
void SPI_FLASH_WriteEnable(void)
{
  /*通信开始：CS 低*/
  SPI_FLASH_CS_LOW();
  /*发送写使能命令*/
  SPI_FLASH_SendByte(W25X_WriteEnable);
  /*通信结束：CS 高*/
  SPI_FLASH_CS_HIGH();
}
```

与 EEPROM 一样，由于 Flash 芯片向内部存储矩阵写入数据需要消耗一定的时间，并不是在总线通信结束的一瞬间完成的，因此在写操作后需要确认 Flash 芯片“空闲”时才能进行再次写入操作。为了表示工作状态，Flash 芯片定义了一个状态寄存器，如图 11-15 所示。

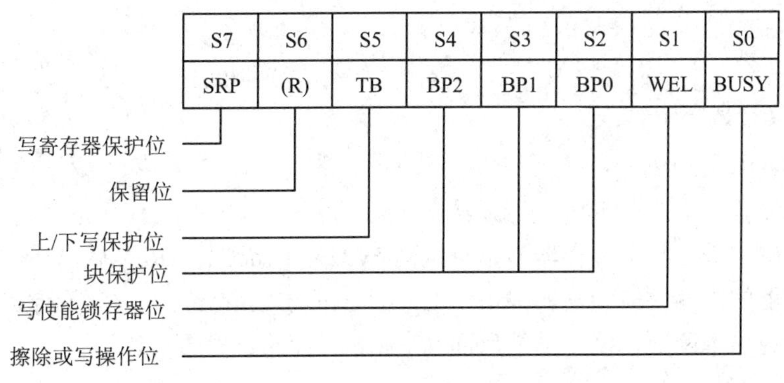

图 11-15　Flash 芯片的状态寄存器

当状态寄存器的第 0 位 BUSY 为 1 时，表明 Flash 芯片处于忙状态，可能正在对内部的存储矩阵进行“擦除”或“数据写入”操作。利用“Read Status Register”指令可以获取 Flash 芯片状态寄存器的内容。

只要向 Flash 芯片发送了读状态寄存器的指令，Flash 芯片就会持续向主机返回最新的状态寄存器内容，直到收到 SPI 通信的停止信号。据此编写的具有等待 Flash 芯片写入结束功能的函数代码如下：

```
/*****************************************************************************
* 函数：SPI_FLASH_WaitForWriteEnd
* 功能：等待 WIP(BUSY)标志被置 0，即等待 Flash 内部数据写入完毕
*****************************************************************************/
/* WIP(busy)标志，Flash 内部正在写入*/
#define WIP_Flag 0x01
void SPI_FLASH_WaitForWriteEnd(void)
```

```
{
  u8 FLASH_Status = 0;

  /*选择 Flash: CS 低电平*/
  SPI_FLASH_CS_LOW();

  /*发送读状态寄存器命令*/
  SPI_FLASH_SendByte(W25X_ReadStatusReg);

  /*若 Flash 忙碌，则等待*/
  Do
  {
    /*读取 Flash 芯片的状态寄存器*/
    FLASH_Status = SPI_FLASH_SendByte(Dummy_Byte);
  }
  while ((FLASH_Status & WIP_Flag) = = SET); /* 正在写入标志 */

  /*停止信号 Flash: CS 高电平*/
  SPI_FLASH_CS_HIGH();
}
```

这段代码发送读状态寄存器的指令编码 W25X_ReadStatusReg 后，在 while 循环里持续获取寄存器的内容并检验它的 WIP_Flag 标志(即 BUSY 位)，一直等待到该标志表示写入结束时才退出本函数，以便继续后面与 Flash 芯片的数据通信。

8) Flash 扇区擦除

由于 Flash 存储器的特性决定了它只能把原来为 1 的数据位改写成 0，而原来为 0 的数据位不能直接改写为 1，因此这里涉及数据“擦除”的概念。在数据写入前，必须要对目标存储矩阵进行擦除操作，把矩阵中的数据位擦除为 1；在数据写入时，如果要存储数据 1，则不修改存储矩阵，如果要存储数据 0，则更改该位。通常，存储矩阵擦除的基本操作单位都是针对多个字节进行的，如本例中的 Flash 芯片支持扇区擦除、块擦除以及整片擦除，如表 11-14 所示。Flash 芯片的最小擦除单位为扇区(Sector)，而一个块(Block)包含 16 个扇区，其内部存储矩阵分布如图 11-16 所示。使用扇区擦除指令“Sector Erase”可控制 Flash 芯片的擦除操作。

表 11-14　本例中 Flash 芯片的擦除单位

擦除单位	大　小
扇区(Sector)	4 KB
块(Block)	64 KB
整片(Chip)	整个芯片完全擦除

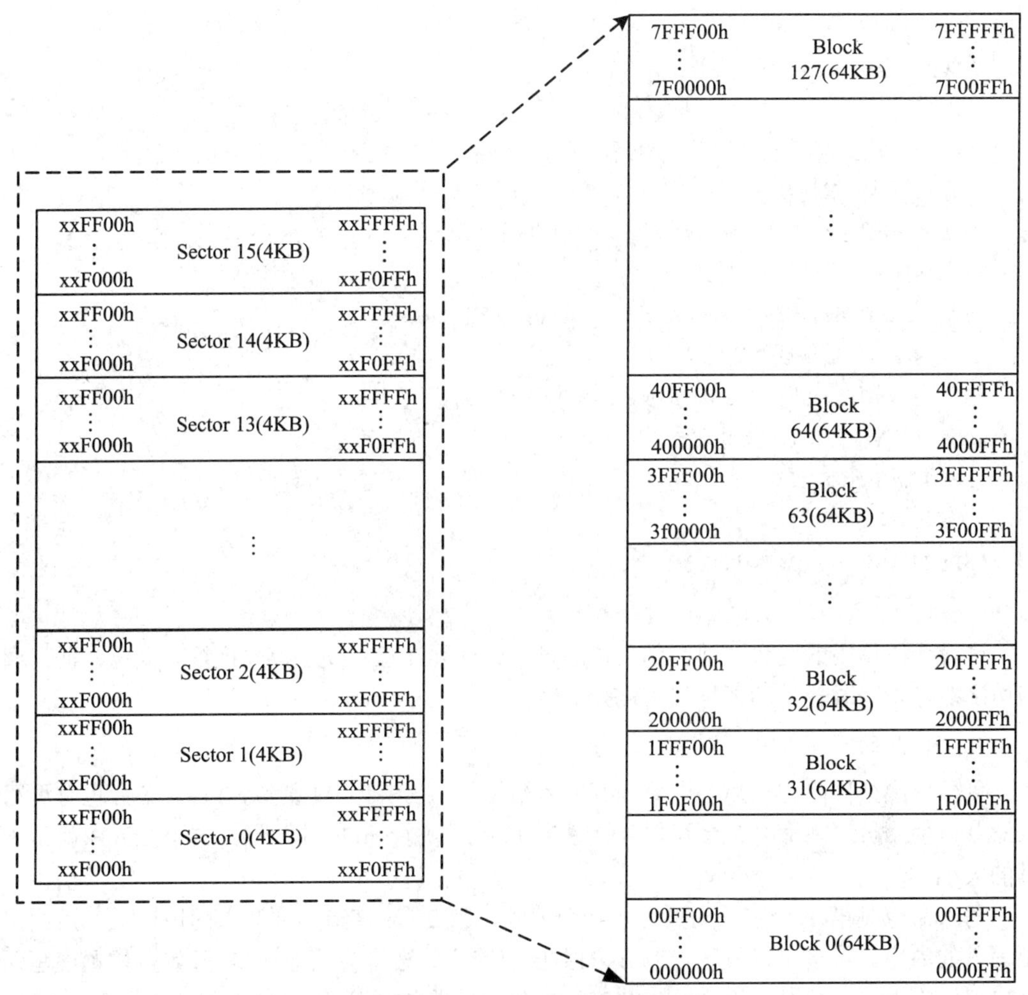

图 11-16　Flash 芯片的存储矩阵

扇区擦除指令的第一个字节为指令编码，紧接着发送的 3 个字节用于表示要擦除的存储矩阵地址。注意，在执行扇区擦除指令前，还需要先发送“写使能”指令，发送扇区擦除指令后，通过读取寄存器状态等待扇区擦除操作完毕。

```
/******************************************************************************
* 函数：SPI_FLASH_SectorErase
* 功能：擦除 Flash 扇区
******************************************************************************/
void SPI_FLASH_SectorErase(u32 SectorAddr)
{
  /*发送 Flash 写使能命令*/
  SPI_FLASH_WriteEnable();
  SPI_FLASH_WaitForWriteEnd();
  /*擦除扇区*/
```

```
    /*选择 Flash: CS 低电平*/
    SPI_FLASH_CS_LOW();
    /*发送扇区擦除指令*/
    SPI_FLASH_SendByte(W25X_SectorErase);
    /*发送擦除扇区地址的高位*/
    SPI_FLASH_SendByte((SectorAddr & 0xFF0000) >> 16);
    /*发送擦除扇区地址的中位*/
    SPI_FLASH_SendByte((SectorAddr & 0xFF00) >> 8);
    /*发送擦除扇区地址的低位*/
    SPI_FLASH_SendByte(SectorAddr & 0xFF);
    /*停止信号 Flash: CS 高电平*/
    SPI_FLASH_CS_HIGH();
    /*等待擦除完毕*/
    SPI_FLASH_WaitForWriteEnd();
}
```

这段代码调用的函数在前面都已讲述过，此处须注意，发送擦除地址时高位在前，调用扇区擦除指令时输入的地址按 4 KB 对齐。

9) Flash 的页写入

目标扇区被擦除完毕后，即可向其写入数据。与 EEPROM 类似，Flash 芯片也有页写入命令，使用页写入命令最多可以一次性向 Flash 传输 256 B 的数据，这个 256 B 就是一页的大小。

写入命令时第 1 个字节为页写入指令编码，第 2～4 字节为要写入的地址 A，后面是要写入的内容。最多可以发送 256 B 的数据，这些数据将会从地址 A 开始，按顺序写入 Flash 存储矩阵中。若发送的数据超出 256 B，则会覆盖前面发送的数据。与擦除指令不一样，页写入指令的地址并不要求按 256 B 对齐，只要确认目标存储单元是擦除状态即可(即被擦除后没有被写入过)。所以，若对地址 x 执行页写入指令，并发送了 200 B 数据后终止通信，则下一次再执行页写入指令，可以从地址 x + 200 开始写入 200 B 数据(小于 256 B 均可)。

```
/***************************************************************************
* 函数：SPI_FLASH_PageWrite
* 功能：对 Flash 按页写入数据，调用本函数写入数据前需要先擦除扇区
***************************************************************************/
void SPI_FLASH_PageWrite(u8* pBuffer, u32 WriteAddr, u16 NumByteToWrite)
{
    /*发送 Flash 写使能命令*/
    SPI_FLASH_WriteEnable();

    /*选择 Flash: CS 低电平*/
    SPI_FLASH_CS_LOW();
```

```
    /*发送写指令*/
    SPI_FLASH_SendByte(W25X_PageProgram);
    /*发送写地址的高位*/
    SPI_FLASH_SendByte((WriteAddr & 0xFF0000) >> 16);
    /*发送写地址的中位*/
    SPI_FLASH_SendByte((WriteAddr & 0xFF00) >> 8);
    /*发送写地址的低位*/
    SPI_FLASH_SendByte(WriteAddr & 0xFF);

    if (NumByteToWrite > SPI_FLASH_PerWritePageSize)
    {
      NumByteToWrite = SPI_FLASH_PerWritePageSize;
      FLASH_ERROR("SPI_FLASH_PageWrite too large!");
    }

    /*写入数据*/
    while (NumByteToWrite--)
    {
      /*发送当前要写入的字节数据*/
      SPI_FLASH_SendByte(*pBuffer);
      /*指向下一字节数据*/
      pBuffer++;
    }
    /*停止信号 FLASH: CS 高电平*/
    SPI_FLASH_CS_HIGH();

    /*等待写入完毕*/
    SPI_FLASH_WaitForWriteEnd();
}
```

这段代码实现的功能是：先发送“写使能”命令，接着开始页写入时序，然后发送指令编码、地址，把要写入的数据一个接一个地发送出去，发送完毕后结束通信，检查 Flash 状态寄存器，等待 Flash 内部写入结束。

10) 不定量数据写入

在实际应用中常常要写入不定量的数据，直接调用“页写入”函数并不是特别方便，所以在该函数的基础上编写了“不定量数据写入”函数，代码如下：

```
/*************************************************************************
* 函数：SPI_FLASH_BufferWrite
* 功能：对 Flash 写入数据，调用本函数写入数据前需要先擦除扇区
```

```
*************************************************************************/
void SPI_FLASH_BufferWrite(u8* pBuffer, u32 WriteAddr, u16 NumByteToWrite)
{
  u8 NumOfPage = 0, NumOfSingle = 0, Addr = 0, count = 0, temp = 0;

  /*mod 运算求余，若 writeAddr 是 SPI_FLASH_PageSize 整数倍，则运算结果 Addr 值为 0*/
  Addr = WriteAddr % SPI_FLASH_PageSize;

  /*差 count 个数据值，刚好可以对齐到页地址*/
  count = SPI_FLASH_PageSize - Addr;
  /*计算出要写多少整数页*/
  NumOfPage = NumByteToWrite / SPI_FLASH_PageSize;
  /*mod 运算求余，计算出剩余不满一页的字节数*/
  NumOfSingle = NumByteToWrite % SPI_FLASH_PageSize;

  /* Addr = 0, 则 WriteAddr 刚好按页对齐*/
  if (Addr == 0)
  {
    /* NumByteToWrite < SPI_FLASH_PageSize */
    if (NumOfPage == 0)
    {
      SPI_FLASH_PageWrite(pBuffer, WriteAddr,
      NumByteToWrite);
    }
    else /* NumByteToWrite > SPI_FLASH_PageSize */
    {
      /*先写整数页*/
      while (NumOfPage--)
      {
        SPI_FLASH_PageWrite(pBuffer, WriteAddr,SPI_FLASH_PageSize);
        WriteAddr += SPI_FLASH_PageSize;
        pBuffer += SPI_FLASH_PageSize;
      }
      /*若有多余的不满一页的数据，则把它写完*/
      SPI_FLASH_PageWrite(pBuffer, WriteAddr,
      NumOfSingle);
    }
  }
  /*若地址与 SPI_FLASH_PageSize 不对齐*/
```

```
else
{
  /* NumByteToWrite < SPI_FLASH_PageSize */
  if (NumOfPage == 0)
  {
    /*当前页剩余的 count 个位置比 NumOfSingle 小，一页写不完*/
    if (NumOfSingle > count)
    {
      temp = NumOfSingle - count;
      /*先写当前页*/
      SPI_FLASH_PageWrite(pBuffer, WriteAddr, count);

      WriteAddr += count;
      pBuffer += count;
      /*再写剩余的数据*/
      SPI_FLASH_PageWrite(pBuffer, WriteAddr, temp);
    }
    else /*当前页剩余的 count 个位置能写完 NumOfSingle 个数据*/
    {
      SPI_FLASH_PageWrite(pBuffer, WriteAddr,
        NumByteToWrite);
    }
  }
  else /* NumByteToWrite > SPI_FLASH_PageSize */
  {
    /*地址不对齐时，多出的 count 分开处理，不加入这个运算*/
    NumByteToWrite -= count;
    NumOfPage = NumByteToWrite / SPI_FLASH_PageSize;
    NumOfSingle = NumByteToWrite % SPI_FLASH_PageSize;

    /*先写完 count 个数据,为的是让下一次要写的地址对齐*/
    SPI_FLASH_PageWrite(pBuffer, WriteAddr, count);

    /*接下来重复地址对齐的情况*/
    WriteAddr += count;
    pBuffer += count;
    /*写整数页*/
    while (NumOfPage--)
    {
```

```
            SPI_FLASH_PageWrite(pBuffer, WriteAddr,
            SPI_FLASH_PageSize);
            WriteAddr += SPI_FLASH_PageSize;
            pBuffer += SPI_FLASH_PageSize;
        }
        /*若有多余的不满一页的数据，则把它写完*/
        if (NumOfSingle != 0)
        {
            SPI_FLASH_PageWrite(pBuffer, WriteAddr,
            NumOfSingle);
        }
    }
  }
}
```

这段代码与 EEPROM 中的“快速写入多字节”函数原理相同，运算过程在此不再赘述，区别在于页的大小以及实际数据写入两方面，使用的是针对 Flash 芯片的页写入函数，且在实际调用这个“不定量数据写入”函数时须注意确保目标扇区处于擦除状态。

11) 从 Flash 读取数据

相对于写入，Flash 芯片的数据读取要简单得多，使用读取指令“Read Data”即可完成读取数据操作。

发送指令编码及要读的起始地址后，Flash 芯片就会按地址递增的方式返回存储矩阵的内容，读取的数据量没有限制，只要没有停止通信，Flash 芯片就会一直返回数据。

```
/*************************************************************************
* 函数：SPI_FLASH_BufferRead
* 功能：读取 Flash 数据
*************************************************************************/
void SPI_FLASH_BufferRead(u8* pBuffer, u32 ReadAddr, u16 NumByteToRead)
{
  /*选择 Flash: CS 低电平*/
  SPI_FLASH_CS_LOW();

  /*发送读指令*/
  SPI_FLASH_SendByte(W25X_ReadData);

  /*发送读地址的高位*/
  SPI_FLASH_SendByte((ReadAddr & 0xFF0000) >> 16);
  /*发送读地址的中位*/
  SPI_FLASH_SendByte((ReadAddr& 0xFF00) >> 8);
```

```
    /*发送读地址的低位*/
    SPI_FLASH_SendByte(ReadAddr & 0xFF);

    /*读取数据*/
    while (NumByteToRead--)
    {
      /*读取一个字节*/
      *pBuffer = SPI_FLASH_SendByte(Dummy_Byte);
      /*指向下一个字节缓冲区*/
      pBuffer++;
    }
    /*停止信号 Flash: CS 高电平*/
    SPI_FLASH_CS_HIGH();
}
```

由于读取的数据量没有限制，因此发送读命令后一直接收 NumByteToRead 个数据到结束即可。

12) main 函数

最后编写 main 函数，实现 Flash 芯片的读/写校验。

```
/******************************************************************************
*实验名：Flash 芯片读/写实验
*实验说明：串行 Flash 测试，并将测试信息通过串口 1 在计算机的超级终端中打印出来
******************************************************************************/
int main(void)
{
  LED_GPIO_Config();
  LED_BLUE;

  /*配置串口 1 为 115200 8-N-1 */
  USART_Config();
  printf("\r\n 这是一个 8MB 串行 Flash (W25Q64)实验 \r\n");

  /* 8MB 串行 Flash W25Q64 初始化*/
  SPI_FLASH_Init();

  /*获取 Flash Device ID */
  DeviceID = SPI_FLASH_ReadDeviceID();
  Delay( 200 );
```

```
/*获取 SPIFlash ID */
FlashID = SPI_FLASH_ReadID();
printf("\r\n FlashID is 0x%X,\ Manufacturer Device ID is 0x%X\r\n", FlashID, DeviceID);

/*检验 SPIFlash ID */
if (FlashID = = sFLASH_ID)
{
  printf("\r\n 检测到串行 Flash W25Q64 !\r\n");

  /*擦除将要写入的 SPI Flash 扇区，Flash 写入前要先擦除*/
  //这里擦除 4 KB，即一个扇区，擦除的最小单位是扇区
  SPI_FLASH_SectorErase(FLASH_SectorToErase);

  /*将发送缓冲区的数据写入 Flash 中*/
  //这里写一页，一页的大小为 256 B
  SPI_FLASH_BufferWrite(Tx_Buffer, FLASH_WriteAddress, BufferSize);
  printf("\r\n 写入的数据为： %s \r\t", Tx_Buffer);

  /*将刚刚写入的数据读出来放到接收缓冲区中*/
  SPI_FLASH_BufferRead(Rx_Buffer, FLASH_ReadAddress, BufferSize);
  printf("\r\n 读出的数据为：%s \r\n", Rx_Buffer);
  /*检查写入的数据与读出的数据是否相等*/
  TransferStatus1 = Buffercmp(Tx_Buffer, Rx_Buffer, BufferSize);

  if ( PASSED = = TransferStatus1 )
  {
    LED_GREEN;
    printf("\r\n 8 MB 串行 Flash (W25Q64)测试成功!\n\r");
  }
  else
  {
    LED_RED;
    printf("\r\n 8 MB 串行 Flash (W25Q64)测试失败!\n\r");
  }
}
else
{
  LED_RED;
  printf("\r\n 获取不到 W25Q64 ID!\n\r");
```

```
    }

    while (1);
}
```

函数中初始化了 LED、串口、SPI 外设，然后读取 Flash 芯片的 ID 进行校验，若 ID 校验通过，则向 Flash 的特定地址写入测试数据，最后从该地址读取数据，测试读写是否正常。

用 USB 线连接开发板和计算机，在计算机端打开串口调试助手，把编译好的程序下载到开发板。在串口调试助手中可看到 Flash 的调试信息。

思考题与习题 11

1. 简述 STM32 的 SPI 外设及其特点。
2. 简述 SPI 通信的主要特性。
3. 简述 SPI 通信的过程以及数据的传输方式。
4. STM32F10xxx 系列 SPI 外设有哪几个状态标志？每个标志位都有哪些含义？
5. STM32F10xxx 系列 SPI 外设的中断事件主要有哪些？标志以及使能控制位分别是什么？
6. 通过库函数编程设置 STM32F10xxx 处理器，给出相应的代码。
7. 如何配置用于 SPI 外设读取内部 Flash 的引脚？
8. SPI 通信的传输模式有哪些？如何使用寄存器去配置通信的模式？
9. 试根据 11.3.2 节介绍的 SPI 读/写串行 Flash 存储芯片的实例，设计程序用于读取外部 SD 卡。
10. 简述 SPI 初始化结构体中的各成员，并指出其分别用于哪种模式。
11. 自己动手验证 11.3.2 节介绍的 SPI 读/写串行 Flash 存储芯片的实例。

第 12 章 I²C 总线接口

I²C 通信协议(Inter Integrated Circuit)是由 Philips 公司开发的，该协议通信线少，硬件实现简单，可扩展性强，不需要 USART、CAN 等通信协议的外部收发设备，现在被广泛地应用于系统内多个集成电路之间的通信。

12.1 I²C 概述

I²C 总线只有两根双向信号线，一根是数据线 SDA，另一根是时钟线 SCL。使用 I²C 接口可以很轻易地在 I²C 总线上实现数据存取，用户通过软件来控制 I²C 启动，实现不同器件间的通信。

12.1.1 I²C 总线的基本特性

STM32F103xx 系列芯片的 I²C 总线接口模块的基本特性如下：

(1) 具有并行总线到 I²C 总线的协议转换器。

(2) 支持多主机功能描述：既可作为主设备，也可作为从设备。

(3) 具有 I²C 主设备功能：产生时钟，产生起始和停止信号。

(4) 具有 I²C 从设备功能：可编程的 I²C 地址检测，可响应 2 个从地址的双地址能力；停止位检测。

(5) 能够产生和检测 7 位/10 位地址和广播呼叫。

(6) 支持不同的通信速度：标准速度(高达 100 kHz)和快速(高达 400 kHz)。

(7) 具有通信状态标志：发送器/接收器模式标志，字节发送结束标志，I²C 总线忙标志。

(8) 具有错误标志：主模式时的仲裁丢失标志，地址/数据传输后的应答(ACK)错误标志，检测到错位的起始或停止条件标志，禁止拉长时钟功能时的上溢或下溢标志。

(9) 支持中断，具有 2 个中断向量：1 个用于地址/数据通信成功，1 个用于错误。

(10) 具有可选的拉长时钟功能。

(11) 具有单字节缓冲器的 DMA。

(12) 可配置的 PEC(信息包错误检测)的产生或校验：发送模式中 PEC 值可以作为最后一个字节传输；用于最后一个接收字节的 PEC 错误校验。

(13) 兼容 SMBus 2.0：25 ms 时钟低超时延时，10 ms 主设备累积时钟低扩展时间，25 ms 从设备累积时钟低扩展时间，带 ACK 控制的硬件 PEC 产生/校验，支持地址分辨协议(ARP)。

(14) 兼容 SMBus。

12.1.2　I²C 基础

下面分别对 I²C 协议的物理层及协议层进行介绍。

1. I²C 物理层

I²C 通信设备之间的常用连接方式如图 12-1 所示。

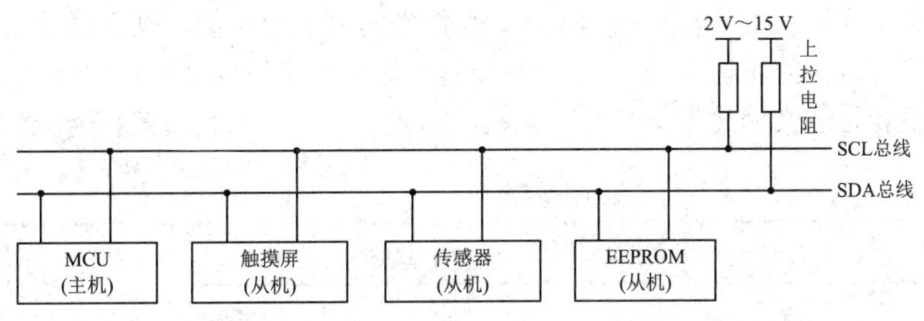

图 12-1　I²C 通信设备之间的常用连接方式

I²C 物理层有如下特点：

(1) I²C 是支持设备的总线。在一个 I²C 通信总线中，可连接多个 I²C 通信设备，支持多个通信主机及多个通信从机。

(2) 一条 I²C 总线只使用两条总线线路，其中，SDA 为串行数据线，SCL 为串行时钟线，数据线用来传输数据，时钟线用于数据收发同步。

(3) 每个连接到总线的设备都有一个独立的地址，主机可以利用这个地址进行不同设备之间的访问。

(4) 总线通过上拉电阻接到高电平。当 I²C 设备空闲时，会输出高阻态，而当所有设备空闲都输出高阻态时，由上拉电阻把总线拉成高电平。

(5) 多个主机同时使用总线时，为了防止数据冲突，会利用仲裁方式决定由哪个设备占用总线。

(6) 具有 3 种传输模式：标准模式传输速率为 100 kb/s，快速模式为 400 kb/s，高速模式下可达 3.4 Mb/s，但目前大多数的 I²C 设备尚不支持高速模式。

(7) 连接到相同总线的 I²C 数量受到总线的最大电容 400 pF 的限制。

2. I²C 协议层

I²C 的协议层定义了通信的起始和停止信号、数据有效性、响应、仲裁、时钟同步和地址广播等环节。

1) I²C 的基本读/写过程

I²C 的通信过程如图 12-2、图 12-3、图 12-4 所示。

这些图表示的是主机和从机通信时，SDA 线的数据包序列。其中，S 表示由主机的 I²C 接口产生的传输起始信号(S)，这时连接到 I²C 总线上的所有从机都会接收到这个信号。

起始信号产生后，所有从机就开始等待主机广播的从机地址信号 SLAVE_ADDRESS。

在 I^2C 总线上，每个设备的地址都是唯一的，当主机广播的地址与某个设备地址相同时，这个设备就被选中，没被选中的设备将会忽略之后的数据信号。根据 I^2C 协议，这个从机地址可以是 7 位或 10 位。

在地址位之后，是传输方向的选择位。该位为 0 时，表示后面的数据传输方向是由主机传输至从机，即主机向从机写数据；该位为 1 时，则相反，即主机由从机读数据。

从机接收到匹配的地址后，主机或从机会返回一个应答 ACK 或非应答 NACK 信号，只有接收到应答信号后，主机才能继续发送或接收数据。

(1) 配置的方向传输位为写数据方向，如图 12-2 所示，广播完地址，接收到应答信号后，主机开始正式向从机传输数据 DATA，数据包的大小为 8 位，主机每发送完一个字节数据，都要等待从机的应答信号 ACK；重复这个过程，可以向从机传输 N 个数据，这个 N 没有大小限制。当数据传输结束时，主机向从机发送一个停止传输信号 P，表示不再传输数据。

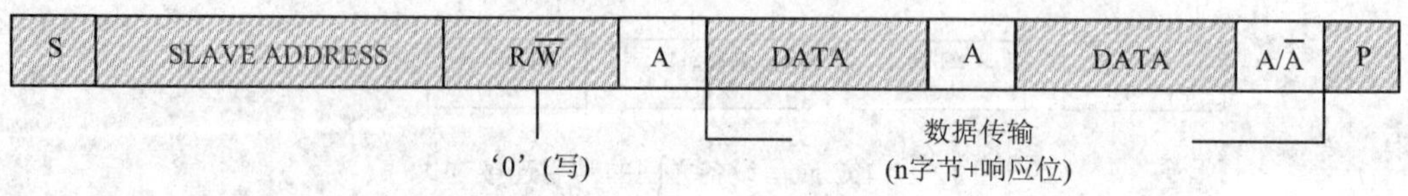

图 12-2　主机写数据到从机

(2) 配置的方向传输位为读数据方向，如图 12-3 所示，广播完地址，接收到应答信号后，从机开始向主机返回数据 DATA，数据包大小为 8 位，从机每发送完一个数据，都会等待主机的应答信号 ACK；重复这个过程，可以返回 N 个数据，这个 N 没有大小限制。当主机希望停止接收数据时，向从机返回一个非应答信号 NACK，从机就自动停止数据传输。

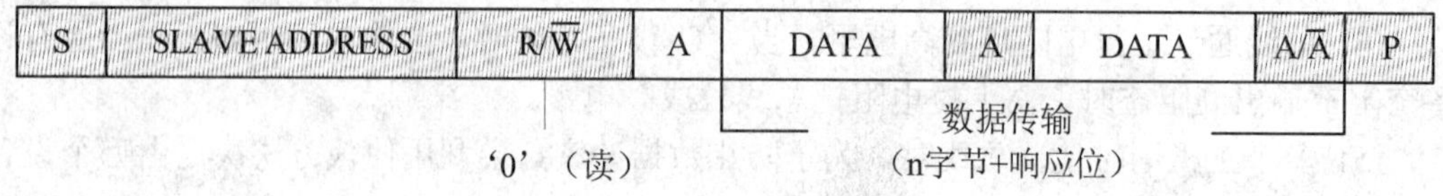

图 12-3　主机由从机中读数据

(3) 除了基本的读写，I^2C 通信更常用的是复合格式，如图 12-4 所示，该传输过程有两次起始信号(S)。一般在第一次传输中，主机通过 SLAVE ADDRESS 寻找到从设备后，发送一段数据，这段数据通常用于表示从设备内部寄存器或存储器地址；在第二次的传输中，对该地址的内容进行读或写。也就是说，第一次通信是告诉从机读/写地址，第二次则是读/写的实际内容。

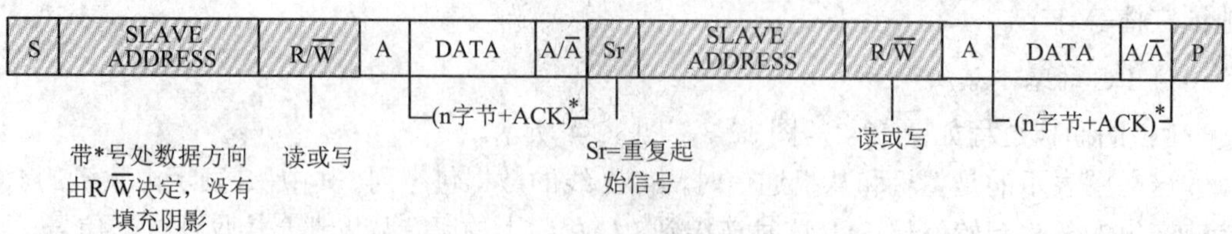

图 12-4　I^2C 通信复合格式

2) 通信的起始和停止信号

起始 S 和停止 P 信号是两种特殊的状态。如图 12-5 所示，当 SCL 线是高电平时，SDA 线从高电平向低电平切换，表示通信的起始；当 SCL 是高电平时，SDA 线由低电平向高电平切换，表示通信的停止。起始和停止信号一般由主机产生。

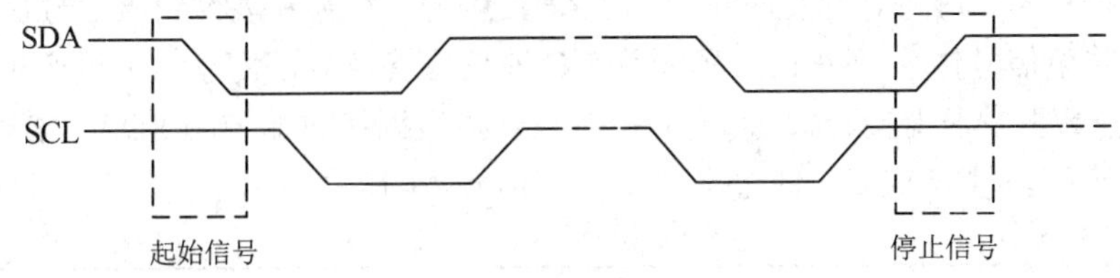

图 12-5　起始和停止信号

3) 数据有效性

I^2C 通信使用 SDA 信号线来传输数据，使用 SCL 信号线进行数据同步。如图 12-6 所示，SDA 数据线在 SCL 的每个时钟周期传输一位数据。传输过程中，当 SCL 为高电平时，SDA 表示的数据有效，即此时的 SDA 为高电平时表示数据 1，为低电平时表示数据 0；当 SCL 为低电平时，SDA 的数据无效，一般在这个时候 SDA 进行电平切换，为下一次传输数据做好准备。每次数据传输都以字节为单位，每次传输的字节数不受限制。

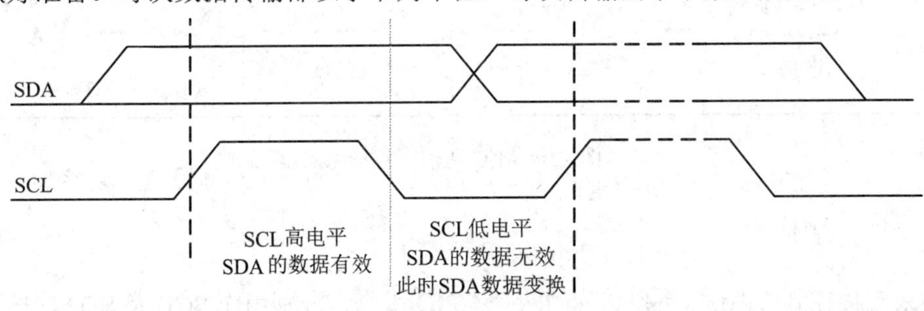

图 12-6　数据有效性

4) 地址及数据方向

I^2C 总线上的每个设备都有自己的独立地址，主机发起通信时，通过 SDA 信号线发送设备地址 SLAVE ADDRESS 来查找从机。I^2C 协议规定设备地址可以是 7 位或 10 位，实际中应用 7 位的地址比较广泛。紧跟设备地址的一个数据位用来表示数据传输方向，它是数据读/写位 R/$\overline{W}$，为第 8 位或第 11 位，数据读/写位为 1 时表示主机读数据，该位为 0 时表示主机向从机写数据，图 12-7 所示为设备地址与数据传输方向控制字节格式。

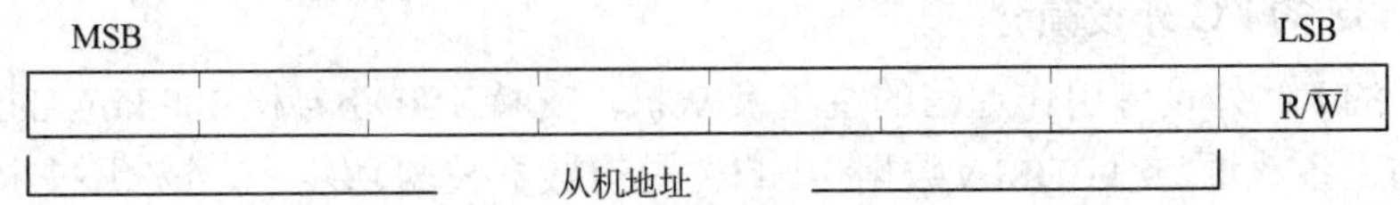

图 12-7　设备地址(7 位)与数据传输方向控制字节格式

主机读数据时会释放对 SDA 信号线的控制，由从机控制 SDA 信号线，主机接收信号；主机写数据时，SDA 由主机控制，从机接收信号。

5) 应答

I²C 的数据和地址传输都需要应答。应答包括应答 ACK 和非应答 NACK 两种信号。作为数据接收端时，当设备接收到 I²C 传输的一个字节数据或地址后，若希望对方继续发送数据，则需要向对方发送应答 ACK 信号，发送方才会继续发送下一个数据；若接收端希望结束数据传输，则向对方发送非应答 NACK 信号，发送方接收到该信号后会产生一个停止信号，结束信号传输。图 12-8 所示为 I²C 通信应答信号，传输时主机产生时钟，在第 9 个时钟时，数据发送端会释放 SDA 的控制权，由数据接收端控制 SDA。若 SDA 为高电平，表示非应答信号 NACK，低电平表示应答信号 ACK。

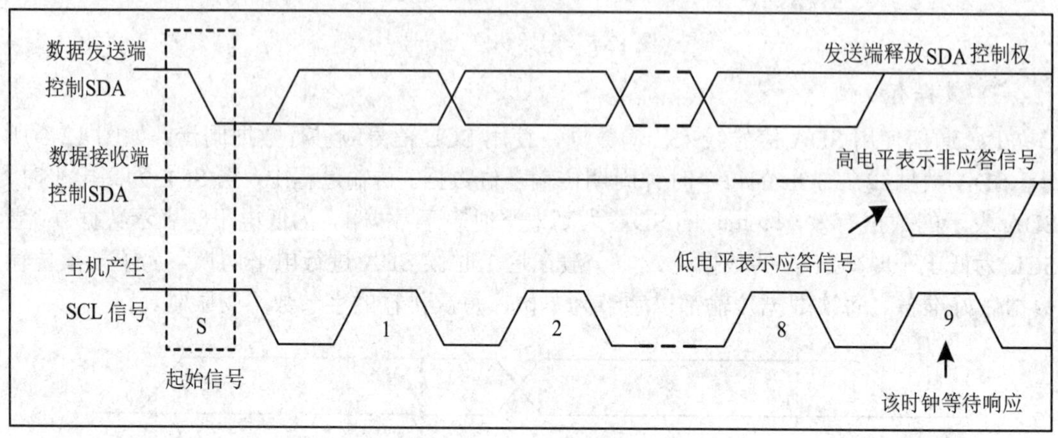

图 12-8 I²C 通信应答信号

12.1.3 I²C 结构

如果直接控制 STM32 系列芯片的两个 GPIO 引脚，分别用作 SCL 及 SDA，按照上述信号的时序要求，若是接收数据时则读取 SDA 电平就可以实现 I²C 通信。同样，如果按照 USART 的要求去控制引脚，那么也能实现 USART 通信。

由于直接控制 GPIO 引脚电平产生通信时序时，需要由 CPU 控制每个时刻的引脚状态，所以称之为软件模拟协议方式。

相对而言，还有硬件协议方式。STM32 系列的 I²C 芯片上外设专门负责实现 I²C 通信协议，只要配置好该外设，就会自动根据协议要求产生通信信号，收发数据并缓存起来。CPU 只要检测该外设的状态和访问数据寄存器，就能完成数据收发。这种由硬件外设处理 I²C 协议的方式减轻了 CPU 的工作，且使软件设计更加简单。

1. STM32 的 I²C 外设简介

STM32 的 I²C 外设可用作通信的主机及从机，支持 100 kb/s 和 400 kb/s 的速率，支持 7 位、10 位的设备地址，支持 DMA 数据传输，并具有数据校验功能。该外设还支持 SMBus2.0 协议，SMBus 协议与 I²C 类似，主要应用于笔记本电脑的电池管理中。

2. STM32 的 I²C 架构剖析

如图 12-9 所示为 STM32 内部 I²C 接口的结构图。

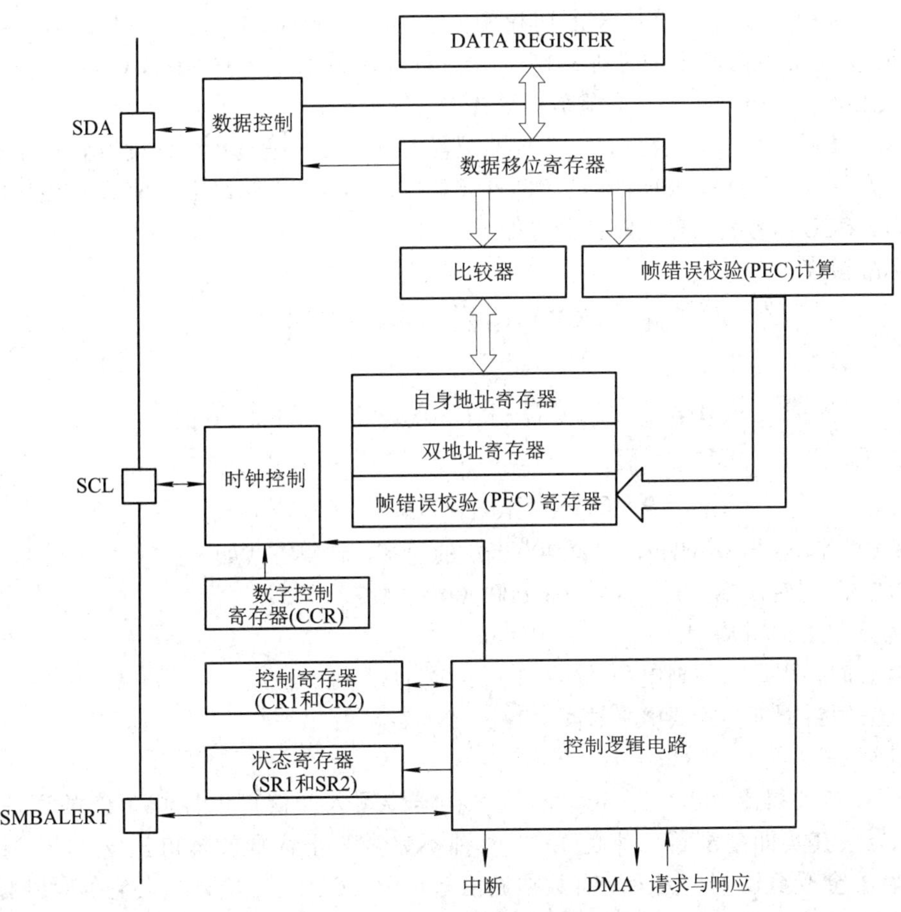

图 12-9　STM32 内部 I²C 接口的结构图

1) 通信引脚

I²C 的所有硬件结构都是根据图 12-9 中左侧 SCL 线和 SDA 线展开的(其中的 SMBALERT 线用于 SMBUS 的警告信号，I²C 通信没有使用)。STM32 芯片有多个 I²C 外设，它们的 I²C 通信信号引出到不同的 GPIO 引脚上，使用时必须配置到这些指定的引脚，如表 12-1 所示。关于 GPIO 引脚的复用功能以数据手册为准。

表 12-1　STM32F10x 的 I²C 引脚

引脚	I2C1	I2C2
SCL	PB5 / PB8(重映射)	PB10
SDA	PB6 / PB9(重映射)	PB11

2) 时钟控制逻辑

SCL 线的时钟信号，由 I²C 接口根据时钟控制寄存器 CCR 控制，控制的参数主要为时钟频率。配置 I²C 的 CCR 寄存器可修改通信速率相关的参数：

(1) 可选择 I²C 通信的“标准/快速”模式，这两个模式分别对应 100 kb/s 和 400 kb/s 的通信速率。

(2) 在快速模式下可选择 SCL 时钟的占空比，可选 $T_{low}/T_{high} = 2$ 或 $T_{low}/T_{high} = 16/9$ 模式，I²C 协议在 SCL 高电平时对 SDA 信号采样，在 SCL 低电平时 SDA 准备下一个数据，修改 SCL 的高、低电平比会影响数据采样。

(3) CCR 寄存器中还有一个 12 位的配置因子 CCR，它与 I²C 外设的输入时钟源共同作用，产生 SCL 时钟，STM32 的 I²C 外设都挂载在 APB1 总线上，使用 APB1 的时钟源 PCLK1，SCL 信号线的输出时钟公式如下：

标准模式：

$$T_{high} = CCR \times T_{PCKL1}，\ T_{low} = CCR \times T_{PCLK1}$$

快速模式：当 $T_{low}/T_{high} = 2$ 时，有

$$T_{high} = CCR \times T_{PCKL1}，\quad T_{low} = 2 \times CCR \times T_{PCKL1}$$

当 $T_{low}/T_{high} = 16/9$ 时，有

$$T_{high} = 9 \times CCR \times T_{PCKL1}，\ T_{low} = 16 \times CCR \times T_{PCKL1}$$

例如，$f_{PCLK1} = 36$ MHz，配置 400 kb/s 的速率，计算方式如下：

PCLK1 时钟周期：$T_{PCLK1} = 1/36\,000\,000$；

目标 SCL 时钟周期：$T_{SCL} = 1/400\,000$；

SCL 时钟周期内的高电平时间：$T_{high} = T_{SCL}/3$；

SCL 时钟周期内的低电平时间：$T_{low} = 2 \times T_{SCL}/3$；

计算 CCR 的值：$CCR = T_{high}/T_{PCLK1} = 30$。

计算结果得出 CCR 为 30，向该寄存器位写入此值可以控制 I²C 的通信速率为 400 kHz，其实即使配置出来的 SCL 时钟不完全等于标准的 400 kHz，I²C 通信的正确性也不会受到影响，因为所有数据通信都是由 SCL 协调的，只要它的时钟频率不远高于标准即可。

3) 数据控制逻辑

I²C 的 SDA 信号主要连接到数据移位寄存器上，数据移位寄存器的数据来源及目标是数据寄存器 DR、地址寄存器 OAR、PEC 寄存器以及 SDA 数据线。当向外发送数据时，数据移位寄存器以数据寄存器为数据源，将数据逐位地通过 SDA 信号线发送出去；当从外部接收数据的时候，数据移位寄存器将 SDA 信号线采样到的数据逐位地存储到数据寄存器中。若使能了数据校验，接收到的数据会经过 PEC 计算器运算，运算结果存储在 PEC 寄存器中。当 STM32 的 I²C 工作在从机模式，接收到设备地址信号时，数据移位寄存器会将接收到的地址与 STM32 的 I²C 地址寄存器的值做比较，以便响应主机的寻址。I²C 地址寄存器 OAR1 和 OAR2 存储有两个 I²C 设备地址。

4) 整体控制逻辑

整体控制逻辑负责协调整个 I²C 外设，控制逻辑的工作模式根据配置的控制寄存器(CR1/CR2)的参数而改变。当外设工作时，控制逻辑会根据外设的工作状态修改状态寄存器(SR1 和 SR2)，只要读取这些寄存器相关的寄存器位，就可以了解 I²C 的工作状态。除此之外，控制逻辑还根据要求，负责控制产生 I²C 中断信号、DMA 请求及各种 I²C 的通信信号(起始、停止、响应信号等)。

12.2　I^2C 操　作

12.2.1　I^2C 的通信过程

使用 I^2C 外设通信时，在通信的不同阶段它会对状态寄存器(SR1 和 SR2)的不同数据位写入参数，通过读取这些寄存器标志来了解通信状态。

1. 主发送器

图 12-10 所示为主发送器的通信过程，即作为 I^2C 通信的主机端时，向外发送数据的过程。

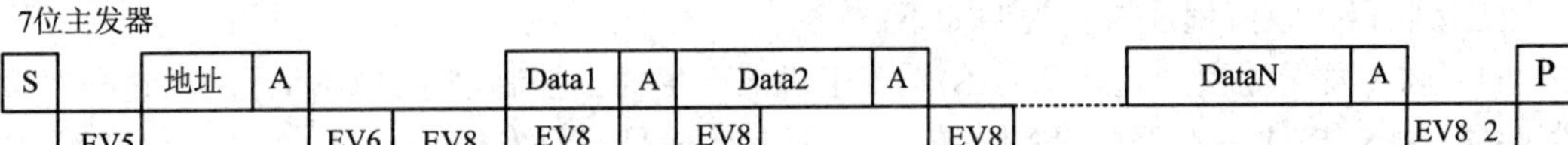

图 12-10　主发送器的通信过程

图 12-10 中：S 为起始位，P 为停止位，A 为应答，EVx 为事件(如果 ITEVFEN = 1，则出现中断)。

EV5：SB = 1。

EV6：ADDR = 1。

EV8：TXE = 1。

EV8_2：TXE = 1，BTF = 1。

主发送器发送流程及事件说明如下：

(1) 控制产生起始信号(S)，当产生起始信号后，它产生事件 EV5，并对 SR1 寄存器的 SB 位置 1，表示起始信号已经发送。

(2) 发送设备地址并等待应答信号，若有从机应答，则产生事件 EV6 及 EV8，这时 SR1 寄存器的 ADDR 位及 TXE 位被置 1，ADDR 为 1 表示地址已经发送，TXE 为 1 表示数据寄存器为空。

(3) 正常执行以上步骤并对 ADDR 位清零后，往 I^2C 数据寄存器 DR 写入要发送的数据，这时 TXE 位会被重置为 0，表示数据寄存器非空，I^2C 外设通过 SDA 信号线逐位把数据发送出去后，又会产生 EV8 事件，即 TXE 位被置 1；重复这个过程，就可以发送多个字节数据。

(4) 当发送数据完成后，控制 I^2C 设备产生一个停止信号 P，此时会产生 EV8_2 事件，SR1 的 TXE 位及 BTF 位都被置 1，表示通信结束。

假如使能了 I^2C 中断，则产生以上所有事件时，都会产生 I^2C 中断信号，进入同一个中断服务函数，执行 I^2C 中断服务程序时，再通过检查寄存器位来判断是哪一个事件。

2. 接收器

主接收器过程，即作为 I^2C 通信的主机端时，从外部接收数据的过程，见图 12-11。

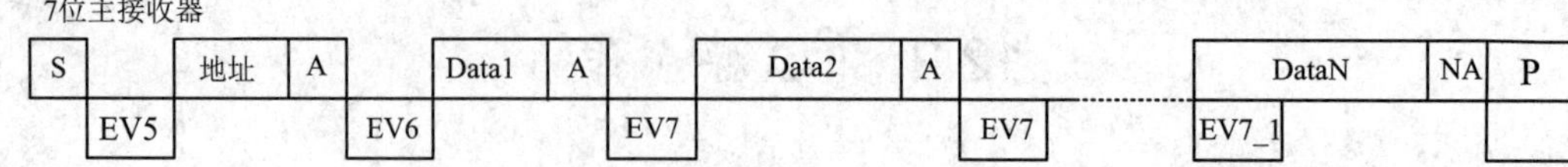

图 12-11　主接收器通信过程

图 12-11 中：S 为起始位，P 为停止位，A 为应答，NA 为非应答，EVx 为事件(如果 ITEVFEN = 1，则出现中断)。

EV5：SB = 1。

EV6：ADDR = 1。

EV7：RXNE = 1。

EV7_1：RXNE = 1。

主接收器接收流程及事件说明如下：

(1) 同主发送流程，起始信号(S)是由主机端产生的，控制产生起始信号后，它产生事件 EV5，并对 SR1 寄存器的 SB 位置 1，表示起始信号已经发送。

(2) 发送设备地址并等待应答信号，若有从机应答，则产生事件 EV6，SR1 寄存器 ADDR 位被置 1，表示地址已经发送。

(3) 从机端接收到地址后，开始向主机端发送数据。当主机接收到这些数据后，会产生 EV7 事件，SR1 寄存器 RXNE 被置 1，表示接收数据寄存器非空，读取该寄存器后，可对数据寄存器清空，以便接收下一次数据。此时可以控制 I^2C 发送应答信号 ACK 或非应答信号 NACK，若应答，则重复以上步骤接收数据，若非应答，则停止传输。

(4) 发送非应答信号后，产生停止信号 P，结束传输。

在发送和接收过程中，有的事件不只是标志了上面提到的状态位，还可能同时标志主机状态之类的状态位，而且读了之后还需要清除标志位，为了降低编程难度，可使用 STM32 标准库函数来直接检测这些事件的复合标志。

12.2.2　I^2C 中断请求

表 12-2 列出了所有的 I^2C 中断请求。

表 12-2　I^2C 中断请求

中断事件	事件标志	开启控制位
起始位已发送(主)	SB	ITEVFEN
地址已发送(主)或地址匹配(从)	ADDR	
10 位头段已发送(主)	ADD10	
已收到停止(从)	STOPF	
数据字节传输完成	BTF	
接收缓冲区非空	RXNE	ITEVFEN 和 ITBUFEN
发送缓冲区空	TXE	

续表

中断事件	事件标志	开启控制位
总线错误	BERR	ITERREN
仲裁丢失(主)	ARLO	
响应失败	AF	
过载/欠载	OVR	
PEC 错误	PECERR	
超时/Tlow 错误	TIMEOUT	
SMBus 提醒	SMBALERT	

如图 12-12 所示，起始位已发送中断事件 SB、地址已发送(主)或地址匹配(从)中断事件 ADDR、10 位头段已发送(主)中断事件 ADD10、已收到停止(从)中断事件 STOPF、数据字节传输完成中断事件 BTF、控制位 ITBUFEN 接收缓冲区非空中断事件 RXNE 和发送缓冲区空中断事件 TXE 通过逻辑“或”导入同一个中断通道中，由控制位 ITEVFEN 开启 it_event 事件中断；总线错误中断事件 BERR、仲裁丢失(主)中断事件 ARLO、响应失败中断事件 AF、过载/欠载中断事件 OVR、PEC 错误中断事件 PECERR、超时/Tlow 错误中断事件 TIMEOUT 和 SMBus 提醒中断事件 SMBALERT 通过逻辑“或”导入同一个中断通道中，由控制位 ITERREN 开启 It_error 错误中断。

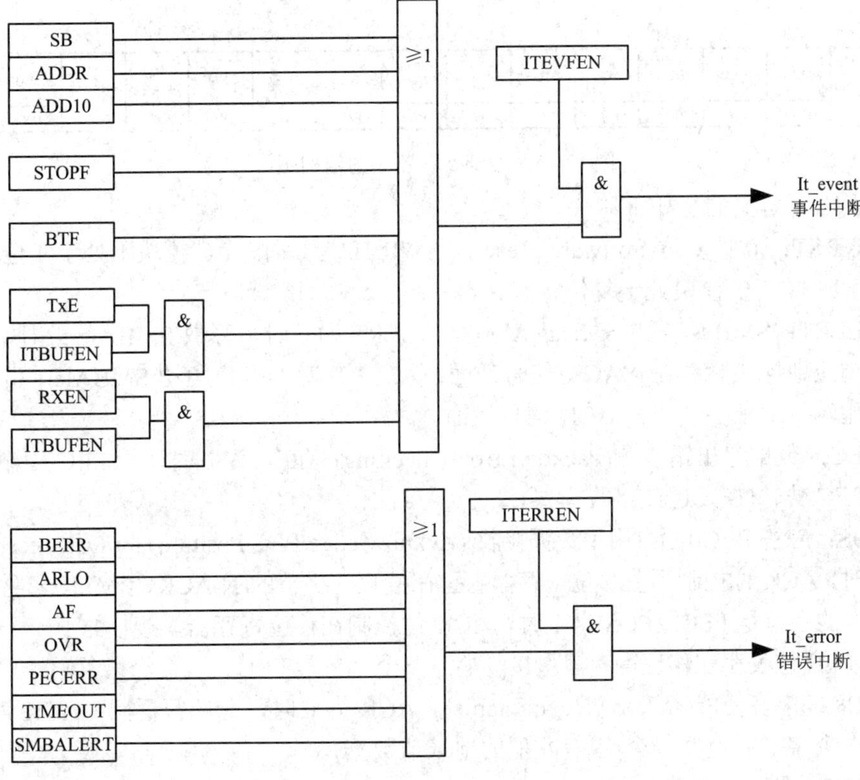

图 12-12　中断映射图

12.2.3　I²C 相关寄存器

I²C 外设的操作是通过其相关寄存器实现的。表 12-3 所示为 I²C 相关寄存器。

表 12-3　I²C 相关的寄存器

序号	寄存器名称	说　　明	地址偏移
1	I2C_CR1	I²C 控制寄存器 1	0x00
2	I2C_CR2	I²C 控制寄存器 2	0x04
3	I2C_OAR1	I²C 自身地址寄存器 1	0x08
4	I2C_OAR2	I²C 自身地址寄存器 2	0x0C
5	I2C_DR	I²C 数据寄存器	0x10
6	I2C_SR1	I²C 状态寄存器 1	0x14
7	I2C_SR2	I²C 状态寄存器 2	0x18
8	I2C_CCR	I²C 时钟控制寄存器	0x1C
9	I2C_TRISE	I²C 上升时间寄存器	0x20

下面对 USART 相关寄存器进行介绍。

1. 控制寄存器 1(I2C_CR1)

图 12-13 所示为控制寄存器 1 的结构图。

15	14	13	12	11	10	9	8	7	6	5	4	3	2	1	0
SWRST	Reserved	ALERT	PEC	POS	ACK	STOP	START	NO STRETCH	ENGC	ENPEC	ENARP	SMB TYPE	Reserved	SMBUS	PE
rw		rw	rw	rw	rw	rw	rw	rw	rw	rw	rw	rw		rw	rw

图 12-13　控制寄存器 1 的结构图

该寄存器有定义的位如下：

➢ SWRST：软件复位(Software Reset)。SWRST 为 0 时，I²C 模块不处于复位状态；SWRST 为 1 时，I²C 模块处于复位状态。

➢ ALERT：SMBus 提醒(SMBus Alert)。ALERT 为 0 时，释放 SMBAlert 引脚使其变高，提醒响应地址头紧跟在 NACK 信号后面；ALERT 为 1 时，驱动 SMBAlert 引脚使其变低，提醒响应地址头紧跟在 ACK 信号后面。

➢ PEC：数据包出错检测(Packet Error Checking)。PEC 为 0 时，无 PEC 传输；PEC 为 1 时，PEC 传输(在发送或接收模式)。

➢ POS：应答/PEC 位置(用于数据接收)(Acknowledge/PEC Position (for Data reception))。POS 为 0 时，ACK 位控制当前移位寄存器内正在接收的字节的(N)ACK，PEC 位表明当前移位寄存器内的字节是 PEC；POS 为 1 时，ACK 位控制在移位寄存器里接收的下一个字节的(N)ACK，PEC 位表明在移位寄存器里接收的下一个字节是 PEC。

➢ ACK：应答使能(Acknowledge Enable)。ACK 为 0 时，无应答返回；ACK 为 1 时，在接收到一个字节后返回一个应答(匹配的地址或数据)。

➢ STOP：停止条件产生(Stop Generation)。

在主模式下：STOP 为 0 时，无停止条件产生；STOP 为 1 时，在当前字节传输或在当前起始条件发出后产生停止条件。

在从模式下：STOP 为 0 时，无停止条件产生；STOP 为 1 时，在当前字节传输或释放 SCL 和 SDA 线。

➢ START：起始条件产生(Start Generation)。

在主模式下：START 为 0 时，无起始条件产生；START 为 1 时，重复产生起始条件。

在从模式下：START 为 0 时，无起始条件产生；START 为 1 时，当总线空闲时，产生起始条件。

➢ NOSTRETCH：禁止时钟延长(从模式)(Clock Stretching Disable (Slave Mode))。NOSTRETCH 为 0 时，允许时钟延长，NOSTRETCH 为 1 时，禁止时钟延长。

➢ ENGC：广播呼叫使能(General Call Enable)。ENGC 为 0 时，禁止广播呼叫，以非应答响应地址 00h；ENGC 为 1 时，允许广播呼叫，以应答响应地址 00h。

➢ ENPEC：PEC 使能 (PEC Enable)。ENPEC 为 0 时，禁止 PEC 计算；ENPEC 为 1 时，开启 PEC 计算。

➢ ENARP：ARP 使能(ARP Enable)。ENARP 为 0 时，禁止 ARP；ENARP 为 1 时，使能 ARP。

➢ SMBTYPE：SMBus 类型(SMBus Type)。SMBTYPE 为 0 时，SMBus 设备；SMBTYPE 为 1 时，SMBus 主机。

➢ SMBUS：SMBus 模式(SMBus Mode)。SMBUS 为 0 时，I2C 模式；SMBUS 为 1 时，SMBus 模式。

➢ PE：I^2C 模块使能(Peripheral Enable)。PE 为 0 时，禁用 I^2C 模块；PE 为 1 时，启用 I^2C 模块。

2. 控制寄存器 2(I2C_CR2)

图 12-14 所示为控制寄存器 2 的结构图。

15	14	13	12	11	10	9	8	7	6	5	4	3	2	1	0
Reserved			LAST	DMAEN	ITBUFEN	ITEVTEN	ITERREN	Reserved		FREQ[5:0]					
			rw	rw	rw	rw	rw			rw	rw	rw	rw	rw	rw

图 12-14　控制寄存器 2 的结构图

该寄存器有定义的位如下：

➢ LAST：DMA 最后一次传输(DMA Last Transfer)。LAST 为 0 时，下一次 DMA 的 EOT 不是最后的传输；LAST 为 1 时，下一次 DMA 的 EOT 是最后的传输。

➢ DMAEN：DMA 请求使能(DMA Requests Enable)。DMAEN 为 0 时，禁止 DMA 请求；DMAEN 为 1 时，当 TXE = 1 或 RXNE = 1 时，允许 DMA 请求。

➢ ITBUFEN：缓冲器中断使能(Buffer Interrupt Enable)。ITBUFEN 为 0 时，当 TXE = 1 或 RXNE = 1 时，不产生任何中断；ITBUFEN 为 1 时，当 TXE = 1 或 RXNE = 1 时，产生事件中断(不管 DMAEN 是何种状态)。

➢ ITEVTEN：事件中断使能(Event Interrupt Enable)。ITEVTEN 为 0 时，禁止事件中断；ITEVTEN 为 1 时，允许事件中断。

➢ ITERREN：出错中断使能(Error Interrupt Enable)。ITERREN 为 0 时，禁止出错中断；ITERREN 为 1 时，允许出错中断。

➢ FREQ[5:0]：I^{2}C 模块时钟频率(Peripheral Clock Frequency)。FREQ[5:0]为 000000 时，禁用；FREQ[5:0]为 000001 时，禁用；FREQ[5:0]为 000010 时，模块时钟频率为 2 MHz；FREQ[5:0]为 100100 时，模块时钟频率为 36 MHz；FREQ[5:0]大于 100100 时，禁用。

3. 自身地址寄存器 1(I2C_OAR1)

图 12-15 所示为自身地址寄存器 1 的结构图。

15	14	13	12	11	10	9	8	7	6	5	4	3	2	1	0
ADD MODE	Reserved	Reserved				ADD[9:8]		ADD[7:1]							ADD0
rw	res	res				rw	rw	rw	rw	rw	rw	rw	rw	rw	rw

图 12-15　自身地址寄存器 1 的结构图

该寄存器有定义的位如下：

➢ ADDMODE：寻址模式(从模式) (Addressing Mode (Slave Mode))。ADDMODE 为 0 时，表示 7 位从地址(不响应 10 位地址)；ADDMODE 为 1 时，表示 10 位从地址(不响应 7 位地址)。

➢ ADD[9:8]：接口地址(Interface Address)。7 位地址模式时不用关心，10 位地址模式时为地址的 9～8 位。

➢ ADD[7:1]：接口地址(Interface Address)，地址的 7～1 位。

➢ ADD0：接口地址(Interface Address)。7 位地址模式时不用关心，10 位地址模式时为地址第 0 位。

4. 自身地址寄存器 2(I2C_OAR2)

如图 12-16 所示为自身地址寄存器 2 的结构图。

15	14	13	12	11	10	9	8	7	6	5	4	3	2	1	0
Reserved								ADD2[7:1]							ENDUAL
								rw	rw	rw	rw	rw	rw	rw	rw

图 12-16　自身地址寄存器 2 的结构图

该寄存器有定义的位如下：

➢ ADD2[7:1]：接口地址(Interface Address)。在双地址模式下地址的 7～1 位。

➢ ENDUAL：双地址模式使能位(Dual Addressing Mode Enable)。ENDUAL 为 0 时，在 7 位地址模式下，只有 OAR1 被识别；ENDUAL 为 1 时，在 7 位地址模式下，OAR1 和 OAR2 都被识别。

5. 数据寄存器(I2C_DR)

图 12-17 所示为数据寄存器的结构图。

15	14	13	12	11	10	9	8	7	6	5	4	3	2	1	0
Reserved								DR[7:0]							
								rw	rw	rw	rw	rw	rw	rw	rw

图 12-17　数据寄存器的结构图

该寄存器有定义的位只有 1 位，介绍如下：

➢ DR[7:0]：8 位数据寄存器(8-bit Data Register)，用于存放接收到的数据或放置用于发送到总线的数据。

• 发送器模式：当写一个字节至 DR 寄存器时，自动启动数据传输。一旦传输开始(TXE = 1)，如果能及时把下一个需传输的数据写入 DR 寄存器，I^2C 模块将保持连续的数据流。

• 接收器模式：接收到的字节被拷贝到 DR 寄存器(RXNE = 1)。在接收到下一个字节(RXNE = 1)之前读出数据寄存器，即可实现连续的数据传输。

6. 状态寄存器 1(I2C_SR1)

图 12-18 所示为状态寄存器 1 的结构图。

15	14	13	12	11	10	9	8	7	6	5	4	3	2	1	0
SMB ALERT	TIME OUT	Reserved	PEC ERR	OVR	AF	ARLO	BERR	TXE	RXEN	Reserved	STOPF	ADD10	BTF	ADDR	SB
rc w0	rc w0		rc w0	rc w0	rc w0	rc w0	rc w0	r	r		r	r	r	r	r

图 12-18　状态寄存器 1 的结构图

该寄存器有定义的位介绍如下：

➢ SMBALERT：SMBus 提醒(SMBus Alert)。

在 SMBus 主机模式下：SMBALERT 为 0 时，无 SMBus 提醒；SMBALERT 为 1 时，在引脚上产生 SMBALERT 提醒事件。

在 SMBus 从机模式下：SMBALERT 为 0 时，没有 SMBALERT 响应地址头序列；SMBALERT 为 1 时，收到 SMBALERT 响应地址头序列至 SMBALERT 变为低电平。

➢ TIMEOUT：超时或 Tlow 错误(Timeout or Tlow Error)。TIMEOUT 为 0 时，无超时错误；TIMEOUT 为 1 时，SCL 处于低电平已达到 25 ms(超时)，或者主机低电平累积时钟扩展时间超过 10 ms(Tlow:mext)，又或从设备低电平累积时钟扩展时间超过 25 ms(Tlow:sext)。

➢ PECERR：在接收时发生 PEC 错误(PEC Error in Reception)。PECERR 为 0 时，无 PEC 错误，接收到 PEC 后接收器返回 ACK(如果 ACK = 1)；PECERR 为 1 时，有 PEC 错误，接收到 PEC 后接收器返回 NACK(不管 ACK 是什么值)。

➢ OVR：过载/欠载(Overrun/Underrun)。OVR 为 0 时，无过载/欠载；OVR 为 1 时，出现过载/欠载。

➢ AF：应答失败(Acknowledge Failure)。AF 为 0 时，没有应答失败；AF 为 1 时，应答失败。

➢ ARLO：仲裁丢失(主模式) (Arbitration Lost (Master Mode))。ARLO 为 0 时，没有检测到仲裁丢失；ARLO 为 1 时，检测到仲裁丢失。

➢ BERR：总线出错(Bus Error)。BERR 为 0 时，无起始或停止条件出错；BERR 为 1 时，起始。

➢ TXE：数据寄存器为空(发送时) (Data Register Empty (Transmitters))。TXE 为 0 时，数据寄存器非空；TXE 为 1 时，数据寄存器空。

➢ RXNE：数据寄存器非空(接收时) (Data Register not Empty(Receivers))。RXNE 为 0

时，数据寄存器为空；RXNE 为 1 时，数据寄存器非空。

➢ STOPF：停止条件检测位(从模式) (Stop Detection (Slave Mode))。STOPF 为 0 时，没有检测到停止条件；STOPF 为 1 时，检测到停止条件。

➢ ADD10：10 位头序列已发送(主模式) (10-bit Header Sent (Master Mode))。ADD10 为 0 时，没有 ADD10 事件发生；ADD10 为 1 时，主设备已经将第一个地址字节发送出去。

➢ BTF：字节发送结束(Byte Transfer Finished)。BTF 为 0 时，字节发送未完成；BTF 为 1 时，字节发送结束。

➢ ADDR：地址已被发送(主模式)/地址匹配(从模式)(Address Sent (Master Mode)/Matched(Slave Mode))。

· 地址匹配(从模式)：ADDR 为 0 时，地址不匹配或没有收到地址；ADDR 为 1 时，收到的地址匹配。当收到的从地址与 OAR 寄存器中的内容相匹配、发生广播呼叫、SMBus 设备默认地址、SMBus 主机识别出 SMBus 提醒时，硬件就将该位置 1(当对应的设置被使能时)。

· 地址已被发送(主模式)：ADDR 为 0 时，地址发送没有结束；ADDR 为 1 时，地址发送结束。10 位地址模式时，当收到地址的第二个字节的 ACK 后该位被置 1。7 位地址模式时，当收到地址的 ACK 后该位被置 1。

➢ SB：起始位(主模式) (Start Bit (Master Mode))。SB 为 0 时，未发送起始条件；SB 为 1 时，起始条件已发送。

7. 状态寄存器 2(I2C_SR2)

图 12-19 所示为状态寄存器 2 的结构图。

15	14	13	12	11	10	9	8	7	6	5	4	3	2	1	0
PEC[7:0]								DUALF	SMB HOST	SMB DEFAULT	GEN CALL	Res.	TRA	BUSY	MSL
r	r	r	r	r	r	r	r	r	r	r	r		r	r	r

图 12-19　状态寄存器 2 的结构图

该寄存器有定义的位如下：

➢ PEC[7:0]：数据包出错检测(Packet Error Checking Register)。当 PEC 为 1 时，PEC[7:0] 存放内部的 PEC 的值。

➢ DUALF：双标志(从模式) (Dual Flag (Slave Mode))。DUALF 为 0 时，接收到的地址与 OAR1 内的内容相匹配；DUALF 为 1 时，接收到的地址与 OAR2 内的内容相匹配。

➢ SMBHOST：SMBus 主机头系列(从模式)(SMBus Host Header (Slave Mode))。SMBHOST 为 0 时，未收到 SMBus 主机的地址；SMBHOST 为 1 时，若 SMBTYPE 为 1 且 ENARP 为 1 时，收到 SMBus 主机地址。

➢ SMBDEFAULT：SMBus 设备默认地址(从模式)(SMBus Device Default Address (Slave Mode))。SMBDEFAULT 为 0 时，未收到 SMBus 设备的默认地址；SMBDEFAULT 为 1 时，若 ENARP 为 1，则收到 SMBus 设备的默认地址。

➢ GENCALL：广播呼叫地址(从模式) (General Call Address (Slave Mode))。GENCALL 为 0 时，未收到广播呼叫地址；GENCALL 为 1 时，若 ENGC 为 1，则收到广播呼叫地址。

➢ TRA：发送/接收(Transmitter/Receiver)。TRA 为 0 时，接收到数据；TRA 为 1 时，

数据已发送，在整个地址传输阶段的结尾，根据地址字节的 R/$\overline{W}$ 位来设定。

➢ BUSY：总线忙(Bus Busy)。BUSY 为 0 时，在总线上无数据通信；BUSY 为 1 时，在总线上正在进行数据通信。

➢ MSL：主/从模式(Master/Slave)。MSL 为 0 时，从模式；MSL 为 1 时，主模式。

8. 时钟控制寄存器(I2C_CCR)

图 12-20 所示为时钟控制寄存器的结构图。

注：(1) 要求 FPCLK1 应当是 10 MHz 的整数倍，这样可以正确地产生 400 kHz 的快速时钟。

(2) CCR 寄存器只有在关闭 I^2C 时(PE = 0)才能设置。

15	14	13	12	11	10	9	8	7	6	5	4	3	2	1	0
F/S	DUTY	Reserved		CCR[11:0]											
rw	rw			rw	rw	rw	rw	rw	rw	rw	rw	rw	rw	rw	rw

图 12-20　时钟控制寄存器的结构图

该寄存器有定义的位如下：

➢ F/S：I^2C 主模式选项(I^2C Master Mode Selection)。F/S 为 0 时，表示标准模式的 I^2C；F/S 为 1 时，表示快速模式的 I^2C。

➢ DUTY：快速模式时的占空比(Fast Mode Duty Cycle)。DUTY 为 0 时，快速模式下 $T_{low}/T_{high} = 2$；DUTY 为 1 时，快速模式下 $T_{low}/T_{high} = 16/9$。

➢ CCR[11:0]：快速/标准模式下的时钟控制分频系数(主模式) (Clock Control Register Infast/Standard Mode (Master Mode))，该分频系数用于设置主模式下的 SCL 时钟。

• 在 I^2C 标准模式或 SMBus 模式下：$T_{high} = CCR \times T_{PCLK1}$，$T_{low} = CCR \times T_{PCLK1}$。

• 在 I^2C 快速模式下：如果 DUTY = 0，则 $T_{high} = CCR \times T_{PCLK1}$，$T_{low} = 2 \times CCR \times T_{PCLK1}$；如果 DUTY 为 1(速度达到 400 kHz)，则 $T_{high} = 9 \times CCR \times T_{PCLK1}$，$T_{low} = 16 \times CCR \times T_{PCLK1}$。

例如：在标准模式下，产生 100 kHz 的 SCL 的频率，如果 FREQR = 08，T_{PCLK1} = 125 ns，则 CCR 必须写入 0x28(40 × 125 ns = 5000 ns)。

注意：(1) 允许设定的最小值为 0x04，在快速 DUTY 模式下允许的最小值为 0x01。

(2) $T_{high} = t_r(SCL) + t_w(SCLH)$，详见数据手册中对这些参数的定义。

(3) $T_{low} = t_f(SCL) + t_w(SCLL)$，详见数据手册中对这些参数的定义。

(4) 这些延时没有过滤器。

(5) 只有在关闭 I^2C 时(PE = 0)才能设置 CCR 寄存器。

(6) f_{CLK} 应当是 10 MHz 的整数倍，这样可以正确产生 400 kHz 的快速时钟。

9. TRISE 上升时间寄存器(I2C_TRISE)

图 12-21 所示为 TRISE 寄存器的结构图。

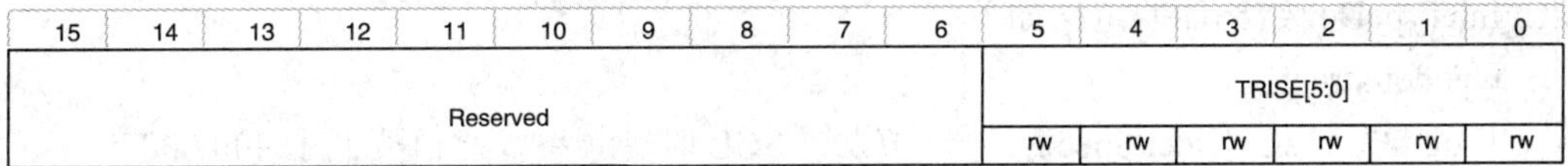

图 12-21　TRISE 寄存器的结构图

该寄存器有定义的位如下：

➢ TRISE[5:0]：在快速/标准模式下的最大上升时间(主模式)(Maximum Rise Time InFast/Standard Mode (Master Mode))，这些位必须设置为 I^2C 总线规范中给出的最大的 SCL 上升时间，增长步幅为 1。

例如：标准模式中最大允许的 SCL 上升时间为 1000 ns，如果在 I2C_CR2 寄存器中 FREQ[5:0]中的值为 0x08 且 T_{PCLK1} = 125 ns，则 TRISE[5:0]中必须写入 09h(1000 ns/125 ns = 8 + 1)，滤波器的值也可以加到 TRISE[5:0]内。如果结果不是一个整数，则将整数部分写入 TRISE[5:0]以确保 T_{high} 参数。

12.3 I^2C 编程应用

12.3.1 I^2C初始化结构体详解

为方便配置 I^2C 外设，ST 提供了一套 I^2C 操作函数，通过这些函数可以方便地实现对 I^2C 外设的各种编程应用。表 12-5 所示为 ST 提供的标准外设库 v3.5 版本中定义的 I^2C 操作库函数列表。

表 12-5　ST 在标准外设库 v3.5 版本中定义的 I^2C 操作库函数

函　数	描　述
I2C_Init	对指定的 I2Cx 寄存器进行初始化
I2C_Cmd	使能或禁止指定的 I2C 外设
I2C_GenerateSTART	产生 I2Cx 传输 START 条件
I2C_GenerateSTOP	产生 I2Cx 传输 STOP 条件
I2C_SendData	通过外设 I2Cx 发送一个数据
I2C_ReceiveData	返回通过 I2Cx 最近接收的数据
I2C_Send7bitAddress	向指定的从 I2C 设备传输地址字
I2C_ARPCmd	使能或者禁止指定 I2C 的 ARP

1. 函数 I2C_Init

功能描述：根据 I2C_InitStruct 中指定的参数初始化外设 I2Cx 寄存器。

函数原型：

```
void I2C_Init(I2C_ TypeDef * I2Cx,I2C_InitTypeDef * I2C_InitStruct);
```

参数说明：输入参数 1(I2Cx)x 可以是 1 或者 2，来选择 I^2C 外设；输入参数 2 (I2C_InitStruct)是指向结构体 I2C_InitTypeDef 的指针，包含了外设 GPIO 的配置信息。I2C_InitTypeDef 结构体的定义如下：

```
typedef struct {
    uint32_t I2C_ClockSpeed;          //设置 SCL 时钟频率，此值要低于 400 000
    uint16_t I2C_Mode;                //指定工作模式，可选 I²C 模式及 SMBUS 模式
```

```
    uint16_t I2C_DutyCycle;           //指定时钟占空比，可选 low/high = 2:1 及 16:9 模式
    uint16_t I2C_OwnAddress1;                 //指定自身的 I²C 设备地址
    uint16_t I2C_Ack;                         //使能或关闭响应(一般都要使能)
    uint16_t I2C_AcknowledgedAddress;   //指定地址的长度，可为 7 位及 10 位
} I2C_InitTypeDef;
```

结构体中各成员的作用如下：

➢ I2C_ClockSpeed：设置 I²C 的 SCL 时钟频率。

➢ I2C_Mode：选择 I²C 的工作模式，具体参数如表 12-6 所示。

表 12-6　I2C_Mode 参数列表

I2C_Mode	描　　述
I2C_Mode_I2C	设置 I²C 为 I²C 模式
I2C_Mode_SMBusDevice	设置 I²C 为 SMBus 设备模式
I2C_Mode_SMBusHost	设置 I²C 为 SMBus 主控模式

➢ I2C_DutyCycle 设置 I²C 的 SCL 线时钟的占空比，具体参数如表 12-7 所示。

表 12-7　I2C_DutyCycle 参数列表

I2C_DutyCycle	描　　述
I2C_DutyCycle_16_9	I²C 快速模式 $T_{low}/T_{high} = 16/9$
I2C_DutyCycle_2	I²C 快速模式 $T_{low}/T_{high} = 2$

➢ I2C_OwnAddress1：配置 STM32 的 I²C 设备地址，地址可设置为 7 位或 10 位(由 I2C_AcknowledgeAddress 成员决定)。

➢ I2C_Ack：关于 I²C 应答的设置，若设置为使能则可以发送响应信号，具体参数如表 12-8 所示。

表 12-8　I2C_Ack 参数列表

I2C_Ack	描　　述
I2C_Ack_Enable	使能应答(ACK)
I2C_Ack_Disable	禁止应答(ACK)

➢ I2C_AcknowledgedAddress：选择 I²C 的寻址模式是 7 位还是 10 位地址，具体参数如表 12-9 所示。

表 12-9　I2C_AcknowledgedAddress 参数列表

I2C_AcknowledgeAddress	描　　述
I2C_AcknowledgeAddress_7bit	应答为 7 位地址
I2C_AcknowledgeAddress_10bit	应答为 10 位地址

2. 函数 I2C_Cmd

功能描述：使能或者禁止 I²C 外设。

函数原型：

```
void I2C_Cmd(I2C_TypeDef*I2Cx,FunctionalState NewState);
```

参数说明：输入参数 1(I2Cx)用于选择 I^2C 外设，x 可以是 1 或者 2；输入参数 2(NewState)用于设置外设 I2Cx 的新状态，可以取 ENABLE 或者 DISABLE。

3. 函数 I2C_GenerateSTART

功能描述：产生 I2Cx 传输 START 条件。

函数原型：

```
void I2C_GenerateSTART(I2C_TypeDef * I2Cx,FunctionalState NewState);
```

参数说明：输入参数 1(I2Cx)用于选择 I^2C 外设，x 可以是 1 或者 2，输入参数 2(NewState)用于设置 I2Cx START 条件的新状态，可以取 ENABLE 或者 DISABIE。

4. 函数 I2C_GenerateSTOP

功能描述：产生 I2Cx 传输 STOP 条件。

函数原型：

```
void I2C_GenerateSTOP( I2C_TypeDef * I2Cx,FunctionalState NewState);
```

参数说明：输入参数 1(I2Cx)用于选择 I^2C 外设，x 可以是 1 或者 2；输入参数 2(NewState)用于设置 I2Cx STOP 条件的新状态，可以取 ENABLE 或者 DISABLE。

5. 函数 I2C_ SendData

功能描述：通过外设 I^2Cx 发送一个数据。

函数原型：

```
void I2C_SendData( I2C_TypeDef * I2Cx,u8 Data);
```

参数说明：输入参数 l(I2Cx)用于选择 I^2C 外设，x 可以是 1 或者 2；输入参数 2(Data)为待发送的数据。

6. 函数 I2C_ReceiveData

功能描述：返回通过 I2Cx 最近接收的数据。

函数原型：

```
u8 I2C_ReceiveData(I2C_TypeDef *I2Cx);
```

参数说明：输入参数(I2Cx)用于选择 I^2C 外设，x 可以是 1 或者 2。

7. 函数 I2C_Send7bitAddress

功能描述：向指定的从 I^2C 设备传输地址字。

函数原型：

```
void I2C_ Send7bitAddress(I2C_TypeDef * I2Cx,u8 Address, u8 I2C_Direction);
```

参数说明：输入参数 l(I2Cx)用于选择 I^2C 外设，x 可以是 1 或者 2；输入参数 2(Address)为待传输的从 I^2C 地址；输入参数 3(I2C_Direction)设置指定的 I^2C 设备为发射端还是接收端，即设置 I^2C 界面为发送端模式还是接收端模式，如表 12-10 所示。

表 12-10　I2C_Direction 参数列表

I2C_Direction	描　述
I2C_Direction_Transmitter	选择发送方向
I2C_Direction_Receiver	选择接收方向

8. 函数 I2C_ARPCmd

功能描述：使能或者禁止指定 I²C 的 ARP。

函数原型：

```
void I2C_ARPCmd(I2C_TypeDef * I2Cx,FunctionalState NewState);
```

参数说明：输入参数 1(I2Cx)用于选择 I²C 外设，x 可以是 1 或者 2；输入参数 2(NewState)用于设置 I2Cx ARP 的新状态，可以取 ENABLE 或者 DISABLE。

12.3.2　I²C 读/写 EEPROM 实验

EEPROM 是一种掉电后数据不丢失的存储器，常用来存储一些配置信息，以便系统重新上电的时候加载。EEPOM 芯片最常用的通信方式是 I²C 协议。本小节以 EEPROM 的读/写实验为例讲解 STM32 的 I²C 使用方法，实验中 STM32 的 I²C 外设采用主模式，分别用作主发送器和主接收器，通过查询事件的方式来确保正常通信。

1. 硬件设计

实验的硬件连接线路如图 12-22 所示。

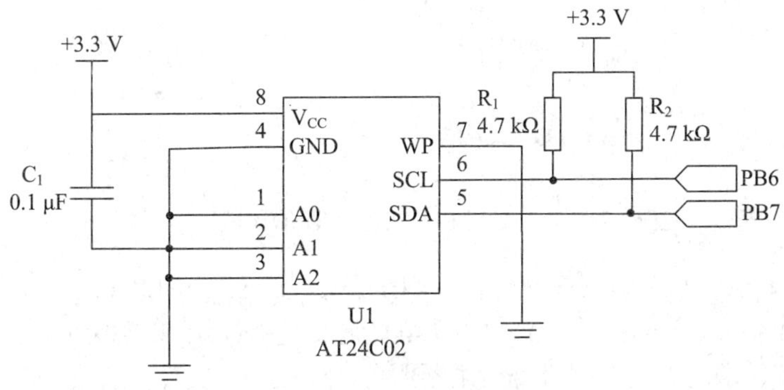

图 12-22　EEPROM 硬件连接图

本实验中的 EEPROM 芯片(型号为 AT24C02)的 SCL 及 SDA 引脚连接到了 STM32 对应的 I²C 引脚中，结合上拉电阻，构成了 I²C 通信总线，它们通过 I²C 总线交互。EEPROM 芯片的设备地址一共有 7 位，其中高 4 位固定为 1010 b，低 3 位则由 A0/A1/A2 信号线的电平决定，如图 12-23 所示，图中的 R/$\overline{W}$ 是读/写方向位，与地址无关。

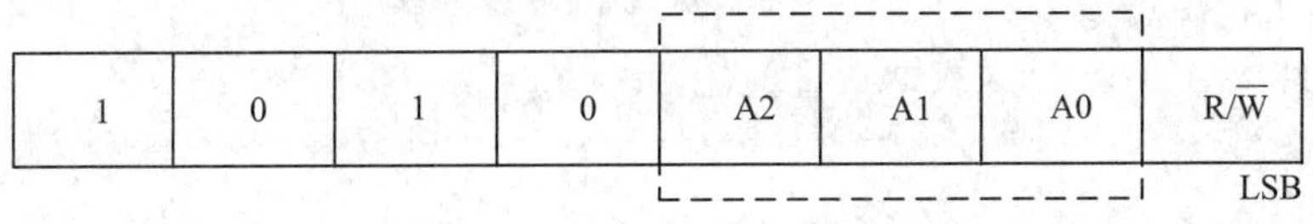

图 12-23　EEPROM 的设备地址

按照图 12-23 所示此处的连接，A0/A1/A2 均为 0，所以 EEPROM 的 7 位设备地址为 1010000b，即 0x50。由于 I²C 通信时常常是地址与读/写方向位连在一起构成一个 8 位数，且当 R/$\overline{W}$ 位为 0 时，表示写方向，所以加上 7 位地址，其值为 0xA0，常称该值为 I²C 设备的写地址；当 R/$\overline{W}$ 位为 1 时，表示读方向，加上 7 位地址，其值为 0xA1，常称该值为读地址。

EEPROM 芯片中还有一个 WP 引脚，具有写保护功能，当该引脚为高电平时，禁止写入数据，当该引脚为低电平时，可写入数据，直接接地，不使用写保护功能。关于 EEPROM 的更多信息，可参考其数据手册《AT24C02》进行了解。

2. 软件设计

本例为 I^2C 读/写 EEPROM 实验。首先，在 Keil MDK5 集成开发环境下新建测试工程，设置工程选项及运行环境；其次，新建工程文件，并添加到工程中，图 12-24 所示为该测试工程窗口。

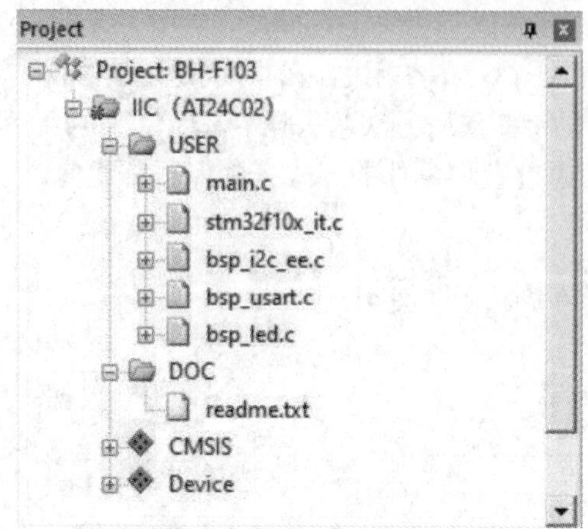

图 12-24　I^2C 读/写 EEPROM 实验的测试工程窗口

在该工程中包含 5 个源程序文件，分别是 bsp_led.c、stm32f10x_it.c、bsp_i2c_ee.c、bsp_usart.c 和 main.c。bsp_usart.c 文件实现串口调试功能；stm32f10x_it.c 文件为主中断服务程序，为所有异常处理程序提供外设中断服务；bsp_led.c 文件中包含 led 应用函数接口；bsp_i2c_ee.c 文件中包含 I2C EEPROM(AT24C02)应用函数 bsp；在 main.c 文件中实现 I^2C 读/写 EEPROM 的测试。

1) I^2C 硬件相关宏定义

将 I^2C 硬件相关的配置都以宏的形式定义到“bsp_I2c_ee.h”文件中，代码如下：

```
/*************************************************************************
* 文件名：bsp_I2c_ee.h
* 功能：I2C 参数定义，I2C1 或 I2C2
*************************************************************************/
#define    EEPROM_I2C                          I2C1
#define    EEPROM_I2C_APBxClock_FUN            RCC_APB1PeriphClockCmd
#define    EEPROM_I2C_CLK                      RCC_APB1Periph_I2C1
#define    EEPROM_I2C_GPIO_APBxClock_FUN       RCC_APB2PeriphClockCmd
#define    EEPROM_I2C_GPIO_CLK                 RCC_APB2Periph_GPIOB
#define    EEPROM_I2C_SCL_PORT                 GPIOB
```

```
#define      EEPROM_I2C_SCL_PIN                    GPIO_Pin_6
#define      EEPROM_I2C_SDA_PORT                   GPIOB
#define      EEPROM_I2C_SDA_PIN                    GPIO_Pin_7

/*STM32 I2C 快速模式*/
#define    I2C_Speed    400000 //*
/*这个地址只要与 STM32 外挂的 I2C 器件地址不一样即可*/
#define    I2Cx_OWN_ADDRESS7     0X0A
/* AT24C01/02 每页有 8 个字节 */
#define     I2C_PageSize        8
```

以上代码根据硬件连接，把与 EEPROM 通信使用的 I^2C 号、引脚号都以宏封装起来，并且定义了自身的 I^2C 地址及通信速率，以便配置模式时使用。

2) 初始化 I^2C 的 GPIO

利用上面的宏，编写 I^2C 的 GPIO 引脚的初始化函数，代码如下：

```
/**********************************************************************
*函数：I2C_GPIO_Config
*函数功能：I2CGPIO 初始化函数
**********************************************************************/
static void I2C_GPIO_Config(void)
{
  GPIO_InitTypeDef GPIO_InitStructure;
  /*使能与 I2C 有关的时钟*/
  EEPROM_I2C_APBxClock_FUN ( EEPROM_I2C_CLK, ENABLE );
  EEPROM_I2C_GPIO_APBxClock_FUN ( EEPROM_I2C_GPIO_CLK, ENABLE );

  /*I2C_SCL、 I2C_SDA*/
  GPIO_InitStructure.GPIO_Pin = EEPROM_I2C_SCL_PIN;
  GPIO_InitStructure.GPIO_Speed = GPIO_Speed_50 MHz;
  GPIO_InitStructure.GPIO_Mode = GPIO_Mode_AF_OD; //开漏输出
  GPIO_Init(EEPROM_I2C_SCL_PORT, &GPIO_InitStructure);

  GPIO_InitStructure.GPIO_Pin = EEPROM_I2C_SDA_PIN;
  GPIO_InitStructure.GPIO_Speed = GPIO_Speed_50 MHz;
  GPIO_InitStructure.GPIO_Mode = GPIO_Mode_AF_OD; //开漏输出
  GPIO_Init(EEPROM_I2C_SDA_PORT, &GPIO_InitStructure);
}
```

开启相关的时钟并初始化 GPIO 引脚，函数执行流程如下：

(1) 使用 GPIO_InitTypeDef 定义 GPIO 初始化结构体变量，以便下面用于存储 GPIO 配置。

(2) 调用库函数 RCC_APB1PeriphClockCmd(代码中为宏 EEPROM_I2C_APBxClock_FUN)使能 I^2C 外设时钟，调用 RCC_APB2PeriphClockCmd(代码中为宏 EEPROM_I2C_GPIO_APBxClock_FUN)使能 I^2C 引脚使用的 GPIO 端口时钟，调用时使用"|"操作符将同时配置两个引脚。

(3) 向 GPIO 初始化结构体赋值，把引脚初始化成复用开漏模式(I^2C 的引脚必须使用这种模式)。

(4) 使用以上初始化结构体的配置，调用 GPIO_Init 函数向寄存器写入参数，完成 GPIO 的初始化。

3) 配置 I^2C 的模式

以上代码只是配置了 I^2C 使用的引脚，下面代码实现对 I^2C 模式的配置。

```
/***************************************************************************
*函数：I2C_Mode_Configu
*函数功能：I2C 工作模式配置
***************************************************************************/
Static   void   I2C_Mode_Configu(void)
{
  I2C_InitTypeDef    I2C_InitStructure;
  /*I2C 配置*/
  I2C_InitStructure. I2C_Mode = I2C_Mode_I2C;
  /*高电平数据稳定，低电平数据变化 SCL 时钟线的占空比*/
  I2C_InitStructure.I2C_DutyCycle = I2C_DutyCycle_2;
  I2C_InitStructure.I2C_OwnAddress1 = I2Cx_OWN_ADDRESS7;
  I2C_InitStructure.I2C_Ack = I2C_Ack_Enable ;
  /* I2C 的寻址模式*/
  I2C_InitStructure.I2C_AcknowledgedAddress = I2C_AcknowledgedAddress_7bit;
  /*通信速率*/
  I2C_InitStructure.I2C_ClockSpeed = I2C_Speed;
  /* I2C 初始化*/
  I2C_Init(EEPROM_I2Cx, &I2C_InitStructure);
  /*使能 I2C */
  I2C_Cmd(EEPROM_I2Cx, ENABLE);
}
/***************************************************************************
*函数：I2C_EE_Init
*函数功能：I2C 外设(EEPROM)初始化
***************************************************************************/
```

```
void I2C_EE_Init(void)
{
  I2C_GPIO_Config();
  I2C_Mode_Configu();
  /*根据头文件 I2c_ee.h 中的定义来选择 EEPROM 要写入的设备地址*/
  /*选择 EEPROM Block0 来写入*/
  EEPROM_ADDRESS = EEPROM_Block0_ADDRESS;
}
```

这段初始化程序把 I^2C 外设通信时钟 SCL 的低、高电平比设置为 2，使能响应功能，使用 7 位地址 I2Cx_OWN_ADDRESS7，速率配置为 I2C_Speed(前面在 bsp_I2c_ee.h 定义的宏)，调用库函数 I2C_Init 将这些配置写入寄存器，并调用 I2C_Cmd 函数使能外设。为方便调用，把 I^2C 的 GPIO 及模式配置都用 I2C_EE_Init 函数封装起来。

4) 向 EEPROM 写入一个字节的数据

初始化 I^2C 外设后，就可以使用 I^2C 进行通信，向 EEPROM 写入一个字节的数据，代码如下：

```
/*************************************************************************
*函数：I2C_TIMEOUT_UserCallback
*函数功能：I2C 等待事件超时情况下调用
*************************************************************************/
/*通信等待超时时间*/
#define I2CT_FLAG_TIMEOUT          ((uint32_t)0x1000)
#define I2CT_LONG_TIMEOUT          ((uint32_t)(10 * I2CT_FLAG_TIMEOUT))
static uint32_t I2C_TIMEOUT_UserCallback(uint8_t errorCode)
{
  /*使用串口 printf 输出错误信息，方便调试*/
  EEPROM_ERROR("I2C 等待超时!errorCode = %d",errorCode);
  return 0;
}
/*************************************************************************
*函数：I2C_EE_ByteWrite
*函数功能：写一个字节到 I2C EEPROM 中
*************************************************************************/
uint32_t I2C_EE_ByteWrite(u8* pBuffer, u8 WriteAddr)
{
   /*产生 I2C 起始信号*/
   I2C_GenerateSTART(EEPROM_I2Cx, ENABLE);
   /*设置超时等待时间*/
  I2CTimeout = I2CT_FLAG_TIMEOUT;
```

```
    /*检测 EV5 事件并清除标志*/
    while (!I2C_CheckEvent(EEPROM_I2Cx, I2C_EVENT_MASTER_MODE_SELECT))
    {
      if ((I2CTimeout--) == 0) return I2C_TIMEOUT_UserCallback(0);
    }
    /*发送 EEPROM 设备地址*/
    I2C_Send7bitAddress(EEPROM_I2Cx, EEPROM_ADDRESS,
    I2C_Direction_Transmitter);
    I2CTimeout = I2CT_FLAG_TIMEOUT;
    /*检测 EV6 事件并清除标志*/
    while(!I2C_CheckEvent(EEPROM_I2Cx,
    I2C_EVENT_MASTER_TRANSMITTER_MODE_SELECTED))
    {
      if ((I2CTimeout--) == 0) return I2C_TIMEOUT_UserCallback(1);
    }
    /*发送要写入的 EEPROM 内部地址(即 EEPROM 内部存储器的地址) */
    I2C_SendData(EEPROM_I2Cx, WriteAddr);
    I2CTimeout = I2CT_FLAG_TIMEOUT;
    /*检测 EV8 事件并清除标志*/
    while (!I2C_CheckEvent(EEPROM_I2Cx,
    I2C_EVENT_MASTER_BYTE_TRANSMITTED))
    {
      if ((I2CTimeout--) == 0) return I2C_TIMEOUT_UserCallback(2);
    }
    /*发送一字节要写入的数据*/
    I2C_SendData(EEPROM_I2Cx, *pBuffer);

    I2CTimeout = I2CT_FLAG_TIMEOUT;
    /*检测 EV8 事件并清除标志*/
    while (!I2C_CheckEvent(EEPROM_I2Cx,
    I2C_EVENT_MASTER_BYTE_TRANSMITTED))
    {
      if ((I2CTimeout--) == 0) return I2C_TIMEOUT_UserCallback(3);
    }

    /*发送停止信号*/
    I2C_GenerateSTOP(EEPROM_I2Cx, ENABLE);
    return 1;
}
```

I2C_TIMEOUT_UserCallback 函数只调用了宏 EEPROM_ERROR，该宏封装了 printf 函数，方便使用串口在上位机上打印调试信息，阅读代码时把它当成 printf 函数即可。在 I²C 通信的很多过程中都需要检测事件，当检测到某事件后才能继续下一步的操作，但当通信错误或者 I²C 总线被占用时，不能无休止地等待下去，所以需要设定每个事件检测等待时间的上限，若超过这个时间，则调用 I2C_TIMEOUT_UserCallback 函数输出调试信息(或可以自己添加其他操作)，并终止 I²C 通信。

了解了这个机制，再来分析 I2C_EE_ByteWrite 函数，该函数实现了上述的 I²C 主发送器的通信流程：

(1) 使用库函数 I2C_GenerateSTART 产生 I²C 起始信号，其中的宏 EEPROM_I2C 是与前面硬件定义相关的 I²C 编号。

(2) 对 I2CTimeout 变量赋值为宏 I2CT_FLAG_TIMEOUT，I2CTimeout 变量在下面的 while 循环中每次循环减 1，该循环通过调用库函数 I2C_CheckEvent 检测事件，若检测到事件，则进入通信的下一阶段，若未检测到事件则停留在此处一直检测，当检测 I2CT_FLAG_TIMEOUT 次都还没等待到事件，则认为通信失败，调用函数 I2C_TIMEOUT_UserCallback 输出调试信息，并退出通信。

(3) 调用库函数 I2C_Send7bitAddress 发送 EEPROM 的设备地址，并把数据传输方向设置为 I2C_Direction_Transmitter(即发送方向)，该数据传输方向是通过设置 I²C 通信中地址后面的 R/$\overline{\text{W}}$ 位实现的。地址发送后以同样的方式检测 EV6 标志。

(4) 调用库函数 I2C_SendData 向 EEPROM 发送要写入的内部地址，该地址是 I2C_EE_ByteWrite 函数的输入参数，发送完毕后等待 EV8 事件。注意，该内部地址与(3)中的 EEPROM 地址不同，(3)中的是指 I²C 总线设备的独立地址，而此处的内部地址是指 EEPROM 内数据组织的地址，也可理解为 EEPROM 内存的地址或 I²C 设备的寄存器地址。

(5) 调用库函数 I2C_SendData 向 EEPROM 发送要写入的数据，该数据是 I2C_EE_ByteWrite 函数的输入参数，发送完毕后等待 EV8 事件。

(6) 一个 I²C 通信过程完毕，调用 I2C_GenerateSTOP 发送停止信号。在这个通信过程中，STM32 实际上通过 I²C 向 EEPROM 发送了两个数据，但由于 EEPROM 定义的单字节写入时序，因此第一个数据被解释为 EEPROM 的内存地址，如图 12-25 所示。

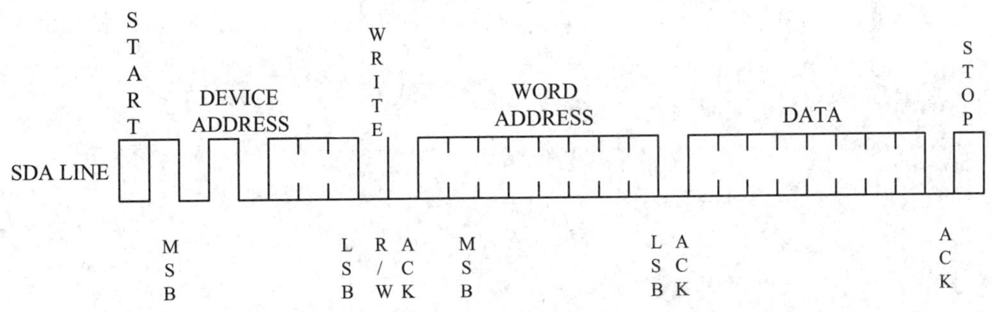

图 12-25　EEPROM 的单字节写入时序

EEPROM 的单字节时序规定：向其写入数据时，第一个字节为内存地址，第二个字节是要写入的数据内容。需要说明的是：命令、地址的本质都是数据，对数据的解释不同，就有了不同的功能。

5) 多字节写入及状态等待

单字节写入通信结束后，EEPROM 芯片会根据通信结果擦写该内存地址的内容，这需要一段时间，所以在多次写入数据时，要先等待 EEPROM 内部擦写完毕。

```
/*************************************************************************
*函数：I2C_EE_ByteWrite
*函数功能：多字节写入 I2C EEPROM 中
*************************************************************************/
uint8_t I2C_EE_ByetsWrite(uint8_t* pBuffer,uint8_t WriteAddr,
                           uint16_t NumByteToWrite)
{
  uint16_t i;
  uint8_t res;

  /*每写一个字节调用一次 I2C_EE_ByteWrite 函数*/
  for (i = 0; i<NumByteToWrite; i++)
  {
    /*等待 EEPROM 准备完毕*/
    I2C_EE_WaitEepromStandbyState();
    /*按字节写入数据*/
    res = I2C_EE_ByteWrite(pBuffer++,WriteAddr++);
  }
  return res;
}
```

这段代码比较简单，直接使用 for 循环调用前面定义的 I2C_EE_ByteWrite 函数逐个字节地向 EEPROM 发送要写入的数据，在每次写入数据前调用了 I2C_EE_WaitEepromStandbyState 函数等待 EEPROM 内部擦写完毕。

```
/*************************************************************************
*函数：I2C_EE_WaitEepromStandbyState
*函数功能：等待 EEPROM 处于准备状态
*************************************************************************/
void I2C_EE_WaitEepromStandbyState(void)
{
  vu16 SR1_Tmp = 0;
  do {
      /*发送起始信号*/
      I2C_GenerateSTART(EEPROM_I2Cx, ENABLE);
```

```
        /*读 I2C1 SR1 寄存器*/
        SR1_Tmp = I2C_ReadRegister(EEPROM_I2Cx, I2C_Register_SR1);

        /*发送 EEPROM 地址+写方向*/
        I2C_Send7bitAddress(EEPROM_I2Cx, EEPROM_ADDRESS,

        I2C_Direction_Transmitter);
    }
    // SR1 位 1 ADDR：1 表示地址发送成功，0 表示地址发送没有结束
    //等待地址发送成功
    while (!(I2C_ReadRegister(EEPROM_I2Cx, I2C_Register_SR1) & 0x0002));

    /*清除 AF 位*/
    I2C_ClearFlag(EEPROM_I2Cx, I2C_FLAG_AF);
    /*发送停止信号*/
    I2C_GenerateSTOP(EEPROM_I2Cx, ENABLE);
}
```

这个函数主要实现向 EEPROM 发送设备地址，检测 EEPROM 的响应，若 EEPROM 接收到地址后返回应答信号，则表示 EEPROM 已经准备好，可以开始下一次通信。函数中检测响应是通过读取 STM32 的 SR1 寄存器的 ADDR 位及 AF 位来实现的，当 I²C 设备响应了地址时，ADDR 会置 1，若应答失败，则 AF 位置 1。

6) EEPROM 的页写入

在上述的数据通信中，每写入一个数据都需要向 EEPROM 发送写入的地址，当需要向连续地址写入多个数据时，可向 EEPROM 传输第一个内存地址 ADDRESS1，后面的数据按次序写入 ADDRESS2、ADDRESS3 等，这样可以节省通信时间，加快速度。为应对这种需求，EEPROM 定义了一种页写入时序，如图 12-26 所示。

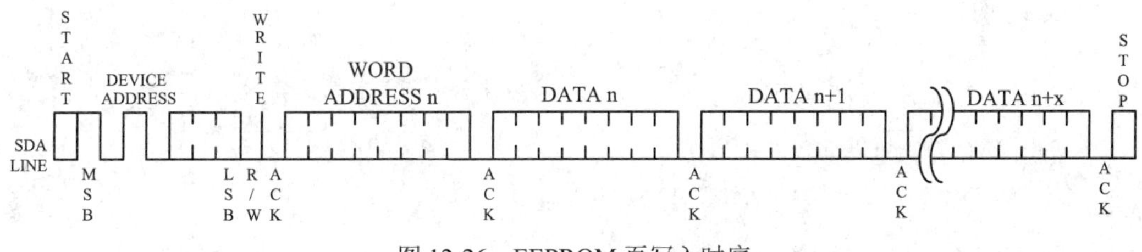

图 12-26　EEPROM 页写入时序

根据页写入时序，第一个数据被解释为要写入的内存地址 ADDRESS1，后续可连续发送 n 个数据，这些数据会依次写入内存中。其中，AT24C02 型号的芯片页写入时序最多，可以一次发送 8 个数据(即 n = 8)，该值也称为页大小，某些型号的芯片每页写入时序最多可传输 16 个数据。

```
/************************************************************************
*函数：I2C_EE_PageWrite
*函数功能描述：书写不超过 EEPROM 页的大小的多字节到 I2C EEPROM 中
************************************************************************/
uint8_t I2C_EE_PageWrite(uint8_t* pBuffer, uint8_t WriteAddr,
uint8_t NumByteToWrite)
{
  I2CTimeout = I2CT_LONG_TIMEOUT;

  while (I2C_GetFlagStatus(EEPROM_I2Cx, I2C_FLAG_BUSY))
  {
     if ((I2CTimeout--) = = 0) return I2C_TIMEOUT_UserCallback(4);
  }

  /*产生 I2C 起始信号*/
  I2C_GenerateSTART(EEPROM_I2Cx, ENABLE);

  I2CTimeout = I2CT_FLAG_TIMEOUT;

  /*检测 EV5 事件并清除标志*/
  while (!I2C_CheckEvent(EEPROM_I2Cx, I2C_EVENT_MASTER_MODE_SELECT))
  {
     if ((I2CTimeout--) = = 0) return I2C_TIMEOUT_UserCallback(5);
  }
  /*发送 EEPROM 设备地址*/
  I2C_Send7bitAddress(EEPROM_I2Cx,EEPROM_ADDRESS,I2C_Direction_Transmitter);

  I2CTimeout = I2CT_FLAG_TIMEOUT;

  /*检测 EV6 事件并清除标志*/
  while (!I2C_CheckEvent(EEPROM_I2Cx,
  I2C_EVENT_MASTER_TRANSMITTER_MODE_SELECTED))
  {
     if ((I2CTimeout--) = = 0) return I2C_TIMEOUT_UserCallback(6);
  }
  /*发送要写入的 EEPROM 内部地址(即 EEPROM 内部存储器的地址) */
  I2C_SendData(EEPROM_I2Cx, WriteAddr);

  I2CTimeout = I2CT_FLAG_TIMEOUT;
```

```
    /*检测 EV8 事件并清除标志*/
    while (! I2C_CheckEvent(EEPROM_I2Cx, I2C_EVENT_MASTER_BYTE_TRANSMITTED))
    {
        if ((I2CTimeout--) = = 0) return I2C_TIMEOUT_UserCallback(7);
    }
    /*循环发送 NumByteToWrite 个数据*/
    while (NumByteToWrite--)
    {
        /*发送缓冲区中的数据*/
        I2C_SendData(EEPROM_I2Cx, *pBuffer);

        /*指向缓冲区中的下一个数据*/
        pBuffer++;

        I2CTimeout = I2CT_FLAG_TIMEOUT;

        /*检测 EV8 事件并清除标志*/
        While(!I2C_CheckEvent(EEPROM_I2Cx,I2C_EVENT_MASTER_BYTE_TRANSMITTED))
        {
            if ((I2CTimeout--) = = 0) return I2C_TIMEOUT_UserCallback(8);
        }
    }
    /*发送停止信号*/
    I2C_GenerateSTOP(EEPROM_I2Cx, ENABLE);
    return 1;
}
```

这段页写入函数主体跟单字节写入函数是相同的，只是它在发送数据时，使用 for 循环控制发送多个数据，发送完多个数据后才产生 I²C 停止信号，只要每次传输的数据小于等于 EEPROM 时序规定的页大小，就能正常传输。

7) 快速写入多字节

利用 EEPROM 的页写入方式，可以改进前面的“多字节写入”函数，加快传输速度，代码如下：

```
/****************************************************************************
*函数：I2C_EE_BufferWrite
*函数功能：将缓冲区中的数据写入 I2CEEPROM 中
****************************************************************************/
// AT24C01/02 每页有 8 个字节
```

```
#define I2C_PageSize 8

void (u8* pBuffer, u8 WriteAddr,
      u16 NumByteToWrite)
{
  u8 NumOfPage = 0,NumOfSingle = 0,Addr  = 0,count = 0,temp  = 0;

  /*mod 运算求余，若 writeAddr 是 I2C_PageSize 整数倍，运算结果 Addr 值为 0*/
  Addr  =  WriteAddr % I2C_PageSize;

  /*差 count 个数据值，刚好可以对齐到页地址*/
  count  =  I2C_PageSize - Addr;

  /*计算出要写多少整数页*/
  NumOfPage  =  NumByteToWrite / I2C_PageSize;

  /*mod 运算求余，计算出剩余不满一页的字节数*/
  NumOfSingle  =  NumByteToWrite % I2C_PageSize;

  // Addr = 0,则 WriteAddr 刚好按页对齐
  //写完整页后，
  //把剩下的不满一页的写完即可
  if (Addr  =  =  0) {
    /*如果 NumByteToWrite < I2C_PageSize */
    if (NumOfPage  =  =  0) {
      I2C_EE_PageWrite(pBuffer, WriteAddr, NumOfSingle);
      I2C_EE_WaitEepromStandbyState();
    }
    /*如果 NumByteToWrite > I2C_PageSize */
    else {
      /*先把整数页写完*/
      while (NumOfPage--) {
      I2C_EE_PageWrite(pBuffer, WriteAddr, I2C_PageSize);
      I2C_EE_WaitEepromStandbyState();
      WriteAddr + =  I2C_PageSize;
      pBuffer + =  I2C_PageSize;
    }
    /*若有多余的不满一页的数据，将其写完*/
    if (NumOfSingle! = 0) {
```

```
            I2C_EE_PageWrite(pBuffer, WriteAddr, NumOfSingle);
            I2C_EE_WaitEepromStandbyState();
        }
    }
}
//如果 WriteAddr 不是按 I2C_PageSize 对齐，就算出对齐到页地址还需要多少个数据，然后把这几
  个数据写完，剩下开始的地址就已经对齐到页地址了，代码重复上面的即可
else {
  /*如果 NumByteToWrite < I2C_PageSize */
  if (NumOfPage = = 0) {
    /*若 NumOfSingle>count，当前面写不完，要写到下一页*/
    if (NumOfSingle > count) {
      // temp 的数据要写到下一页
        temp = NumOfSingle - count;

        I2C_EE_PageWrite(pBuffer, WriteAddr, count);
        I2C_EE_WaitEepromStandbyState();
        WriteAddr += count;
        pBuffer += count;

        I2C_EE_PageWrite(pBuffer, WriteAddr, temp);
        I2C_EE_WaitEepromStandbyState();
    } else { /*若 count 比 NumOfSingle 大*/
        I2C_EE_PageWrite(pBuffer, WriteAddr, NumByteToWrite);
        I2C_EE_WaitEepromStandbyState();
    }
  }
  /*如果 NumByteToWrite > I2C_PageSize */
  else {
    /*地址不对齐多出的 count 分开处理，不加入这个运算*/
    NumByteToWrite -= count;
    NumOfPage = NumByteToWrite / I2C_PageSize;
    NumOfSingle = NumByteToWrite % I2C_PageSize;

    /*先写 WriteAddr 所在页的剩余字节*/
    if (count != 0) {
      I2C_EE_PageWrite(pBuffer, WriteAddr, count);
      I2C_EE_WaitEepromStandbyState();
      /*WriteAddr 加上 count 后，地址就对齐到页了*/
```

```
            WriteAddr += count;
            pBuffer += count;
        }
        /*将整数页写完*/
        while (NumOfPage--) {
            I2C_EE_PageWrite(pBuffer, WriteAddr, I2C_PageSize);
            I2C_EE_WaitEepromStandbyState();
            WriteAddr += I2C_PageSize;
            pBuffer += I2C_PageSize;
        }
        /*若有多余的不满一页的数据，将其写完*/
        if (NumOfSingle != 0) {
            I2C_EE_PageWrite(pBuffer, WriteAddr, NumOfSingle);
            I2C_EE_WaitEepromStandbyState();
        }
      }
    }
}
```

代码的主旨就是对输入的数据进行分页(本型号芯片每页 8 个字节)，如表 12-11 所示。通过整除计算要写入的数据 NumByteToWrite 能写满多少完整的页，计算得的值存储在 NumOfPage 中，但有时候数据不是刚好能写满完整页的，通过求余计算得出不满一页的数据个数并存储在 NumOfSingle 中。计算后通过按页传输 NumOfPage 次整页数据及最后的 NumOfSing 个数据，使用页传输，比之前的单个字节数据传输要快很多。

除了基本的分页传输，还要考虑首地址的问题，见表 12-11。若首地址不是刚好对齐到页的首地址，会需要一个 count 值，用于存储从该首地址开始写满该地址所在的页，还能写多少个数据。实际传输时，先把这部分 count 个数据先写入，填满该页，然后把剩余的数据(NumByteToWrite-count)再重复上述求出 NumOPage 及 NumOfSingle 的过程，按页传输到 EEPROM。

若 WriteAddr = 16，计算得 Addr = 16%8 = 0，count = 8−0 = 8；若 NumByteToWrite = 22，计算 NumOfPage = 22/8 = 2，NumOfSingle = 22%8 = 6。数据传输情况如表 12-11 所示。

表 12-11　首地址对齐到页时的情况

不影响	0	1	2	3	4	5	6	7
不影响	8	9	10	11	12	13	14	15
第 1 页	16	17	18	19	20	21	22	23
第 2 页	24	25	26	27	28	29	30	31
NumOfSingle = 6	32	33	34	35	36	37	38	39

若 WriteAddr = 17，计算得 Addr = 17%8 = 1，count = 8−1 = 7；若 NumByteToWrite = 22，先把 count 去掉，特殊处理，计算得出新的 NumByteToWrite = 22−7 = 15，计算 NumOfPage = 15/8 = 1，NumOfSingle = 15%8 = 7。数据传输情况如表 12-12 所示。

表 12-12　首地址未对齐到页时的情况

不影响	0	1	2	3	4	5	6	7
不影响	8	9	10	11	12	13	14	15
count = 7	16	17	18	19	20	21	22	23
第 1 页	24	25	26	27	28	29	30	31
NumOfSingle = 7	32	33	34	35	36	37	38	39

EEPROM 支持的页写入只是一种加速的 I²C 传输时序，实际上并不要求每次都以页为单位进行读/写，EEPROM 是支持随机访问的(直接读/写任意一个地址)，如前面的单个字节写入。在某些存储器中，如 NAND Flash，是必须按照 Block 写入的，例如每个 Block 为 512 B 或 4096 B，数据写入的最小单位是 Block，写入前都需要擦除整个 Block；NOR Flash 则是写入前必须以 Sector/Block 为单位擦除，然后才可以按字节写入；EEPROM 数据写入和擦除的最小单位是字节而不是页，数据写入前不需要擦除整页。

8) 从 EEPROM 读取数据

从 EEPROM 读取数据是一个复合的 I²C 时序，它实际上包含一个写过程和一个读过程，如图 12-27 所示。

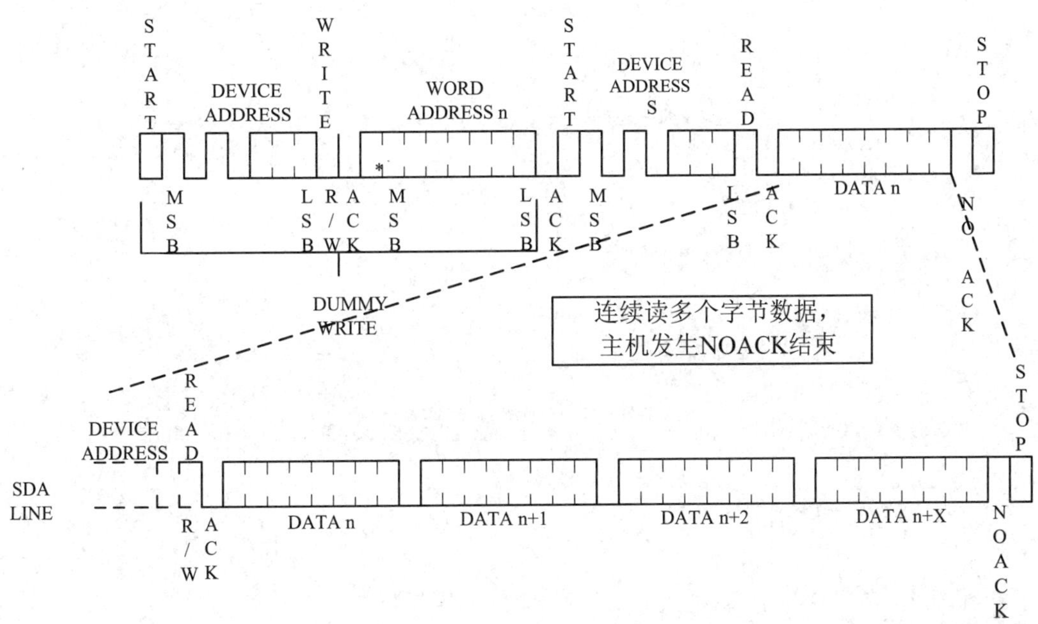

图 12-27　EEPROM 数据读取时序

在读时序的第一个通信过程中，使用 I^2C 发送设备地址寻址(写方向)，接着发送要读取的内存地址；在第二个通信过程中，再次使用 I^2C 发送设备地址寻址，但此时的数据方向是读方向；在这个过程之后，EEPROM 会向主机返回从内存地址开始的数据，按照每个字节进行传输，只要主机的响应为应答信号，就会一直传输下去；当主机结束传输时，就会发送非应答信号，并以停止信号结束通信，作为从机的 EEPROM 也会停止传输。

```
/*******************************************************************
*函数：I2C_EE_BufferRead
*函数功能：从 EEPROM 里面读取一块数据
*******************************************************************/
uint8_t (uint8_t* pBuffer, uint8_t ReadAddr,
u16 NumByteToRead)
{
  I2CTimeout = I2CT_LONG_TIMEOUT;

  while (I2C_GetFlagStatus(EEPROM_I2Cx, I2C_FLAG_BUSY))
  {
     if ((I2CTimeout--) = = 0) return I2C_TIMEOUT_UserCallback(9);
  }

  /*产生 I2C 起始信号*/
  I2C_GenerateSTART(EEPROM_I2Cx, ENABLE);

  I2CTimeout = I2CT_FLAG_TIMEOUT;

  /*检测 EV5 事件并清除标志*/
  while (!I2C_CheckEvent(EEPROM_I2Cx, I2C_EVENT_MASTER_MODE_SELECT))
  {
    if ((I2CTimeout--) = = 0) return I2C_TIMEOUT_UserCallback(10);
  }

  /*发送 EEPROM 设备地址*/
  I2C_Send7bitAddress(EEPROM_I2Cx,EEPROM_ADDRESS,I2C_Direction_Transmitter);

  I2CTimeout = I2CT_FLAG_TIMEOUT;

  /*检测 EV6 事件并清除标志*/

  while (!I2C_CheckEvent(EEPROM_I2Cx,
```

```
I2C_EVENT_MASTER_TRANSMITTER_MODE_SELECTED))
{
  if ((I2CTimeout--) == 0) return I2C_TIMEOUT_UserCallback(11);
}
/*通过重新设置 PE 位清除 EV6 事件*/
I2C_Cmd(EEPROM_I2Cx, ENABLE);

/*发送要读取的 EEPROM 内部地址(即 EEPROM 内部存储器的地址) */
I2C_SendData(EEPROM_I2Cx, ReadAddr);

I2CTimeout = I2CT_FLAG_TIMEOUT;

/*检测 EV8 事件并清除标志*/
while (!I2C_CheckEvent(EEPROM_I2Cx,I2C_EVENT_MASTER_BYTE_TRANSMITTED))
{
  if ((I2CTimeout--) = = 0) return I2C_TIMEOUT_UserCallback(12);
}
/*产生第二次 I2C 起始信号*/
I2C_GenerateSTART(EEPROM_I2Cx, ENABLE);

I2CTimeout = I2CT_FLAG_TIMEOUT;

/*检测 EV5 事件并清除标志*/
while (!I2C_CheckEvent(EEPROM_I2Cx, I2C_EVENT_MASTER_MODE_SELECT))
{
  if ((I2CTimeout--) = = 0) return I2C_TIMEOUT_UserCallback(13);
}
/*发送 EEPROM 设备地址*/
I2C_Send7bitAddress(EEPROM_I2Cx, EEPROM_ADDRESS, I2C_Direction_Receiver);

I2CTimeout = I2CT_FLAG_TIMEOUT;

/*检测 EV6 事件并清除标志*/
while (!I2C_CheckEvent(EEPROM_I2Cx,
I2C_EVENT_MASTER_RECEIVER_MODE_SELECTED))
{
  if ((I2CTimeout--) = = 0) return I2C_TIMEOUT_UserCallback(14);
}
/*读取 NumByteToRead 个数据*/
```

```
  while (NumByteToRead)
  {
    /*若 NumByteToRead = 1，表示已经接收到最后一个数据了，
    发送非应答信号，结束传输*/
    if (NumByteToRead = = 1)
    {
      /*发送非应答信号*/
      I2C_AcknowledgeConfig(EEPROM_I2Cx, DISABLE);

      /*发送停止信号*/
      I2C_GenerateSTOP(EEPROM_I2Cx, ENABLE);
    }

    I2CTimeout = I2CT_LONG_TIMEOUT;
    while (I2C_CheckEvent(EEPROM_I2Cx, I2C_EVENT_MASTER_BYTE_RECEIVED) = = 0)
    {
      if ((I2CTimeout--) = = 0) return I2C_TIMEOUT_UserCallback(3);
    }
    {
      /*通过 I2C，从设备中读取一个字节的数据*/
      *pBuffer = I2C_ReceiveData(EEPROM_I2Cx);

      /*存储数据的指针指向下一个地址*/
      pBuffer++;

      /*接收数据自减*/
      NumByteToRead--;
    }
  }
  /*使能应答，方便下一次 I2C 传输*/
  I2C_AcknowledgeConfig(EEPROM_I2Cx, ENABLE);
  return 1;
}
```

这段代码中的写过程跟前面的写字节函数类似，而读过程中接收数据时，需要使用库函数 I2C_ReceiveData 来读取；响应信号通过库函数 I2C_AcknowledgeConfig 来发送，DISABLE 时为非响应信号，ENABLE 时为响应信号。

9) EEPROM 读/写测试函数

完成基本的读/写函数后，接下来编写一个读/写测试函数来检验驱动程序。

```
/***************************************************************
*函数：I2C_Test
*实验说明：对 I2C(AT24C02)读/写测试
***************************************************************/
uint8_t I2C_Test(void)
{
  u16 i;
  EEPROM_INFO("写入的数据");
  for ( i = 0; i< = 255; i++ ) //填充缓冲
  {
    I2C_Buf_Write[i] = i;

    printf("0x%02X ", I2C_Buf_Write[i]);
    if (i%16 = = 15)
    printf("\n\r");
  }
  //将 I2C_Buf_Write 中顺序递增的数据写入 EERPOM 中
  //页写入方式
  // I2C_EE_BufferWrite( I2C_Buf_Write, EEP_Firstpage, 256);
  //字节写入方式
  I2C_EE_ByetsWrite( I2C_Buf_Write, EEP_Firstpage, 256);

  EEPROM_INFO("写结束");

  EEPROM_INFO("读出的数据");
  //将 EEPROM 读出数据顺序保持到 I2C_Buf_Read 中
  I2C_EE_BufferRead(I2C_Buf_Read, EEP_Firstpage, 256);

  //将 I2C_Buf_Read 中的数据通过串口打印
  for (i = 0; i<256; i++)
  {
    if (I2C_Buf_Read[i] ! = I2C_Buf_Write[i])
    {
      printf("0x%02X ", I2C_Buf_Read[i]);
      EEPROM_ERROR("错误: I2C EEPROM 写入与读出的数据不一致");
      return 0;
    }
    printf("0x%02X ", I2C_Buf_Read[i]);
    if (i%16 = = 15)
    printf("\n\r");
```

```
    }
    EEPROM_INFO("I2C(AT24C02)读/写测试成功");
    return 1;
}
```

代码中先填充一个数组，数组的内容为 0～255，接着把这个数组的内容写入 EEPROM 中，写入时可以采用单字节写入的方式或页写入的方式。写入完毕后再从 EEPROM 的地址中读取数据，把读取得到的数据与写入的数据进行校验，若一致说明读/写正常，否则读/写过程有问题或者 EEPROM 芯片不正常。其中，代码用到的 EEPROM_INFO 与 EEPROM_ERROR 宏类似，都是对 printf 函数的封装，使用和阅读代码时把它直接当成 printf 函数即可。具体的宏定义在 bsp_I2c_ee.h 文件中，代码中常常会用类似的宏来输出调试信息。

10) main 函数

main 函数初始化串口、I^2C 外设，然后调用上面的 I2C_Test 函数进行读/写测试。

```
/***********************************************************************
*实验名：EEPROM 读/写测试
*实验说明：对 I2C 外设(AT24C02)读/写测试。
***********************************************************************/
int main(void)
{
  LED_GPIO_Config();
  LED_BLUE;
  /*串口初始化*/
  USART_Config();
  printf("\r\n 这是一个 I2C 外设(AT24C02)读/写测试例程 \r\n");
  /* I2C 外设初(AT24C02)始化*/
  I2C_EE_Init();
  printf("\r\n 这是一个 I2C 外设(AT24C02)读/写测试例程 \r\n");

  //EEPROM 读/写测试
  if(I2C_Test() = = 1)
  {
    LED_GREEN;
  }
  else
  {
    LED_RED;
  }
```

```
    while (1)
    {
    }
}
```

用 USB 线连接开发板接口和电脑，在电脑端打开串口调试助手，把编译好的程序下载到开发板，在串口调试助手可看到 EEPROM 测试的调试信息。

思考题与习题 12

1. I^2C 总线的优点是什么？
2. I^2C 总线的起始信号和终止信号是如何定义的？
3. I^2C 总线的数据传输方向是如何控制的？
4. 单片机如何对 I^2C 总线中的器件进行寻址操作？
5. I^2C 总线在数据传输时，应答是如何进行的？
6. 简述 I^2C 总线的通信过程，并说明主发送器和主接收器的工作过程。
7. I^2C 总线的中断事件有哪些？事件标志分别是什么？时间开启的控制位分别是什么？
8. 简要说明 I^2C 总线的初始化结构体，并说明初始化结构体中各成员的用途。
9. 自己动手验证 12.3.2 节介绍的 I^2C 读/写 EEPROM 实例。

第 13 章　DMA 控制器

DMA(Direct Memory Access)控制器是单片机的一个外设，它的主要功能是传输数据，但不需要占用 CPU，即在传输数据时，CPU 可以干其他的事情，类似多线程。数据传输支持从外设到存储器或者存储器到存储器，这里的存储器可以是 SRAM 或者是 Flash。

13.1　DMA 控制器的结构与原理

高密度的 STM32F103xx 系列处理器片内配备了两个 DMA 控制器(DMA2 仅配备在大容量产品中)，DMA1 有 7 个通道，DMA2 有 5 个通道，每个通道专门用来管理来自一个或多个外设对存储器访问的请求，还有一个仲裁器用来协调各个 DMA 请求的优先权。

13.1.1　DMA 控制器的基本特性

STM32F103xx 系列芯片的 DMA 控制器具有的基本特性如下：

(1) 12 个独立的可配置的通道：DMA1 有 7 个通道，DMA2 有 5 个通道。

(2) 每个通道都直接连接专用的硬件 DMA 请求，每个通道都同样支持软件触发，这些功能通过软件来配置。

(3) 在同一个 DMA 模块上，多个请求间的优先权可以通过软件编程设置(共有 4 级：很高、高、中等和低)，优先权设置相等时由硬件决定(请求 0 优先于请求 1，依此类推)。

(4) 独立数据源和目标数据区的传输宽度(字节、半字、全字)，模拟打包和拆包的过程。源地址和目标地址必须按数据传输宽度对齐。

(5) 支持循环的缓冲器管理。

(6) 每个通道都有 3 个事件标志(DMA 半传输、DMA 传输完成和 DMA 传输出错)，这 3 个事件标志通过逻辑“或”运算产生一个单独的中断请求。

(7) 支持存储器和存储器间的传输。

(8) 支持外设和存储器、存储器和外设之间的传输。

(9) 闪存、SRAM、外设的 SRAM、APB1、APB2 和 AHB 外设均可作为访问的源和目标。

(10) 可编程的数据传输数目最大为 65 535。

13.1.2　DMA 控制器的结构与原理

DMA 控制器和 Cortex-M3 核心共享系统数据总线，执行直接存储器数据传输。当 CPU

和 DMA 同时访问相同的目标(RAM 或外设)时，DMA 请求会暂停 CPU 访问系统总线若干个周期,总线仲裁器执行循环调度，以保证 CPU 至少可以得到一半的系统总线(存储器或外设)带宽。DMA 的结构框图如图 13-1 所示。

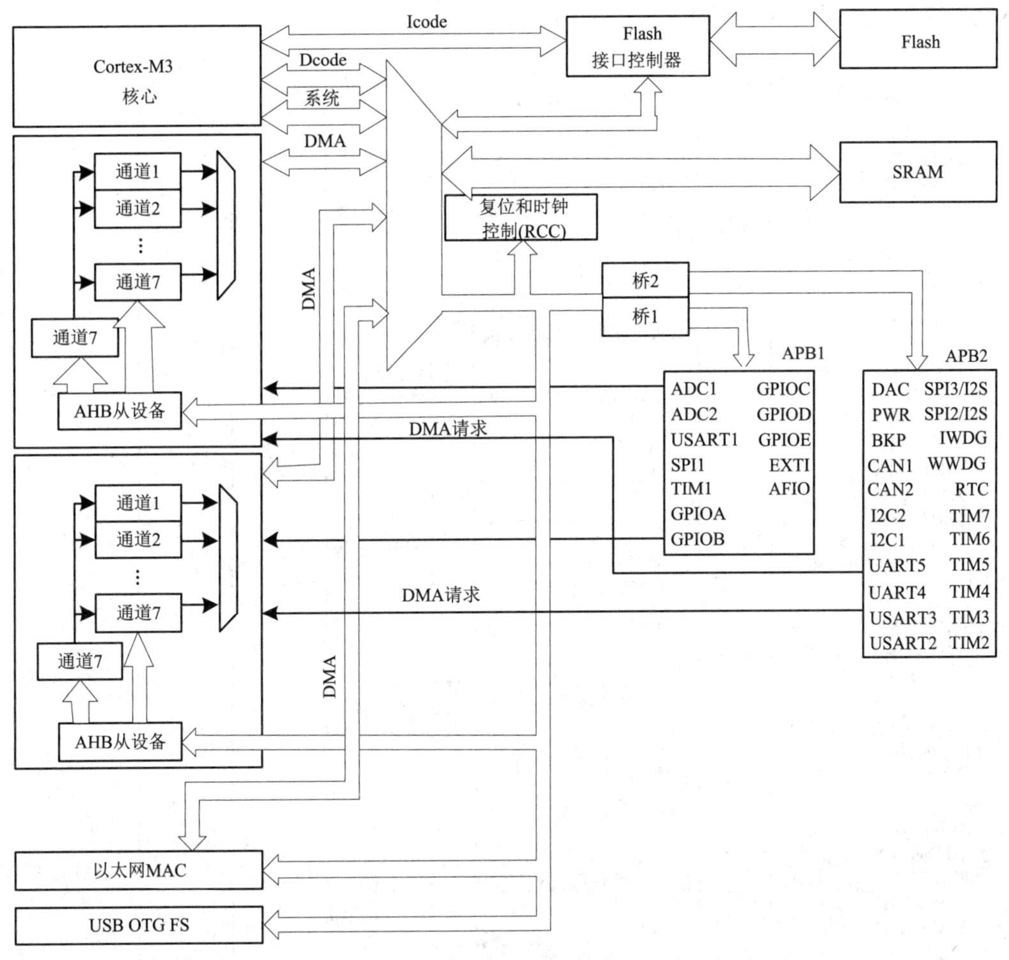

图 13-1　DMA 控制器的框图

DMA 总线将 DMA 的 AHB 主控接口与总线矩阵相关联，总线矩阵协调 CPU 的 DCode 和 DMA 到 SRAM、闪存和外设的访问，并协调内核系统总线和 DMA 主控总线之间的访问仲裁。AHB 外设通过总线矩阵与系统总线相连，允许 DMA 访问。AHB/APB 桥(APB)在 AHB 和两个 APB 总线间提供同步连接。

在发生一个事件后，外设向 DMA 控制器发送一个请求信号；DMA 控制器根据通道的优先权处理请求。当 DMA 控制器开始访问发出请求的外设时，DMA 控制器立即发送给它一个应答信号；当从 DMA 控制器得到应答信号时，外设立即释放它的请求，一旦外设释放了这个请求，DMA 控制器同时撤销应答信号。如果有更多的请求时，外设可以启动下一个周期。

1. DMA1 控制器

从外设(TIMx(x = 1，2，3，4)、ADC1、SPIl、SPI/I2S2、I2Cx(x = 1，2)和 USARTx(x =

1，2，3))产生的 7 个请求，通过逻辑“或”输入 DMA1 控制器，同时只能有一个请求有效。外设的 DMA 请求可以通过设置相应外设寄存器中的 DMA 控制位，被独立地开启或关闭。

图 13-2 所示为 DMA1 请求映像图，每个通道的请求信号由该通道对应的外设产生。DMA1 各请求通道对应的外设如表 13-1 所示。

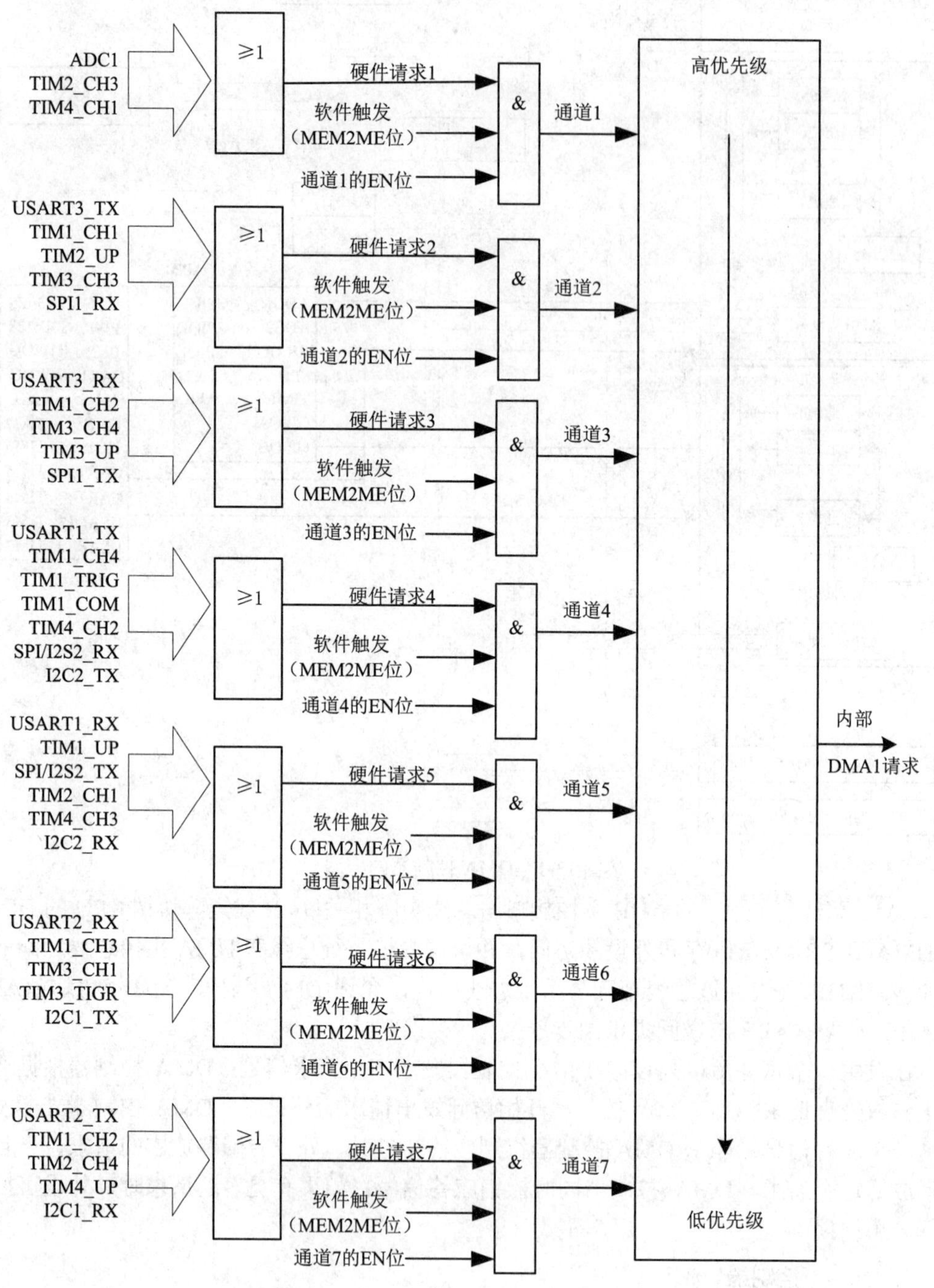

图 13-2　DMA1 请求映像

表 13-1　DMA1 各请求通道对应外设

外设	通道 1	通道 2	通道 3	通道 4	通道 5	通道 6	通道 7
ADC1	ADC1						
SPI/I2S		SPI1_RX	SPI1_TX	SPI/I2S2_RX	SPI/I2S2_TX		
USART		USART3_TX	USART3_RX	USART1_TX	USART1_RX	USART2_RX	USART2_TX
I2C				I2C2_TX	I2C2_RX	I2C1_TX	I2C1_RX
TIM1		TIM1_CH1	TIM1_CH2	TIM1_CH4 TIM1_TRIG TIM1_COM	TIM1_UP	TIM1_CH3	
TIM2	TIM2_CH3	TIM2_UP			TIM2_CH1		TIM2_CH2 TIM2_CH4
TIM3		TIM3_CH3	TIM3_CH4 TIM3_UP			TIM3_CH1 TIM3_TRIG	
TIM4	TIM4_CH1			TIM4_CH2	TIM4_CH3		TIM4_UP

2. DMA2 控制器

从外设(TIMx[5、6、7、8]、ADC3、SPI/I2S3、UART4、DMA 通道 1、DMA 通道 2 和 SDIO)产生的 5 个请求，经逻辑“或”输入 DMA2 控制器，同时只能有一个请求有效。图 13-3 为 DMA2 的请求映像图。外设的 DMA 请求，可以通过设置相应外设寄存器中的 DMA 控制位，被独立地开启或关闭。

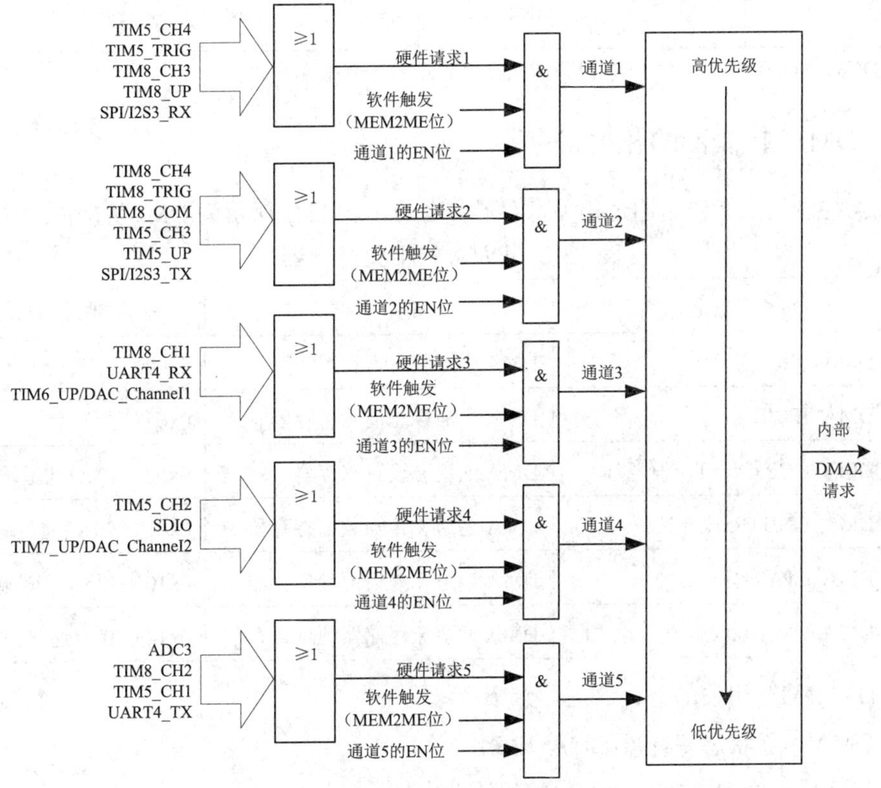

图 13-3　DMA2 请求映像

每个通道的请求信号由该通道对应的外设产生，DMA2 各请求通道对应的外设如表 13-2 所示。

表 13-2　各个通道的 DMA2 请求

外设	通道 1	通道 2	通道 3	通道 4	通道 5
ADC3(1)					ADC3
SPI/I2S3	SPI/I2S3_RX	SPI/I2S3_TX			
UART4			UART4_RX		UART4_TX
SDIO(1)				SDIO	
TIM5	TIM5_TRIG TIM5_CH4	TIM5_CH3 TIM5_UP		TIM5_CH2	TIM5_CH1
TIM6/DMA 通道 1			TIM6_UP/ DAC_Channel1		
TIM7/DMA 通道 2				TIM7_UP/ DAC_Channel2	
TIM8	TIM8_CH3 TIM8_UP	TIM8_CH4 TIM8_TRIG TIM8_COM	TIM8_CH1		TIM8_CH2

注：ADC3、SDIO 和 TIM8 的 DMA 请求只在大容量的产品中存在。

13.1.3　DMA 控制器的相关寄存器

DMA 控制器的操作是通过相关寄存器实现的。表 13-3 所示为 DMA 的相关寄存器表。

表 13-3　DMA 的相关寄存器表

序号	寄存器名称	说　明	地址偏移
1	DMA_ISR	DMA 中断状态寄存器	0x00
2	DMA_IFCR	DMA 中断标志清除寄存器	0x04
3	DMA_CCRx(x = 1，…，7)	DMA 通道 x 设置寄存器	0x08 + 20 x (通道编号–1)
4	DMA_CNDTRx(x = 1，…，7)	DMA 通道 x 传输数量寄存器	0x0C + 20 x (通道编号–1)
5	DMA_CPARx(x = 1，…，7)	DMA 通道 x 外设地址寄存器	0x10 + 20 x (通道编号–1)
6	DMA_CMARx(x = 1，…，7)	DMA 通道 x 存储器地址寄存器	0x14+ 20 x (通道编号–1)

下面对 DMA 相关的寄存器进行介绍。

1. DMA 中断状态寄存器(DMA_ISR)

图 13-4 所示为 DMA 中断状态寄存器的结构图。

31	30	29	28	27	26	25	24	23	22	21	20	19	18	17	16
Reserved				TEIF 7	HTIF 7	TCIF 7	GIF 7	TEIF 6	HTIF 6	TCIF 6	GIF 6	TEIF 5	HTIF 5	TCIF 5	GIF 5
				r	r	r	r	r	r	r	r	r	r	r	r
15	14	13	12	11	10	9	8	7	6	5	4	3	2	1	0
TEIF 4	HTIF 4	TCIF 4	GIF 4	TEIF 3	HTIF 3	TCIF 3	GIF 3	TEIF 2	HTIF 2	TCIF 2	GIF 2	TEIF 1	HTIF 1	TCIF 1	GIF 1
r	r	r	r	r	r	r	r	r	r	r	r	r	r	r	r

图 13-4　DMA 中断状态寄存器的结构图

该寄存器有定义的位如下：

➢ TEIFx：通道 x 的传输错误标志(x = 1，…，7) (Channel x Transfer Error Flag)。TEIFx 为 0 时，在通道 x 没有传输错误(TE)；TEIFx 为 1 时，在通道 x 发生了传输错误(TE)。

➢ HTIFx：通道 x 的半传输标志(x = 1，…，7) (Channel x Half Transfer Flag)。HTIFx 为 0 时，在通道 x 没有半传输事件(HT)；HTIFx 为 1 时，在通道 x 产生了半传输事件(HT)。

➢ TCIFx：通道 x 的传输完成标志(x = 1，…，7) (Channel x Transfer Complete Flag)。TCIFx 为 0 时，在通道 x 没有传输完成事件(TC)；TCIFx 为 1 时，在通道 x 产生了传输完成事件(TC)。

➢ GIFx：通道 x 的全局中断标志(x = 1，…，7) (Channel x Global Interrupt Flag)。GIFx 为 0 时，在通道 x 没有 TE、HT 或 TC 事件；GIFx 为 1 时，在通道 x 产生了 TE、HT 或 TC 事件。

2. DMA 中断标志清除寄存器(DMA_IFCR)

图 13-5 所示为 DMA 中断标志清除寄存器的结构图。

31	30	29	28	27	26	25	24	23	22	21	20	19	18	17	16
Reserved				CTEIF 7	CHTIF 7	CTCIF 7	CGIF 7	CTEIF 6	CHTIF 6	CTCIF 6	CGIF 6	CTEIF 5	CHTIF 5	CTCIF 5	CGIF 5
				rw	rw	rw	rw	rw	rw	rw	rw	rw	rw	rw	rw
15	14	13	12	11	10	9	8	7	6	5	4	3	2	1	0
CTEIF 4	CHTIF 4	CTCIF 4	CGIF 4	CTEIF 3	CHTIF 3	CTCIF 3	CGIF 3	CTEIF 2	CHTIF 2	CTCIF 2	CGIF 2	CTEIF 1	CHTIF 1	CTCIF 1	CGIF 1
rw	rw	rw	rw	rw	rw	rw	rw	rw	rw	rw	rw	rw	rw	rw	rw

图 13-5　DMA 中断标志清除寄存器的结构图

该寄存器有定义的位如下：

➢ CTEIFx：清除通道 x 的传输错误标志(x = 1，…，7) (Channel x Transfer Error Clear)。CTEIFx 为 0 时，不起作用；CTEIFx 为 1 时，清除 DMA_ISR 寄存器中的对应 TEIF 标志。

➢ CHTIFx：清除通道 x 的半传输标志(x = 1，…，7) (Channel x Half Transfer Clear)。CHTIFx 为 0 时，不起作用；CHTIFx 为 1 时，清除 DMA_ISR 寄存器中的对应 HTIF 标志。

➢ CTCIFx：清除通道 x 的传输完成标志(x = 1，…，7) (Channel x Transfer Complete Clear)。CTCIFx 为 1 时，不起作用；CTCIFx 为 0 时，清除 DMA_ISR 寄存器中的对应 TCIF 标志。

➢ CGIFx：清除通道 x 的全局中断标志(x = 1，…，7) (Channel x Global Interrupt Clear)。

CGIFx 为 0 时，不起作用；CGIFx 为 1 时，清除 DMA_ISR 寄存器中的对应的 GIF、TEIF、HTIF 和 TCIF 标志。

3. DMA 通道 x 配置寄存器(DMA_CCRx)(x = 1，…，7)

如图 13-6 所示为 DMA 通道 x 配置寄存器的结构图。

31	30	29	28	27	26	25	24	23	22	21	20	19	18	17	16
Reserved															
15	14	13	12	11	10	9	8	7	6	5	4	3	2	1	0
NDT[15:0]															
rw	rw	rw	rw	rw	rw	rw	rw	rw	rw	rw	rw	rw	rw	rw	rw

图 13-6　DMA 通道 x 配置寄存器的结构图

该寄存器有定义的位如下：

➢ MEM2MEM：存储器到存储器模式(Memory to Memory Mode)。MEM2MEM 为 0 时，非存储器到存储器模式；MEM2MEM 为 1 时，启动存储器到存储器模式。

➢ PL[1:0]：通道优先级(Channel Priority Level)。PL[1:0]为 00 时，表示低；PL[1:0]为 01 时，表示中；PL[1:0]为 10 时，表示高；PL[1:0]为 11 时，表示最高。

➢ MSIZE[1:0]：存储器数据宽度(Memory Size)。MSIZE[1:0]为 00 时，表示 8 位；MSIZE[1:0]为 01 时，表示 16 位；MSIZE[1:0]为 10 时，表示 32 位；MSIZE[1:0]为 11 时，表示保留。

➢ PSIZE[1:0]：外设数据宽度(Peripheral Size)。PSIZE[1:0]为 00 时，表示 8 位；PSIZE[1:0]为 01 时，表示 16 位；PSIZE[1:0]为 10 时，表示 32 位；PSIZE[1:0]为 11 时，表示保留。

➢ MINC：存储器地址增量模式(Memory Increment Mode)。MINC 为 0 时，不执行存储器地址增量操作；MINC 为 1 时，执行存储器地址增量操作。

➢ PINC：外设地址增量模式(Peripheral Increment Mode)。PINC 为 0 时，不执行外设地址增量操作；PINC 为 1 时，执行外设地址增量操作。

➢ CIRC：循环模式(Circular Mode)。CIRC 为 0 时，不执行循环操作；CIRC 为 1 时，执行循环操作。

➢ DIR：数据传输方向(Data Transfer Direction)。DIR 为 0 时，从外设读取数据；DIR 为 1 时，从存储器读取数据。

➢ TEIE：允许传输错误中断(Transfer Error Interrupt Enable)。TEIE 为 0 时，禁止 TE 中断；TEIE 为 1 时，允许 TE 中断。

➢ HTIE：允许半传输中断(Half Transfer Interrupt Enable)。HTIE 为 0 时，禁止 HT 中断；HTIE 为 1 时，允许 HT 中断。

➢ TCIE：允许传输完成中断(Transfer Complete Interrupt Enable)。TCIE 为 0 时，禁止 TC 中断；TCIE 为 1 时，允许 TC 中断。

➢ EN：通道开启(Channel Enable)。EN 为 0 时，通道不工作；EN 为 1 时，通道开启。

4. DMA 通道 x 传输数量寄存器(DMA_CNDTRx)(x = 1，…，7)

图 13-7 所示为 DMA 通道传输数量寄存器的结构图。

31	30	29	28	27	26	25	24	23	22	21	20	19	18	17	16
Reserved															
15	**14**	**13**	**12**	**11**	**10**	**9**	**8**	**7**	**6**	**5**	**4**	**3**	**2**	**1**	**0**
Reserved	MEM2MEM	PL[1:0]		MSIZE[1:0]		PSIZE[1:0]		MINC	PINC	CIRC	DIR	TEIE	HTIE	TCIE	EN
	rw	rw	rw	rw	rw	rw	rw	rw	rw	rw	rw	rw	rw	rw	rw

图 13-7　DMA 通道传输数量寄存器的结构图

该寄存器有定义的位如下：

➢ NDT[15:0]：数据传输数量(Number of Data to Transfer)，数据传输数量为 0～65 535。这个寄存器只能在通道不工作(DMA_CCRx 的 EN 为 0)时写入。通道开启后该寄存器变为“只读”，指示剩余的待传输字节数目，寄存器中的数值在每次 DMA 传输后递减。

数据传输结束后，寄存器的内容或者变为 0，或者当该通道配置为自动重加载模式时，寄存器的内容将被自动重新加载为之前配置时的数值。

当寄存器的内容为 0 时，无论通道是否开启，都不会发生任何数据传输。

5. DMA 通道 x 外设地址寄存器(DMA_CPARx)(x = 1，…，7)

图 13-8 所示为 DMA 通道 x 外设地址寄存器的结构图。

31	30	29	…	3	2	1	0
PA[31:0]							
rw	rw	rw	…	rw	rw	rw	rw

图 13-8　DMA 通道 x 外设地址寄存器的结构图

该寄存器有定义的位如下：

➢ PA[31:0]：外设地址(Peripheral Address)，存放的是外设数据寄存器的基地址，作为数据传输的源或目的地。PA[31:0]的设置情况如表 13-4 所示。

表 13-4　PA[31:0]的设置情况表

序号	PSIZE	PA[31:0]	描　述
1	01(16 位)	不使用 PA[0]位	自动与半字地址对齐
2	10(32 位)	不使用 PA[1:0]位	自动与字地址对齐

当开启通道(DMA_CCRx 的 EN 为 1)时不能写该寄存器。

6. DMA 通道 x 存储器地址寄存器(DMA_CMARx)(x = 1，…，7)

图 13-9 所示为 DMA 通道 x 存储器地址寄存器的结构图。

31	30	29	…	3	2	1	0
MA[31:0]							
rw	rw	rw	…	rw	rw	rw	rw

图 13-9　DMA 通道 x 存储器地址寄存器的结构图

该寄存器有定义的位如下：

➢ MA[31:0]：存储器地址(Memory Address)，该地址作为数据传输的源或目的地。MA[31:0]的设置情况如表 13-5 所示。

表 13-5　PA[31:0]的设置情况表

序号	MSIZE	MA[31:0]	描　述
1	01(16 位)	不使用 MA[0]位	自动与半字地址对齐
2	10(32 位)	不使用 MA[1:0]位	自动与字地址对齐

当开启通道(DMA_CCRx 的 EN 为 1)时不能写该寄存器。

13.2　DMA 控制器的操作库函数

13.2.1　DMA 控制器的操作库函数概述

为实现对 DMA 控制器的操作，ST 提供了一套 DMA 操作函数，通过这些函数可以方便地实现对 DMA 控制器的各种编程应用。表 13-6 所示为 ST 提供的标准外设库 v3.5 版本中定义的 DMA 操作库函数列表。

表 13-6　ST 在标准外设库 v3.5 版本中定义的 DMA 操作库函数

函 数 名	描　述
DMA_Init	对指定的 DMA 通道进行初始化
DMA_Cmd	使能或禁止指定的通道 x
DMA_ITConfig	使能或禁止指定的通道 x 中断
DMA_GetCurrDataCounte	返回当前 DMA 通道 x 剩余的待传输数据数目
DMA_GetFlagStatus	检查指定的 DMA 通道 x 标志位设置与否
DMA_ClearFlag	清除 DMA 通道 x 待处理标志位

13.2.2　DMA 控制器的操作库函数

1. 函数 DMA_Init

功能描述：根据 DMA_InitStruct 中指定的参数初始化 DMA 的通道 x 寄存器。

函数原型：

```
void DMA_Init(DMA_Channel_TypeDef * DMA_Channelx, DMA_InitTypeDef *
DMA_InitStruct);
```

参数说明：输入参数 1(DMA Channelx)用于选择 DMA 通道 x，x 可以是 1，2，…，7；输入参数 2(DMA_InitStruct)是指向结构体 DMA_ InitTypeDef 的指针，包含了 DMA 通道 x 的配置信息。DMA_InitTypeDef 结构体的定义如下：

```
typedef struct
{
```

```
    uint32_t DMA_PeripheralBaseAddr;         //外设地址
    uint32_t DMA_MemoryBaseAddr;             //存储器地址
    uint32_t DMA_DIR;                        //传输方向
    uint32_t DMA_BufferSize;                 //传输数目
    uint32_t DMA_PeripheralInc;              //外设地址增量模式
    uint32_t DMA_MemoryInc;                  //存储器地址增量模式
    uint32_t DMA_PeripheralDataSize;         //外设数据宽度
    uint32_t DMA_MemoryDataSize;             //存储器数据宽度
    uint32_t DMA_Mode;                       //模式选择
    uint32_t DMA_Priority;                   //通道优先级
    uint32_t DMA_M2M;                        //存储器到存储器模式
} DMA_InitTypeDef;
```

结构体中各成员的作用如下：

➢ DMA_PeripheralBaseAddr：外设地址，设定 DMA_CPAR 寄存器的值，一般设置为外设的数据寄存器地址，如果是存储器到存储器模式则设置为其中一个存储器地址。

➢ DMA_MemoryBaseAddr：存储器地址，设定 DMA_CMAR 寄存器的值，一般设置为自定义存储区的首地址。

➢ DMA_DIR：传输方向选择，设置外设作为数据传输的目的地或者来源。表 13-7 给出了该参数的取值。

表 13-7　DMA_DIR 取值

DMA_DIR	描　述
DMA_DIR_PeripheralDST	外设作为数据传输的目的地址
DMA_DIR_PeripheralSRC	外设作为数据传输的来源

➢ DMA_BufferSize：用于定义指定 DMA 通道的缓存大小，单位为数据单位。根据传输方向，数据单位等于结构体中参数 DMA_PeripheralDataSize 或 DMA_MemoryDataSize 的值。

➢ DMA_PeripheralInc：用于设定外设地址寄存器递增与否。表 13-8 给出了该参数的取值。

表 13-8　DMA_PeripheralInc 取值

DMA_PeripheralInc	描　述
DMA_PeripheralInc_Enable	外设地址寄存器递增
DMA_PeripheralInc_Disable	外设地址寄存器不变

➢ DMA_MemoryInc：用于设定内存地址寄存器递增与否。表 13-9 给出了该参数的取值。

表 13-9　DMA_MemoryInc 取值

DMA_MemoryInc	描　述
DMA_MemoryInc_Enable	内存地址寄存器递增
DMA_MemoryInc_Disable	内存地址寄存器不变

➢ DMA_PeripheralDataSize：用于设定外设数据宽度。表 13-10 给出了该参数的取值。

表 13-10　DMA_PeripheralDataSize 取值

DMA_PeripheralDataSize	描　述
DMA_PeripheralDataSize _Byte	数据宽度为 8 位
DMA_PeripheralDataSize _HalfWordl	数据宽度为 16 位
DMA_PeripheralDataSize _Word	数据宽度为 32 位

➢ DMA_MemoryDataSize：用于设定内存数据宽度。表 13-11 给出了该参数的取值。

表 13-11　DMA_MemoryDataSize 取值

DMA_MemoryDataSize	描　述
DMA_MemoryDataSize_Byte	数据宽度为 8 位
DMA_MemoryDataSize_HalfWord	数据宽度为 16 位
DMA_MemoryDataSize_Word	数据宽度为 32 位

➢ DMA_Mode：用于设置 DMA 的工作模式。表 13-12 给出了该参数的取值。

表 13-12　DMA_Mode 取值

DMA_Mode	描　述
DMA_Mode_Circular	工作在循环缓存模式
DMA_Mode_Normal	工作在正常缓存模式

➢ DMA_Priority：用于设定 DMA 通道 x 的软件优先级。表 13-13 给出了该参数的取值。

表 13-13　DMA_Priority 取值

DMA_Priority	描　述
DMA_Priority_VeryHigh	DMA 通道 x 拥有非常高优先级
DMA_Priority_High	DMA 通道 x 拥有高优先级
DMA_Priority_Medium	DMIA 通道 x 拥有中优先级
DMA_Priority_Low	DMA 通道 x 拥有低优先级

➢ DMA_M2M：用于使能 DMA 通道内存到内存的传输。表 13-14 给出了该参数的取值。

表 13-14　DMA_M2M 值

DMA_M2M	描　述
DMA_M2M_Enable	DMA 通道 x 设置为从内存到内存传输
DMA_M2M_Disable	DMA 通道 x 没有设置为从内存到内存传输

2. 函数 DMA_Cmd

功能描述：使能或者禁止指定的通道 x。

函数原型：

void DMA_Cmd(DMA_Channel_TypeDef * DMA_Channelx,FunctionalState NewState);

参数说明：输入参数 1(DMA_Channelx)用于选择 DMA 通道 x，x 可以是 1，2，…，7；输入参数 2(NewState)用于设置通道 x 的新状态，这个参数可以取 ENABLE 或者 DISABLE

3. 函数 DMA_ ITConfig

功能描述：使能或者禁止指定的通道 x 中断。

函数原型：

void DMA_ ITConfig(DMA_ Channel_ TypeDef * DMA_ Channelx, uint32 DMA_IT,FunetionalState NewState);

参数说明：输入参数 1(DMA_Channelx)用于选择 DMA 通道 x，x 可以是 1，2，…，7；输入参数 2(DMA_IT)用于设置待使能或者禁止的 DMA 中断源，使用操作符“|”可以同时选中多个 DMA 中断源；输入参数 3(NewState)用于设置 DMA 通道 x 中断的新状态，这个参数可以取 ENABLE 或者 DISABLE。

输入参数 DMA_ IT 使能或者禁止 DMA 通道 x 的中断，可以取表 13-15 所示的一个或者多个取值的组合作为该参数的值。

表 13-15 参数列表

DMA_IT	描 述
DMA_IT_TC	传输完成中断屏蔽
DMA_IT_HT	传输过半中断屏蔽
DMA_IT_TE	传输错误中断屏蔽

4. 函数 DMA_GetCurrDataCounte

功能描述：返回当前 DMA 通道 x 剩余的待传输数据数目。

函数原型：

u16 DMA GetCurrDataCounter(DMA_ Channel TypeDef * DMA_ Channelx);

参数说明：输入参数(DMA_Channelx)用于选择 DMA 通道 x，x 可以是 1，2，…，7。

5. 函数 DMA_ GetFlagStatus

功能描述：检查指定的 DMA 通道 x 标志位设置与否。

函数原型：

FlagStatus DMA_ GetFlagStatus(uint32 DMA_ FLAG);

参数说明：输入参数(DMA_FLAG)为待检查的 DMA 标志位。

6. 函数 DMA ClearFlag

功能描述：清除 DMA 通道 x 待处理标志位。

函数原型：

void DMA ClearFlag(uint32 DMA_ FLAG);

参数说明：输入参数(DMA_ FLAG)为待检查的 DMA 标志位，使用操作符“|”可以同时选中多个 DMA 标志位。

13.3 DMA 控制器编程应用

13.3.1 DMA 控制器编程的基本步骤

STM32 每次进行 DMA 传输时要经过以下 3 个步骤：

(1) 取数据：从外设数据寄存器或者从当前外设/存储器地址寄存器指示的存储器地址取数据，第一次传输时的开始地址是 DMA_CPARx 或 DMA_CMARx 寄存器指定的外设基地址或存储器单元。

(2) 存数据：存数据到外设数据寄存器或者当前外设/存储器地址寄存器指示的存储器地址，第一次传输时的开始地址是 DMA_CPARx 或 DMA_CMARx 寄存器指定的外设基地址或存储器单元。

(3) 修改源或目的指针：执行一次 DMA_CNDTRx 寄存器的递减操作，该寄存器包含未完成的操作数目。

13.3.2 DMA 控制器编程实例

1. 硬件设计

DMA 存储器到存储器数据传输模式实验不需要其他硬件，只有 RGB 彩色灯用于指示程序状态。

2. 软件设计

本例为 DMA 直接存储器访问测试。首先，在 Keil MDK5 集成开发环境下新建测试工程，设置工程选项及运行环境；其次，新建工程文件，并添加到工程中。图 13-10 所示为该测试工程窗口。

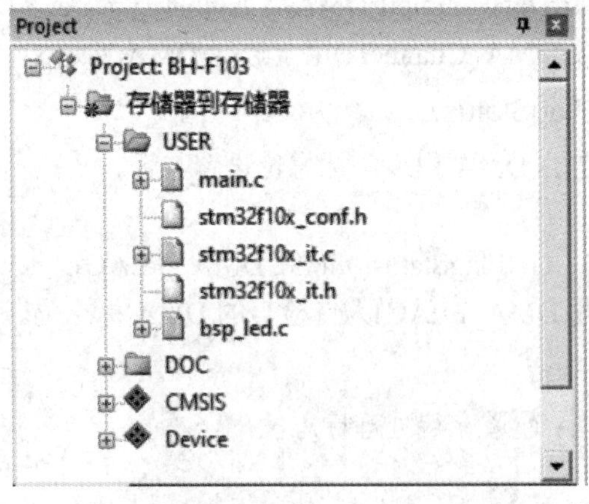

图 13-10　DMA 直接存储器访问测试工程窗口

在该工程中包含 5 个源程序文件，分别是 stm32f10x_conf.h、stm32f10x_it.c、

stm32f10x_it.h、bsp_led.c 和 main.c。stm32f10x_conf.h 文件为库配置文件；stm32f10x_it.c 文件为主中断服务程序，为所有异常处理程序提供外设中断服务程序；stm32f10x_it.h 文件中包含该文件中断处理程序的头文件；bsp_led.c 文件中包含 led 应用函数接口；在 main.c 文件中实现 DMA 直接存储器访问测试。

1) DMA 宏定义及相关变量定义

在 main.c 文件中主要实现 DMA 通道的选择、DMA 宏定义以及相关变量定义。下面是 bsp_usart.c 文件的内容。

```
/*************************************************************************
* 文件名：main.c
* 功能：DMA 宏定义及相关变量定义
*************************************************************************/
//当使用存储器到存储器模式时，通道可以随便选，没有硬性的规定
#define DMA_CHANNEL     DMA1_Channel6
#define DMA_CLOCK       RCC_AHBPeriph_DMA1
//传输完成标志
#define DMA_FLAG_TC     DMA1_FLAG_TC6
//要发送的数据大小
#define BUFFER_SIZE     32
/*定义 aSRC_Const_Buffer 数组作为 DMA 传输数据源
* const 关键字将 aSRC_Const_Buffer 数组变量定义为常量类型
*表示数据存储在内部的 Flash 中
*/
const uint32_t aSRC_Const_Buffer[BUFFER_SIZE] = {
    0x01020304,0x05060708,0x090A0B0C,0x0D0E0F10,
    0x11121314,0x15161718,0x191A1B1C,0x1D1E1F20,
    0x21222324,0x25262728,0x292A2B2C,0x2D2E2F30,
    0x31323334,0x35363738,0x393A3B3C,0x3D3E3F40,
    0x41424344,0x45464748,0x494A4B4C,0x4D4E4F50,
    0x51525354,0x55565758,0x595A5B5C,0x5D5E5F60,
    0x61626364,0x65666768,0x696A6B6C,0x6D6E6F70,
    0x71727374,0x75767778,0x797A7B7C,0x7D7E7F80};
/*定义 DMA 传输目标存储器
*存储在内部的 SRAM 中
*/
uint32_t aDST_Buffer[BUFFER_SIZE];
```

在这里使用宏定义设置外设配置以方便程序的修改和升级。其中，aSRC_Const_Buffer [BUFFER_SIZE]定义用来存放源数据，并且使用了 const 关键字修饰，即常量类型，使得变量是存储在内部 Flash 空间中。

2) DMA 数据配置

DMA 数据配置如下：

```
/******************************************************************************
* 函数：DMA_Config
* 功能：使能或禁止指定的通道 x 中断
******************************************************************************/
void DMA_Config(void)
{
  DMA_InitTypeDef DMA_InitStructure;

  //开启 DMA 时钟
  RCC_AHBPeriphClockCmd(DMA_CLOCK, ENABLE);
  //源数据地址
  DMA_InitStructure.DMA_PeripheralBaseAddr =
   (uint32_t)aSRC_Const_Buffer;
  //目标地址
  DMA_InitStructure.DMA_MemoryBaseAddr = (uint32_t)aDST_Buffer;
  //方向：外设到存储器(这里的外设是内部的 Flash)
  DMA_InitStructure.DMA_DIR = DMA_DIR_PeripheralSRC;
  //传输大小
  DMA_InitStructure.DMA_BufferSize = BUFFER_SIZE;
  //外设(内部的 Flash)地址递增
  DMA_InitStructure.DMA_PeripheralInc = DMA_PeripheralInc_Enable;
  //内存地址递增
  DMA_InitStructure.DMA_MemoryInc = DMA_MemoryInc_Enable;
  //外设数据单位
  DMA_InitStructure.DMA_PeripheralDataSize =
  DMA_PeripheralDataSize_Word;
  //内存数据单位
  DMA_InitStructure.DMA_MemoryDataSize = DMA_MemoryDataSize_Word;
  // DMA 模式，一次或者循环模式
  DMA_InitStructure.DMA_Mode = DMA_Mode_Normal ;
  //DMA_InitStructure.DMA_Mode = DMA_Mode_Circular;
  //优先级：高
  DMA_InitStructure.DMA_Priority = DMA_Priority_High;
  //使能内存到内存的传输
  DMA_InitStructure.DMA_M2M = DMA_M2M_Enable;
  //配置 DMA 通道
```

```
    DMA_Init(DMA_CHANNEL, &DMA_InitStructure);
    //使能 DMA
    DMA_Cmd(DMA_CHANNEL,ENABLE);
}
```

在这里使用了 DMA_InitTypeDef 结构体定义一个 DMA 初始化变量，并且调用了函数 RCC_AHBPeriphClockCmd 开启 DMA 时钟。

传输数据源地址和目标地址指针递增变化，传输数据量由宏 BUFFER_SIZE 决定。采用一次传输模式，DMA 通道优先级任意设置，最后调用 DMA_Init 函数完成 DMA 的初始化配置。

DMA_ClearFlag 函数用于清除 DMA 标志位，代码用到传输完成标志位，使用之前先清除传输完成标志位以免产生不必要干扰。DMA_ClearFlag 函数需要 1 个形参，即事件标志位，可选有传输完成标志位、半传输标志位、FIFO 错误标志位、传输错误标志位等，这里选择传输完成标志位，由宏 DMA_FLAG_TC 定义。

DMA_Cmd 函数用于启动或者停止 DMA 数据传输，它接收两个参数，第一个是 DMA 通道 x，另外一个是开启(ENABLE)或者停止(DISABLE)。

3. 存储器数据对比

以下代码实现存储器的数据对比。

```
/*************************************************************************
* 函数名：Buffercmp
* 功能：对存储器的数据进行对比
*************************************************************************/
uint8_t Buffercmp(const uint32_t* pBuffer,
                  uint32_t* pBuffer1, uint16_t BufferLength)
{
  /*数据长度递减*/
  while (BufferLength--)
    {
    /*判断两个数据源是否对应相等*/
    if (*pBuffer != *pBuffer1)
    {
      /*对应数据源不相等马上退出函数，并返回 0 */
      return 0;
    }
    /*递增两个数据源的地址指针*/
    pBuffer++;
    pBuffer1++;
  }
```

```
    /*完成判断并且对应数据相对*/
    return 1;
}
```

判断指定长度的两个数据源是否完全相等，如果完全相等则返回 1，只要其中一对数据不相等则返回 0。它需要 3 个形参，前两个是两个数据源的地址，第三个是要比较的数据长度。

4. 主函数

主函数代码如下：

```
/***************************************************************************
*实验名：DMA 存储器到存储器模式实验
*实验说明：使用 DMA 传输把源数据拷贝到目标地址上
***************************************************************************/
int main(void)
{
    /*定义存放比较结果变量*/
    uint8_t TransferStatus;
    /*LED 端口初始化*/
    LED_GPIO_Config();
    /*设置 RGB 彩色灯为紫色*/
    LED_PURPLE;
    /*简单延时函数*/
    Delay(0xFFFFFF);
    /* DMA 传输配置*/
    DMA_Config();
    /*等待 DMA 传输完成*/
    while (DMA_GetFlagStatus(DMA_FLAG_TC) == RESET)
    {
    }
    /*比较源数据与传输后数据*/
    TransferStatus = Buffercmp(aSRC_Const_Buffer, aDST_Buffer, BUFFER_SIZE);

    /*判断源数据与传输后数据比较结果*/
    i f (TransferStatus = = 0)
    {
        /*源数据与传输后数据不相等时 RGB 彩色灯显示红色*/
        LED_RED;
    }
    Else
```

```
    {
        /*源数据与传输后数据相等时 RGB 彩色灯显示蓝色*/
        LED_BLUE;
    }
    while (1)
    {
    }
}
```

主函数首先定义了一个变量用来保存存储器数据的比较结果。

RGB 彩色灯用来指示程序进程，使用之前需要进行初始化。LED_GPIO_Config 定义在 bsp_led.c 文件中。开始设置 RGB 彩色灯为紫色，LED_PURPLE 是定义在 bsp_led.h 文件中的一个宏定义。

Delay 函数是一个简单的延时函数。

调用 DMA_Config 函数完成 DMA 数据流配置，并启动 DMA 数据传输。

DMA_GetFlagStatus 函数获取 DMA 事件标志位的当前状态，这里获取 DMA 数据传输完成标志位，使用循环持续等待直到该标志位被置位，即 DMA 传输完成事件的发生，然后退出循环，运行后续程序。

确定 DMA 传输完成之后就可以调用 Buffercmp 函数比较源数据与 DMA 传输后目标地址的数据是否一一对应。TransferStatus 保存比较结果，结果如果为 1，表示两个数据源一一对应相等，说明 DMA 传输成功；相反，结果如果为 0，则表示两个数据源数据存在不等情况，说明 DMA 传输出错。

如果 DMA 传输成功，设置 RGB 彩色灯为蓝色；如果 DMA 传输出错，设置 RGB 彩色灯为红色。

思考题与习题 13

1. STM32F10xxx 系列处理器的两个 DMA 控制器分别有几个通道？分别简述其请求。

2. STM32F10xxx 系列处理器的 DMA 控制器的寄存器有哪些？简述其作用。

3. 简述 STM32F10xxx 系列处理器的 DMA 控制器初始化过程，并简要说明其代表的意义。

4. 简述 STM32F10xxx 系列处理器的 DMA 控制器的库函数，并对其作用进行简要描述。

5. 根据教材中的 DMA 存储器到存储器数据传输模式实验，设计一个存储器到外设的实验。

6. 自己动手验证 13.3.2 节介绍的 DMA 控制器编程实例。

参 考 文 献

[1] 樊卫华. 嵌入式控制系统原理及设计[M]. 北京：机械工业出版社，2020.

[2] 张淑清，胡永涛，张立国，等. 嵌入式单片机 STM32 原理及应用[M]. 北京：机械工业出版社，2019.

[3] 何尚平，陈艳，万彬，等. 嵌入式系统原理与应用[M]. 重庆：重庆大学出版社，2019.

[4] 严海蓉，李达，杭天昊，等. 嵌入式微处理器原理与应用：基于 ARM Cortex-M3 微控制器(STM32 系列)[M]. 2 版. 北京：清华大学出版社，2019.

[5] 邢传玺. 嵌入式系统应用实践开发：基于 STM32 系列处理器[M]. 长春：东北师范大学出版社，2019.

[6] 谭会生. ARM 嵌入式系统原理及应用开发[M]. 2 版. 西安：西安电子科技大学出版社，2017.

[7] 冯新宇. ARM Cortex-M3 体系结构与编程[M]. 北京：清华大学出版社，2016.

[8] 王益涵，孙宪坤，史志才. 嵌入式系统原理及应用：基于 ARM Cortex-M3 内核的 STM32F103 系列微控制器[M]. 北京：清华大学出版社，2016.

[9] YIU J. ARM Cortex-M3 权威指南[M]. 宋岩，译. 北京：北京航空航天大学出版社，2009.